普通高等教育机电类规划教材

金属切削机床

大连理工大学　戴曙　主编

机械工业出版社

本书是高等学校机械制造工艺与设备专业规划教材。全书共十六章。第一至第六章是绪论、机床的运动分析和各类机床介绍。第七章是参数拟定。第八至第十二章是机床的运动设计和各主要部件设计。第十三章是控制系统。第十四～十六章是总体设计、课程设计和组合机床。

本书为高等学校教材，也可供从事机床设计和研究开发的工程技术人员，研究生和大、中专学校教师参考。

图书在版编目（CIP）数据

金属切削机床/戴曙主编. —北京：机械工业出版社，1993.5（2024.9重印）

普通高等教育机电类规划教材

ISBN 978-7-111-04147-4

Ⅰ. 金…　Ⅱ. 戴…　Ⅲ. 机床 - 高等学校 - 教材　Ⅳ. TG502

中国版本图书馆 CIP 数据核字（1999）第 65867 号

机械工业出版社（北京市百万庄大街 22 号　邮政编码 100037）

责任编辑：赵爱宁　王勇哲　版式设计：张世琴

责任印制：单爱军　责任校对：申春香

北京虎彩文化传播有限公司印刷

2024 年 9 月第 1 版第 31 次印刷

184mm×260mm · 21.5 印张 · 526 千字

标准书号：ISBN 978-7-111-04147-4

定价：45.00 元

凡购本书，如有缺页、倒页、脱页，由本社发行部调换

电话服务　　网络服务

服务咨询热线：010-88379833　机 工 官 网：www.cmpbook.com

读者购书热线：010-88379649　机 工 官 博：weibo.com/cmp1952

教育服务网：www.cmpedu.com

金 书 网：www.golden-book.com

前　　言

本书是根据1991年在昆明召开的全国高等学校机械制造工艺与设备专业教学指导委员会（以下简称“机制专业教指会”）会议上制定的“金属切削机床”课程教学大纲，受教学指导委员会的委托编写的。

根据教学大纲的规定，本书包括了原《金属切削机床概论》、《金属切削机床设计》和《金属切削机床课程设计指导书》的内容。考虑到参考性教学计划规定，金属切削机床课程在第六、第七学期讲授，中间插有生产实习，因此，“概论”和“设计”的内容在本书中仍分别独立。“概论”部分的内容在第六学期生产实习之前讲授，以满足生产实习的要求。

数控机床的发展，使机床的面目一新。本书也从以往以讲述普通机床及其设计为主，转为以讲述数控机床及其设计为主。例如单列一章“数控机床”（第五章）；主运动设计的重点从分级变速转为无级变速；进给设计叙述数控机床的进给机构和伺服系统；控制系统重点叙述数控的原理；各部件的设计和总体设计也都主要结合数控机床进行分析。

本书力图反映近年机床学科科学研究成果，包括编者的科学研究成果。内容的取材也不限于国产机床。

电子计算机的普及使机床设计从以往的类比、定性分析走向定量分析。本书介绍了结构计算的有限元法、计算中的迭代法等的基本概念。对结构的静、动态特性和热变形特性，也进行了分析。

本书第一至六章，属于原“概论”的内容。其中第一章为绪论。第二章为运动分析，叙述分析机床运动的基本方法。第三章为车床，目的是学习读普通机床的传动系统图和了解一些常见的机构。第四章为齿轮加工机床，目的是学习分析运动复杂机床的传动系统。第五章为数控机床，对数控机床作入门性的介绍。第六章为其他各种机床，目的是开阔眼界，学习机床的选用。

本书第七至十四章，属于原“设计”的内容。其中第七章是参数拟定。第八章是传动设计。与以往相比，增加了无级变速系统的变速箱设计和变速箱与调速电动机的性能匹配。第九章是数控进给系统设计，完全结合数控机床讲述。第十至十二章分别为主轴组件、支承件和导轨。机床数控化后，上述部件的结构发生了变化。本书介绍了这些领域的新结构和科研成果。第十三章是机床的控制，重点叙述了数控的编程和插补计算。第十四章是总体设计。

第十五章是课程设计指导书。第十六章是组合机床，原是第六章第五节的一部分。考虑到篇幅较多，内容较专，故除“组合机床的组成”仍留在第六章中作为第五节外，其余部分独立出来，作为专用机床的代表。

本书为高等学校机械制造工艺与设备专业及类似专业的教材，也可供从事金属切削机床设计和研究的工程技术人员、研究生、中等专业学校和专科学校的教师参考。

本书由戴曙主编，并编写第八至十一章。吉林工业大学贾亚洲编写第一至六章。大连理工大学赵德堃编写第七、十二、十四、十五章。大连理工大学杨有君编写第十三章。吉林工业大学刘艳梅编写第六章第五节和第十六章。

本书由机械制造专业教学指导委员会委托该会副主任委员，湖南大学教授李传乾主审。

限于编者水平，书中错误或不妥之处在所难免，敬请读者指正。

目　录

第一章　绪　　论

一、金属切削机床在国民经济中的地位

金属切削机床(Metal cutting machine tools)是用切削的方法将金属毛坯加工成机器零件的机器,它是制造机器的机器,所以又称为"工作母机"或"工具机",习惯上简称为机床。

在现代机械制造工业中，加工机器零件的方法有多种，如铸造，锻造、焊接、切削加工和各种特种加工等。切削加工是将金属毛坯加工成具有较高精度的形状、尺寸和较高表面质量零件的主要加工方法。在加工精密零件时，目前主要还是依靠切削加工来达到所需的加工精度和表面质量。因此，金属切削机床是加工机器零件的主要设备。它所担负的工作量，约占机器总制造工作量的40%～60%。机床的技术水平直接影响机械制造工业的产品质量和劳动生产率。

机床的"母机"属性决定了它在国民经济中的重要地位。机床工业为各种类型的机械制造厂提供先进的制造技术与优质高效的机床设备，促进机械制造工业的生产能力和工艺水平的提高。机械制造工业肩负着为国民经济各部门提供现代化技术装备的任务，即为工业、农业、交通运输业、科研和国防等部门提供各种机器、仪器和工具。为适应现代化建设的需要，必须大力发展机械制造工业。机械制造工业是国民经济各部门赖以发展的基础。机床工业则是机械制造工业的基础。一个国家机床工业的技术水平，在很大程度上标志着这个国家的工业生产能力和科学技术水平。显然，金属切削机床在国民经济现代化建设中起着重大的作用。

二、机床的发展概况和我国机床工业目前的水平

金属切削机床是人类在改造自然的长期生产实践中，不断改进生产工具的基础上产生和发展起来的。最原始的机床是依靠双手的往复运动，在工件上钻孔。最初的加工对象是木料。为加工回转体，出现了依靠人力使工件往复回转的原始车床。在原始加工阶段，人既是提供机床的动力，又是操纵者。

当加工对象由木材逐步过渡到金属时，车圆、钻孔等都要求增大动力。于是就逐渐出现了水力、风力和畜力等驱动的机床。随着生产发展的需要，15～16世纪出现了铣床和磨床。我国明代宋应星所著《天工开物》中就已有对天文仪器进行铣削和磨削加工的记载。到18世纪，出现了刨床。

18世纪末，蒸汽机的出现，提供了新型巨大的能源，使生产技术发生了革命性的变化。在加工过程中逐渐产生了专业分工，出现了各种类型的机床。19世纪末，机床已扩大到许多类型。这些机床多采用天轴—皮带集中拖动，性能很低。20世纪以来，齿轮变速箱的出现，使机床的结构和性能发生了根本性的变化。随着电气、液压等科学技术的出现并在机床上得到普遍应用，使机床技术有了迅速的发展。除通用机床外，又出现了 许多变型品种和各式各样的专用机床。在机床发展的这个阶段，机床的动力已由自然力代替了人力。特别是工业革命以来，人只需操纵机床。生产力已不受人的体力的限制。

近些年来，随着电子技术、计算机技术、信息技术以及激光技术等的发展并应用于机床

领域，使机床的发展进入了一个新时代。人不仅不需提供动力，连操纵都交给机器了。人只需规定电脑的工作程序，由电脑去操作机床。紧张的、重复性的操作都可由电脑完成，而且不会出错。自动化、精密化、高效化和多样化成为这一时代机床发展的特征，用以满足社会生产多种多样越来越高的要求，推动社会生产力的发展。

新技术的迅猛发展和客观需求的多样化，决定了机床必须多品种；技术的加速更新和产品更新换代的加快，使机床主要面对多品种的中小批生产。因此现代机床不仅要保证加工精度、效率和高度自动化，还必须有一定的柔性，即灵活性，使之能够很方便地适应加工任务的改变。

提高机床的精密度不只是现代机床技术发展的基础，也是当前发展某些新、高技术产品的迫切需要。1950～1980年的30年间，普通机械加工的精度已达到了5μm；精密加工精度提高了近两个数量级，而超精密加工则已进入纳米（1nm＝0.001μm）的时代。一些工业发达国家把发展精密和超精密加工当作一项战略任务。

不断提高劳动生产率和自动化程度是机床发展的基本方向。近年来，数控机床已成为机床发展的主流。数控机床无需人工操作，而是靠数控程序完成加工循环。因此调整方便，适应灵活多变的产品，使得中小批生产自动化成为可能。同时，数控机床在防护罩封闭的条件下自动加工，不用怕切屑飞出伤人，不用怕切削液飞溅在操作者身上。可用大流量切削液喷射冷却，从而实现高速切削，充分发挥刀具的切削性能。快移速度大大提高（已达20m/min以上），不用担心人工操作过度紧张的问题，从而缩短了加工辅助时间。工序集中，一次装夹完成尽可能多的工序，这对重型零件加工特别有利。屏幕模拟，即在加工前先输出加工程序，在荧光屏上模拟每一道工序，检查合格后再加工。这样可避免编程错误。只要程序不出错，就不会出现加工错误，免除了人工操作的偶然差错，从而使废品率大大下降。这就是说，数控机床不仅实现了柔性自动化，而且提高了生产率，降低了废品率。它已由中、小批生产进入了大量生产（如汽车制造）领域。当然，改型方便，易于实现产品的更新换代，也是数控机床进入大量生产领域的重要原因。

显然，机床发展到数控化阶段，不仅机床的动力无需人力，而且机床的操作也由机器完成了。人的工作只是编制加工程序和调整刀具等，为机床的自动加工准备好条件，然后则由电脑控制机床自动完成加工过程。

80年代是数控机床、数控系统大发展的时代。到80年代末，全世界数控机床（含锻压机床）的年产量超过10万台。这个发展大潮，方兴未艾。世界著名企业中，数控机床在加工设备中所占的比例明显提高。例如，美国通用电器公司，数控机床已占70%。从1982年起，日本的机床工业产值连年独占鳌头，数控机床产量连续多年处于世界的首位。日本机床的发展反映着世界机床技术发展的趋势。日本数控机床以年均2.88%的增长率增长，到1990年，数控机床的年产量达6.1万台，机床产值数控化率超过80%，而且主要生产高档数控机床。

在机床数控化过程中，机械部件的成本在机床系统中的比重不断下降，电子硬件与软件的比重则不断上升。以美国为例，在70年代，机械部分成本比重占80%，电子硬件占20%；到90年代，机械部分成本下降为30%，而电子硬件和软件的成本却上升为70%。

随着计算机技术的迅速发展，32位微处理器的出现，开辟了机床数控技术革命性发展的新时代。它显著地提高了数控机床的速度、加工精度以及功能。通过用户接口用对话方式控制程序，可将要加工的工件和刀具轨迹用三维图象显示出来，以便选定最佳的切削方案。数控技术也由硬件数控发展为软件数控。控制软件实现了模块化、通用化和标准化。用户只要根据需要选用各种软件模块，编制自己所需的程序，就可很方便地达到目的。

数控技术的发展使机床结构发生重大变革。主传动系统采用直流或交流调速电机，主轴可实现无级调速，同时又简化了传动链。由于不需人工操作，可以充分发挥刀具的切削性能，不用担心切屑飞出伤人，所以主轴转速提高了，例如已达 75000r/min。机床进给系统用直流或交流伺服电机带动滚珠丝杠实现进给驱动，简化了进给传动机构。为提高工效，快移速度目前最高可达 60m/min，进给速度也达到 6～10m/min。

近些年来，数控机床的可靠性水平不断提高，数控装置的平均无故障工作时间已达 10000h。1990 年日本 FANUC 公司声称，其数控系统平均 100 个月发生一次故障。

可见，数控技术正迅速地向更高的水平发展，数控机床已经成为机床诸多品种中的佼佼者，它是实现柔性自动化的基础。数控机床的应用可全面提高机械制造工业的技术水平。

我国的机床工业是在新中国成立后建立起来的。在半封建半殖民地的旧中国，基本上没有机床制造工业。直至解放前夕，全国只有少数几个机械修配厂生产结构简单的少量机床。1949 年机床年产量仅 1500 多台。解放后 40 多年来，我国机床工业获得了高速发展。目前我国已形成了布局比较合理、比较完整的机床工业体系。机床的产量不断上升，机床产品除满足国内建设的需要以外，而且有一部分已远销国外。我国已制定了完整的机床系列型谱。生产的机床品种也日趋齐全。现在已经具备了成套装备现代化工厂的能力。目前我国已能生产从小型仪表机床到重型机床的各种机床，也能生产出各种精密的、高度自动化的以及高效率的机床和自动线。我国机床的性能也在逐步提高，有些机床已经接近世界先进水平。在消化吸收引进技术的基础上，我国数控技术也有新的发展。目前我国已能生产 100 多种数控机床，并研制出六轴五联动的数控系统，可用于更加复杂型面的加工。脉冲当量为 0.001mm。我国生产的几种数控机床已经成功地用于日本富士通公司的无人工厂（Unmaned factory）。

我国机床工业已经取得了很大的成就，但与世界先进水平相比，还有较大的差距。主要表现在：大部分高精度和超精密机床的性能还不能满足要求，精度保持性也较差，特别是高效自动化和数控化机床的产量、技术水平和质量等方面都明显落后。到 1990 年底，我国数控机床的产量仅是全部机床产量的 1.5%，产值数控化率仅为 8.7%。而同期日本机床产值数控化率为 80%，德国为 54.2%，我国数控机床基本上是中等规格的车床、铣床和加工中心等。精密、大型、重型或小型数控机床，还远远不能满足需要。至于航空、航天、冶金、汽车、造船、纺织和重型机器制造等工业部门所需要的多种类型的特种数控机床基本上还是一片空白。柔性制造系统（FMS）和计算机集成制造系统（CIMS），国外在 1990 年总计达 1500 个，而我国只有 5 个，且多为引进的系统。

在技术水平和性能方面的差距也很明显。国外已做到 15～19 轴联动，分辨率达 0.1～0.01μm，而我国目前只能做到 5～6 轴联动，分辨率为 1μm。国内产品的质量与可靠性也不够稳定，特别是先进数控系统的开发和研制还需作进一步的努力。机床基础理论和应用技术的研究明显落后。人员技术素质还跟不上现代机床技术飞速发展的需要。因此，我国机床工业面临着光荣而艰巨的任务，必须奋发图强，努力工作，不断扩大技术队伍和提高人员的技术素质，学习和引进国外的先进科学技术，大力开展科学研究，以便早日赶上世界先进水平。

三、金属切削机床的分类和型号编制

金属切削机床的品种和规格繁多。为了便于区别、使用和管理，须对机床加以分类和编制型号。

(一) 机床的分类

机床的传统分类方法，主要是按加工性质和所用的刀具进行分类。根据我国制定的机床型号编制方法，目前将机床分为12大类：车床、钻床、镗床、磨床、齿轮加工机床、螺纹加工机床、铣床、刨插床、拉床、特种加工机床、锯床及其他机床。在每一类机床中，又按工艺范围、布局型式和结构等，分为若干组，每一组又细分为若干系（系列）。

在上述基本分类方法的基础上，还可根据机床其它特征进一步区分。

同类型机床按应用范围（通用性程度）又可分为：

(1) 普通机床　它可用于加工多种零件的不同工序，加工范围较广，通用性较大，但结构比较复杂。这种机床主要适用于单件小批生产，例如卧式车床、万能升降台铣床等。

(2) 专门化机床　它的工艺范围较窄，专门用于加工某一类或几类零件的某一道（或几道）特定工序，如曲轴车床、凸轮轴车床等。

(3) 专用机床　它的工艺范围最窄，只能用于加工某一种零件的某一道特定工序，适用于大批量生产。如机床主轴箱的专用镗床、车床导轨的专用磨床等。各种组合机床也属于专用机床。

同类型机床按工作精度又可分为：普通精度机床、精密机床和高精度机床。

机床还可按自动化程度分为：手动、机动、半自动和自动的机床。

机床还可按重量与尺寸分为：仪表机床、中型机床（一般机床）、大型机床（重量大于10t）重型机床（大于30t）和超重型机床（大于100t）。

按机床主要工作部件的数目，可以分为单轴的、多轴的或单刀的、多刀的机床等。

通常，机床根据加工性质进行分类，再根据其某些特点进一步描述，如多刀半自动车床、高精度外圆磨床等。

随着机床的发展，其分类方法也将不断发展。现代机床正向数控化方向发展，数控机床的功能日趋多样化，工序更加集中。现在一台数控机床集中了越来越多的传统机床的功能。例如，数控车床在卧式车床功能的基础上，又集中了转塔车床、仿形车床、自动车床等多种车床的功能；车削中心出现以后，在数控车床功能的基础上，又加入了钻、铣、镗等类机床的功能。又如，具有自动换刀功能的镗铣加工中心机床〔习惯上称为“加工中心”（Machining center)〕，集中了钻、镗、铣等多种类型机床的功能；有的加工中心的主轴既能立式又能卧式，即集中了立式加工中心和卧式加工中心的功能。可见，机床数控化引起了机床传统分类方法的变化。这种变化主要表现在机床品种不是越分越细，而应是趋向综合。

(二) 机床型号的编制方法

机床的型号是赋予每种机床的一个代号，用以简明地表示机床的类型、通用和结构特性，以及主要技术参数等。我国的机床型号，现在是按1985年颁布的标准JB1838—85《金属切削机床型号编制方法》编制的。此标准规定，机床型号由汉语拼音字母和数字按一定的规律组合而成，它适用于各类通用机床和专用机床（不包括组合机床）。

1. 普通机床型号

普通机床型号用下列方式表示：

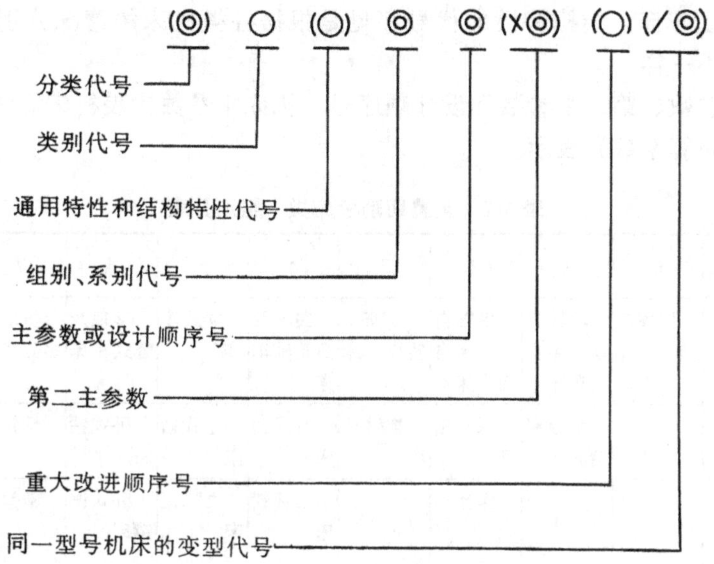

其中，(1) 有“○”符号者，为大写的汉语拼音字母；
(2) 有“◎”符号者，为阿拉伯数字；
(3) “()”的代号或数字，当无内容时，则不表示。
若有内容，则不带括号。

(1) 机床类、组、系的划分及其代号　机床的类别用汉语拼音大写字母表示。例如，“车床”的汉语拼音是“Che chuang”，所以用“C”表示。当需要时，每类又可分为若干分类；分类代号用阿拉伯数字表示，在类代号之前，它居于型号的首位，但第一分类不予表示，例如，磨床类分为 M、2M、3M 三个分类。机床的类别代号及其读音如表 1-1 所示。

表 1-1　普通机床类别代号

类别	车床	钻床	镗床	磨　床			齿轮加工机床	螺纹加工机床	铣床	刨插床	拉床	特种加工机床	锯床	其它机床
代号	C	Z	T	M	2M	3M	Y	S	X	B	L	D	G	Q
读音	车	钻	镗	磨	二磨	三磨	牙	丝	铣	刨	拉	电	割	其

机床的组别和类别代号用两位数字表示。每类机床按其结构性能及使用范围划分为 10 个组，用数字 0～9 表示。每组机床又分若干个系（系列），系的划分原则是：主参数相同，并按一定公比排列，工件和刀具本身的和相对的运动特点基本相同，且基本结构及布局型式相同的机床，即划为同一系。机床的类、组划分详见表 1-2。

(2) 机床的特性代号　它表示机床所具有的特殊性能，包括通用特性和结构特性。当某类型机床除有普通型外，还具有如表 1-3 所列的某种通用特性，则在类别代号之后加上相应的特性代号。例如“CK”表示数控车床。如同时具有两种通用特性，则可用两个代号同时表示，如“MBG”表示半自动高精度磨床。如某类型机床仅有某种通用特性，而无普通型者，则通用特性不必表示。如 C1107 型单轴纵切自动车床，由于这类自动车床没有“非自动”型，所以不必用“Z”表示通用特性。

为了区分主参数相同而结构不同的机床，在型号中用结构特性代号表示。结构特性代号为汉语拼音字母。例如，CA6140 型卧式车床型号中的“A”，可理解为这种型号车床在结构上区别于 C6140 型车床。结构特性的代号字母是根据各类机床的情况分别规定的，在不同型号中的意义可不一样。

（3）机床主参数、第二主参数和设计顺序号　机床主参数代表机床规格的大小，用折算值（主参数乘以折算系数）表示。

表 1-2　金属切削机床类、组划分表

类别＼组别		0	1	2	3	4	5	6	7	8	9
车床 C		仪表车床	单轴自动、半自动车床	多轴自动、半自动车床	回轮、转塔车床	曲轴及凸轮轴车床	立式车床	落地及卧式车床	仿形及多刀车床	轮、轴、辊、锭及铲齿车床	其他车床
钻床 Z			坐标镗钻床	深孔钻床	摇臂钻床	台式钻床	立式钻床	卧式钻床	铣钻床	中心孔钻床	
镗床 T				深孔镗床		坐标镗床	立式镗床	卧式铣镗床	精镗床	汽车、拖拉机修理用镗床	
磨床	M	仪表磨床	外圆磨床	内圆磨床	砂轮机		导轨磨床	刀具刃磨床	平面及端面磨床	曲轴、凸轮轴、花键轴及轧辊磨床	工具磨床
	2M		超精机	内、外圆珩磨机	平面、球面珩磨机	抛光机	砂带抛光及磨削机床	刀具刃磨及研磨机床	可转位刀片磨削机床	研磨机	其他磨床
	3M		球轴承套圈沟磨床	滚子轴承套圈滚道磨床	轴承套圈超精机	滚子及钢球加工机床	叶片磨削机床	滚子超精及磨削机床		气门、活塞及活塞环磨削机床	汽车、拖拉机修磨机床
齿轮加工机床 Y		仪表齿轮加工机		锥齿轮加工机	滚齿机	剃齿及珩齿机	插齿机	花键轴铣床	齿轮磨齿机	其他齿轮加工机	齿轮倒角及检查机
螺纹加工机床 S					套丝机	攻丝机		螺纹铣床	螺纹磨床	螺纹车床	
铣床 X		仪表铣床	悬臂及滑枕铣床	龙门铣床	平面铣床	仿形铣床	立式升降台铣床	卧式升降台铣床	床身式铣床	工具铣床	其他铣床
刨插床 B			悬臂刨床	龙门刨床			插床	牛头刨床		边缘及模具刨床	其他刨床
拉床 L				侧拉床	卧式外拉床	连续拉床	立式内拉床	卧式内拉床	立式外拉床	键槽及螺纹拉床	其他拉床
特种加工机床 D			超声波加工机	电解磨床	电解加工机			电火花磨床	电火花加工机		
锯床 G				砂轮片锯床		卧式带锯床	立式带锯床	圆锯床	弓锯床	锉锯床	
其他机床 Q		其他仪表机床	管子加工机床	木螺钉加工机		刻线机	切断机				

某些普通机床，当无法用一个主参数表示时，则在型号中用设计顺序号表示。设计顺序号由 1 起始。当设计顺序号小于 10 时，则在设计顺序号之前加“0”。

第二主参数一般是指主轴数、最大跨距、最大工件长度、工作台工作面长度等等。第二主参数也用折算值表示。

表 1-3　通用特性代号

通用特性	高精度	精密	自动	半自动	数　控	加工中心（自动换刀）	仿　形	轻　型	加重型	简　式
代号	G	M	Z	B	K	H	F	Q	C	J
读音	高	密	自	半	控	换	仿	轻	重	简

（4）机床的重大改进顺序号　当机床的性能及结构布局有重大改进，并按新产品重新设计、试制和鉴定时，在原机床型号的尾部，加重大改进顺序号，以区别于原机床型号。序号按 A、B、C、……字母的顺序选用。

（5）同一型号机床的变型代号　某些机床，根据不同的加工需要，在基本型号机床的基础上仅改变机床的部分性能结构时，则在基型机床型号之后加 1、2、3、……变型代号。

综合上述普通机床型号的编制方法，举例如下：

例 1-1　CA6140 型卧式车床

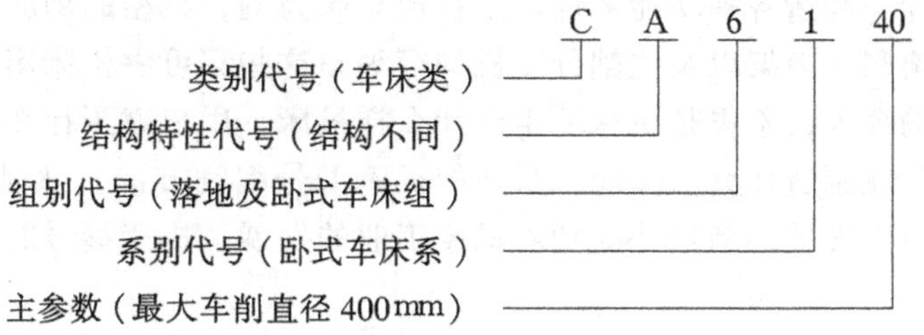

例 1-2　MG1432A 型高精度万能外圆磨床

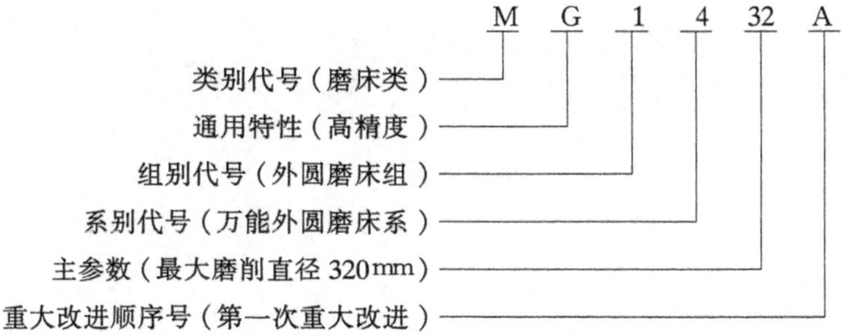

2. 专用机床型号

专用机床型号表示方法为：

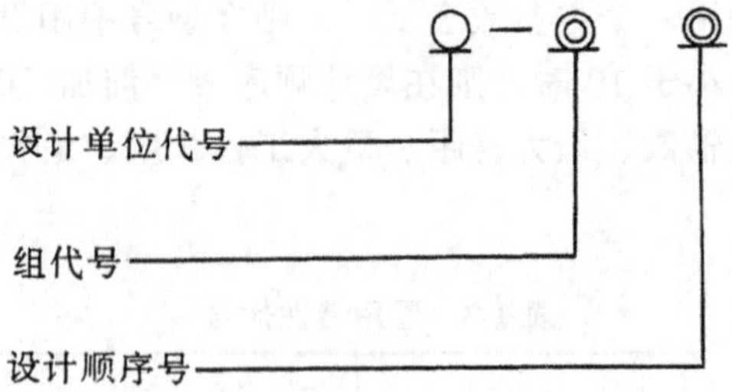

设计单位为机床厂时，设计单位代号由机床厂所在城市名称的大写汉语拼音字母及该机床厂在该城市建立的先后顺序号，或机床厂名称的大写汉语拼音字母表示。设计单位为机床研究所时，设计单位代号由研究所名称的大写汉语拼音字母表示。

专用机床的组代号用一位数字表示，数字由1起始，位于设计单位代号之后，并用"－"分开，读作"至"。专用机床的组，按产品的工作原理划分，由各机床厂、所根据产品情况自行确定。专用机床的设计顺序号，按各机床厂、所的设计顺序排列，由"001"起始，位于专用机床的组代号之后。例如，北京第一机床厂设计制造的第一百种专用机床为专用铣床，列为第三组，其编号为：B1-3100。

显然，目前使用的机床型号编制办法有些过细。由前述可知，机床数控化以后，其功能日趋多样化，一台数控车床同时具有多种组别和系别的车床的功能，这就是说，很难把它归属于哪个组别、哪个系别的机床了。

现代机床的发展趋势是机床功能部件化了，每个功能部件是独立存在的，机床生产厂根据市场需要设计与制造各种功能部件。以数控车床为例，典型的功能部件可以是尾架、多种类型的转塔刀架和下刀架以及主轴分度机构等等，这些都可由机床用户选择订货。机床产品已经走向市场的今天，不再是机床厂生产什么样机床，用户就买什么样的机床，而是用户需要什么，机床厂就制造什么。然而，目前的机床型号编制方法仍然是"我造什么你买什么"已不适应机床市场发展的新形势。随着机床工业的发展，机床型号的编制方法将进一步修订和补充。

第二章　机床的运动分析

本章研究在金属切削机床上的各种运动及其相互联系。首先，根据在机床上加工的各种表面和使用的刀具类型，分析得到这些表面的方法和所需的运动。在此基础上，分析为了实现这些运动，机床必须具备的传动联系，实现这些传动的机构以及机床运动的调整方法。这个机床运动分析过程是认识和分析机床的基本方法，次序为“表面——运动——传动——机构——调整”。

通过运动分析可以看出，尽管机床品种繁多，结构各异、但可归结为几种基本运动类型的组合与转化。机床运动分析的目的在于，利用简便的方法来分析、比较各种机床的传动系统，以掌握机床的运动规律，从而合理地使用机床和正确地设计机床的传动系统。

本章重点讲述机床运动分析的基本内容。其中有关实现传动的机构和调整，将在以后各章中结合具体机床介绍。

第一节　工件的加工表面及其形成方法

一、被加工工件的表面形状

在切削加工过程中，装在机床上的刀具和工件按一定的规律作相对运动。通过刀具的刀刃对工件毛坯的切削作用，把毛坯上多余的金属切掉，从而得到所要求的表面形状。图 2-1 就是机器零件上常用的各种表面。

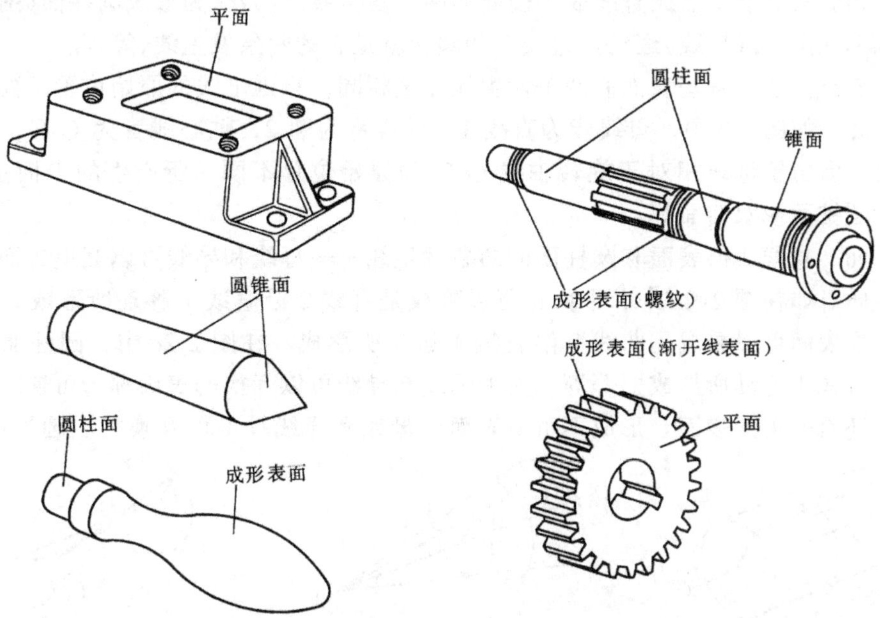

图 2-1　机器零件上常用的各种表面

可以看出，工件表面是由几个表面元素组成的，如图 2-2 所示。这些表面元素是：a）平面，b）直线成形表面，c）圆柱面，d）圆锥面，e）球面，f）圆环面，g）螺旋面等。

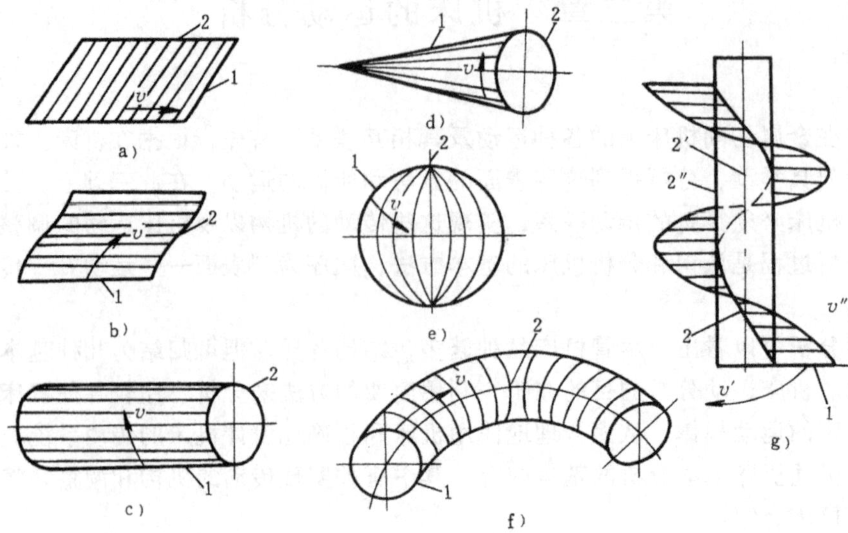

图 2-2　组成工件轮廓的几种几何表面

二、工件表面的形成方法

任何表面都可以看作是一条线（称为母线）沿着另一条线（称为导线）运动的轨迹。母线和导线统称为形成表面的发生线。

为得到平面(图 2-2a),必须使直线 1(母线)沿着直线 2(导线)移动。直线 1 和 2 就是形成平面的两条发生线。为得到直线成形表面(图 2-2b),须使直线 1(母线)沿着曲线 2(导线)移动。直线 1 和曲线 2 就是形成直线成形表面的两条发生线。同样,为形成圆柱面(图 2-2c),须使直线 1(母线)沿圆 2(导线)运动。直线 1 和圆 2 就是它的两条发生线,等等。

但是还需要注意，有些表面的两条发生线完全相同，只因母线的原始位置不同，也可形成不同的表面。如图 2-3 中，母线皆为直线 1，导线皆为圆 2，轴心线皆为 *O-O*，所需要的运动也相同。但由于母线相对于旋转轴线 *O-O* 的原始位置不同，所产生的表面也就不同，如圆柱面、圆锥面或双曲面等。

形成平面、直线成形表面和圆柱面的两条发生线——母线和导线可以互换，而不改变形成表面的性质。如在图 2-2a 中，平面也可以看成是直线 2 沿直线 1 移动所形成。在图 2-2b 中，直线成形表面可以看成是曲线 2 沿直线 1 运动所形成。在图 2-2c 中，圆柱面也可以看成是圆 2 沿直线 1 运动所形成，等等。这种母线与导线可以互换的表面称为可逆表面。

此外，还有不可逆表面。形成不可逆表面的母线和导线是不可互换的。圆锥面、球面、

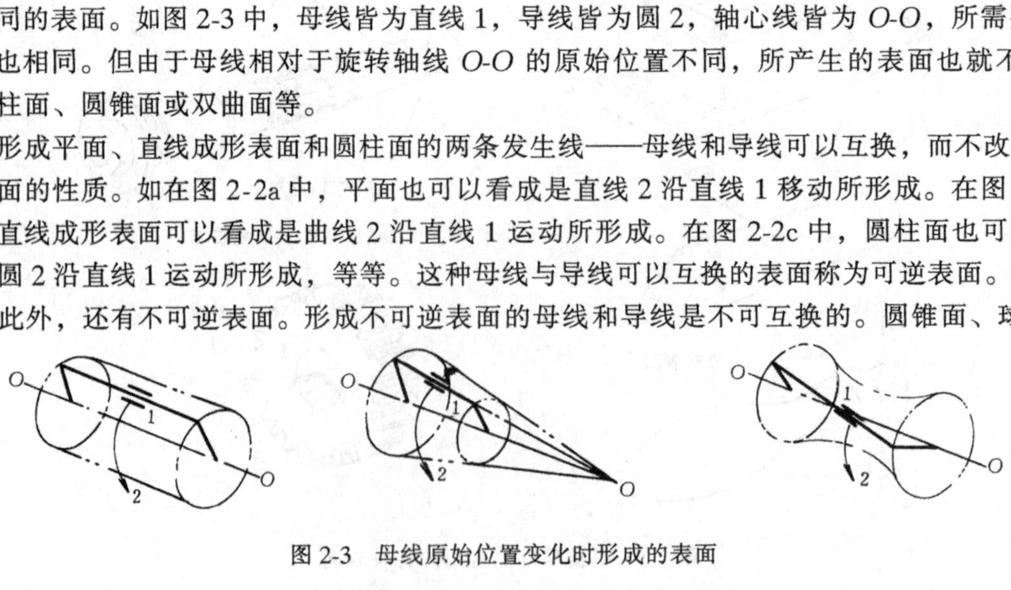

图 2-3　母线原始位置变化时形成的表面

圆环面和螺旋面等，都属于不可逆表面。

三、发生线的形成方法

（一）切削刃的形状与发生线的关系

发生线是由刀具的切削刃与工件间的相对运动得到的，所以工件表面的成形与刀具切削刃的形状有着极其密切的关系。切削刃的形状是指刀刃与工件形成表面相接触部分的形状。它和需要成形的发生线的关系，可划分为以下三种（图 2-4）：

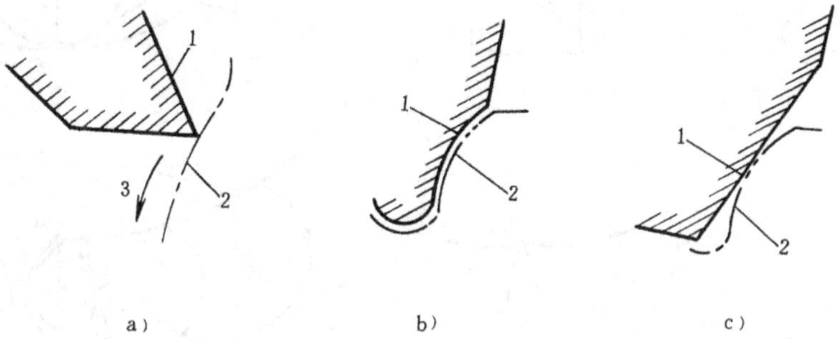

图 2-4　切削刃形状与发生线的关系

1）切削刃的形状为一切削点（图 2-4a）。在切削过程中，刀刃与被形成表面接触的长度实际上很短，可以看作点接触。刀具 1 作轨迹运动得到发生线 2。

2）切削刃的形状是一条切削线 1，它与要成形的发生线 2 的形状完全吻合（图 2-4b）。在切削加工时，刀刃与被成形的表面作线接触。刀具无须任何运动就可得到所需的发生线形状，如成形车刀、盘形齿轮铣刀等。

3）切削刃的形状是一条切削线 1，但它与需要成形的发生线 2 的形状不吻合（图 2-4c）。切削加工时，刀具切削刃与被成形的表面相切，可看成为点接触。切削刃相对工件滚动（即展成运动），所需成形的发生线 2 是刀具切削线 1 的包络线（图 2-5）。刀具与工件间需要有共轭的展成运动。这类刀具有齿条刀、插齿刀以及滚刀等。

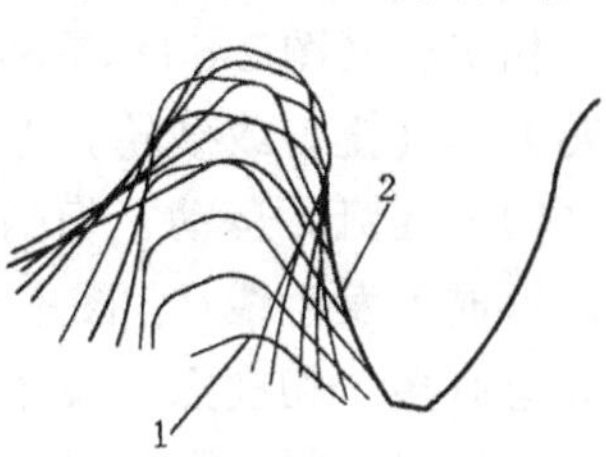

图 2-5　由刀刃包络成形的渐开线齿形

（二）形成发生线的方法及所需运动

由于使用的刀具切削刃形状和采取的加工方法不同，形成发生线的方法可归纳为四种。以形成图 2-6 所示的发生线 2（图中为一段圆弧）为例，说明如下。

1．成形法

成形法（图 2-6a）是利用成形刀具对工件进行加工的方法。刀刃为切削线 1，它的形状和长短与需要形成的发生线 2 完全重合。因此形成发生线 2 不需运动。

2．展成法

展成法（图 2-6b）是利用工件和刀具作展成切削运动的加工方法。刀具切削刃为切削线 1，图示形状为圆，也可是直线（如齿条刀）或曲线（如插齿刀），它与需要形成的发生线 2 的形状不吻合。切削线 1 与发生线 2 彼此作无滑动的纯滚动。发生线 2，就是切削线 1 在切削过程中连续位置的包络线。曲线 3 是切削刃上某点 A 的运动轨迹。在形成发生线 2 的过程中，或者仅由切削刃 1 沿着由它生成的发生线 2 滚动；或者切削刃 1（刀具）和发生线 2（工件）共同完成复合的纯滚动，这种运动称为展成运动。因此，用展成法形成发生线需要一个成形运动（展成运动）。

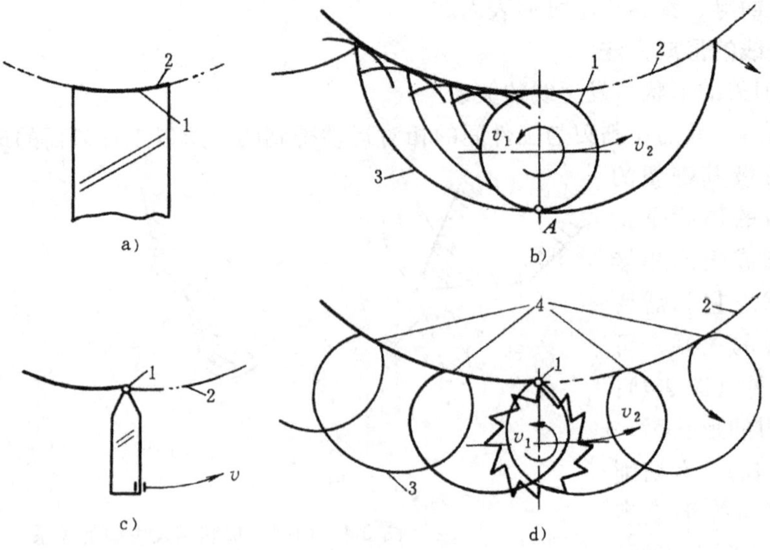

图 2-6　形成发生线的方法

3. 轨迹法

轨迹法（图 2-6c）是利用刀具作一定规律的轨迹运动来对工件进行加工的方法。刀刃为切削点 1，它按一定规律作直线或曲线（图为圆弧）运动，从而形成所需的发生线 2。因此采用轨迹法形成发生线需要一个成形运动。

4. 相切法

相切法（图 2-6d）是利用刀具边旋转边作轨迹运动来对工件进行加工的方法。刀刃为旋转刀具（铣刀或砂轮）上的切削点 1。刀具作旋转运动，刀具中心按一定规律作直线或曲线（图为圆弧）运动，切削点 1 的运动轨迹如图中的曲线 3。切削点的运动轨迹与工件相切，形成了发生线 2。图中点 4 就是刀具上的切削点 1 的运动轨迹与工件的各个切点。由于刀具上有多个切削点，发生线 2 是刀具上所有的切削点在切削过程中共同形成的。用相切法得到发生线，需要两个成形运动，即刀具的旋转运动和刀具中心按一定规律的运动。

第二节　机床的运动

在机床上，为了获得所需的工件表面形状，必须使刀具和工件按上述四种方法之一完成一定的运动。这种运动称为表面成形运动。此外，机床还有多种辅助运动。

一、表面成形运动

表面成形运动（简称成形运动）是保证得到工件要求的表面形状的运动。例如，图 2-7 是用车刀车削外圆柱面。形成母线和导线的方法，都属于轨迹法。工件的旋转运动 B_1 产生母线（圆）；刀具的纵向直线运动 A_2 产生导线（直线）。运动 B_1 和 A_2 就是两个表面成形运动。下角标表示次序。又如刨削，滑枕带着刨刀（牛头刨床和插床）或工作台带着工件（龙门刨床）作往复直线运动，产生母线；工作台带着工件（牛头

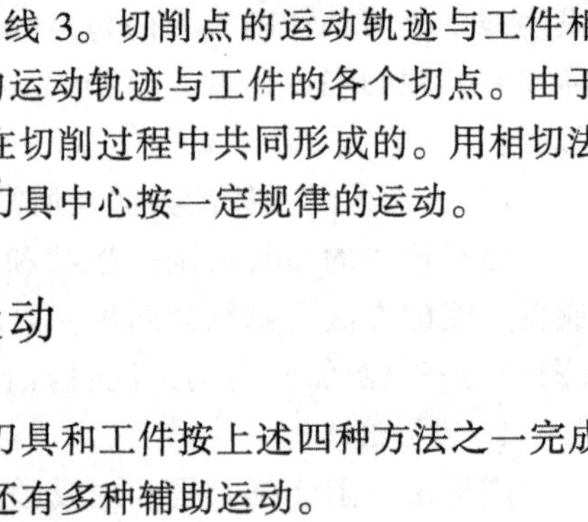

图 2-7　车削外圆柱表面时的成形运动

刨床和插床）或刀架带着刀具（龙门刨床）作间歇直线运动，产生导线。

1. 成形运动的种类

以上所说的成形运动都是旋转运动或直线运动。这两种运动最简单，也最容易得到，因而合称简单成形运动。在机床上，它以主轴的旋转，刀架或工作台的直线运动的形式出现。用符号 A 表示直线运动，用符号 B 表示旋转运动。

成形运动也有不是简单运动的。图 2-8a 所示为用螺纹车刀切削螺纹。螺纹车刀是成形刀具，其形状相当于螺纹沟槽的截面。因此，形成螺旋面只需一个运动：车刀相对于工件作螺旋运动。在机床上，最容易得到并最容易保证精度的是旋转运动（如主轴的旋转）和直线运动（如刀架的移动）。因此，把这个螺旋运动分解成等速旋转运动和等速直线运动。在图 2-8b 中，以 B_{11}和 A_{12}代表。下角标的第一位数，表示第一个运动（也只有一个运动）；后一位数，表示第一个运动中的第 1、第 2 两部分。这样的运动称为复合的表面成形运动或简称复合成形运动。为了得到一定导程的螺旋线，运动的两个部分 B_{11}和 A_{12}必须严格保持相对关系，即工件每转 1 转，刀具的移动量应为一个导程。图 2-9 为用齿条刀加工齿轮。产生渐开线靠展成法，需要一个复合的展成运动。这个复合运动也可分解为工件的旋转 B_{11}和刀具的直线运动 A_{12}。B_{11}和 A_{12}是一个运动（展成运动）的两个部分，必须保持严格的运动关系。即工件每转过一个齿，齿条刀应移动一个周节 πm（m 为模数）。

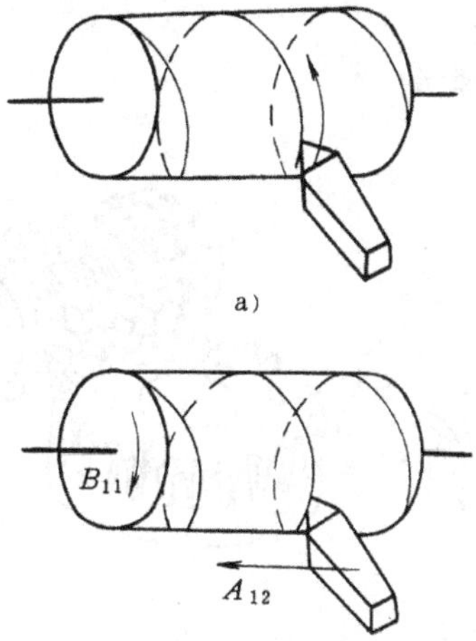

图 2-8　加工螺纹时的运动

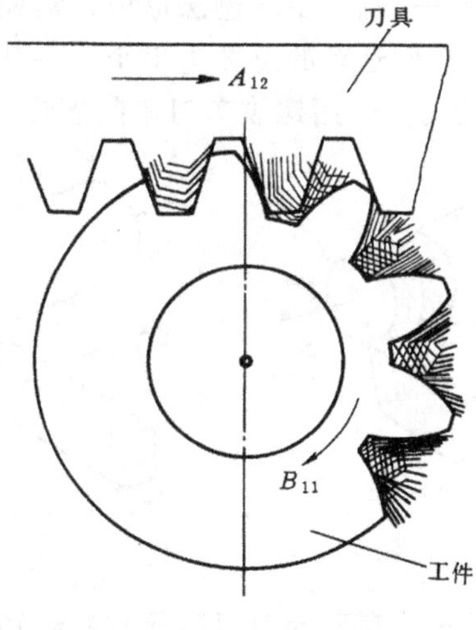

图 2-9　齿条刀加工齿轮时的运动

有的复合成形运动可以分解为三个甚至更多个部分。图 2-10 为车削圆锥螺纹时的情况。刀具相对于工件的运动轨迹为圆锥螺旋线。可分解为三部分：工件的旋转运动 B_{11}、刀具纵向直线移动 A_{12}和刀具横向直线移动 A_{13}。B_{11}和 A_{12}之间保持严格的相对运动关系，用以保证导程；A_{12}与 A_{13}之间也保持严格的相对运动关系，用以保证锥度。

有的机件表面形状很复杂，例如螺旋桨的表面。为了加工它需要十分复杂的表面成形运动。这种成形运动要分解为更多个部分。这只能在多轴联动的数控机床上实现。运动的每个部分，就是数控机床上的一个坐标轴。

由复合成形运动分解成的各个部分，虽然都是直线或旋转运动，与简单运动相象，但本质是不同的。前者是复合运动的一部分，各个部分必须保持严格的相对运动关系，是互相依存，而不是独立的。简单运动之间是互相独立的，没有严格的相对运动关系。

2．零件表面成形所需的成形运动

母线和导线是形成零件表面的两条发生线。因此，形成表面所需要的成形运动，就是形成其母线及导线所需要的成形运动的总和。为了加工出所需的零件表面，机床就必须具备这些成形运动。

〔例2-1〕　用普通车刀车削外圆（见图2-7）。

母线——圆，由轨迹法形成，需要一个成形运动 B_1。

导线——直线，由轨迹法形成，需要一个成形运动 A_2。

表面成形运动的总数为两个——B_1 和 A_2，都是简单的成形运动。

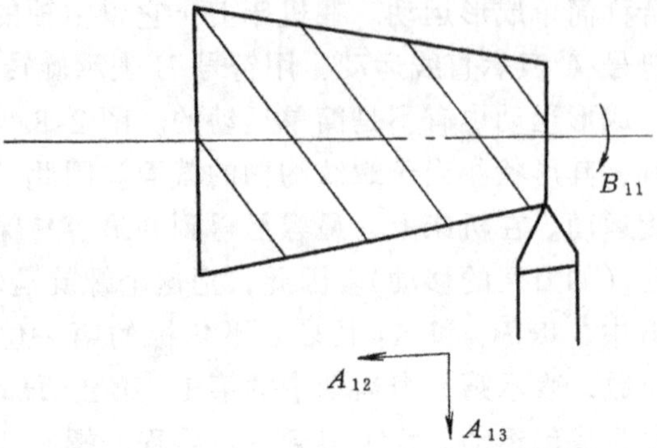

图2-10　加工锥螺纹时的表面成形运动

〔例2-2〕　用成形车刀车削成形回转表面（图2-11a）。

母线——曲线，由成形法形成，不需要成形运动。

导线——圆，由轨迹法形成，需要一个成形运动 B_1。

表面成形运动的总数为1个——B_1，是简单的成形运动。

〔例2-3〕　用螺纹车刀车削螺纹（图2-11b）。

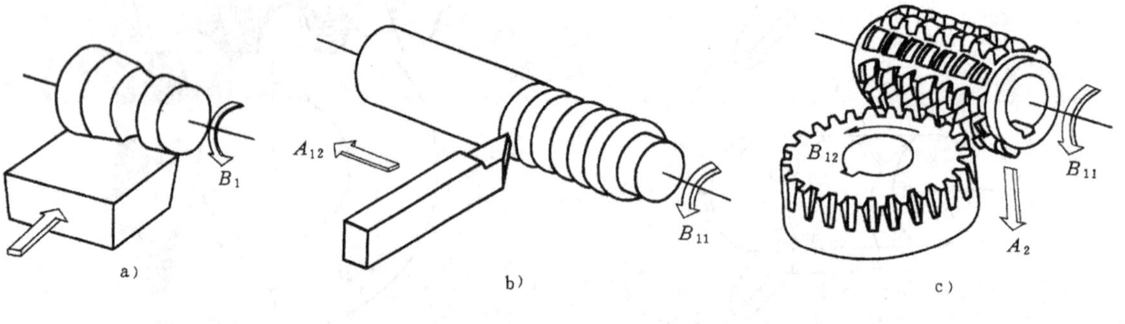

图2-11　形成所需表面的成形运动

母线——车刀的刀刃形状与螺纹轴向剖面轮廓的形状一致，故母线由成形法形成，不需要成形运动。

导线——螺旋线，由轨迹法形成，需要一个成形运动。这是一个复合运动，把它分解为工件旋转 B_{11} 和刀具直线移动 A_{12}。B_{11} 和 A_{12} 之间必须保持严格的相对运动关系。

表面成形运动的总数为一个——$B_{11}A_{12}$，是复合的成形运动。

〔例2-4〕　用齿轮滚刀加工直齿圆柱齿轮齿面（图2-11c）。

母线——渐开线，由展成法形成，需要一个成形运动，是复合运动，可分解为滚刀旋转 B_{11} 和工件旋转 B_{12} 两个部分，B_{11} 和 B_{12} 之间必须保持严格的相对运动关系。

导线——直线，由相切法形成，需要两个独立的成形运动，即滚刀的旋转运动和滚刀沿工件的轴向移动 A_2。其中滚刀的旋转运动与复合展成运动的一部分 B_{11} 重合。因此，形成表面所需的成形运动的总数只有两个：一个是复合的成形运动

$B_{11}B_{12}$,另一个是简单的成形运动 A_2。

二、辅助运动

机床上除表面成形运动外，还需要辅助运动，以实现机床的各种辅助动作。辅助动作的种类很多，主要包括以下几种。

1. 各种空行程运动

空行程运动是指进给前后的快速运动和各种调位运动。例如，在装卸工件时，为避免碰伤操作者，刀具与工件应相对退离。在进给开始之前快速引进，使刀具与工件接近。进给结束后应快退。例如车床的刀架或铣床的工作台，在进给前后都有快进或快退运动。调位运动是在调整机床的过程中，把机床的有关部件移到要求的位置。例如摇臂钻床，为使钻头对准被加工孔的中心，可转动摇臂和使主轴箱在摇臂上移动。又如龙门式机床，为适应工件的不同高度，可使横梁升降。这些都是调位运动。

2. 切入运动

切入运动用于保证被加工表面获得所需要的尺寸。

3. 分度运动

加工若干个完全相同的均匀分布的表面时，为使表面成形运动得以周期地继续进行的运动称为分度运动。如车削多头螺纹，在车完一条螺纹后，工件相对于刀具要回转 $1/K$ 转（K——螺纹头数）才能车削另一条螺纹表面。这个工件相对于刀具的旋转运动就是分度运动。多工位机床的多工位工作台或多工位刀架也需分度运动。

4. 操纵和控制运动

操纵和控制运动包括起动、停止、变速、换向、部件与工件的夹紧、松开、转位以及自动换刀、自动测量、自动补偿等。

三、主运动和进给运动

成形运动按其在切削加工中所起的作用，又可分为主运动和进给运动。

1. 主运动

主运动是产生切削的运动。例如车床上主轴带工件的旋转；钻、镗、铣以及磨床上主轴带刀具或砂轮的旋转；牛头刨床和插床的滑枕带刨刀，龙门刨床工作台带工件的往复直线运动等。

主运动可能是简单的成形运动，也可能是复合的成形运动。上面所述的各种机床的主运动都是简单运动。图 2-8b 所示的车削螺纹，主运动就是复合运动。

2. 进给运动

进给运动是维持切削得以继续的运动。进给运动可以是简单运动，也可以是复合运动。进给运动是简单运动的例子有：在车床上车削圆柱表面时，刀架带车刀的连续纵向运动；在牛头刨床上加工平面时，刨刀每往复一次，工作台带工件横向间歇移动一次。进给运动是复合运动的例子有：用成形铣刀铣削螺纹（见图 2-12）时，铣刀相对于工件的螺旋运动 $B_{21}A_{22}$。这时的主运动是铣刀的旋转 B_1，是一个简单运动。

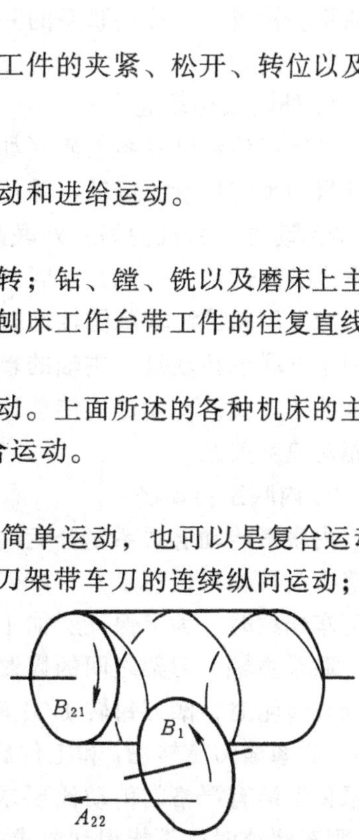

图 2-12 铣削螺纹时的运动

在表面成形运动中，必须有而且只能有一个主运动。如果只有一个表面成形运动，则这个运动就是主运动，如用成形刀车削圆柱体。进给运动则可能是一个，也可能没有或多于一个。无论是主运动还是进给运动，都可能是简单运动或复合运动。

第三节　机床的传动联系和传动原理图

一、机床的传动联系

每个运动，都有以下三个基本部分。

(1) 执行件　它们是执行运动的部件，如主轴、刀架以及工作台等。其任务是带工件或刀具完成旋转或直线运动，并保持准确的运动轨迹。

(2) 动力源　它是提供动力的装置。普通机床常用三相异步交流电动机，数控机床常用直流或交流调速电动机或伺服电动机。

(3) 传动装置　它是传递动力和运动的装置。通过它把动源的动力传递给执行件或把一个执行件的运动传递给另一个执行件。传动装置通常还包括改变传动比、改变运动方向和改变运动形式（从旋转运动改变为直线运动）等机构。

动力源—传动装置—执行件或执行件—传动装置—执行件，构成传动联系。

二、机床的传动链

如上所述，机床上为了得到所需要的运动，需要通过一系列的传动件把执行件和动源（例如把主轴和电动机），或者把执行件和执行件（例如把主轴和刀架）连接起来，以构成传动联系。构成一个传动联系的一系列传动件，称为传动链。根据传动联系的性质，传动链可以区分为两类。

1. 外联系传动链

外联系传动链联系动源（如电动机）和机床执行件（如主轴、刀架和工作台等），使执行件得到预定速度的运动，并传递一定的动力。此外，外联系传动链还包括变速机构和换向（改变运动方向）机构等。外联系传动链传动比的变化，只影响生产率或表面粗糙度，不影响发生线的性质。因此，外联系传动链不要求动源与执行件间有严格的传动比关系。例如，在车床上用轨迹法车削圆柱面时，主轴的旋转和刀架的移动就是两个互相独立的成形运动，有两条外联系传动链。主轴的转速和刀架的移动速度，只影响生产率和表面粗糙度，不影响圆柱面的性质。传动链的传动比不要求很准确。工件的旋转和刀架的移动之间，也没有严格的相对速度关系。

2. 内联系传动链

内联系传动链联系复合运动之内的各个运动分量，因而传动链所联系的执行件之间的相对速度（及相对位移量）有严格的要求，用来保证运动的轨迹。例如，在卧式车床上用螺纹车刀车螺纹时，为了保证所加工螺纹的导程，主轴（工件）每转一转，车刀必须移动一个导程。联系主轴—刀架之间的螺纹传动链，就是一条内联系传动链。再如，用齿轮滚刀加工直齿圆柱齿轮时，滚刀每转 $1/K$ 转（K 是滚刀头数），工件必须转 $1/z_工$ 转（$z_工$ 为工件的齿数）。联系滚刀旋转 B_{11} 和工件旋转 B_{12}（参见图 2-11c）的传动链，就是内联系传动链。内联系传动链有严格的传动比要求，否则就不能保证被加工表面的性质，例如如果传动比不准确，则车螺纹时就不能得到要求的导程；加工齿轮时不能展成正确的渐开线齿形。为了保证准确的传动比，在内联系传动链中不能用摩擦传动或瞬时传动比有变化的传动件，如链传动。

三、传动原理图

通常，传动链包括各种传动机构，如带传动、定比齿轮副、齿轮齿条、丝杠螺母、蜗杆蜗轮、滑移齿轮变速机构、离合器变速机构、交换齿轮或挂轮架以及各种电的、液压的和机械的无级变速机构等。在考虑传动路线时，可以先撇开具体机构，把上述各种机构分成两大类：固定传动比的传动机构，简称“定比机构”和变换传动比的传动机构，简称“换置器官”。定比传动机构有定比齿轮副、丝杠螺母副以及蜗轮蜗杆副等，换置器官有变速箱、挂轮架和数控机床中的数控系统等。

为了便于研究机床的传动联系，常用一些简明的符号把传动原理和传动路线表示出来，这就是传动原理图。图2-13为传动原理图常使用的一部分符号。其中，表示执行件的符号，还没有统一的规定，一般采用较直观的图形表示。为了把运动分析的理论推广到数控机床，图中引入了画数控机床传动原理图时所要用到的一些符号，如电的联系、脉冲发生器等。

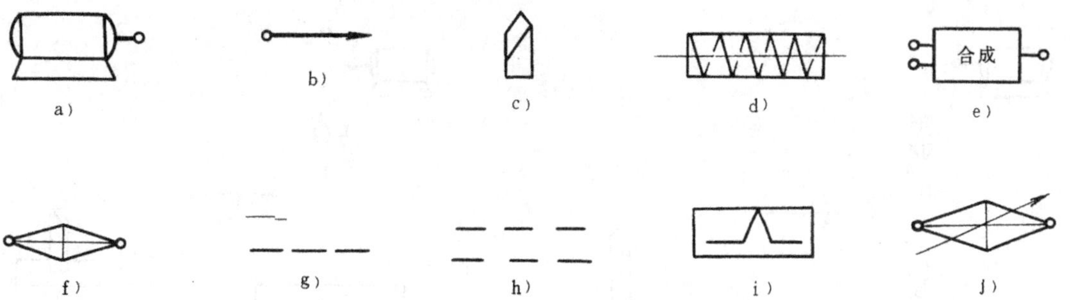

图2-13　传动原理图常用的一些示意符号

a）电动机　b）主轴　c）车刀　d）滚刀　e）合成机构　f）传动比可变换的换置器官
g）传动比不变的机械联系　h）电的联系　i）脉冲发生器　j）快调换置器官——数控系统

下面举例说明传动原理图的画法和所表示的内容。

〔例2-5〕　卧式车床的传动原理图（图2-14）。

卧式车床在形成螺旋表面时需要一个运动——刀具与工件间相对的螺旋运动。这个运动是复合运动。它可分解为两部分：主轴的旋转 B_{11} 和车刀的纵向移动 A_{12}。因此，车床应有两条传动链：①联系复合运动两部分 B_{11} 和 A_{12} 的内联系传动链：主轴—4—5—i_f—6—7—丝杠；②联系动源与这个复合运动的外联系传动链。外联系传动链可由动源联系复合运动中的任一环节。考虑到大部分动力应输送给主轴，故外联系传动链联系动源与主轴。图2-14中为：电动机—1—2—i_v—3—4—主轴。

车床在车削圆柱面时，主轴的旋转和刀具的移动是两个独立的简单运动。这时 B_{11} 应改为 B_1，A_{12} 应改为 A_2。这时车床应有两条外联系传动链。其中一条为：电动机—1—2—i_x—3—4—主轴；另一条为：电动机—1—2—i_x—3—4—5—i_f—6—7—丝杠。其中1—2—i_x—3—4是公共段。这样，虽然车削螺纹和车削外圆时运动的数量和性质不同，但却可以公用一个传动原理图。差别仅在于当车削螺纹时，i_f 必须计算和调整得准确，车削外圆时，i_f 不需准确。

如果车床仅用于车削圆柱面和端面，不用来车螺纹，则传动原理图也可如图2-15a所示；进给也可采用液压传动，（图2-15b），例如某些多刀半自动车床。

〔**例 2-6**〕 数控车床的传动原理图（图 2-16）。

数控车床的传动原理图与卧式车床原则上相同，但许多地方用电的联系来代替机械联系。图中未表示主运动链。车削螺纹时，主轴通过机械传动 1—2（通常是 1∶1 的一对齿轮）与脉冲发生器相联系。主轴每一转发出 n 个脉冲。经 3—4（常为电线）传至数控系统的 z 轴（纵向）控制装置 i_{c1}。i_{c1}可理解为一个快速调整的换置器官。根据程序的指令，使 i_{c1}的输出脉冲为 F_1。经伺服系统 5—6 后，由伺服电动机 M_1 经机械传动件 7—8（也可以没有，伺服电动机直接与丝杠相联），滚珠丝杠使刀架作纵向直线运动 A_{12}。$B_{11}A_{12}$是一个复合运动。主轴每一转，刀架纵向移动一个导程。

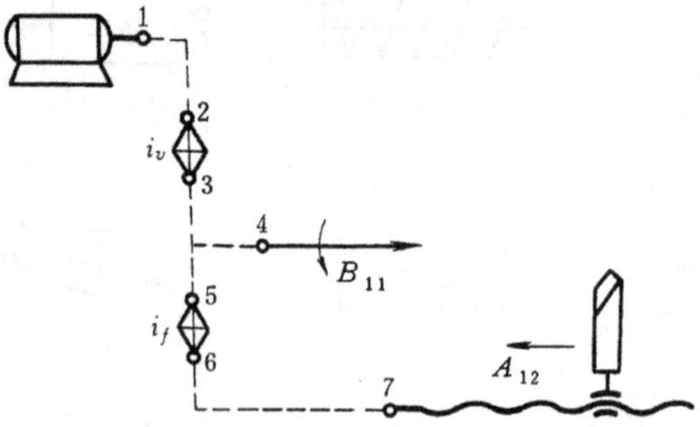

图 2-14 卧式车床的传动原理图

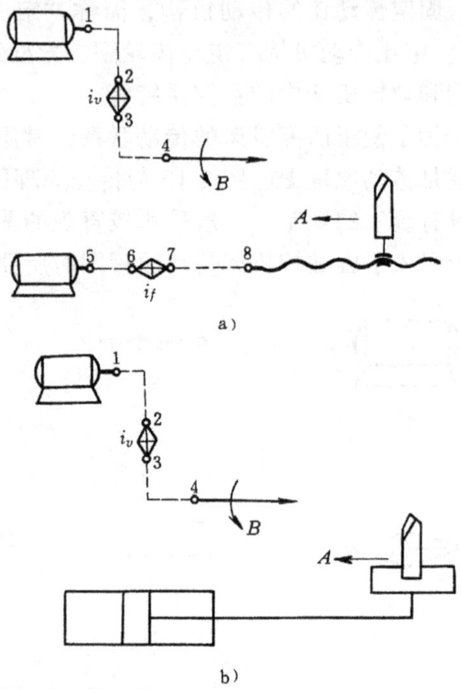

图 2-15 车削圆柱面时的传动原理图

车削端面螺纹时，脉冲发生器发出的脉冲经类似的传动装置 9—10—i_{c2}—11—12—M_2—13—14—丝杠，使刀具作横向移动 A_{13}。这时 $B_{11}A_{13}$是一个复合运动。

车削成形曲面时，$A_{12}A_{13}$形成一个复合运动。脉冲发生器发出的脉冲同时控制 A_{12}和 A_{13}，A_{12}—纵向丝杠—8—7—M_1—6—5—i_{c1}—4—3—脉冲发生器—9—10—i_{c2}—11—12—M_2—13—14—横向丝杠—A_{13}，形成一条内联系传动链。i_{c1}和 i_{c2}同时不断地变化，以保证刀尖沿要求的工件表面曲线运动，以便得到要求的表面形状，并使 A_{12}、A_{13}的合成线速度的大小基本不变。这时，主轴的旋转运动是一个简单运动，应将 B_{11}改为 B_2。

如果用来车削圆柱面或端面，则 B_{11}、A_{12}、A_{13}是三个独立的简单运动，应分别改为 B_1、A_2 和 A_3。i_{c1}和 i_{c2}用以调整进给量。

此外，在车削螺纹时，脉冲发生器还发出另一组脉冲，即每转发 1 个脉冲，称之为同步脉冲。因为在螺纹加工中，必须经过多次重复车削。为了保证螺纹不乱扣，数控系统必须控制螺纹刀具的切削相位，保证在螺纹上的同一点切入。同步脉冲是保证在螺纹车削中不产生乱扣的控制信号。

与机械传动相对比，数控系统的一个脉冲，可看作相当于齿轮的一个齿。i_{c1}和 i_{c2}是电子的换置器官，相当于机械传动中的挂轮架。故名之曰“电子挂轮”。“电子挂轮”是由电脑根据程序换置的，因此可以快速、灵活、多变地调整。

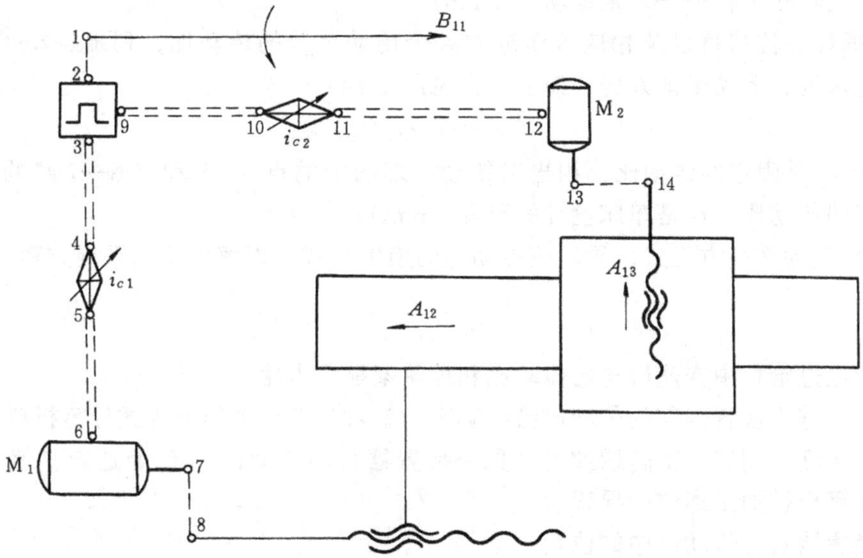

图 2-16 数控车床的螺纹链和进给链

第四节 机床运动的调整

一、运动参数及其换置器官

每一个独立的运动都需要有 5 个参数来确定。这 5 个运动参数是：运动的起点、方向、轨迹、路程和速度。机床工作时，由于加工对象的不同，机床上各运动件的某些运动参数便需改变。机床运动的调整，就是调整每个运动的 5 个参数。改变运动参数的机构称为换置器官，在传动原理图中通常用符号——棱形框表示，其旁标以 i_v、i_f 等表示换置量。用来改变运动速度的换置器官可以是变速箱、配换齿轮等。数控机床是通过数控系统来改变运动速度的。但是，有些运动参数是由机床本身的结构来保证的，例如，轨迹为圆或直线，通常由轴承和导轨来确定；运动的起点和行程的大小，可由机床上的挡块来调整，也可由操作工人控制。

例如，在卧式车床上车削螺纹时，只需要一个成形运动，用于形成导线——螺旋线。要确定这个成形运动，就必须确定它的 5 个运动参数。对这个成形运动来说，运动的起点，一般由操作工人控制。运动的方向，即由螺旋线的哪一头车削到另一头，由主运动链中的换向机构来确定。对于右旋螺纹来说，通常主轴正转，刀具从右向左移动，即从螺旋线的右端向左端运动。运动的轨迹参数是螺旋线的导程大小和它的旋向。导程的大小由螺纹链的换置器官的传动比 i_f（见图 2-14）来确定；螺纹的旋向由螺纹链中变换螺纹旋向的机构来确定。这个成形运动的速度参数，由主运动传动链的换置器官的传动比 i_v 来确定。行程的大小，由操作工人控制。有时可以使用调整挡块。

二、机床运动的调整计算

机床运动的调整计算按每一传动链分别进行，其一般步骤如下：

1）根据对机床的运动分析，确定各传动链两端的末端件。例如，对于卧式车床的螺纹链来说，其末端件就是：主轴—刀架。

2）根据传动链两末端件的运动关系，确定计算位移量。仍以螺纹链为例，其相对计算位移量为：主轴转 1 转——刀架移动 f（mm）。

3）根据计算位移量以及相应传动链中各个传动环节的传动比，列出运动平衡方程式。对于螺纹链来说，运动平衡方程式如下（参见图 2-14）：

$$1_{(r)} i_1 i_f i_2 t_l = f$$

式中，i_1 和 i_2 是固定的传动比，相当于传动原理图中的点 4—5 和点 6—7 间的传动比；i_f 是换置器官的传动比；t_l 是车床丝杠的导程（mm）。

4）根据运动平衡方程式，导出该传动链的换置公式，即解出运动平衡方程式中的 i_f：

$$i_f = \frac{f}{i_1 i_2 t_l}$$

以此就可确定进给箱中变速齿轮的传动比和挂轮架配换齿轮。

如果传动链中换置器官的传动比已经确定，就可从运动平衡方程式计算机床执行件的位移量或运动速度。例如，车削螺纹时，如果换置器官的传动比 i_f 已经选定，就可从运动平衡方程式计算出被加工螺纹的导程。

三、换置器官在传动链中的位置

换置器官在传动链中的位置对运动的调整计算影响很大。在传动设计中，可以应用传动原理图来选择换置器官的数量和安排换置器官的位置。

以卧式车床为例，车削螺纹时，有两条传动链：一条内联系传动链和一条外联系传动链。每条传动链都有一个换置器官。内联系传动链的换置器官 i_f 用于调整螺纹的导程，外联系传动链的换置器官 i_v 用于调整主轴的转速，从而调整切削螺纹的速度。i_f 和 i_v 的位置安排可有三种不同的设计方案，如图 2-17 所示。

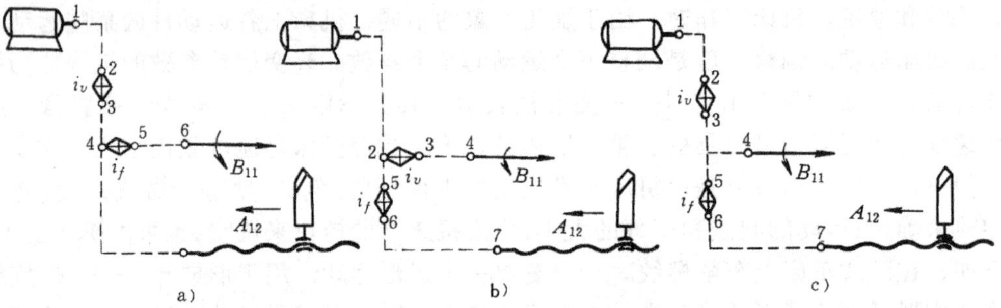

图 2-17　卧式车床换置器官的位置

在图 2-17a 中，欲改变螺纹导程，必须调整内联系传动链换置器官的传动比 i_f。但是，这同时也改变了主轴的转速。即改变一个运动参数时，另一个运动参数也随之改变。在图 2-17b 中，欲改变主轴转速，必须调整外联系传动链的换置器官的传动比 i_v。但这同时也改变了被切螺纹的导程。即同时改变了另一个运动参数。在图 a 和 b 中，要想只改变一个运动参数，就必须同时调整两个换置器官的传动比 i_v 和 i_f。这样是很不方便的。在图 2-17c 中，i_v 和 i_f 分别控制主轴转速和螺纹的导程。二者各不相关，这是典型的卧式车床的传动原理图。

此外，换置器官在传动链中的位置不同对机床的加工精度也有一定的影响，这将在第四章中讨论。

由此可见，对机床进行运动分析，不仅是认识和使用现有机床的基础，也是设计新机床时，比较与选择合理的设计方案的重要依据。

第三章　车　　床

第一节　概　　述

一、车床的用途和运动

车床（Lathe）类机床主要用于加工各种回转表面，如内外圆柱表面、圆锥表面、成形回转表面和回转体的端面等，有些车床还能加工螺纹面。由于多数机器零件具有回转表面，车床的通用性又较广，因此在机器制造厂中，车床的应用极为广泛，在金属切削机床中所占的比重最大，约占机床总台数的20%～35%。

在车床上使用的刀具，主要是各种车刀，有些车床还可以采用各种孔加工刀具如钻头、扩孔钻及铰刀等和螺纹刀具如丝锥、板牙等。

为了加工出所要求的工件表面，必须使刀具和工件实现一系列运动。

1. 表面成形运动

（1）工件的旋转运动　这是车床的主运动，其转速较高，消耗机床功率的主要部分。

（2）刀具的移动　这是车床的进给运动。刀具可作平行于工件旋转轴线的纵向进给运动（车圆柱表面）或作垂直于工件旋转轴线的横向进给运动（车端面），也可作与工件旋转轴线倾斜一定角度的斜向运动（车圆锥表面）或作曲线运动（车成形回转表面）。进给量 f 常以主轴每转刀具的移动量计，即mm/r。

车削螺纹时，只有一个复合的主运动：螺旋运动。它可以被分解为两部分：主轴的旋转和刀具的移动。

2. 辅助运动

为了将毛坯加工到所需要的尺寸，车床还应有切入运动。有的还有刀架纵、横向的机动快移。重型车床还有尾架的机动快移等。

二、车床的分类

车床的种类很多，按其结构和用途，主要可分为以下几类：①卧式车床和落地车床②立式车床③转塔车床④单轴和多轴自动和半自动车床⑤仿形车床和多刀车床⑥数控车床和车削中心⑦各种专门化车床如凸轮轴车床、曲轴车床、车轮车床及铲齿车床等。此外，在大批大量生产的工厂中还有各种各样的专用车床。在所有的车床类机床中，以卧式车床应用最广。

第二节　卧式车床的工艺范围和布局

一、工艺范围

卧式车床的工艺范围很广，能进行多种表面的加工：各种轴类、套类和盘类零件上的回转表面，如车削内外圆柱面、圆锥面、环槽及成形回转面；车削端面；车削螺纹；还可以进行钻孔、扩孔、铰孔和滚花等工作，见图3-1。

卧式车床的通用性较大，但结构较复杂而且自动化程度低，在加工形状比较复杂的工件时，换刀较麻烦，加工过程中的辅助时间较多，所以适用于单件、小批生产及修理车间等。

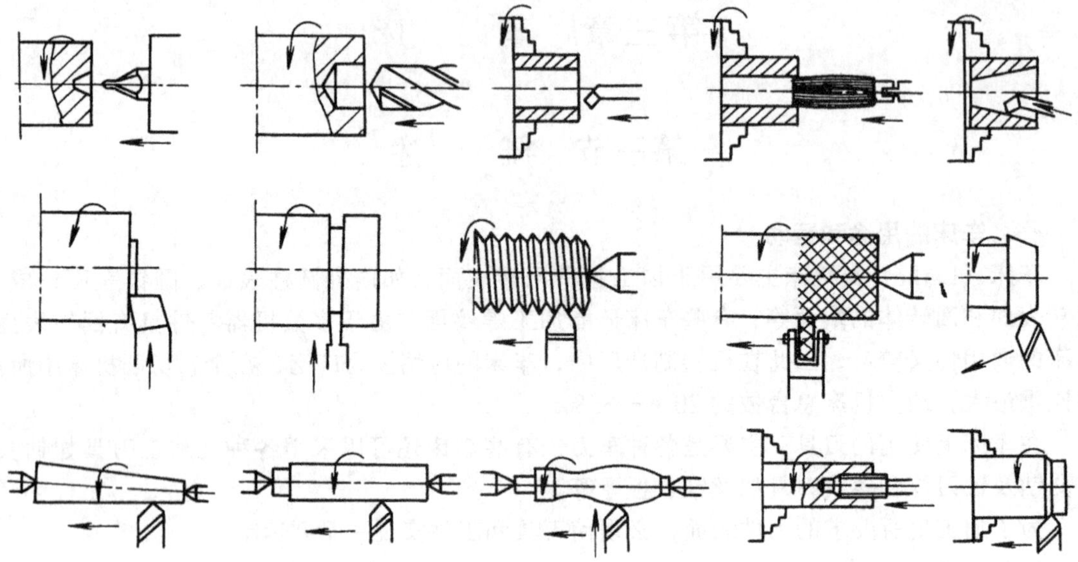

图 3-1　卧式车床所能加工的典型表面

二、机床的布局

卧式车床的加工对象，主要是轴类零件和直径不太大的盘类零件，故采用卧式布局。为了适应右手操作的习惯，主轴箱布置在左端。图 3-2 是卧式车床的外形图，其主要组成部件及功用如下。

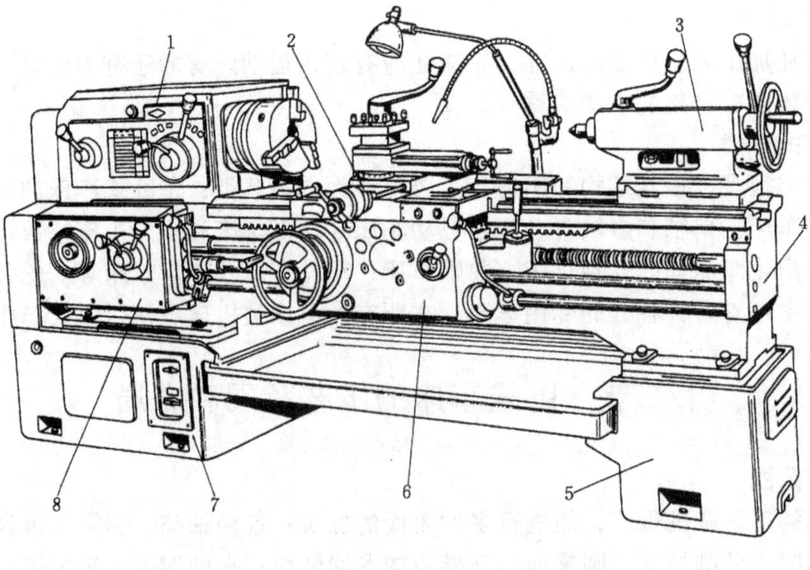

图 3-2　卧式车床外形图

1. 主轴箱

主轴箱（Headstock）1 固定在床身 4 的左端，内部装有主轴和变速及传动机构。工件通过卡盘等夹具装夹在主轴前端。主轴箱的功用是支承主轴并把动力经变速传动机构传给主轴，使主轴带动工件按规定的转速旋转，以实现主运动。

2. 刀架

刀架（Tool slide）2 可沿床身 4 上的刀架导轨作纵向移动。刀架部件由几层组成，它的功用是装夹车刀，实现纵向、横向或斜向运动。

3. 尾座

尾座（Tailstock）3 安装在床身 4 右端的尾座导轨上，可沿导轨纵向调整其位置。它的功用是用后顶尖支承长工件，也可以安装钻头、铰刀等孔加工刀具进行孔加工。

4. 进给箱

进给箱（Feedbox）8 固定在床身 4 的左端前侧。进给箱内装有进给运动的变换机构，用于改变机动进给的进给量或所加工螺纹的导程。

5. 溜板箱

溜板箱（Apron）6 与刀架 2 的最下层——纵向溜板相连，与刀架一起作纵向运动，功用是把进给箱传来的运动传递给刀架，使刀架实现纵向和横向进给或快速移动或车螺纹。溜板箱上装有各种操纵手柄和按钮。

6. 床身

床身（Bed）4 固定在左右床腿 7 和 5 上。在床身上安装着车床的各个主要部件，使它们在工作时保持准确的相对位置或运动轨迹。

第三节　CA6140 型车床的传动系统

在第二章中，已分析了车床的传动原理图（图 2-14）。原理图可通过传动框图进一步具体化，如图 3-3 所示。

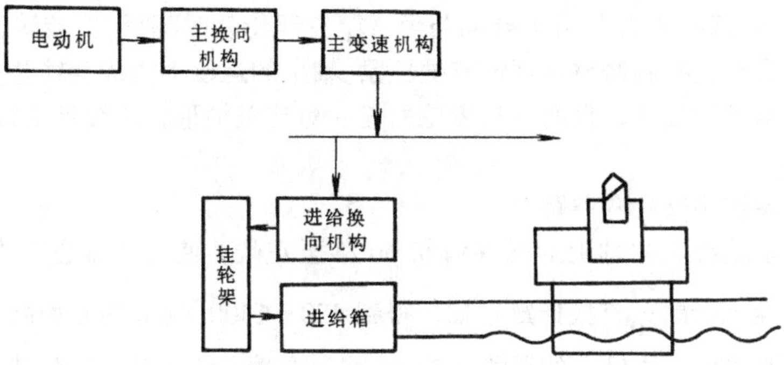

图 3-3　卧式车床传动框图

电动机经主换向机构、主变速机构拖动主轴。主换向机构主要用于切削螺纹：一刀切削结束，换向机构使主轴连同刀架一起换向，回到切削起点处，再切削第二刀。这一段相当于传动原理图的1—2段。主变速机构用于变速，相当于 i_v。主变速机构至主轴为定比传动，相当于3—4段。

进给链（切螺纹时为螺纹链）从主轴开始，经进给换向机构、挂轮和进给箱内的进给变换机构、转换机构——光杠（普通车削）、溜板箱内的转换机构传至刀架；或经丝杠（车螺纹）和溜板箱内的螺母传至刀架。

进给换向机构主要用来决定车削右旋或左旋螺纹。这一段相当于4—5段。挂轮和进给变换机构用以变换被切螺纹的导程或进给量，相当于 i_f。卧式车床既能切螺纹，又能进行普通车削，所以进给箱内设置转换机构以决定将运动传至丝杠或光杠。如果传给丝杠，则从主轴到刀架间的传动链是内联系传动链——螺纹链；如果传给光杠，则是外联系传动链——进给链。从进给变速机构至刀架，相当于6—7段。

溜板箱中的转换机构改变进给的方向：纵向或横向，正向或反向。如果用快速电动机经溜板箱的转换机构驱动刀架，则可实现刀架的快移。

传动原理图和传动框图所表示的传动关系最后通过传动系统图体现出来。CA6140型卧式车床的传动系统图见图3-4。图中各种传动元件用简单的规定符号代表，各齿轮所标数字表示齿数。规定符号详见国家标准GB4460-84《机械制图——机动示意图中的规定符号》。机床的传动系统图画在一个能反映机床基本外形和各主要部件相互位置的平面上，并尽可能绘制在机床外形的轮廓线内。各传动元件应尽可能按运动传递的顺序安排。该图只表示传动关系，不代表各传动元件的实际尺寸和空间位置。

在分析传动系统图时，应与传动原理图和传动框图联系起来。

一、主运动传动链

1. 传动路线

主运动传动链的两末端件是主电动机和主轴。运动由电动机(7.5kW,1450r/min)经V带轮传动副 ϕ130mm/ϕ230mm传至主轴箱中的轴Ⅰ。在轴Ⅰ上装有双向多片摩擦离合器 M_1，使主轴正转、反转或停止。它就是传动框图(图3-3)中的主换向机构。当压紧离合器 M_1 左部的摩擦片时，轴Ⅰ的运动经齿轮副 $\frac{56}{38}$ 或 $\frac{51}{43}$ 传给轴Ⅱ，使轴Ⅱ获得两种转速。压紧右部摩擦片时，经齿轮50(足标表示齿数)、轴Ⅶ上的空套齿轮34传给轴Ⅱ上的固定齿轮30。这时轴Ⅰ至轴Ⅱ间多一个中间齿轮34，故轴Ⅱ的转向与经 M_1 左部传动时相反。反转转速只有一种。当离合器处于中间位置时，左、右摩擦片都没有被压紧。轴Ⅰ的运动不能传至轴Ⅱ，主轴停转。

轴Ⅱ的运动可通过轴Ⅱ、Ⅲ间三对齿轮的任一对传至轴Ⅲ，故轴Ⅲ正转共 $2\times3=6$ 种转速。

运动由轴Ⅲ传往主轴有两条路线：

(1) 高速传动路线　主轴上的滑移齿轮50移至左端，使之与轴Ⅲ上右端的齿轮63啮合。运动由轴Ⅲ经齿轮副 $\frac{63}{50}$ 直接传给主轴，得到450～1400r/min的6种高转速。

(2) 低速传动路线　主轴上的滑移齿轮 z_{50} 移至右端，使主轴上的齿式离合器 M_2 啮合。轴Ⅲ的运动经齿轮副 $\frac{20}{80}$ 或 $\frac{50}{50}$ 传给轴Ⅳ，又经齿轮副 $\frac{20}{80}$ 或 $\frac{51}{50}$ 传给轴Ⅴ、再经齿轮副 $\frac{26}{58}$ 和齿式离合器 M_2 传至主轴，使主轴获得10～500r/min的低转速。上述这些滑移变速齿轮副就是传动框图中的主变速机构。

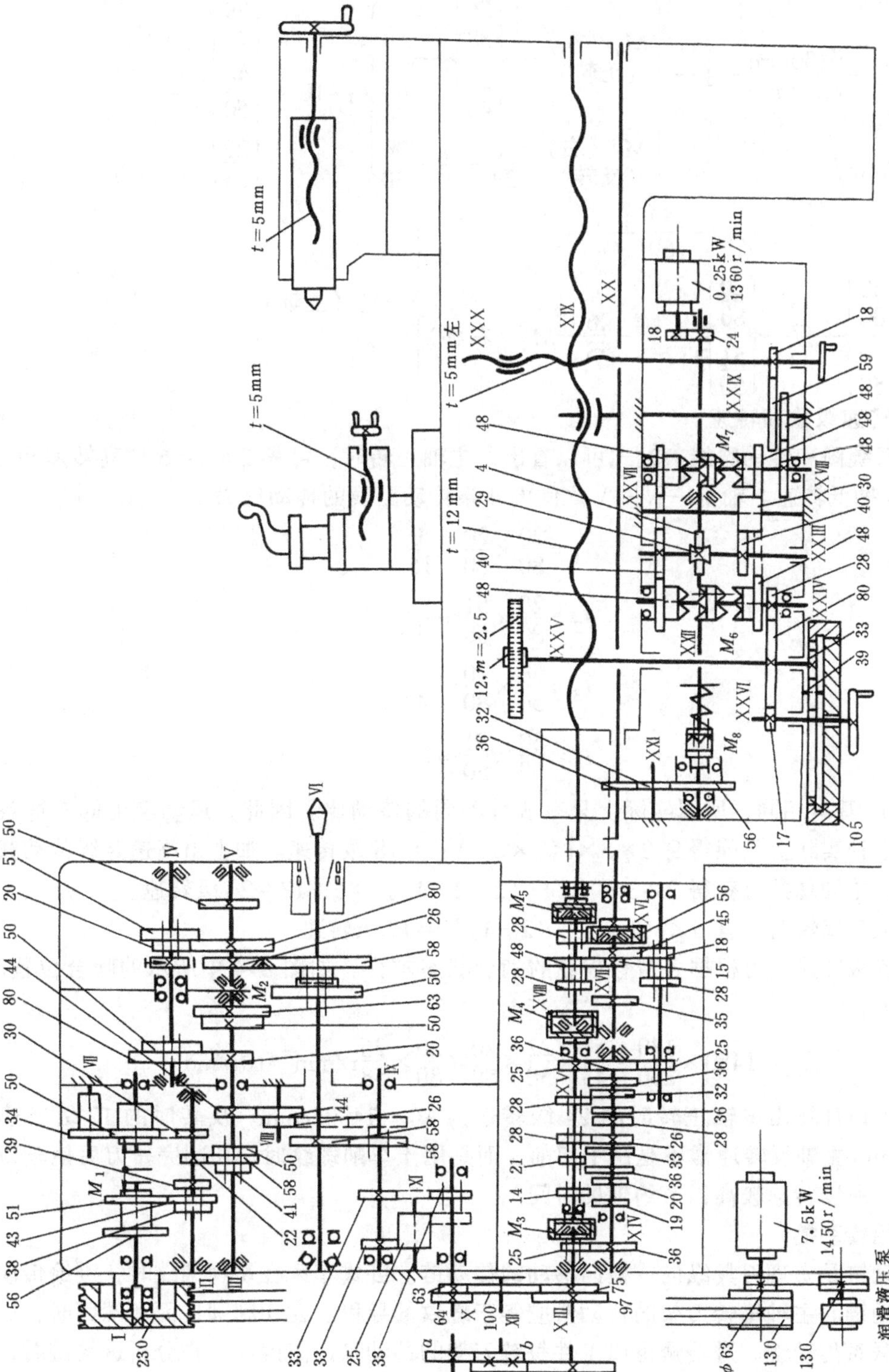

图 3-4 CA6140 型卧式车床的传动系统图

传动系统可用传动路线表达式表示如下：

$$
\underset{\left(\begin{array}{c}7.5\text{kW}\\1450\text{r/min}\end{array}\right)}{\text{主电动机}}-\frac{\phi 130\text{mm}}{\phi 230\text{mm}}-\text{I}-\left\{\begin{array}{l}\begin{array}{c}M_1\ (\text{左})\\(\text{正转})\end{array}-\left\{\begin{array}{c}\frac{56}{38}\\ \frac{51}{43}\end{array}\right\}-\\ \begin{array}{c}M_1\ (\text{右})\\(\text{反转})\end{array}-\frac{50}{34}-\text{VII}-\frac{34}{30}\end{array}\right\}-\text{II}-\left\{\begin{array}{c}\frac{39}{41}\\ \frac{30}{50}\\ \frac{22}{58}\end{array}\right\}-
$$

$$
\text{III}-\left\{\begin{array}{c}-\frac{63}{50}-\\ \left\{\begin{array}{c}\frac{20}{80}\\ \frac{50}{50}\end{array}\right\}-\text{IV}-\left\{\begin{array}{c}\frac{20}{80}\\ \frac{51}{50}\end{array}\right\}-\text{V}-\frac{26}{58}-M_2\ (\text{右移})\end{array}\right\}-\text{VI}\ (\text{主轴})
$$

2. 主轴转速级数和转速

由传动系统图和传动路线表达式可以看出，主轴正转时，可得 2×3=6 种高转速和 2×3×2×2=24 种低转速。轴Ⅲ—Ⅳ—Ⅴ之间的 4 条传动路线的传动比为：

$$i_1=\frac{20}{80}\times\frac{20}{80}=\frac{1}{16}$$

$$i_2=\frac{20}{80}\times\frac{51}{50}\approx\frac{1}{4}$$

$$i_3=\frac{50}{50}\times\frac{20}{80}=\frac{1}{4}$$

$$i_4=\frac{50}{50}\times\frac{51}{50}\approx 1$$

式中，i_2 和 i_3 基本相同，所以实际上只有 3 种不同的传动比。因此，运动经由低速这条传动路线时，主轴实际上只能得到 2×3×（2×2－1）＝18 级转速。加上由高速路线传动获得的 6 级转速，主轴总共可获得 2×3×〔1＋（2×2－1）〕＝6＋18＝24 级转速。

同理，主轴反转时，有 3×〔1＋（2×2－1）〕＝12 级转速。

主轴的各级转速，可根据各滑移齿轮的啮合状态求得。如图 3-4 中所示的啮合位置时，主轴的转速为：

$$n_{主}=1450\times\frac{130}{230}\times\frac{51}{43}\times\frac{22}{58}\times\frac{20}{80}\times\frac{20}{80}\times\frac{26}{58}\text{r/min}\approx 10\text{r/min}$$

同理，可以计算出主轴正转时的 24 级转速为 10～1400r/min；反转时的 12 级转速为 14～1580r/min。主轴反转通常不是用于切削，而是用于车削螺纹时，切削完一刀后使车刀沿螺旋线退回，所以转速较高以节约辅助时间。

二、进给传动链

进给传动链是实现刀具纵向或横向移动的传动链。卧式车床在切削螺纹时，进给传动链是内联系传动链。主轴每转刀架的移动量应等于螺纹的导程。在切削圆柱面和端面时，进给传动链是外联系传动链。进给量也以工件每转刀架的移动量计。因此，在分析进给链时，都把主轴和刀架当作传动链的两端。

运动从主轴Ⅵ开始，经轴Ⅸ传至轴Ⅹ。轴Ⅸ～Ⅹ可经一对齿轮，也可经轴Ⅺ上的惰轮。这是进给换向机构。然后，经挂轮架至进给箱。从进给箱传出的运动，一条路线经丝杠 XIX

带动溜板箱，使刀架作纵向运动，这是车削螺纹传动链；另一条路线经光杠 XX 和溜板箱，带动刀架作纵向或横向的机动进给，这是进给传动链。

1. 车削螺纹

CA6140 型车床可车削米制、英制、模数制和径节制四种标准的常用螺纹；此外，还可以车削大导程、非标准和较精密的螺纹。既可以车削右螺纹，也可以车削左螺纹。进给传动链的作用，在于能得到上述四种标准螺纹。

车螺纹时的运动平衡式为：

$$1_{(\text{主轴})}it_l=S$$

式中　i——从主轴到丝杠之间的总传动比；

t_l——机床丝杠的导程，CA6140 型车床的 $t_l=12\text{mm}$；

S——被加工螺纹的导程（mm）。

改变传动比 i，就可得到这四种标准螺纹的任意一种。

（1）米制螺纹　米制螺纹导程的国家标准见表 3-1。

表 3-1　标准米制螺纹导程　　(mm)

—	1	—	1.25	—	1.5
1.75	2	2.25	2.5	—	3
3.5	4	4.5	5	5.5	6
7	8	9	10	11	12

可以看出，表中的每一行都是按等差数列排列的，行与行之间成倍数关系。

车削米制螺纹时，进给箱中的离合器 M_3 和 M_4 脱开，M_5 接合。挂轮架齿数为 63—100—75。运动进入进给箱后，经移换机构的齿轮副 25/36 传至轴XIV，再经过双轴滑移变速机构的齿轮副$\frac{19}{14}$、$\frac{20}{14}$、$\frac{36}{21}$、$\frac{33}{21}$、$\frac{26}{28}$、$\frac{28}{28}$、$\frac{36}{28}$及$\frac{32}{28}$中的任一对传至轴XV，然后再由移换机构的轮齿副$\frac{25}{36}\times\frac{36}{25}$传至轴XVI，接下去再经轴XVI～XVIII间的两组滑移变速机构，最后经离合器 M_5 传至丝杠XIX。溜板箱中的开合螺母闭合，带动刀架。

车削米制螺纹时传动链的传动路线表达式如下：

$$\text{主轴 VI}-\frac{58}{58}-\text{IX}-\begin{bmatrix}\text{右螺纹} \\ \frac{33}{33} \\ \text{左螺纹} \\ \frac{33}{25}-\text{XI}-\frac{25}{33}\end{bmatrix}-\text{X}-\frac{63}{100}\times\frac{100}{75}-\text{XIII}-\frac{25}{36}-\text{XIV}-\begin{bmatrix}\frac{19}{14}\\ \frac{20}{14}\\ \frac{36}{21}\\ \frac{33}{21}\\ \frac{26}{28}\\ \frac{28}{28}\\ \frac{36}{28}\\ \frac{32}{28}\end{bmatrix}-$$

$$\mathrm{XV}-\frac{25}{36}\times\frac{36}{25}-\mathrm{XVI}-\begin{bmatrix}\frac{28}{35}\times\frac{35}{28}\\ \frac{18}{45}\times\frac{35}{28}\\ \frac{28}{35}\times\frac{15}{48}\\ \frac{18}{45}\times\frac{15}{48}\end{bmatrix}-\mathrm{XVIII}-M_5-\text{丝杠}\,\mathrm{XIX}-\text{刀架}$$

其中轴XIV～XV之间的变速机构可变换8种不同的传动比：

$$i_{\text{基}1}=\frac{26}{28}=\frac{6.5}{7}\qquad i_{\text{基}5}=\frac{19}{14}=\frac{9.5}{7}$$

$$i_{\text{基}2}=\frac{28}{28}=\frac{7}{7}\qquad i_{\text{基}6}=\frac{20}{14}=\frac{10}{7}$$

$$i_{\text{基}3}=\frac{32}{28}=\frac{8}{7}\qquad i_{\text{基}7}=\frac{33}{21}=\frac{11}{7}$$

$$i_{\text{基}4}=\frac{36}{28}=\frac{9}{7}\qquad i_{\text{基}8}=\frac{36}{21}=\frac{12}{7}$$

即 $i_{\text{基}j}=s_j/7$，$s_j=6.5$，7，8，9，9.5，10，11，12。这些传动比的分母相同，分子则除6.5和9.5用于其他种类的螺纹外，其余按等差数列排列，相当于米制螺纹导程标准的最后一行。这套变速机构称为基本组。轴XVI～XVIII间的变速机构可变换4种传动比：

$$i_{\text{倍}1}=\frac{18}{45}\times\frac{15}{48}=\frac{1}{8}\qquad i_{\text{倍}3}=\frac{18}{45}\times\frac{35}{28}=\frac{1}{2}$$

$$i_{\text{倍}2}=\frac{28}{35}\times\frac{15}{48}=\frac{1}{4}\qquad i_{\text{倍}4}=\frac{28}{35}\times\frac{35}{28}=1$$

它们用以实现螺纹导程标准中行与行间的倍数关系，称为增倍组。基本组、增倍组和移换机构组成进给变速机构。它和挂轮一起组成换置器官。

车削米制（右旋）螺纹的运动平衡式为：

$$S=1_{(\text{主轴})}\times\frac{58}{58}\times\frac{33}{33}\times\frac{63}{100}\times\frac{100}{75}\times\frac{25}{36}\times i_{\text{基}}\times\frac{25}{36}\times\frac{36}{25}\times i_{\text{倍}}\times 12\text{mm}$$

式中　$i_{\text{基}}$——基本组的传动比；

$i_{\text{倍}}$——增倍组的传动比。

将上式简化后可得：

$$S=7i_{\text{基}}i_{\text{倍}}=7\times\frac{S_j}{7}i_{\text{倍}}=S_j i_{\text{倍}}$$

选择 $i_{\text{基}}$ 和 $i_{\text{倍}}$ 之值，就可以得到各种标准米制螺纹的导程 S。

S_j 最大为12，$i_{\text{倍}}$ 最大为1，故能加工的最大螺纹导程为 $S=12$mm。如需车削导程更大的螺纹，可将轴IX上的滑移齿轮58向右移，与轴VIII上的齿轮26啮合。这是一条扩大导程的传动路线。

$$\text{主轴}\,\mathrm{VI}-\frac{58}{26}-\mathrm{V}-\frac{80}{20}-\mathrm{IV}-\begin{bmatrix}\frac{50}{50}\\ \frac{80}{20}\end{bmatrix}-\mathrm{III}-\frac{44}{44}-\mathrm{VIII}-\frac{26}{58}-\mathrm{IX}-\cdots$$

轴Ⅸ以后的传动路线与前文传动路线表达式所述相同。从主轴Ⅵ～Ⅸ之间的传动比为：

$$i_{扩1}=\frac{58}{26}\times\frac{80}{20}\times\frac{50}{50}\times\frac{44}{44}\times\frac{26}{58}=4$$

$$i_{扩2}=\frac{58}{26}\times\frac{80}{20}\times\frac{80}{20}\times\frac{44}{44}\times\frac{26}{58}=16$$

在正常螺纹导程时，主轴Ⅵ与轴Ⅸ间的传动比为 $i=\frac{58}{58}=1$。

扩大螺纹导程机构的传动齿轮就是主运动的传动齿轮，所以：①只有当主轴上的 M_2 合上，即主轴处于低速状态时，才能用扩大导程。②当轴Ⅲ—Ⅳ—Ⅴ之间的传动比为$\frac{20}{80}\times\frac{50}{50}=\frac{1}{4}$时，$i_{扩1}=4$；导程扩大至 4 倍；当传动比为$\frac{20}{80}\times\frac{20}{80}=\frac{1}{16}$时，$i_{扩2}=16$，导程扩大至 16 倍。因此，当主轴转速确定后，螺纹导程能扩大的倍数也就确定了。③当轴Ⅲ—Ⅳ—Ⅴ之间的传动比为$\frac{50}{51}\times\frac{50}{50}$时，并不准确地等于 1，所以不能用扩大导程。

（2）模数螺纹　模数螺纹主要是米制蜗杆，有时某些特殊丝杠的导程也是模数制的。米制蜗杆的齿距为 $T_m=\pi m$，所以模数螺纹的导程为 $S_m=KT_m=K\pi m$，这里 K 为螺纹的线数。

模数 m 的标准值也是按分段等差数列的规律排列的。与米制螺纹不同的是，在模数螺纹导程 $S_m=K\pi m$ 中含有特殊因子 π。为此，车削模数螺纹时，挂轮需换为$\frac{64}{100}\times\frac{100}{97}$。其余部分的传动路线与车削米制螺纹时完全相同。运动平衡式为：

$$S_m=1_{r(主轴)}\times\frac{58}{58}\times\frac{33}{33}\times\frac{64}{100}\times\frac{100}{97}\times\frac{25}{36}\times i_{基}\times\frac{25}{36}\times\frac{36}{25}\times i_{倍}\times 12\text{mm}$$

式中，$\frac{64}{100}\times\frac{100}{97}\times\frac{25}{36}\approx\frac{7\pi}{48}$。代入化简后得：

$$S_m=\frac{7\pi}{4}i_{基}i_{倍}$$

因为 $S_m=K\pi m$，从而得：

$$m=\frac{7}{4K}i_{基}i_{倍}=\frac{1}{4K}S_j i_{倍}$$

改变 $i_{基}$ 和 $i_{倍}$，就可以车削出各种标准模数螺纹。如应用扩大螺纹导程机构，也可以车削出大导程的模数螺纹。

（3）英制螺纹　英制螺纹在采用英制的国家（如英、美、加拿大等）中应用广泛。我国的部分管螺纹目前也采用英制螺纹。

英制螺纹以每英寸长度上的螺纹扣数 a（扣/英寸）表示，因此英制螺纹的导程 $S_a=\frac{1}{a}$ 英寸。由于这台车床的丝杠是米制螺纹，被加工的英制螺纹也应换算成以毫米为单位的相应导程值，即：

$$S_a=\frac{1}{a}\ (\text{in})=\frac{25.4}{a}\ (\text{mm})$$

a 的标准值也是按分段等差数列的规律排列的，所以英制螺纹导程的分母为分段等差级数。此外，还有特殊因子 25.4。车削英制螺纹时，应对传动路线作如下两点变动：

1）将基本组两轴（轴ⅩⅤ和ⅩⅣ）的主、被动关系对调，使轴ⅩⅤ变为主动轴，轴ⅩⅣ

变为被动轴，就可使分母为等差级数。

2）在传动链中实现特殊因子25.4。

为此，将进给箱中的离合器 M_3 和 M_5 接合，M_4 脱开，轴XⅥ左端的滑移齿轮25移至左面位置，与固定在轴XIV上的齿轮36相啮合。运动由轴XIII经 M_3 先传到轴XV，然后传至轴XIV，再经齿轮副$\frac{36}{25}$传至轴XVI。其余部分的传动路线与车削米制螺纹时相同。车削英制螺纹时传动路线表达式读者可自行写出，其运动平衡式为

$$S_a=1_{r(\text{主轴})}\times\frac{58}{58}\times\frac{33}{33}\times\frac{63}{100}\times\frac{100}{75}\times\frac{1}{i_{\text{基}}}\times\frac{36}{25}\times i_{\text{倍}}\times 12\text{mm}$$

其中

$$\frac{63}{100}\times\frac{100}{75}\times\frac{36}{25}=\frac{63}{75}\times\frac{36}{25}\approx\frac{25.4}{21}$$

$$S_a\approx\frac{25.4}{21}\times\frac{1}{i_{\text{基}}}\times i_{\text{倍}}\times 12\text{mm}=\frac{4}{7}\times 25.4\,\frac{i_{\text{倍}}}{i_{\text{基}}}\text{mm}$$

$$S_a=\frac{25.4}{a},\quad \frac{25.4}{a}=\frac{4}{7}\times 25.4\times\frac{i_{\text{倍}}}{i_{\text{基}}}$$

故

$$a=\frac{7}{4}\ \frac{i_{\text{基}}}{i_{\text{倍}}}\ (\text{扣/in})$$

改变 $i_{\text{基}}$ 和 $i_{\text{倍}}$，就可以车削出各种标准的英制螺纹。

（4）径节螺纹　径节螺纹主要是英制蜗杆。它是用径节 DP 来表示的。径节 $DP=\frac{z}{D}$（z 为齿轮齿数；D 为分度圆直径，in），即蜗轮或齿轮折算到每1英寸分度圆直径上的齿数。英制蜗杆的轴向齿距即径节螺纹的导程为：

$$S_{DP}=\frac{\pi}{DP}\ (\text{in})\ \approx\frac{25.4\pi}{DP}\ (\text{mm})$$

径节 DP 也是按分段等差数列的规律排列的。径节螺纹导程排列的规律与英制螺纹相同，只是含有特殊因子 25.4π。车削径节螺纹时，传动路线与车削英制螺纹时完全相同，但挂轮需换为$\frac{64}{100}\times\frac{100}{97}$，它和移换机构轴XIV～XVI间的齿轮副$\frac{36}{25}$组合，得到传动比值：

$$\frac{64}{100}\times\frac{100}{97}\times\frac{36}{25}=\frac{25.4\pi}{84}$$

综上所述：

1）车削米制和模数螺纹时，使轴XIV主动，轴XV被动；车削英制和径节螺纹时，使轴XV主动，轴XIX被动。主动轴与被动轴的对调是通过轴XIII左端齿轮25（向左与轴XIV上的齿轮36啮合，向右则与轴XV左端的 M_3 形成内、外齿轮离合器）和轴XVI左端齿轮25的移动（分别与轴XIV右端的两个齿轮36啮合）来实现的。这两个齿轮由同一个操纵机构控制，使它们反向联动，以保证其中一个在左面位置时，另一个在右面位置。轴XIII～XIV间的齿轮副25/36、离合器 M_3、轴XV—XIV—XVI间的齿轮25—36—25（这个齿轮36是空套在轴XIV上的）和轴XIV～XVI间的36/25（这个齿轮36是固定在轴XIV上的）称为移换机构。

2）车削米制和英制螺纹时，挂轮架齿轮为63—100—75；车削模数和径节螺纹（米制和英制蜗杆）时，挂轮架齿轮为64—100—97。

（5）非标准螺纹　车削非标准螺纹时，不能用进给变速机构。这时，可将离合器 M_3、M_4 和 M_5 全部啮合，把轴XIII、XV、XVIII和丝杠联成一体，使运动由挂轮直接传动丝杠。被

加工螺纹的导程 S 依靠调整挂轮架的传动比 $i_{挂}$ 来实现。

为了综合分析和比较车削上述各种螺纹时的传动路线，把 CA6140 型车床进给传动链中加工螺纹时的传动路线表达式归纳总结如下：

$$
\text{主轴}\,\mathrm{VI}-\left\{\begin{array}{c}\dfrac{58}{58}\\ \text{（正常导程）}\\ \dfrac{58}{26}-\mathrm{V}-\dfrac{80}{20}-\mathrm{IV}-\left\{\begin{array}{c}\dfrac{50}{50}\\ \dfrac{80}{20}\end{array}\right\}-\mathrm{III}-\dfrac{44}{44}-\mathrm{VIII}-\dfrac{26}{58}\\ \text{（扩大导程）}\end{array}\right\}-\mathrm{IX}-\left\{\begin{array}{c}\dfrac{33}{33}\\ \text{（右螺纹）}\\ \dfrac{33}{25}-\mathrm{XI}-\dfrac{25}{33}\\ \text{（左螺纹）}\end{array}\right\}-
$$

$$
-\mathrm{X}-\left\{\begin{array}{l}\left.\begin{array}{l}\dfrac{63}{100}-\mathrm{XII}-\dfrac{100}{75}\\ \text{（米、英制螺纹）}\\ \dfrac{64}{100}-\mathrm{XII}-\dfrac{100}{97}\\ \text{（模数、径节螺纹）}\end{array}\right\}-\mathrm{XIII}-\left\{\begin{array}{c}\dfrac{25}{36}-\mathrm{XIV}-i_{基}-\mathrm{XV}-\dfrac{25}{36}-\dfrac{36}{25}\\ \text{（公制及模数螺纹）}\\ M_3\,合-\mathrm{XV}-\dfrac{1}{i_{基}}-\mathrm{XIV}-\dfrac{36}{25}\\ \text{（英制及径节螺纹）}\end{array}\right\}-\mathrm{XVI}-i_{倍}\\ \dfrac{ac}{bd}-\mathrm{XIII}-M_3\,合-\mathrm{XV}-M_4\,合\\ \qquad\text{（非标准螺纹）}\end{array}\right\}
$$

$$
-\mathrm{XVIII}-M_5\,合-\mathrm{XIX}
$$

2. 车削圆柱面和端面

(1) 传动路线　为了减少丝杠的磨损和便于操纵，机动进给是由光杠经溜板箱传动的。这时，将进给箱中的离合器 M_5 脱开，使轴ⅩⅧ的齿轮 28 与轴ⅩⅩ左端的 56 相啮合。运动由进给箱传至光杠ⅩⅩ，再经溜板箱中的齿轮副 $\frac{36}{32}\times\frac{32}{56}$、超越离合器及安全离合器 M_8、轴ⅩⅫ、蜗杆蜗轮副 $\frac{4}{29}$ 传至轴ⅩⅩⅢ。运动由轴ⅩⅩⅢ经齿轮副 $\frac{40}{48}$ 或 $\frac{40}{30}\times\frac{30}{48}$、双向离合器 M_6、轴ⅩⅩⅣ、齿轮副 $\frac{28}{80}$、轴ⅩⅩⅤ传至小齿轮 12。小齿轮 12 与固定在床身上的齿条相啮合。小齿轮转动时，就使刀架作纵向机动进给以车削圆柱面。若运动由轴ⅩⅩⅢ经齿轮副 $\frac{40}{48}$ 或 $\frac{40}{30}\times\frac{30}{48}$、双向离合器 M_7、轴ⅩⅩⅧ及齿轮副 $\frac{48}{48}\times\frac{59}{18}$ 传至横进给丝杠ⅩⅩⅩ，就使横刀架作横向机动进给以车削端面。其传动路线表达式如下：

$$
\cdots\mathrm{XVIII}-\frac{28}{56}-\mathrm{XX}-\frac{36}{32}-\mathrm{XXI}-\frac{32}{56}-\mathrm{XXII}-\frac{4}{29}-\mathrm{XXIII}-
$$

$$
\text{快移电动机(250W,2800r/min)}-\frac{18}{24}-\!\!-\!\!-\,|
$$

$$
-\left[\begin{array}{l}\left[\begin{array}{l}M_6\uparrow\dfrac{40}{48}\\ M_6\downarrow\dfrac{40}{30}\times\dfrac{30}{48}\end{array}\right]-\mathrm{XXIV}-\dfrac{28}{80}-\mathrm{XXV}-z_{12}/\text{齿条}\\ \left[\begin{array}{l}M_7\uparrow\dfrac{40}{48}\\ M_7\downarrow\dfrac{40}{30}\times\dfrac{30}{48}\end{array}\right]-\mathrm{XXVIII}-\dfrac{48}{48}-\mathrm{XXIX}-\dfrac{59}{18}-\text{横向丝杠}\,\mathrm{XXX}\end{array}\right.
$$

(2) 纵向机动进给量 CA6140 型车床纵向机动进给量有 64 种。当运动由主轴经正常导程的米制螺纹传动路线时，可获得正常进给量。这时的运动平衡式为：

$$f_{纵}=1_{r(主轴)}\times\frac{58}{58}\times\frac{33}{33}\times\frac{63}{100}\times\frac{100}{75}\times\frac{25}{36}\times i_{基}\times\frac{25}{36}\times\frac{36}{25}\times i_{倍}\times\frac{28}{56}$$
$$\times\frac{36}{32}\times\frac{32}{56}\times\frac{4}{29}\times\frac{40}{30}\times\frac{30}{48}\times\frac{28}{80}\times\pi\times2.5\times12\text{mm/r}$$

化简后可得：

$$f_{纵}=0.711 i_{基} i_{倍}$$

改变 $i_{基}$ 和 $i_{倍}$ 可得到从 0.08~1.22mm/r 的 32 种正常进给量。其余 32 种进给量可分别通过英制螺纹传动路线和扩大螺纹导程机构得到。

(3) 横向机动进给量　通过传动计算可知，横向机动进给量是纵向的一半。

3. 刀架的快速移动

为了减轻工人劳动强度和缩短辅助时间，刀架可以实现纵向和横向机动快速移动。按下快速移动按钮，快速电动机(250W，2800r/min)经齿轮副$\frac{18}{24}$使轴ⅩⅫ高速转动，再经蜗杆副$\frac{4}{29}$，溜板箱内的转换机构，使刀架实现纵向或横向的快速移动。快移方向仍由溜板箱中双向离合器 M_6 和 M_7 控制。

刀架快速移动时，不必脱开进给传动链。为了避免仍在转动的光杠和快速电动机同时传动轴ⅩⅫ，在齿轮 56 与轴ⅩⅫ之间装有超越离合器。超越离合器的原理见下文。

第四节　CA6140 型车床的主要构造

一、主轴箱

机床主轴箱是一个比较复杂的传动部件。表达主轴箱中各传动件的结构和装配关系，常用展开图。展开图是基本上按各传动轴传递运动的先后顺序，沿其轴心线剖开，并展开在一个平面上的装配图，见图 3-5。该图是沿轴Ⅳ—Ⅰ—Ⅱ—Ⅲ（Ⅴ）—Ⅵ—Ⅺ—Ⅸ—Ⅹ的轴线剖切，展开后绘制出来的。

展开图把立体展开在一个平面上，因而其中有些轴之间的距离拉开了。如轴Ⅳ画得离开轴Ⅲ与轴Ⅴ较远，因而使原来相互啮合的齿轮副分开了。读展开图时，首先应弄清传动关系。展开图不表示各轴的实际位置。表示主轴和各传动轴实际空间位置的，是主轴箱的侧视图和横剖面图，如图 3-6 所示。

1. 卸荷带轮（Unloaded belt pulley）

电动机经Ⅴ带将运动传至轴Ⅰ左端的带轮 2（见图 3-5 的左上部分）。带轮 2 与花键套 1 用螺钉连接成一体，支承在法兰 3 内的两个深沟球轴承上。法兰 3 固定在主轴箱体 4 上。这样，带轮 2 可通过花键套 1 带动轴Ⅰ旋转，胶带的拉力则经轴承和法兰 3 传至箱体 4。轴Ⅰ的花键部分只传递转矩，从而可避免因胶带拉力而使轴Ⅰ产生弯曲变形。这种带轮是卸荷的——把径向载荷卸给箱体。

2. 双向多片摩擦离合器、制动器及其操纵机构

双向多片摩擦离合器（Double direction multi-disc friction clutch）装在轴Ⅰ上。原理见图 3-7。

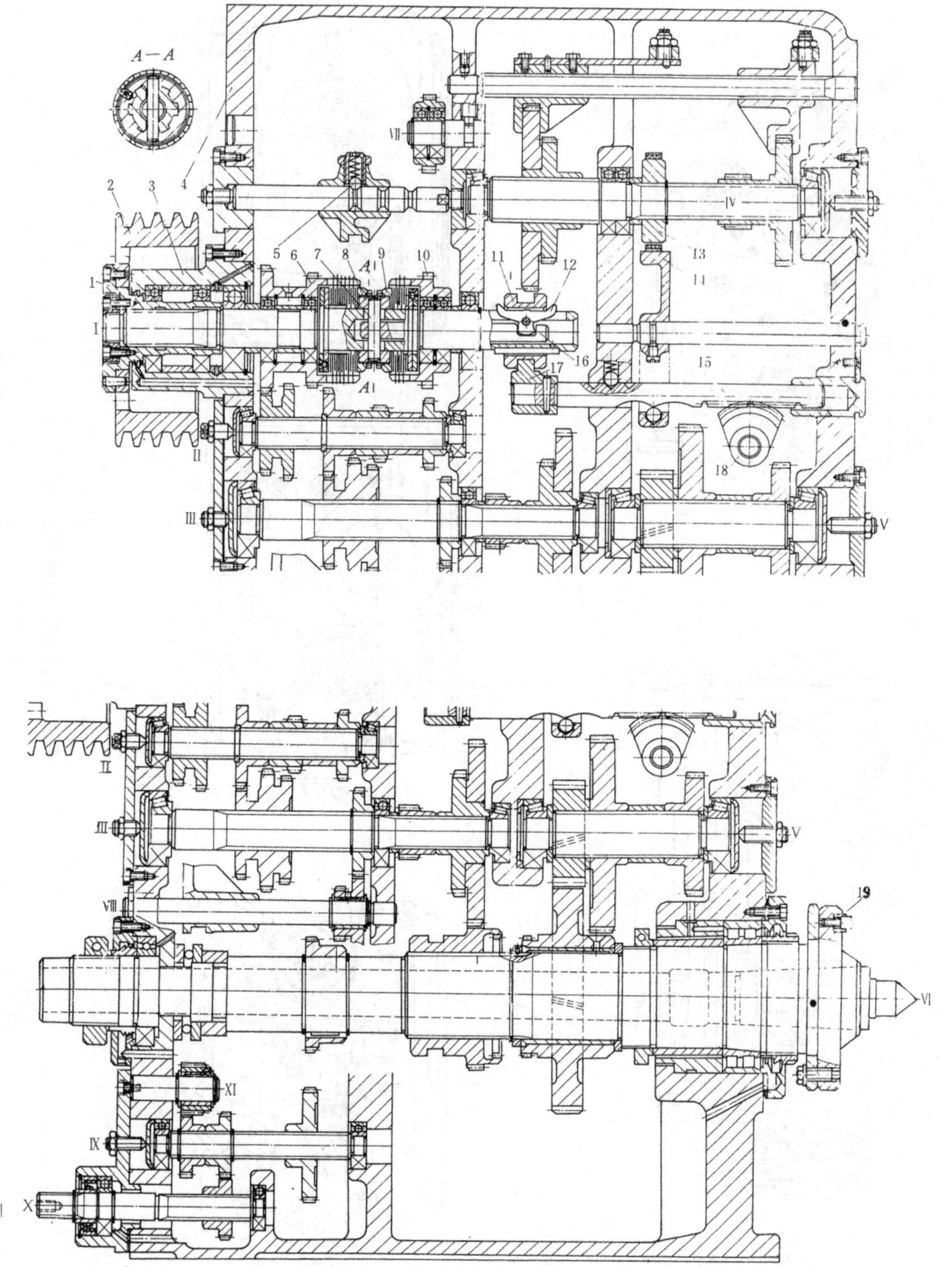

图 3-5 CA6140 型卧式车床主轴箱展开图

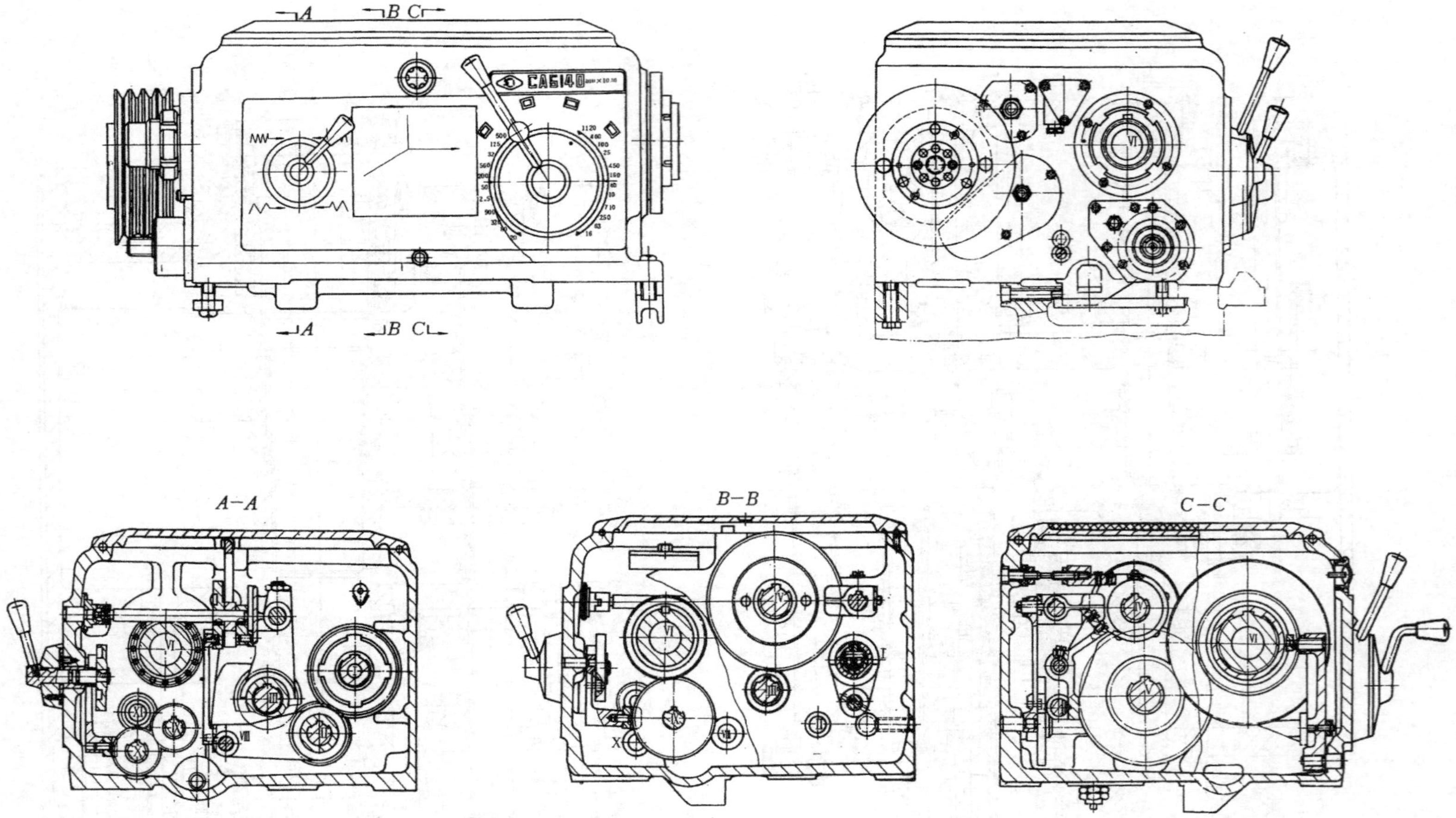

图 3-6　主轴箱的向视图和剖切面

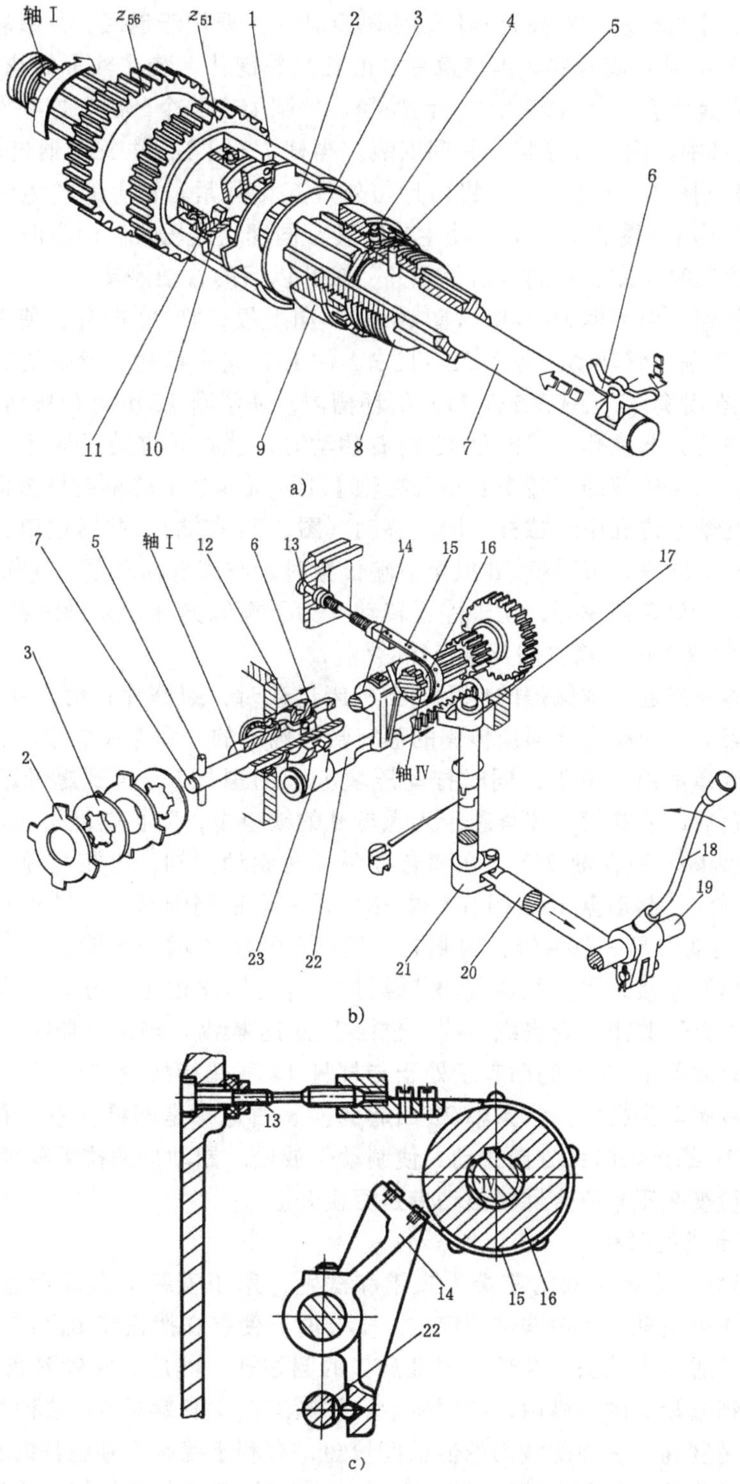

图 3-7　摩擦离合器、制动器及其操纵机构

摩擦离合器由内摩擦片 3、外摩擦片 2、止推片 10 及 11、压块 8 及空套齿轮 1 等组成。离合器左、右两部分结构是相同的。左离合器用来传动主轴正转，用于切削加工。需传递的转矩较大，所以片数较多。右离合器传动主轴反转，主要用于退回，片数较少。

图 3-7a 表示的是左离合器。内摩擦片 3 的孔是花键孔，装在轴Ⅰ的花键上，随轴旋转。外摩擦片 2 的孔是圆孔，直径略大于花键外径。外圆上有 4 个凸起，嵌在空套齿轮 1（图 3-5 的件 6）的缺口中。内、外摩擦片相间安装。当杆 7（图 3-5 件 16）通过销 5（图 3-5 件 7）向左推动压块 8（图 3-5 件 8）时，将内片与外片互相压紧。轴Ⅰ的转矩便通过摩擦片间的摩擦力矩传给齿轮 1（图 3-5 件 6），使主轴正转，同理，当压块 8 向右时，使主轴反转。压块 8 处于中间位置时，左、右离合器都脱开，轴Ⅱ以后的各轴停转。

离合器的位置，由手柄 18 操纵（图 3-7b）。向上扳，杆 20 向外，使曲柄 21 和齿扇 17（图 3-5 件 18）作顺时针转动。齿条 22（图 3-5 件 15）向右移动。齿条左端有拨叉 23（图 3-5 件 17），它卡在滑套 12（图 3-5 件 11）的环槽内，使滑套 12 也向右移动。滑套 12 内孔的两端为锥孔，中间为圆柱孔。当滑套 12 向右移动时，就将元宝销（杠杆）6（图 3-5 件 12）的右端向下压。元宝销 6 的回转中心轴装在轴Ⅰ上。元宝销 6 作顺时针方向转动时，下端的凸缘便推动装在轴Ⅰ内孔中的拉杆 7 向左移动（图 3-7a 右端），并通过销 5 带动压块 8 向左压紧，主轴正转。同理，将手柄 18 扳至下端位置时，右离合器压紧，主轴反转。当手柄 18 处于中间位置时，离合器脱开，主轴停止转动。为了操纵方便，在操纵杆 19 上装有两个操纵手柄 18，分别位于进给箱右侧及溜板箱右侧。

摩擦离合器还能起过载保护的作用。当机床过载时，摩擦片打滑，就可避免损坏机床。摩擦片间的压紧力是根据离合器应传递的额定转矩确定的。摩擦片磨损后，压紧力减小，可用一字头旋具将弹簧销 4 按下，同时拧动压块 8 上的螺母 9，直到螺母压紧离合器的摩擦片。调整好位置后，使弹簧销 4 重新卡入螺母 9 的缺口中，防止螺母松动。

制动器（Brake）装在轴Ⅳ上，在离合器脱开时制动主轴，以缩短辅助时间。制动器的结构见图 3-7b 和 c。制动盘 16（图 3-5 件 13）是一个钢制圆盘，与轴Ⅳ花键联接。周边围着制动带 15。制动带是一条钢带，内侧有一层酚醛石棉以增加摩擦。制动带的一端与杠杆 14（图 3-5 件 14）连接，另一端通过调节螺钉 13 等与箱体相连。为了操纵方便并避免出错，制动器和摩擦离合器共用一套操纵机构，也由手柄 18 操纵。当离合器脱开时，齿条 22 处于中间位置。这时齿条轴 22 上的凸起正处于与杠杆 14 下端相接触的位置，使杠杆 14 向逆时针方向摆动，将制动带拉紧。齿条轴 22 凸起的左、右边都是凹槽。左、右离合器中任一个接合时，杠杆 14 都按顺时针方向摆动，使制动带放松。制动带的拉紧程度由调节螺钉 13 调整。调整后应检查在压紧离合器时制动带是否松开。

3. 主轴和卡盘的联接

CA6140 型卧式车床主轴的前端为短锥和法兰，用于安装卡盘或拨盘，如图 3-8 所示。拨盘或卡盘座 4 由主轴 3 的短圆锥面定位。安装时，使装在拨盘或卡盘座 4 上的四个双头螺栓 5 及其螺母 6 通过主轴法兰及环形锁紧盘 2 的圆柱孔。然后，将锁紧盘 2 转过一个角度，使螺栓 5 处于锁紧盘 2 的沟槽内，如图所示。拧紧螺钉 1 和螺母 6。这种结构装卸方便，工作可靠，定心精度高，主轴前端的悬伸长度较短，有利于提高主轴组件的刚度，所以得到广泛的应用。主轴法兰上的圆形端键（图 3-5 中的件 19）用于传递转矩。主轴尾部的圆柱面是安装各种辅具（气动、液压或电气装置）的安装基面。

4. 变速操纵机构

轴Ⅱ上的双联滑移齿轮和轴Ⅲ上的三联滑移齿轮用一个手柄操纵。。图 3-9 是其操纵机构。变速手柄每转一转，变换全部 6 种转速，故手柄共有均布的 6 个位置。

变速手柄装在主轴箱的前壁上，通过链转动轴 4。轴 4 上装有盘形凸轮 3 和曲柄 2。凸轮 3 上有一条封闭的曲线槽，由两段不同半径的圆弧和直线组成。凸轮上有 1～6 六个变速位置，如图所示。位置 1、2、3，杠杆 5 上端的滚子处于凸轮槽曲线的大半径圆弧处。杠杆 5 经拨叉 6 将轴Ⅱ上的双联滑移齿轮移向左端位置。位置 4、5、6 则将双联滑移齿轮移向右端位置。

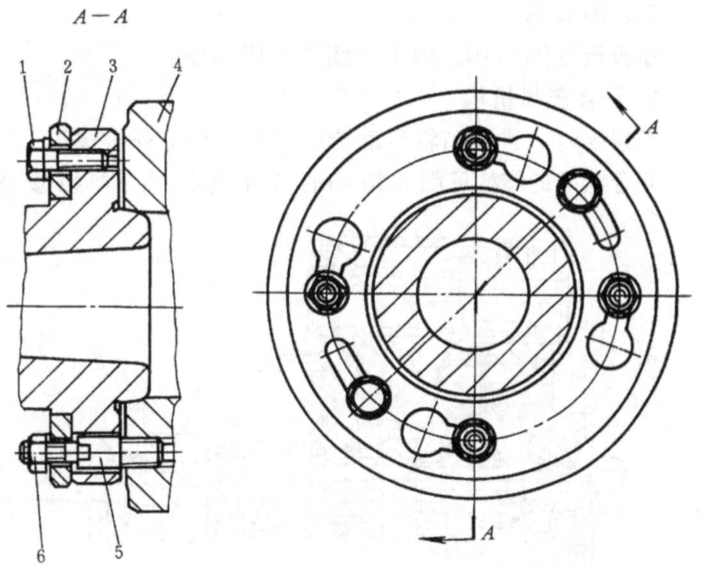

图 3-8　卡盘或拨盘的安装

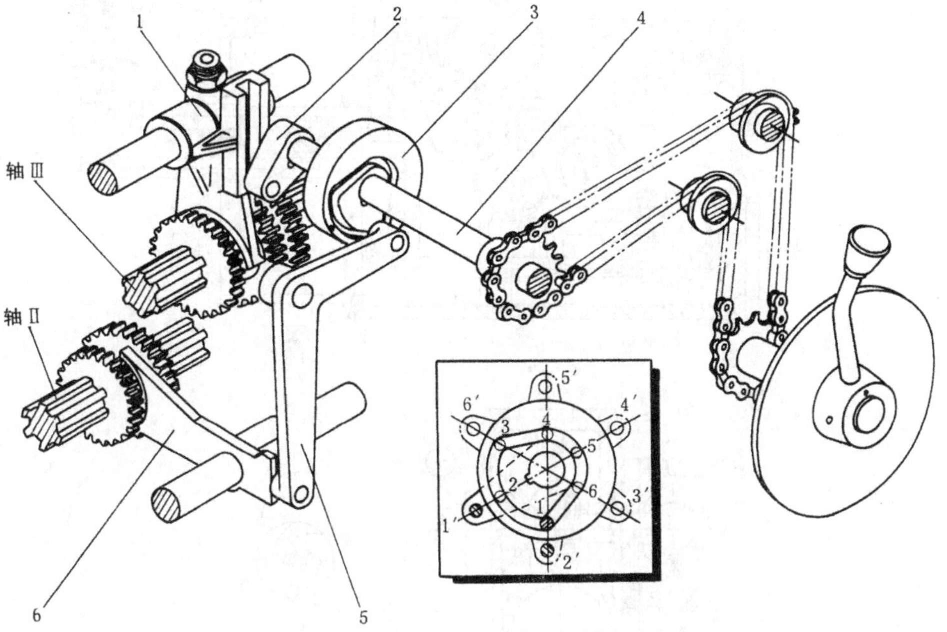

图 3-9　变速操纵机构

曲柄2随轴4转动，带动拨叉1拨动轴Ⅲ上的三联齿轮，使它处于左、中、右三个位置。顺次地转动手柄，就可使两个滑移齿轮的位置实现6种组合，使轴Ⅲ得到6种转速。

滑移齿轮到位后应定位。图3-5的件5是拨叉的定位钢球。

二、溜板箱

溜板箱见图3-10。以下介绍其主要构造。

1. 开合螺母机构

车螺纹时，进给箱将运动传给丝杠。合上开合螺母，就可带动溜板箱和刀架。

开合螺母的结构见图3-10中的A-A剖视，由下半螺母18和上半螺母19组成，它们都可沿

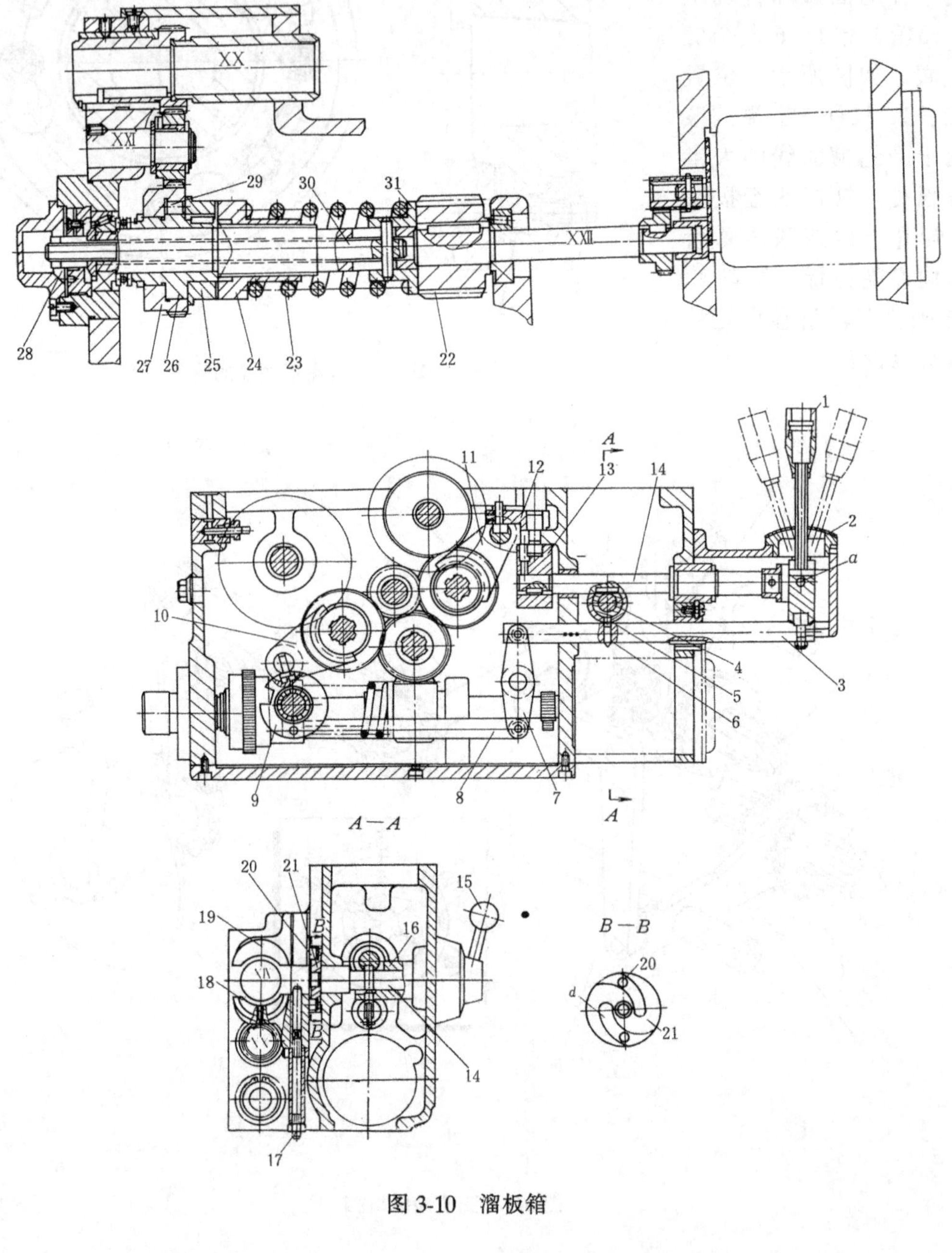

图3-10 溜板箱

溜板箱中竖直的燕尾形导轨上下移动。每个半螺母上装有一个圆柱销20,它们分别插入槽盘21的两条曲线槽 d 中(见B-B视图)。车削螺纹时,转动手柄15,使盘21转动。两个圆柱销带动上下半螺母互相靠拢,于是开合螺母就与丝杠啮合。盘21上的偏心圆弧槽 d 接近盘中心部分的倾斜角比较小,使开合螺母闭合后能自锁。限位螺钉17用以调节螺母与丝杠的间隙。

2. 纵、横向机动进给及快速移动的操纵机构

纵、横向机动进给及快速移动是由一个手柄集中操纵的，见图3-10和图3-11。纵向进给时，向左或向右扳动手柄1。轴14用台阶及卡环轴向固定在箱体上，只能转动而不能轴向移动。因此，操纵手柄1只能绕销 a 摆动。如图3-11所示，手柄1通过其下部的开口槽可拨动轴3轴向移动。轴3通过杠杆7及推杆8使圆柱形凸轮9转动。凸轮9的曲线槽使拨叉10移动，推动轴ⅩⅩⅣ上的双向牙嵌离合器 M_6 向相应的方向啮合（参见图3-4)。进给运动从光杠传给轴ⅩⅩⅣ 使刀架作纵向机动进给。如按下手柄1上端的快速移动按钮，快速电动机起动，刀架就可向相应方向快速移动。

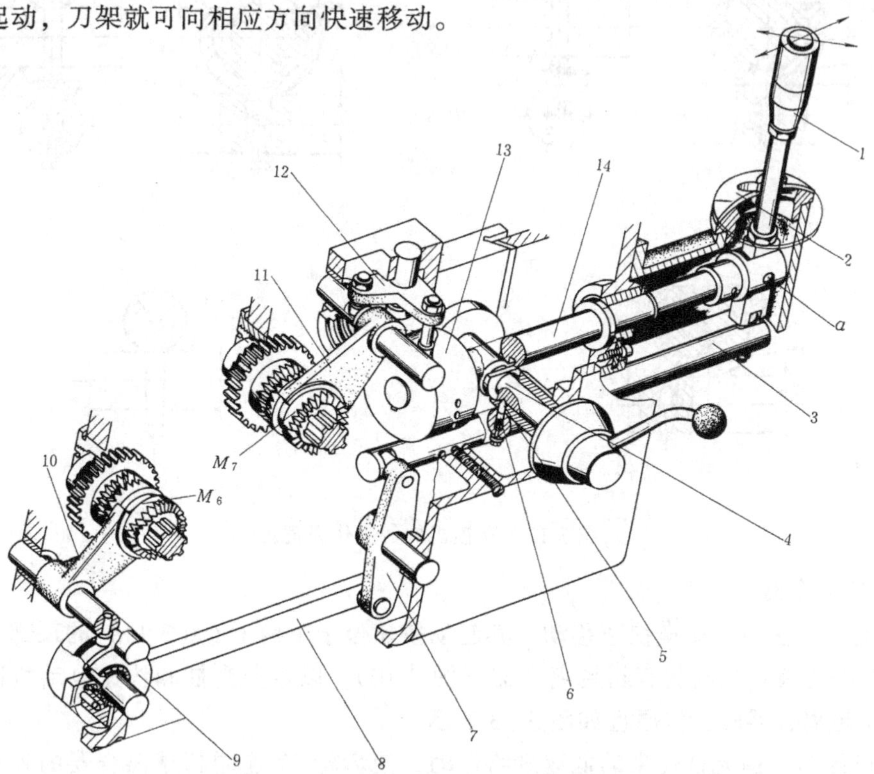

图3-11 溜板箱操纵机构立体图

横向进给时，向前或向后扳动手柄1，使轴14和圆柱凸轮13转动。凸轮13上的曲线槽使杠杆12摆动，通过拨叉11拨动轴ⅩⅩⅧ上的双向牙嵌离合器 M_7 向相应方向啮合。手柄1处于中间位置时，离合器 M_6 和 M_7 都断开，机动进给脱开。

盖2上开有十字形槽，使操纵手柄不能同时接合纵向和横向运动。

3. 互锁机构

在接通机动进给时,开合螺母不能闭合;合上开合螺母时,就不许接通机动进给。因此,开合螺母和机动进给的操纵机构必须互锁。图3-12是互锁机构的工作原理图。图中件号与图3-11同。图3-12a是中间位置,这时机动进给未接通,开合螺母也处于脱开(张开)状态,所以

可任意地扳动开合螺母操纵手柄 15 或机动进给操纵手柄。图 3-12b 是合上开合螺母时的情况。这时轴 4 转了一个角度,它的凸肩转入轴 14 的槽中,将轴 14 卡住,使它不能转动。凸肩又将销子 5 的一半压入轴 3 的孔中,销子 5 的另一半尚留在固定套 16 中,使轴 3 不能轴向移动。6 为弹簧销。因此,如合上开合螺母,机动进给的操纵手柄 1 就被锁在中间位置上不能扳动,也就不能再接通机动进给。图 3-12c 是向左扳机动进给手柄 1 接通纵向进给时的情况。这时轴 3 向右移动,销 5 被轴 3 的表面顶住,不能往下移动。销 5 的圆柱段处在固定套 16 的圆孔中,上端则卡在轴 4 的Ⅴ形槽中,将手柄轴 4 锁住,开合螺母操纵手柄不能转动,开合螺母不能闭合。图 3-12d 是向前扳手柄 1 接通横向进给时的情况。这时,轴 14 转动,手柄轴 4 上的凸肩被轴 14 顶住,使轴 4 不能转动,开合螺母也就不能闭合。

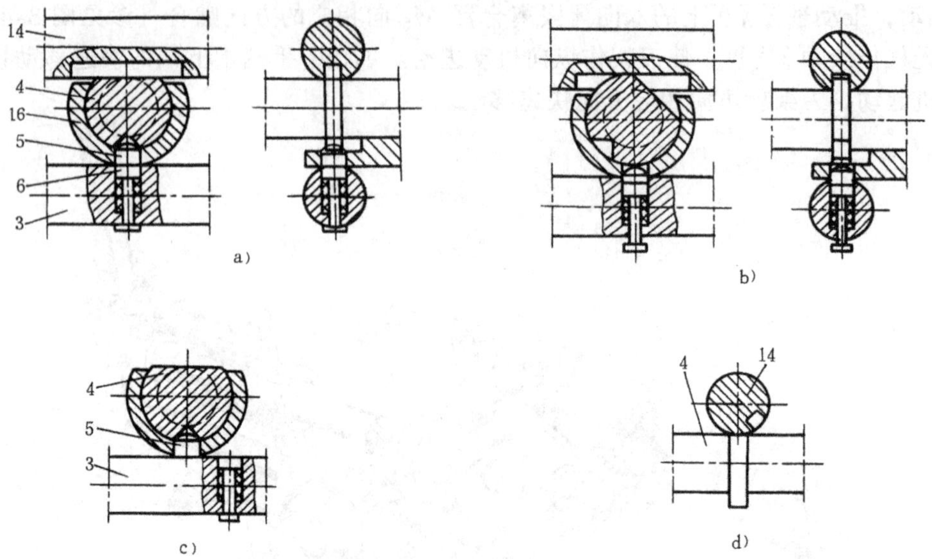

图 3-12　互锁机构的工作原理图

4. 超越离合器

快速电动机使刀架纵横快速移动，其起动按钮位于手柄 1（图 3-11）的顶部。在蜗杆轴ⅩⅩⅡ的左端与齿轮之间装有超越离合器（图 3-10），以避免光杠和快速电动机同时传动轴ⅩⅩⅡ。超越离合器的工作原理如图 3-13 所示。

机动进给时，由光杠传来的低速进给运动，使齿轮 27 连同超越离合器的外环按图示逆时针方向转动。三个圆柱滚子 29 在弹簧 33 的弹力和摩擦力的作用下，楔紧在外环 27 和星形体 26 之间。外环 27 就可经滚子 29 带动星形体 26 一起转动。进给运动再经超越离合器右边的安全离合器 24、25 传至轴ⅩⅩⅡ。按下快移按钮，快速电动机经齿轮副 18/24 传动轴ⅩⅩⅡ，经安全离合器使星形体 26 得到一个与外环 27 转向相同但转速高得多的转动。这时，摩擦力使滚子 29 经销 32 压缩弹簧 33，向楔形槽的宽端滚动，脱开了外环与星形体之间的联系。因此，快移时可以不用脱开进给链。

5. 安全离合器

机动进给时，如进给力过大或刀架移动受阻，则有可能损坏机件。为此，在进给链中设置安全离合器来自动地停止进给。安全离合器的结构见图 3-13。

超越离合器的星形体 26 空套在轴ⅩⅩⅡ上。安全离合器的左半 25 用键固定在星形体上。安全离合器的右半经花键与轴ⅩⅩⅡ相联。运动经件 26、25、安全离合器左、右半间的齿以及 24 传给轴ⅩⅩⅡ。

安全离合器的工作原理见图 3-14。左、右半之间有螺旋形端面齿。倾斜的接触面在传递转矩时产生轴向力。这个力靠弹簧 23 平衡。图 3-14 表示当进给力超过预定值后安全离合器脱开的过程。螺母 28（图 3-10）通过杆 30，件 31 调节弹簧力，从而调节安全离合器能传递的转矩。

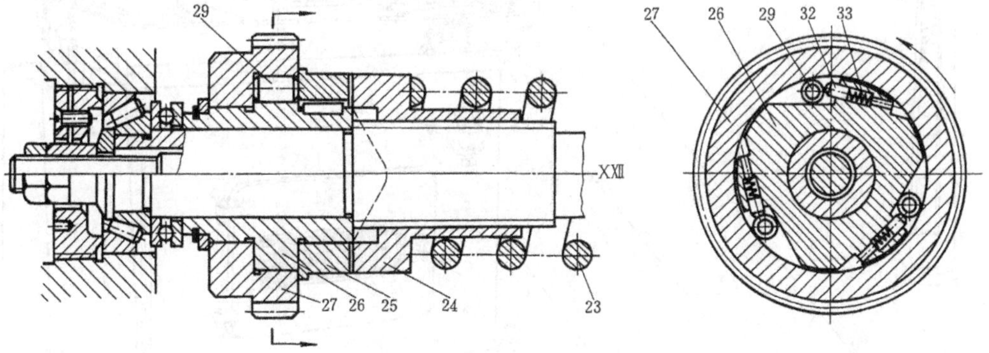

图 3-13　超越离合器

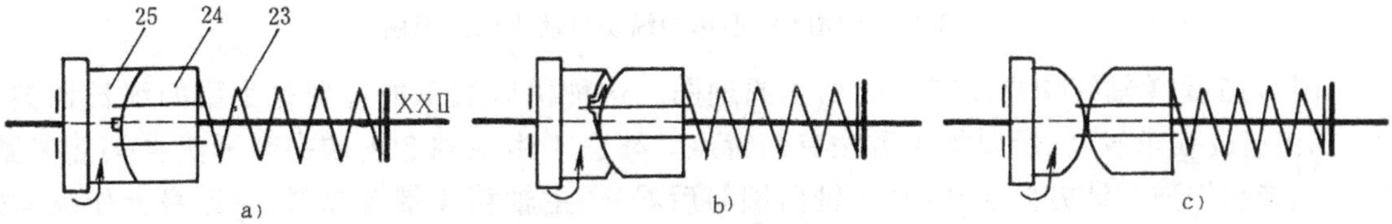

图 3-14　安全离合器工作原理

第五节　纵切自动车床

自动机床在调整好后，无需工人参与便能自动完成表面成形运动和辅助运动，并能自动地重复其工作循环。若机床能自动完成工作循环，但装卸工件仍由人工进行，则称为半自动机床。相应地，这类车床就称为自动或半自动车床。本节叙述的，是用机械的方式实现自动化，即传统的自动车床。自动循环靠凸轮、挡块等控制。当加工工件改变时，要花费较多的时间去设计和制造凸轮，停机调整时间也较长。但这种机床价格远低于数控机床，工作又稳定可靠，所以在大量生产领域里仍广泛地使用。数控机床还不能取代它们。

传统的自动和半自动车床（以下简称“自动车床”）种类繁多：有单（主）轴的，也有多（主）轴的；有卧式的，也有立式的等等。本节通过 CM1107 型纵切自动车床，介绍自动车床的工作和调整原理。

一、工作原理

图 3-15 是 CM1107 型单轴纵切自动车床的外形图。它由底座 1、床身 2、送料装置 3、主轴箱 4、天平刀架 5、中心架 6、上刀架 7、钻铰附件 8 和分配轴 9 等部件组成。

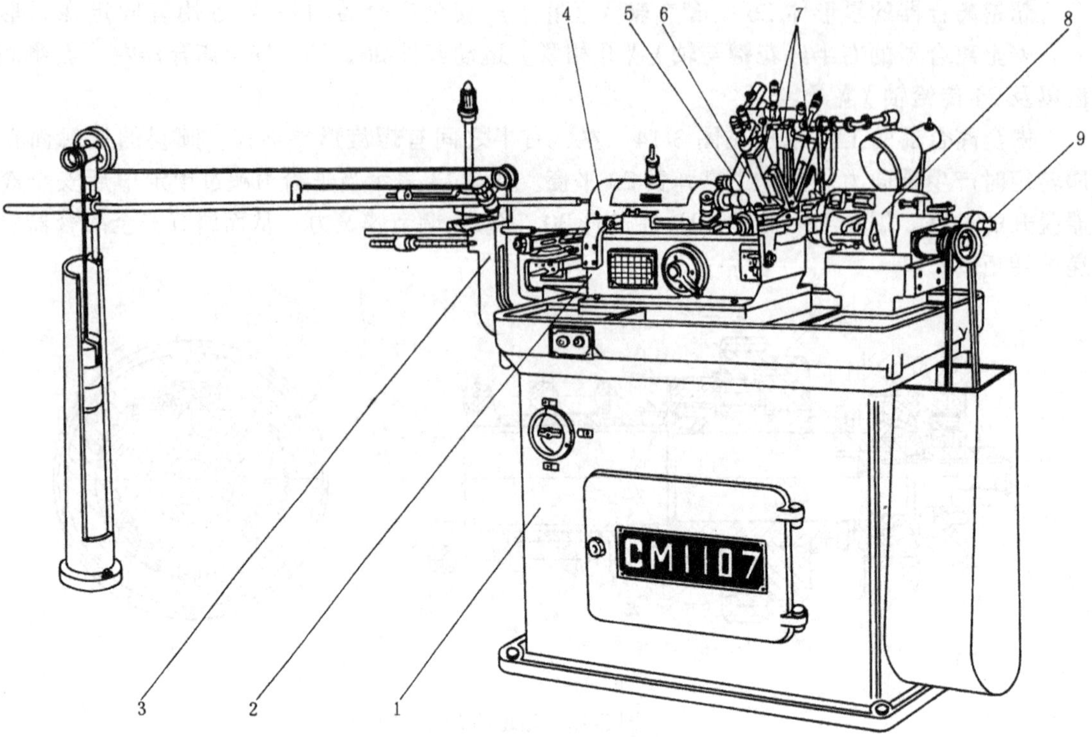

图 3-15　CM1107 型单轴纵切自动车床外形图

图 3-16 是单轴纵切自动车床的加工原理图。这种机床加工的主要是小型的细长轴类零件,加工精度要求较高,所以加工方法有其特点。棒料 1 由主轴 3 内的夹料弹簧夹头 2 夹紧,由主轴带动作逆时针方向旋转(从主轴前端向后看)。主轴箱 4 带着棒料,在床身上作纵向进给(不是由刀架作纵向进给)。“纵切”就由此得名。棒料的前端支承在中心架 6 的支承套 11 内,刀架装在中心架上。切削处距支承套很近,可减少切削变形,所以这种机床适宜于切削细长的轴类零件。三个上刀架 7 可沿中心架上的导轨径向移动。天平刀架 5 也装在中心架 6 上。当天平刀架绕中心架 6 上的轴 12 摆动时,它的上、下刀架就可轮流参加切削。加工外圆柱面时,移动上刀架或天平刀架,使刀尖到达所需的半径位置后停止,然后由主轴箱带着棒料作纵向进给。切端面、切槽或切断时,主轴箱与棒料不动,由刀架作径向进给。如果需要车削锥面或成形表面,应使刀架和主轴箱两者都作协调的移动。钻孔或加工内、外螺纹时,可使用钻铰附件 10。它是一个可摆动的支架,支架上有几根(常为三根)刀具主轴及其传动机构。工作时,工作刀具主轴的轴线可摆动到与主轴轴线对准的位置。9 为料管,支承棒料的后端。

机床的自动工作循环如下：上一个工件的最后一道工序是用切断刀切断。以后，切断刀并不退离，而是留在原处作为下一个工件的挡料装置。因此，循环从切断刀退回开始。主轴箱和各刀架根据加工要求协同动作，完成加工的各工步。切断刀将加工完毕的工件从棒料上切断。切断刀停留在原处。主轴内的夹料夹头 2（图 3-16）松开棒料，主轴箱 4 后退。重锤 8 通过料管 9 内的推杆 13 将棒料 1 的端面顶在切断刀上，不随主轴后退。主轴箱退回到等于送料长度的距离后停止。夹料夹头夹紧棒料。循环结束。以上工作循环自动重复，直到棒料用完，机床自动停止。

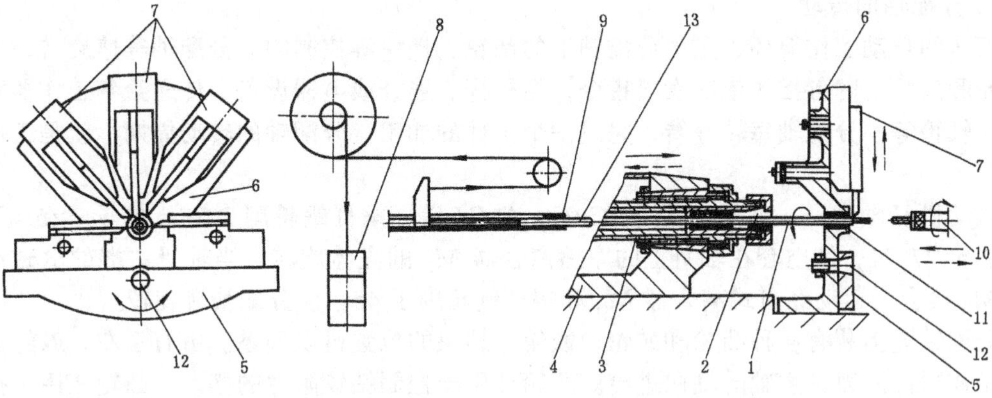

图 3-16　单轴纵切自动车床加工原理

二、机床的传动和控制系统

图 3-17 是 CM1107 型单轴纵切自动车床的传动系统图。

1. 主轴的传动

运动由电动机经V带轮 A 和 B 传至轴Ⅰ，再经一对平带轮 ϕ220mm/ϕ55mm 和离合器 M_1 传至主轴Ⅱ。更换带轮 A 和B，可使主轴得到 18 种转速。M_1 是锥形摩擦离合器及制动器，向右联接带轮和主轴，向左则使主轴制动。

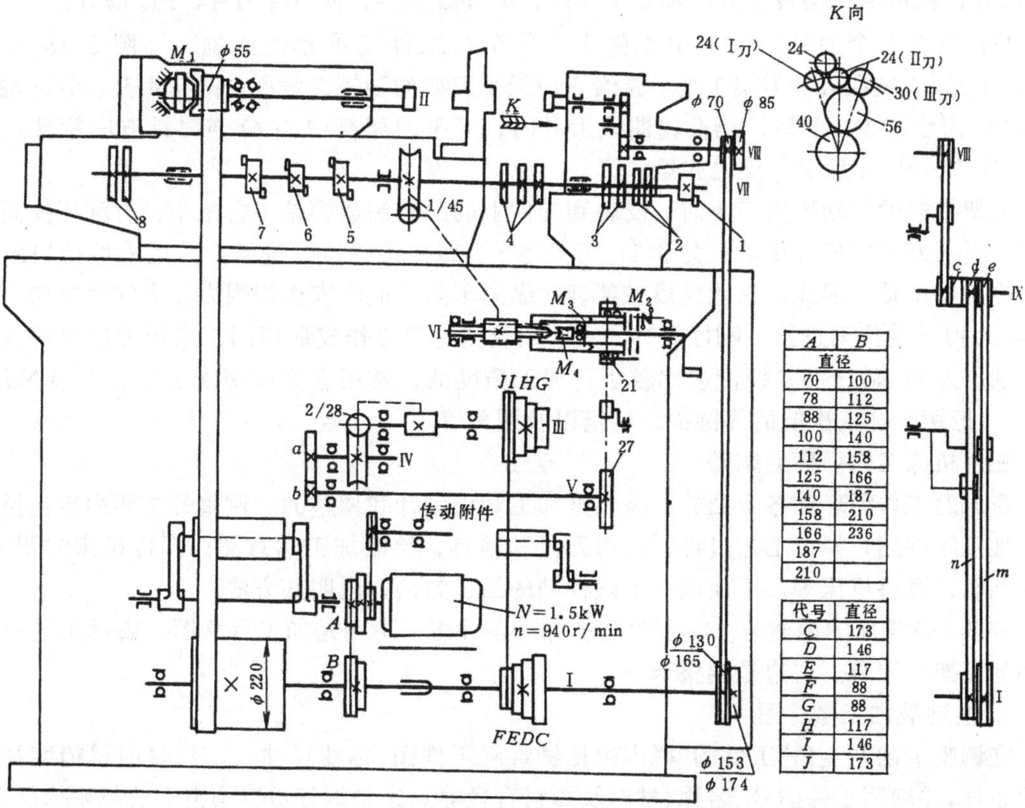

A	B
直径	
70	100
78	112
88	125
100	140
112	158
125	166
140	187
158	210
166	236
187	
210	

代号	直径
C	173
D	146
E	117
F	88
G	88
H	117
I	146
J	173

图 3-17　CM1107 型单轴纵切自动车床传动系统图

2. 分配轴的传动

机床的自动工作循环，是由分配轴上的凸轮、挡块等控制的。分配轴等速旋转，上面的各凸轮和鼓轮上的各挡块依次发出指令，经杠杆、连杆或电器设备，传递给各工作器官如刀架、主轴箱等。分配轴每转一转，完成一个工件的加工。分配轴的转动周期，就是工作循环时间。

电动机经轴Ⅰ，一对V带塔轮 C/G、D/H 等，蜗杆蜗轮副2/28，挂轮 a/b 至轴Ⅴ，再经链轮27/21，使空套在轴Ⅵ上的摩擦离合器 M_2 的壳体旋转。当轴Ⅵ右端的电磁铁通电时，M_2 接合，运动经齿式离合器 M_3 和蜗杆蜗轮副1/45，使分配轴Ⅶ旋转。

分配轴Ⅶ上装有各种凸轮和鼓轮，鼓轮上挡块的位置可以调整。由右至左，鼓轮1用于控制钻铰附件的刀具主轴的轴向进给。凸轮2用于控制钻铰附件的摆动。凸轮3用于控制天平刀架的摆动。凸轮4共三个，用来控制三个上刀架的径向进给。鼓轮5控制主轴的转动和制动。鼓轮6控制棒料的夹紧和松开。鼓轮7控制最后一个工件加工完毕时自动停车。凸轮8控制主轴箱的纵向移动。

电磁控制的片式摩擦离合器 M_2 用以保护刀具。机床正常工作时，链轮21的运动通过 M_2 的外片、内片及端齿离合器 M_3 传至蜗杆轴Ⅵ和蜗轮45，使分配轴转动。如果突然停电，M_2 脱开，分配轴立即停止。分配轴的转速比主轴低得多，所以分配轴比主轴先停。先停进给，后停主轴的转动，可以避免损坏刀具。

齿式离合器 M_3 和 M_4 是机动手动操纵元件。调整机床时，向里推手柄，使 M_4 结合、M_3 脱开，就可摇手柄转动分配轴。工作时，向外拉手柄，使 M_3 啮合、M_4 脱开。

机床共有五个刀架，装在中心架上，分布在工件支承套的周围，见图3-18a。刀架No.1和No.2装在天平刀架1上。弹簧3使天平刀架的触销5紧靠在凸轮4上。分配轴2按图3-18b所示的方向转动。当凸轮曲线上升时，天平刀架绕中心 O 逆时针方向旋转。刀架No.2进给，No.1后退，反之亦然。

刀架杠杆的传动比大于1时，反映到工件上的凸轮制造误差将会减小，有利于提高加工精度。天平刀架的杠杆传动比为3:1。刀架No.1靠弹簧的拉力进给，并用刚性挡块限制其行程终点的位置。因此，它能完成较精确的纵向车削，但不宜作切削力较大的径向切入。刀架No.2由凸轮推动进给，刚性较好，宜于用较宽的刀刃作成形切削，或作带径向切入的纵向切削。刀架No.3的杠杆传动比较小，加工精度低，常用它完成切断工作。刀架No.4和No.5一般用于加工次要的外圆面、切槽以及倒角等。

三、机床工作循环的调整

机床的工作循环和各个凸轮，是根据加工对象设计和调整的。调整的主要内容包括：绘制被加工零件图；拟订工艺过程，选用刀具和辅具，绘制加工示意图；拟订机床的调整卡；设计凸轮，调整机床等。下面以一个阶梯轴的加工为例，说明其方法。

表3-2是机床的调整卡。左上角是被加工零件图。下面是加工示意图，表示工艺过程和所用的刀架、刀具。右边是调整卡。

1. 绘制被加工零件图

在调整卡的左上角“工件图”栏内按比例绘制工件图，标注尺寸、公差、表面粗糙度及有关技术条件，并填写工件图号、名称、材料及棒料直径等。这是编订机床调整卡的原始依据。

2. 绘制加工示意图和刀具布置图

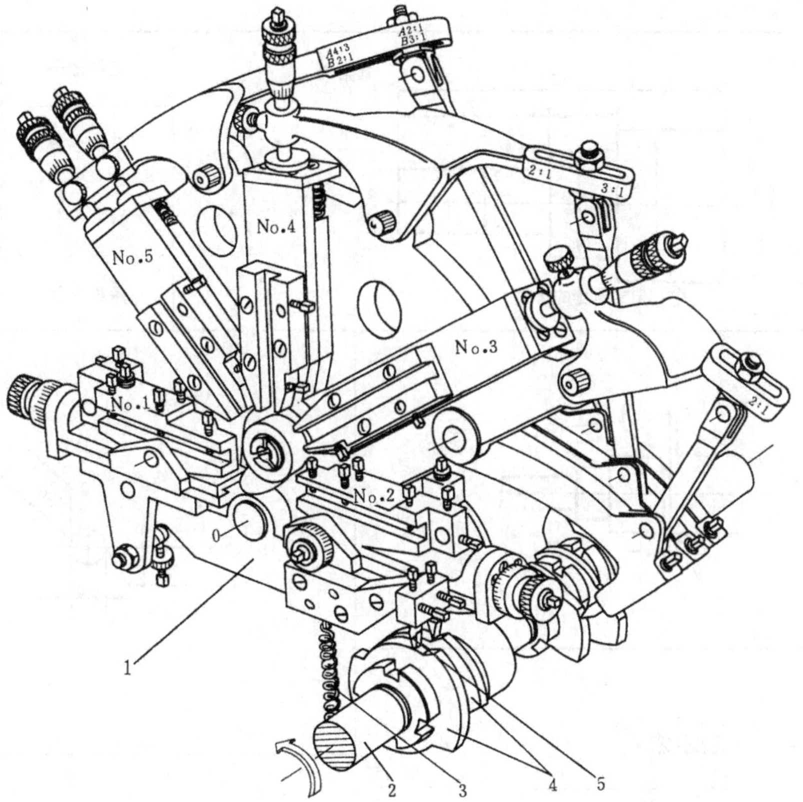

a)

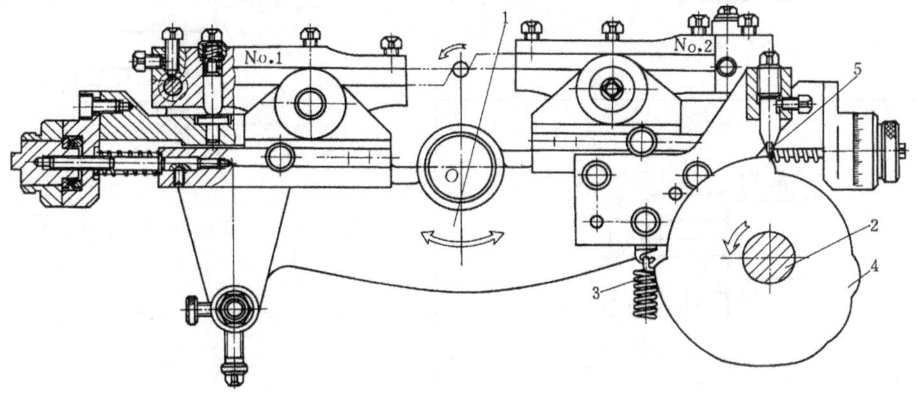

b)

图 3-18 刀架布置图

本例工件是由 ϕ3mm、ϕ5mm、ϕ7mm 三段组成的阶梯轴。最大直径 ϕ7mm 为自由尺寸，表面粗糙度为 $R_a1.6\mu$m，所以选用 ϕ7mm 冷拔棒料，ϕ7mm 处不加工。主要切削工序共3道：车 $\phi3_{-0.03}^{\ 0}$mm 外圆，车 ϕ5mm 外圆，切断。ϕ3mm 有公差要求，根据前文的分析，用刀架 No.1 车削。为简单起见，ϕ5mm 也由 No.1 车削，只需将车刀后退 1mm。切断工序用刀架 No.3。其余 No.2、4、5 空着，未利用。

表 3-2

工件图

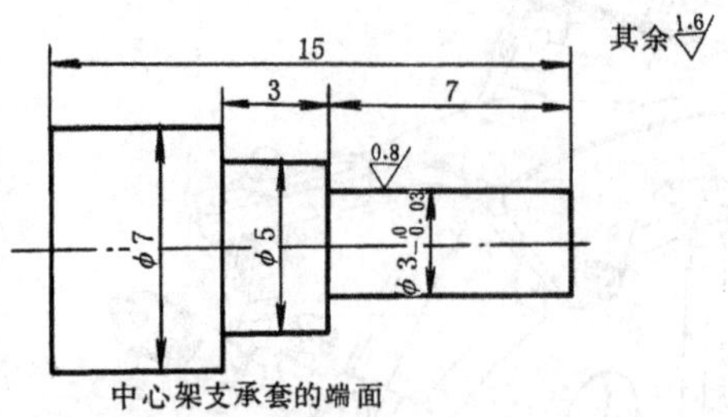

工件图号	
工件名称	轮　　轴
材　　料	45　　钢
棒料直径	φ7

刀具位置及工步简图

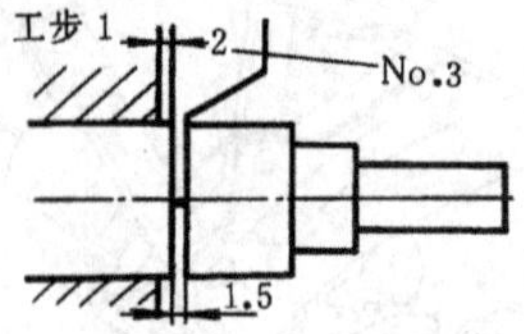

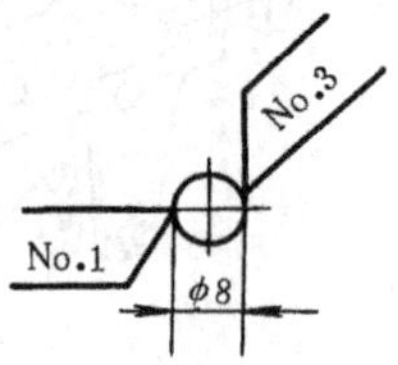

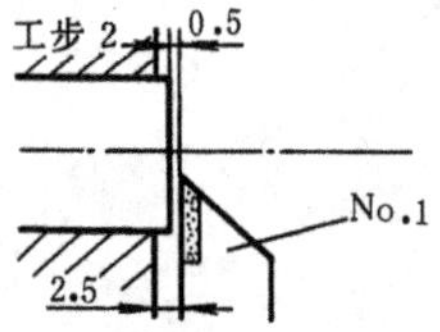

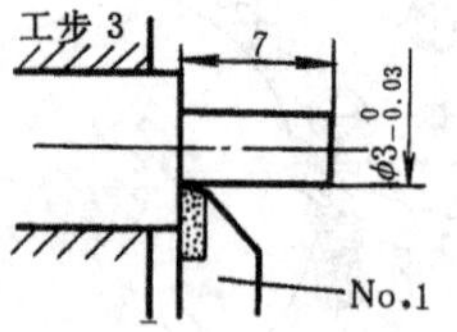

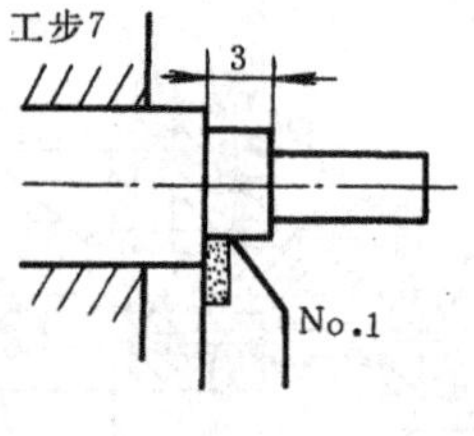

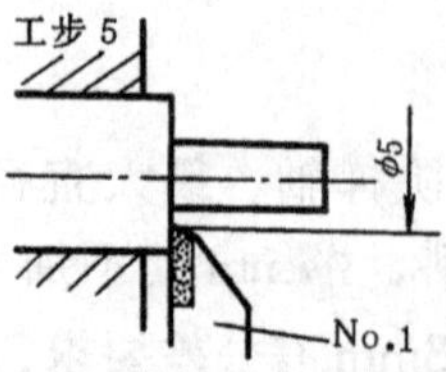

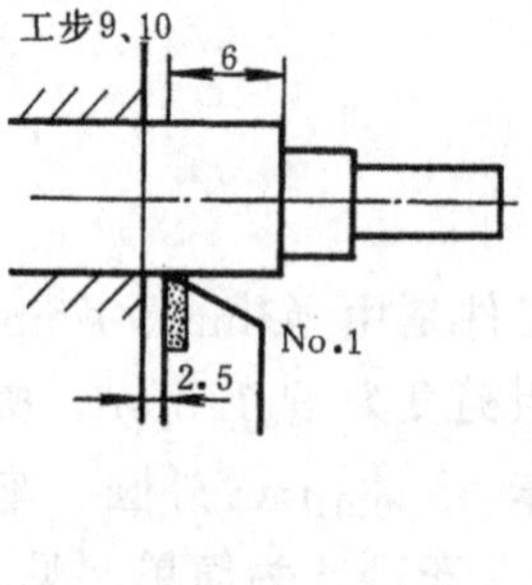

调整卡

凸轮与刀具						
	主轴箱	No1 刀架	No2 刀架	No3 刀架	No4 刀架	No5 刀架
凸　　轮	*A*	*B*	—	*C*	—	—
刀　　具		No. 1	—	No. 3	—	—

切削速度 (m/min)			主轴转速 (r/min)				
	纵切与切断	40		主 运 动	1810	传速系数 (超越数)	—
	钻　　孔	—		钻　　孔	—		—
	铰(攻)螺纹	—		铰(攻)螺纹	—		

交换带轮				交换齿轮		每工件主轴转数	1946
A	*B*	*F*	*J*	*a*	*b*	生产率(件/min)	0.978
100	210	88	173	80	38	每件所需时间(s)	61

序号	工步内容	刀具或主轴箱行程	进给量 (mm/r)	工步主轴转数 本工步	工步主轴转数 计算工步	工作行程角度 本工步	工作行程角度 计算工步	空行程角度 本工步	空行程角度 计算工步	杠杆传动比	凸轮曲线升降值	凸轮曲线数据 角度 起	凸轮曲线数据 角度 止	凸轮曲线数据 半径 起	凸轮曲线数据 半径 终	凸轮代号
1	No. 3 切断刀退回	4.5						4	0	2:1	9	0	4	60	51	*C*
2	No. 1 刀快进至 $\phi3$	2.5						4	4	3:1	7.5	0	4	48	40.5	*B*
3	主轴箱进给	7.5	0.01	750	750	139	139			2:1	15	4	143	47	62	*A*
4	停留							2	2			143	145			
5	No. 1 刀退回至 $\phi5$	1	0.01	100	100	18	18			3:1	3	145	163	40.5	43.5	*B*
6	停留							2	2			163	165			
7	主轴箱进给	3	0.02	150	150	28	28			2:1	6	165	193	62	68	*A*
8	停留							2	2			193	195			
9	No. 1 刀退回至 $\phi8$	1.5	0.01	150	150	28	28			3:1	4.5	195	223	43.5	48	*B*
10	主轴箱快进	6						12	12	2:1	12	223	235	68	80	*A*
11	No. 3 刀切断	4.5	0.01	450	450	83	83			2:1	9	235	318	51	60	*C*
12	主轴夹头松开							10	10			318	328			
13	主轴箱退回	16.5						17	17	2:1	33	328	345	80	47	*A*
14	主轴夹头夹紧							15	15			345	360			
	合　计				1600		296		64							

单轴纵切自动车床调整卡	拟　制		机床型号	CM1107	共 1 页
	核　准		附属装置		第 1 页

工序安排如下：

1）切断刀退回。切断刀的侧面用作挡料装置。在上一次循环，已完成主轴箱退回，故现在应将切断刀退回。

2）刀架 No. 1快进至刀尖到达 ϕ3mm（离主轴中心 1.5mm）处。

3）主轴箱带工件纵向进给，切削 ϕ3mm 一段。

4）刀架 No. 1退至刀尖到达 ϕ5mm（离中心 2.5mm，即后退 1mm）。

5）主轴箱进给，切削 ϕ5mm 一段。

6）刀架 No. 1快退。

7）主轴箱快进，走过 ϕ7mm 一段。这一段不切削。

8）主轴箱停止不动，刀架 No. 3切断。切断后停留。

9）主轴内夹料夹头张开，主轴箱后退，夹头再夹紧。

每个工作行程之后，安排一个“停留”工步，使刀架或主轴箱原处暂停一个短时间，以便得到较精确的尺寸和较光洁的表面。

本实例的加工工艺过程包括 14 个工步，按加工顺序将各工步编号，填入调整卡中“序号”栏。将每一工步的工作内容填入“工步内容”栏。在“刀具位置和工步简图”栏中，绘出各工步的加工示意图及所选用刀架的刀具布置，见表 3-2。

3. 确定各工步的行程长度

刀架行程决定于刀具的起始位置和加工半径。本例棒料直径为 7mm，各刀具的起始位置取在刀尖离棒料外圆 0.5mm 即 ϕ8mm 处，故工步 2 的行程为〔（8－3）÷2〕mm＝2.5mm。工步 5，刀尖从 ϕ3mm 处退至 ϕ5mm 处，故行程为〔（5－3）÷2〕mm＝1mm。工步 11，切断刀的行程从 ϕ8mm 处开始，切断后还应超过中心线 0.5mm，故行程为〔（8/2）＋0.5〕mm＝4.5mm，如图 3-19 所示。

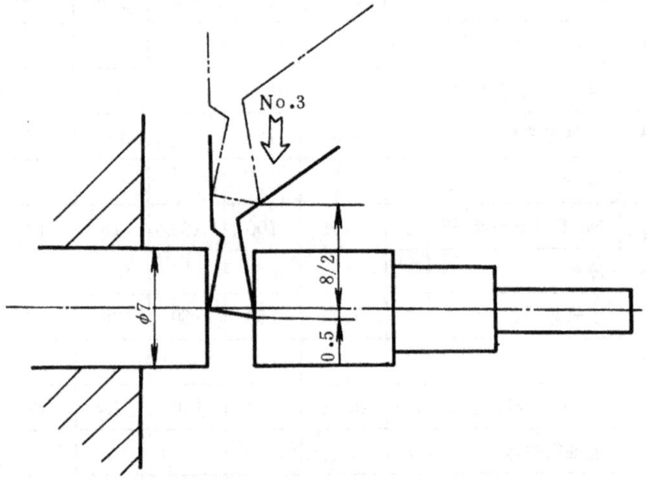

图 3-19　切断刀的行程

主轴箱的行程分三段：第一段，车削 ϕ3mm 段。这一段长 7mm。车削开始时车刀离棒料端面 0.5mm（见表 3-2 的工步 2 简图），故第一段行程长（0.5＋7）mm＝7.5mm（工步 3）。第二段车削 ϕ5mm 段。这一段长 3mm，故工步 7 行程长为 3mm。第三段为 ϕ7mm 段。这一段不切削，故工步 10 为主轴箱快进。切断刀 No. 3 的主切削刃与外圆车刀 No. 1 的主切削刃轴向距离为（2＋1.5－2.5）mm＝1mm（见表 3-2 工步 1、2 图），故主轴箱快进长度为〔(15－3－7)＋1〕mm＝6mm。在这以前的工步 9，No. 1 刀应退回至 ϕ8mm。工步 13，主轴箱退回行程应等于工步 3、7、10 之和，为（7.5＋3＋6）mm＝16.5mm。以上值分别填入“刀具或主轴箱行程”栏。

4. 选择切削用量

切削用量可根据机床说明书选取。本例选用 $v=40$mm/min。主轴转速根据切断时的最

大直径计算

$$n=\frac{1000v}{\pi d}=\frac{1000\times 40}{\pi\times 7}\text{r/min}=1819\text{r/min}$$

根据说明书,选取最接近的主轴转速 1810r/min。交换带轮直径为 $A=100$mm, $B=210$mm。

进给量也可根据说明书选取并填入表内。

5. 计算各工作行程工步所需的主轴转数

计算的目的在于计算每个工作行程工步占整个工作行程的比例,从而确定各工作行程工步在凸轮曲线上所占的角度。

各工步的主轴转数等于该工步的行程除以进给量。例如工步 3,共需 $N_3=(7.5/0.01)$r $=750$r。把计算结果填入“工步主轴转数”的“本工步”栏。

为了减少循环时间,可使某些工步重合,即某几个刀架同时进行加工。“计算工步”栏只填本工步中影响工件加工时间的那部分转数,与别的工步重合的转数不填。本例无重合,故“计算工步”与“本工步”栏相同。

把“计算工步”内各项加起来,就得到用于工作行程的主轴转数。本例为 $\Sigma N_i=1600$r。

6. 选择杠杆比和确定凸轮曲线升程

凸轮至刀架的杠杆比在一定范围内是可调的(见图 3-20),可以根据加工精度要求来选择。传动比大时,有利于提高加工精度,但空行程损失也将增大。通常,加工精度要求高时,取大值;否则,取小值。选取结果填入“杠杆传动比”栏。“行程”乘“杠杆比”就是凸轮升程,填入“凸轮曲线升降值”栏内。

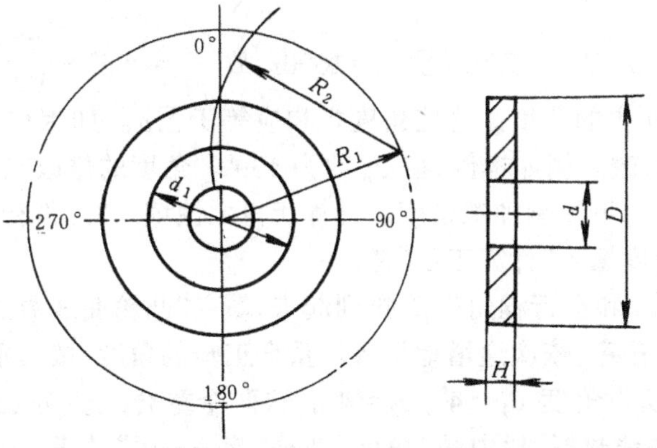

(mm)

凸轮用途	杠 杆 比	D	d	H	d_1	R_1	R_2	数 量
主轴箱进给	1:1 至 3:1	ϕ160	ϕ24	7	ϕ60			2
天平刀架进给	3:1	ϕ120	ϕ24	7	ϕ70	151	144	2
No3 刀架进给	1:1 至 2:1	ϕ120	ϕ40	7	ϕ70	141	138	1
No4 刀架进给	2:1 至 3:1	ϕ120	ϕ40	7	ϕ70	141	138	1
No5 刀架进给	A4:3 至 2:1 B2:1 至 3:1	ϕ120	ϕ40	7	ϕ70	141	138	1

图 3-20 凸轮和杠杆尺寸

7. 确定各工步所占的凸轮角度

工步分为两大类:工作(切削)行程工步和空行程工步。首先计算空行程工步。空行程曲线规定的原则是:升程时不自锁,降程时从动杆不与凸轮脱开。空行程曲线角度可按表 3-3 选取。表中 A 为凸轮曲线升降值。例如工步 2,查表 3-2,凸轮曲线升降值为 $A=7.5$mm,刀架为天平刀架,No.1 刀架快进。查表 3-3,每 1mm 行程为 0.5°,故该工步所占角度 $\beta_2=7.5\times0.5=3.75°$,取 $\beta_2=4°$。"停留"工步可占 2°。确定的值填入表 3-2 的"空行程角度""本工步"栏。

表 3-3 空行程曲线角度值表

凸轮名称	曲线的用途	凸轮上升或下降1mm所需角度		凸轮名称	曲线的用途	凸轮上升或下降1mm所需角度	
		$A\leqslant8$	$A>8$			$A\leqslant8$	$A>8$
主轴箱	上升曲线—不加工时送进棒料 下降曲线—主轴箱退回	1° 0.5°	1.4° 0.7°	上刀架	上升曲线—进刀 下降曲线—退刀	1° 0.5°	1.4° 0.7°
天平刀架	上升曲线—No.2 快进 No.1 快退 下降曲线—No.1 快进 No.2 快退	1° 0.5°	1.4° 0.7°	主轴弹簧夹头	夹紧棒料 松开棒料	15° 10°	

为减少空行程所占的时间,可尽量使空行程与工作行程,或空行程与空行程重合。本例中工步 1 与工步 2 重合,即切断刀的退回与刀架 No.1 的快进同时进行,所占角度也相同。切断刀的退回不单独占时间,故在"计算工步"栏内,工步 1 填 0。将各空行程的"计算工步相加,得 $\sum\beta=64°$。其余角度为工作行程,即 $\sum\alpha=296°$。

各工作行程曲线所占的角度 α_i 为:

$$\alpha_i=\sum\alpha\frac{N_i}{\sum N}$$

例如主轴箱进给(工步 3),$N_3=750$r,$\sum N=1600$r,故 $\alpha_3=296°\times\frac{750}{1600}\approx138°$。同理,可求得其他各工作行程工步所占的角度。这些角度之和应等于 $\sum\alpha$。如因取整时有误差而与 $\sum\alpha$ 略有差异,可对 α_i 略加修改。例如本例,将 α_3 改为 139°。角度的修改只是对完成该工序的时间及凸轮压力角略有影响,不影响加工精度。计算所得之值填入"工作行程角度"的"本工步"栏。视有否重合,将所得角度填入"计算工步"栏。

将工作行程角度 α_i 和空行程角度 β_i 排列起来,填入"凸轮曲线数据"中的"角度"栏。角度的起止数值,应按工步顺序,依次递增地填入。重合工步的角度,按其重合位置填写。例如,工步 1 与工步 2 空行程所占角度 $\beta_1=4°$,$\beta_2=4°$。这两个重合工步分别由凸轮 C 和凸轮 B 控制,所以表 3-2"凸轮曲线数据"栏中的"角度"都是"起——0°","止——4°"。工步 3 工作行程所占角度 $\alpha_3=139°$,其"角度"为:"起——4°","止——143°"。同理,依次可以计算出其余各工步凸轮曲线的起止角度。从 0°开始一直计算到最后一个工步结束的 360°时为止。

8. 计算凸轮曲线的半径

凸轮曲线的半径决定曲线在凸轮上的径向位置。凸轮曲线的升程和所占圆心角一定时,半径愈大,压力角愈小。为此,应尽量使曲线的最大半径等于凸轮毛坯的半径。这同时也可减轻凸轮的制造工作量。最小半径则不小于机床说明书的规定。见图 3-20 中的 D 和 d_1 值。

例如主轴箱凸轮,工步 10 的终点到达其最大半径。查图 3-20 的附表,$D=160$mm,即 $R=80$mm。该工步的凸轮升程为 12mm,故起点半径为 68mm。工步 7 的终点即为工步 10 的起点,升程为 6mm,故起点为 62mm。同理,工步 3 从 47~62mm。

天平刀架作摆动进给，它的凸轮曲线基准半径取凸轮的最大与最小半径的中间值。这样可使凸轮在基准半径时，刀架处于水平位置。凸轮曲线由基准半径开始上升或下降。查图3-20的附表，天平刀架凸轮最大半径为60mm，最小半径为35mm，则基准半径应为47.5mm，圆整为48mm。例如工步2是刀架No.1快进，天平刀架凸轮曲线应为下降。下降值为7.5mm，故起点为48mm，终点为40.5mm。工步5，起点是工步2的终点，终点是43.5mm。余同理。计算结果填入“凸轮曲线数据”的“起”终”栏。

9. 计算循环周期和生产率

根据工作行程主轴的总转数 ΣN_i，主轴的转速 n 和工作行程占循环周期的比例，就可计算出每加工一个工件的主轴转数 N（r）：

$$N = \Sigma N_i \frac{360°}{\Sigma \alpha}$$

循环周期（单件工时）T（min）：

$$T = \frac{\Sigma N_i}{n} \times \frac{360°}{\Sigma \alpha}$$

生产率——每分钟能加工的零件数 A（件/min）：

$$A = 1/T$$

本例的 $N = \left(1600 \times \frac{360°}{296°}\right) \text{r} = 1946\text{r}$。$T = \frac{1946}{1810}\text{min} = 1.08\text{min}$，$A = \frac{1}{T} = 0.93$ 件/min。

分配轴的转速就是生产率 A，但单位为r/min。分配轴的转速是分级调整的。应根据计算出的 A 值选一个最接近的分配轴转速。查机床说明书，主轴转速 $n = 1810$r/min时最接近的分配轴转速为0.978r/min。交换齿轮齿数为 $a = 80$，$b = 38$；V带塔轮为 $F/J = 88$mm/173mm。实际单件工时 $T = 1/0.978 = 1.02$min$= 61$s，将它们填入相应的栏目内。

表3-2的“凸轮曲线数据”栏给出了凸轮各段曲线起始点的极坐标值。凸轮转速很低，不需考虑加速度的影响，故工作行程用阿基米德蜗线或螺旋线（等速运动曲线）。空行程曲线有样板。例如主轴箱进给凸轮 A：4°～143°，半径从47mm升至62mm，蜗线；143°～165°，半径为62mm不变，同心圆弧；165°～193°，半径从62mm升至68mm，蜗线；193°～223°，半径不变；223°～235°，半径从68mm升至80mm，按升程样板；328°～345°，半径从80mm降至47mm，按降程样板；345°～360°，0°～4°，半径为47mm不变。

调整计算的原则，不仅适用于纵切自动车床，也适用于其他各种自动车床、自动化铣床和其他类机床、组合机床以及轻工机械等。

第四章　齿轮加工机床

第一节　工作原理和分类

一、齿轮的加工方法

齿轮的加工方法很多，如铸造、锻造、热轧、冲压以及切削加工等。目前，前四种方法的加工精度还不够高，精密齿轮主要靠切削法。

按形成轮齿的原理，切削齿轮的方法可分为两大类：成形法和展成法。

1. 成形法

成形法用与被加工齿轮齿槽形状相同的成形刀具切削轮齿。图 4-1a 是用盘形齿轮铣刀加工直齿齿轮。轮齿的表面是渐开线柱面。形成母线（渐开线）的方法是成形法，不需要表面成形运动。形成导线（直线）的方法是相切法，需要两个成形运动。一个是盘形齿轮铣刀的旋转 B_1，一个是铣刀沿齿坯的轴向移动 A_2。两个都是简单运动。铣完一个齿槽后，退回原处。齿坯作分度运动——转过 $360°/z$（z 是被加工齿轮的齿数），然后再铣下一个齿，直到全部齿被铣削完毕。分度运动属于辅助运动。

加工模数较大的齿轮时，常用指状齿轮铣刀，如图 4-1b 所示。所需运动与用盘形铣刀相同。

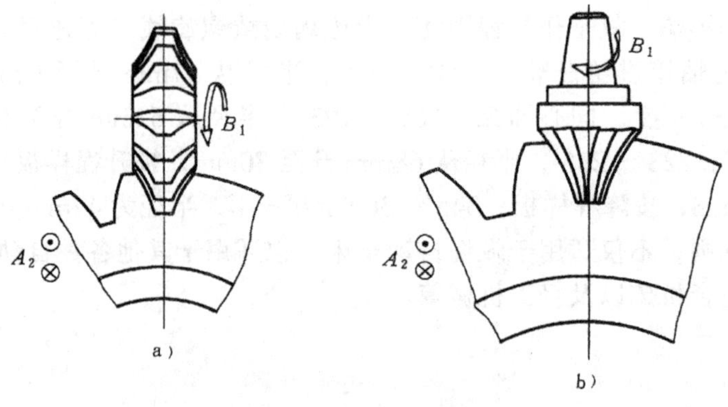

图 4-1　成形法加工齿轮

此外，也可用成形刨刀在刨床上刨齿，或在插床上插齿。

齿轮的齿廓形状，决定于基圆直径，基圆直径决定于分度圆直径和分度圆处的压力角，即 $d_{基} = mz\cos\alpha$。因此，即使齿轮的模数和压力角相同，对于不同的齿数，齿形还是不一样的。事实上，又不可能每种齿数都有一把刀具。因此，采用 8 把一套或 15 把一套的齿轮铣刀。每把可切几个齿数的齿轮。例如 5 号刀可切 26 至 34 齿的齿轮。刀具齿形是按这个刀号能切的最小齿数制造的（如 5 号刀是按 $z=26$ 的齿形制造的），用来切其他齿数，就有误差。这种加工方式的精度不高，生产率也较低，但可以用通用机床（如普通铣床）加工，多用于对精度要求不高的修配行业。

2. 展成法

展成法加工齿轮应用齿轮啮合的原理。切齿过程中，模拟某种齿轮副的啮合过程，如交错轴齿轮副、齿轮—齿轮副、齿轮—齿条副等。把其中的一个做成刀具来加工另外一个。被加工齿的齿廓表面是在刀具和工件包络（展开）过程中，由刀具切削刃的位置连续变化形成的。用展成法加工齿轮的优点是，只要模数和压力角相同，一把刀具可以加工任意齿数的齿轮。生产率和加工精度也都比较高。在齿轮加工中，展成法应用最为广泛。

二、齿轮加工机床的类型

齿轮加工机床（Gear-cutting machine）的种类繁多，一般可分为圆柱齿轮加工机床和锥齿轮加工机床两大类。

圆柱齿轮加工机床主要有滚齿机、插齿机等；锥齿轮加工机床又分为直齿锥齿轮加工机床和曲线齿轮加工机床两类。直齿锥齿轮加工机床有刨齿机、铣齿机和拉齿机等；曲线齿轮加工机床有加工各种不同曲线齿锥齿轮的铣齿机和拉齿机等。

用来精加工齿轮齿面的机床有研齿机、剃齿机和磨齿机等。

第二节　滚齿机的运动分析

滚齿机（Gear hobbing machine）主要用于滚切直齿和斜齿圆柱齿轮和蜗轮。与滚齿机加工原理相同的，还有花键轴铣齿机。

一、滚齿原理

滚齿加工是根据展成法（Generation）原理来加工齿轮轮齿的。用齿轮滚刀加工齿轮的过程，相当于一对螺旋齿轮啮合滚动的过程（图 4-2a）。将其中的一个齿数减少到一个或几个，轮齿的螺旋倾角很大（图 4-2b）。开槽并铲背后，就成了齿轮滚刀（图 4-2c）。当机床使滚刀和工件严格地按一对螺旋齿轮的传动关系作相对旋转运动时，就可在工件上连续不断地切出齿来。

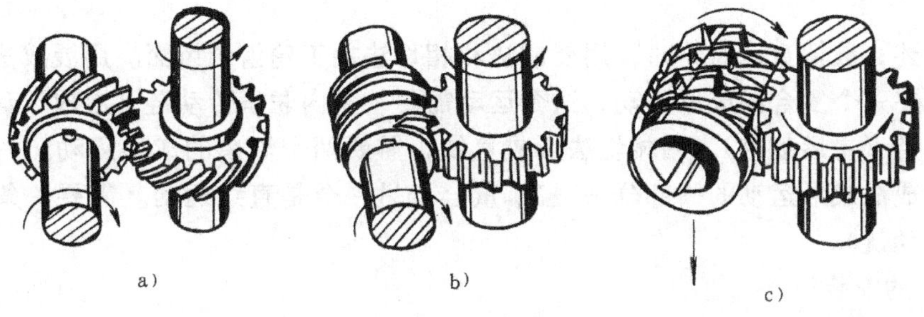

图 4-2　滚齿原理

二、滚切直齿圆柱齿轮

1. 机床的运动和传动原理图

用滚刀加工直齿圆柱齿轮（Spur gear）必须具有以下两个运动：形成渐开线（母线）所需的展成运动（B_{11}，B_{12}）和形成导线所需的滚刀沿工件轴线的移动（A_2），如图 4-3 所示。

(1) 展成运动　展成运动是滚刀与工件之间的啮合运动，是一个复合的表面成形运动。这个运动可以被分解为两个部分：滚刀的旋转运动 B_{11} 和工件的旋转运动 B_{12}。根据本书第二章的分析，复合运动的两部分 B_{11} 和 B_{12} 之间需要有一个内联系传动链，用以保持 B_{11} 和 B_{12} 之间的相对运动关系。设滚刀的头数为 K，工件齿数为 z，则滚刀每转 $1/K$ 转，工件应转 $1/z$ 转。在图 4-4 中，这条传动链是：滚刀—4—5—i_x—6—7—工件。

(2) 主运动　展成运动还应有一条外联系传动链与动力源相联系。这条传动链为：电动机—1—2—i_v—3—4—滚刀。从切削的角度分析，滚刀的旋转是主运动。这条传动链称为主运动链。

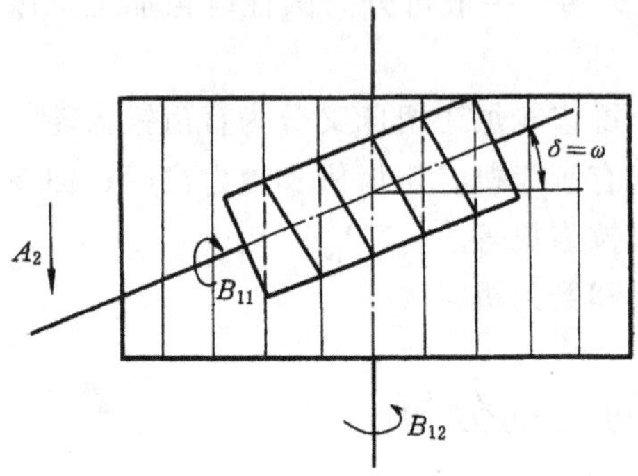

图 4-3　滚切直齿圆柱齿轮所需的运动

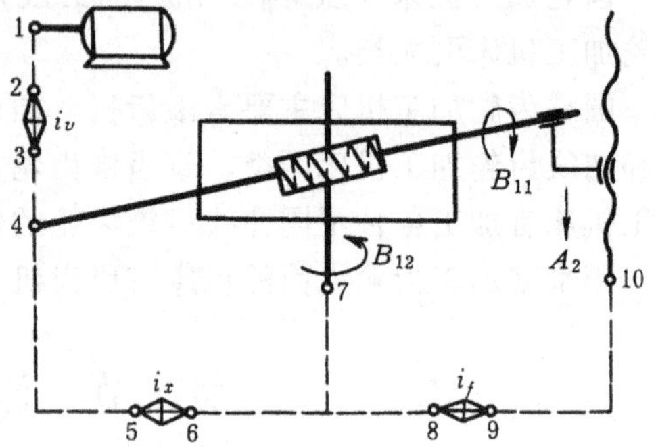

图 4-4　滚切直齿圆柱齿轮的传动原理图

(3) 竖直进给运动　为了形成直线，滚刀还需作轴向的直线运动 A_2。这个运动是维持切削得以连续的运动，是进给运动。

A_2 是一个简单运动，可以使用独立的动力源驱动。但是，工件转速和刀架移动速度之间的相对关系，会影响到齿面加工的表面粗糙度。因此，滚齿机的进给以工件每转时滚刀架的轴向移动量计，单位为 mm/r。计算时，可以把工作台作为间接动力源。在图 4-4 中，这条传动链为：工件—7—8—i_f—9—10—刀架升降丝杠。这是一条外联系传动链，称为进给传动链。

综上所述，滚切直齿齿轮时，用展成法和相切法加工轮齿的齿面。用展成法形成渐开线（母线），需要一个复合的成形运动，这个运动需要一条内联系传动链（展成运动链）和一条外联系传动链（主运动链）。用相切法形成直线，需要两个简单的成形运动。一个是滚刀的旋转，与展成法成形运动的一部分——B_{11} 重合；另一个是直线运动。需要一条外联系传动链（进给传动链）。

2. 滚刀的安装

滚刀刀齿是沿螺旋线分布的，螺旋升角为 ω。加工直齿圆柱齿轮时，为了使滚刀刀齿方向与被切齿轮的齿槽方向一致，滚刀轴线与被切齿轮端面之间应倾斜一个角度 δ，称为滚刀的安装角。它在数量上等于滚刀的螺旋升角 ω。用右旋滚刀加工直齿齿轮的安装角如图 4-3 所示，用左旋滚刀时倾斜方向相反。图中虚线表示滚刀与齿坯接触一侧的滚刀螺旋线方向。

三、滚切斜齿圆柱齿轮

1. 机床的运动和传动原理图

斜齿圆柱齿轮（Helical gear）与直齿圆柱齿轮相比，端面齿廓都是渐开线；但齿长方向不是直线，而是螺旋线。因此，加工斜齿圆柱齿轮也需要两个运动：一个是产生渐开线（母线）的展成运动；另一个是产生螺旋线（导线）的运动。前者与加工直齿齿轮时相同；后者则有所不同。加工直齿圆柱齿轮时，进给运动是直线运动，是一个简单运动。加工斜齿圆柱齿轮时，进给运动是螺旋运动，是一个复合运动。如图 4-5 所示，这个运动可分解为两部分，滚刀架的直线运动 A_{21}和工作台的旋转运动 B_{22}。工作台要同时完成 B_{12}和 B_{22}两种旋转运动，故 B_{22}常称为附加转动。滚切斜齿圆柱齿轮所需的运动见图 4-5。

滚切斜齿圆柱齿轮时的两个成形运动都各需一条内联系传动链和一条外联系传动链，如图 4-6 所示。展成运动的传动链与滚切直齿时完全相同。产生螺旋运动的外联系传动链——进给链，也与切削直齿圆柱齿轮时相同。但是，这时的进给运动是复合运动，还需一条产生螺旋线的内联系传动链。它连接刀架移动 A_{21}和工件的附加转动 B_{22}，以保证当刀架直线移动距离为螺旋线的一个导程 T 时，工件的附加转动为一转。这条内联系传动链习惯上称为差动链。图 4-6 中，差动链为丝杠—10—11—i_y—12—7—工件。换置器官的传动比 i_y 根据被加工齿轮的螺旋线导程 T 或螺旋倾角 β 调整。

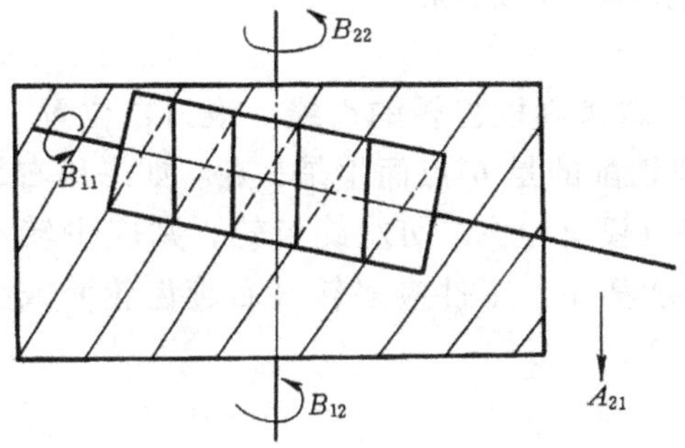

图 4-5 滚切斜齿圆柱齿轮所需的运动

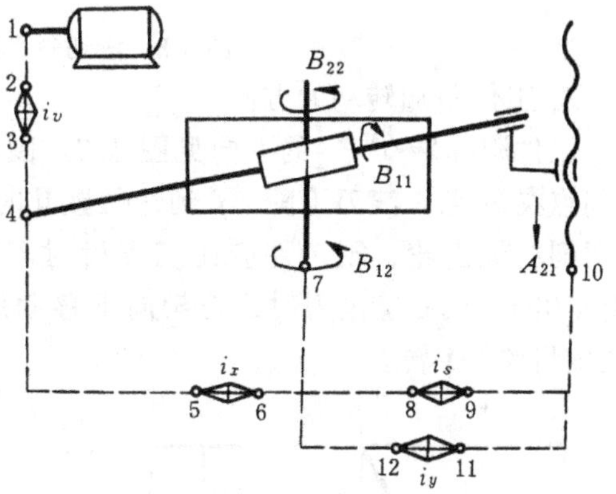

图 4-6 滚切斜齿圆柱齿轮的传动链

由图 4-6 可以看出，展成运动传动链要求工件转动 B_{12}，差动传动链又要求工件附加转动 B_{22}。这两个运动同时传给工件，在图 4-6 中的点 7 必然发生干涉。因此，图 4-6 实际上是不能实现的。必须采用合成机构，把 B_{12}和 B_{22}合并起来，然后传给工作台，见图 4-7。合成机构把来自滚刀的运动（点 5）和来自刀架的运动（点 15）合并起来，在点 6 输出，传给工件。

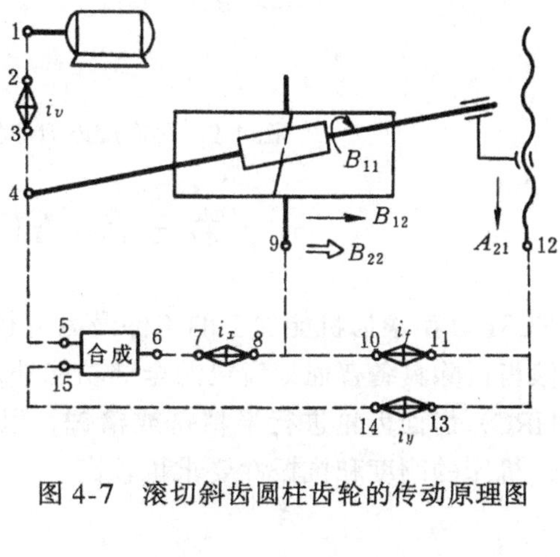

图 4-7 滚切斜齿圆柱齿轮的传动原理图

滚齿机既可用来加工直齿，又可用来加工斜齿圆柱齿轮。因此，滚齿机是根据滚切斜齿圆柱齿轮的传动原理图设计的。当滚切直齿圆柱齿轮时，就将差动传动链断开（换置器官不挂挂轮），并把合成机构通过结构固定成为一个如同联轴器的整体。

2. 滚刀的安装

滚切斜齿圆柱齿轮时，滚刀的安装角 δ 不仅与滚刀的螺旋线方向及螺旋升角 ω 有关，而且还与被加工齿轮的螺旋线方向及螺旋角 β 有关。当滚刀与齿轮的螺旋线方向相同时，滚刀的安装角 $\delta=\beta-\omega$，图 4-8a 表示用右旋滚刀加工右旋齿轮的情况。当滚刀与齿轮的螺旋线方向相反时，滚刀的安装角 $\delta=\beta+\omega$，图 4-8b 表示用右旋滚刀加工左旋齿轮的情况。

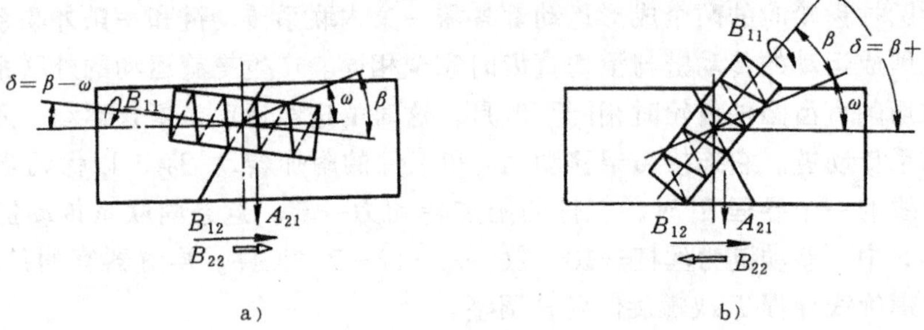

图 4-8 滚切斜齿圆柱齿轮时滚刀的安装角

3. 工件附加转动的方向

工件附加转动 B_{22} 的方向见图 4-9。图中 ac' 是斜齿圆柱齿轮的齿线。滚刀在位置Ⅰ时，切削点在 a 点。滚刀下降 Δf 到达位置Ⅱ时，需要切削的是 b' 点而不是 b 点。如果用右旋滚刀切削右旋齿轮，则工件应比切直齿时多转一些（图 4-9a），切左旋齿轮，则应少转一些（图 4-9b）。用右旋滚刀时，刀架向下移动螺旋线导程 T，工件应多转（右旋齿轮）或少转（左旋齿轮）1 转。

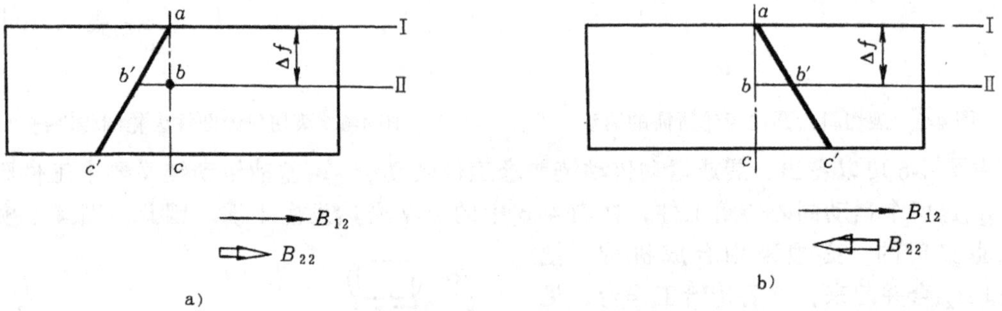

图 4-9 用右旋滚刀切斜齿时工件的附加转动方向

第三节 YC3180 型滚齿机

YC3180 型滚齿机能加工的工件最大直径为 800mm，最大模数为 10mm，最小齿数为 8。这种滚齿机除具备普通滚齿机的全部功能外，还可采用硬质合金滚刀对已淬硬的高硬度（50～60HRC）齿面齿轮进行半精铣或精铣，以部分地取代磨齿。为此，机床的主电动机功率较大，机床的刚度和抗振性要求也较高。

图 4-10 是这种滚齿机的外形图。立柱 2 固定在床身 1 上。滚刀架 3 可沿立柱的导轨上下移动。滚刀安装在主轴 4 上。工件装在工作台 7 的心轴 6 上，随工作台旋转。后立柱 5 和工作台装在同一溜板上，可沿床身 1 的导轨作水平方向的移动。根据工件的直径，调整其径向位置。当用径向进给法切削蜗轮时，这个水平移动是径向进给。

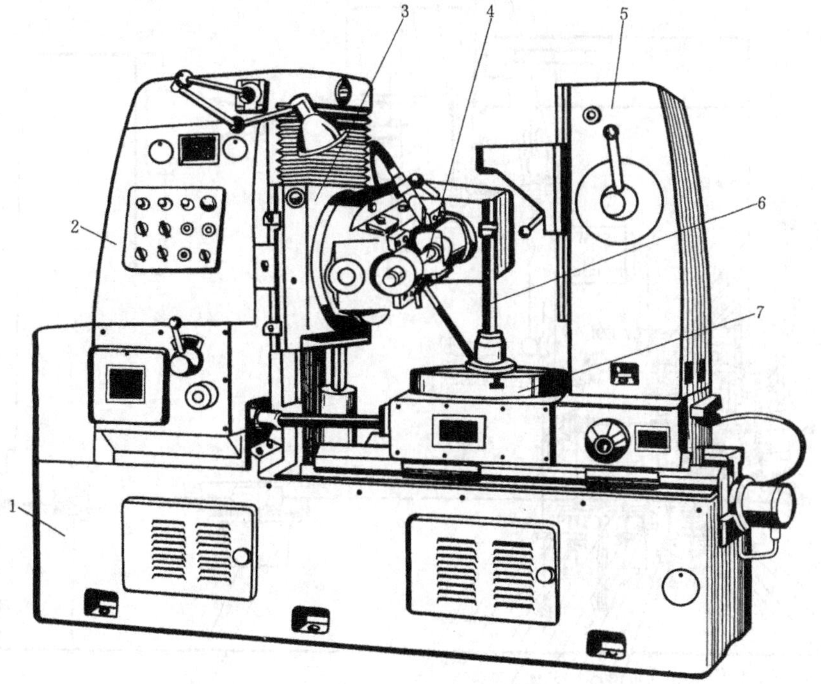

图 4-10　YC3180 外形

滚齿机的传动系统比较复杂，应联系传动原理图进行分析。首先，分析为加工这样的工件需要几个运动；哪几个运动是简单运动，哪几个运动是复合运动；需要几条传动链。每一条传动链应按下列次序分析：①确定末端件，即这条传动链的两端是什么机件。②列出计算位移，即列出两末端件的运动关系。③对照传动原理图，列出运动平衡式。④计算换置式。这个方法同样也适用于分析其他类型的机床。

YC3180 型滚齿机的传动系统见图 4-11。滚齿机的运动分析见前文。现分析各传动链。

1．主运动传动链（以下简称“主运动链”）

（1）末端件　主运动链是展成运动的外联系传动链。它的一端是电动机，一端是主轴。

（2）计算位移　电动机转速为 1500r/min（同步转速，未计转差率），主轴转速为 n。记作

$$1500\text{r/min（电动机）} \longrightarrow n\text{（主轴）}$$

（3）运动平衡式

$$1500\times\frac{\phi 90\text{mm}}{\phi 176\text{mm}}\times\begin{bmatrix}24/48\\28/44\\32/40\end{bmatrix}\times\begin{bmatrix}24/48\\36/36\\48/24\end{bmatrix}\times\frac{33}{35}\times\frac{23}{23}\times\frac{23}{23}\times\frac{23}{23}\times\frac{20}{80}=n$$

（9 速变速箱）

与图 4-7（传动原理图）相对比，$\frac{\phi 90\text{mm}}{\phi 176\text{mm}}$（带传动）相当于 1—2 段；9 速变速箱相当于 i_v；33/35 至 20/80 相当于 3—4 段。

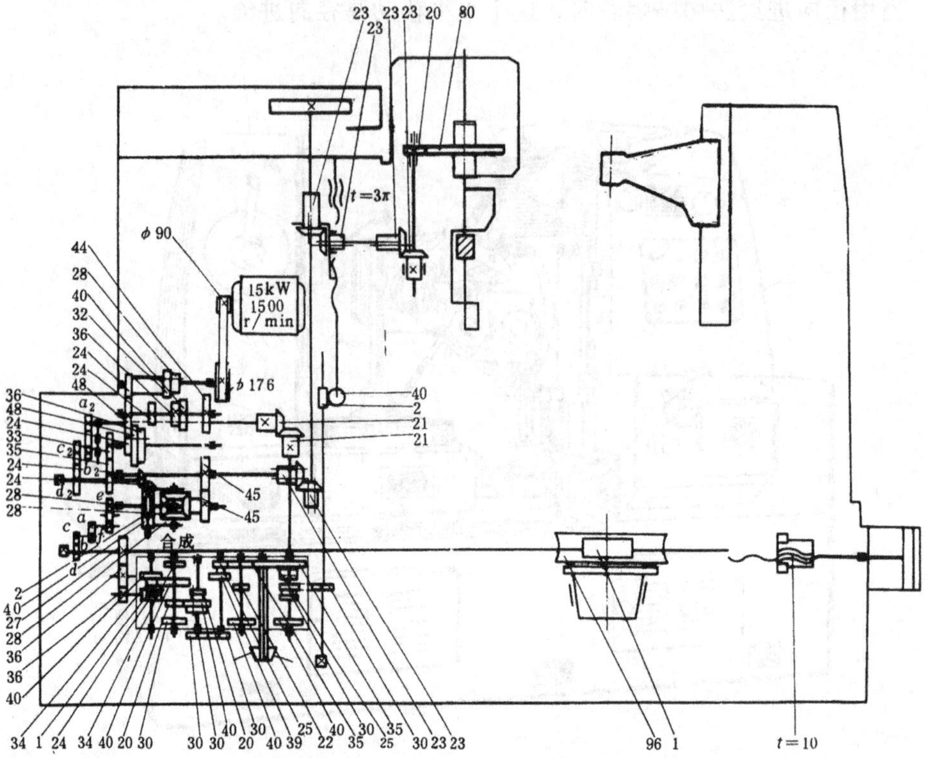

图 4-11　YC3180 型滚齿机传动系统（经简化）

（4）换置式

$$i_v=\frac{1}{1500}\times\frac{176}{90}\times\frac{35}{33}\times\frac{23}{23}\times\frac{23}{23}\times\frac{23}{23}\times\frac{80}{20}n\approx\frac{n}{180}$$

主运动链是外联系传动链，调整不需很准确，因此可以用一个 9 速的分级变速箱来调整。

2. 展成运动传动链（以下简称“展成链”）

（1）末端件　展成链是展成运动的内联系传动链。它联系滚刀的旋转和工件的旋转，故两末端件是滚刀和工件或滚刀主轴和工作台。

（2）计算位移　展成链保证末端件的传动比相当于一对交错轴齿轮副的啮合传动，即滚刀每 1 转，工件转 K/z 转。K 为滚刀头数，z 为工件齿数，记作：

$$1\,(\text{滚刀})\longrightarrow K/z\,(\text{工件})$$

（3）运动平衡式

$$1\times\frac{80}{20}\times\frac{23}{23}\times\frac{23}{23}\times\frac{23}{23}\times\frac{45}{45}\times i_{合成}\times\frac{e}{f}\times\frac{a}{b}\times\frac{c}{d}\times\frac{1}{96}=\frac{K}{z}$$

与传动原理图相对比，从 80/20 至 45/45 相当于定比传动 4—5 段；$i_{合成}$是合成机构的传动比；$\frac{e}{f}\times\frac{a}{b}\times\frac{c}{d}$是展成链的换置器官 i_x；1/96 是定比传动 8—9 段。加工直齿圆柱齿轮时，合成机构被锁住，传动比 $i_{合成}=1$。

（4）换置式

$$i_x=\frac{e}{f}\times\frac{a}{b}\times\frac{c}{d}=24\,\frac{K}{z}$$

$$\frac{a}{b}\times\frac{c}{d}=\frac{f}{e}24\,\frac{K}{z}$$

通常 $K=1$ 或 2，当 $z=21\sim161$ 时，$e=f=42$。这时$\frac{a}{b}\times\frac{c}{d}=24\,\frac{K}{z}$。当 $z=8\sim20$ 时，$24\,\frac{K}{z}$ 有可能大于 1。为避免在挂轮架处升速，增加噪声，取 $e=56, f=28$。这时$\frac{a}{b}\times\frac{c}{d}=12\,\frac{K}{z}$。当 $z>161$ 时，$24\,\frac{K}{z}$ 太小，挂轮架的被动轮太大。这时，取 $e=28, f=56$。这时$\frac{a}{b}\times\frac{c}{d}=48\,\frac{K}{z}$。

展成链习惯上也称为分齿链。

3. 进给传动链（以下简称“进给链”）

（1）末端件　进给以工作台作为间接动力源，故末端件是工作台和滚刀架。

（2）计算位移　进给以工作台每转时滚刀架的竖直移动量（mm）计，故计算位移为：

$$1\text{（工作台）}\longrightarrow f\text{（滚刀架）}$$

（3）运动平衡式

$$1\times\frac{96}{1}\times\frac{27}{36}\times\frac{36}{36}\times\frac{1}{24}\times\begin{bmatrix}40/34\\34/40\end{bmatrix}\times\underbrace{\begin{bmatrix}40/20\\30/30\\20/40\end{bmatrix}}_{\text{（6 速进给箱）}}\times\frac{30}{30}\times\underbrace{\begin{bmatrix}39/22\\25/35\end{bmatrix}}_{\text{（双速滑移齿轮）}}$$

$$\times\underbrace{\begin{bmatrix}\frac{40}{40}\\\frac{35}{25}\times\frac{25}{35}\end{bmatrix}}_{\text{（换向机构）}}\times\frac{30}{30}\times\frac{2}{40}\times3\pi=f$$

与传动原理图对比，从$\frac{96}{1}$至$\frac{1}{24}$相当于 9—10 段；6 速进给箱，定比 30/30，双速滑移齿轮，相当于 i_f；在它的后面，是一个进给换向机构，无论是正向 40/40 或反向$\frac{35}{25}\times\frac{25}{35}$，传动比都是 1。从 30/30 至滚刀架升降丝杠（导程为 3π），相当于 11—12 段。

（4）换置式

$$i_f=\frac{1}{96}\times\frac{36}{27}\times\frac{36}{36}\times\frac{24}{1}\times\frac{30}{30}\times\frac{40}{2}\times\frac{1}{3\pi}f=\frac{f}{0.45\pi}$$

一、滚切斜齿圆柱齿轮

1. 差动链

切削斜齿圆柱齿轮时，进给是复合运动，需要一条内联系传动链来保证螺旋线的导程。这条传动链习惯上称为差动链。

（1）末端件　螺旋线由滚刀架的竖直运动和工作台的附加转动来保证，故末端件为滚刀架和工件。

（2）计算位移　当滚刀架竖向移动 T 时，工件应多转或少转 1 转。T 是螺旋线的导程，记作

$$T\text{（滚刀架）}\longrightarrow\pm1\text{（工件）}$$

(3) 运动平衡式

$$T\times\frac{1}{3\pi}\times\frac{40}{2}\times\frac{30}{30}\times\frac{21}{21}\times\frac{a_2}{b_2}\times\frac{c_2}{d_2}\times\frac{24}{24}\times\frac{2}{40}\times i_{合成}\times\frac{e}{f}$$
$$\times\frac{a}{b}\times\frac{c}{d}\times\frac{1}{96}=\pm1$$

与传动原理图相对比，从$\frac{1}{3\pi}$至$\frac{21}{21}$相当于12—13段；$\frac{a_2}{b_2}\times\frac{c_2}{d_2}$相当于$i_y$；$\frac{24}{24}\times\frac{2}{40}$相当于14—15段；$i_{合成}$为合成机构的传动比；$\frac{e}{f}\times\frac{a}{b}\times\frac{c}{d}$相当于$i_x$；$\frac{1}{96}$相当于8—9段。

(4) 换置式　合成机构是一个锥齿轮差动机构。4个锥齿轮齿数都相等。差动链的蜗轮$z=40$与系杆（转臂）相联系。在差动链中，系杆为主动，恒星轮为被动，传动比$i_{合成}=2$。代入运动平衡式，得：

$$i_y=\frac{a_2}{b_2}\times\frac{c_2}{d_2}=\frac{3\pi}{T}\times\frac{2}{40}\times\frac{30}{30}\times\frac{21}{21}\times\frac{24}{24}\times\frac{40}{2}\times\frac{1}{2}\times\frac{f}{e}\times\frac{b}{a}\times\frac{d}{c}\times96$$

斜齿圆柱齿轮的已知值为齿数z，法向模数m和螺旋倾角β。它们与导程T的关系见图4-12：

$$T=\frac{\pi m_{端}z}{\mathrm{tg}\beta}$$
$$m_{端}=\frac{m}{\cos\beta}$$

式中　$m_{端}$——端面模数。

故
$$T=\frac{\pi mz}{\mathrm{tg}\beta\cos\beta}=\frac{\pi mz}{\sin\beta}$$

将T之值和$\frac{f}{e}\times\frac{b}{a}\times\frac{d}{c}=\frac{1}{i_x}=\frac{z}{24K}$（见展成链换置式）代入，得：

$$i_y=3\pi\times\frac{\sin\beta}{\pi mz}\times\frac{2}{40}\times\frac{30}{30}\times\frac{21}{21}\times\frac{24}{24}\times\frac{40}{2}\times\frac{1}{2}\times\frac{z}{24K}\times96$$

第一、二项可消去π，这就是滚刀架升降丝杠采用模数制螺纹（导程为3π）的原因。

$$i_y=\frac{a_2}{b_2}\times\frac{c_2}{d_2}=\frac{6\sin\beta}{mK}$$

2. 展成链

展成链与滚切直齿圆柱齿轮相同。但合成机构不被锁住。展成运动从恒星轮传入，从另一恒星轮传出。两恒星轮转速相同，但转向相反，故传动比为-1。因此，展成链的换置式不变，但滚刀和工件的相对旋转方向与滚切直齿齿轮时相反。为了要相同，应在展成链的挂轮架内加一个惰轮。

主运动链和进给链，与滚切直齿齿轮时相同。

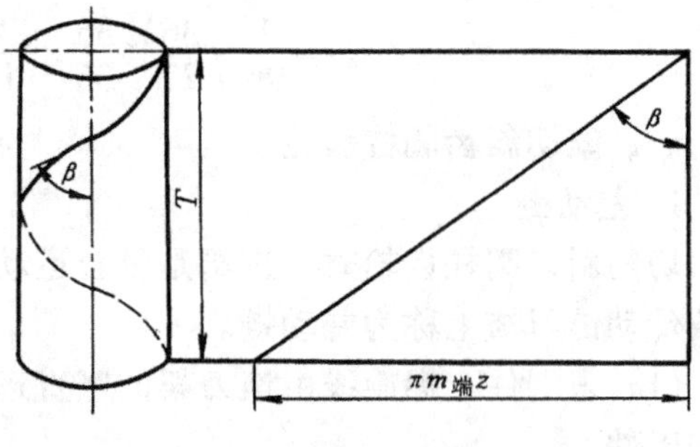

图4-12　螺旋线的展开

二、用径向进给法滚切蜗轮

用径向进给法滚切蜗轮（Worm wheel）时，主运动链和展成链与滚切直齿齿轮时相同。进给为床身溜板连同工作台和后立柱在床身的导轨上作水平的径向进给。径向进给行程较短（等于齿全高加上开始切削前的一小段）。

行程终点的要求较高（因影响齿厚），故常用手摇。

床身右端的液压缸和活塞用于在加工完毕后使工件退离滚刀以便于装卸；装卸工件完毕后使工件复位。这个快退快进的距离是一定的（等于活塞行程）。

此外，这台机床还有其他一些功能，如滚刀架的快速升降，备有仿形装置以便加工某些形状特殊的齿轮等，见机床说明书。

第四节　传动链换置器官的布置

本节将以滚齿机为例，讨论传动链换置器官的布置。

一、外联系传动链换置器官

如果外联系传动链与内联系传动链有公用段，则外联系传动链的换置器官不得布置于公用段内。图 4-13 是滚齿机的主运动链和展成链。其中 4—5 段是两传动链的公用段。图 4-13a 是正确的，图 4-13b 是错误的。因如把主运动链的换置器官 i_v 置于公用段如图 4-13b，则当改变 i_v 的传动比以改变滚刀转速时，展成链的传动比也随之而变。

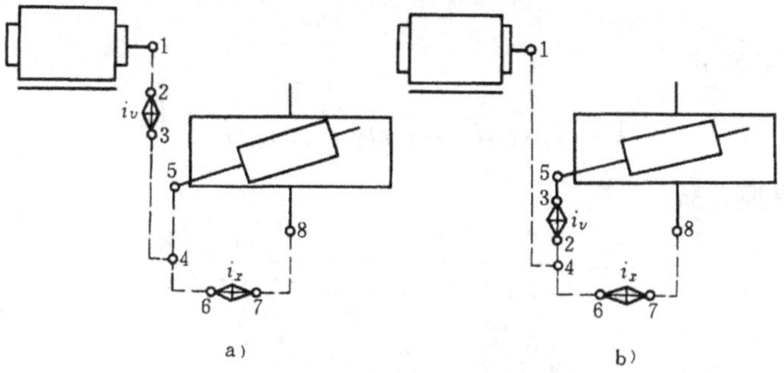

图 4-13　主运动链换置器官的布置
a）正确　b）错误

二、内联系传动链换置器官

滚齿机有两条内联系传动链——展成链和差动链，其换置器官分别为 i_x 和 i_y。i_x 和 i_y 可以布置在不同的位置上。图 4-14 表示三种布置方案。

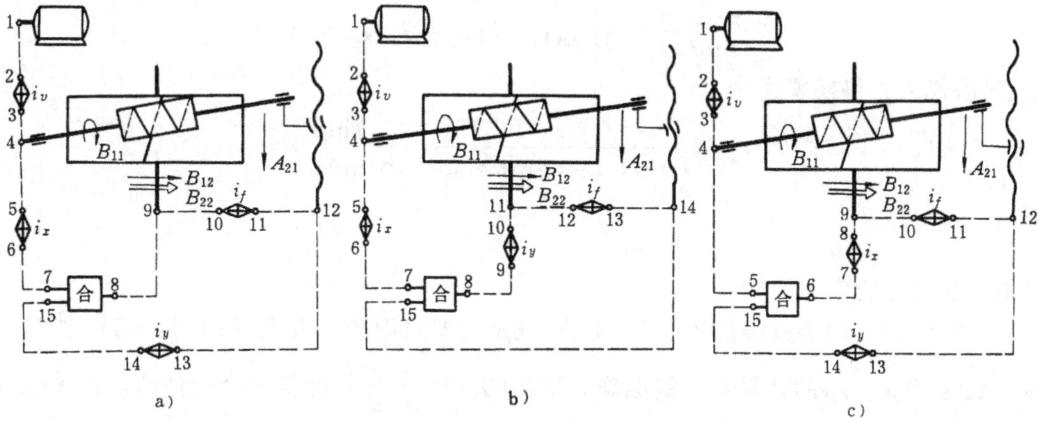

图 4-14　换置器官的布置

（1）i_x 和 i_y 均在合成机构的输入端（图 4-14a）展成链的运动平衡式

$$1 \times i_{4\text{-}5} i_{xa} i_{6\text{-}7} i_{合成} i_{8\text{-}9} = \frac{K}{z}$$

换置式

$$i_{xa} = \frac{1}{i_{4\text{-}5} i_{6\text{-}7} i_{合成} i_{8\text{-}9}} \frac{K}{z} = c_{xa} \frac{K}{z}$$

差动链的运动平衡式

$$\frac{\pi m z}{\sin\beta} \frac{1}{t} i_{12\text{-}13} i_{ya} i_{14\text{-}15} i_{合成} i_{8\text{-}9} = 1$$

换置式

$$i_{ya} = \frac{t}{i_{12\text{-}13} i_{14\text{-}15} i_{合成} i_{8\text{-}9}} \frac{\sin\beta}{\pi m z} = c_{ya} \frac{\sin\beta}{m z}$$

（2）i_x 在合成机构的输入端，i_y 在合成机构的输出端（图 4-14b） 差动链的计算与方案 1 相似，换置式为

$$i_{yb} = c_{yb} \frac{\sin\beta}{m z}$$

展成链的运动平衡式

$$1 \times i_{4\text{-}5} i_{xb} i_{6\text{-}7} i_{合成} i_{8\text{-}9} i_{yb} i_{10\text{-}11} = \frac{K}{z}$$

将 i_{y2}之值代入，得换置式

$$i_{yb} = \frac{1}{i_{4\text{-}5} i_{6\text{-}7} i_{合成} i_{8\text{-}9} i_{10\text{-}11}} \frac{m z}{c_{yb} \sin\beta} \frac{K}{z} = c_{xb} \frac{m K}{\sin\beta}$$

（3）i_x 在合成机构的输出端，i_y 在合成机构的输入端（图 4-14c） 展成链的计算与方案 1 相似，换置式为

$$i_{xc} = c_{xc} \frac{K}{z}$$

差动链的运动平衡式

$$\frac{\pi m z}{\sin\beta} \frac{1}{t} i_{12\text{-}13} i_{yc} i_{14\text{-}15} i_{合成} i_{6\text{-}7} i_{xc} i_{8\text{-}9} = 1$$

将 i_{x3}的值代入，得换置式

$$i_{yc} = \frac{t}{i_{12\text{-}13} i_{14\text{-}15} i_{合成} i_{6\text{-}7} i_{8\text{-}9}} \frac{z}{c_{xc} K} \frac{\sin\beta}{\pi m z} = c_{yc} \frac{\sin\beta}{m K}$$

对比这三个方案，可知：

1）方案（2）的展成链换置式 i_{xb}中有 $\sin\beta$ 无理数因子，方案（1）和（3）中 i_{xa}和 i_{xc}只有整数 K 和 z。i_{xb}的计算不可能准确，配出的挂轮$\frac{a}{b}$ $\frac{c}{d}$只能是一个近似值。i_{xa}和 i_{xc}可以完全没有计算误差。因此，方案（2）不可取。

2）在方案（1）和（3）中，i_{xa}和 i_{xc}是一样的，但 i_{ya}和 i_{yc}有所不 同。在 i_{ya}中有 z 而

i_{yc}中没有z。一对相啮合的斜齿圆柱齿轮，模数相等；用同一把滚刀，故K相等；螺旋倾角β相等，但旋向不同，一个左旋，一个右旋。方案（3）的i_{yc}中没有z，故在加工完一个再加工另一个相啮合的齿轮时，i_y不需改变。只要在挂轮架中加上或去掉一个惰轮以更改其旋向就可以了。虽然i_{yc}中有$\sin\beta$无理数因子，换置有一定的误差，并使倾角有一定的误差，但一对齿轮用同一套差动挂轮，误差是相同的，因而仍能很好地啮合。

根据以上分析，滚齿机传动原理图应取方案（3）。图4-7取的就是这个方案。

第五节　其他齿轮加工机床的运动分析

一、插齿机

插齿机（Gear shaping machine）用来加工内、外啮合的圆柱齿轮，尤其适合于加工内齿轮和多联齿轮（图4-15）。这是滚齿机无法加工的。装上附件，插齿机还能加工齿条，但插齿机不能加工蜗轮。

图4-15　内外齿轮的插齿

（一）插齿原理及所需的运动

插齿机加工原理为一对圆柱齿轮的啮合。其中一个是工件，另一个是齿轮形刀具——插齿刀。它的模数和压力角与被加工齿轮相同。插齿机同样是按展成法加工圆柱齿轮的。

图4-16表示插直齿的原理及加工时所需的成形运动。展成运动——插齿刀和工件的相对转动是一个复合运动，用以形成渐开线齿廓。展成运动可以被分解成两部分：插齿刀的旋转B_{11}和工件的旋转B_{12}。插齿刀的上下往复运动A_2是一个简单的成形运动，用以形成轮

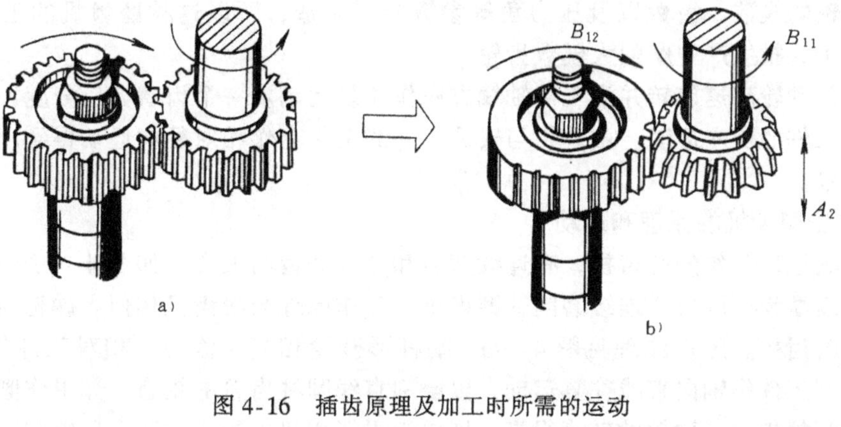

图4-16　插齿原理及加工时所需的运动

齿齿面的导线——直线。这个运动是主运动。插斜齿时，应该用斜齿插齿刀，插齿刀的螺旋倾角与工件的相同，但旋向相反。插齿刀主轴在一个专用的螺旋导轨上移动。这样，在上下往复移动时，插齿刀还得到一个附加转动。

插齿开始时，插齿刀和工件除作展成运动外，还要作相对的径向切入运动，直到全齿深为止；然后，工件再转过一圈，全部轮齿就切削完毕；插齿刀与工件分开，机床停止。插齿刀在往复运动的回程时不切削。为了减少刀刃的磨损，还需要有让刀运动，即刀具在回程时径向退离工件，切削时复原。

（二）插齿机的传动原理图

用齿轮形插齿刀插削直齿圆柱齿轮时，机床的传动原理图如图 4-17 所示。B_{11}和 B_{12}是一个复合运动，需要一条内联系传动链和一条外联系传动链。图中点 8 到点 11 之间的传动链是内联系传动链——展成链。圆周进给以插齿刀每往复一次，插齿刀所转过的分度圆弧长计。因此，外联系传动链以驱动插齿刀往复的偏心轮为间接动源来联系插齿刀旋转，图中为点 4 到点 8。

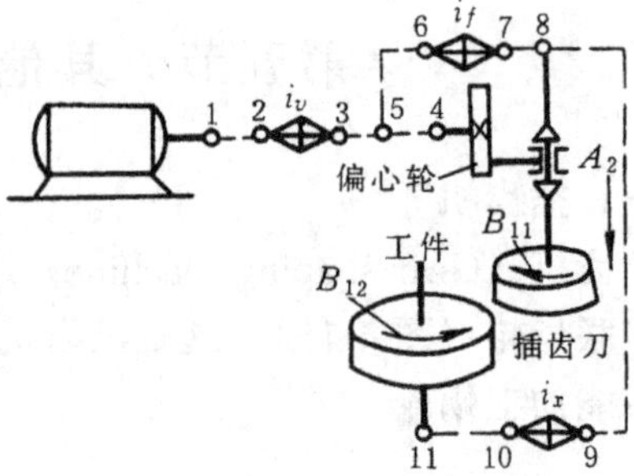

图 4-17　插齿机的传动原理图

插齿刀的往复运动 A_2 是一个简单运动，它只有一个外联系传动链，即由电动机轴处的点 1 至曲柄偏心轮处的点 4。这条传动链是主运动链。

二、磨齿机

磨齿机（Gear grinding machine）多用于对淬硬的齿轮进行齿廓的精加工。有的磨齿机也能用来直接在齿坯上磨出模数不大的轮齿。磨齿机能消除齿轮淬火后的变形，加工精度较高。磨齿后，精度最低为 6 级。有的磨齿机可磨 3、4 级齿轮。

（一）磨齿原理及所需的运动

磨齿机有两大类，即用成形砂轮磨齿和用展成法磨齿。成形砂轮磨齿机应用较少，多数磨齿机用展成法。

1. 成形砂轮磨齿机的原理和运动。

成形砂轮磨齿机的砂轮截面形状修正得与齿谷形状相同（图 4-18）。图 4-18a 为磨削外啮合齿轮，图 4-18b 为磨削内啮合齿轮。砂轮是根据专用的样板，由修正机构修正的。样板根据所磨齿轮的模数、齿数以及压力角等参数专门制造，所以这种磨齿机的工作精度相当高。它适用于大批生产中磨削大模数齿轮。

磨齿时，砂轮高速旋转并沿工件轴线方向作往复运动。一个齿磨完后分度，再磨第二个齿。砂轮对工件的切入运动，由砂轮与安装工件的工作台作相对径向运动得到。这种机床的运动比较简单。

2. 展成法磨齿机的原理和运动

用展成法原理工作的磨齿机，有连续磨齿和分度磨齿两大类，如图 4-19 所示。

（1）连续磨齿　展成法连续磨削的磨齿机，工作原理与滚齿机相似。砂轮为蜗杆形，称为蜗杆砂轮磨齿机。工作原理见图 4-19a。蜗杆形砂轮相当于滚刀，相对工件作展成运动，磨出渐开线。工件作轴向直线往复运动，以磨削直线圆柱齿轮的轮齿。如果作倾斜运动，就可磨削斜齿圆柱齿轮。砂轮的转速很高，展成链不能用机械的方式联系砂轮和工件。目前常用的办法有两种，一种用两个同步电动机分别拖动砂轮主轴和工件主轴，用挂轮换置；另一种用数控的方法，即在砂轮主轴上装脉冲发生器，发出与主轴旋转成正比的脉冲（每转若干个脉冲），脉冲经数控系统调制后经伺服系统和伺服电动机拖动工件主轴，在工件主轴上装反馈信号发生器。数控系统起展成换置器官的作用，展成挂轮架就不要了。在各类磨齿机中，这类机床的生产率最高，但修整砂轮较麻烦，因而常用于成批生产。

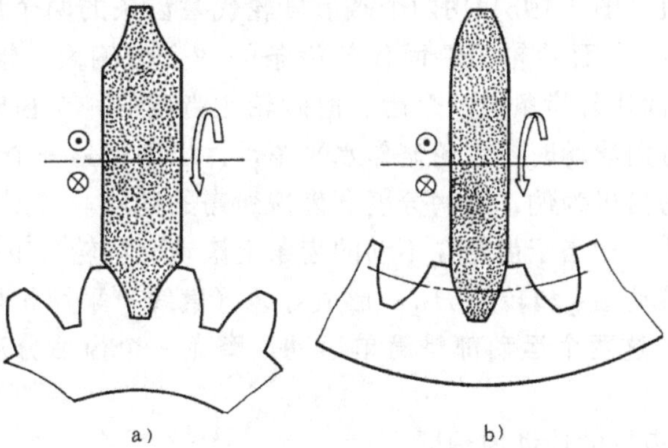

图 4-18　成形砂轮磨齿的工作原理

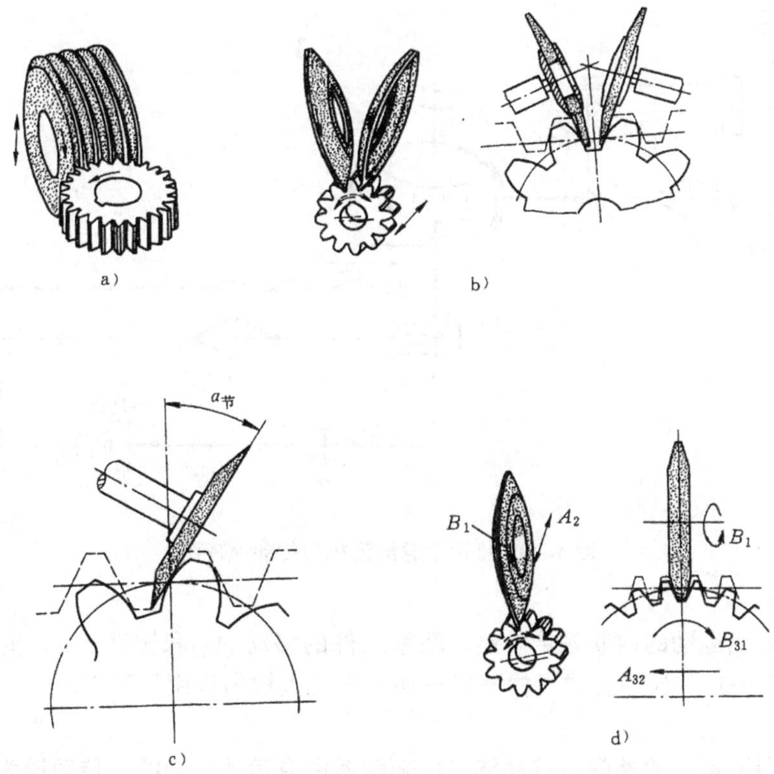

图 4-19　展成法磨齿机的工作原理

(2) 分度磨齿 这类磨齿机根据砂轮形状又可分为碟形砂轮型、大平面砂轮型和锥形砂轮型三种（见图 4-19b、c、d）。它们的基本工作原理相同，都是利用齿条和齿轮的啮合原理，用砂轮代替齿条来磨削齿轮。齿条的齿廓是直线，形状简单，易于保证砂轮的修整精度。加工时，被切齿轮在想象中的齿条上滚动。每往复滚动一次，完成一个或两个齿面的磨削。因此需多次分度，才能磨完全部齿面。

碟形砂轮型磨齿机（图 4-19b）用两个碟形砂轮代替齿条的两个齿侧面。大平面砂轮型磨齿机（图 4-19c）用大平面砂轮的端面代替齿条的一个齿侧面。锥形砂轮磨齿机（图 4-19d）用锥形砂轮的侧面代替齿条的一个齿。但砂轮比齿条的一个齿略窄。一个方向滚动时磨削一个齿面；另一方向滚动时，齿轮略作水平窜动，以磨削另一个齿面。

下面以锥形砂轮磨齿机为例，说明分度磨齿法所需的运动。如图 4-19d 所示，形成母线——渐开线采用展成法，相当于齿轮在不动的齿条上滚动。齿轮（工作）的滚动可分解为两个部分：齿轮的水平移动 A_{32}和转动 B_{31}。形成导线（直线）采用相切法，由砂轮作旋转运动 B_1 和往复移动 A_2。这两个运动都是简单运动。磨完一个齿后分度，磨下一个齿，直到全部齿磨完为止。

(二) 锥形砂轮磨齿机的传动原理图

锥形砂轮磨齿机的传动原理图见图 4-20。这里仅分析展成运动和分度运动。

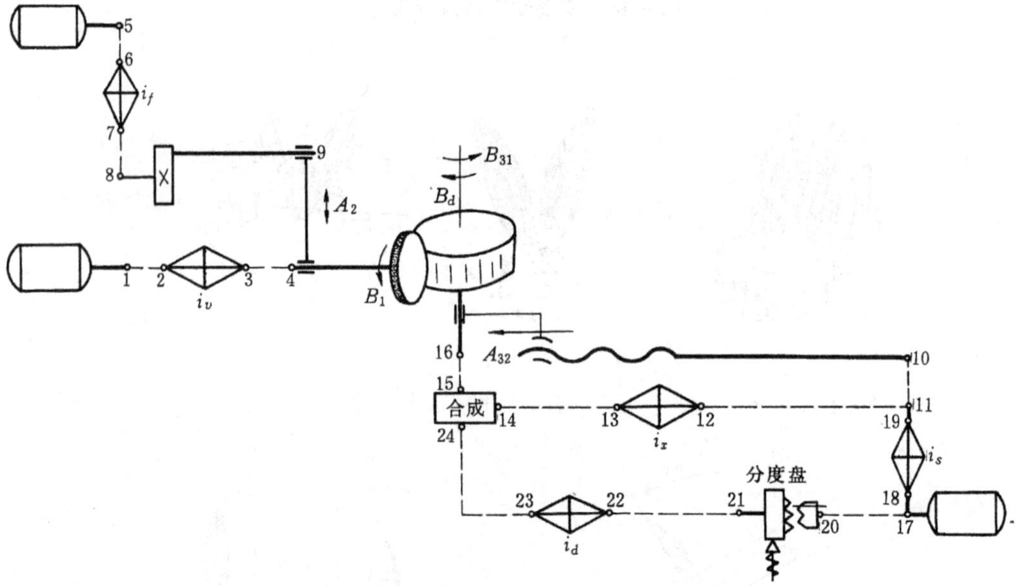

图 4-20 锥形砂轮磨齿机的传动原理图

1. 展成链

展成链是展成运动的内联系传动链，联系工件的移动 A_{32}和转动 B_{31}。传动链为丝杠—10—11—12—i_x—13—14—合成机构—15—16。合成机构的作用见下文。

2. 进给链

进给链是展成运动的外联系传动链，用来联系展成运动和动源。传动链为 17—18—i_s—19—11—10—丝杠。

3. 分度链

分度运动由分度盘控制。磨完一个齿，工件与砂轮脱离啮合。分度盘上的离合器自动合上，分度盘转一定的转数而自动脱开，分度盘定位。在此期间，使工件转过一个齿。分度链为分度盘—21—22—i_d—23—24—合成机构—15—16—工件。分度时，展成运动不停止。分度运动 B_d 与展成运动中的 B_{31} 都传给工件，故需合成机构先把它们合并起来。分度运动 B_d 不是成形运动，故下角标也不随成形运动编号。

三、锥齿轮加工机床

（一）锥齿轮（Bevel gear）的切齿原理及所需运动

制造锥齿轮的主要方法有两种，即成形法和展成法。成形法通常是利用单片铣刀或指状铣刀在卧式铣床上加工。锥齿轮沿齿线方向的基圆直径是变化的，也就是说沿齿线方向，不同位置的法向齿形是变化的。但是，成形刀具的形状是固定的。因此，难于达到要求的齿形精度。成形法仅用于粗加工或精度要求不高的场合。

锥齿轮加工中普遍采用展成法。这种方法的加工原理，相当于一对啮合的锥齿轮，将其中的一个锥齿轮转化成平面齿轮。图 4-21 表示一对相啮合的锥齿轮。节锥顶角分别为 $2\varphi_1$ 和 $2\varphi_2$。当量圆柱齿轮分度圆半径分别为 $O_1\alpha$ 和 $O_2\alpha$。当锥齿轮 2 的节锥角 $2\varphi_2$ 逐渐变大，并最终等于 180° 时，当量圆柱齿轮的节圆半径 $O_2\alpha$ 变为无穷大，当量圆柱齿轮就成了齿条。齿形就成了直线（图 4-22）。锥齿轮 2 转化成平面齿轮（Grown gear），如图 4-23 所示。两个锥齿轮若都能与同一个平面齿轮相啮合，则这两个锥齿轮就能够彼此啮合。锥齿轮的切齿方法就基于这个原理。

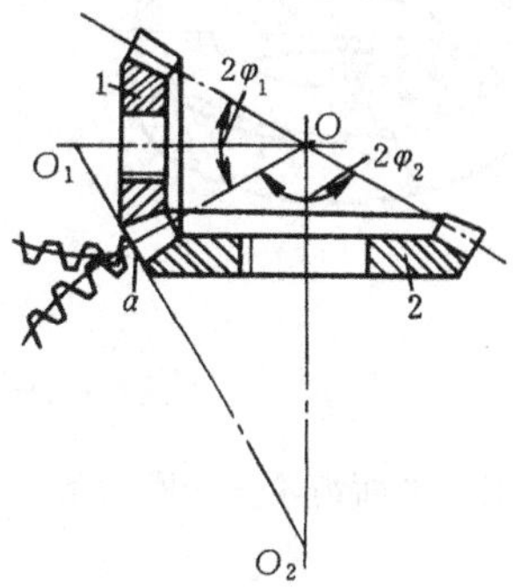

图 4-21 一对锥齿轮的啮合及其当量圆柱齿轮齿廓

齿线的形状取决于平面齿轮的齿线形状。如果齿线形状是径向直线，则加工的是直齿锥齿轮；如果齿线是圆弧，则加工的是弧齿锥齿轮。平面齿轮的齿线形状如图 4-24 所示。

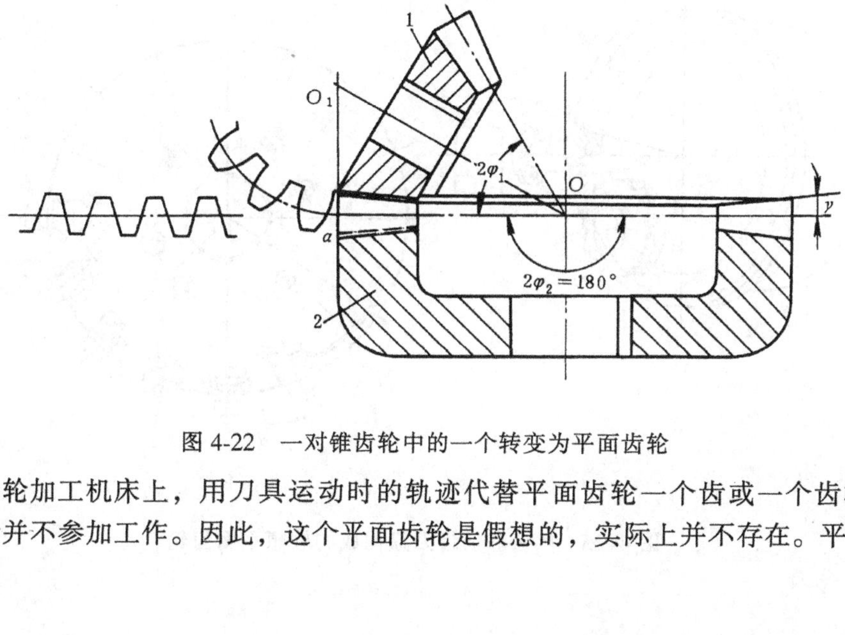

图 4-22 一对锥齿轮中的一个转变为平面齿轮

在锥齿轮加工机床上，用刀具运动时的轨迹代替平面齿轮一个齿或一个齿槽的两个侧面，其余齿并不参加工作。因此，这个平面齿轮是假想的，实际上并不存在。平面齿轮的齿形在任意位置上都是直线，因此刀刃也可做成直线。图 4-25 说明假想平面齿轮的形成。图中 3 是机床的摇台，上装切齿刀盘 1，用以代替假想的平面齿轮。刀盘上装有内、外切刀头 4 和 5（图 4-25b），它们的刀刃都是直线形。切齿刀盘旋转时，刀刃的运动轨迹就构成假想平面齿轮（图 4-25a 中摇台平面上的虚线）的两个齿侧面。齿线的形状为圆弧。这条圆弧就是被加工轮齿的母线。显然，它是用轨迹法成形的，由切齿刀盘的旋转 B_1 来实现。渐开线齿廓（导线）的成形是工件毛坯同假想平面齿轮（摇台）按展成法加工原理得到的。因此，机床需要有一个展成运动，它是一个复合运动。这个运动可分解为两个部分：摇台摆动 B_{21} 和工件转动 B_{22}。由于假想平面齿轮上只有一个“齿”，故每切削一个齿槽，摇台应来回摆动一次。一个齿槽切削完毕，工件要作分度运动。

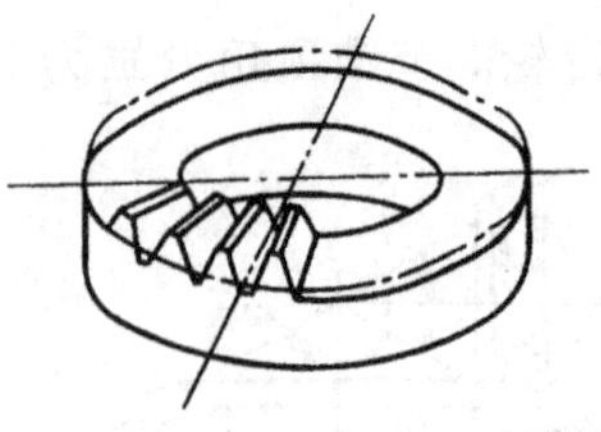

图 4-23　平面齿轮——圆齿条

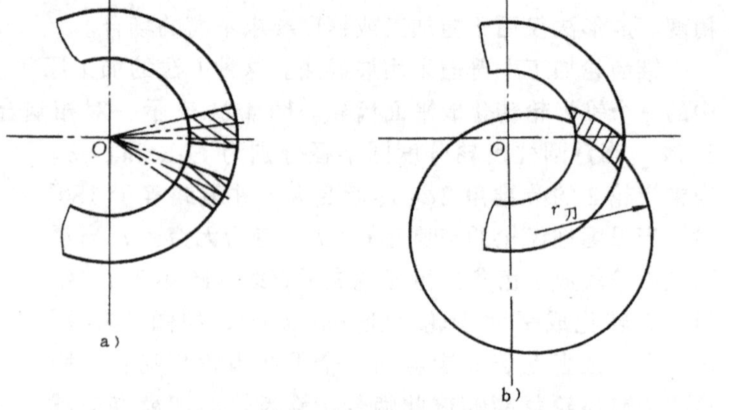

图 4-24　平面齿轮的齿线形状

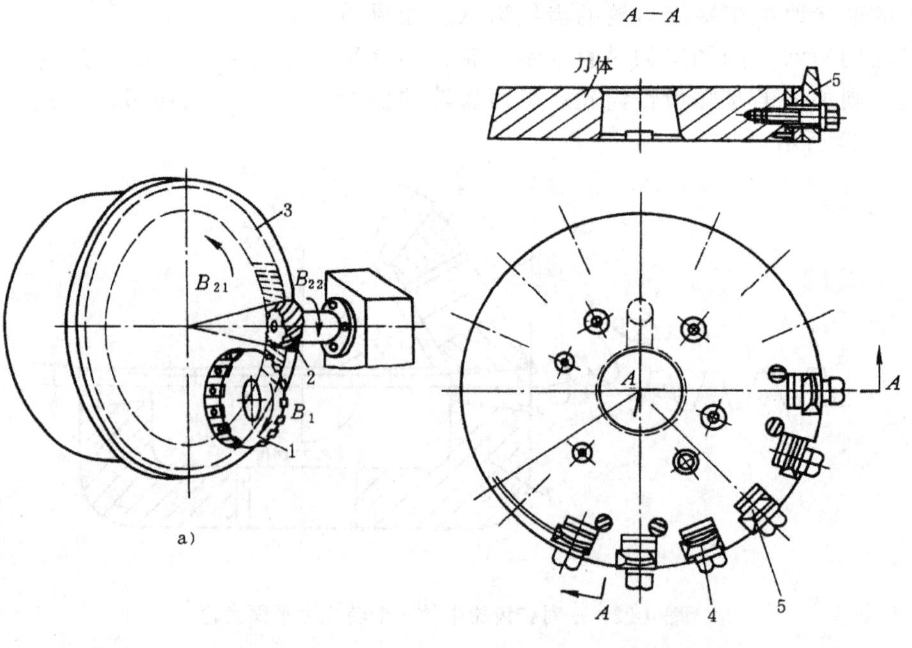

图 4-25　摇台和切齿刀盘构成的假想平面齿轮

刀具的运动平面，是平齿轮的顶锥面。平齿轮顶锥面的锥顶角，等于 $180^\circ+2\gamma$。式中 γ 是平齿轮的齿顶角，也就是被加工齿轮的齿根角（图 4-26）。不同的锥齿轮，齿根角 γ 是不同的。因此，刀具的运动平面必须能够调整。这就增加了机床结构的复杂性。为了简化机床结构，用平顶齿轮来代替平面齿轮，如图 4-27 所示。平顶齿轮的齿顶为 180°。刀具的运动平面总是垂直于平顶齿轮的轴线，不随 γ 变化。平顶齿轮的节锥角为 $180^\circ-2\gamma$，它的当量圆柱齿轮的齿廓应为渐开线，但为了刀具刃磨方便，仍把刀刃做成直线。这当然将带来误差，但 γ 很小，所以这样做对加工精度影响不大。

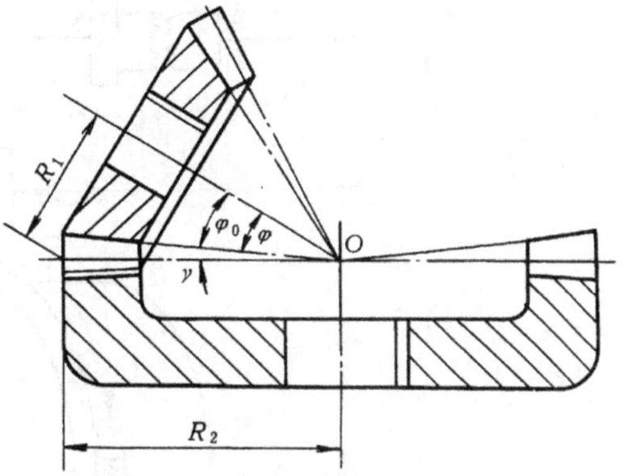

图 4-26　平齿轮与锥齿轮的啮合

（二）弧齿锥齿轮铣齿机的传动原理图

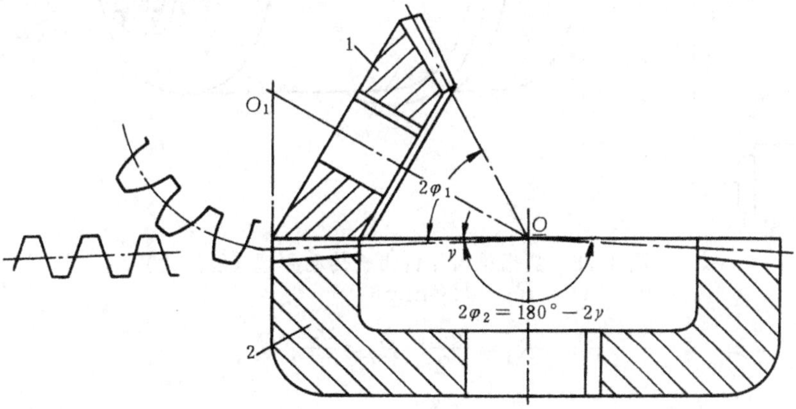

图 4-27　平顶齿轮

图 4-28 是弧齿锥齿轮铣齿机（Spiral bevel gear generator）的传动原理图。图中进给链已简化，实际情况要比图示复杂些。分度运动虽不属成形运动，但也在图中示出。直齿锥齿轮加工机床与它的差别，仅主运动不同。

1. 主运动链

形成齿线（圆弧）需要一个成形运动，即铣刀盘的旋转运动 B_1。这个运动是简单的主运动。传动路线为：电动机—1—2—3—i_v—4—5—铣刀盘。

2. 展成运动链

渐开线齿廓由展成运动 $B_{21}B_{22}$ 实现。展成运动链为其内联系传动链，联系摇台（Cradle）——假想平面齿轮的旋转 B_{21} 和工件的旋转 B_{22}。末端件为摇台和工件。计算位移为摇台每转过一个齿（即转过 $1/z_平$ 转），工件也转过一个齿（即转过 $1/z_工$）。传动路线为：摇台—9—10—11—i_x—12—13—合成机构—14—15—i_d—16—17—工件。i_x 是展成链的换置器官。i_d 的作用见下文。

平面齿轮是假想的，$z_平$ 可根据图 4-26 计算

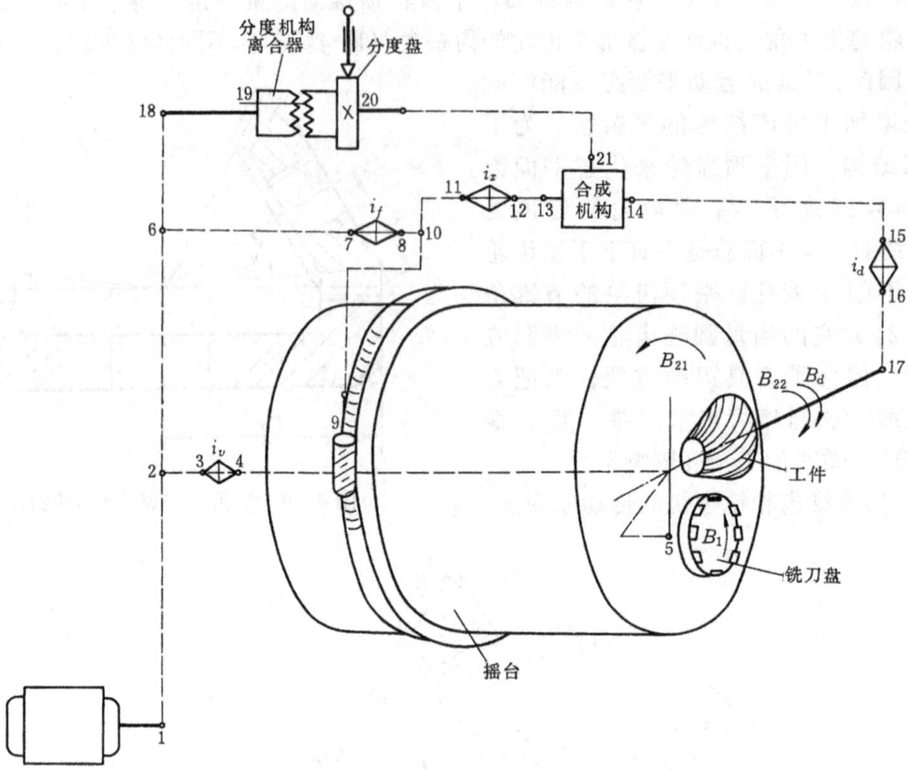

图 4-28 弧齿锥齿轮铣齿机传动原理（经简化）

$$R_1 = R_2 \sin\varphi$$

$$R_1 = \frac{mz_{工}}{2} \quad R_2 = \frac{mz_{平面}}{2}$$

$$z_{平面} = \frac{z_{工}}{\sin\varphi}$$

当用假想平顶齿轮与工件作展成运动时，需要计算平顶齿轮的齿数 $z_{平顶}$。采用类似方法可以得到：

$$z_{平顶} = \frac{z_{工}\cos\gamma}{\sin\varphi}$$

式中，γ 为工件的齿根角，通常很小，$\cos\gamma \approx 1$，所以平顶齿轮的齿数可按平面齿轮计算。

3. 进给运动链

进给运动链是展成运动的外联系传动链。图 4-28 的进给链是经过简化了的。路线为从电动机到摇台。

4. 分度链

加工完毕一个齿后，摇台和工件分开，反转，退回原处。在退回的过程中，分度机构离合器合上，分度盘定位机构脱开。分度盘转若干转后，离合器脱开，分度盘定位。分度运动不属于成形运动，以 B_d 表示。

分度链的传动路线为：分度盘—20—21—合成机构—14—15—i_d—16—17—工件。i_d 是分度链的换置器官。每次分度，不论工件齿数多少，分度盘的转数都是固定的。分度的动力来自电动机，经 1～19 之间的定比传动。每次分度的时间都是固定的，故此处不需换置器官。

第五章　数控机床

第一节　概　　述

一、柔性自动化和数字控制

生产过程的自动化是工业现代化的重要标志之一。它对提高劳动生产率、保证产品质量、改善劳动条件和降低生产成本都有非常重要的意义。在大批量生产中，常采用专用机床或以单功能的组合机床为主体的专用自动线。但这种设备是为特定的零件、特定的一道或几道工序设计的。当产品变化时，设备就无法适应。在机械制造业中，小批、单件生产由于批量小、产品多变而不能采用专用机床，然而小批、单件生产却约占加工总量的80%。

随着生产和科技的迅速发展，市场竞争日趋激烈，各种产品都在加速更新换代。即使是以往典型的大量生产产品——汽车，也在不断地发展变型，加快推出新产品。采用专用设备，就很难适应这种情况。在航空、航天、造船、重型机械以及国防等部门，产品的批量不大，生产周期要短，精度要求高，形状复杂而且改型频繁。如果用普通机床加工，则精度难以保证，劳动强度大，生产率低。因此，一方面扩大机床的通用性，一方面又要实现自动化，并能快速调整，这已成为机床当前的发展趋向。这就是“柔性自动化”（Flexible automation）。“柔性”指的是机床的通用性并能快速调整。如产品改型，机床经短期调整立即就能适应。因此，这类机床不仅适用于小批生产，也适用于大量生产以适应改型频繁的要求。实现柔性自动化，已成为机床技术发展的必然趋势。

综合了机械学与电子学的最新成就而发展起来的机电一体化技术，为机械加工实现柔性自动化提供了有效的手段。数控机床（NC Machine—Numerical controlled machine）就是在机电一体化技术的基础上发展起来的一种灵活而高效的自动化机床。

数控机床，也称数字程序控制机床，是一种以数字量作为指令信息形式，通过电子计算机或专用电子计算装置控制的机床。在数控机床上加工工件时，预先把加工过程所需要的全部信息（如各种操作、工艺步骤和加工尺寸等）利用数字或代码化的数字量表示出来，编出控制程序，输入专用的或通用的计算机。计算机对输入的信息进行处理与运算，发出各种指令来控制机床的各个执行元件，使机床按照给定的程序，自动加工出所需要的工件。加工对象改变时，一般只需更换加工程序，无需像其它自动机床那样重新制造凸轮。数字控制具有较大的灵活性，特别适用于生产对象经常改变的地方，并能方便地实现对复杂零件的高精度加工。数控机床是实现柔性生产自动化的重要设备。

二、数控机床的特点和用途

数控机床与一般机床相比，大致有以下几方面的特点。

(1) 具有较强的适应性和通用性　数控机床的加工对象改变时，只需重新编制相应的程序，输入计算机就可以自动地加工出新的工件。同类工件系列中不同尺寸、不同精度的工件，只需局部修改或增删零件程序的相应部分。随着数控技术的迅速发展，数控机床的柔性也在不断地扩展，逐步向多工序集中加工方向发展。

使用数控车床、数控铣床和数控钻床等时，分别只限于各种车、铣或钻等加工。然而，在机械工业中，多数零件往往必须进行多种工序的加工。这种零件在制造中，大部分时间用于安装刀具、装卸工件、检查加工精度等，真正进行切削的时间只占30%左右。在这种情况下，单功能数控机床就不能满足要求了。因此出现了具有刀库和自动换刀装置的各种加工中心机床，如车削加工中心，镗铣加工中心等。车削中心用于加工回转体，且兼有铣（铣键槽、扁头等）、镗、钻（钻横向孔等）等功能。镗铣加工中心用于箱体零件的钻、扩、镗、铰、攻螺纹和铣等工序。加工中心机床具有更强的适应性和更广的通用性。

(2) 获得更高的加工精度和稳定的加工质量　数控机床是按以数字形式给出的指令脉冲进行加工的。目前增量值（数控装置每输出一个指令数字单位，机床移动部件的位移量）普遍达到了0.001mm。进给传动链的反向间隙与丝杠导程误差等均可由数控装置进行补偿，所以可获得较高的加工精度。

当加工轨迹是曲线时，数控机床可以做到使进给量保持恒定。这样，加工精度和表面质量可以不受零件形状复杂程度的影响。

工件的加工尺寸是按预先编好的程序由数控机床自动保证的，可以避免操作误差，使得同一批加工零件的尺寸一致，重复精度高，加工质量稳定。

(3) 具有较高的生产率　数控机床不需人工操作，四面都有防护罩，不用担心切屑飞溅伤人，可以充分发挥刀具的切削性能。因此，数控机床的功率和刚度都比普通机床高，允许进行大切削用量的强力切削。主轴和进给都采用无级变速，可以达到切削用量的最佳值。这就有效地缩短了切削时间。

数控机床在程序指令的控制下可以自动换刀，自动变换切削用量，快速进退等，因而大大缩短了辅助时间。在数控加工过程中，由于可以自动控制工件的加工尺寸和精度，一般只需作首件检验或工序间关键尺寸的抽样检验，因而可以减少停机检验的时间。

加工中心进一步实现了工序集中，一次装夹可以完成大部分工序，从而有效地提高了生产效率。

(4) 改善劳动条件，提高劳动生产率　应用数控机床时，工人不需直接操作机床，而是编好程序调整好机床后由数控系统来控制机床，免除了繁重的手工操作。一人能管理几台机床，提高了劳动生产率。当然，对工人的文化技术要求也提高了。数控机床的操作者，既是体力劳动者，也是脑力劳动者。

(5) 便于现代化的生产管理　用计算机管理生产是实现管理现代化的重要手段。数控机床的切削条件、切削时间等都是由预先编好的程序决定的，都能实现数据化。这就便于准确地编制生产计划，为计算机管理生产创造了有利条件。数控机床适宜于与计算机联系，目前已成为计算机辅助设计、辅助制造和计算机管理一体化的基础。

以上这些特点使数控机床于50年代问世后，短短3、40年就迅速发展到在发达国家的机床工业产值中占大部分的程度。应用范围已从小批生产扩展到大批大量生产领域。机械制造工业，从第一阶段的手工业生产（工人既是操作者又是动力来源），第二阶段的机械化生产（工人直接操作机床）进入第三阶段的自动化生产：工人调整电脑，由电脑操作机床。每上升一个阶段，劳动生产率可提高数倍。在我国，虽目前数控机床的价格还较贵，对操作维修技术要求也较高，但随着技术的发展，数控机床将迅速普及。

第二节　数控的工作原理

数控加工不需人直接操纵。但机床必须执行人的意图。操作者首先按照加工零件图纸的要求,编制加工程序(Program)。用规定的代码和程序格式,把人的意图转变为数控机床能接受的信息(Information)。把这种信息记录在信息载体(Information carrier)上(例如穿孔带、磁带或磁盘),输送给数控装置。数控装置对输入的信息进行处理之后,向机床各坐标的伺服系统(Servo system)发出数字信息,驱动机床相应的运动部件(如刀架、工作台等),并控制其它的动作(如变速、换刀、开停冷却液泵等),自动地加工出符合图样要求的工件。数控机床加工零件的过程如图 5-1 所示。图中的数控装置是数控机床的中枢。由它接收和处理来自信息载体的指令信息,并将其输送到伺服系统去执行。这种工作如用专用计算机实现,称为(普通)数控(NC——Numerical control)。随着计算机技术的发展,数控装置采用了小型通用计算机,称为计算机数控(CNC——Computer numerical control)。今天已普遍采用微型计算机,称为微机数控(MNC——Microcomputer numerical control),但习惯上仍称 CNC。无论采用专用的或通用的计算机,数控加工的过程都是围绕信息的交换进行的。从零件图到加工出工件需经过信息的输入、信息的处理、信息的输出和对机床的控制等几个主要环节。所有这些工作都由计算机进行合理的组织，使整个系统有条不紊地工作。

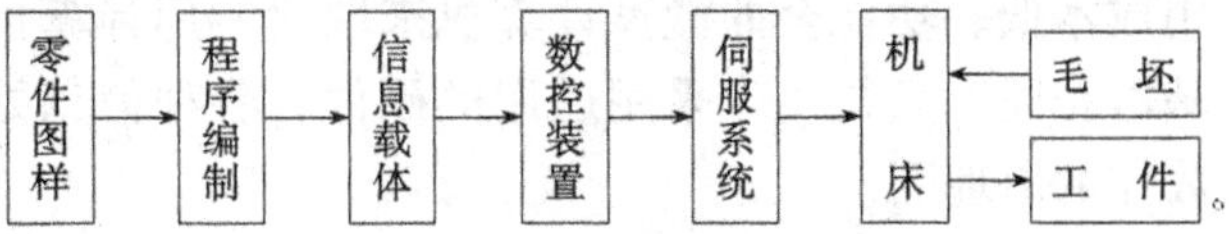

图 5-1　数控机床加工零件的过程

一、信息的输入

1. 信息载体

为使数控加工的自动工作循环符合人的意图，必须在人—机之间建立联系。这种联系的媒介称为信息载体。它记录了根据零件图编制的零件加工程序——零件加工的全部信息。信息载体也称控制介质，它可以是穿孔带（Punched tap）、磁带（Magnetic tap）或磁盘（Magnetic disc）等各种储存代码的载体。例如穿孔带，就以有孔表示二进位数字码的“1”，无孔表示“0”。采用哪一种载体，取决于数控装置的类型。

2. 输入方式

指令信息输入方式通常有手动和自动两种。自动输入时，常用读入装置来“阅读”信息载体。如阅读穿孔纸带的纸带阅读机，阅读磁带的磁带机等。例如纸带阅读机，可把纸带上的有孔、无孔逐行地经光电管或光敏电阻转换为数控装置可以识别和处理的电信号。

手动输入（MDI——Manual data input）时常用键盘（Keyboard），即由人工按键，输入加工信息。输入计算机的指令，已由国际标准化组织（ISO——International Organization of Standardization）标准化了，称为 ISO 代码，见第十三章。

零件的加工程序输入计算机后，先存入计算机的零件程序存储器中，加工时再从存储器一段一段地往外调。也有的 CNC 机床，零件程序从阅读机输入数控装置后，直接送去信息处理。机床边读入，边加工。

二、信息的处理

加工零件的信息输入数控装置后，接着进行信息的处理。数控装置处理信息的过程如图 5-2 所示。

数控装置通常由输入装置、运算器、输出装置和控制器四大部分组成，如图中点划线所包的部分。图中的箭头表示信息流。

输入装置接受来自信息载体的各种指令信息。信息处理的第一步是译码，将用标准数控代码表示的零件加工程序翻译成计算机内部能识别的语言。译码后，分别将控制指令送入控制器，将数据送入运算器。这些指令与数据是控制与运算的原始依据。

控制器接受输入装置送来的控制指令，根据指令控制运算器与输出装置，以实现对机床的各种操作。

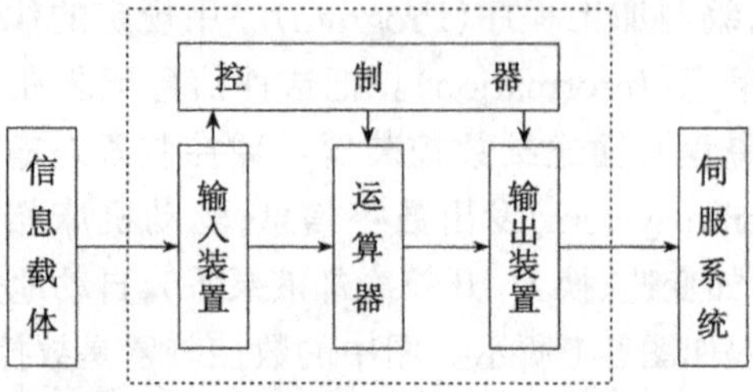

图 5-2 数控装置的信息处理过程

运算器接受控制器的指令，将输入装置送来的数据信息作进一步的处理，并将处理结果不断输送到输出装置，使伺服系统执行所要求的运动。对于轮廓控制系统，信息处理的重要内容是运动轨迹的插补运算。零件的加工程序通常只给出工件某段轮廓起、终点的坐标和形状规律信息（如直线、圆弧等），由计算机据此算出一系列中间点的坐标。这种把起点和终点之间的空白补齐的运算称为插补运算。

输出装置根据控制器的指令将运算器处理结果的信息输送到伺服系统。

上述的数控装置是一种专用计算机，曾被早期的数控机床所广泛采用。近年来，大都改用成本低、功能全的微型计算机来取代专用计算机。微机数控对信息的处理过程与上文所述基本相同，只是由于采用通用的硬件，各种信息处理功能可通过软件来实现。图 5-3 是微机数控的原理图。

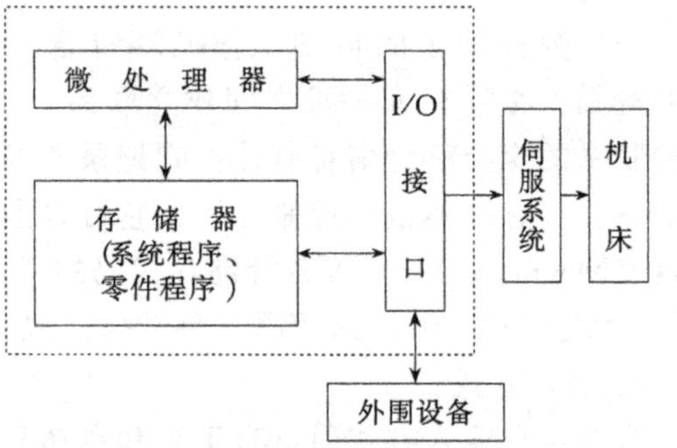

图 5-3 CNC系统框图

图中点划线所包含的部分就是微型计算机,图中的箭头表示信息流。微型计算机的核心部分是中央处理单元(CPU——Central processing unit),又称为微处理器(Microprocessor)。它是一种大规模集成电路,将普通数控中的运算器和控制器等集中在一块集成电路芯片中。微机的输入和输出电路也采用大规模集成电路,即输入/输出(I/O)接口(Input/output interface)。由它完成普通数控中输入装置与输出装置的功能。微机拥有较大容量的存储器,用于存放系统程序,也称为系统软件。普通数控装置的部分或全部功能在微机数控中是通过这种系统软件实现的。这种软件并非微机本身所具有。它要求用户根据功能需要自行设计。不同的信息处理功能可通过改变软件来实现。因此,微机数控更为灵活和经济。加工零件的数控程序可以通过键盘或光电阅读机等外围设备输入到微机的存储器中。加工时再由存储器逐段调出,以备信息处理。信息处理的结果输送到伺服系统。微机与外围设备和机床之间的联系通过 I/O 接口实现。

三、信息的输出和对机床的控制

信息处理之后，计算机算出机床各执行元件的移动量，通过输入/输出接口电路输送给各坐标轴的伺服系统，见图 5-4。伺服系统控制机床的各个执行件，使之完成预定的位移。伺服系统见第九章。每一个数字单位或脉冲信号，使机床执行件得到的位移量称为“增量值”（Increament）或“设定单位”或“脉冲当量”（Impulse equivalent）。它的大小取决于机

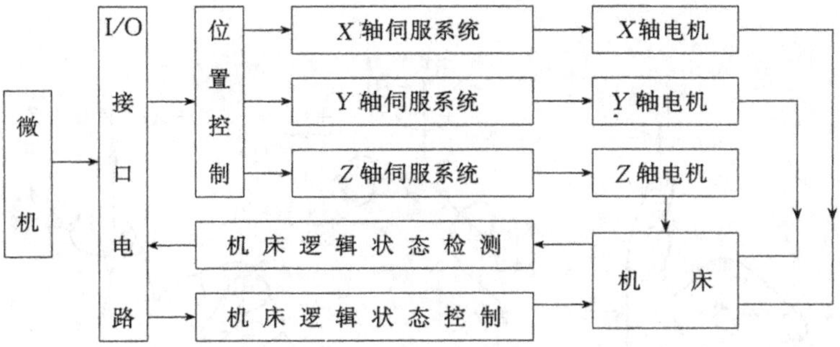

图 5-4 微机对机床的控制

床的精度等级。通常为 0.001mm。某些精度要求较低的机床，也可取得大些。

机床逻辑状态接口电路，主要用于机床主轴电动机的开、停、正、反、制动以及变速，液压泵和切削液泵的开、停，换刀动作等开关量的控制。它包括检测——用传感元件检测该量的目前状态和控制——发出信号使它动作。当检测到该量已到达要求的状态（如主轴电动机的转速和转向已达到程序的规定），即可停止控制信号。

接口电路的作用，一方面是微机和机床联系的信息通道，另一方面是将微机与机床隔离，这对微机将起到保护作用。

第三节 数控机床的坐标系

统一规定数控机床的坐标系，规定坐标轴的名称及其运动的正、负方向，可使编程简便并使所编程序对同类型机床具有互换性。

一、坐标轴的设定

按照 ISO841 和我国 JB3051—82 数控标准，数控机床的坐标系采用右手直角笛卡儿坐标系。它规定直角坐标 X、Y、Z 三者的关系及其正方向用右手定则判定。围绕 X、Y、Z 各轴的回转运动 A、B、C 及其正方向，分别用右手螺旋法则判定，如图 5-5 所示。

标准规定，平行于主轴的坐标轴为 Z 轴。取刀具远离工件的方向为正向（$+Z$）。X 轴为水平方向且垂直于 Z 轴。工件旋转的机床（如车床、磨床），X 轴为工件的径向。同样，取刀具远离工件的方向为正向。刀具旋转的机床（如铣床、镗床、镗铣加工中心），如 Z 轴水平（卧式主轴），沿主轴后端向工件方向看，取向右为 $+X$。立式主轴的单立柱机床，面对主轴向立柱方向看，以向右方向为 $+X$。

标准还规定了其他各种机床（如刨床）和各种结构方案（如多主轴，多刀架等）的坐标命名原则。上文所述的 X、Y、Z 坐标的正向，都是以工件不动，刀具移动为原则确定的。如果工件移动，则以 X'、Y'、Z' 表示。其正向与 X、Y、Z 坐标的正向相反。工件与刀具是相对运动，刀具移近工件和工件移近刀具，效果是一样的。因此，加工程序一律按刀具运动的坐标系编。

图 5-6 是数控车床、数控铣床（包括立式加工中心）和数控龙门式机床的坐标系。图 5-7 是卧式加工中心的坐标系。

二、坐标系统原点的设定

坐标系确定后，还必须设定坐标原点。数控标准对此并无规定，可以根据图样上尺寸的

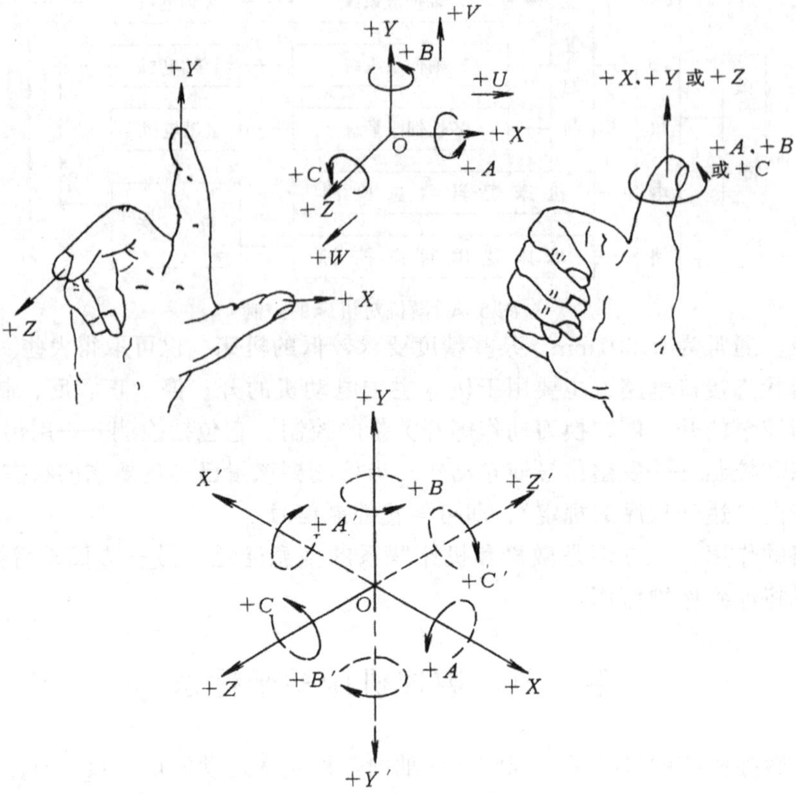

图 5-5 坐标系的右手定则

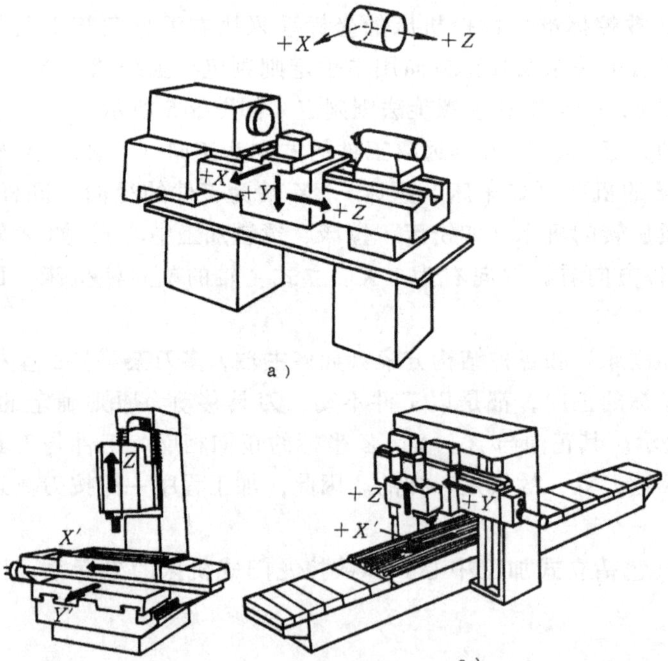

图 5-6 数控车床、铣床和龙门式机床的坐标系

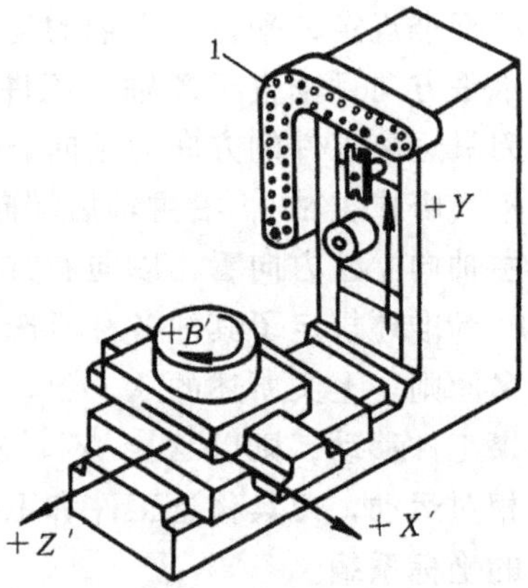

图 5-7 卧式镗铣加工中心的坐标系

标注方式和加工精度要求设定。

坐标原点可以设在工件上，也可以设在机床上，因此坐标系也有两种：工件坐标系和机床坐标系。这是两种完全不同的坐标系，在数控加工中都要用到。

1. 绝对坐标与增量坐标

描述数控机床坐标系中某点的位置有两种坐标：绝对坐标和增量（相对）坐标。坐标系中所有坐标点均从某一固定坐标原点计量的坐标系称为绝对坐标系。如图 5-8，刀具从 A 点运动到 B 点，A、B 两点的绝对坐标分别为：

$$X_A=30 \quad Y_A=35 \quad X_B=13 \quad Y_B=15$$

以运动的起点或终点作为计量起点的坐标系，称为增量坐标系或相对坐标系。可以以运动的起点或终点为坐标原点，建立平行于 X、Y、Z 的相对坐标系 U、V、W。图 5-8 中，以起点 A 为原点，建立 U、V 坐标系，则终点 B 的增量坐标为 $U_B=-17$，$V_B=-20$。负号表示向 U、V 的负方向运动。

2. 工件坐标系

当用绝对尺寸编程时，必须首先设定坐标系，即确定零件的绝对坐标原点（又称程序原点或编程原点）处于距刀具现在位置多远的地方。也就是以程序原点为准，确定刀具起始点的坐标值，并把这个设定值记忆在数控装置的存储器内，作为后续各程序段绝对尺寸的基准。图 5-9 为数控车床坐标系设定的一个例子。图中，绝对坐标系原点 O 是程序原点。它可以设定在工件的设计基准或工艺基准上。数控车床常设在卡盘端面的中心或工件两头的任一端，一般多设在工件的右端，如图 5-9 所示。刀具现在的位置可以放在机床坐标系的原点或换刀点或任意一点。图 5-9 所示的坐标系是工件坐标系。

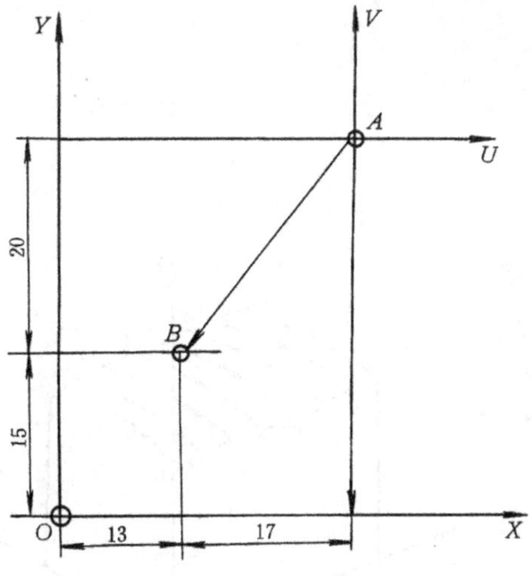

图 5-8　绝对坐标及增量坐标

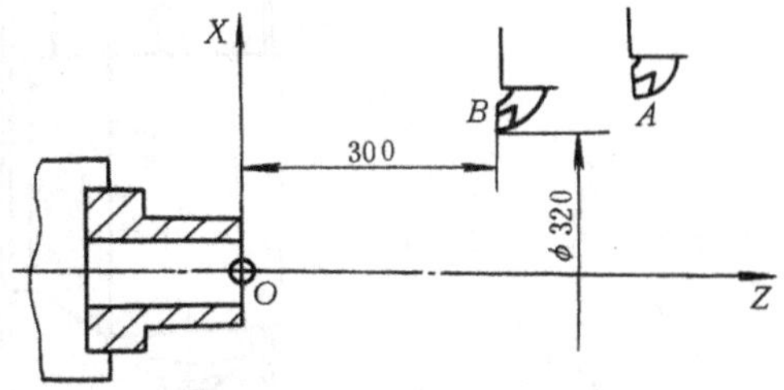

图 5-9　数控车床坐标系设定一例

3. 机床坐标系

机床坐标系是机床的基本坐标系。机床坐标系的原点也称机械原点。机床起动时，通常要用机动或手动回零：使运动部件正向运动，回到一个固定的位置——机械原点，或称机床原点。数控车床，是使车刀退到离主轴端面和中心线最远而且是固定的点，如图 5-9 中的 A 点。这个原点在机床制造厂内已调好，并记录在机床使用说明书中供用户编程使用。对于刀具移动的机床，机床原点是指刀具退离至一个固定不变的极限点。

图 5-10 为立式加工中心的机械原点示意图。各坐标轴回零都比较直观：工作台回到 X 向的左端极限位置；滑座回到 Y 向前端极限位置；主轴箱上升回到 Z 向上端极限位置。机械原点，则为三个极限位置的交点。

机床坐标系的原点是机床固有的点，机床出厂后不能随意改变。工件坐标系的原点是由程序编制人员为编程方便自行设定的，是可以随意改变的。这是两个坐标系的重要区别。在编程时一定不要混淆。

在数控机床坐标系中，还有“换刀点”。这是刀架转位或机械手进行换刀的位置。换刀点可以是某一固定点，如加工中心机床。其换刀机械手的位置是固定的。换刀时，主轴必须退到这个位置。有的机床，换刀点可以设置，如车床。设置的原则是转位刀架在该点转位时，刀具不会碰到工件或其他部件。

数控机床加工过程中，不同坐标轴之间可以联动，这是和普通机床加工不同的。例如，数控车床加工时，可以实现 Z 轴和 X 轴联动，从而加工出成型的回转体表面，这称为两轴联动。数控铣床加工过程中，可以实现 X、Y、Z 轴同时联动，以加工出复杂的空间曲面，这称为三（轴）联动。也有一些数控铣床，虽然有 X、Y、Z 三轴，但在加工过程中，却只能实现两轴联动（如 XY 或 YZ 或 ZX 联动），这称为三轴两联动。现代数控机床可以实现多达 10 个轴以上的联动，以加工非常复杂的空间成型表面。

三轴两联动加工空间曲面，采用分截面扫描的办法，如图 5-11 所示。设用立式加工中心或立式铣床装球形端面铣刀铣削顶面。可使 X-Z 轴联动；Y 轴在两端作间歇运动。扫描轨迹为 1～2～3～4～…，1～2，3～4，…由 X-Z 轴联动完成，Y 轴不动。2～3，4～5，…时，X 和 Z 轴不动，Y 轴移动一个定距。这就把一个空间曲面离散为一系列曲线，由两坐标联动完成。

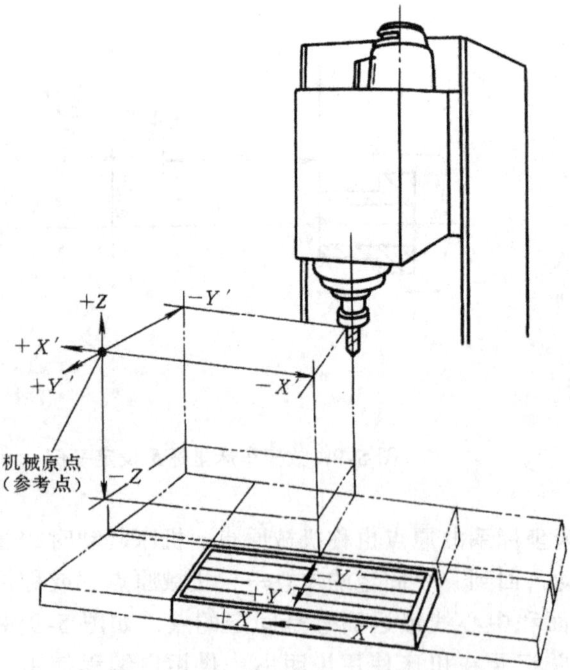

图 5-10　立式加工中心机械原点

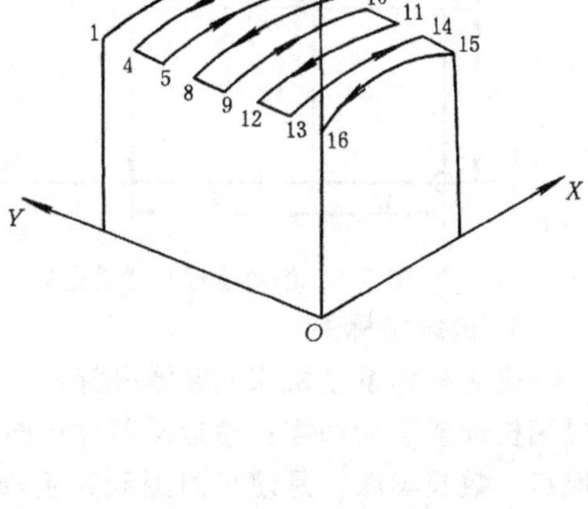

图 5-11　三轴两联动分截面扫描原理

第四节 加 工 中 心

一、概述

在机械零件中，箱体类零件占相当大的比重，例如变速箱、气缸体、气缸盖等。这类零件往往重量较大，形状复杂，加工的工序多。如果能在一台机床上，一次装卡自动地完成大部分工序，对于提高生产率，提高加工质量和自动化程度将有很大的意义。箱体类零件的加工工序，主要是铣端面和钻孔、攻螺纹、镗孔等孔加工。因此，这类机床集中了钻床、铣床和镗床的功能，有下列特点：①工序集中。集中了铣削和不同直径的孔加工工序。②自动换刀。按预定加工程序，自动地把各种刀具换到主轴上去，把用过的刀具换下来。为此，要有刀库、换刀机械手等。③精度高。各孔的中心距全靠各坐标的定位精度保证，不用钻、镗模。有的机床，还有自动转位工作台，用来保证各面各孔间的角度。镗孔时，还可先镗这个壁上的孔，然后工作台转 180°，再镗对面壁上的孔（称为“掉头镗”）。两孔要保证达到一定的同轴度。这种机床称为镗铣加工中心。

镗铣加工中心有立式（竖直主轴）的和卧式的（水平主轴）。此外，还有钻削加工中心和复合加工中心。钻削加工中心主要进行钻孔，也可进行小面积的端铣。机床多为小型、立式。工件不太复杂，所用的刀具不多，故常用转塔来代替刀库。转塔常为圆形，径向有多根主轴，内装各种刀具。使用时依次转位。复合加工中心的主轴头可绕 45°轴自动回转。主轴可转成水平，也可转成竖直。当主轴为水平，配合转位工作台，可进行四个侧面和侧面上孔的加工；主轴转为竖直，可加工顶面及顶面上的孔，故也称为“五面加工复合加工中心”。

继镗铣加工中心之后，又研制出了车削加工中心，以加工轴类零件。除车削工序外，还集中了铣（如铣扁，铣六角等）、钻（钻横向孔等）等工序。此外，还出现其他类型的加工中心。镗铣加工中心最先出现，当时就称之为“加工中心”。这个名称延续至今。以后，本书就根据习惯，简称“镗铣加工中心”为“加工中心”（Machining center）。

1958 年我国开始研制数控机床，1975 年研制出第一台加工中心，到 1990 年我国生产出加工中心达 70 余种。本节主要介绍 JCS-018 型立式加工中心。

二、JCS-018 型立式加工中心

JCS-018 型立式加工中心（Vertical machining center）的另一个型号是 TH5632。它集中了平面加工（通常为端铣）和孔加工（钻、扩、铰、攻螺纹和镗等）的功能。不仅能完成半精和精加工，还可进行粗加工。工件以底面为安装基准，加工顶面和与底面垂直的孔。它适合于小型箱体类、模具、板件以及盘件等复杂零件的多品种、小批量加工。机床具有自动换刀功能，为此，备有刀库和机械手。

1. 布局

JCS-018 的外形见图 5-12。床身 1 上有滑座 2，作横向（前后）运动——Y 轴。工作台 3 在滑座上作纵向（左右）运动——X 轴。床身后部固定有框式立柱 5。主轴箱 9 在立柱导轨上作升降运动——Z 轴。立柱的左侧前部装有刀库 7 和自动换刀机械手 8。刀库能容 16 把刀具。立柱的左后部是数控柜 6，内有数控系统。立柱右侧装驱动电柜 11，内有电源变压器、强电系统和伺服装置。操作面板 10 悬伸在机床的右前方，以便于操作。机床的各种工作状态显示在面板上。

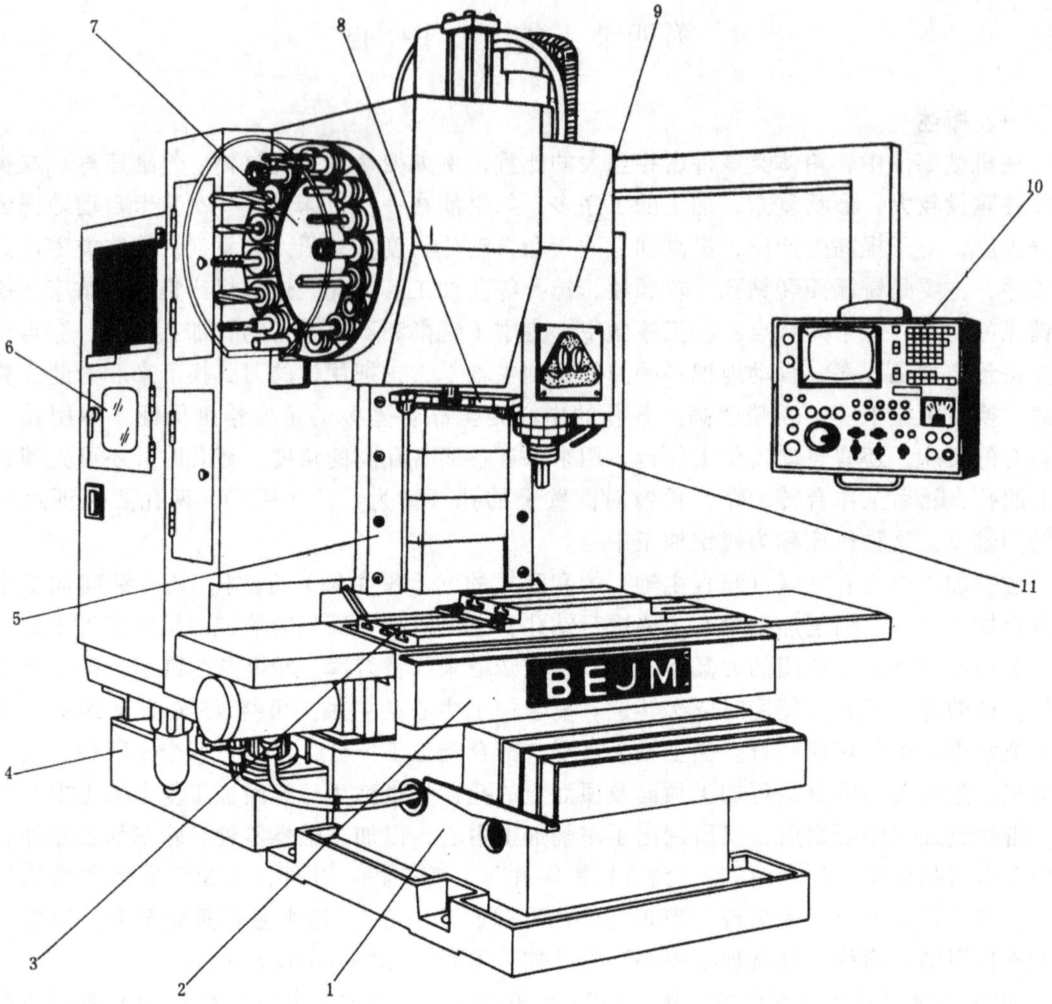

图 5-12 JCS-018 立式加工中心外形

2. 传动系统

传动系统见图 5-13。数控机床的机械传动系统是很简单的。JCS-018 加工中心也不例外。主电动机是交流变频调速电动机。连续额定输出功率为 5.5kW，最大功率为 7.5kW，但工作时间不得超过 30min，称为 30min 过载功率。这种电动机靠改变电源频率无级调速。额定转速为 1500r/min，最高转速为 4500r/min。在此范围内，为恒功率调速。从最高转速开始，随着转速的下降，最大输出转矩递增，保持最大输出功率为额定功率不变。最低转速为 45r/min。从额定转速至最低转速，为恒转矩调速。电动机的最大输出转矩，维持为额定转速时的转矩不变，不随转速的下降而上升。到最低转速时，最大输出功率仅为 7.5（或 5.5）$\times\frac{45}{1500}$kW = 0.225（或 0.165）kW。

电动机经两级多楔带轮驱动主轴。当带轮副直径为 ϕ183.6mm/ϕ183.6mm 时，主轴转速为 45～1500～4500r/min；ϕ119mm/ϕ239mm 时，为 22.5～750～2250r/min。无级调速，三个数字分别为最低，额定和最高转速。

三个轴各有一套基本相同的伺服进给系统。宽调速直流伺服电动机直接带动滚珠丝杠。功率都为 1.4kW，无级调速。三个轴的进给速度均为 1～4000mm/min。快移速度，X、Y 两轴皆为 15m/min，Z 轴为 10m/min。三个伺服电动机分别由数控指令通过计算机控制。任意两个轴都可联动。

刀库也用直流伺服电动机经蜗杆蜗轮驱动。刀库是一圆盘。刀具装在标准刀杆上，置于圆盘的周边。

主轴组件见图 5-14。主轴支承在一系列的角接触球轴承内。前支承有三套轴承，后支承有两套。关于主轴轴承的分析，见第十章。

加工中心能自动换刀，因而有一些与一般机床不同的特点：①加工中心主轴内必须有自动拉紧刀杆的机构。②为了清除主轴孔内可能进入的切屑，应有切屑清除装置。③为了使主轴上的端面键能进入刀杆上的键槽，主轴必须停止在一定的位置上使之对准，即主轴应有旋转定位机构。

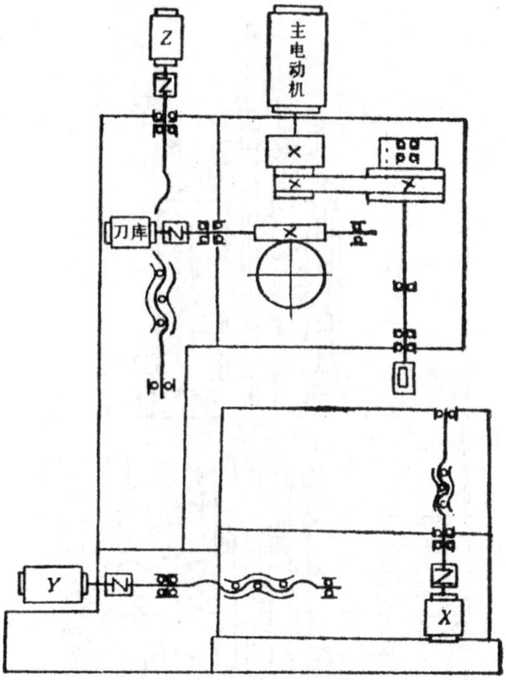

图 5-13 JCS-018 传动系统

(1) 主轴内的刀杆自动拉紧机构和切屑清除装置。

刀杆的自动拉紧机构由液压缸活塞 1、拉杆 2、碟形弹簧 3 和头部的 4 个钢球 4 等组成(图 5-14a)。标准刀杆 5 安装在主轴的锥孔中。图 5-14 所示为刀具夹紧状态。当需要松开刀杆 5 时，液压缸的上腔进油，活塞 1 向下移动，拉杆 2 被推动向下移动。此时，碟形弹簧 3 被压缩。钢球 4 随拉杆一起向下移动。移至主轴孔径的较大处时，便松开了刀杆 5，刀具连同刀杆 5 一起被机械手拔下。新刀装入后，液压缸的上油腔接通回油，活塞在弹簧的作用下向上移动，拉杆 2 在碟形弹簧 3 的作用下也向上移动，钢球 4 被收拢，卡紧在刀杆 5 顶部拉钉的环槽中，把刀杆拉紧。

刀杆夹紧机构用弹簧夹紧，液压放松，可保证工作中突然停电时，刀杆不会自行松脱。

活塞 1 杆孔的上端接有压缩空气。机械手把刀具从主轴中拔出后，压缩空气通过活塞杆和拉杆的中孔，把主轴锥孔吹净。

行程开关 7 和 8 用于发出“刀杆已放松”和“刀杆已夹紧”信号。

本机床用钢球 4 拉紧刀杆 5。这种拉紧方法的缺点是接触应力太大，易将主轴孔和刀杆压出坑来。新式的刀杆拉紧机构已改用弹力卡爪。卡爪由两瓣组成，装在拉杆 2 的下端，如图 5-14b 所示。夹紧刀具时，拉杆 2 带弹力卡爪 9 上移，卡爪下端的外周是锥面 B，与套 10 的锥孔相配合，使爪收紧，从而卡紧刀杆。这种卡爪与刀杆的接合面 A 与拉力垂直，故拉紧力较大。卡爪与刀杆为面接触，接触应力较小，不易压溃。新型加工中心已多采用这种拉紧机构。

(2) 主轴定位机构　主轴与刀杆，靠 7:24 锥面定心，两个端面键传递转矩。端键固定在主轴前端面上，嵌入刀杆的两个缺口内。自动换刀时，必须保证端键对准缺口。为此，就

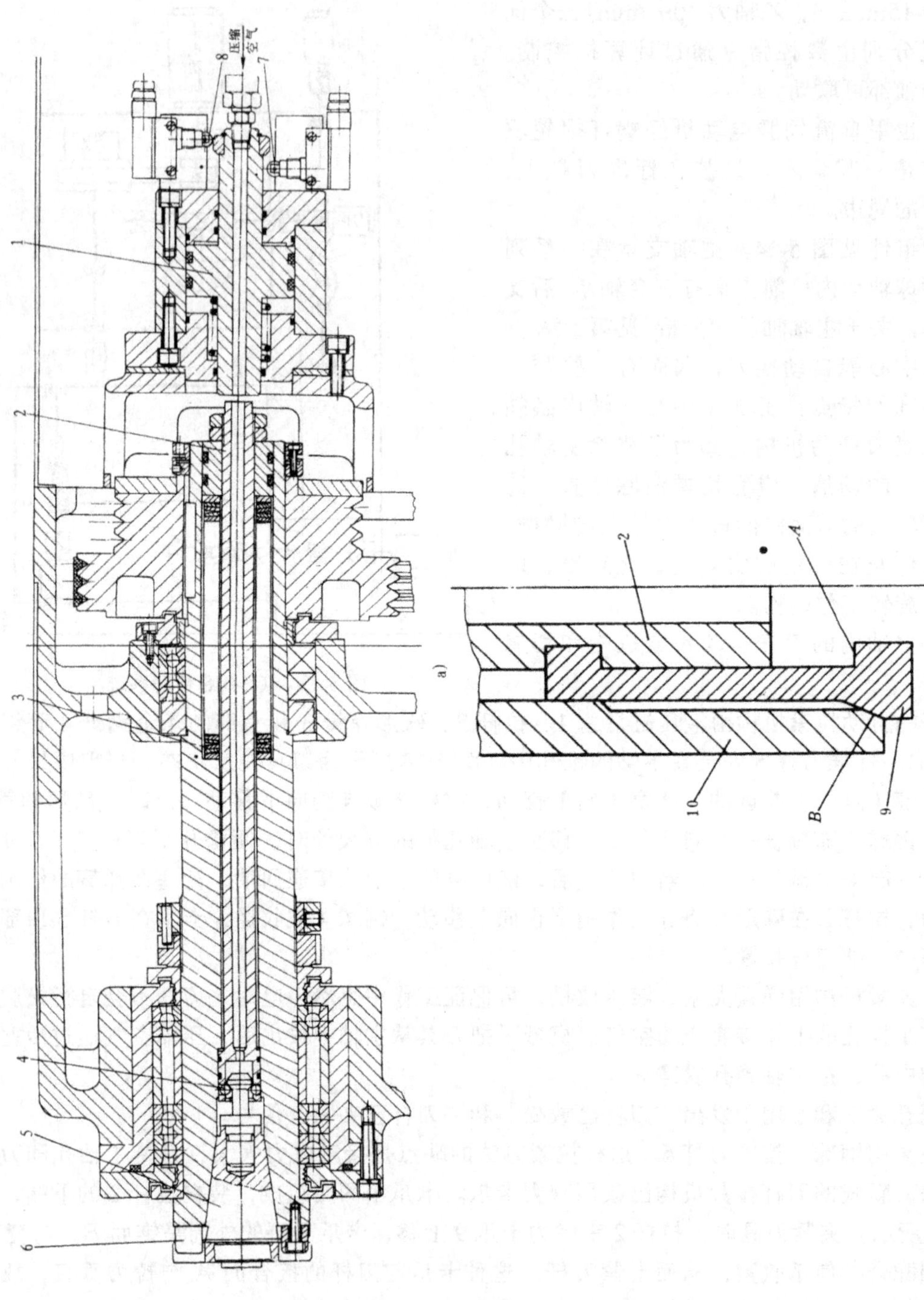

图 5-14　JCS-018 型机床主轴组件

要求主轴准确地停在一定的周向位置上。主轴周向定位机构的原理见图 5-15。塔轮 1 上安装一个厚垫片 4，上装一个体积很小的永磁块 3。在主轴箱体的准停位置上，装一个磁传感器 2。数控系统发出主轴停转信号后，主轴减速，以很低的转速慢转，至永磁块对准传感器，传感器 2 发出准停信号，电动机制动。主轴停止的角位置精度为±1°。

3．进给机构

机床有 3 套（X、Y、Z 轴）相同的伺服进给系统。图 5-16 为工作台的纵向（X 轴）伺服进给系统。该系统由伺服电动机 1，经十字滑块联轴节 2，滚珠丝杠 3 驱动工作台。滚珠螺母就固定在工作台上。反馈装置装在电动机内，与电动机轴联接。有关伺服系统和滚珠丝杠的叙述和分析，见第九章。十字滑块联轴节难免有间隙，现已趋淘汰，改用挠性联轴节和波纹管联轴节。联轴节 2 与电动机轴，靠锥形锁紧环摩擦联接。锥形锁紧环见图 5-16 下方的小图。每套两环，内环为内柱外锥，外环为外柱内锥。这里共用了两套，把内、外环轴向压紧，外环因锥面而胀大，内环因锥面而收缩。靠摩擦把轴与外套（联轴节）联在一起。用这个办法不用开键槽，没有间隙，电动机轴与丝杠，可相对转任意角。有关联轴节和锥环联接，见第九章。

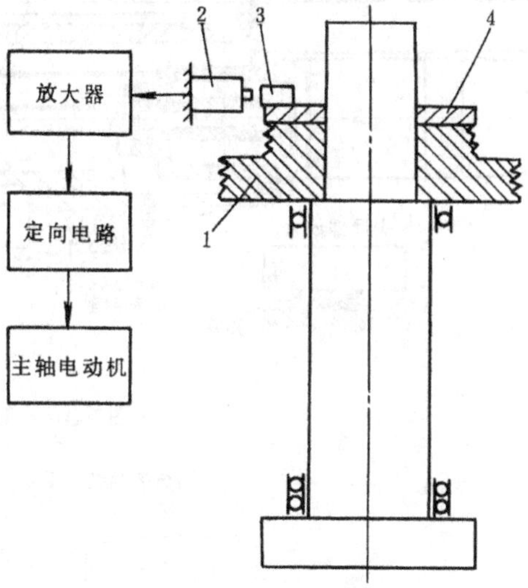

图 5-15　主轴定位机构工作原理

4．刀库和换刀机械手

刀库和机械手分别用于存储刀具和自动换刀。一道工序结束，主轴箱退回立柱顶部换刀点，主轴减速、定位和制动。在此之前，刀库转位，把下一工序所用的刀具转至机械手附近。机械手把下一工序的刀具装入主轴，把上一工序的刀具从主轴中拔出送进刀库。刀库机械手的位置和外形见图 5-12。圆盘式刀库共有 16 个刀座，图 5-17 是其中之一。直流伺服电动机经十字滑块联轴节和蜗轮副传动（见传动系统图），可以使刀库上任意一个刀座转到最下方的换刀位置。刀座在刀库上处于水平位置，但主轴是立式的。因此，应使处于换刀位置的刀座旋转 90°，使刀头向下。这个动作是气动的，气缸的活塞杆带动拨叉上升（图中未示出），拨叉向上拉动滚轮 1，使刀座连同刀具绕转轴 2 逆时针转到竖直向下位置。这时，此刀座中的刀具正好和主轴中的刀具处于等高位置。机械手的两个手爪可同时取下这两把刀具，转动 180°之后，将刀座上的刀具装入主轴，换下来的刀具装入刀座。

机械手的手臂结构如图 5-18 所示。手臂两端各有一个手爪。刀具被活动销 4 借助弹簧 1 顶靠在固定爪 5 中。锁紧销 2 被弹簧 3 弹起，使活动销 4 被锁住而不能后退。这就保证了在机械手运动过程中，手爪中的刀具不会被甩出。当手臂处于 75°位置时，锁紧销 2 被挡块压下，活动销 4 就可以活动，使得机械手可以抓住（或放开）主轴或刀座中的刀具。

自动换刀动作如下：①在上一道工序加工时，数控系统发出刀具指令，刀库转动，将准备换上去的刀具转到换刀位置。②上一道工序完成，需要换刀时，发出换刀指令。将刀库最下方的刀座逆时针转 90°至刀头向下的竖直位置。同时，令主轴箱上升至换刀点。③机械手

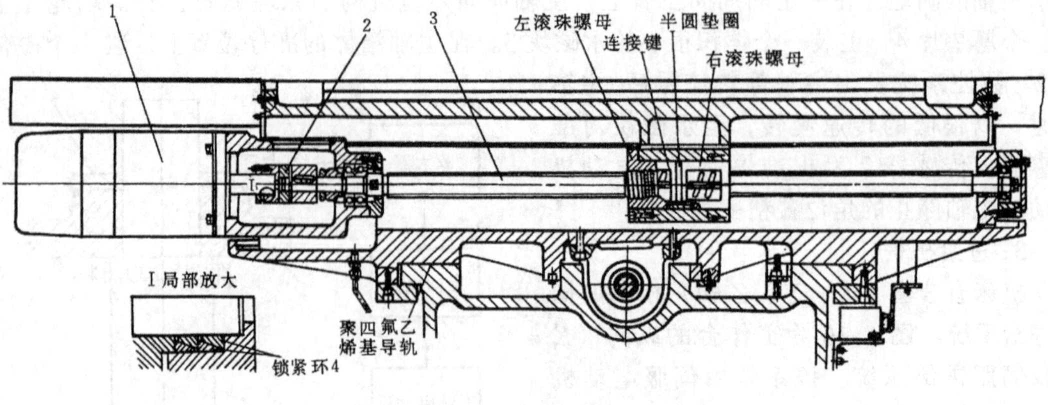

图 5-16　工作台纵向进给机构

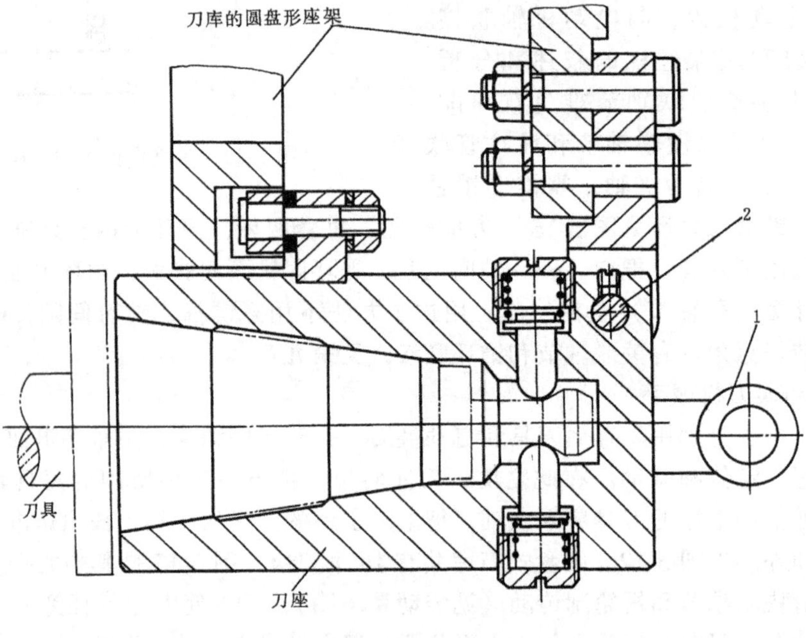

图 5-17　刀座的结构

转 75°，两个手爪分别抓住主轴和刀座中的刀具。④待主轴组件内的拉杆下移，主轴中的刀具夹紧机构松开后，机械手向下移动，将主轴和刀座中的刀具拔出。⑤机械手回转 180°，向上移动，将新刀插入主轴，旧刀插入刀座。与此同时，主轴拉杆内吹出压缩空气，清洁锥孔和刀柄。刀具装入后，拉杆上移，夹紧刀具。⑥机械手反向转 75°，回到原始位置。机床开始下一道工序的加工。刀库又一次回转，把下一把待换刀具送到换刀位置。这样就完成了一次换刀循环。

整个换刀过程的动作由可编程序控制器（PC——Programmable Controller）控制。刀具在刀库中的位置是任意的，由 PC 中的随机存储器（RAM）寄存刀具编号，故刀套（或刀柄）上无需任何识别开关和挡块，换刀机构简单。此系统工作时，把预先编好的程序指令由存储器中调出。输出的高位码送给 CPU（中央处理单元），作为控制指令用；把低位码输入

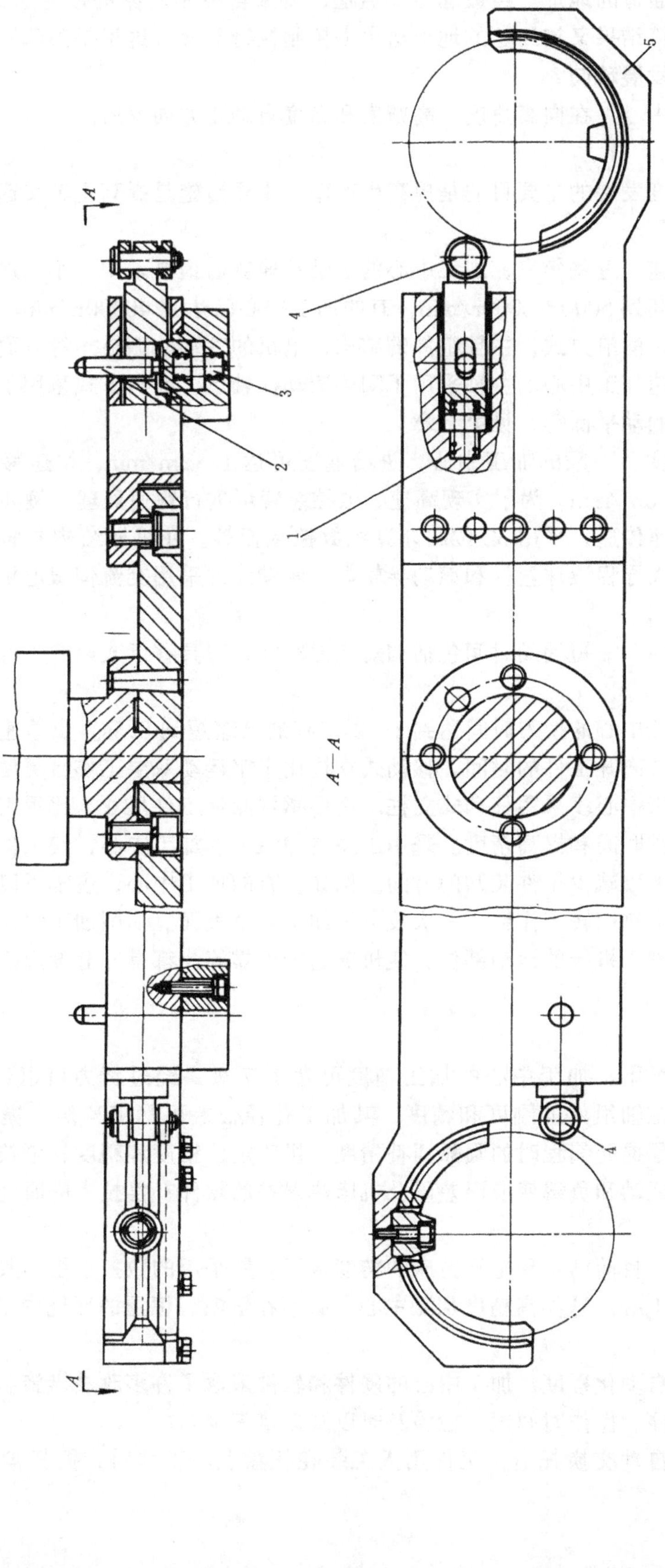

图 5-18　机械手臂和手爪

选择器，去选择某一通道的地址。经被选出的通道，将来自控制对象的信号送到 CPU 去进行逻辑运算，并把运算结果又按给定的地址送出去控制执行部分（这里是刀库）。

三、加工中心的发展动向

近些年来，加工中心正在向高速度、高精度和高度自动化方向发展。

1. 高速度

加工中心向高速度发展的主要目的是提高生产率，主要措施是提高主轴转速、提高进给速度和缩短辅助时间等。

（1）提高主轴转速　近些年来，加工中心的主轴转速普遍提高。中、小型加工中心的主轴最高转速大部分提高到 5000～6000r/min，有的加工中心已达到 40000r/min。为此，在主轴轴承的材料、结构、润滑方式，主轴组件的结构，电机的冷却防振措施等方面都进行了大量工作。例如某些高速加工中心的主轴采用了陶瓷滚动体轴承，润滑方式采用了油气润滑以及主轴系统进行严格的动平衡等，见第十章。

（2）提高进给速度　一般的加工中心，进给速度可达 1～2m/min，快速移动速度已达 33m/min，逐步靠近 50m/min。为了实现高速，数控装置可进行快速处理。例如采用数控高速转换器，将数据快速传递；采用 32 位的计算机数控装置等。在机械结构方面也相应地采取了措施，例如采用大导程滚珠丝杠和滚动导轨等。驱动元件采用交流伺服电机也有利于提高伺服进给的速度。

（3）缩短辅助时间　缩短辅助时间包括缩短换刀时间、刀具移近或离开工件的时间及工件装卸时间等。

现在许多小型加工中心的换刀时间达到 1～2s，有的已缩短到 0.5s。快移速度又有所提高，以缩短刀具移近或离开工件的时间。移动式立柱比十字运动双层工作台更便于操作者接近工件，故较大的加工中心多采用移动式立柱。用传感器测量工件尺寸，比手工测量自动化程度高，还有利于节省时间和提高精度。采用工序更加集中的加工中心，使工件在一次装卡中完成更多的工序，可以减少工件装卸的时间。例如，有的加工中心，主轴可以转位，既可立式，又可卧式，并配有回转工作台，一次装卡可加工五个表面。切削加工时，采用合适的冷却方式，防止切屑进入机床的运动部位，使机床运转可靠等，都是充分发挥机床性能，提高生产率的措施。

2. 高精度

在工厂的一般情况下，加工中心的加工精度可达 IT7 级，经过努力可以达到 IT6 级。镗孔加工时，如提高主轴组件的刚度和精度，其加工孔径公差可达 IT4 级。提高加工中心加工精度的主要措施是提高编程时的圆弧插补精度、机床定位精度和精度补偿技术。世界许多国家都在进行机床运动和负载变形误差以及机床热误差的软件补偿技术的研究，有的可消除此类误差的 60%。

高精度加工中心，目前已达到坐标镗床的精度水平。所采用的数控系统，其最小设定单位（分辨率）可达 0.1μm。这类高精度加工中心，必须在恒温、恒湿的环境中工作。

3. 高度自动化

为了进一步提高自动化程度，加工中心的硬件和软件采取了许多改进措施。例如采用对话系统，可使操作方便、操作时间短、检验及时以及差错率少。

许多加工中心设自动交换托盘，工件用人工装在托盘上。工作时，把托盘送到工作台上，定位、夹紧，进行加工。托盘至少两个，一个在工作台上工作，另一个在机外装卸工件，工作结束后交换。这就可使装卸工件的时间与加工时间重合。有的加工中心有6个或8个托盘，一次装好，依次自动交换。机床可长期无人看管，自动地工作。

现代加工中心配备越来越多的各种附件，以进一步增加加工中心的功能。例如，新型的加工中心可供选择的附件有：工件自动测量装置、尺寸调整装置和镗刀检验装置以及刀具破损监测装置等。后者是应用声发射的检测方法，利用刀具在断裂瞬间发生的超声波来判知刀具的破损，以便及时采取措施。

第五节　数控车床和车削中心

一、数控车床

数控车床（NC lathe）用于加工回转体零件。它集中了卧式车床、转塔车床，多刀车床、仿形车床、自动和半自动车床的功能，是数控机床中产量最大的品种之一。图5-19是CK3263B型数控车床的外形。数控车床多数采用这种布局形式。

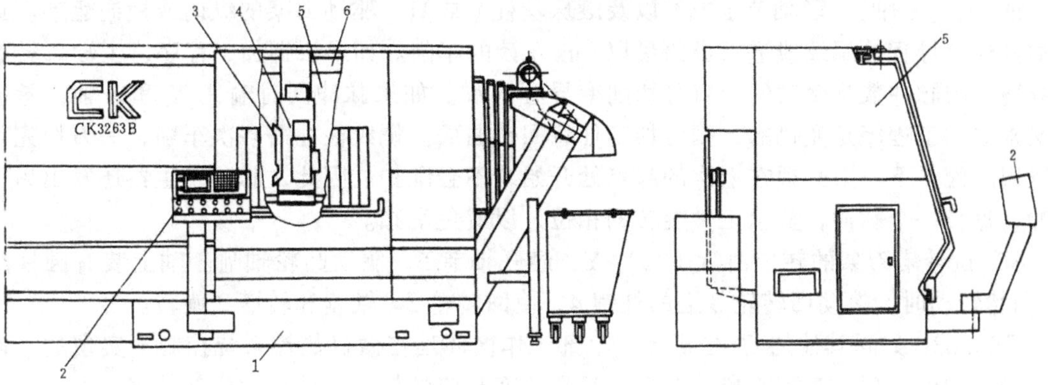

图5-19　数控车床外形

数控机床不需人工操作，也没有机械操作元件如手柄、摇把等。机床在防护罩的保护下工作，只能通过防护罩上的玻璃窗观察工作情况。因此，数控车床的布局有其特点。

底座1上装有后斜床身5。床身导轨6与水平面的夹角为75°。刀架4装在主轴的右上方。这显然是只有不需人工操作时才能采用的布局。刀架的位置决定了主轴的转向应与卧式车床相反。数控车床不用担心切屑飞溅伤人，故切削速度可以很高，以充分发挥刀具的切削性能。数控车床又集中了粗、精加工工序，所以切屑多，切削力大。倾斜床身可使切屑方便地排除，又可以采用箱形结构，刚度比卧式车床床身高。导轨6镶钢、淬硬、磨削，因而比较耐磨。床身左端固定有主轴箱，图中被盖板挡住，未示出。床身中部为刀架溜板4，分为两层。底层为纵向溜板，可沿床身导轨6作纵向（Z向）移动，上层为横向溜板，可沿纵向溜板的上导轨作横向（沿床身倾斜方向，即X向）移动。刀架溜板上装有转塔刀架3。刀架有8个工位，可装12把刀具。在加工过程中，可按照零件加工程序自动转位，将所需的刀具转到加工位置。2是操作台。

图 5-20 是这种机床的传动系统图。主电动机 M_1 是直流电动机，也可用交流变频调速电动机，额定功率 37kW，额定转速为 1150r/min，最高转速为 2660r/min。在此范围（约 1:2.3）为恒功率调速。从最高转速起，最大输出转矩随转速的下降而提高，维持额定输出功率不变。最低转速为 252r/min。在额定转速与最低转速之间为恒转矩调速。最大输出转矩维持额定转速时的转矩不变，最大输出功率则随转速的下降而下降。到最低转速时，最大输出功率约为 $37\times\frac{252}{1150}\text{kW}\approx 8\text{kW}$。

主电动机经带轮副和四速变速机构驱动主轴，使主轴得到 20～90～210r/min，37～170～395r/min，76～350～807r/min，140～650～1500r/min 四段转速。每段转速中的第一个和第二个数字之间为恒转矩调速；第二和第三个数字之间为恒功率调速。在切削端面和阶梯轴时，希望随着切削直径的变化，主轴转速也随之而变化，以维持切削速度不变。这时切削不能中断，滑移齿轮不能移动，可以在任意一段转速内由电动机无级变速来实现。

数控车床切削螺纹时，主轴与刀架间为内联系传动链。数控车床是用电脉冲实现的。主轴经一对 $z=79$，$m=2.5$mm 的齿轮驱动主轴脉冲发生器 G，每转发 1024 个脉冲。经数控系统根据加工程序处理后，输出一定数量的脉冲，再通过伺服系统，经伺服电动机 M_2（Z 轴）或 M_3（X 轴）、联轴节 1 或 6 以及滚珠丝杠Ⅴ或Ⅵ，驱动刀架的纵向或横向运动。这就可切削任意导程的螺纹或进行进给量以 mm/r 计的车削。如果根据加工程序，主轴每转数控系统输出的脉冲数是变动的，就可切削变导程螺纹。如果脉冲同时输往 X 和 Z 轴，脉冲频率又根据加工程序是变化的，则可加工任意回转曲面。螺纹往往需多次车削，一刀切完后刀架退回原处，下一刀必须在上次的起点处开始才不会乱扣。因此，脉冲发生器还发出另一组脉冲，每转一个脉冲，显示工件旋转的相位，以避免乱扣。

8 工位转塔刀架的转位由液压马达 Y，经联轴节 5，驱动凸轮轴Ⅶ。轴上装有圆柱凸轮 7。凸轮转动时，拨动回转轮 3 上的柱销 4，使回转轮 3、轴Ⅷ和转塔 2 旋转。

CK3263B 如同其他的 CNC 机床，全部工作循环是在微机数控系统控制下实现的。许多功能通过软件实现。车削对象改变后，只需改变相应的软件，就可适应新的需要。

二、车削中心

车削中心（Turning center）是数控车床在扩大工艺范围方面的发展。不少回转体零件常常还有钻孔、铣削等工序，例如钻油孔、钻横向孔、铣键槽、铣扁以及铣油槽等，最好能在一次装夹下完成。这对于重型车床特别有意义。因为重型工件装吊不易，重型机床价格昂贵；一次装夹，完成尽可能多的工序，对降低成本，缩短加工周期有重要的意义。

图 5-21 是车削中心能完成的除车削外的工序（该图为俯视）。图 5-21a 为铣端面槽。机床主轴不转，装在刀架上的铣主轴旋转，上装铣刀。如端面槽位于端面中央，则刀架带铣刀作 X 向进给，通过工件中心。如端面槽不在端面中央，如图所示，则铣刀 Y 向偏置。如不止一条槽，则主轴带工件分度。图 5-21b 为端面钻孔、攻螺纹。主轴或刀具旋转，刀架作 Z 向进给。图 5-21c 为铣扁方。机床主轴不转，刀架内的铣主轴带铣刀旋转。可以作 Z 向进给（左图）也可作 X 向进给（右图）。如需铣多边形，则主轴分度。图 5-21d 为端面分度钻孔、攻螺纹。钻（攻螺纹）主轴装在刀架上，偏置、旋转，并作纵向进给。每钻完一孔，主轴带工件分度。攻螺纹主轴还需反转以退出丝锥。图 5-21e、f、g 为横向或在斜面上钻孔、铣槽、攻螺纹。此外，还可铣螺旋槽。

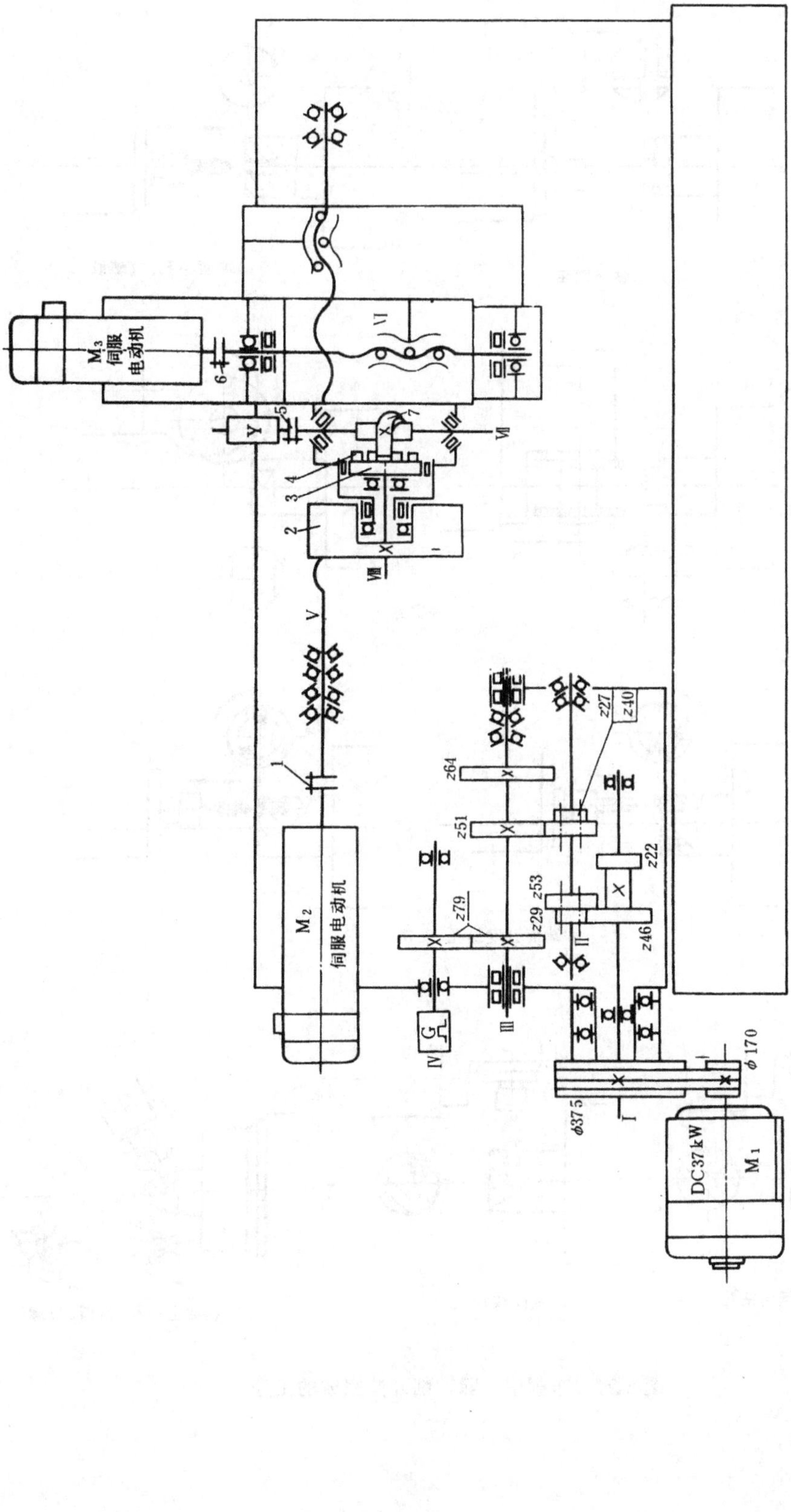

图 5-20 CK3263B 传动系统

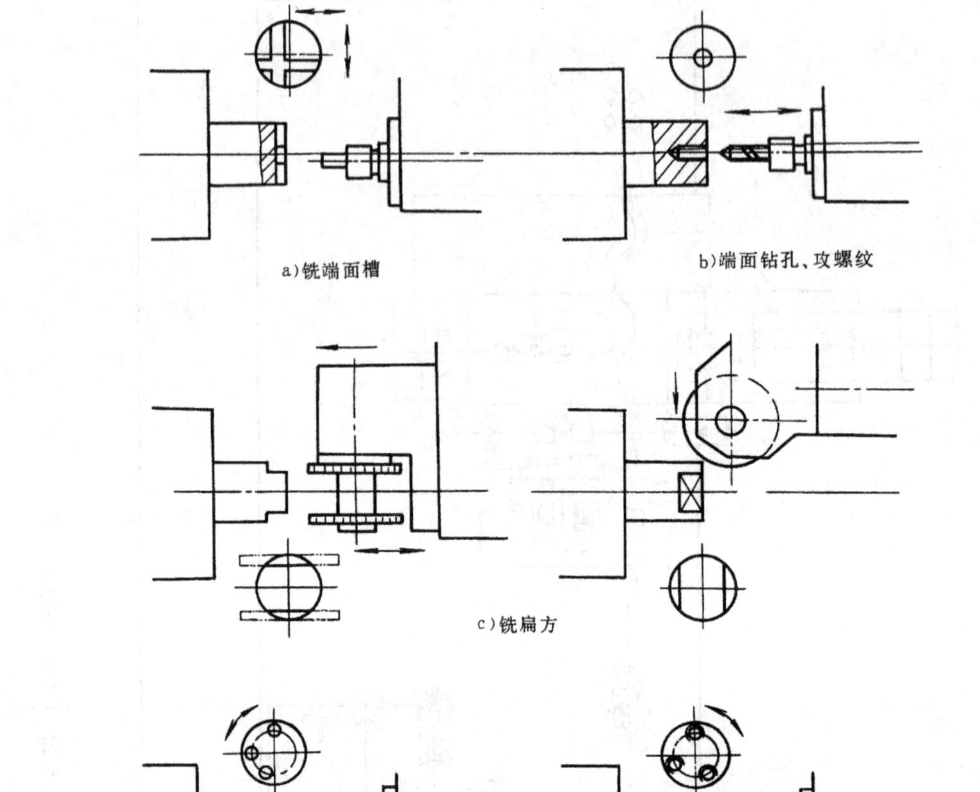

图 5-21　车削中心除车削外能完成的工序

从图 5-21 可以看出，车削中心在数控车床的基础上又增加了两大功能：①自驱动力刀具。刀架上备有刀具主轴电动机，自动无级变速，通过传动机构驱动装在刀架上的刀具主轴。②机床主轴除旋转作为车削的主运动外，还可作分度运动，还能与 Z 轴联动以铣削螺旋沟槽。因此，还要对主轴的旋转进行伺服控制。这个坐标轴称为 C 轴。车削中心的主轴尾部有分度机构和定位机构用于分度。分度和进行 C 轴控制时，脱开主电动机，接合伺服电动机；车削时，脱开伺服电动机，接合主电动机。

有的车削中心应用的刀具较多，转位刀架不敷应用。这时，采用刀库和机械手。

自驱动力刀具的结构举例如下。图 5-22 是动力刀具的传动装置。传动箱 2 装在转塔刀架体（图中未画出）的上方。变速电动机 3 经锥齿轮副和同步齿形带，将动力传至位于转塔回转中心的空心轴 4。轴 4 的左端是中央锥齿轮 1，与下文所述的自驱刀具附件相联系。还可以看到，这种装置广泛采用了锥环摩擦联接。

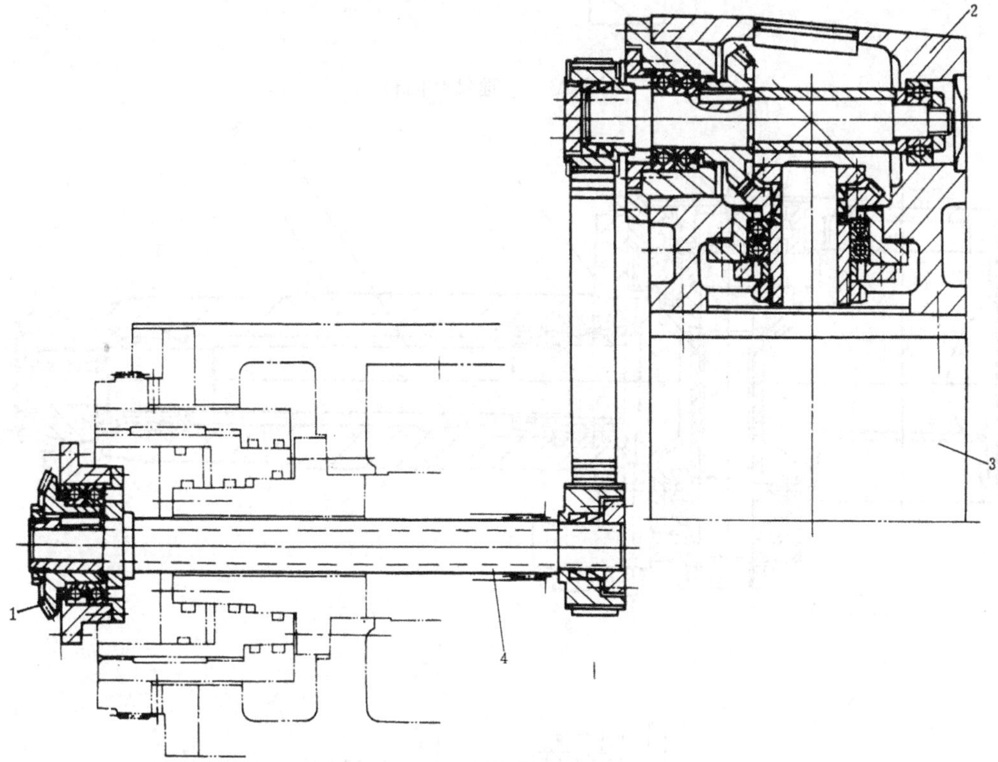

图 5-22　自驱动力刀具传动装置

自驱刀具附件有许多种，这里仅举两例。

图 5-23 是高速钻孔附件。轴套的 A 部装入转塔的刀具孔中。刀具主轴 3 的右端装有锥齿轮 1，与图 5-22 的中央锥齿轮 1 相啮合。主轴前端支承是三联角接触球轴承 4，后支承为滚针轴承 2。主轴头部有弹簧夹头 5。拧紧外面的套，就可靠锥面的收紧夹持刀具。

图 5-24 是铣削附件，分为两部分。图 5-24a 是中间传动装置。仍由轴套的 A 部装入转塔孔，齿轮 1 与中央锥齿轮啮合。轴 2 经锥齿轮副 3、横轴 4 和圆柱齿轮 5，将运动传至图

5-24b 所示的铣主轴，与齿轮 6 啮合。铣主轴 7 上装铣刀。中间传动装置可连同铣主轴一起转方向。如铣主轴水平，则按图 5-21c 的左图方式加工；如转成竖直，则如右图。铣主轴可换成钻孔攻螺纹主轴，可进行图 5-21e、f 等的加工。

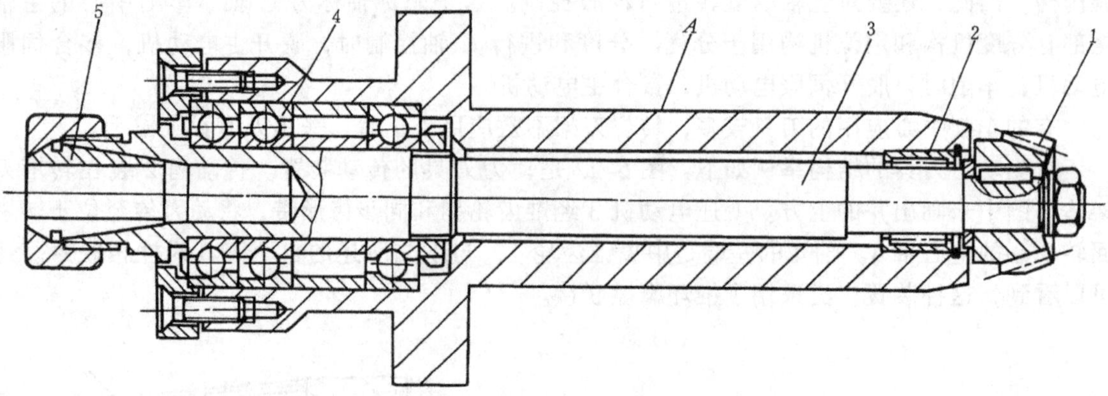

图 5-23　高速钻孔附件

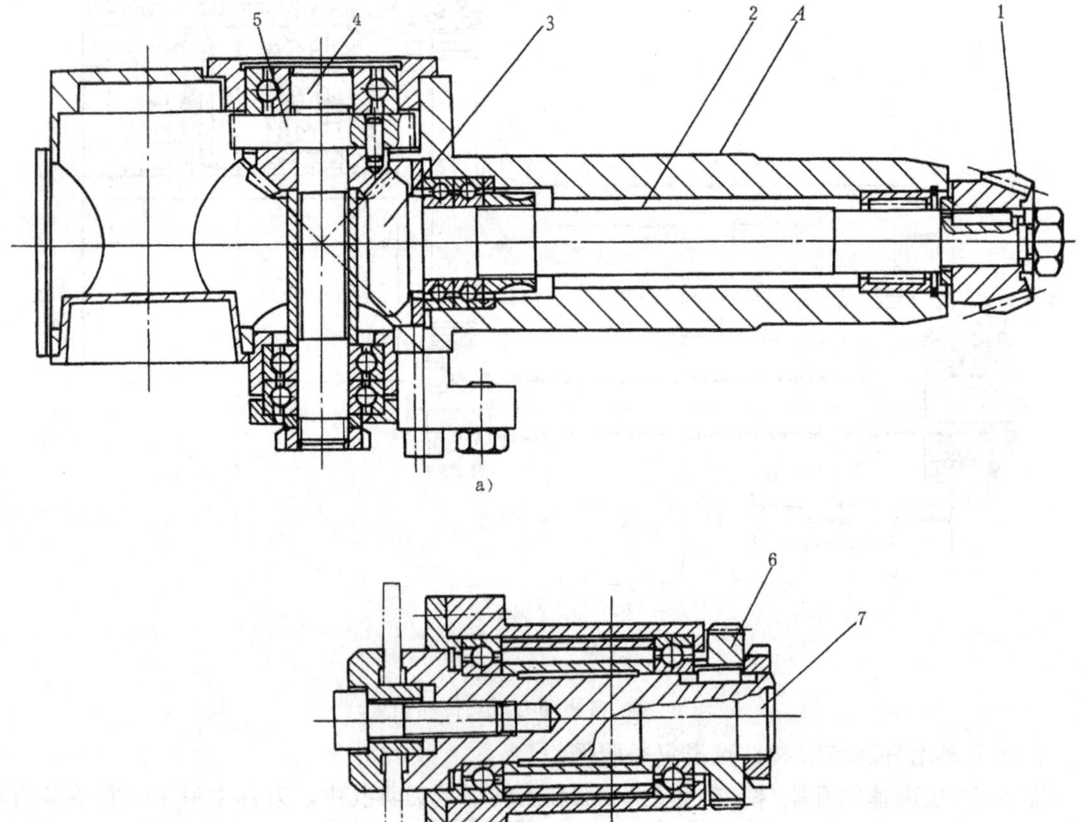

图 5-24　铣削附件

第六节　柔性自动化的发展

一、柔性加工单元

柔性加工单元（FMC——Flexible manufacturing cell）可以看作是扩大功能的镗铣或车削加工中心。加工中心和车削中心虽然实现了柔性自动化——工件灵活多变，调整快速方便，但装卸工件和测量监控仍离不开人。各种加工中心配上了自动装卸工件、自动测量监控装置，就成了FMC。FMC实现了完全的自动化，可以在一段时间内无人看管地独立工作。FMC是柔性自动化发展过程中一个重要的里程碑。FMC有下列种类。

（1）加工回转体零件的FMC　这种FMC以车削中心或数控车床为核心，配以装卸工件的机器人（Robot）和储存台。机器人从毛坯储存台上取工件，装上机床；加工完毕后取下，放入成品储存台。有的FMC还配有刀具监控装置，发现磨损或破损，自动停车或换刀。有的还配有工件的测量装置，发现超差能报警、停车，有的还能自动补偿。

（2）加工非回转体零件的FMC　这种FMC以加工中心为核心，配以自动装卸和存储装置。工件由人工装在托盘上。事先装好一批，由机器人或托盘更换装置连同工件一起自动地装卸和存储。有的也配有刀具和工件尺寸的监控装置。

（3）更换主轴箱式FMC　这种FMC的主轴箱是可以更换的。可以看作是组合机床向柔性化方向的发展，属于专用机床类型的FMC。

图5-25是FMC的工作原理示意图。机器人从工作台架上取出毛坯，装上机床，由数控机床进行加工。完毕后由机器人放回台架。毛坯和成品分放在台架不同的位置或各有其台架。监控装置对机床的工具和主轴等工作状态进行监视和控制，发现故障（如过载、刀具折断等）立即停车。检验装置根据传感器对工件检测的结果，与程序中规定的数据比较，进行修正，以补偿刀具的磨损。单元控制器将FMC中的机床、机器人、检测及监控等自动化设备联系在一起，使它们协调地工作。

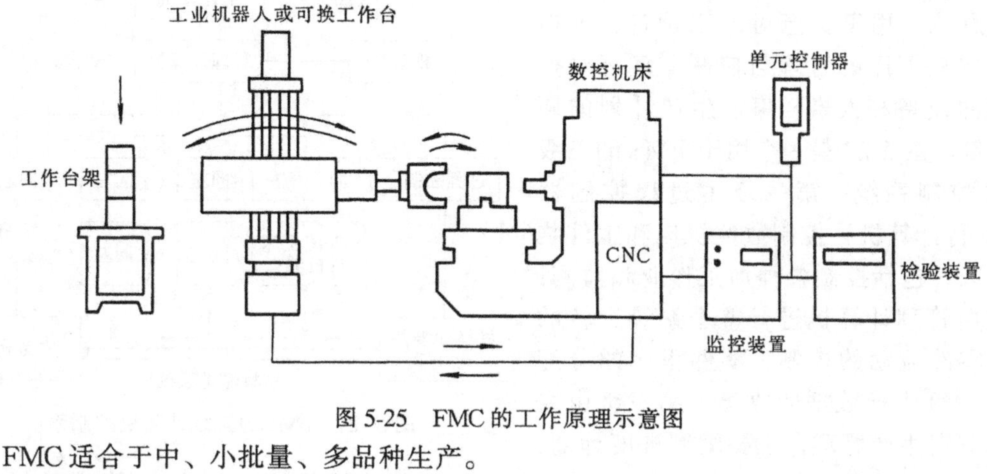

图5-25　FMC的工作原理示意图

FMC适合于中、小批量、多品种生产。

二、柔性加工系统

有些复杂零件，需经多台数控机床才能完成全部加工。为适应这种需要并在现代科学技术的推动下，研制成功了柔性制造系统（FMS——Flexible manufacturing system）。柔性制造系统是由多台数控单机组成的，由计算机控制和管理的柔性自动化加工系统。它可以在加工一批某种零件后，不停机，自动地转换为加工另一种零件。FMS 的功能，相当于自动线。但是，传统的自动线是专用的，加工对象是固定的。FMS 没有固定的加工对象、加工程序和节拍（自动线的循环时间）。改变程序，更换刀具和测量传感器，就可变换加工对象和节拍。FMS 是一种柔性较大、无人化（实际上是少人化）的自动加工系统。

FMS 由加工、物流和信息流三个子系统组成。每个子系统还有分系统，如图 5-26 所示。

（1）加工系统　它实施对产品的加工。现有 FMS 的加工系统由 FMC 组成的还较少。多数还是由各类加工中心组成。如镗铣加工中心、车削中心等。

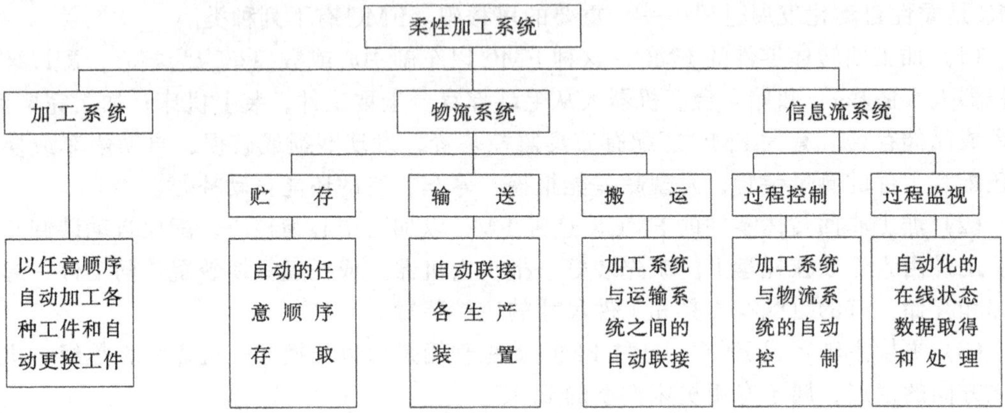

图 5-26　柔性加工系统的组成

（2）物流系统　它是将零件从一处传送至另一处，送入仓库或下一加工车间的系统，即实现对毛坯、夹具和工件等的出入库运输和装卸等工作。所需要的设备主要是仓库和自动上、下料装置，如传送带、机器人、自动运输小车和随行夹具等。

（3）信息流系统　它实施对整个 FMS 的控制与监督。这是由中央管理计算机与各设备的控制装置组成的分级控制网络。由它们组成信息流，用于少至对加工设备、传输系统和中央刀库的管理与控制，多至对整个车间的设备和人事档案、生产计划的调度与控制。图 5-27 是一个用于 FMS 的三级计算机控制系统：第一级由过程控制器（现场运行计算机）控制数控机床和工件装卸机器人，包括控制各种加工作业和监测；第二级由管理计算机进行整个系统运转的管理、零件流动的控制、零件程序的分配以及第一级生产数据的收集；第三级由主计算机负责生产管理，主要编制进度计划，

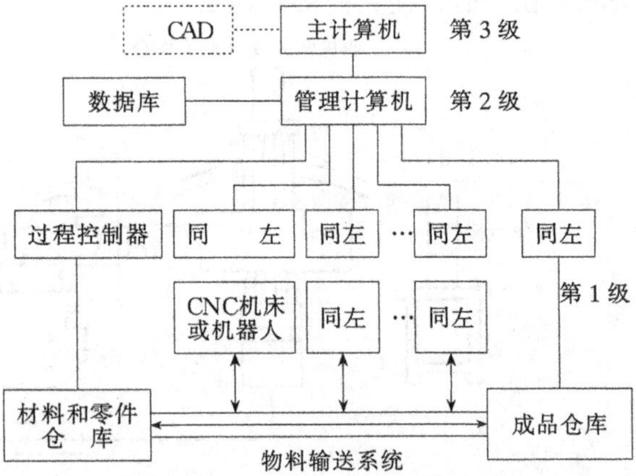

图 5-27　FMS的三级计算机控制系统

把生产所需的信息送到第二级系统管理计算机。主计算机也可以与计算机辅助设计（CAD——Computer-aided design）相联，可以直接利用 CAD 的零件设计数据进行数控编程，然后把程序送到第二级计算机，还可以从第二级接受来自加工过程产生的各种信息及有关数据。

FMS适用于中批量、多品种生产。

三、计算机集成制造系统

计算机技术除用于生产过程外，还广泛用于企业的其他活动，如成本管理、财务管理、作业计划和调度管理以及订货管理等。近年来计算机辅助工程发展很快，它包含计算机辅助设计（CAD）、计算机辅助制造（CAM——Computer-aided manufacture）及计算机辅助质量管理（CAQ——Computer-aided quality control）系统。现在的计算机辅助存储管理系统可以对库存进行检索与存取，对进库物料检查和运输。

将上述这些局部而孤立的自动化技术和子系统，通过计算机和通讯技术灵活而有机地集成为一个完整的系统，必将使柔性自动化和企业生产出现质的飞跃。在70年代后期，国外便纷纷着手解决系统集成技术问题。80年代以来，随着柔性加工技术、计算机辅助技术以及信息技术的发展，世界机械制造业进入了全面自动化阶段。机械制造的柔性自动化也进一步发展到更高的阶段——计算机集成制造系统（CIMS——Computer integrated manufacturing system）。这是FMC和FMS的发展，可使企业实现整体优化和自动化。

CIMS是把生产工厂的全部功能（包括生产管理、产品开发、制造等）实现计算机综合管理，具有对市场的适应性（很短时间内就能使工厂满足市场的要求，生产出产品），交货期短，成本低，质量高的生产系统。它的主要特点是信息流的自动化和机器的智能化。CIMS可用图5-28说明。

CIMS的核心是一个公用的数据库，对信息资源进行存储与管理，并与3个计算机系统进行通信。

(1) 计算机辅助设计与计算机辅助制造系统(CAD/CAM) 它用计算机进行产品设计与工艺设计，使机械制造自动化技术发展为设计、制造一体化。

(2) 计算机辅助生产计划与计算机生产控制系统（CAPP/CAC——Computer-aided process planing/Computer aided control） 它对加工过程进行计划、调度及控制。CAD/CAM、CAPP/CAC和FMS连接起来，就可实现从设计到制造的无图纸加工。

图5-28 计算机集成制造系统

(3) 工厂自动化（FA——Factory automation） 它可以实现产品的自动装配和测试，材料的自动运输与处理等。

在上述3个计算机系统的外围，还需要利用计算机进行市场预测，编制产品发展规划，分析财政状况和进行生产管理与人员管理。

由此可见，CIMS涉及的领域相当广泛。它是以多品种、小批量产品为对象，以计算机技术为核心，具有集成化、自动化、模块化及柔性化等特点的集成生产系统。

当然，CIMS是一个长远目标，需要一个长期的发展过程。它为未来的机械制造工厂提供了一幅蓝图，它是机械制造厂发展的战略目标。

显而易见，CIMS的基本工作单元是数控机床。在柔性生产自动化发展过程中，从CNC

机床到加工中心（MC）、柔性加工单元（FMC）、柔性加工系统（FMS）直到计算机集成制造系统（CIMS），进一步看到数控机床的重要地位。因此，对数控机床的功能也提出了更高的要求。例如，要求数控机床具有较强的连网通信能力，完美的监控和自诊断能力，在线测量和反馈补偿的能力以及人工智能等。

总而言之，今后的数控机床是机电一体化的并有一定人工智能的加工设备，它在柔性自动化发展过程中将有更广阔的应用前途。

第六章　其他各种机床

第一节　铣　　床

一、铣床的功用和类型

铣床（Milling machine）用多刃的铣刀进行连续切削，生产率比刨床高，加工表面质量也较高。铣床的工艺范围很广，主要用来加工平面，也可加工沟槽、螺旋面等。装上分度头还可进行分度加工，如铣削齿轮。在机器制造业中，铣床的应用较广。

铣床的主要类型有升降台式铣床、床身式铣床、龙门铣床、工具铣床以及仿形铣床等和各种专门化铣床。

1. 升降台式铣床

升降台式铣床(Knee-type milling machine)是铣床中的主要品种，有卧式升降台铣床、万能升降台铣床和立式升降台铣床三大类，适用于单件、小批及成批生产中加工小型零件。

卧式(Horizontal)升降台铣床的主轴是水平的，简称卧铣。图 6-1 为卧式铣床的外形。床身 1 固定在底座 8 上，内装主电动机、主运动变速机构及其操纵机构和主轴。床身顶部的导轨上装有悬梁 2，可以沿水平方向调整其位置。铣刀杆 3 上装铣刀，一端插入主轴，另一端由悬梁上的挂架 6 支承。升降台 7 可沿床身的竖导轨升降，以适应工件不同的厚度。滑座 5 可以在升降台上作横向运动，工作台 4 可在滑座上作纵向运动。升降台内装有进给电动机和进给变速、传动和操纵机构，使工作台、滑座和升降台分别作纵向、横向和升降的进给和快速移动。工件固定在工作台顶面上。

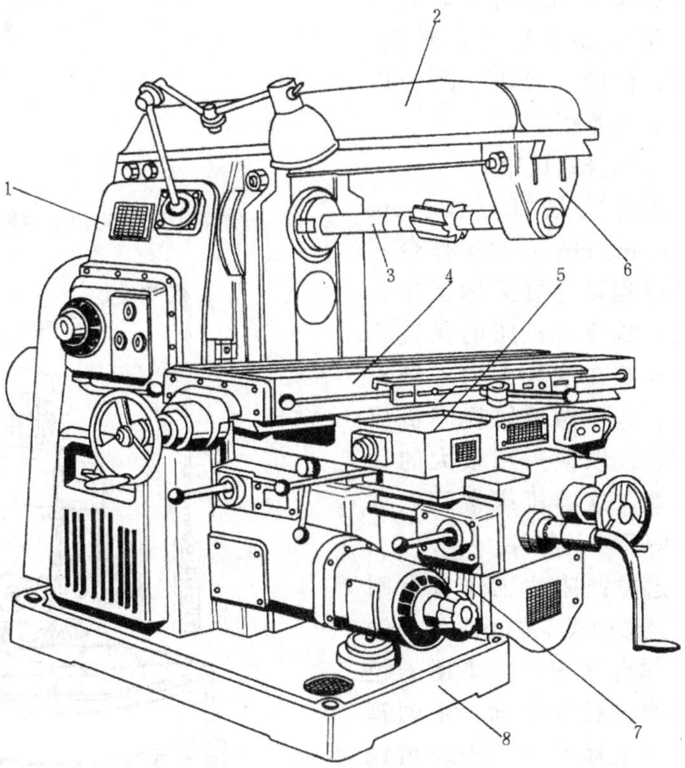

图 6-1　卧式升降台铣床

万能铣床（Universal milling machine）与卧式升降台铣床的差别，仅在于滑座 5 之上有回转盘，工作台4在回转盘的导轨上移动。回转盘可绕竖轴在±45°范围内转动。因此，工作台的运动方向就不一定与横向垂直,而是可以与横向成±45°内的任意角度，以便铣削各种角度的螺旋槽。

立式（Vertical）升降台铣床的主轴是竖直的，简称立铣。图6-2是数控立式升降台铣床的外形。立式床身2装在底座1上，床身上装有变速箱3，滑动立铣头4可以升降。升降台7可沿床身的竖导轨作 Z 向的升降运动。升降台上有滑座和工作台6，可作 X 向的纵向运动和 Y 向的横向运动。5是悬挂式控制台，装有操作按钮和开关。立铣床上可以加工平面、斜面、沟槽、台阶、齿轮、凸轮以及封闭轮廓表面等。

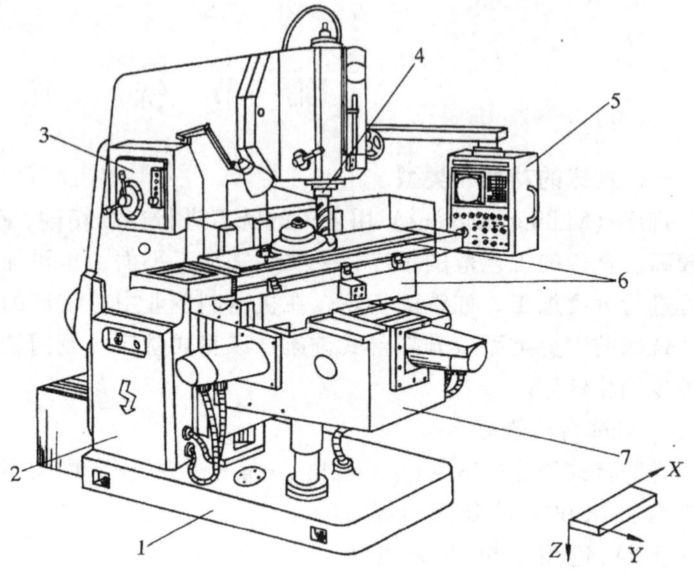

图6-2　XK5040-1型数控立式升降台铣床外形图

2. 床身式铣床

床身式铣床（Bed-type milling machine）的工作台不作升降运动，故又称工作台不升降铣床。机床的竖直运动由安装在立柱上的主轴箱完成。这样做可以提高机床的刚度，以便采用较大的切削用量。这类机床常用以加工中等尺寸的零件。

这类铣床的工作台有圆形和矩形两类。图6-3为双轴圆工作台铣床，主要用于粗铣和半精铣顶平面。主轴箱的两个主轴上分别安装粗铣和半精铣的端铣刀。工件安装在圆工作台的夹具内。圆工作台作回转进给运动。工件从铣刀下通过，即加工完

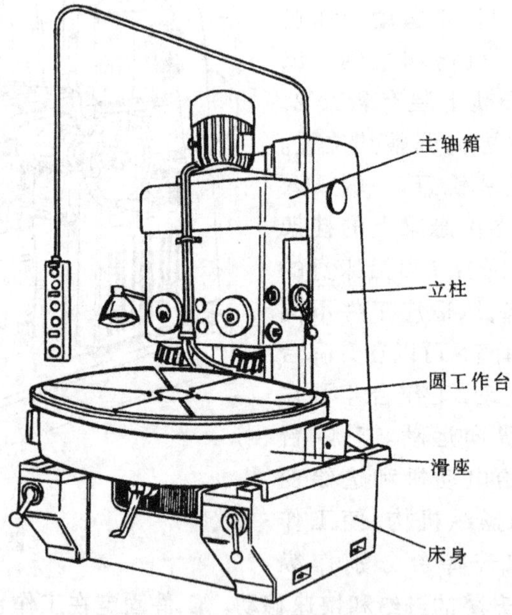

图6-3　圆形工作台铣床外形图

毕。圆工作台上可装几套夹具，装卸工件时不需停止工作台，因而可实现连续加工。滑座可沿床身导轨移动，以调整工作台与主轴间的径向位置。主轴箱可沿立柱导轨升降，以适应不同的加工高度。主轴装在套筒内。手摇套筒升降可以调整主轴在主轴箱内的轴向位置，以保证切削深度。这种机床装卸工件的辅助时间与切削时间重合，生产率较高，但需用专用夹具装夹工件。它适用于成批或大量生产中铣削中、小型工件的顶平面。

3. 龙门铣床

龙门铣床（Plano-milling machine）是一种大型高效通用铣床，主要用于加工各类大型工件上的平面、沟槽等。可以对工件进行粗铣、半精铣，也可以进行精铣。图 6-4 是龙门铣床的外形，机床呈框架式。横梁 5 可以在立柱 4 上升降，以适应工件的高度。横梁上装两个立式铣削主轴箱（立铣头）3 和 6。两根立柱上分别装两个卧铣头 2 和 8。每个铣头都是一个独立的部件，内装主运动变速机构、主轴和操纵机构。法兰式主电动机固定在铣头的端部。工作台 9 上装工件。工作台可在床身 1 上作水平的纵向运动。立铣头可在横梁上作水平的横向运动。卧铣头可在立柱上升降。这些运动，都可以是进给运动，也都可以是调整铣头与工件间相对位置的快速调位（辅助）运动。主轴装在主轴套筒内，可以手摇伸缩，以调整切深。7 为悬挂式按钮站。

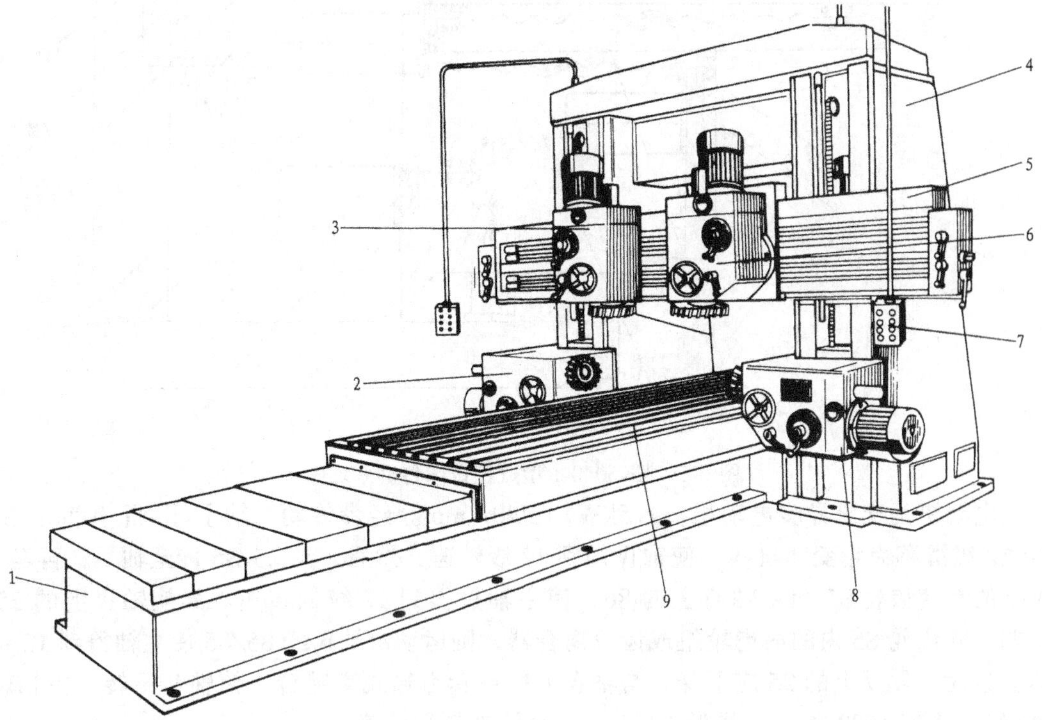

图 6-4　龙门铣床外形

龙门铣床可用多个铣头同时加工工件的几个面，所以生产率很高，在成批和大量生产中得到广泛的应用。

二、XK5040-1 型 CNC 立式升降台铣床

1. 特点和用途

XK5040-1 型 CNC 立式升降台铣床的外形如图 6-2 所示。在 CNC 系统的控制下，机床

可以实现 X、Y、Z 三坐标联动。

这种机床主要用于加工各种复杂形状的凸轮、样板、靠模、模具以及弧形槽等平面曲线和空间曲面，也可进行平面铣削或按坐标加工孔。它最适宜于加工表面形状复杂而又经常变换工件的生产部门。

2. 传动系统

图 6-5 是该机床的传动系统图。

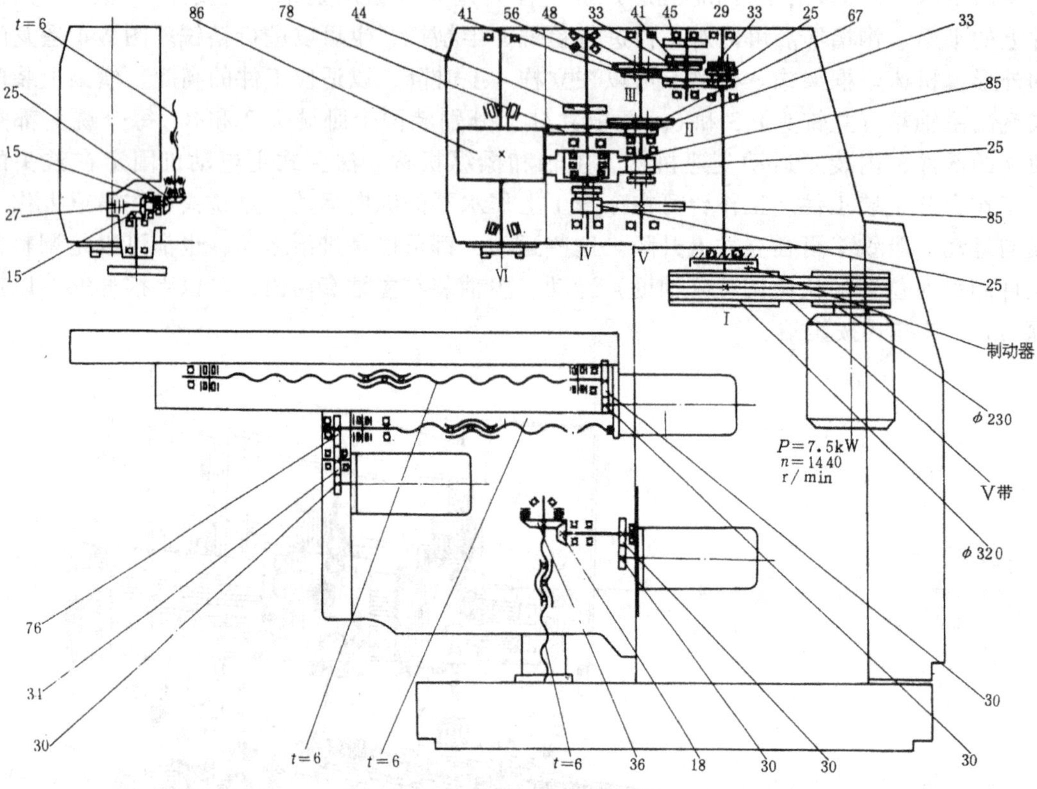

图 6-5　XK5040-1 型数控铣床传动系统图

主电动机为交流异步电动机，7.5kW，1440r/min。经带传动、轴Ⅰ-Ⅱ-Ⅲ-Ⅳ间的 $3\times2\times2=12$ 级滑移齿轮变速机构，使轴Ⅳ得到 12 级转速；然后，经 25/85 传至轴Ⅴ；再经 25、轴Ⅳ上的空套齿轮 85 和主轴Ⅵ上的 86，使主轴Ⅳ得到 12 级低转速。如使轴Ⅳ上的 25 向上，与空套齿轮 85 内的内齿轮组成齿轮离合器，则运动由轴Ⅳ经 85/86 使主轴得到 12 级高转速。这时，轴Ⅴ上的 25 应下降，与轴Ⅳ上的空套齿轮脱离啮合，使轴Ⅴ不转。主轴转速共 24 级，最高 1500r/min，最低 12r/min。请读者自行计算。

主轴Ⅵ装在立铣头内，可以升降，故主轴齿轮 86 较宽。大直径的宽齿轮兼起飞轮的作用以平衡不连续切削引起的动载荷。

轴Ⅰ的带轮上，有电磁制动器。制动器的动摩擦片与带轮相联，定片与箱体相联。通电即制动。

主轴箱内各轴都是竖直安装的，与主轴平行。这样做可以避免用锥齿轮传动主轴，以便降低噪声。

数控机床的进给传动链都非常简单。本机床 X、Y 两个坐标采用直流伺服电动机(FANUCBESK FB15 型)。Z 轴坐标采用 FB15B 型直流伺服电动机。通过一对或两对减速齿轮传动滚珠丝杠。X、Y 方向的进给速度是 6～3000mm/min,快移速度为 4000mm/min;Z 方向进给速度是 3.6～1800mm/min,快移速度为 2400mm/min。X、Y、Z 三个方向的进给速度均由数控系统无级调节。最小设定单位为 0.001mm。机床三坐标联动由计算机数控装置(CNC)控制。

滚珠丝杠不自锁。为防止升降台因自重而下滑，Z 向伺服电动机带有制动器，断电时即将电动机制动。

伺服系统为半闭环，用脉冲编码器进行位置检测。对伺服系统的分析，见第九章。

第二节 镗　　床

镗床（Boring machine）类机床的主要工作是用镗刀进行镗孔。此外，还可进行钻孔、铣平面和车削等工作。镗床主要可分为卧式镗床、坐标镗床以及金刚镗床等。

一、卧式镗床

卧式镗床（Horizontal boring machine）因其工艺范围广泛而得到普遍应用，尤其适合大型、复杂的箱体类零件精度要求较高的镗孔加工。卧式镗床除镗孔外，还可车端面、铣平面、车外圆、车螺纹及钻孔等。零件可在一次安装中完成大量的加工工序。图 6-6 为卧式镗床的主要加工方法。

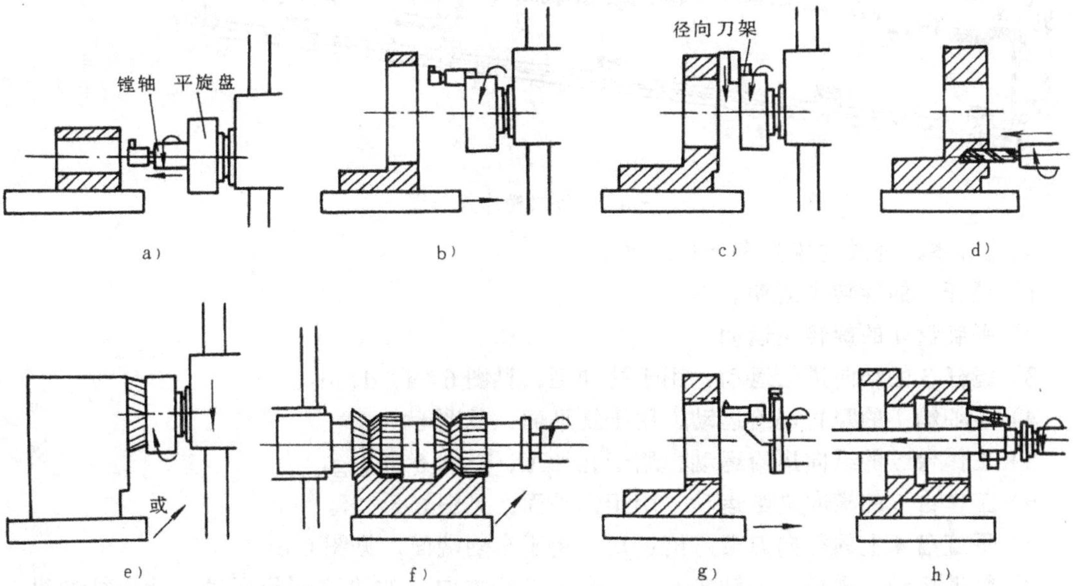

图 6-6　卧式镗床的主要加工方法

卧式镗床的外形如图 6-7 所示。主轴箱 1 可沿前立柱 2 的导轨上下移动。在主轴箱中，装有镗杆 3、平旋盘 4、主运动和进给运动变速传动机构和操纵机构。根据加工情况，刀具可以装在镗杆 3 上（参看图 6-6a、d、f、h）或平旋盘 4 上（图 6-6b、c、e、g)。镗杆 3 旋转

(主运动)，并可沿轴向移动（进给运动)；平旋盘只能作旋转主运动。装在后立柱 10 上的后支架 9，用于支承悬伸长度较大的镗杆的悬伸端，以增加刚性（参看图 6-6f)。后支架可沿后立柱上的导轨与主轴箱同步升降，以保持后支架支承孔与镗杆在同一轴线上。后立柱可沿床身 8 的导轨移动，以适应镗杆的不同悬伸。工件安装在工作台 5 上，可与工作台一起随下滑座 7 或上滑座 6 作纵向或横向移动。工作台还可绕上滑座的圆导轨在水平平面内转位，以便加工互相成一定角度的平面或孔。当刀具装在平旋盘 4 的径向刀架上时，径向刀架可带着刀具作径向进给，以车削端面（见图 6-6c)。

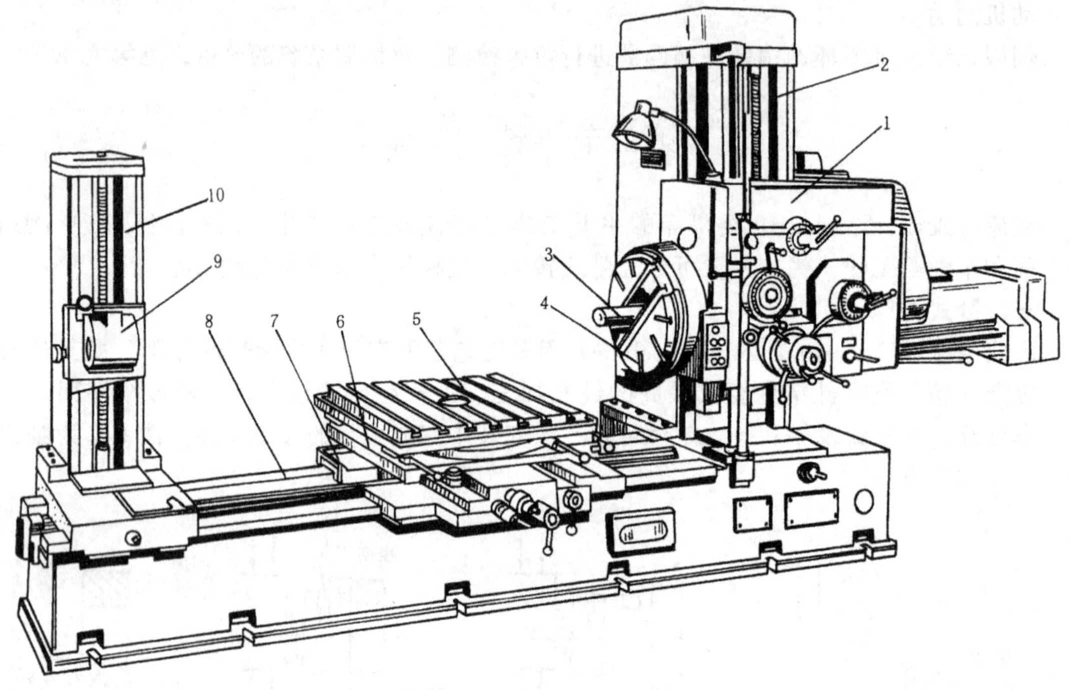

图 6-7　卧式镗床外形图

综上所述，卧式镗床具有下列运动：

1）镗杆 3 的旋转主运动。

2）平旋盘 4 的旋转主运动。

3）镗杆 3 的轴向进给运动，用于孔加工，见图 6-6a、d、h。

4）主轴箱 1 的竖直进给运动，用于铣平面，见图 6-6e。

5）工作台 5 的纵向进给运动，用于孔加工，见图 6-6b、g。

6）工作台 5 的横向进给运动，用于铣平面，见图 6-6e、f。

7）平旋盘 4 上的径向刀架进给运动，用于车削端面，见图 6-6c。

8）辅助运动：主轴、主轴箱及工作台在进给方向上的快速调位运动，后立柱的纵向调位运动，后支架的竖直调位移动，工作台的转位运动。这些辅助运动可以手动，也可由快速电动机传动。

目前卧式镗床已在很大程度上被卧式加工中心所取代。

二、坐标镗床

坐标镗床（Jig boring machine）[㊀] 是一种高精度机床，它的特征是具有测量坐标位置的精密测量装置。为了保证高精度，这种机床的主要零部件的制造和装配精度都很高，并具有良好的刚性和抗振性。它主要用来镗削精密孔（IT5 级或更高）和位置精度要求很高的孔系（定位精度达 0.002～0.01mm）。例如镗削钻模和镗模上的精密孔。

坐标镗床的工艺范围很广，除镗孔、钻孔、扩孔、铰孔以及精铣平面和沟槽外，还可进行精密刻线和划线以及进行孔距和直线尺寸的精密测量工作。

坐标镗床过去主要用在工具车间制造钻、镗模。

近年来，逐渐应用到生产车间成批地加工精密孔系，例如，在飞机、汽车、拖拉机、内燃机和机床等行业中，加工某些箱体零件的轴承孔。

坐标镗床有立式的，也有卧式的。立式坐标镗床适宜于加工轴线与安装基面（底面）垂直的孔系和铣削顶面；卧式坐标镗床适宜于加工与安装基面平行的孔系和铣削侧面。立式坐标镗床还有单柱、双柱之分。

立式单柱坐标镗床见图 6-8。工件固定在工作台 3 上，坐标位置由工作台 3 沿床鞍 2 导轨的纵向移动（X 向）和床鞍 2 沿床身 1 的导轨横向移动（Y 向）。装有主轴组件的主轴箱 5 可以在立柱 4 的竖直导轨上调整上下位置，以适应不同高度的工件。主轴箱内装有主电动机和变速、进给及其操纵机构。主轴由精密轴承支承在主轴套筒中。当进行镗孔、钻孔、扩孔及铰孔等工作时，主轴由主轴套筒带动，在竖直方向作机动或手动进给运动。当进行铣削时，则由工作台在纵、横方向完成进给运动。

这种类型的机床工作台的三个侧面都是敞开的，操作比较方便。但是，工作台必须实现两个坐标方向的移动，使工作台和床身之间多了一层（床鞍），从而影响刚度。当机床尺寸较大时，给保证加工精度增加了困难。因此，此种型式多为中、小型坐标镗床。

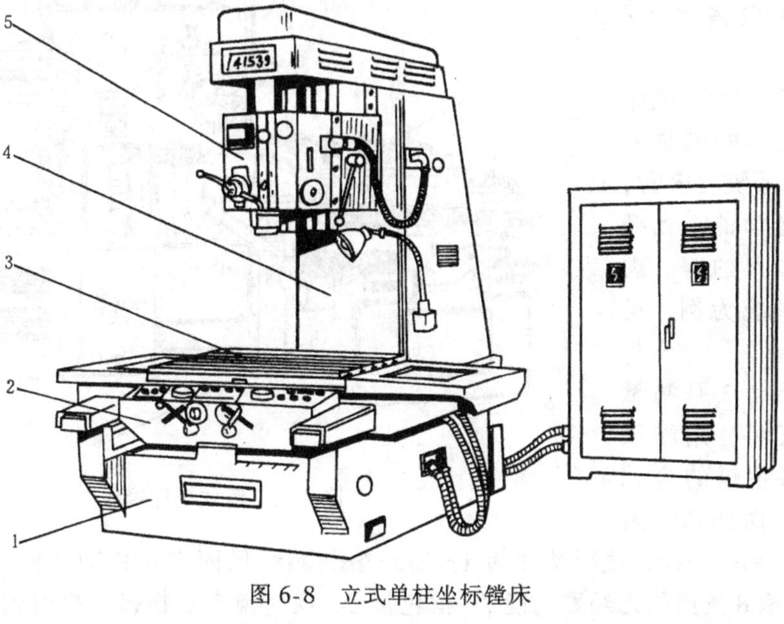

图 6-8　立式单柱坐标镗床

㊀ 英文名的意义是钻模镗床。

立式双柱坐标镗床见图 6-9。两个坐标方向的移动，分别由主轴箱 2 沿横梁 1 的导轨作横向移动（Y 向）和工作台 4 沿床身 5 的导轨作纵向移动（X 向）实现。横梁 1 可沿立柱 3 的导轨上下调整位置，以适应不同高度的工件。两个立柱、顶梁和床身构成龙门框架，工作台和床身之间的层次比单柱式的少，主轴中心线离横梁导轨面的悬伸距离也较小，所以刚度较高。大、中型坐标镗床常采用此种布局。

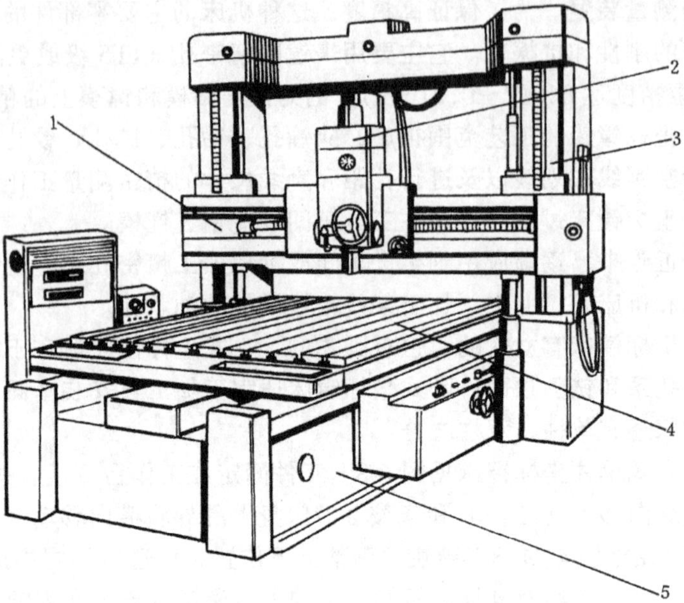

图 6-9　立式双柱坐标镗床

卧式坐标镗床见图 6-10。其主轴是水平的。两个坐标方向的移动，分别由横向滑座 1 沿床身 6 的导轨横向移动（X 向）和主轴箱 5 沿立柱 4 的导轨上下移动（Y 向）来实现。回转工作台 3 可以在水平面内回转至一定角度位置，以进行精密分度。进给运动由纵向滑座 2 的纵向移动或主轴的轴向移动（Z 向）实现。

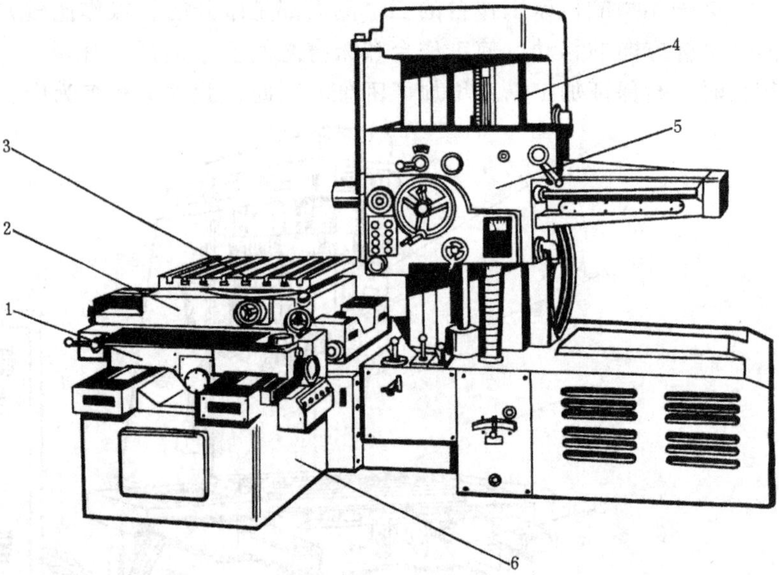

图 6-10　卧式坐标镗床

如前所述，坐标镗床的特点在于坐标的测量系统。坐标测量系统有多种，如机械的、光学的、光栅的和感应同步尺的等。现以光学测量系统为例，见图 6-11。

精密刻线尺 3 是测量位移的基准元件，用膨胀系数小，不易生锈的合金钢制成。刻线面凹入，抛光，每隔 1mm 刻一条线，线距精度为 1～3μm/m。刻线尺固定在移动部件，如工件台上，尺面向下。灯泡 8 发出的光经聚光镜 7、滤色镜 6、反射镜 5 及物镜 4 投射到刻线尺 3 的刻线面上。从刻线尺反射的线纹，经物镜 4、反射镜 9、物镜 10 及反射镜 13、12、11，成象于光屏 1 上。通过目镜 2 可看到放大的线纹象。放大的倍数常为 30～50，即刻线尺上线与线的间隔为 1mm，到光屏上被放大到 30～50mm。本例假设放大 50 倍。光屏上有 0～10 一组双刻线，每组双刻线之间的距离为 5mm，则每组双刻线之间，相当于刻线尺上的距离为 0.1mm。把光屏的外盖和目镜拆去后，光屏镶嵌在框架 16 中。件 14 的内孔为阿基米德蜗线 A。件 14 从刻线 0 转至 100，蜗线的升程为 5mm，推动框架向左移动 5mm，即一个双刻线间隔。因此，件 14 每转过 1 格（1/100），光屏移动 5/100mm，相当于刻线尺读数为（5/100）×（1/50）=0.001mm=1μm，这就是这套光学测量系统的分辨率。

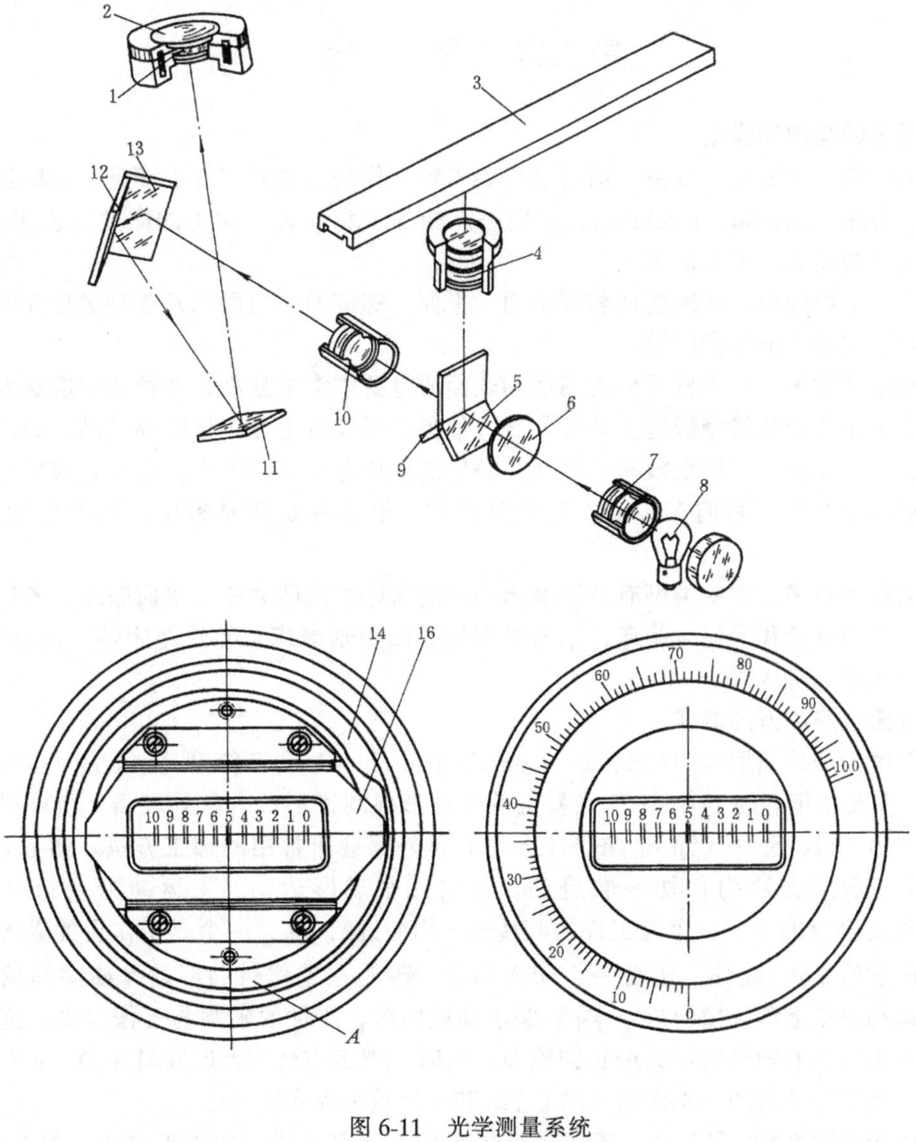

图 6-11　光学测量系统

例如，要求工作台移动 193.925mm，调整过程如下：①移动前调零。转动件 14，使“0”对准基准线。转动一个专门的手柄移动物镜 4，将线纹象调整到光屏上“0”的双刻线中央。②移动工作台，在外面的粗刻线尺上看到移动了 193mm。看光屏，继续移动工作台，使线纹象到达光屏上“9”的双刻线中央。这时移动量为 193.9mm。③转动件 14，使刻线“25”对准基准线。这时光屏移动了。继续移动工作台，使线纹象到达光屏上“9”的中央。

这时工作台的移动量即为193.925mm。实际操作时，可把调整过程的②和③对调。

刻线尺的象投射到光屏上被放大了数十倍，故光屏上双刻线间的距离和件14上阿基米德蜗线升程的误差，反映到执行件的移动量误差仅为数十分之一。坐标镗床的坐标测量精度，集中由刻线尺的刻线精度和机床的制造精度保证。

对于像坐标镗床这样的高精度机床，热膨胀对精度的影响是十分明显的。因此，应把这类机床安装在恒温车间内。

第三节　磨　　床

一、磨床的功用和类型

用磨料或磨具（砂轮、砂带、油石或研磨料等）作为工具对工件表面进行切削加工的机床，统称为磨床（Grinding machine）。它们是因精加工和硬表面加工的需要而发展起来的。目前不少高效磨床也用于粗加工。

磨床可用于磨削内、外圆柱面和圆锥面，平面，螺旋面，齿面以及各种成形面等，还可以刃磨刀具，应用范围非常广泛。

科学技术的发展，对机械零件的精度和表面质量要求愈来愈高，各种高硬度材料的应用日益增多。精密铸造和精密锻造工艺的发展，使得有可能将毛坯直接磨成成品。高速磨削和强力磨削，进一步提高了磨削效率。因此，磨床的使用范围日益扩大。它在金属切削机床中所占的比重不断上升。目前在工业发达的国家中，磨床在机床总数中的比例已达30%～40%。

磨床的种类很多，主要类型有外圆磨床和万能磨床、内圆磨床、平面磨床、各种工具磨床、各种刀具刃磨床和专门化磨床，如曲轴磨床、凸轮轴磨床及导轨磨床等，还有珩磨机、研磨机和超精加工机床等。

二、外圆磨床和万能磨床

普通精度级的外圆磨床（Cylindrical grinding machine）和万能磨床（Universal grinding machine），主要用于磨削IT6～IT7级精度的圆柱形或圆锥形的内、外表面。所获得的加工表面粗糙度为$R_a1.25\sim0.08\mu m$。图6-12a和b是外圆磨床常用的加工方法。图6-12a为磨削外圆柱面，成形方法为相切一轨迹法，需要三个成形运动。主运动为砂轮主轴的旋转$n_{砂}$。进给运动有两个：一个是工件的旋转——周向进给$f_{周}$；一个是工作台的纵向往复运动——纵向进给$f_{纵}$。此外，还需一个切入运动：砂轮在工作台的两端作横向间歇切入运动。这个运动习惯上称为横向进给$f_{横}$。磨削圆柱面时，工件的轴线与工作台纵向运动方向平行。图6-12b为磨削锥度不大的长圆锥面。这时，把工作台的上层倾斜α角。α是工件的锥顶半角。所需运动与图6-12a同。图6-12a和b所示为纵向磨削法。

万能磨床除图6-12a和b外，还能进行图6-12c、d和e所示的加工方式。图6-12c和d为磨削锥度较大，但较短的圆锥面。这时，把砂轮架（砂轮主轴箱）或工件头架倾斜α角。砂轮比工件宽，故不用纵向进给。成形方法为成形—相切法，只需两个成形运动。由砂轮架的横向进给f作切入磨削，称为切入磨削法。图6-12e是用内磨砂轮架（习惯上称内圆磨头）磨圆柱内孔。如果磨锥孔，则应使工件头架转α角，所需运动与图6-12a相同。

从这里可以看到，万能磨床与外圆磨床的差别在于：①砂轮架能按逆时针方向转角度，

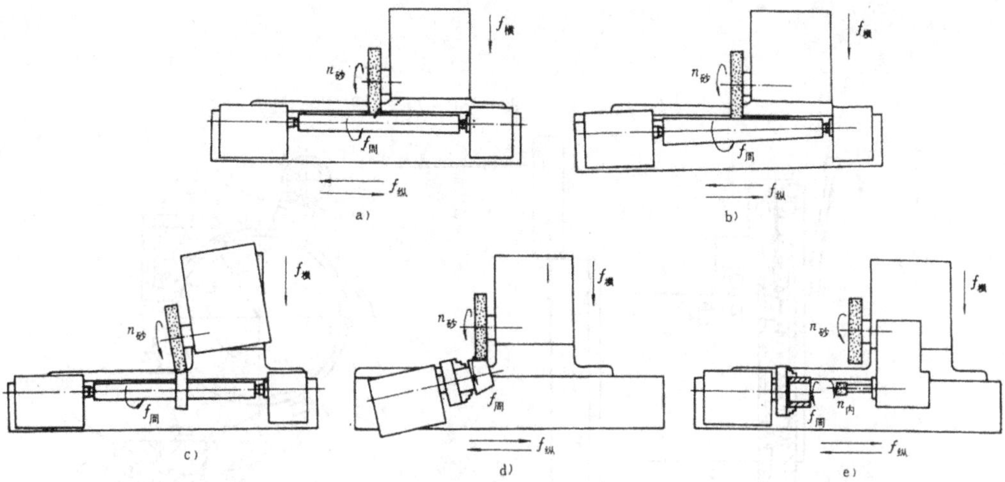

图 6-12　外圆磨床和万能磨床加工示意图

故比外圆磨床的砂轮架多一层转盘。②工件头架也能按逆时针方向转角度，故也要多一层转盘。③多一个内圆磨头。它平时抬起，磨内圆时放下。

万能磨床比外圆磨床有更高的通用性，但砂轮架和头架多了一层，刚度较低；同样大小的机床，万能磨床的砂轮电动机功率，比外圆磨床要小一些，因此万能磨床的生产率较低。外圆磨床适合于中、大批生产车间，万能磨床则较适合于中、小批生产车间和工具、机修车间。

图 6-13 是万能磨床的外形。床身 1 是 T 字形的。工作台 9 可在前导轨上往复移动。工作台是两层的，上层可以转一个角度以磨圆锥体。工作台的左端装工件头架 2，右端装尾架 5。头架 2 可与尾架一起支承长工件，也可装卡盘，夹持短工件。头架有头架电动机和变速机构，带动工件旋转。4 是砂轮架，包括砂轮主轴和砂轮电动机。砂轮架可在滑鞍 7 的转盘上转角度。滑鞍 7 在床身垫板 6 上作横向进给，由手轮 8 摇动。垫板 6 固定在床身上。3 是内圆磨头及其支架，图示处于抬起状态，磨内圆时放下。3 的后面是内圆磨头电动机。

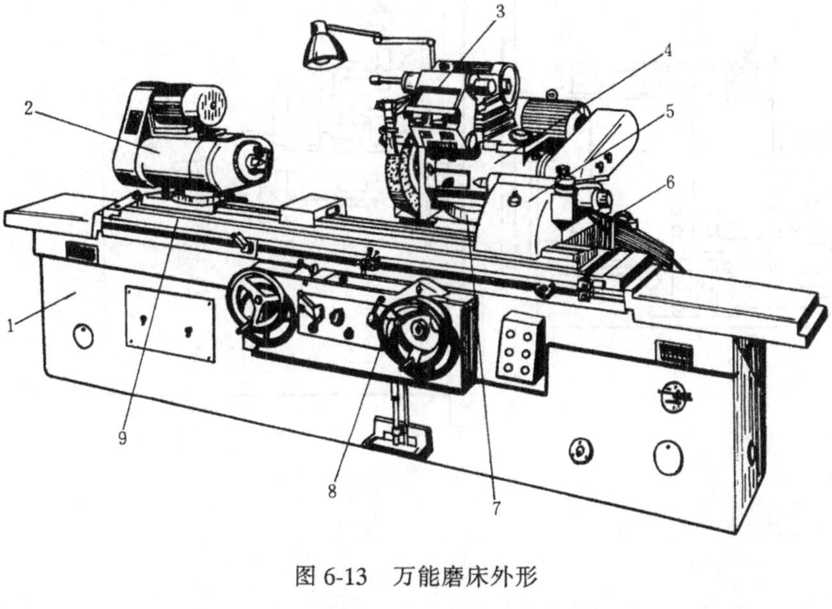

图 6-13　万能磨床外形

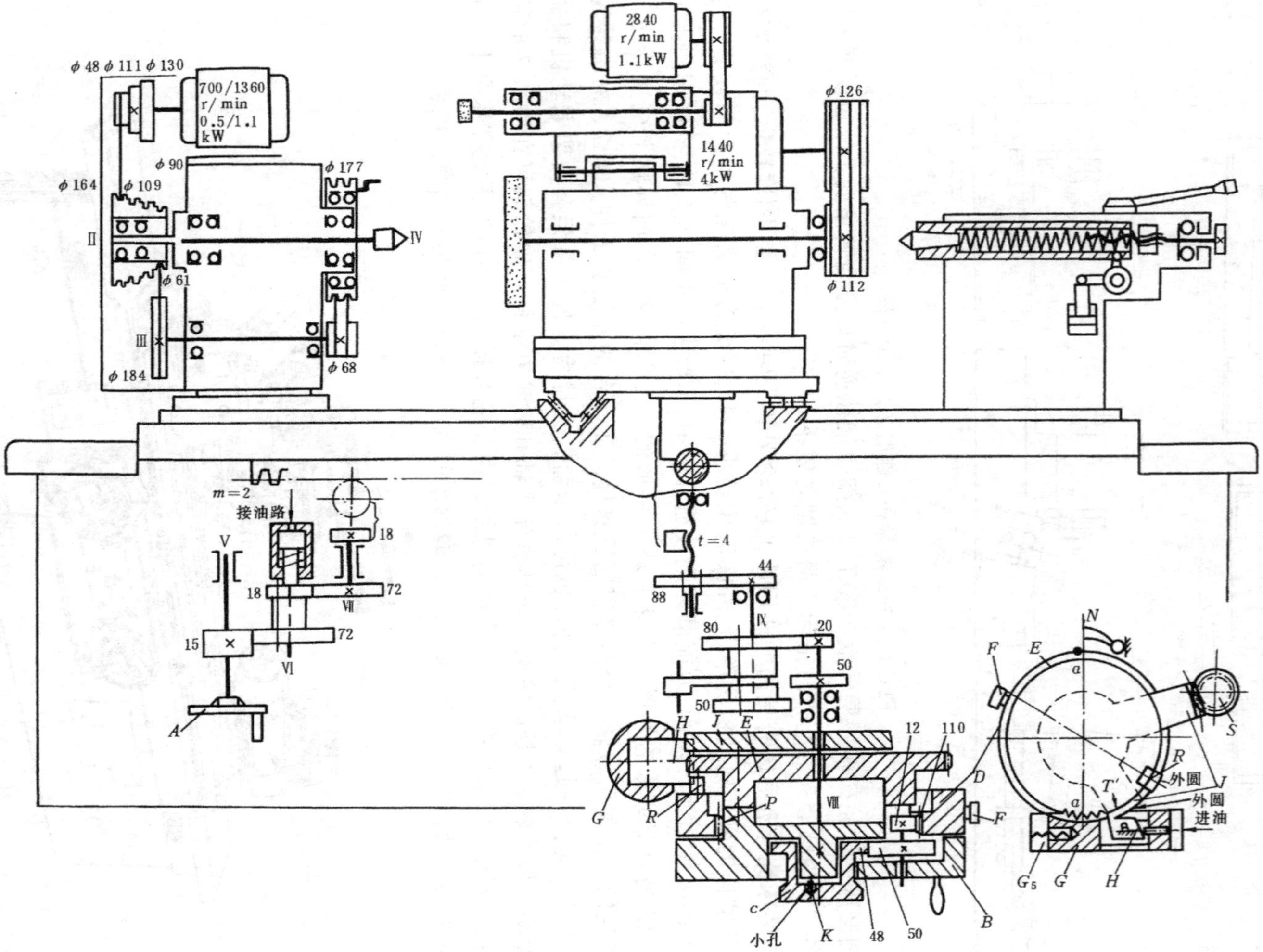

图 6-14　M1432A 型万能磨床传动系统

图 6-14 是 M1432A 型万能磨床的机械传动系统图。工作台的纵向运动、砂轮架的快进快退和周期径向进给以及尾架顶尖套的缩回等均是由液压驱动的。

砂轮不需变速，故砂轮架和内圆磨头主轴都没有变速机构。为使砂轮运动平稳，都用带传动。砂轮架功率较大，用三角带或多楔带；内圆磨头转速高，用平带。

工件头架需变速，故用直流电动机无级调速，再经三级塔轮扩大其变速范围。最后，经带轮副 68/177 驱动拨盘。当用顶尖支持工件时（图 6-12a、b、c），为避免头架主轴的旋转带来误差，把头架主轴Ⅳ固定不转。拨盘带动工件上的鸡心夹头，使工件在头、尾架的固定顶尖间旋转。当用卡盘夹持工件（图 6-12d、e）时，放开工件主轴，把 ϕ177mm 带轮与主轴联接，使主轴旋转。外圆磨床只能用作顶尖间加工（图 6-12a、b），故外圆磨床的工件头架与图 6-14 所示的万能磨床略有不同。主轴是固定在箱体孔内的，没有轴承，不转。工件只能由拨盘带动在两个固定顶尖间旋转。这样做，既简化了机构，又提高了精度和刚度。

这种机床砂轮架的横进给机构较复杂，见机床说明书，此处从略。

三、平面磨床

平面磨床（Surface grinding machine）的磨削方法，见图 6-15。平面磨床有用砂轮的轮缘（圆周）磨削的，也有用砂轮的端面磨削的。前者砂轮主轴为水平（卧轴），后者为竖直（立轴）。轮缘磨削精度较高，可得到较光洁的加工表面，但生产率较低。工作台有矩形和圆形两种。前者适宜加工长工件，但工作台作往复运动，较易发生振动；后者适宜加工短工件或圆工件的端面，如磨轴承套圈的端面，工作台连续旋转，无往复冲击。平面磨床据此可分为四类：卧轴矩台式、立轴矩台式、立轴圆台式和卧轴圆台式。它们的加工方式，分别见图 6-15a、b、c、d。图中，主运动为砂轮的旋转 $n_{砂}$，矩台的直线往复运动或圆台的回转 $f_{纵}$ 是进给运动。用轮缘磨削时（图 6-15a 和 d），砂轮宽度小于工件宽度，故卧轴磨床还有轴向进给运动 $f_{横}$。矩台的 $f_{横}$ 是间歇运动，在 $f_{纵}$ 的两端进行；圆台的 $f_{横}$ 是连续运动，$f_{切}$ 是周期的切入运动。

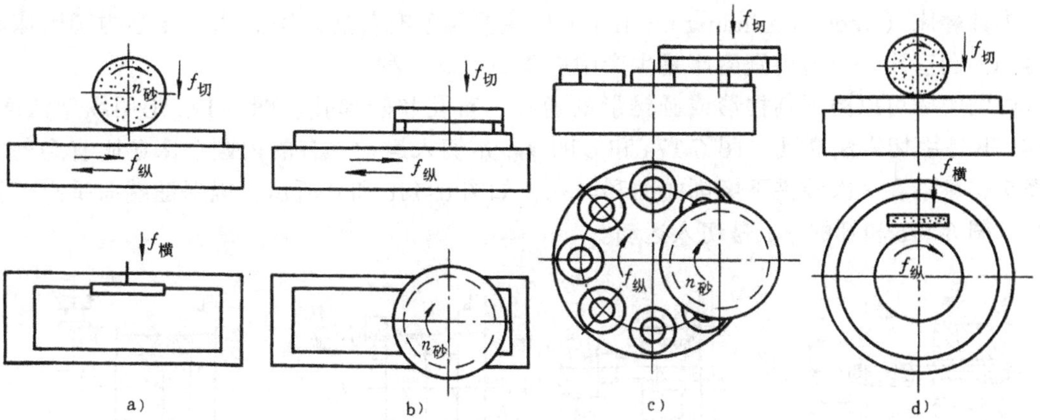

图 6-15　平面磨床加工示意图

平面磨床中，应用较多的是卧轴矩台式平面磨床，见图 6-16。

这种机床的砂轮主轴通常是用内装式异步电动机直接带动的。电动机轴就是主轴，电动机的定子就装在砂轮架 3 的壳体内。砂轮架 3 可沿滑座 4 的燕尾导轨作间歇的横向进给运动 f。滑座 4 和砂轮架 3 一起，沿立柱 5 的导轨作间歇的竖直切入运动 $f_{切}$。工作台 2 沿床身 1

的导轨作纵向往复运动 $f_{纵}$，由液压传动。

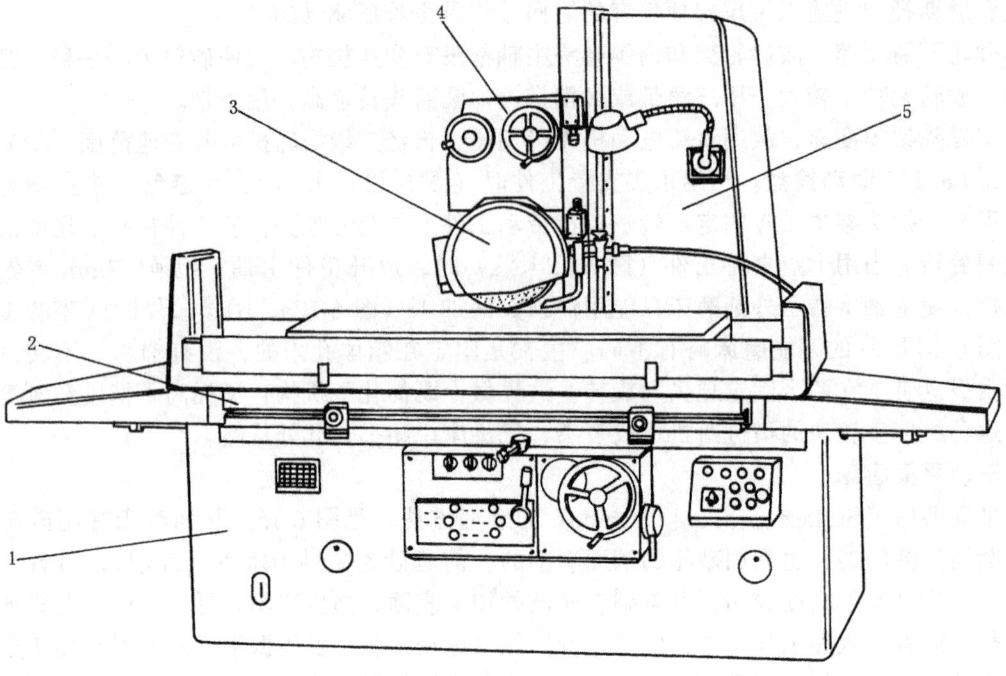

图 6-16 卧轴矩台平面磨床外形

卧轴矩台平面磨床能达到的加工质量见下表。

	加工面对基面的平行度	表面粗糙度 R_a（μm）
普通精度级	0.015mm/1000mm	0.32～0.63
高 精 度 级	0.005mm/1000mm	0.04～0.01

四、内圆磨床

内圆磨床（Internal grinding machine）的主要类型有普通内圆磨床、无心内圆磨床和行星运动内圆磨床。普通内圆磨床是生产中应用最广的一种。

内圆磨床可以磨削圆柱形或圆锥形的通孔、盲孔和阶梯孔。图 6-17a 是用纵磨法磨孔，图 6-17b 是用切入法磨孔。图 6-17a 和 b 的 $f_{横}$ 是切入运动。有的内圆磨床还附有磨削端面的磨头，可以在一次装夹下磨削端面和内孔，如图 6-17c 和 d 所示，以保证端面垂直于孔中心线。图 6-17c 和 d 的 $f_{纵}$ 是切入运动。

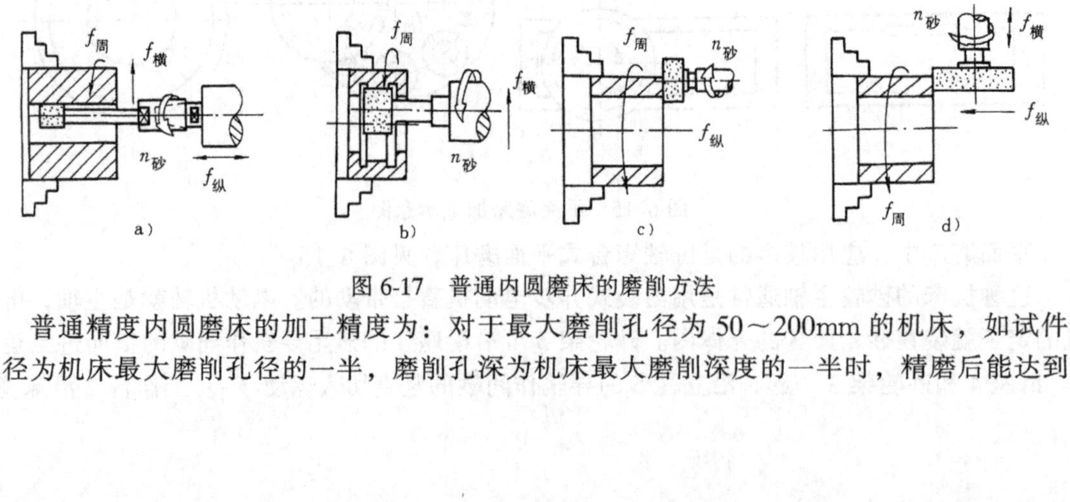

图 6-17 普通内圆磨床的磨削方法

普通精度内圆磨床的加工精度为：对于最大磨削孔径为 50～200mm 的机床，如试件的孔径为机床最大磨削孔径的一半，磨削孔深为机床最大磨削深度的一半时，精磨后能达到圆度为 0.006mm，圆柱度为 0.005mm，表面粗糙度 R_a0.32～0.63μm。

普通内圆磨床的自动化程度不高，磨削尺寸通常是靠人工测量来加以控制的，因而仅适用于单件和小批生产。

第四节　钻　　床

钻床（Drilling machine）是孔加工用机床，主要用来加工外形较复杂，没有对称回转轴线的工件上的孔，如箱体、机架等零件上的各种孔。在钻床上加工时，工件不动，刀具作旋转主运动，同时沿轴向移动，作进给运动。钻床可完成钻孔、扩孔、铰孔、刮平面以及攻螺纹等工作。钻床的加工方法及所需的运动如图 6-18 所示。

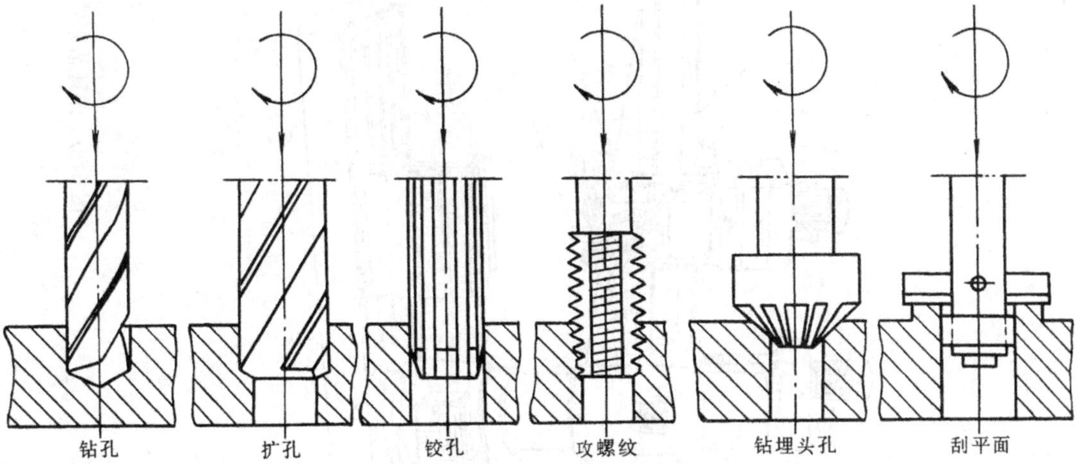

图 6-18　钻床的加工方法

钻床主参数是最大钻孔直径。

钻床可分为立式钻床、台式钻床、摇臂钻床以及深孔钻床等。

一、立式钻床

图 6-19 是立式钻床（Vertical drilling machine）的外形。变速箱固定在立柱顶部，内装主电动机和变速机构及其操纵机构。进给箱内有主轴和进给变速机构及操纵机构。进给箱右侧的手柄用于使主轴升降。工件放在工作台上。工作台和进给箱都可沿立柱调整其上下位置，以适应不同高度的工件。立式钻床还有其他一些型式。例如有的立式钻床变速箱和进给箱合为一个箱；有的立式钻床立柱截面是圆的。

立式钻床上用移动工件的办法来对准孔中心与主轴，因而操作不便，生产率不高，常用于单件、小批生产中加工中、小型工件。

二、摇臂钻床

在大型零件上钻孔，希望工件不动，钻床主轴能任意调整其位置。这就是摇臂钻床（Radial drilling machine）。图 6-20 是摇臂钻床的外形。底座 1 上装立柱。立柱分为两层：内层 2 固定在底座 1 上，外层 3 由滚动轴承支承，可绕内层转动，如图 6-20b 所示。摇臂 4 可沿外立柱 3 升降。主轴箱 5 可沿摇臂的导轨作水平移动。这样，就可很方便地调整主轴 6 的位置。工件可以安装在工作台上。如工件较大，也可移走工作台，直接装在底座上。摇臂钻

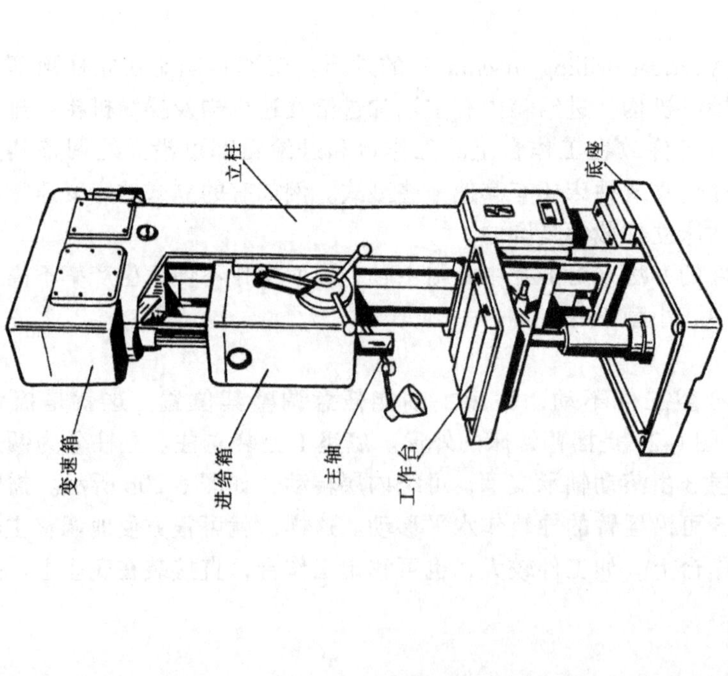

图 6-19 立式钻床外形

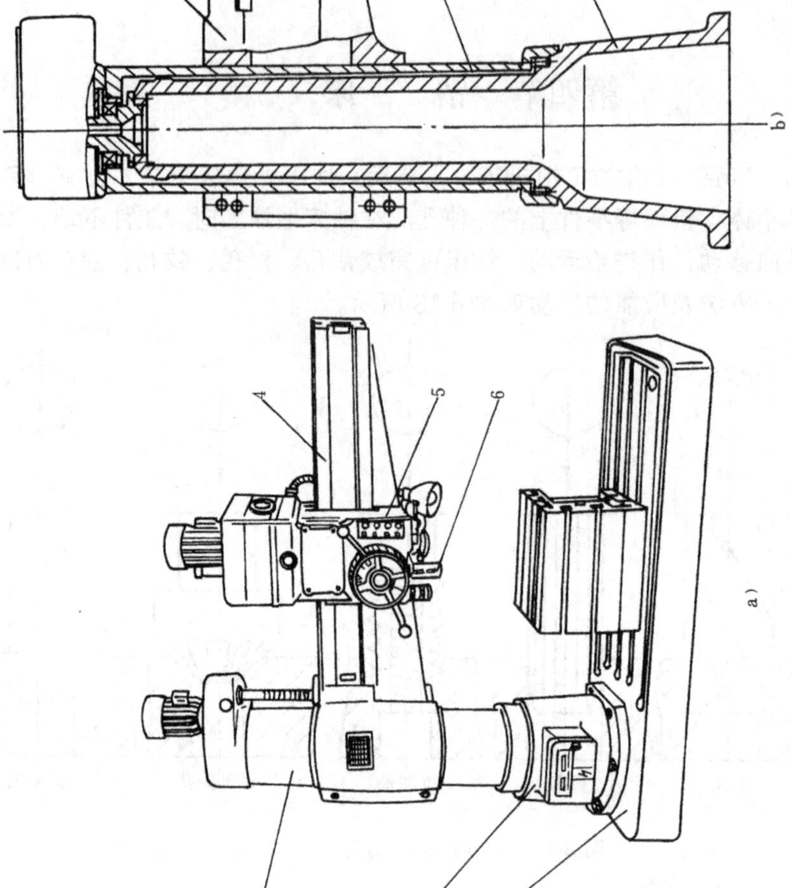

图 6-20 摇臂钻床外形

床广泛地用于大、中型零件的加工。

图 6-21 为 Z3040 型摇臂钻床的传动系统。主运动链由主电动机(3kW,1440r/min),双向摩擦片离合器 M_1,轴Ⅲ、Ⅳ、Ⅴ、Ⅵ上的四个双速滑移齿轮传至轴Ⅶ的套筒,使主轴转动。主轴上部与套筒为花键配合。主轴转速共 16 级,转速范围为 25～2000r/min。M_2 是制动器。

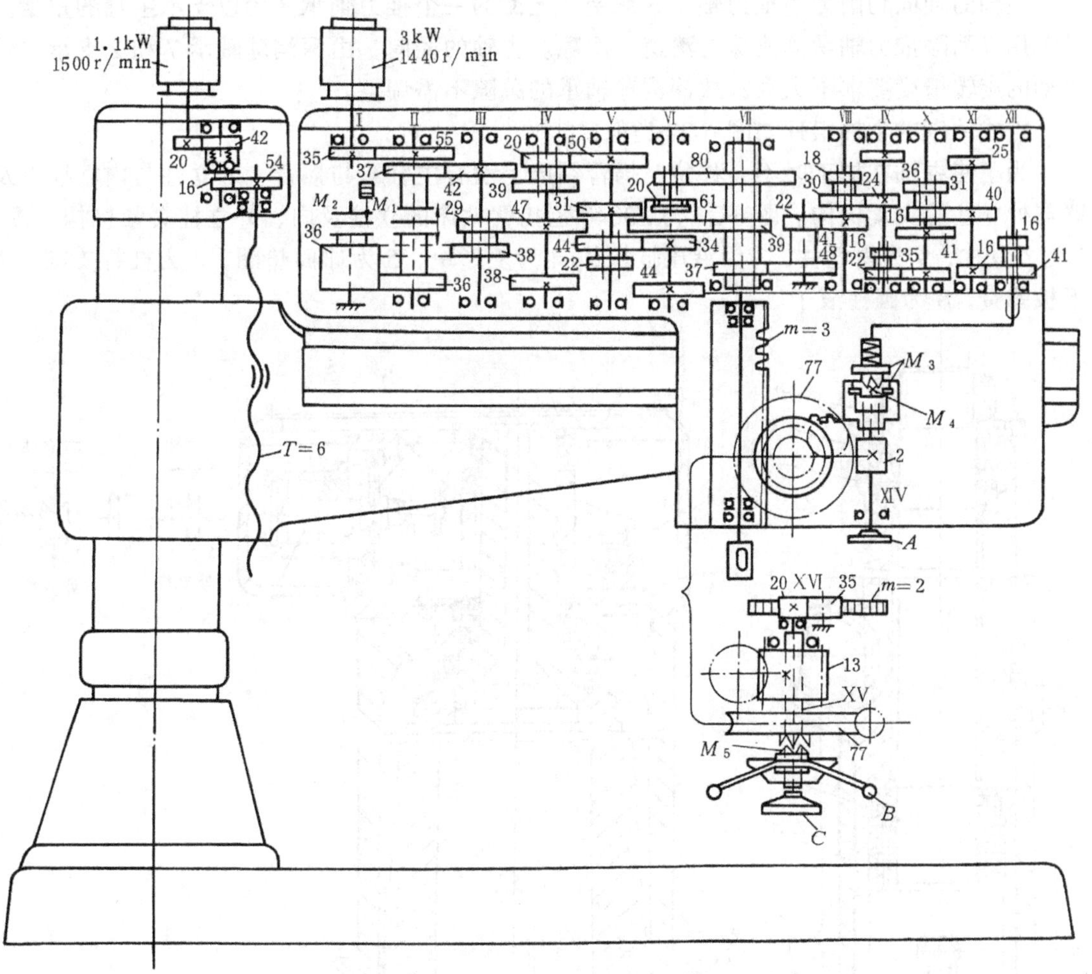

图 6-21 Z3040 型摇臂钻床传动系统

进给传动链从主轴套筒Ⅶ上的齿轮 37 开始，经轴Ⅷ、Ⅸ、Ⅹ、Ⅻ上的四个双联滑移齿轮，安全离合器 M_4，蜗杆离合器 M_3，蜗杆蜗轮副 2/77，离合器 M_5,小齿轮 13;主轴套筒上的齿条($m=3$),使主轴套筒连同主轴作轴向进给。进给共 16 级,从 0.04～3.2mm/r。推动手柄 B 用于操纵离合器M_5，结合或脱开机动进给。转动手柄 B 使主轴升降。脱开离合器 M_3，即可用手轮 A 经蜗杆蜗轮 2/77 使主轴低速升降，用于手动进给。

手轮 C 经齿轮 20 转动 35。35 与摇臂上的齿条（$m=2$）啮合，用于水平移动主轴箱。

以上这些机构，连同操纵、润滑机构等，全都装在主轴箱内。

摇臂的升降，由立柱外层顶上的电动机（1.1kW，1500r/min）经两对齿轮、安全离合器，通过升降丝杠驱动。

图 6-22 是摇臂钻床的主轴组件。摇臂钻床的主轴在加工时既作旋转主运动，又作轴向进给运动，所以主轴 8 用轴承支承在主轴套筒 5 内，套筒装在主轴箱体孔的镶套 9 中，由齿轮 4 和套筒上的齿条，驱动套筒连同主轴作轴向进给运动。主轴的旋转主运动由主轴尾部的花键传入。

主轴的轴向切削力由推力轴承 6 承受。上面的一个推力轴承 3 用以支承主轴的重量。螺母 1 用以消除推力轴承内滚珠与滚道的间隙。主轴的径向，由深沟球轴承 7 和 2 支承。钻床主轴的旋转精度要求不太高，故深沟球轴承的游隙不需调整。

立式钻床的主轴组件与图 6-22 类似。

为了使主轴在加工时不会移位，摇臂钻床上设有主轴箱与摇臂、外立柱与内立柱以及摇臂与外立柱的夹紧机构。图 6-23 为 Z3040 型摇臂钻床的立柱及内、外立柱夹紧机构。图中，1 为外立柱，9 为内立柱，3 为液压缸，2、4 为菱形块，5 为球面垫圈，6 为杠杆支架，7 为平板弹簧，8 为圆柱滚子。

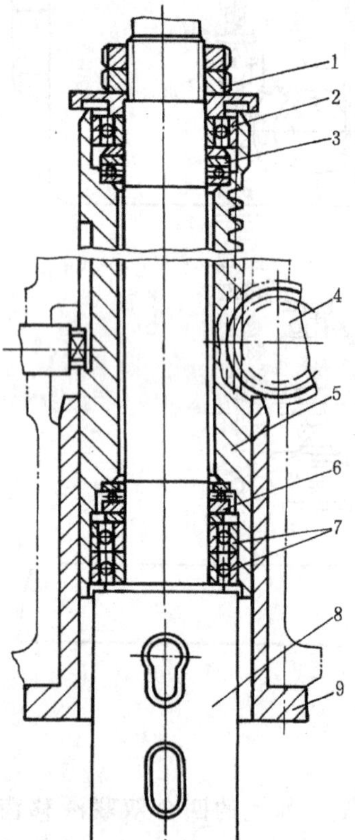

图 6-22　摇臂钻床的主轴组件

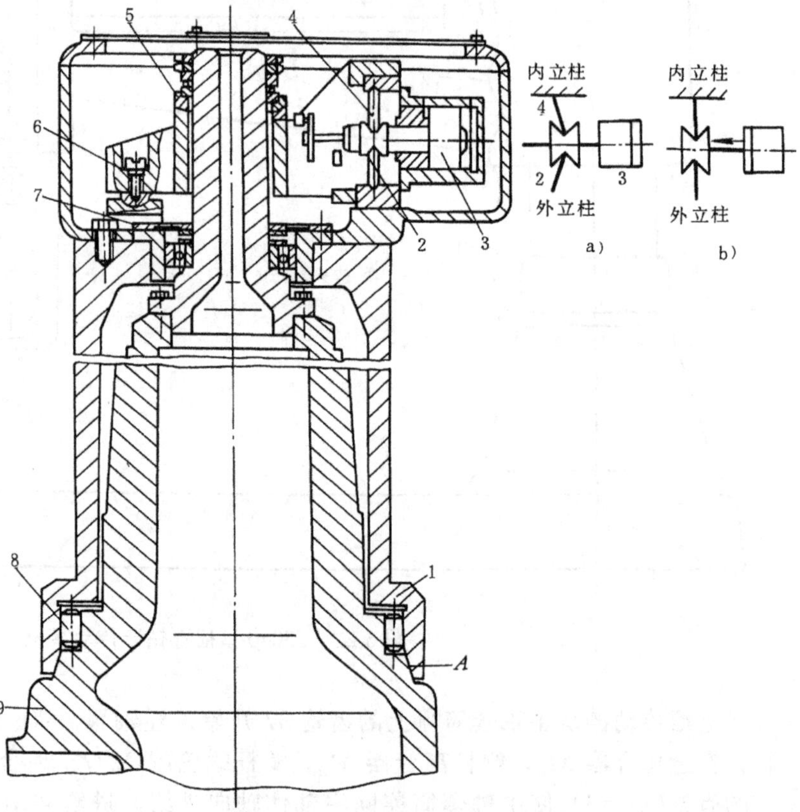

图 6-23　Z3040 立柱及其夹紧机构

当内、外立柱未夹紧时，外立柱 1 通过上部的深沟球轴承和推力球轴承及下部的圆柱滚子 8 支承在内立柱 9 上，并在平板弹簧 7 的作用下，向上抬起约 0.2～0.3mm，使内、外立柱间的圆锥面 A 脱离接触。因此，摇臂可以轻便地转动。

当摇臂转到需要的位置以后，内、外立柱间采用液压菱形块夹紧机构夹紧。其原理见图

6-23a、b 两图。图 6-23a 为放开状态。液压缸的左腔通压力油。图 6-23b 为夹紧状态，液压缸 3 的右腔通油，活塞杆左移，使两个菱形块 2 和 4 处于竖直状态。上菱形块 4 通过垫板、支架 6、球面垫圈 5 及螺母作用在内立柱上，下菱形块 2 通过垫板作用在外立柱上。内立柱固定不动。菱形块压外立柱使平板横簧 7 变形下移，压紧在圆锥面 A 上，依靠摩擦力将外立柱紧固在内立柱上。

第五节　组 合 机 床

组合机床（Modular machine）是以系列化、标准化的通用部件为基础，配以少量的专用部件组成的专用机床。它适宜于在大批、大量生产中对一种或几种类似零件的一道或几道工序进行加工。这种机床既具有专用机床的结构简单、生产率和自动化程度较高的特点，又具有一定的重新调整能力，以适应工件变化的需要。组合机床可以对工件进行多面、多主轴加工，一般是半自动的。图 6-24 是立卧复合式三面钻孔组合机床。用于同时钻工件的两侧面和顶面上的许多孔。机床由侧底座 1、立柱底座 2、立柱 3、动力箱 5、滑台 6 及中间底座 7 等通用部件及主轴箱 4、夹具 8 等主要专用部件组成。即使是专用部件，其中也有不少零件是通用件或标准件。因此，给设计、制造和调整带来很大方便。

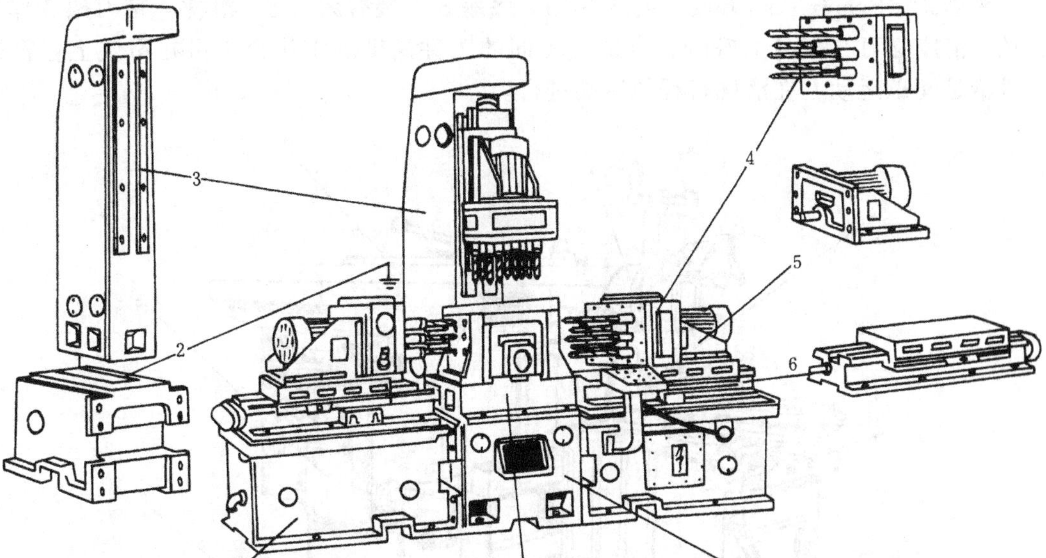

图 6-24　组合机床的组成

组合机床与专用机床和通用机床相比，有如下特点：

1）组合机床中有 70%～90% 的通用零、部件。这些零、部件是经过精心设计和长期生产实践考验的，所以工作稳定而且可靠。

2）设计组合机床时，通用零、部件可以选用，不必设计，所以机床的设计周期短。

3）这些通用零、部件可以成批生产，预先制造好。因此，机床的生产周期短，并可降低成本。

4）当被加工对象改变时，可以利用原有的通用零、部件，组成新的组合机床。组合机床的详细介绍，见第十六章。

第六节　直线运动机床

直线运动机床的主运动作直线运动，有刨床和拉床两大类。

一、刨床

刨床类机床主要用于加工各种平面和沟槽,表面成形方法是轨迹—轨迹法。机床的主运动和进给运动均为直线运动。由于工件的尺寸和重量不同,表面成形运动有不同的分配形式。

工件尺寸和重量较小时，由刀具的移动作主运动，进给运动由工件的移动来完成，牛头刨床和插床属于这一类。其中，牛头刨床多加工与安装基面平行的面，故为卧式；插床多加工与安装基面垂直的面，如插键槽，故为立式。插床相当于立式牛头刨床。

牛头刨床（Shaping machine）见图 6-25。底座 6 上装有床身 5。滑枕 4 带刀架 3 作往复主运动。滑座 2 可在床身上升降，以适应不同的工件高度。工作台 1 可在滑座上作横向进给。进给是间歇运动，在滑枕行程的后端进行。

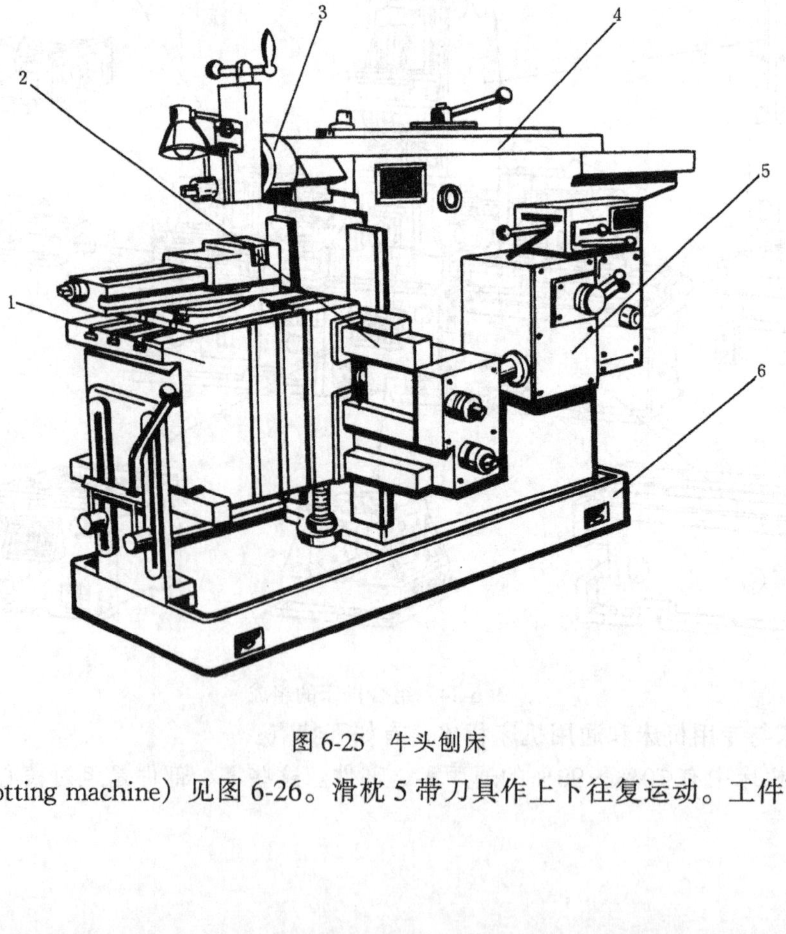

图 6-25　牛头刨床

插床（Slotting machine）见图 6-26。滑枕 5 带刀具作上下往复运动。工件可作纵横两个方向的移动。圆工作台还可作分度运动以插削按一定角度分布的几条键槽。

牛头刨床和插床，刀具的回程都无法利用，反向冲击又限制了切削速度的提高，故生产率较低，多用于单件、小批生产车间和工具、修理车间。牛头刨床和插床，已在很大程度上分别被铣床和拉床所代替。

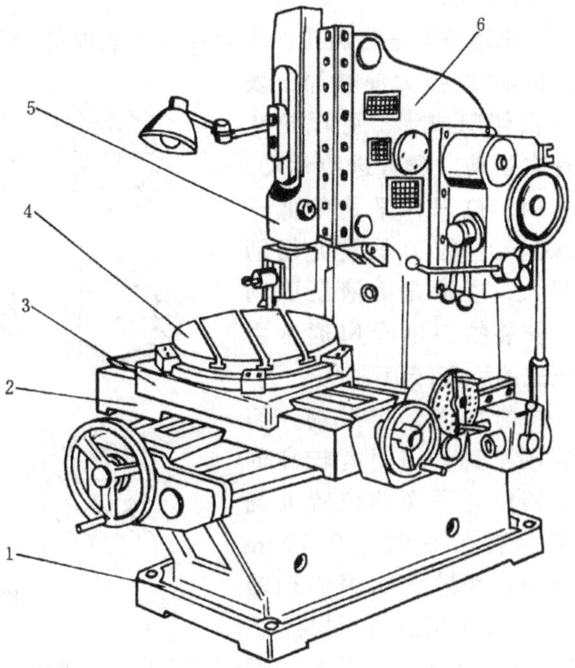

图 6-26　插床

刨削较长的零件时，就不能采用牛头刨床式的布局了。因滑枕的行程太长，悬伸太长。这时，采用龙门式布局。龙门刨床的外形见图 6-27。工作台带工件作纵向往复运动，刀架在龙门架上作垂直于工作台运动方向的间歇直线运动。

立柱 6 固定于床身 1 的两侧，由顶梁 5 联结；横梁 3 可在立柱上升降；从而组成一个“龙门”式框架。工作台 2 可在床身上作纵向直线往复运动，8 是其驱动机构。两个立刀架 4 可在横梁上作横向运动。两个横刀架 9 可分别在两根立柱上作升降运动。这两个运动都可能是间歇进给运动，发生在工作台后退到终点时；也可能是快移调位运动。7 是进给箱，共有三个：一个在横梁端，驱动两个立刀架；其余两个分装在左右横刀架上。工作台、各进给箱及横梁升降等，都有其单独的电动机。

龙门刨床主要用于中、小批生产及修理车间，加工大平面，特别是长而窄的平面，如导轨面和沟槽；也可在工作台上安装几个中、小型零件，同时切削。精刨时，可得到较高的加工精度（直线度 0.02mm/1000mm）和表面质量（表面粗糙度 $R_a \leqslant 0.32 \sim 2.5\mu m$。龙门刨床在大批生产中，常被龙门铣床所代替。大型龙门刨床往往还附有铣主轴箱（铣头）和磨头，以便在一次装夹中完成更多的工序。这时就称为龙门刨铣床或龙门刨铣磨床。这种机床的工作台既可作快速的

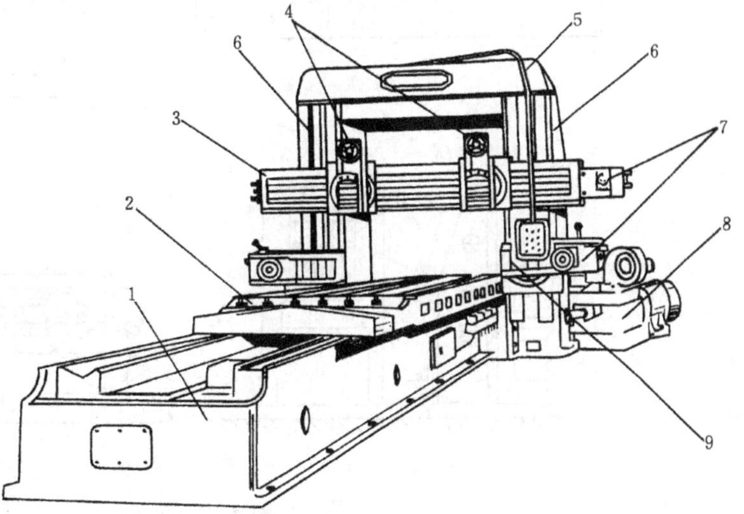

图 6-27　龙门刨床

主运动（刨削），也可作低速的进给运动（铣、磨）。

二、拉床

拉床用拉刀进行通孔、平面及成形表面的加工。图 6-28 为适于拉削的一些典型表面形状。拉削时，拉刀使被加工表面一次切削成形，所以拉床只有主运动，没有进给运动。切削时，拉刀作平稳的低速直线运动。拉刀承受的切削力很大，通常是由液压驱动的。安装拉刀的滑座通常由液压缸的活塞杆带动。

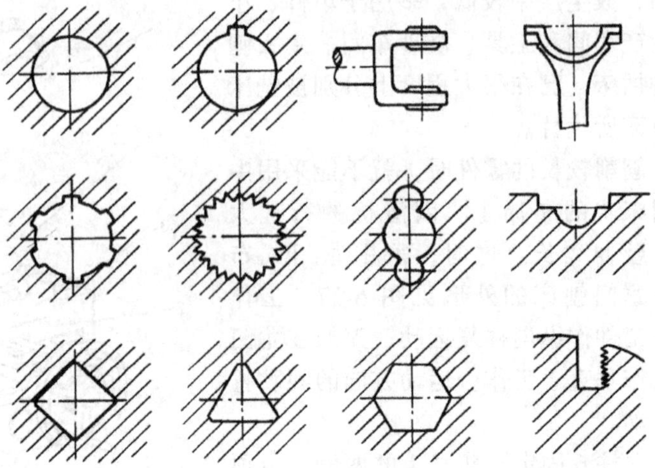

图 6-28 拉削的典型表面形状

拉削加工，切屑薄，切削运动平稳，因而有较高的加工精度（平面的位置准确度可控制在 0.02～0.06mm 范围内）和较细的表面粗糙度（$R_a < 0.62\mu m$）。拉床工作时，粗、精加工可在拉刀通过工件加工表面的一次行程中完成，因此生产率较高，是铣削的 3～8 倍。但拉刀结构复杂，成本较高，因此仅适用于大批大量生产。

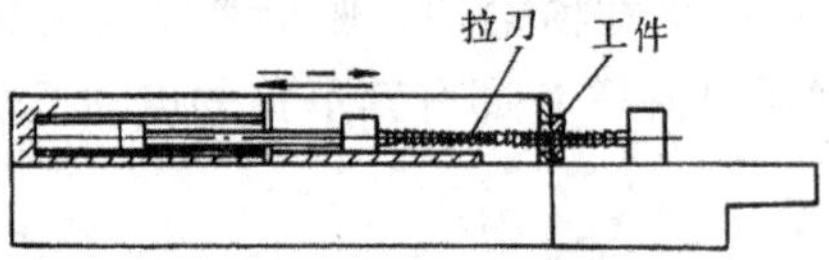

a）

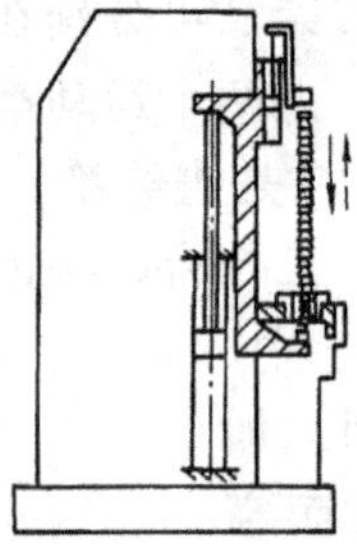

b）

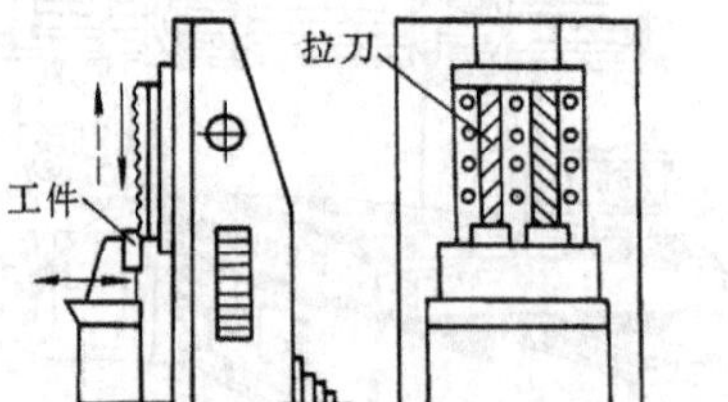

c）

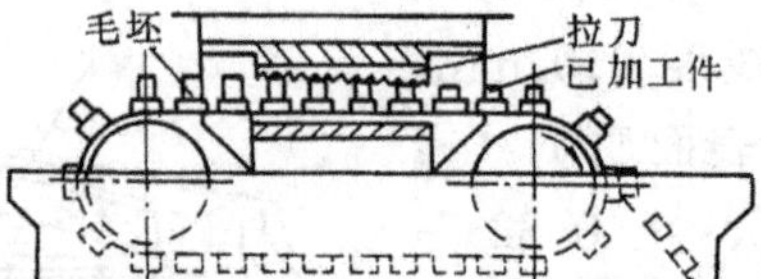

d）

图 6-29 拉床

拉床的主参数是额定拉力，常见为 50～400kN。

拉床有内（表面）拉床和外（表面）拉床两类，有卧式的，也有立式的。图 6-29 是几种常见拉床的示意图。图 6-29a 为卧式内拉床，是拉床中最常用的，用以拉花键孔、键槽和精加工孔。图 6-29b 是立式内拉床，常用于在齿轮淬火后，校正花键孔的变形。这时切削量不大，拉刀较短，故为立式。拉削时常从拉刀的上部向下推。图 6-29c 是立式外拉床，用于汽车拖拉机行业加工气缸体等零件的平面。图 6-29d 为连续式外拉床，毛坯从拉床左端装入夹具，连续地向右运动。经过拉刀下方时拉削顶面，到达右端时加工完毕，从机床上卸下。它用于大量生产中加工小型零件。

参 考 文 献

1 吴圣庄主编．金属切削机床概论．北京：机械工业出版社，1985
2 A. C. 普罗尼柯夫主编．金属切削机床．贾亚洲译．北京：北京科学技术出版社，1990
3 N. Acherkan. Machine Tool Design. Vol. 1，2，Mir Publishers. Moscow，1982
4 M. Weck. Werkzeugmaschinen. Band 1，1979
5 Н. С. Ачеркан. Металлорежущие Станки，1965
6 В. Э. Пуш. Металлорежущие Станки，1986
7 В. А. Лещенко. Станки е Числовым Программным Управлением，1988
8 韦彦成主编．金属切削机床构造与设计．北京：国防工业出版社，1991
9 顾维邦主编．金属切削机床概论．北京：机械工业出版社，1992
10 吉林工业大学．金属切削机床．北京：中国工业出版社，1961
11 天津大学．金属切削机床概论．北京：中国工业出版社，1961
12 天津大学．金属切削机床运动学．北京：中国工业出版社，1961
13 北京机床研究所．金属切削机床基础技术总论．北京：机械工业出版社，1987
14 国外机床基本情况编写小组．国外机械工业基本情况，金属切削机床．1974
15 朱骥北，黎飞熊．金属切削机床．北京：中国工业出版社，1961
16 曹建德等．金属切削机床概论．上海：上海科学技术文献出版社，1987
17 戴曙主编．机床设计分析．北京：北京机床研究所，1987
18 吴祖育，秦鹏飞主编．数控机床．上海：上海科学技术出版社，1990
19 李诚人，吴武贤．机床计算机数控．西安：西北工业大学出版社，1988
20 大连组合机床研究所．组合机床（第一册）．北京：机械工业出版社，1975
21 大连组合机床研究所．组合机床通用部件．（“1”字头通用部件）
22 戴曙主编．金属切削机床设计．北京：机械工业出版社，1981
23 上海纺织工学院．机床设计参考图册．上海：上海纺织工学院印，1977
24 机床设计手册编写组．机床设计手册（第 1、2、3 册）．北京：机械工业出版社，1979、1986

第七章　机床主要参数的确定

第一节　尺 寸 参 数

机床尺寸参数的确定，主要是确定影响机床加工性能的一些尺寸。其中包括机床的主参数、第二主参数和其他一些尺寸参数。

机床的主参数是代表机床规格大小的一种参数，各类机床以什么尺寸作为主参数已有统一的规定。如卧式车床是床身上工件的最大回转直径；齿轮加工机床是最大工件直径；外圆磨床和无心磨床是最大磨削直径；龙门刨床、龙门铣床、升降台铣床和矩形工作台的平面磨床是工作台工作面宽度；卧式铣镗床是主轴直径；立式钻床和摇臂钻床是最大钻孔直径；牛头刨床和插床是最大刨削和插削长度（以上单位均为 mm）；也有的机床不用尺寸作为主参数，如拉床的主参数是额定拉力等。

有的机床，一个主参数还不足以确定机床的规格，还需第二主参数加以补充。如车床的第二主参数是最大工件长度；铣床和龙门刨床是工作台工作面长度；摇臂钻床是最大跨距等。此外，还要确定其他一些尺寸参数。例如，普通车床常常还要确定在刀架上工件的最大回转直径和主轴孔允许通过的最大棒料直径等；龙门铣床还应确定横梁的最高和最低位置等；摇臂钻床还要确定主轴下端面到底座间的最大和最小距离，其中包括了摇臂的升降距离和主轴的最大伸出量等。

当主参数、第二主参数和其他一些尺寸参数确定后，就基本上确定了该机床所能加工或安装的最大工件的尺寸。机床的尺寸参数，是根据零件的尺寸确定的。

第二节　运 动 参 数

一、主运动参数

回转主运动的机床，主运动参数是主轴转速。转速（r/min）与切削速度的关系是

$$n = \frac{1000v}{\pi d} \tag{7-1}$$

式中　n——转速（r/min）；

v——切削速度（m/min）；

d——工件（或刀具）直径（mm）。

主运动是直线运动的机床，如插床或刨床，主运动参数是每分钟的往复次数。

对于不同的机床，主运动参数有不同的要求。专用机床和组合机床是为某一特定工序而设计制造的，每根主轴一般只须有一个转速，根据最有利的切削速度和直径而定，故没有变速要求。通用机床是为适应多种零件加工而设计制造的，主轴需要变速。因此需确定它的变速范围，即最低与最高转速。如果采用分级变速，则还应确定转速级数。

1. 最低（$n_{\min}$）和最高（$n_{\max}$）转速的确定

根据式（7-1）可知：

$$n_{\min}=\frac{1000v_{\min}}{\pi d_{\max}}; \qquad n_{\max}=\frac{1000v_{\max}}{\pi d_{\min}} \tag{7-2}$$

$n_{\max}$和 $n_{\min}$的比值是变速范围 R_n：

$$R_n=\frac{n_{\max}}{n_{\min}} \tag{7-3}$$

在确定切削速度时应考虑到多种工艺的需要。切削速度主要与刀具和工件的材料有关。常用的刀具材料有高速钢、硬质合金和陶瓷等。工件材料可以是钢、铸铁以及铜铝等有色金属。切削速度可通过切削试验、查切削用量手册和通过调查得到。

在计算 $n_{\max}$时，不是把一切可能出现的 $v_{\max}$、$d_{\min}$代入 $n_{\max}$公式中（对 $n_{\min}$也同理），而是在实际使用的情况下，采用 $v_{\max}$（或 $v_{\min}$）时常用的 $d_{\min}$（或 $d_{\max}$）值。这样就可以通过计算得到较为合理的 $n_{\max}$和 $n_{\min}$以及变速范围 R_n。对于卧式车床，如用 $D_{\max}$表示床身上的最大回转直径（即其主参数），通常可取最大和最小加工直径 $d_{\max}=(0.5\sim0.6)D_{\max}$，$d_{\min}=(0.2\sim0.25)d_{\max}$；对于摇臂钻床，如用 $D_{\max}$表示最大钻孔直径（即其主参数），通常可取 $d_{\max}=D_{\max}$，$d_{\min}=(0.2\sim0.25)d_{\max}$。

在确定了 $n_{\min}$和 $n_{\max}$后，如采用分级变速（大多数普通机床），则应进行转速分级；如采用变速电动机进行无级变速（大多数数控和重型机床），有时也需用分级变速机构来扩大其调速范围（见第八章第三节）。

2. 分级变速时的主轴转速数列

如某机床的分级变速机构共有 Z 级，其中 $n_1=n_{\min}$，$n_z=n_{\max}$，Z 级转速分别为：

$$n_1,\ n_2,\ n_3,\ \cdots,\ n_j,\ n_{j+1},\ \cdots,\ n_z$$

如果加工某一工件所需要的最有利的切削速度为 v，则相应的转速为 n。通常，分级变速机构不能恰好得到这个转速，而是 n 处于某两级转速 n_j 与 n_{j+1}之间：

$$n_j<n<n_{j+1}$$

如果采用较高的转速 n_{j+1}，必将提高切削速度，刀具的耐用度将要降低。为了不降低刀具耐用度，以采用较低的转速 n_j 为宜。这时转速的损失为 $n-n_j$，相对转速损失率为：

$$A=\frac{n-n_j}{n}$$

最大的相对转速损失率是当所需的转速 n 趋近于 n_{j+1}时，也就是：

$$A_{\max}=\lim_{n\to n_{j+1}}\frac{n-n_j}{n}=\frac{n_{j+1}-n_j}{n_{j+1}}=1-\frac{n_j}{n_{j+1}} \tag{7-4}$$

在其他条件（直径、进给、切深）不变的情况下，转速的损失就反映了生产率的损失。对于普通机床，如果认为每个转速的使用机会都相等，那么应使 $A_{\max}$为一定值，即：

$$A_{\max}=1-\frac{n_j}{n_{j+1}}=\text{const} \quad 或 \frac{n_j}{n_{j+1}}=\text{const}=\frac{1}{\varphi}$$

从这里可看出，任意两级转速之间的关系应为：

$$n_{j+1}=n_j\varphi \tag{7-5}$$

即机床的转速应该按等比数列（几何级数）分级。其公比为 φ，各级转速应为

$$\left.\begin{aligned} n_1 &= n_{\min} \\ n_2 &= n_1\varphi \\ n_3 &= n_2\varphi = n_1\varphi^2 \\ &\vdots \\ n_z &= n_{z-1}\varphi = n_1\varphi^{z-1} = n_{\max} \end{aligned}\right\} \tag{7-6}$$

最大相对转速损失率为：

$$A_{\max} = \left(1 - \frac{1}{\varphi}\right) \times 100\% = \frac{\varphi - 1}{\varphi} \times 100\% \tag{7-7}$$

变速范围为：

$$R_n = \frac{n_{\max}}{n_{\min}} = \frac{n_1\varphi^{z-1}}{n_1} = \varphi^{z-1} \tag{7-8}$$

例如，有一台车床，主轴转速（r/min）共 12 级，分别为 31.5、45、63、90、125、180、250、355、500、710、1000、1400，公比为 $\varphi = 1.41$，则最大相对转速损失率：

$$A_{\max} = \frac{1.41 - 1}{1.41} \times 100\% = 29\%$$

变速范围：

$$R_n = 1.41^{12-1} = 1.41^{11} \approx 45$$

等比数列同样适用于直线往复主运动（刨床、插床）的往复次数数列、进给数列以及尺寸和功率参数系列。

二、进给运动参数

大部分机床的进给量用工件或刀具每转的位移表示，即单位为 mm/r，如车床、钻床、镗床及滚齿机等。直线往复运动的机床，如刨、插床，以每一往复的位移表示。铣床和磨床；由于使用的是多刃刀具，进给量常以每分钟的位移量表示，即单位为 mm/min。

在其他条件（切速、切深等）不变的情况下，进给量的损失也反映了生产率的损失。数控机床和重型机床的进给为无级调整；普通机床多采用分级调整。如进给链为外联系传动链，为使相对损失为一定值，则进给量的数列也应取等比数列。有的往复主运动机床，例如刨床和插床，进给运动是间歇的，为使进给机构简单，采用了棘轮机构，进给量由每次往复转过的齿数而定，则是等差数列。供大量生产用的自动和半自动车床，常用交换齿轮来调整进给量。这时可以不按一定的规则，而用交换齿轮选择最有利的进给量。卧式车床因为要车螺纹，进给箱的分级应根据螺纹标准而定。螺纹标准不是一个等比数列，而是一个分段的等差数列。

三、标准公比和标准数列

机床转速是从小到大递增的，因此 $\varphi > 1$。为使最大相对转速损失率不超过 50%，即 $\frac{\varphi - 1}{\varphi} \times 100\% \leqslant 50\%$，则 $\varphi \leqslant 2$。因此

$$1 < \varphi \leqslant 2 \tag{7-9}$$

为方便起见，规定了公比的标准值有：1.06，1.12，1.26，1.41，1.58，2。

当采用标准公比后，转速数列可从表 7-1 中直接查出。表中给出了以 1.06 为公比的从 1～10000 的数值。$1.12 = 1.06^2$，$1.26 = 1.06^4$，$1.41 = 1.06^6$，$1.58 = 1.06^8$，$2 = 1.06^{12}$。例如，设计一台卧式车床，$n_{\min} = 12.5$r/min，$n_{\max} = 2000$r/min，$\varphi = 1.26$。查表 7-1，首先找

到 12.5，然后，每隔 3 个数（$1.26=1.06^4$）取一个值，可得如下数列：12.5、16、20、25、31.5、40、50、63、80、100、125、160、200、250、315、400、500、630、800、1000、1250、1600、2000 等 23 级。

此表不仅可用于转速、双行程数和进给量数列，而且也可用于机床尺寸和功率参数等数列。表中的数列应优先选用。

表 7-1 标准数列表

1.00	2.36	5.6	13.2	31.5	75	180	425	1000	2360	5600
1.06	2.5	6.0	14	33.5	80	190	450	1060	2500	6000
1.12	2.65	6.3	15	35.5	85	200	475	1120	2650	6300
1.18	2.8	6.7	16	37.5	90	212	500	1180	2800	6700
1.25	3.0	7.1	17	40	95	224	530	1250	3000	7100
1.32	3.15	7.5	18	42.5	100	236	560	1320	3150	7500
1.4	3.35	8.0	19	45	106	250	600	1400	3350	8000
1.5	3.55	8.5	20	47.5	112	265	630	1500	3550	8500
1.6	3.75	9.0	21.2	50	118	280	670	1600	3750	9000
1.7	4.0	9.5	22.4	53	125	300	710	1700	4000	9500
1.8	4.25	10	23.6	56	132	315	750	1800	4250	10000
1.9	4.5	10.6	25	60	140	335	800	1900	4500	
2.0	4.75	11.2	26.5	63	150	355	850	2000	4750	
2.12	5.0	11.8	28	67	160	375	900	2120	5000	
2.24	5.3	12.5	30	71	170	400	950	2240	5300	

四、公比的选用

当确定了最高与最低转速以后，就应选取公比 φ。从使用性能方面考虑，公比 φ 最好选得小一些，以便减少相对转速损失。但公比越小，级数就越多，将使机床的结构复杂。对于一般生产率要求较高的普通机床，减少相对转速损失是主要的，所以公比 φ 取得较小，如 $\varphi=1.26$ 或 $\varphi=1.41$ 等。有些小型机床希望简化构造，公比 φ 可取得大些，如 $\varphi=1.58$ 或 $\varphi=2$ 等。对于自动机床，减少相对转速损失率的要求更高，常取 $\varphi=1.12$ 或 $\varphi=1.26$。由于自动机床都是用于成批或大量生产，变速时间分摊到每一工件，与加工时间相比是很小的，因此采用交换齿轮变速，既满足了相对转速损失小的要求又简化了构造。

第三节　动力参数

动力参数包括电动机的功率，液压缸的牵引力，液压马达、伺服电动机或步进电动机的额定转矩等。各传动件的参数（轴或丝杠的直径、齿轮与蜗轮的模数等）都是根据动力参数设计计算的。如果动力参数定得过大，将使机床过于笨重，浪费材料和电力；如果定得过小，又将影响机床的性能。动力参数可以通过调查、试验和计算的方法进行确定。

这里将主要讨论电动机功率的确定。

一、主运动功率的确定

机床主运动的功率，包括切削功率、空转功率损失和附加机械摩擦损失三部分。

进行切削加工时，要消耗切削功率 $P_{切}$。它与刀具材料、工件材料和所选用的切削用量的大小有关。如果是专用机床，则工作条件比较固定，也就是刀具与工件的材料和切削用量的变化范围较小。这时计算值也比较接近实际情况。若是普通机床，则刀具与工件的材料和切削用量的变化都相当大。通常，可根据机床检验时所要求的重负荷切削条件来确定。

机床主运动空转时，要消耗电动机的一部分功率，这部分消耗称为空转功率损失，用 $P_空$（kW）表示。机床的空转功率损失只随主轴和其他各轴转速的变化而改变。引起空转损失的主要因素是：各传动件在空转时的摩擦，由于加工和装配误差而加大的摩擦以及搅油，空气阻力和其他动载荷等。中型机床主传动链的空转功率损失可用下列的试验公式进行估算：

$$P_空 = \frac{k_1}{10^6}(3.5 d_a \Sigma n_i + k_2 d_主 n_主) \tag{7-10}$$

式中 d_a——主运动链中除主轴外所有传动轴轴颈的平均直径。如果主运动链的结构尺寸尚未确定，则初步可按电动机功率 P 选取：

当 $1.5 < P \leqslant 2.8\text{kW}$　　$d_a = 30\text{mm}$

$2.5 < P \leqslant 7.5\text{kW}$　　$d_a = 35\text{mm}$

$7.5 < P \leqslant 14\text{kW}$　　$d_a = 40\text{mm}$

$d_主$——主轴前后轴颈的平均值（mm）；

Σn_i——当主轴转速为 $n_主$ 时，传动链内除主轴外各传动轴的转速之和。如传动链内有不传递载荷但也随之作空运转的轴时，这些轴的转速也应计入（r/min）；

$n_主$——主轴转速（r/min）；

k_1——润滑油粘度影响的修正系数。用 N46 号机械油时，$k_1 = 1$；用 N32 号机械油时，$k_1 = 0.9$；用 N15 号机械油时，$k_1 = 0.75$；

k_2——系数。主轴用两支承的滚动轴承或滑动轴承，$k_2 = 8.5$；三支承滚动轴承，$k_2 = 10$。

机床在切削时，齿轮、轴承等零件上的正压力加大了，功率的损耗也加大了。比 $P_空$ 多出来的那部分功率损耗，称为附加机械摩擦损失功率 $P_机$。切削功率越大，这部分损失也越大。

综上所述，主电动机功率（kW）为：

$$P_主 = P_切 + P_机 + P_空 = \frac{P_切}{\eta_机} + P_空 \tag{7-11}$$

$$\eta_机 = \eta_1 \eta_2 \eta_3 \cdots$$

式中 η_1、η_2、$\eta_3 \cdots$——主运动链中各传动副的机械效率，见表 7-2。

表 7-2　传动机件效率的概略值

类别	传动件	平均机械效率	类别	传动件	平均机械效率
齿轮传动	直齿圆柱齿轮，磨齿	0.99	带传动	平胶带，无压紧轮	0.98
	未磨齿	0.98		有压紧轮	0.97
	斜齿圆柱齿轮	0.985		V带	0.96
	锥齿轮	0.97		同步齿形带	0.98
蜗杆蜗轮传动	计算公式	$\frac{\text{tg}\lambda}{\text{tg}(\lambda+\rho)}$	链传动	套筒滚子链	0.96
	自锁蜗杆	0.4~0.45		齿形链	0.97
	单头蜗杆	0.7~0.75	滚动轴承	深沟球轴承和圆柱滚子轴承，	0.99
	双头蜗杆	0.75~0.82		圆锥滚子轴承和角接触球轴承	0.98
	三头和四头蜗杆	0.80~0.92		高速主轴轴承	0.95~0.96

（续）

类别	传　动　件	平均机械效率	类别	传　动　件	平均机械效率
滑动轴承	一般润滑条件 润滑特别良好，如压力润滑 高速主轴轴承（$v=5\text{m/s}$）	0.98 0.985 0.90～0.93	直线运动机构	滑动丝杠 液体静压丝杠 滚珠丝杠，有预加载荷 牛头刨床和插床摇杆和滑块	$\frac{\text{tg}\lambda}{\text{tg}(\lambda+\rho)}$ 0.30～0.60 0.99 0.82～0.86 0.90
液体静压轴承	低速 中速 高速（$v=5\text{m/s}$）	0.998～0.999 0.99～0.995 0.93～0.95			

注：λ——蜗杆或丝杠的螺旋角；ρ——摩擦角。

图 7-1 表示主运动链在某一转速下所消耗的各项功率之间的关系。当开动机床尚未切削（$P_{切}=0$）时，就需要消耗部分功率 $P_{空}$（图 7-1 的 $\overline{OB}$）。随着 $P_{切}$ 的增加，$P_{机}$ 也在增加。$P_{主}$ 沿$\overline{AB}$上升，直到 A 点。这时机床满载

$$P_{主\max}=P_{空}+P_{切\max}+P_{机\max}=P_{切\max}/\eta_{总} \tag{7-12}$$

式中，$\eta_{总}$ 称为主运动传动链的总效率。在图 7-1 中就是$\overline{OA}$联线与水平轴夹角 α 的余切，$\eta_{总}=\text{ctg}\alpha$。当 $P_{切}$ 从 O 上升到 $P_{切\max}$时，$P_{主}$ 是沿 OBA 折线上升的。因此，$\eta_{总}$ 仅对满载时有效。当 $P_{切}<P_{切\max}$时，根据 $\eta_{总}$ 算出的电动机功率将小于实际值。

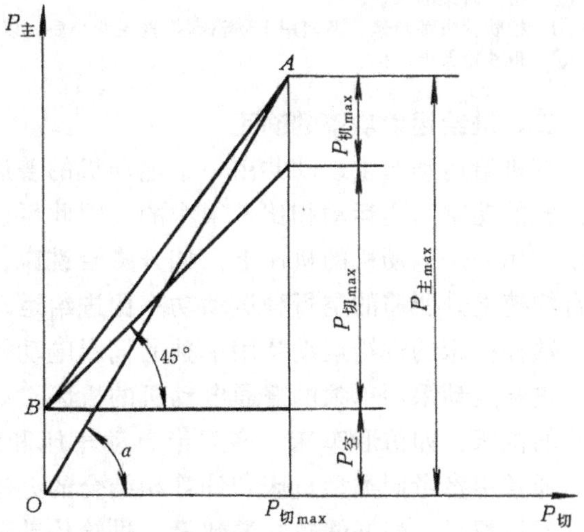

图 7-1　主运动所消耗电动机各项功率之间的关系

在主传动链的结构尚未确定之前，可根据 $P_{切\max}$和总效率 $\eta_{总}$ 来确定主传动链的电动机功率。$\eta_{总}=0.65\sim0.80$，即 $\alpha=57^\circ\sim51^\circ$。机构比较简单和主轴转速较低时，$\eta_{总}$ 取大值；反之取小值。

表 7-3 是某些国产机床的运动参数和动力参数，可供设计时参考。

表 7-3　某些国产机床的运动参数和动力参数

机床类型		主轴转速 工作台速度 (r/min)	公比	主电机功率 (kW)	进给量 (mm/min)	进给数列	进给电动机功率 (kW)
卧式车床	CA6140 CW61100	10～1400 3.15～315	1.26	7.5 22	0.08～1.59① 0.1～1.5（mm/r）	螺纹导程数列	—
摇臂钻床	Z3040×16 Z3080×25	25～2000 16～1250	1.26/1.58	3 7.5	0.04～3.2 (mm/r)	等比 $\varphi=1.26/1.58$	—
升降台铣床 X6132		30～1500	1.26	7.5	10～1000②	等比 $\varphi=1.26$	1.5
龙门刨床	B2010A B2020	9～90/4.5～45 3～75	无级	55 60	0.2～20③ 0～25mm/次	无级	

（续）

机床类型		主轴转速 工作台速度 （r/min）	公比	主电机功率 （kW）	进给量 （mm/min）	进给数列	进给电动机功率 （kW）
万能外圆磨床 M1432A×1000		1670/1990④	—	4⑤	工件头架 30～270 工作台　50～4000	φ=1.4 无级	0.55/1.1 0.75
数控车床	CK6150D	30～2800	无级	30	1～2000	无级	1.5
	CK7815	15～2000 37.5～5000	无级	5.5/7.5	1～2000	无级	1.4
加工中心	JCS-018	22.5～2250 45～4500	无级	5.5/7.5	1～4000	无级	1.4
	XH754	15～2000 37.5～5000	无级	7.5	1～4000	无级	1.4

① 指刀架纵进给，不包括加大进给和细进给，横进给常为纵进给的 1/2。
② 指工作台纵、横进给，升降台竖直进给为纵、横进给的 1/3。
③ 指立刀架的水平进给。
④ 指砂轮主轴转速，高速用于砂轮磨损直径变小后，以保证砂轮外圆线速度约为 35m/s。
⑤ 指砂轮架电动机。

二、进给运动功率的确定

在进给运动与主运动共用一个电动机的普通机床上，如卧式车床和钻床，由于进给运动所消耗的功率与主运动相比是很小的，因此可以忽略进给所需的功率。在进给运动与空行程运动共用一个电动机的机床上，如升降台铣床，也不必单独考虑进给所需的功率，因为使升降台快速上升所需的空行程运动功率比进给运动的功率大得多。

数控机床的进给运动是用单独的伺服电动机驱动的。伺服电动机的选择见第九章。

进给运动采用单独的普通电动机的机床，如升降台铣床和龙门铣床，以及用液压缸驱动进给的机床，如仿形车床、多刀半自动车床和组合机床等，都需要确定进给运动所需的功率。通常用参考同类型机床和计算相结合的办法确定。注意比较传动链的长短和低效率传动副（丝杠螺母、蜗杆蜗轮）的数量。进给传动链的机械效率 η_s 会低至 0.15～0.20。

进给功率（kW）可根据进给牵引力 F_Q（N），进给速度 v_s（m/min）和机械效率 η_s，由式（7-13）决定：

$$P_s=\frac{F_Q v_s}{60000\,\eta_s} \tag{7-13}$$

滑动导轨进给牵引力 F_Q 的估算公式如下：

三角形或三角形与矩形综合导轨

$$F_Q=kF_Z+f'(F_Y+G) \tag{7-14}$$

矩形导轨

$$F_Q=kF_Z+f'(F_X+F_Y+G) \tag{7-15}$$

燕尾形导轨

$$F_Q=kF_Z+f'(F_Y+2F_X+G) \tag{7-16}$$

钻床主轴

$$F_Q=(1+0.5f)\,F_Z+f\frac{2T}{d}\approx F_Z+f\frac{2T}{d} \tag{7-17}$$

式中　G——移动部件的重力（N），G=mg；

F_X、F_Y、F_Z——切削力的三向分力。其中 F_Z 沿导轨的纵向（N），见图 7-2；

f'——当量摩擦系数；

f——钻床主轴套筒上的摩擦系数；

k——考虑颠覆力矩影响的系数；

d——主轴直径（mm）；

T——主轴上的转矩（N·mm）。

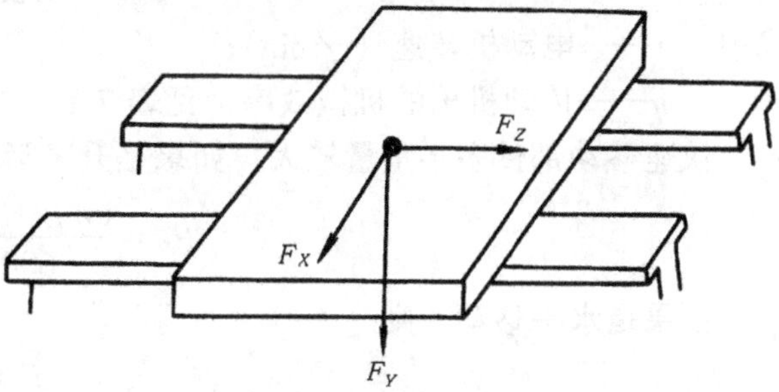

图 7-2　导轨上的作用力

在正常润滑条件下的铸铁—铸铁副导轨，k 与 f' 可取如下数值：三角形和矩形导轨，$k=1.1\sim1.15$，$f'=0.12\sim0.13$（矩形）或 $f'=0.17\sim0.18$（90°三角形）；燕尾形导轨，$k=1.4$，$f'=0.2$。

三、空行程功率的确定

空行程功率的确定应参考同类型机床，辅之以计算，最好再经试验验证。

快速（空）行程电动机往往是满载起动，移动件较重，加速度也较大，因此计算时必须考虑惯性力。

各运动件在电机轴上的当量转动惯量(kg·m²)，可根据动能守恒定理，由式(7-18)决定：

$$J = \sum_k J_k \left(\frac{\omega_k}{\omega}\right)^2 + \sum_i m_i \left(\frac{v_i}{\omega}\right)^2 \tag{7-18}$$

式中　J_k——各旋转件的转动惯量（kg·m²）；

ω_k——各旋转件的角速度（rad/s）；

m_i——各直线运动件的质量（kg）；

v_i——各直线运动件的速度（m/s）；

ω——电动机的角速度（rad/s）。

实心圆柱形件的转动惯量：

$$J=\frac{mD^2}{8}=\frac{\pi}{32}\rho D^4 l \tag{7-19}$$

空心圆柱形件的转动惯量：

$$J=\frac{m}{8}\left(D^2+d^2\right)=\frac{\pi}{32}\rho\left(D^4-d^4\right)l \tag{7-20}$$

式中　m——质量（kg）；

ρ——密度（kg/m³），钢的 $\rho=7.8\times10^3\text{kg/m}^3$；

D、d 和 l——分别为外径、孔径和厚度（m）。

克服惯性的转矩（N·m）为：

$$T_a=J\frac{\omega}{t_a}=\frac{2\pi n}{60t_a} \tag{7-21}$$

式中　t_a——电动机起动加速过程的时间（s），数控机床可取 t_a 为伺服电动机机械时间常数的 3～4 倍[⊖]；中、小型普通机床可取 $t_a=0.5\text{s}$；大型普通机床可取 $t_a=1\text{s}$。

克服惯性需要的功率（kW）为：

⊖ 当伺服电动机按阶跃指令起动时，转速是按指数曲线上升的。当时间为机械时间常数的 3 倍时，转速达到目标值的 95%；4 倍时达到 98.2%。

$$P_1=\frac{T_a n}{9550\eta} \tag{7-22}$$

式中　n——电动机转速（r/min）；

η——传动机构的机械效率，见表 7-2。

快速移动部件多半重量较大。如果是升降运动，则克服质量和摩擦力所需的功率(kW)为：

$$P_2=\frac{(mg+f'F)\ v}{60000\eta} \tag{7-23}$$

如果是水平移动，则

$$P_2=\frac{f'mgv}{60000\eta} \tag{7-24}$$

式中　m——移动部件的质量（kg）；

g——重力加速度，$g=9.8\text{m/s}^2$；

F——由于重心与升降机构（如丝杠）不同心而引起的导轨上的挤压力（N）；

f'——当量摩擦系数，取值见 127 页；

v——移动速度（m/min）。

由此可得空行程电动机的功率（kW）应为：

$$P_{空}=P_1+P_2 \tag{7-25}$$

应该指出的是，P_1 仅存在于起动过程，当运动部件达到正常速度，P_1 即消失。交流异步电动机的起动转矩约为满载时额定转矩的 1.6～1.8 倍，工作时又允许短时间超载，最大转矩可为额定转矩的 1.8～2.2 倍，快速行程的时间又很短。因此，可根据式(7-25)计算出来的 P 和电动机转速 n 计算起动转矩，并据此来选择电动机，使电动机的起动转矩大于计算出来的起动转矩就可以了。这样选出来的电动机，其额定功率可小于式(7-25)的计算结果。

一般普通机床的空行程电动机功率和空行程速度列于表 7-4，可供参考。

表 7-4　机床部件空行程速度和功率

机床类型	主参数(mm)	移动部件	速度(m/min)	功率(kW)
卧式车床	床身上的最大回转直径 400	溜板箱	3～5	0.25～0.6
	630～800	溜板箱	4	1.1
立式车床	最大车削直径 单柱 1250～1600	横梁	0.44	2.2
	双柱 2000～3150	横梁	0.35	7.5
摇臂钻床	最大钻孔直径 40～50	摇臂	0.9～1.4	1.1～2.2
	75～100	摇臂	0.6	3

机床类型	主参数(mm)	移动部件	速度(m/min)	功率(kW)
卧式镗床	主轴直径 85～110	主轴箱和工作台	2.5	2.2～2.8
	125	主轴箱和工作台	2.0	4
升降台铣床	工作台工作面宽度 250	工作台和升降台	2.5～2.9	0.6～1.7
	320	工作台和升降台	2.3	1.5～2.2①
龙门铣床	工作台工作面宽度 800～1000	横梁	0.65	5.5
		工作台	2.0～3.2	4
龙门刨床	最大刨削宽度 1000～1250	横梁	0.57	3.0
	1250～1600	横梁	0.57～0.9	3～5.5

① 与进给公用。

参考文献

1　戴曙主编．金属切削机床设计．北京：机械工业出版社，1985

2　戴曙，汪星桥，遇立基．机床设计分析（第一集）．北京：机械工业部北京机床研究所．

第八章　传 动 设 计

从第二章中知道，机床的成形运动可分为简单运动和复合运动。每一个运动，不论是简单的还是复合的，必须有一条外联传动链。只有复合运动，才有内联传动链。设计外联传动链时主要考虑保证要求的速度（或转速）和传递的功率；设计内联传动链时主要考虑保证传动精度。两者考虑的重点是不同的。本章将叙述以主运动链为代表的外联传动链和内联传动链的设计。

在外联传动链中，又有分级变速和无级变速两种。本章将先叙述分级变速，后叙述无级变速。

第一节　分级变速传动链设计

一、分级变速机构的转速图和结构网

在设计分级变速外联传动链的传动系统图时，要用到转速图（Speed diagram）。转速图可表达主轴每一级转速是通过哪些传动副得到的，这些传动副之间的关系如何，各传动轴的转速等。

1. 转速图

设有一中型车床，传动系统图如图 8-1 所示。主轴转速共 12 级：31.5，45，63，90，125，180，250，355，500，710，1000，1400r/min。公比 $\varphi=1.41$。电动机转速为 1440r/min。传动系统内共五根轴：电动机轴和轴Ⅰ至Ⅳ。其中轴Ⅳ为主轴。轴Ⅰ-Ⅱ之间为传动组 a，Ⅱ-Ⅲ和Ⅲ-Ⅳ之间分别为传动组 b 和 c。

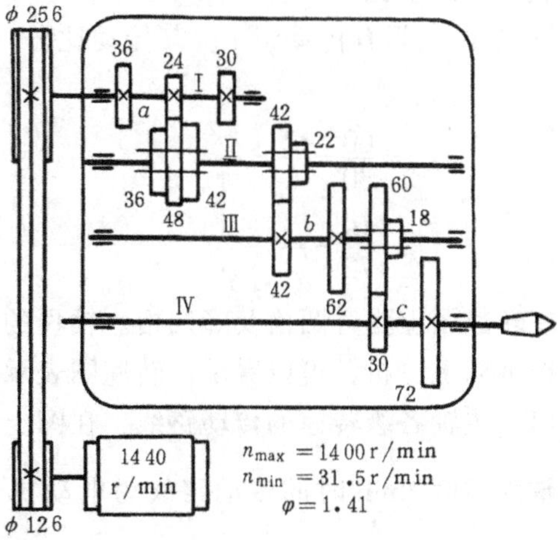

图 8-1　12 级传动系统图

图 8-2 是它的转速图。图中：

（1）距离相等的一组竖线代表各轴。轴号写在上面。竖线间的距离不代表中心距。

（2）距离相等的一组水平线代表各级转速。与各竖线的交点代表各轴的转速。由于分级变速机构的转速是按等比级数排列的，故转速采用了对数坐标。相邻两水平线之间的间隔为 $\lg\varphi$。为了简单起见，省略了对数符号。

（3）各轴之间连线的倾斜方式代表传动副的传动比。如电动机轴与轴Ⅰ之间的连线代表皮带定比传动，其传动比为

$$i=\frac{126}{256}\approx\frac{1}{2}=\frac{1}{1.41^2}=\frac{1}{\varphi^2}$$

是降速传动，故连线向下倾斜两格。轴Ⅰ的转速为

$$n_1 = 1440 \times \frac{126}{256}\text{r/min} = 710\text{r/min}$$

轴Ⅰ-Ⅱ之间有传动组 a，其传动比分别为

$$i_{a1} = \frac{36}{36} = \frac{1}{1}$$

$$i_{a2} = \frac{30}{42} = \frac{1}{1.41} = \frac{1}{\varphi}$$

$$i_{a3} = \frac{24}{48} = \frac{1}{2} = \frac{1}{\varphi^2}$$

表现在转速图上为Ⅰ-Ⅱ之间有三条连线，分别为水平、降一格和降两格。

轴Ⅱ-Ⅲ之间有传动组 b，其传动比分别为

$$i_{b1} = \frac{42}{42} = \frac{1}{1}$$

$$i_{b2} = \frac{22}{62} = \frac{1}{2.82} = \frac{1}{\varphi^3}$$

表现在转速图上为轴Ⅱ-Ⅲ之间，轴Ⅱ的每一转速都有两条连线与轴Ⅲ相连，分别为水平和降三格。由于轴Ⅲ有三种转速，每种转速都通过上述两条线与轴Ⅲ相联，故轴Ⅲ共得 3×2=6 种转速。连线中的平行线代表同一传动比。

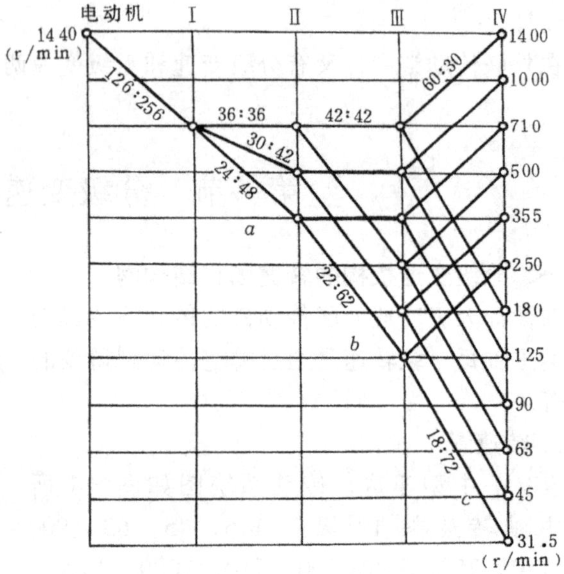

图 8-2　12 级传动系统的转速图

轴Ⅲ-Ⅳ之间有传动组 c，其传动比分别为

$$i_{c1} = \frac{60}{30} = \frac{2}{1} = \frac{\varphi^2}{1}$$

$$i_{c2} = \frac{18}{72} = \frac{1}{4} = \frac{1}{\varphi^4}$$

表现在转速图上为升两格及降四格。轴Ⅳ的转速共为 3×2×2=12 级。

根据以上分析，可以看出，转速图表示：

（1）主轴各级转速的传动路线　在图上就是从电动机起，通过哪些连线传到主轴的。例如主轴为 500r/min 时的传动路线为电动机——$\frac{126}{256}$——$\frac{36}{36}$（a）——$\frac{22}{62}$（b）——$\frac{60}{30}$（c）。

（2）在主轴得到连续的等比数列条件下，所需的传动组数和每个传动组中的传动副数　如本例主轴转速共 12 级，需三个传动组（定比传动不计在内），每个传动组分别有 3、2、2 个传动副，即 12=3×2×2。

（3）传动组的级比指数　主动轴上同一点，传往被动轴相邻两连线代表传动组内相邻两个传动比。它们与被动轴交点之间相距的格数，代表相邻两传动比之比值 φ^x 的指数 x，称为级比指数。图中三个传动组的 x_a、x_b 和 x_c 分别为 1、3 和 6。

（4）基本组和扩大组　从转速图上可以看出，如果要使主轴转速为连续的等比数列，必

须有一个传动组的级比指数为 1，如本例的传动组 a。这个传动组称为基本组。

从轴Ⅱ至轴Ⅲ为第一次扩大。为使轴Ⅲ得到连续的转速，传动副 b 的级比指数应为 3。组 b 称为第一扩大组。扩大后，轴Ⅲ能得到 $3\times2=6$ 种转速。

从轴Ⅲ至轴Ⅳ为第二次扩大。可以看出，传动组 c 的级比指数应为 6，称为第二扩大组。

如果还有更多的传动组，则依次类推。

在本例中，基本组、第一扩大组、第二扩大组的排列次序与传动顺序（从电动机到主轴）是一致的。即扩大顺序与传动顺序相同。一般地说，扩大顺序并不一定要与传动顺序相同。故今后以 0 代表基本组，1 代表第一扩大组……。设基本组内有 p_0 个传动副，其级比指数 $x_0=1$，则第一扩大组的级比指数 $x_1=x_0p_0=p_0$。如第一扩大组有 p_1 个传动副，则第二扩大组的级比指数 $x_2=x_1p_1$。即按扩大顺序，后一传动组的级比指数等于前一传动组的级比指数与传动副数之积

$$x_n=x_{n-1}p_{n-1} \tag{8-1}$$

（5）各传动组的变速范围

基本组 $R_0=\varphi^{x_0(p_0-1)}$

第一扩大组 $R_1=\varphi^{x_1(p_1-1)}$ (8-2)

任一扩大组 $R_n=\varphi^{x_n(p_n-1)}$

本例所示的传动系统，各传动组都是前后串联的。如遵守上述规则，就可使机床主轴转速得到连续的等比数列。既无空缺又无重复。这样的传动系统是常规的。

2. 结构网和结构式

在设计传动系统时，往往首先比较和选择各传动比的相对关系。表示传动比的相对关系而不表示转速数值的线图称为结构网。由于不表示转速数值，故可画成对称的形式，如图 8-3。

结构网表示各传动组的传动副数和各传动组的级比指数，还可以看出其传动顺序和扩大顺序。

图 8-3 所示的结构网也可写成结构式

$$12=3_1\times2_3\times2_6$$

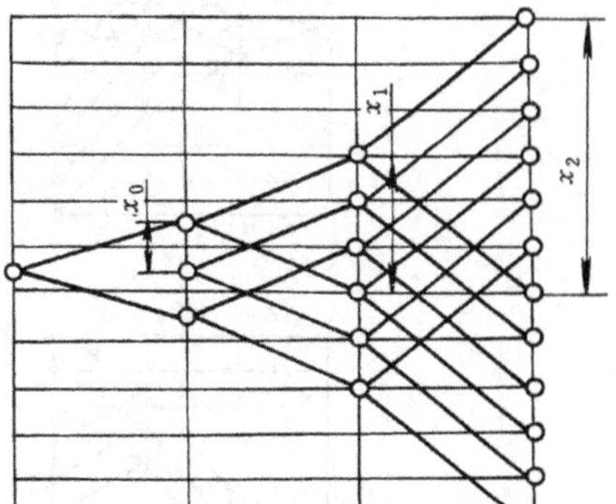

图 8-3　12 级传动系统的结构网

结构网和结构式说明下列问题：（1）传动链的组成及传动顺序：$12=3\times2\times2$。12 表示主轴转速级数，3、2、2 的次序表示传动顺序，数值表示各传动组的传动副数。（2）各传动组的级比指数，分别为 1、3、6，即结构式中的各个下标。（3）扩大顺序，可从级比指数看出。

结构网和结构式表达的内容是相同的，但结构网更直观些。

二、主运动链转速图的拟定

已知条件为机床类型，主轴的转速级数 Z、公比 φ、各级转速和电动机的转速。设计步骤为：确定有几个传动组，各传动组的传动副数；拟定结构网（式）；拟定转速图。现在通过一个例题，分述如下。

机床类型：中型车床。$Z=12$，$\varphi=1.41$，主轴转速为 31.5，45，63，90，125，180，250，355，500，710，1000，1400。电动机转速 $n_m=1440\text{r/min}$。

1. 传动组和传动副数的确定

传动组和传动副数可能的方案有：

12＝4×3　　　　12＝3×4

12＝3×2×2　　12＝2×3×2　　12＝2×2×3

在上列两行方案中，第一行方案有时可以省掉一根轴。缺点是有一个传动组内有四个传动副。如果用一个四联滑移齿轮，则会增加轴向尺寸；如果用两个双联滑移齿轮，则操纵机构必须互锁以防止两个滑移齿轮同时啮合。所以一般少用。

第二行的三个方案可根据下述原则比较：从电动机到主轴，一般为降速传动。接近电动机处的零件，转速较高，从而转矩较小，尺寸也就较小。如使传动副较多的传动组放在接近电动机处，则可使小尺寸的零件多些，大尺寸的零件就可以少些，就省材料了。这就是“前多后少”的原则。从这个角度考虑，以取 12＝3×2×2 的方案为好。

2. 结构网或结构式各种方案的选择

在 12＝3×2×2 中，又因基本组和扩大组排列顺序的不同而有不同的方案。可能的六种方案，其结构网和结构式见图 8-4。在这些方案中，可根据下列原则选择最佳方案。

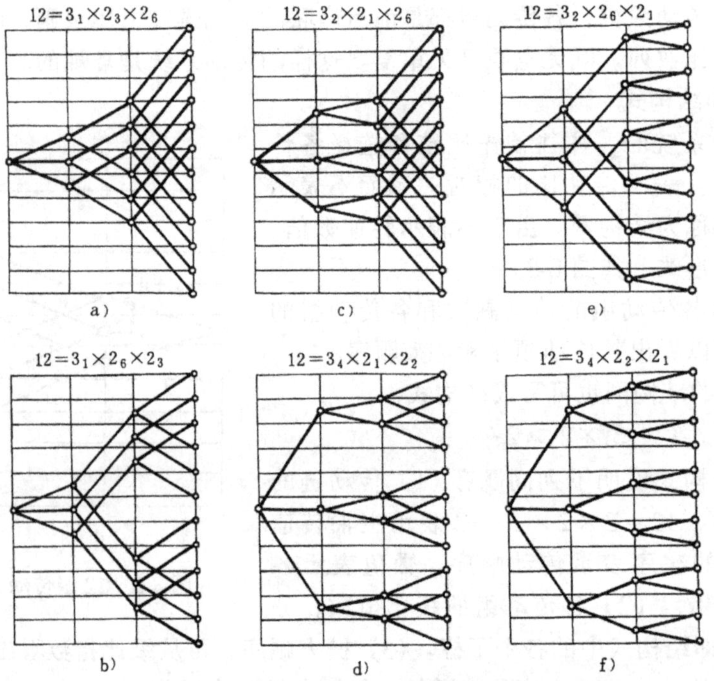

图 8-4　12 级结构网的各种方案

（1）传动副的极限传动比和传动组的极限变速范围　在降速传动时，为防止被动齿轮的直径过大而使径向尺寸太大，常限制最小传动比 $i_{min}\geqslant1/4$。在升速时，为防止产生过大的振动和噪声，常限制最大传动比 $i_{max}\leqslant2$。如用斜齿齿轮传动，则 $i_{max}\leqslant2.5$。因此，主传动链任一传动组的最大变速范围一般为 $R_{\max}=\frac{u_{\max}}{u_{\min}}\leqslant 8\sim 10$。

对于进给传动链，由于转速通常较低，零件尺寸也较小，上述限制可放宽些。$1/5\leqslant i_{进}\leqslant 2.8$。故 $R_{进\max}\leqslant 14$。

在检查传动组的变速范围时，只需检查最后一个扩大组。因为其它传动组的变速范围都比它小。根据式（8-2），应为

$$R_n=\varphi^{x_n(p_n-1)}\leqslant R_{\max}$$

图 8-4 中，方案 a、b、c、e 的第二扩大组 $x_2=6$，$p_2=2$，则 $R_2=\varphi^{6\times(2-1)}=\varphi^6$。$\varphi=1.41$，则 $R_2=1.41^6=8=R_{\max}$，是可行的。方案 d 和 f，$x_2=4$，$p_2=3$，$R_2=\varphi^{4\times(3-1)}=\varphi^8=16>R_{\max}$，是不可行的。

（2）基本组和扩大组的排列顺序　在可行的四种结构网（式）方案 a、b、c、e 中，还要进行比较以选择最佳方案。原则是选择中间传动轴（本例如轴Ⅱ、Ⅲ）变速范围最小的方案。因为如果各方案同号传动轴的最高转速相同，则变速范围小的，最低转速较高，转矩较小，传动件的尺寸也就可以小些。比较图 8-4 的方案 a、b、c、e，方案 a 的中间传动轴变速范围最小，故方案 a 最佳。即如果没有别的要求，则应尽量使扩大顺序与传动顺序一致。

3. 拟定转速图

电动机和主轴的转速是已定的，当选定了结构网或结构式后，就可分配各传动组的传动比并确定中间轴的转速。再加上定比传动，就可画出转速图。中间轴的转速如果能高一些，传动件的尺寸也就可以小一些。但是，中间轴如果转速过高，将会引起过大的振动、发热和噪声。通常，希望齿轮的线速度不超过 12～15m/s。对于中型车、钻、铣等机床，中间轴的最高转速不宜超过电动机的转速。对于小型机床和精密机床，由于功率较小，传动件不会太大。这时振动、发热和噪声是应该考虑的主要问题。因此，更要注意限制中间轴的转速，不使过高。

本例所选定的结构式共有三个传动组，变速机构共需 4 轴。加上电动机轴共 5 轴。故转速图需 5 条竖线，如图 8-5。主轴共 12 速，电动机轴转速与主轴最高转速相近，故需 12 条横线。注明主轴的各级转速。电动机轴转速也应在电动机轴上注明。

中间各轴的转速可以从电动机轴开始往后推，也可以从主轴开始往前推。通常，以往前推比较方便。即先决定轴Ⅲ的转速。

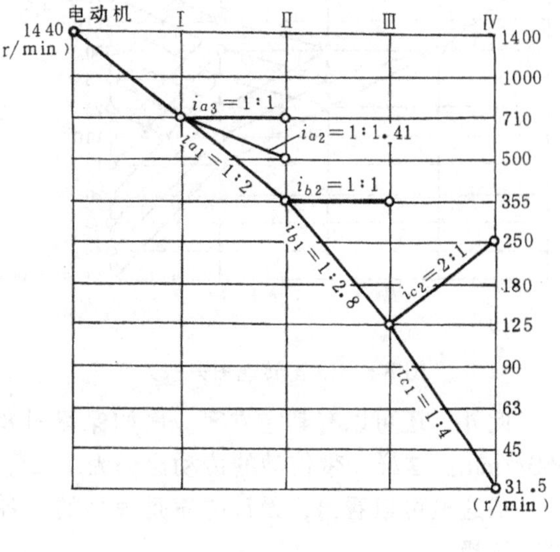

图 8-5　转速图的拟定

传动组 c 的变速范围为 $\varphi^6=1.41^6=8=R_{\max}$，可知两个传动副的传动比必然是前文叙述的极限值：

$$i_{c1}=\frac{1}{4}=\frac{1}{\varphi^4},\quad i_{c2}=\frac{2}{1}=\frac{\varphi^2}{1}$$

这样就确定了轴Ⅲ的六种转速只有一种可能，即为 125、180、250、…710r/min。

随后决定轴Ⅱ的转速。传动组 b 的级比指数为3，在传动比极限值的范围内，轴Ⅱ的转速最高可为500、710、1000r/min，最低可为180、250、355r/min。为了避免升速，又不使传动比太小，可取

$$i_{b1}=\frac{1}{\varphi^3}=\frac{1}{2.8},\ i_{b2}=\frac{1}{1}$$

轴Ⅱ的转速确定为355、500、710r/min。

同理，对于轴Ⅰ，可取

$$i_{a1}=\frac{1}{\varphi^2}=\frac{1}{2},\ i_{a2}=\frac{1}{\varphi}=\frac{1}{1.41},\ i_{a3}=\frac{1}{1}$$

这样就确定了轴Ⅰ的转速为710r/min。电动机轴与轴Ⅰ之间为带传动，传动比接近 $1/2=1/\varphi^2$。最后，在图8-5上补足各连线，就可以得到如图8-2那样的转速图。

还可以有另外一些方案。例如把轴Ⅰ、Ⅱ的转速都降低一格。这样的转速图见图8-6。这个方案的优点是轴Ⅰ、Ⅱ、Ⅲ的最高转速和为（500+500+710）r/min=1710r/min，比图8-2所示方案的710×3=2130r/min降低了约20%，有利于减少发热和降低噪声。缺点是轴Ⅰ、Ⅱ的最低转速要低一些，故这两根轴及传动组 a 和 b 的齿轮模数都有可能要略大一些。被动带轮直径也要大一些。

也可选择图8-7的方案。皮带传动副的传动比仍为 $1:\varphi^2$，但改变传动组 a 的传动比。这个方案避免了被动带轮直径加大的缺点，传动轴最高转速和比图8-2的方案低，但比图8-6的方案高。带来的缺点是传动组 a 的最大被动齿轮较大。

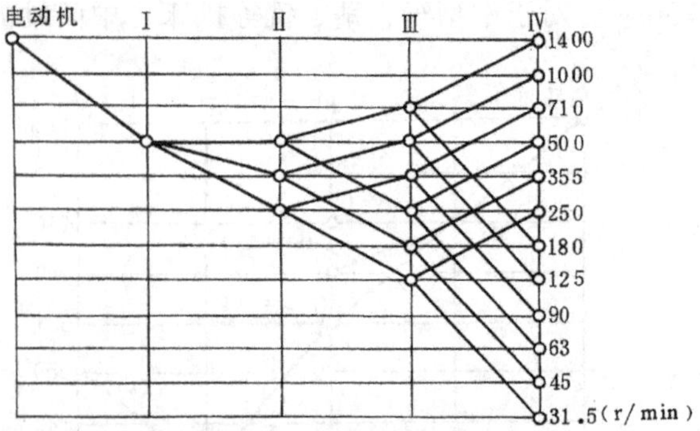

图8-6　12速转速图另一方案

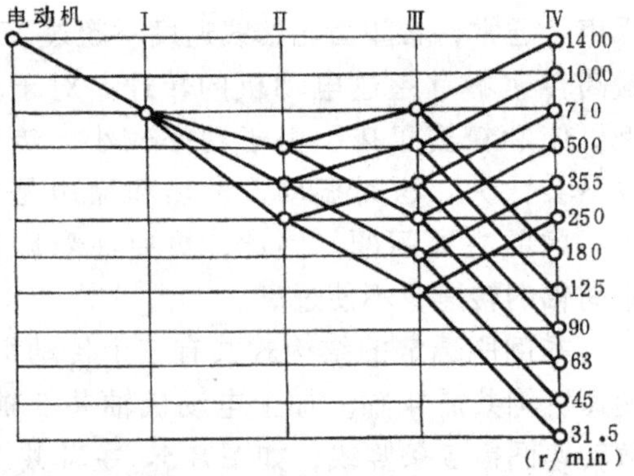

图8-7　12速转速图又一方案

此外，还可以有其它方案。例如保留图8-6中各传动组不变，改用六极电动机，转速为960r/min。这样，带传动的传动比仍为 $1:\varphi^2$。缺点是电动机的体积要大一些，贵一些。

从这里可以看出，设计方案是很多的，各有利弊。设计时应权衡得失，根据具体情况，进行选择。

三、扩大变速范围的方法

如前所述，传动链中最后一个扩大组如果由两个传动副组成，主轴转速级数为 Z，则最后一个扩大组的变速范围 $R=\varphi^{Z/2}$。由于极限传动比的限制，$R\leqslant 8=1.41^6=1.26^9$。所以当 $\varphi=1.41$ 时，$Z=12$；$\varphi=1.26$ 时，$Z=18$。传动链的变速范围 $R_n=\varphi^{z-1}$，当 $\varphi=1.41$ 时，

最大的 $R_n=1.41^{11}\approx45$；$\varphi=1.26$ 时，$R_n=1.26^{17}\approx50$。这样的变速范围常不能满足通用机床的要求。例如中型卧式车床 R_n 可达 140～200，有的新型镗床可以超过 200。这时可用下述几种办法扩大变速范围。

1. 增加一个传动组

在原来的传动链后面用串联的方式增加一个传动组是最简便的办法。但由于极限传动比的限制，将会产生一些转速重复。例如 $\varphi=1.26$，如要求 $R_n>50$，则可增加一个双传动副的传动组。但最后一个扩大组的级比指数最大为 9，故结构式可为 $3_1\times3_3\times2_9\times2_9$。这时重复了 9 级转速，使得主轴实际所得的转速为 $Z=3\times3\times2\times2-9=27$，变速范围可达 $R_n=1.26^{26}=407$。

2. 采用背轮

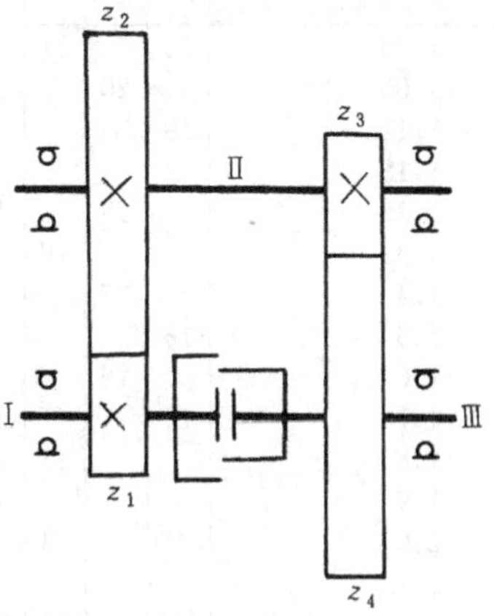

图 8-8　背轮机构

图 8-8 是背轮机构（也叫回曲机构）。主动轴Ⅰ和被动轴Ⅲ同轴线。可合上离合器直接传动，也可如图示经 z_1/z_2，z_3/z_4 传动。两次降速，极限传动比 $i_{\min}=\dfrac{1}{4}\times\dfrac{1}{4}=\dfrac{1}{16}$，很容易达到扩大变速范围的目的。这种机构在机床上应用得较多。

设计背轮时要注意“超速”问题。在图 8-8 中，z_4 为滑移齿轮。当合上离合器时，z_3 和 z_4 脱离啮合。轴Ⅱ虽也转动，但齿轮副 z_1/z_2 是降速，轴Ⅱ转速将低于轴Ⅰ。如使 z_1 为滑移齿轮，则合上离合器时，轴Ⅱ将经齿轮 z_4/z_3 升速，使轴Ⅱ高速空转，将加大噪声、振动、空载功率和发热。

四、齿轮齿数的确定

当传动比 i 采用标准公比的整数次方时，齿数和 S_z 以及小齿轮齿数可从表 8-1 中查得。例如图 8-2 的传动组 a，$i_{a1}=1$，$i_{a2}=\dfrac{1}{1.41}$，$i_{a3}=\dfrac{1}{2}$。查 i 为 1，1.4 和 2 的三行。有数字的即为可能方案。结果如下

$$i_{a1}=1\qquad S_z=\cdots,\ 60,\ 62,\ 64,\ 66,\ 68,\ 70,\ 72,\ 74,\ \cdots$$

$$i_{a2}=\frac{1}{1.41}\qquad S_z=\cdots,\ 60,\ 63,\ 65,\ 67,\ 68,\ 70,\ 72,\ 73,\ 75,\ \cdots$$

$$i_{a3}=\frac{1}{2}\qquad S_z=\cdots,\ 60,\ 63,\ 66,\ 69,\ 72,\ 75,\ \cdots$$

从以上三行中可以挑出，$S_z=60$ 和 72 是共同适用的。如取 $S_z=72$，则从表中查出小齿轮齿数分别为 36、30、24。即 $i_{a1}=36/36$，$i_{a2}=30/42$，$i_{a3}=24/48$。

有时为了满足传动比的要求，可以使同一传动组内各传动副的齿数和不等，然后采用变位的方法使中心距相等。但各传动组的齿数和相差不能太多。

采用三联滑移齿轮时，还应检查滑移齿轮之间的齿数关系。例如图 8-1 的传动组 a，当Ⅰ、Ⅱ轴上的齿轮 36/36 啮合时，三联齿轮将向左移。齿轮 42 将从轴Ⅰ的齿轮 24 旁边滑移过去。要使 42 与 24 的外圆不碰，则这两个齿轮的齿顶圆半径之和应等于或小于中心距。对于不变位的标准齿，三联滑移齿轮的最大和次大齿轮之间的齿数差，应大于或等于 4。本例齿数差为 $48-42=6$。故无问题。如等于 4，则可使次大轮的齿顶圆减小一点。双联滑移齿轮没有这个问题。

表 8-1　各种常用传

i \ S_z	40	41	42	43	44	45	46	47	48	49	50	51	52	53	54	55	56	57	58	59	60
1.00	20		21		22		23		24		25		26		27		28		29		30
1.06		20		21		22		23									27		28		29
1.12	19							22		23		24		25		26		27		28	
1.18					20		21		22		23					25		26		27	
1.25		18		19		20					22		23		24					26	
1.32			18		19					21		22			23		24		25		
1.4		17					19		20			21		22					24		25
1.5	16					18					20		21			22		23			24
1.6		16			17					19			20		21			22		23	23
1.7	15			16					18			19			20		21			22	
1.8			15					17			18			19			20		21		
1.9				15			16			17			18			19			20		21
2.0			14			15			16			17			18			19			20
2.12					14			15			16			17			18			19	
2.24			13			14				15			16			17			18		
2.36					13			14				15			16			17			
2.5			12				13			14				15			16				17
2.65					12				13			14				15			16	16	
2.8							12				13			14	14			15			
3.0									12				13				14				15
3.15											12				13				14		
3.35													12				13				
3.55															12	12				13	
3.75																		12			

i \ S_z	80	81	82	83	84	85	86	87	88	89	90	91	92	93	94	95	96	97	98	99	100
1.00	40		41		42		43		44		45		46		47		48		49		50
1.06	39		40	40	41	41	42	42	43	43	44	44	45	45		46		47		48	
1.12	38	38		39		40		41		42		43		44	44	45	45	46	46	47	47
1.18		37		38		39	39	40	40		41		42		43		44	44	45	45	46
1.25		36	36	37	37		38		39		40	40	41	41		42		43		44	44
1.32	34	35	35		36		37	37	38	38		39		40	40	41	41		42		43
1.4	33		34		35	35		36		37	37	38	38		39		40	40		41	
1.5	32		33	33		34		35	35		36		37	37		38		39	39	40	40
1.6	31		32	32		33	33		34		35	35		36		37	37		38	38	39
1.7	30	30		31		32	32		33	33		34		35	35		36	36		37	37
1.8	29	29		30	30		31			32		33	33		34	34		35	35		36
1.9	28	28		29	29		30	30		31	31		32	32		33	33		34	34	35
2.0		27			28			29		30	30		31	31		32	32		33	33	
2.12		26			27			28	28		29	29		30	30		31	31		32	32
2.24		25			26	26		27	27		28	28		29	29			30	30		31
2.36		24			25	25		26	26			27	27		28	28		29	29		
2.5	23	23			24	24		25	25			26	26		27	27			28	28	
2.65	22	22			23	23		24	24			25	25			26	26		27	27	
2.8	21	21			22			23	23			24	24			25	25			26	26
3.0	20			21	21			22	22			23	23			24	24			25	25
3.15	19			20	20			21	21			22	22			23	23			24	24
3.35			19	19			20	20	20			21	21			22	22			23	23
3.55		18	18				19	19			20	20	20			21	21			22	22
3.75	17	17				18	18				19	19				20	20			21	21
4.0	16				17	17				18	18				19	19				20	20
4.25				16	16				17	17				18	18	18			19	19	19
4.5			15	15				16	16				17	17	17				18	18	

动比的适用齿数

61	62	63	64	65	66	67	68	69	70	71	72	73	74	75	76	77	78	79		S_z / i
	31		32		33		34		35		36		37		38		39			1.00
	30		31		32		33		34		35		36		37		38			1.06
	29		30		31		32		33		34		35		36	36	37	37		1.12
28		29			30		31		32		33		34	34	35	35		36		1.18
27		28		29	29		30		31		32		33	33		34		35		1.25
26		27		28			29		30		31			32		33		34		1.32
		26		27		28	28		29		30	30		31		32		33		1.4
	25			26		27	27		28		29	29		30		31	31			1.5
	24			25		26			27		28	28		29		30	30			1.6
	23		24			25			26		27	27		28		29	29			1.7
22			23			24		25	25		26			27			28			1.8
21		22	22		23			24			25			26			27			1.9
		21			22			23			24			25			26			2.0
	20			21	21		22	22		23	23			24			25			2.12
19	19			20			21			22	22		23	23		24	24			2.24
18			19			20	20			21			22			23	23			2.36
		18				19			20	20		21	21			22	22			2.5
	17				18			19	19			20	20			21				2.65
16				17			18	18			19	19			20	20				2.8
	15		16			17	17			18	18			19	19			20		3.0
		15			16	16			17	17				18				19		3.15
14				15	15			16	16				17				18	18		3.35
		14	14				15	15			16	16				17	17			3.55
	13				14	14				15	15				16	16				3.75

101	102	103	104	105	106	107	108	109	110	111	112	113	114	115	116	117	118	119	120	S_z / i
	51		52		53		54		55		56		57		58		59		60	1.00
49		50		51		52		53	53	54	54	55	55	56	56	57	57	58	58	1.06
	48		49		50		51	51	52	52	53	53	54	54	55	55	56	56	57	1.12
46		47		48		49	49	50	50	51	51	52	52		53		54	54	55	1.18
45	45		46		47	47	48	48	49	49		50		51	51	52	52	53	53	1.25
43	44	44		45		46	46	47	47		48		49	49	50	50	51	51	51	1.32
42	42	43	43		44	44	45	45		46		47	47	48	48		49	49	50	1.4
	41	41	42	42		43	43	44	44		45	45	46	46		47	47	48	48	1.5
39		40	40		41		42	42		43	43	44	44		45	45	46	46	46	1.6
38	38		39	39		40	40	41	41		42	42		43	43	44	44		45	1.7
36	37	37		38	38		39	39		40	40	41	41	41	42	42		43	43	1.8
35		36	36		37	37		38	38		39	39		40	40		41	41	42	1.9
34	34		35	35		36	36		37	37		38	38		39	39	39	40	40	2.0
	33	33		34	34		35	35	35	36	36	36		37	37		38	38		2.12
31		32	32		33	33	33	34	34	34		35	35		36	36		37	37	2.24
30	30		31	31		32	32	32		33	33		34	34		35	35	35		2.36
29	29			30	30		31	31	31		32	32		33	33	33		34	34	2.5
	28	28			29	29		30	30	30		31	31		32	32	32		33	2.65
	27	27	27		28	28	28		29	29			30	30			31	31		2.8
		26	26			27	27			28	28			29	29			30	30	3.0
24		25	25	25			26	26			27	27			28	28			29	3.15
23			24	24			25	25	25		26	26	26			27	27			3.35
22			23	23			24	24	24			25	25	25		26	26	26		3.55
21			22	22				23	23			24	24	24			25	25	25	3.75
			21	21				22	22				23	23				24	24	4.0
			20	20				21	21				22	22	22			23	23	4.25
		19	19	19				20	20				21	21	21			22	22	4.5

第二节 计 算 转 速

机床上的许多零件，特别是传动件，在设计时应该核算其强度。决定零件强度的条件之一是该零件所受的载荷。载荷取决于零件所传递的功率和转速。机床变速传动链内的零件，有的转速是恒定的，如图 8-1 中的轴Ⅰ、皮带传动副和传动组 a 中各齿轮；有的转速是变化的，如其余各轴和各传动组的齿轮。变速传动件应该根据哪一个转速进行动力计算，就是本节所讨论的计算转速问题。

一、机床的功率转矩特性

从《金属切削原理》中可以知道，切削速度对切削力或进给速度对进给力的影响是不大的。因此，作直线运动的执行器官，可以认为不论在什么速度下，都有可能承受最大切削（或进给）力。对于拖动直线运动执行器官的传动件，就是在任意转速下都可能出现最大转矩。因此，就认为是恒转矩的。主运动为直线运动的传动链，有龙门刨床的工作台传动和拉床等。进给运动多数是直线运动。

执行器官作旋转运动的传动链则有所不同。对于旋转主运动，主轴转速不仅决定于切削速度，还决定于工件（如车床）或刀具（如钻床、铣床）的直径。对于旋转进给运动（如圆工作台铣床），工作台的转速不仅决定于进给速度，还决定于旋转半径。较低转速多用于大直径刀具或加工大直径工件，这时要求的输出转矩增大了。因此，旋转运动链（包括旋转主运动和旋转进给运动）的变速机构，输出转矩与转速成反比，基本上是恒功率的。旋转主运动的通用机床，由于主轴最低的几级转速常用于宽刀光车，攻大直径螺纹，铰大直径孔，精镗，成形铣削等，并不需要传递全部功率。主轴所传递的功率或转矩与转速之间的关系，称为主轴的功率或转矩特性，如图 8-9 所示。主轴从最高转速 $n_{\max}$ 到某一转速 n_j 之间，主轴应能传递电动机的全部功率。在这个区域内，主轴的最大输出转矩应随转速的降低而加大。从 n_j 以下直到最低转速 $n_{\min}$，这个区域内的各级转速并不需要传递全部功率。主轴的输出转矩不再随转速的降低而加大，而是保持 n_j 时的转矩不变。所能传递的功率，则随转速的降低而降低。n_j 是主轴能传递全功率的最低转速，称为主轴的计算转速。机床主轴在整个转速范围内，以计算转速为界，分为两个区域：计算转速 n_j 及以上，直到 $n_{\max}$，为恒功率区域Ⅰ；计算转 n_j 以下，直到 $n_{\min}$，为恒转矩区域Ⅱ。传动链中其余传动件的计算转速,可根据主轴的计算转速及转速图决定。传递全功率的最低转速,就是该零件的计算转速。

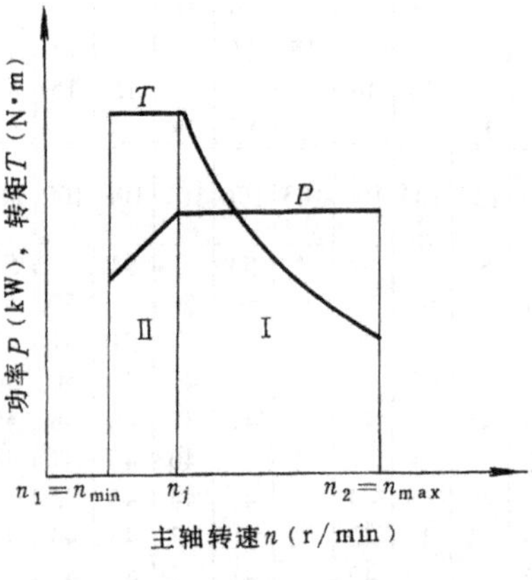

图 8-9 主轴的功率转矩特性

二、机床主要传动件计算转速的确定

主轴的计算转速在主轴调速范围中所居的地位，是因机床种类而异的。对于大型机床，由于应用范围很广，调速范围很宽，计算转速可取得高一些。对于精密机床，钻床、滚齿机等，由于应用范围较窄，调速范围较小，计算转速应取得低一些。表 8-2 列出了各类机床主轴计算转速的统计公式。轻型机床的计算转速可比表中推荐的高。数控机床由于考虑切削轻

金属，调速范围比普通机床宽，计算转速也可比表中推荐的高些。但是，目前数控机床尚未总结出公式。

主轴的计算转速确定后，就可以从转速图上得出各传动件的计算转速。

〔**例 8-1**〕　确定图 8-2 所示卧式车床的主轴、各传动轴和齿轮的计算转速。

(1) 主轴　根据表 8-2，中型车床主轴的计算转速是第一个三分之一转速范围内的最高一级转速，即为 $n_4 = 90$r/min。

(2) 各传动轴　轴Ⅲ可从主轴为 90r/min 按 72/18 的传动副找上去，似应为 355r/min。但由于轴Ⅲ上的最低转速 125r/min 经传动组 c 可使主轴得到 31.5 和 250r/min 两种转速。250r/min 要传递全部功率，所以轴Ⅲ的计算转速应为 125r/min。轴Ⅱ的计算转速可按传动副 b 推上去，得 355r/min。

(3) 各齿轮　传动组 c 中，18/72 只需计算 z = 18 的齿轮，计算转速为 355r/min；60/30 只需计算 $z = 30$，$n_j = 250$。$z = 18$ 和 $z = 30$ 两个齿轮哪一个的应力更大一些，较难判断。可同时计算，选择模数较大的作为传动组 c 齿轮的模数。传动组 b 应计算 $z = 22$，$n_j = 355$。传动组 a 应计算 $z = 24$，$n_j = 710$。

表 8-2　各类通用机床的主轴计算转速

机床类型		计算转速 n_j	
		等公比传动	双公比或无级传动
中型机床	车床、升降台铣床、转塔车床、仿形半自动车床、多刀半自动车床、单轴和多轴自动和半自动车床，卧式铣镗床（$\phi63 \sim \phi90$）	$n_j = n_{min}\varphi^{\frac{Z}{3}-1}$ 计算转速为主轴从最低转速算起，第一个 1/3 转速范围内的最高一级转速	$n_j = n_{min}R_n^{0.3}$
	立式钻床、摇臂钻床、滚齿机	$n_j = n_{min}\varphi^{\frac{Z}{4}-1}$ 计算转速为主轴第一个 1/4 转速范围内的最高一级转速	$n_j = n_{min}R_n^{0.25}$
大型机床	卧式车床（$\phi1250 \sim \phi4000$） 立式车床 卧式和落地式镗铣床（$\leqslant\phi160$）	$n_j = n_{min}\varphi^{\frac{Z}{3}}$ 计算转速为主轴第二个 1/3 转速范围内的最低一级转速	$n_j = r_{min}R_n^{0.35}$
	落地镗铣床（$\phi160 \sim \phi260$）	$n_j = n_{min}\varphi^{\frac{Z}{2.5}}$	$n_j = r_{min}R_n^{0.4}$
高精度和精密机床	坐标镗床 高精度车床	$n_j = n_{min}\varphi^{\frac{Z}{4}-1}$ 计算转速为主轴第一个 1/4 转速范围内的最高一级转速	$n_j = r_{min}R_n^{0.25}$

第三节　无级变速传动链设计

数控机床和重型机床，广泛地采用无级变速。机床执行器官对功率和转矩的要求，见本章第二节。即对于直线运动的执行器官，可以认为是恒定牵引力的。因此，拖动它的电动机，也应该是恒转矩的。旋转运动的执行器官，从计算转速至最高转速为恒功率，从最低转速至计算转速为恒转矩。恒功率变速范围，约为恒转矩变速范围的2～4倍。

机床上常用的无级变速机构为直流或交流调速电动机。直流并激电动机从额定转速 n_d 向上至最高转速 n_{max}，是用调节磁场电流（简称调磁）的办法来调速的，属于恒功率；从额定转速 n_d 向下至最低转速 n_{min}，是用调节电枢电压（简称调压）的办法来调速的，属恒转矩。通常，额定转速 $n_d=1000\sim2000$r/min，恒功率调速范围为2～4，恒转矩调速范围则很大，可达几十甚至超过一百。交流调速电动机靠调节供电频率的办法调速。因此常称为调频主轴电动机。通常，额定转速 $n_d=1500$r/min。额定转速向上至最高转速 n_{max} 为恒功率，调速范围为3～5；额定转速 n_d 至最低转速 n_{min} 为恒转矩，调速范围为几十甚至超过一百。这两种电动机的功率转矩特性见图8-10。交流调速电动机由于没有电刷，能达到的最高转速比同功率的直流电动机高，磨损和故障也少。现在，在中、小功率领域，交流调速电动机已占优势。

伺服电动机和脉冲步进电动机都是恒转矩的，而且功率不大，所以只能用于直线进给运动和辅助运动。

基于上述分析，可知，如果直流或交流调速电动机用于拖动直线运动执行器官，例如龙门刨床工作台（主运动）或立式车床刀架（进给运动），可直接利用调速电动机的恒转矩调速范围，将电动机直接或通过定比减速齿轮拖动执行器官。如果用于拖动进给运动，则当电动机为额定转速时执行器官为最高进给速度。电动机的最高转速用于执行器官的快移。

如果直流或交流调速电动机用于拖动旋转运动，例如拖动主轴，则由于主轴要求的恒功率调速范围远大于电动机所能提供的恒功率范围，常用串联分级变速箱的办法来扩大其恒功率调速范围。变速箱的公比 φ_F 原则上应等于电动机的恒功率调速范围 R_p。如果为了简化变速机构，取 φ_F 大于 R_p，则电动机的功率应取得比要求的功率大些。

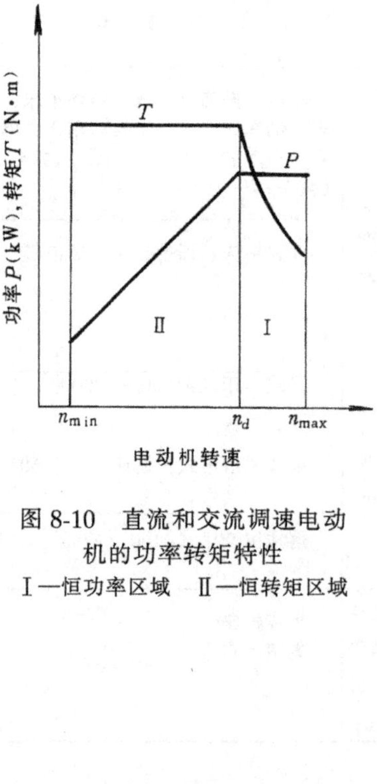

图8-10　直流和交流调速电动机的功率转矩特性

Ⅰ—恒功率区域　Ⅱ—恒转矩区域

〔**例8-2**〕　有一数控机床，主轴转速最高为4000r/min，最低为30r/min，计算转速为150r/min。最大切削功率为5.5kW。采用交流调频主轴电动机，额定转速为1500r/min，最高转速为4500r/min。设计分级变速箱的传动系统并选择电动机的功率。

〔**解**〕　主轴要求的恒功率调速范围

$$R_{np}=\frac{4000}{150}=26.7$$

电动机的恒功率调速范围

$$R_p=\frac{4500}{1500}=3$$

主轴要求的恒功率调速范围远大于电动机所能提供的恒功率调速范围，故必须配以分级变速箱。

如取变速箱的公比 $\varphi_F=R_p=3$，则由于无级变速时

$$R_{np}=\varphi_{Z-1}^{F}R_p=\varphi_F^{Z}$$

故变速箱的变速级数

$$Z=\frac{\lg R_{np}}{\lg\varphi_F}=\frac{\lg 26.7}{\lg 3}=2.99$$

取 $Z=3$。传动系统和转速图见图 8-11a 和 b，图 c 为主轴的功率特性。从图 b 可看出，电动机经 35/77 定比传动降速后，如果经 82/42 传动主轴，则当电动机转速从 4500 降至 1500r/min（恒功率区），主轴转速从 4000 降至 1330r/min。在图 c 中就是 *AB* 段。主轴转速再需下降时变速箱变速，经 49/75 传动主轴。电动机又恢复从 4500r/min 降至 1500r/min，主轴则从 1330 降至 440r/min。在图 c 中就是 *BC* 段。同样，当经 22/102 传动主轴时，主轴转速为 440～145r/min，图 c 中是 *CD* 段。可见，主轴从 4000～145r/min 的恒功率，是由 *AB*、*BC*、*CD* 三段接起来的（这三段在图 8-11c 中应为一条竖线。为了便于说明，三段错开画了）。从 145 至 30r/min，电动机从 1500 降至 310r/min，属电动机的恒转矩区。图 c 中为 *DE* 段。如取总效率为 $\eta=0.75$，则电动机功率 $P=5.5/0.75=7.3\text{kW}$。可选用北京数控设备厂的 BESK-8 型交流主轴电动机，连续额定输出为 7.5kW。

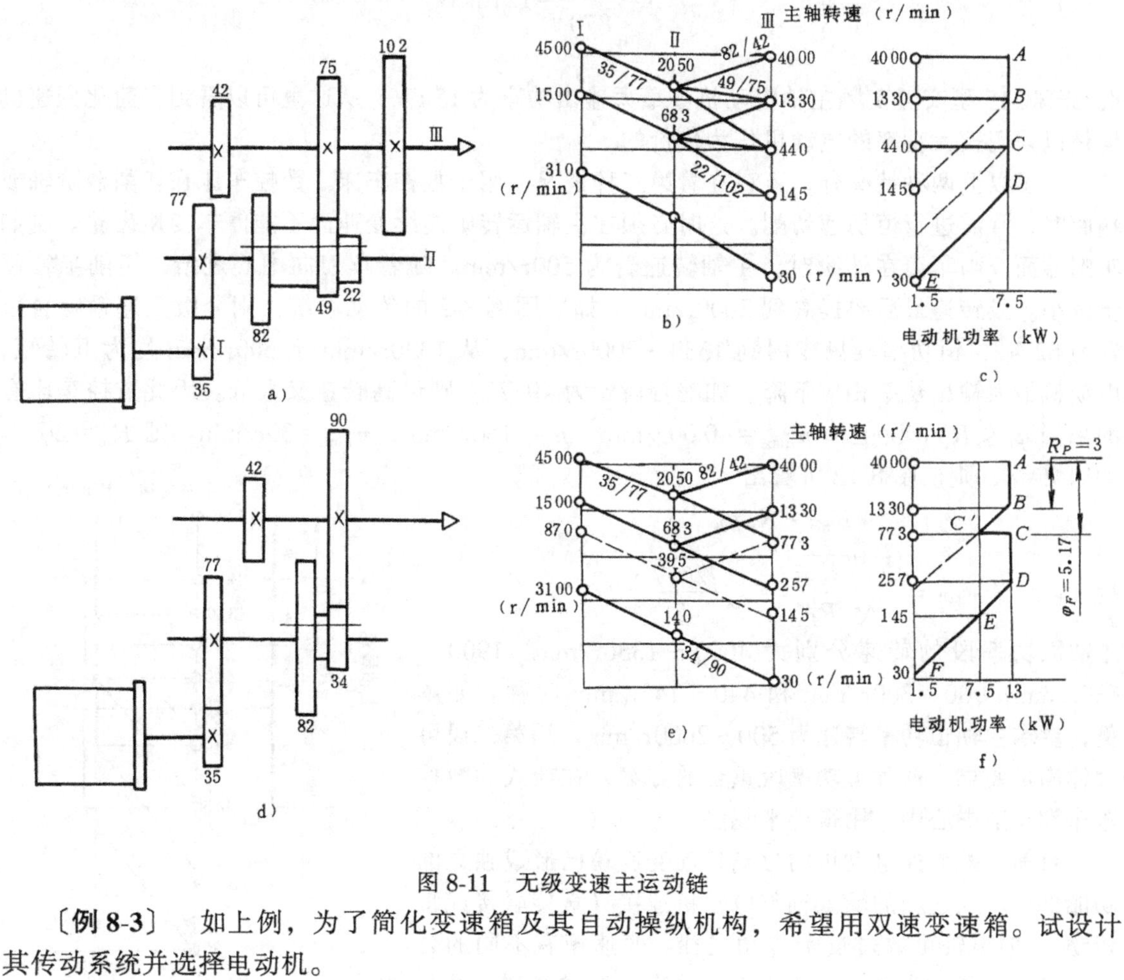

图 8-11 无级变速主运动链

〔**例 8-3**〕 如上例，为了简化变速箱及其自动操纵机构，希望用双速变速箱。试设计其传动系统并选择电动机。

〔**解**〕 现取 $Z=2$

$$\lg\varphi_F=\frac{\lg R_{np}}{Z}=\frac{\lg 26.7}{2}=0.713=\varphi_F=5.17$$

传动系统和转速图见图 8-11d、e，图 f 是主轴的功率特性。主轴为 4000r/min 时，电动机为 4500r/min，主轴转速为 1330r/min 时，电动机转速为 1500r/min。这一段为恒功率，图 f 中为 AB 段。由于 $\varphi_F > R_p$，当变速箱通过 34/90 传动主轴，电动机又为 4500r/min 时，主轴转速为 $4500 \times \frac{35}{77} \times \frac{34}{90}$ r/min = 773r/min，即图 c 的 c 点。主轴转速为 1330 至 773r/min 的 BC′段，是由电动机为 1500～870r/min 获得的。这一段是恒转矩，电动机的最大输出功率将随转速的下降而下降。同样，从主轴为 257r/min 至计算转速 145r/min 的 DE 段，电动机也处于恒转矩范围内。在主轴的最高转速（4000r/min，A 点）到计算转速（145r/min，E 点），主轴的最大输出功率是变化的。BC 间将出现“缺口”。为了使 BC 之间和 DE 之间仍能得到要求的切削功率，电动机的最大输出功率只能选得大一些。为使电动机在 870r/min 时能得到最大输出功率 $P = 5.5/0.75 = 7.3$kW，电动机在 1500r/min 时的输出功率（亦即其最大输出功率）应为

$$7.3 \times \frac{1500}{870} = 12.6\text{kW}$$

选 BESK-15 型交流变频主轴电动机。最大输出功率为 15kW。从这里可以看到，简化变速机构是以采用较大功率的电动机作为代价的。

除了以上两种情况外，还存在着第三种情况，用于数控车床。数控车床在切削台阶轴或端面时，常需进行恒切速切削。这时必须在主轴运转中连续变速而不能停车变换齿轮。例如车削端面。当车刀在外缘时，主轴转速若为 500r/min。随着车刀向中心进给，切削半径逐步减小。设转速最后要提高到 2000r/min。如采用例 8-2 的传动系统，则分级变速箱啮合齿轮为 82/42，恒功率段只能用到 1330～2000r/min，从 1330r/min 至 500r/min 均为恒转矩，电动机最大输出功率相应下降。如啮合齿轮为 49/75，则最高转速又太低。因此数控车床有的采用 $\varphi_F < R_P$。设主轴 $n_{max} = 40\,00$r/min，$n_j = 150$r/min，$n_{min} = 30$r/min。则 $R_n = 26.7$。如取 Z=4，则从图 8-12 可看出

$$R_{nP} = R_P \varphi_F^{Z-1}$$

故
$$\varphi_F = \sqrt[(z-1)]{\frac{R_{nP}}{R_P}} = \sqrt[(4-1)]{\frac{26.7}{3}} = 2.1$$

主轴恒功率段的转速分别为 4000～1330r/min，1900～630r/min，900～300r/min 和 440～145r/min 四种。如本例，要求主轴恒功率转速为 500～2000r/min，用第二段可大体满足要求。这种恒功率段重合的方案，在新式的数控车床和车削中心中，用得越来越多。

目前，配调速电动机的分离传动变速箱已形成独立的功能部件。变速箱的输入轴与电动机连接（直接联接或带传动），输出轴可通过皮带传动主轴。变速箱有不同的公比，级数（通常为 2、3、4 级）和功率，形成系列，并包括操纵机构和润滑系统，由专门的工厂制造。机床厂可以外购。

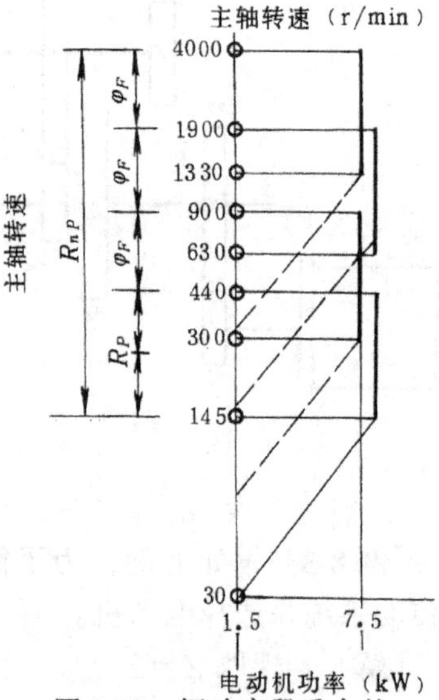

图 8-12　恒功率段重合的传动系统

第四节 主 轴 箱

主轴箱中有主轴、变速机构，操纵机构和润滑系统等。如果主轴与变速机构分离，则除主轴箱外还有变速箱。

主轴箱除应保证运动参数外,还应具有较高的传动效率,传动件具有足够的强度或刚度,噪声要低,振动要小,操作方便,具有良好的工艺性,便于检修,成本较低,防尘、防漏、外形美观等。

一、主轴箱的构造

图 8-13a 为一种立式镗铣加工中心的主轴箱。图中，2 为交流调频电动机，连续输出为 7.5kW。经齿轮$\frac{z_1}{z_3}\frac{z_3}{z_5}=\frac{66}{109}\times\frac{109}{66}=1$和$\frac{z_2}{z_3}\frac{z_4}{z_6}=\frac{66}{109}\times\frac{41}{99}\approx\frac{1}{4}$拖动主轴。变速机构级比为 4。主轴转速为 15～3500r/min。

轴Ⅰ的上端有孔，并有键槽。电动机 2 的轴就插在这个孔内，靠键传递转矩。这种联接方式可以不用联轴节，构造较简单。但轴Ⅰ不得不做得较粗。齿轮 z_1 和 z_2 只得与轴制成一体。这样的构造虽能简化机构，但轴Ⅰ的材料决定于齿轮。为减少淬火变形，齿轮常用低合金钢制造。而传动轴本来是不需用合金钢的（常用 45 钢)。在大修时，齿轮需更换，这时轴也不得不随之更换。齿轮 z_1 和 z_2 都与 z_3 啮合，但工作区只是上、下段。中间一段是不工作的。现在在 z_1 和 z_2 之间车一环槽，以减少滚齿的工作量。轴Ⅰ的螺纹孔 A 用于拆卸。在螺纹孔 A 内拧入一螺钉，螺钉头顶在电动机轴的端面上。拧紧螺钉就能把轴Ⅰ从电动机轴上顶下来。螺纹孔不宜太长，故下段钻一大孔 B。轴Ⅰ较粗，这个孔不致影响轴的刚度。轴Ⅰ转速较高，孔又很难保证与轴的外圆严格同轴，故应动平衡。

轴Ⅰ用两个深沟球轴承支承在箱体内。下轴承的内圈上端顶在轴Ⅰ的台阶上，下端靠螺

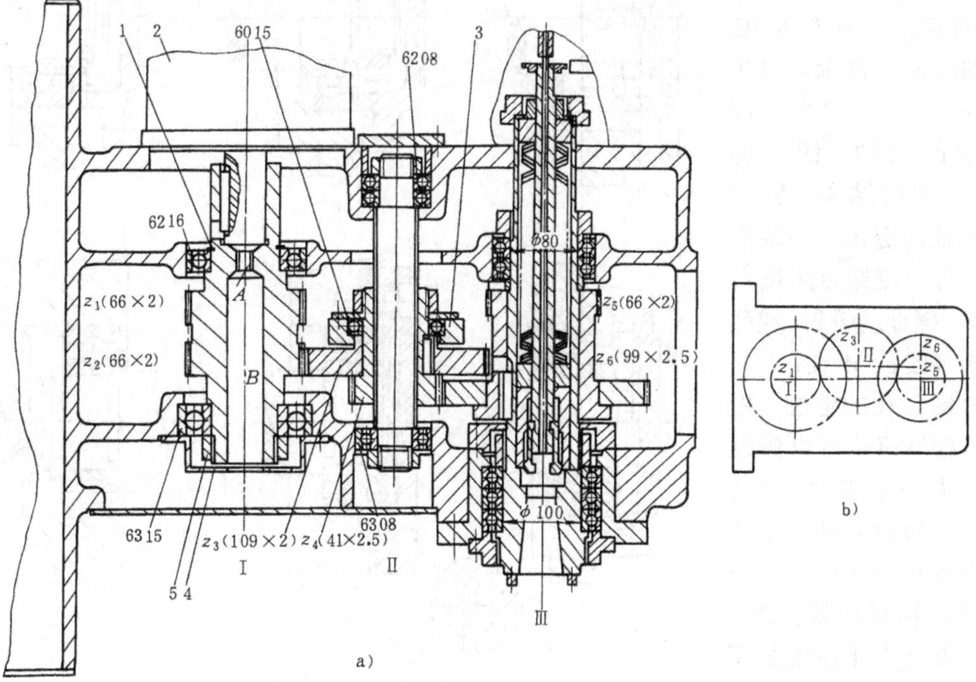

图 8-13 立式镗铣加工中心主轴箱展开图

母 5 压紧在轴上。外圈的上端面顶在箱体的台阶上，下端面由压盖 4 压紧。这样，轴Ⅰ的轴向位置就充分确定了。上轴承内圈的下端面顶在轴Ⅰ的台阶上，上端面靠弹性挡圈 1 与轴Ⅰ定位。这时，轴承的外圈与箱体孔之间就不应有任何轴向固定装置了。可以看到，箱体上轴Ⅰ的上轴承孔是一个光孔。

齿轮 z_3 和 z_4 在轴Ⅱ上滑移。故轴Ⅱ是花键轴。这两个齿轮都要磨削，不能制成整体双联齿轮，要制成套装的。齿轮 z_4 有较长的轮毂，内为花键孔，齿轮 z_3 套装在外，并用键传递转矩。3 为拨叉，靠液压缸（图中未表示）提拉。拨叉需支承齿轮的重量。为了减少磨损和发热，拨叉和齿轮之间有深沟球轴承。这个轴承负载很轻（齿轮重量），故用特轻型。

轴Ⅱ为上端轴向定位。下端轴向是自由的。上端轴承为轻型，承载能力较低，故用两个轴承。考虑到两个轴承受力不均，承载能力常认为等于一个轴承的 1.5 倍。

主轴Ⅲ的前轴承为三联角接触球轴承，后轴承为双联角接触球轴承。有关主轴的分析，见第十章。

图 8-13a 是把各轴放在一个平面内画的，称为展开图。轴Ⅰ和主轴Ⅲ在展开图中的距离不代表真实的中心距。各轴的实际位置，可在横剖面图内表示。见图 8-13b。

二、传动轴的安装

传动轴的轴承以深沟球轴承为主，也可用圆锥滚子轴承。前者噪声小、发热小，应用较多。后者装配方便，承载能力较大，还可承受轴向载荷，因而也有采用的。载荷较大的地方还可用圆柱滚子轴承。

考虑到工作时，轴的温度将高于箱体。为使轴有热膨胀的余地，装深沟球轴承的传动轴，常一端轴向固定，一端轴向自由，如图 8-13 所示。图 8-14a、b、c、d、e 为“固定”端的结构，图 f 为“自由”端的结构。轴承内圈与轴的定位，一端靠轴肩，另一端则可用端盖（图 a）、螺母（图 b）或弹性挡圈（图 c、d、e、f、）。轴承外圈与孔的定位，图 a 的优点是箱体可以镗通孔，但多一个零件；图 b 在箱体上镗台阶孔，工艺上较麻烦；图 c 和 d 都需镗装弹性挡圈的槽；图 e 可用外圈上有止动槽的深沟球轴承（6000N 系列）。

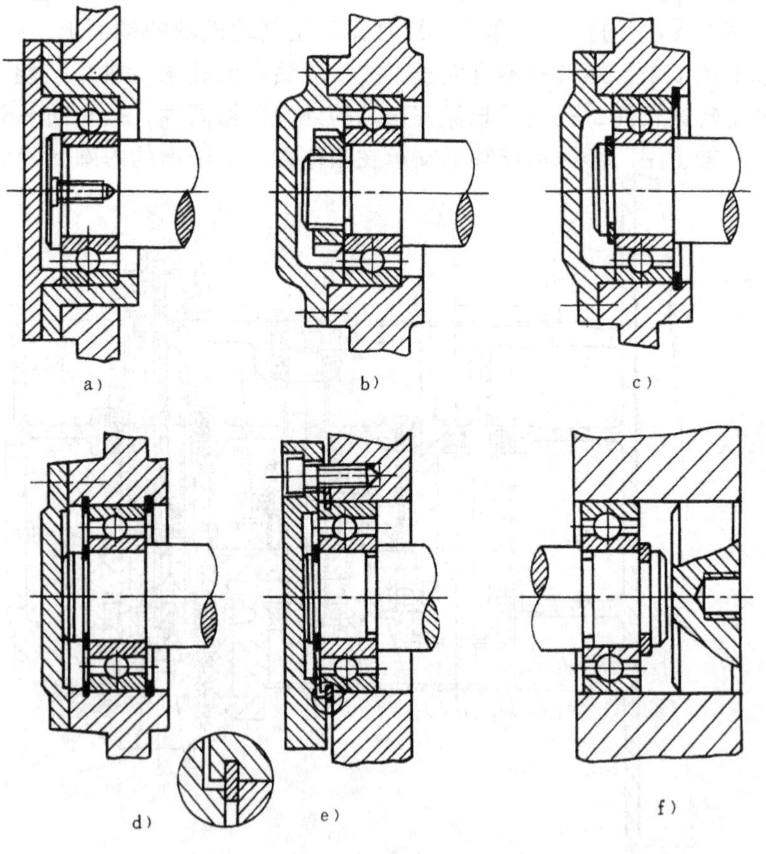

图 8-14　传动轴一端固定的几种方式

止动槽内装弹性挡圈，并将该圈压在箱体与压盖之间。自由端（图 f）的外圈在孔内轴向不定位。孔可于装配后用堵塞堵住。堵塞中部的螺纹用于拆卸。螺孔不能钻通，否则会漏油。

三、齿轮在轴上的布置和排列

在变速传动组内，应尽量使较小的齿轮成为滑移齿轮，使滑移省力。

滑移齿轮必须使原处于啮合状态的齿轮完全脱开后，另一个齿轮才开始啮合。因此，双联滑移齿轮传动组占用的轴向长度为 $B>4b$，如图 8-15a 所示。三联滑移齿轮传动组 $B>7b$，如图 b 所示。

采用公用齿轮可以缩短长度。图 8-13 中齿轮 z_3 是公用齿轮。它兼作 z_1（z_2）/z_3 定比传动和变速齿轮。这样做，省去了定比传动的一个齿宽 b。

四、相啮合齿轮的宽度

在一般情况下，一对相啮合的齿轮，宽度应该是相同的。但是，考虑到操纵机构的定位不可能很精确，拨叉也存在着误差和磨损，使用时往往会发生错位。这时只有部分齿宽参与工作，会使齿轮局部磨损，降低寿命。如果轴向尺寸并不要求很紧凑，可以使小齿轮比相啮合的大齿轮宽 1～2mm。带来的缺点是轴向尺寸将有所增加。

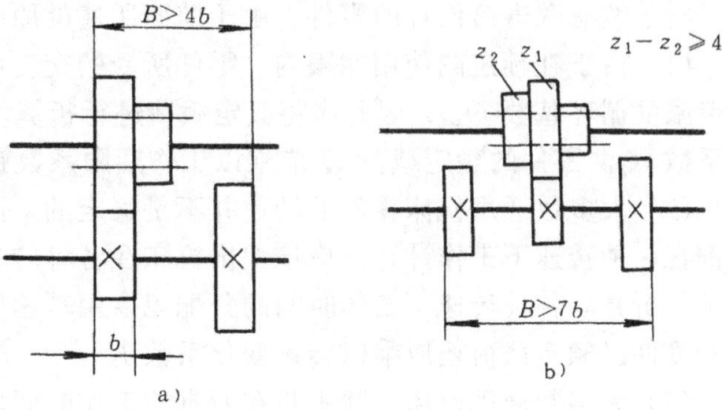

图 8-15　双联和三联滑移齿轮轴向长度

第五节　传动件的疲劳强度计算

机床上的许多零件，特别是传动件，在设计时应核算其强度。如果零件承受的是频繁的交变载荷，则应进行疲劳强度计算。例如高速旋转的轴、齿轮、滚动轴承等。机床零件所受的交变载荷，主要为弯曲和接触交变载荷。前者如转轴和齿轮轮齿的根部；后者如齿面和滚动轴承。本节分析的，是机床零件的疲劳强度计算，特别是变动工作用量下疲劳强度的计算。

在疲劳强度计算中，零件的许用应力是根据材料的疲劳限决定的。但是，材料的疲劳强度是随着循环次数的不同而变化的。手册上给出的材料疲劳限，是根据规定的循环次数，经试验得到的。这个循环次数，称为循环基数 N_{∞}。但是，由于各个传动件的转速是不同的，因而在一定工作期限内，循环次数各不相同，都不一定等于循环基数。因此，某些循环次数高的零件，有可能提前破坏，某些低速件的寿命，又可能超过上述工作期限。设计时，希望各零件的寿命能大体一致，都等于机床的大修期或寿命。大修时一起更换。如不大修，则一起报废。这就是按有限寿命设计的原则。为此，必须对载荷进行修正。

一、额定载荷和当量载荷

额定载荷（Rated load）Q 是机床传动件能长时期工作的最大载荷。它是一个总称，可用额定功率（Rated power）、额定转矩（Rated torque）（旋转件）或额定力（Rated force）（直线运动件）来表示。

传动件所传递的额定功率 P（kW）

$$P=P_m\eta \tag{8-3}$$

式中　P_m——电动机的额定功率（kW）；

　　　η——从电动机到该零件的传动效率。

各种传动副的传动效率见第七章表 7-2。

额定转矩和额定力分别为

$$T=9550\frac{P}{n_j}\quad (\text{N}\cdot\text{m})$$

$$F=60000\frac{P}{v_j}\quad (\text{N}) \tag{8-4}$$

式中　n_j 和 v_j——计算转速（r/min）和计算速度（m/min）。

对于按有限寿命设计的零件，由于前面所述的原因，应对额定载荷进行适当的修正。

（1）由于在预定的使用期限内，零件所受的交变应力的循环次数，不一定等于确定材料疲劳限的循环基数 N_∞,. 因此应将额定载荷进行折算。反映循环次数不同的系数称为工作期限系数 K_t。零件的额定载荷 Q 应乘以工作期限系数 K_t。

（2）大多数通用机床零件的转速并不是恒定的。因此，对于变速传动件就不能按所有时间都在一种转速下工作计算。应该找出机床在各种转速下工作时间的分配规律，对载荷进一步进行折算。各种转速下工作时间的分配规律用转速变化系数 K_n 来表示。因此，对于变转速的零件，额定载荷还应乘以转速变化系数 K_n。

（3）大多数通用机床，并不是在所有的工作时间内都是满载工作的。实际上，大多数时间是在中等或较轻的载荷下工作的。因此，对于变载传动零件，就不能按所有时间都满载工作来计算。应该找出机床在各种载荷下工作时间的分配规律，再进一步对载荷进行折算。这个分配规律用功率利用系数 K_P 来表示。因此，对于变载荷的零件，额定载荷还要乘以功率利用系数 K_P。

固定工作用量（恒定转速，恒定功率）的零件的额定载荷乘以工作期限系数，变动工作用量（变转速、变功率）的零件乘以上述几个系数后，就是相当于在循环基数 N_∞下的当量载荷（Equivalent load）（或称计算载荷）Q'了。即

固定工作用量　　$Q'=K_tQ$　　(8-5)

变动工作用量　　$Q'=K_PK_nK_tQ$　　(8-6)

K_P、K_n、K_t 之积称为变动工作用量系数 K_{Pnt}

$$K_{Pnt}=K_PK_nK_t \tag{8-7}$$

二、固定工作用量下对载荷的修正

金属材料的疲劳曲线，如果用载荷 Q 和循环次数N 作为参数，则应如图 8-16 所示。曲线的弯曲部分的方程式为

$$Q^pN=\text{const} \tag{8-8}$$

如有一零件，它在预定的工作期限内的循环次数为 N，所承受的载荷为 Q，这个载荷相当于在应力循环基数 N_∞下的当量戴荷 Q'。根据式(8-8)

$$Q^pN=Q'^pN_\infty$$

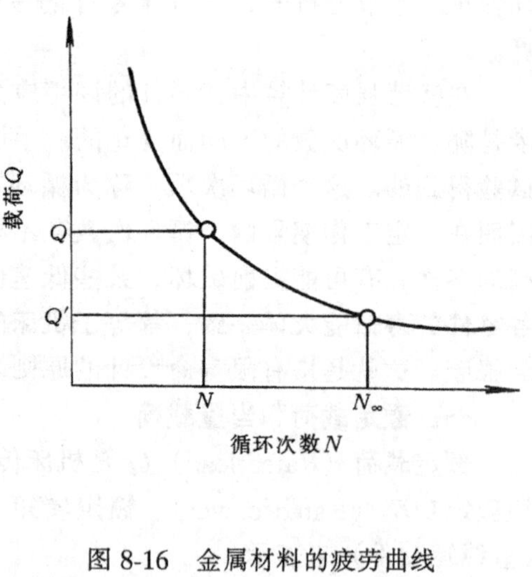

图 8-16　金属材料的疲劳曲线

$$Q' = Q\sqrt[p]{\frac{N}{N_\infty}} = QK_t$$

$$K_t = \sqrt[p]{\frac{N}{N_\infty}}$$

常用材料的 N_∞ 和 p 见表 8-3。

表 8-3　常用材料的 N_∞ 和 p㊀

材料及热处理	接触载荷		弯曲载荷	
	N_∞	p	N_∞	p
渗碳淬火钢、表面硬化钢	5×10^7	6.6	3×10^6	8.7
调质钢或氮化钢经气体氮化，灰铸铁	2×10^6	5.7	3×10^6	17

零件在预定使用期限内的载荷循环次数为

$$N = 60nt$$

式中　n——零件的转速（r/min）；

t——预定的零件工作期限（h）。

$$K_t = \sqrt[p]{\frac{60nt}{N_\infty}} \tag{8-9}$$

常取一个大修周期作为零件的工作期限。对于两班制工作的中型机床，大修周期约为 8 年，即 38000h。其中切削时间约占 40%～50%，故一般零件的工作期限可定为 15000～20000h。重型和精密、高精度机床由于大修周期较长，可取 20000～25000h 或更长一些。滚动轴承由于可以外购，更换也比较容易，同时为避免因轴承尺寸太大而不得不加大轴间中心距，所以工作期限取得低一些。例如中型机床轴承可取 10000h，重型、精密和高精度机床取 20000h。某些易于拆装或不经常使用的辅助运动（如快速移动，横梁升降等）传动件，可取 5000～8000h。

如果有几对齿轮交替工作，如滑移齿轮，则工作期限应乘以表 8-4 所列系数。

表 8-4　轮流工作系数

变速齿轮传动的轴及变速组内齿轮对数						
传动主轴			传动Ⅰ轴及其他中间轴			
一对	二对	三对	一对	二对	三对	四对
1	0.8	0.67	1	0.65	0.43	0.33

上述计算是基于零件的工作用量（转速，所传递的功率等）是固定的条件下推导的。它只适用于专用机床或通用机床中某些固定工作用量的零件，如辅助运动传动件。

三、变动工作用量下对载荷的修正

通用机床具有较大的转速范围。它的加工对象繁多，工作条件（转速、载荷）经常改变。对于在变功率和变转速下工作的通用机床零件，还应根据转速和功率的变化情况，对载

㊀ 本节各表，均摘自机械电子工业部指导性技术文件 JB/Z358—89《金属切削机床渐开线圆柱齿轮承载能力计算方法》。

荷作进一步的折算。此外，工作期限系数，也将有所变化。

变动工作用量下当量载荷的计算，是基于疲劳效果线性积累的假设进行的。即如果零件承受的载荷分别为 Q_1、Q_2、…、Q_n，各载荷下的循环次数分别为 N_1、N_2、…、N_n，则认为这些载荷对疲劳的效果（对零件的损伤）是可以线性叠加的。叠加后，其效果相当于在循环基数 N_∞下的固定幅值当量载荷 Q'。即

$$Q_1^pN_1 + Q_2^pN_2 + \cdots + Q_n^pN_n = \sum_{i=1}^{n} Q_i^pN_i = Q'^pN_\infty$$

在机床零件计算中，是以计算转速 n_j 下的额定载荷 Q 作为计算的依据的。故可使 $Q' = KQ$。即

$$\sum_{i=1}^{n} Q_i^pN_i = (KQ)^pN_\infty$$

则
$$K = \sqrt[p]{\sum_{i=1}^{n}\left(\frac{Q_i}{Q}\right)^p \frac{N_i}{N_\infty}} = \sqrt[p]{\sum_{i=1}^{n}\left(\frac{Q_i}{Q}\right)^p \frac{60n_it_i}{N_\infty}}$$

式中 n_i，t_i——载荷为 Q_i 时的转速（r/min）和工作时间（h）。

变转速的零件，以它的最低转速 $n_{\min}$为变化的基准。故

$$K = \sqrt[p]{\frac{60n_{\min}t}{N_\infty}}\sqrt[p]{\sum_{i=1}^{n}\left(\frac{Q_i}{Q}\right)^p \frac{n_it_i}{n_{\min}t}}$$

式中 $n_{\min}$——零件的最低转速（r/min）；

t——预期的零件工作期限（h）。

$$K_t = \sqrt[p]{\frac{60n_{\min}t}{N_\infty}} \tag{8-10}$$

是工作期限系数。与式（8-9）相比，差别在于在变动工作用量条件下，K_t 应按零件的最低转速计算。

系数
$$K_PK_n = \sqrt[p]{\sum_{i=1}^{n}\left(\frac{Q_i}{Q}\right)^p \frac{n_it_i}{n_{\min}t}}$$

反映了载荷的变化和循环次数的变化，是功率利用系数 K_P 和转速变化系数 K_n 之积。可以看出，载荷的变化，是以各种载荷 Q_i 与计算转速 n_j 下的额定载荷 Q 之比表现出来的。即载荷的变化，是以计算转速下的额定载荷 Q 为基准的；而转速的变化，是以最低转速 $n_{\min}$为基准的。

计算某些中型通用机床齿轮时的功率利用系数见表 8-5；转速变化系数见表 8-6。

表 8-5 部分中型机床的功率利用系数 K_p

机床类型举例	接触载荷 K_{HP}		弯曲载荷 K_{FP}	
	表面硬化钢	钢,气体渗氮;灰铸铁	渗碳淬火,表面硬化钢	钢,气体渗氮;灰铸铁
卧式及转塔车床、钻床、升降台铣床、滚齿机、插齿机、牛头刨床	0.80	0.76	0.88	1.08

（续）

机床类型举例	接触载荷 K_{HP}		弯曲载荷 K_{FP}	
	表面硬化钢	钢，气体渗氮；灰铸铁	渗碳淬火，表面硬化钢	钢，气体渗氮；灰铸铁
精密车床、万能工具铣床	0.72	0.68	0.79	0.94
多刀车床、仿形车床、回轮车床、多轴半自动车床	0.92	0.88	1.00	1.17
高精度车床、坐标镗床	0.59	0.56	0.64	0.77

表 8-6　部分中型机床的转速变化系数 K_n

机床类型举例	主轴转速范围 R_n	接触载荷 K_{Hn}						弯曲载荷 K_{Fn}					
		表面硬化钢			钢、气体渗氮，灰铸铁			渗碳淬硬钢表面硬化钢			钢，气体渗氮，灰铸铁		
		Ⅰ轴至Ⅱ轴	中间轴	传至主轴	Ⅰ轴至Ⅱ轴	中间轴	传至主轴	Ⅰ轴至Ⅱ轴	中间轴	传至主轴	Ⅰ轴至Ⅱ轴	中间轴	传至主轴
卧式车床（$D \leqslant 1000$mm）、转塔车床、升降台铣床、滚齿机、插齿机、牛头刨床	≤50	0.97	0.95	0.92	0.97	0.94	0.92	0.98	0.96	0.93	0.99	0.98	0.96
	>50		0.97	0.96		0.97	0.97			0.96			0.98
立式钻床，摇臂钻床	≤50	0.99	0.89	0.73	0.99	0.85	0.70	0.99	0.89	0.77	1.00	0.94	0.88
	>50			0.75			0.72			0.80			
回轮车床、多刀车床、仿形车床、精密车床	≤50	0.99	0.90	0.81	0.99	0.89	0.79	0.99	0.92	0.84	1.00	0.96	0.91
	>50		0.92	0.85		0.91	0.83			0.87			0.93
高精度车床、坐标镗床	≤50	0.99	0.90	0.80	0.98	0.89	0.78	0.99	0.92	0.83	0.99	0.96	0.92
	>50			0.83			0.82			0.86			

四、变动工作用量系数的极限值

疲劳曲线方程（8-8）仅对疲劳曲线的 A-B 段有效，如图 8-17 所示。当循环次数大于 N_B 时，曲线即转为平行于横坐标轴的水平直线。这时循环数再增加，当量载荷不再下降。即此时零件已为无限寿命。当循环次数小于 N_A 时，由于循环次数太少，不足以鉴定其疲劳，零件应按静载荷计算。因此，变动工作用量系数 K_{pnt} 有它的极限值。如计算出的 K_{pnt} 大于 $K_{pnt\max}$，则应取 $K_{pnt} = K_{pnt\max}$。这时，零件已达到无限寿命。如计算出的 K_{pnt} 小于 $K_{pnt\min}$，则应取 $K_{pnt} = K_{pnt\min}$，然后再按静强度核算。K_{pnt} 的极限值见表 8-7。

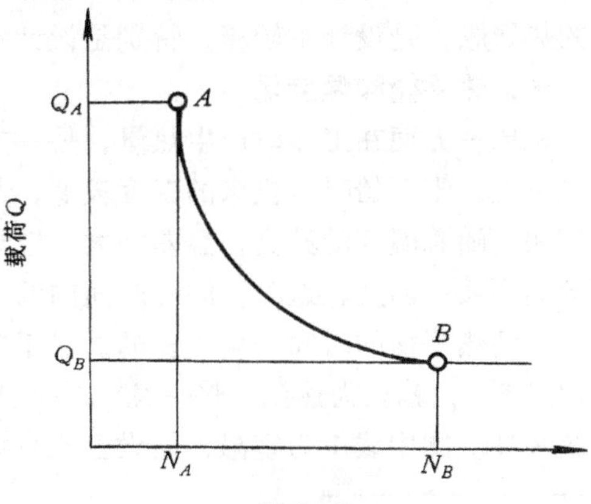

图 8-17　疲劳曲线

综上所述，可得如下结论：

（1）受变动工作用量交变载荷的零件，在进行强度计算时，应根据工作期限、转速变化和功率利用情况，对载荷进行修正。修正按相应的系数进行。这些系数之积，称为变动工作用量系数 K_{pnt}。

(2) 如 $K_{pnt} > K_{pnt\max}$，取 $K_{pnt} = K_{pnt\max}$。这时零件已达到无限寿命。高速传动件有可能出现这种情况。

(3) 如 $K_{pnt} < K_{pnt\min}$，取 $K_{pnt} = K_{pnt\min}$。此时还应按静强度进行核算。低速传动件有可能出现这种情况。

(4) 如 $K_{pnt\min} \leqslant K_{pnt} \leqslant K_{pnt\max}$，则变动工作用量系数按计算取值。这时零件为有限寿命。

表 8-7　变动工作用量系数的极限值

材料及热处理	接触载荷		弯曲载荷	
	$K_{pnt\min}$	$K_{pnt\max}$	$K_{pnt\min}$	$K_{pnt\max}$
渗碳淬火钢，表面硬化钢	0.39	1	0.40	1
调质钢或氮化钢经气体渗氮，灰铸铁	0.59	1	0.62	1

第六节　主轴箱的温升

主轴箱在工作时，由于传动件的机械摩擦，润滑油的飞溅、搅拌作用等而发热，使主轴箱的温度升高，产生热变形。热变形的影响，主要有下面几方面。

(1) 改变各执行器官的相对位置　例如车床，主轴箱发热后使主轴轴线升高，而尾座则由于内部无传动件而温升很少，这就使主轴与尾座套筒轴线的相对位置发生改变。

(2) 改变主轴的几何位置　主轴的前、后支承构造不同，温升也不同。这就使得前、后支承处箱体的热膨胀不同，从而使主轴轴线倾斜，热检时超差。

(3) 改变轴承的间隙　箱体的散热条件较好，轴和主轴的散热条件较差，这就使得轴和主轴的温度高于箱体，热膨胀较多，从而减小轴承的间隙或加大预紧量。这样，又会进一步增加发热量和温差，严重时将导致发生事故。

(4) 改变润滑条件　温升使润滑油的粘度降低，粘度降低又将进一步降低润滑油的润滑性能和油膜的承载能力。

因此，减少主轴箱的发热和加强散热，以便降低温升，并采取某些均热措施以减少不均匀的热膨胀，是设计主轴箱，特别是设计精密和高精度机床主轴箱所必须考虑的问题。

一、热平衡和温度场

机床一方面在工作时产生热量，另一方面又向周围环境散发热量。如果单位时间产生的热量一定，则开始时，机床的温度较低，与周围环境之间的温差较小，散热较少，温度升高就较快。随着温度的升高，温差加大，散热也增加。所以，温度的升高将逐步减慢。最后一定会达到某一温度，这时，同一时间内的发热量等于散热量，即达到了热平衡。

达到热平衡的时间是相当长的。对于常见的通用机床，为方便起见，如果每小时的温升不超过 5℃，就认为达到了热平衡[⊖]。一般需连续运转 2～3h，才能达到热平衡。温升曲线见图 8-18。图中线 1 为室温，假设上班后室温逐步升高，以后则趋于平衡。线 2 为机床的温

⊖ 对于精密和高精度机床，这样的规定不一定合适。因允许的温升很小。例如坐标镗床主轴组件，允许温升仅为 10℃。

度变化线，是一条指数曲线。线 3 是每小时温度上升 5℃的斜线。按上述规定，2 与 3 的切点所代表的温度 t_0 就认为是达到热平衡时的稳定温度。t_0 与当时的室温 t_1 之差 t_2，就是温升。

主轴箱的温度不可能是到处都相同的。热源处温度较高，其它地方较低。上文所说的稳定温度和温升，指的就是温度最高处的温度和温升。一般机床的主轴箱，往往就是主轴轴承处的温度和温升。GB9061-88 规定，普通精度级机床，当主轴以最高转速空运转达到热平衡时，主轴轴承的温度和温升：滑动轴承温度不超过 60℃，温升不超过 30℃；滚动轴承温度不超过 70℃，温升不超过 40℃。标准既规定了最大温升，又规定了最高温度。这里的温升实际上是滑动轴承的轴瓦或滚动轴承外圈的温升。轴颈的温升由于散热条件较差要更高些。这就会加大滚动轴承的预紧（过盈）或减小滑动轴承的间隙。温升过高前者会使滚动轴承损坏，后者会导致滑动轴承间隙消失而"抱轴"。主轴滑动轴承间隙很小，故允许的温升要比滚动轴承低些。温度过高会使润滑油的粘度过度降低，或使润滑脂融化流失。故还需规定最高温度。

热量主要是从某几个热源发出的。所以热源处温度最高，离热源越远则温度越低。这就形成了温度场。温度场是以等温线表示的。例如主轴箱前端面，如热源是主轴轴承，则等温线如图 8-19 所示。

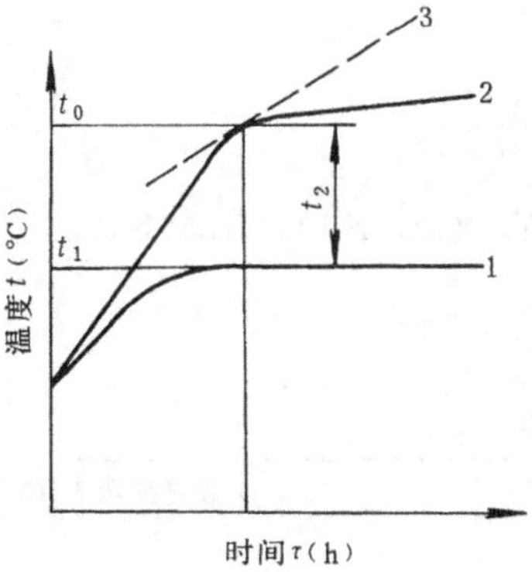

图 8-18　温升曲线

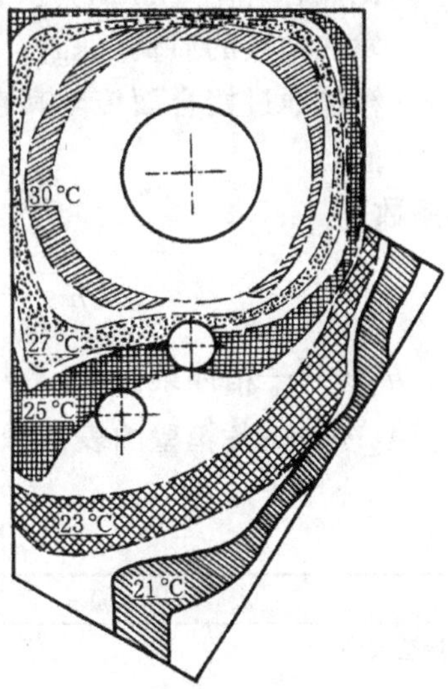

图 8-19　倾斜床身车床主轴箱的温度场

事实上，热源往往不止一个。例如若主轴箱底部是油池，热油聚集在内，就将形成另一个热源。此外，箱体的厚度也不会均匀。这时，等温线将表现为复杂的曲线。由于各处温度不同，将产生不均匀的热变形，从而进一步影响加工精度。

二、主轴箱的温升估算

通用机床（包括数控机床）中象车、钻、镗、铣类机床，各部件中发热最多的是主轴箱。因此，有必要对主轴箱的温升进行估算。如果发现温升过高，则在设计阶段就可采取措施。例如加强通风，箱体增加散热片，润滑油专设油箱进行外循环，润滑油设冷却装置等。

1. 主轴箱的发热

主轴箱的较高运转温度，出现在主轴高速空载连续运转达到平衡温度时。因此，主轴箱的发热量 Q，可认为是由主轴以最高速旋转时空转功率损失 $P_{空}$ 转化来的。

$$Q = P_{空}\ (\mathrm{kW}) = 1000P_{空}$$

空转功率损失 $P_{空}$ 的计算公式，见第七章式（7-10）。

2. 主轴箱体的平均温升估算

箱体内有多个热源，如轴承、齿轮等。它们的发热不同。又分布在箱体内各个部分。箱体各表面的散热条件又不一致。故箱体内各处的温度并不均匀。在设计时，可估算箱体的平均温升。如发现温升过高，可在设计阶段就考虑采取措施。

运转 t 小时后，主轴箱的平均温升 θ（K）可用下式估算

$$\theta=(1-\psi)\frac{Q}{hA}(1-e^{\frac{t}{\tau}})$$

$$\tau=\frac{cm}{hA}(s)=\frac{cm}{3600hA} \tag{8-11}$$

式中 τ——时间常数（h）；

h——向周围环境的平均散热系数（W/（m^2·K））；

A——散热面积（m^2）；

c——比热容（J/（kg·K））。铸铁的 $c=500$J/（kg·K）；

m——发热物质的质量（kg）；

ψ——箱体通过接合面传至其它机件的热量比例。$\psi=0.15\sim0.2$。接触面较大时取大值。

平均散热系数

$$h=\frac{h_1A_1+h_2A_2+h_3A_3+\cdots}{A_1+A_2+A_3+\cdots} \tag{8-12}$$

式中 h_1、h_2…——箱体第1、2、…壁的散热系数（W/（m^2·K）），见表8-8。

A_1、A_2…——各箱壁的表面积（m^2）。

表8-8 表面散热系数

表面情况	散热系数 h（W/（m^2·K））
在自由流通空气中	
重型机床	3.5
中型和轻型机床	4.5～7
表面无直接吹向的气流，但邻接表面具有良好的直接吹向的气流	14～17.5
有伸出的光滑轴 $n\leqslant100$r/min	14～17.5
同上，$n=100\sim300$r/min，由此而产生气流	29～35
由旋转的卡盘、砂轮、带轮等产生良好的强迫吹向气流	
$n=500\sim1000$r/min	58～70
$n=1000\sim2000$r/min	70～93
$n=2000\sim3000$r/min	93～116
有散热片	
在静止空气中	116
在强烈运动气流中	350

〔**例8-4**〕 估算一车床主轴箱在主轴以最高转速运转时的平均温升。主轴和带轮转速皆为1400r/min，空转功率损失估算为 $Q=N_{空}=1725$W。箱体的尺寸见图8-20。箱体质量为500kg。

(1) 散热系数 h 箱体的面 1 前有高速旋转的卡盘，表面 3 之后有带轮，皆能产生良好的气流，取 $h_1=h_3=85\mathrm{W/(m^2\cdot K)}$。面积皆为 $0.355\times0.52\mathrm{m}^2=0.184\mathrm{m}^2$。表面 2、4、5 的邻接面有良好的气流，取 $h_2=h_4=h_5=16\mathrm{W/(m^2\cdot K)}$。表面 6 散热条件较差，取 $h_6=14\mathrm{W/(m^2\cdot K)}$。面积 $A_2=A_4=0.57\times0.355\mathrm{m}^2=0.202\mathrm{m}^2$，$A_5=A_6=0.52\times0.57\mathrm{m}^2=0.296\mathrm{m}^2$。故

$$h=\frac{85\times(0.184\times2)+16\times(0.202\times2+0.296)+14\times0.296}{0.184\times2+0.202\times2+0.296\times2}\mathrm{W/(m^2\cdot K)}$$

$$=34.2\mathrm{W/(m^2\cdot K)}$$

(2) 散热面积 $A=(0.184+0.202+0.296)\times2\mathrm{m}^2=1.364\mathrm{m}^2$

(3) 时间常数 根据式 (8-11)

$$\tau=\frac{500\times500}{3600\times34.2\times1.364}\approx1.5\mathrm{h}$$

(4) 求箱体平均温升 取 $\psi=1.75$

当 $t=1\mathrm{h}$ 时 $\theta_1=(1-0.175)\times\dfrac{1725}{34.2\times1.364}\times(1-e^{-\frac{1}{1.5}})\approx15℃$

$t=2\mathrm{h}$ 时 $\theta_2=(1-0.175)\times\dfrac{1725}{34.2\times1.364}\times(1-e^{-\frac{2}{1.5}})\approx22.5℃$

$t=3\mathrm{h}$ 时 $\theta_3=26.4℃$

从以上计算可以看出，运转 2 小时至 3 小时之间，温升已小于 4℃，可以认为已达到热平衡。箱体平均温升约为 27℃。作为普通精度级机床主轴箱，可以不用采取专门的降温措施。

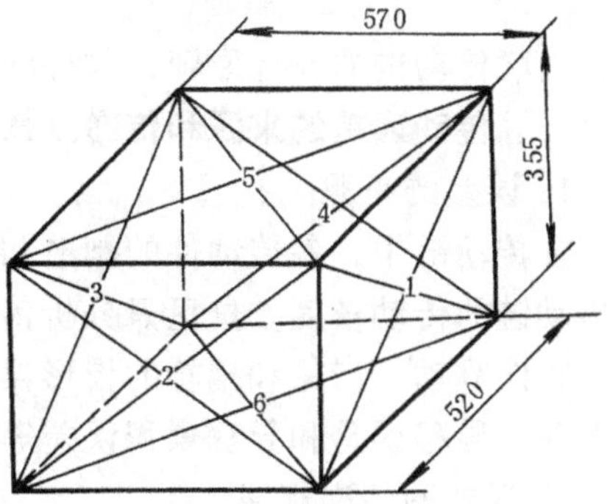

图 8-20 主轴箱体尺寸图

三、减少热变形的途径

减少热变形可通过下列途径：减少发热量；加强散热，并使热量少传给影响精度较直接的零部件；使温度均匀；使热变形少影响精度。

1. 减少发热量 机床的功率，大部分由主运动系统传递。因此，设计主运动系统时，必须考虑减少发热问题。大体有下列途径。

尽量简化传动系统。达到同一目的，最简单的方案是最好的方案。包括降低发热量在内。

在主轴高速运转时，某些不参加工作的轴和齿轮如背轮机构应脱开，不使它随着空转。

在传动系统中，不要使某些轴转速过高。

避免采用机械效率低的传动副，如蜗杆蜗轮副。但某些低速、小功率机床例外，如丝杠车床。

较长的传动轴尽量在一端轴向固定，另一端留有膨胀的余地。如图 8-13 所示。

齿轮箱的润滑有两种方式：内循环和外循环润滑。内循环时箱体用作油箱；外循环则另设油箱，用过的油回到油箱再用泵抽回齿轮箱。显然，油箱可起冷却作用，外循环有利于降

低温升。但是，内循环比较简单，故仍有采用。这时，油池的油平面要低到使齿轮碰不到，以免高速旋转时对油搅拌而发热。

齿轮和滚动轴承的润滑油供应量要适当：既不能没有油，也不要供油过多。供油过多将因搅拌作用而增加发热，效果将适得其反。一般情况下，油能不断地滴进去就可以了。

主运动采用分离传动，使主轴箱内仅保留主轴。这种办法虽然并不能减少主运动系统总的发热量，但能减少主轴箱的发热量。

2. 散热和隔热　机床虽有一定的发热量，但热量如能很快地散入周围环境，则温升还是不会很高的。如果发现温升过高，可采取下列措施加强散热：(1) 加大散热面积，如适当加大箱体，加设散热片等。散热片的方向应与气流方向一致。如果局部温度过高，也可仅在热源附近设置散热片。(2) 使热源周围空气流通。如果自然通风不够，可加设风扇。对于发热较多的机床，可用冷却器（如汽车的冷却水箱）、风扇冷却或用致冷剂致冷。这在数控机床和精密机床上已有应用。

3. 均热　影响精度的，不仅是温升，更重要的是温度不均的影响。因此还应考虑均热问题。例如车床主轴箱，前后轴承温度不同将使轴线倾斜。如果把温度较高的轴承用过的油引向温度较低的轴承，就可减少轴承之间的温差，从而减少轴线的倾斜。

第七节　内联传动链的设计原则

内联传动链的设计原则，与外联传动链不同，是从保证传动精度出发的。

一、传动误差的来源和传递规律

1. 误差的来源

在传动链中，各传动件的制造和装配误差，以及因受力和因温度变化而产生的变形都影响传动链的传动精度。这里只分析传动件制造误差的影响。传动件的误差，包括传动件的径向和轴向跳动，齿轮和蜗轮的齿形误差、周节误差和周节累积误差，丝杠、螺母和蜗杆的半角误差、导程误差和导程累积误差等。

2. 误差的传递规律

图 8-21 是简化了的滚齿机展成链。图 a 是传动系统图，图 b 是它的转速图。运动自轴Ⅴ分两路传出。一路经传动副 i_4、i_3、i_2、i_1 传至滚刀主轴Ⅰ，另一路经 i_5、换置器官 i_x、i_6 传至工作台Ⅷ。直接影响展成链传动精度的是工件相对于滚刀的转角误差 $\Delta\varphi_\Sigma$，即滚刀每一转，工件（工作台）的实际转角不是 $360^\circ\frac{K}{z}$，而是 $360^\circ\frac{K}{z}\pm\Delta\varphi_\Sigma{}^\circ$（$K$——滚刀头数，$z$——工件齿数）。

从轴Ⅴ传往工作台的一路，设传动副 i_5 的各种误差使轴Ⅵ的转动产生转角误差 $\Delta\varphi_5$；i_x 的各种误差使轴Ⅶ的转动产生转角误差 $\Delta\varphi_x$ 等等。从轴Ⅴ传往滚刀主轴的一路，设传动副 i_4 使轴Ⅳ的转动产生转角误差 $\Delta\varphi_4$……。依此类推。这些误差都经过其后的一些传动副传到主轴和工作台。

主轴的转角误差：

由于 i_4 的误差　　　$\Delta\varphi_4 i_3 i_2 i_1$

由于 i_3 的误差　　　　$\Delta\varphi_3 i_2 i_1$

由于 i_2 的误差　　　　$\Delta\varphi_2 i_1$

由于 i_1 的误差　　　　$\Delta\varphi_1$

工作台的转角误差

由于 i_5 的误差　　　　$\Delta\varphi_5 i_x i_6$

由于 i_x 的误差　　　　$\Delta\varphi_x i_6$

由于 i_6 的误差　　　　$\Delta\varphi_6$

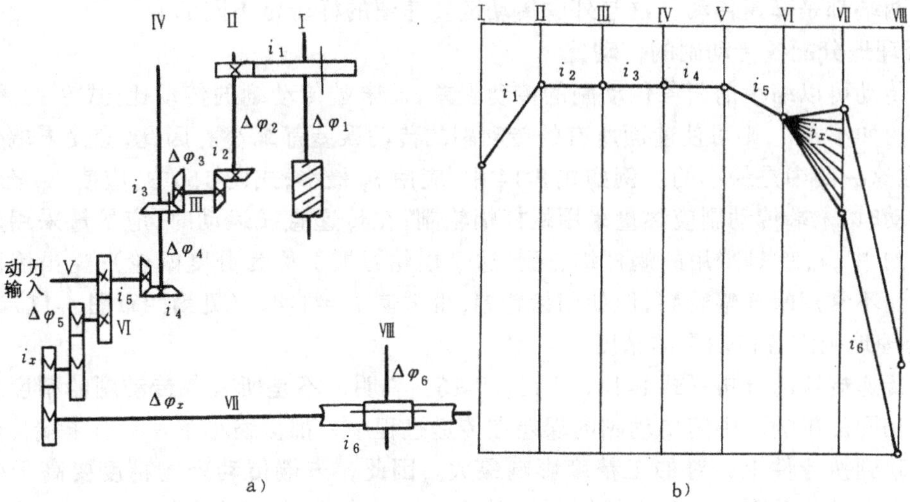

图 8-21　滚齿机范成链

转角误差都是向量，总转角误差应为各分量的向量和。在向量的方向未知的情况下，可取均方根值。即滚刀主轴的总转角误差：

$$\Delta\varphi_{刀} = \sqrt{(\Delta\varphi_4 i_3 i_2 i_1)^2 + (\Delta\varphi_3 i_2 i_1)^2 + (\Delta\varphi_2 i_1)^2 + \Delta\varphi_1^2} \tag{8-13}$$

工作台总转角误差

$$\Delta\varphi_{台} = \sqrt{(\Delta\varphi_5 i_x i_6)^2 + (\Delta\varphi_x i_6)^2 + \Delta\varphi_6^2} \tag{8-14}$$

主轴与工作台之间的相对转角误差是主轴的总转角误差与工作台的总转角误差的综合：

$$\Delta\varphi_{\Sigma} = \sqrt{\left(\Delta\varphi_{刀}\frac{K}{z}\right)^2 + (\Delta\varphi_{台})^2} \tag{8-15}$$

一对齿轮每转的转角误差为

$$\Delta\varphi = \sqrt{(F_{R_1}/R_1)^2 + (F_{R_2}/R_2)^2} \tag{8-16}$$

式中　F_{R_1}、F_{R_2}——主、被动轮的齿距累积公差。根据齿轮第Ⅰ公差组的精度等级和分度圆周长之半而定，查齿轮公差表；

R_1、R_2 ——主、被动轮的分度圆半径。注意 F_R 和 R 的单位必须相同。

二、提高传动精度的措施和内联传动链的设计原则

从上面的分析，可以得出下列提高传动精度的措施。这同时也是设计内联传动链的原则。

1．缩短传动链

传动链中传动副越少，即式（8-14），（8-15）中的项目越少，或者说传动链越短，则误差也越少。

2．采用降速传动

如果各传动副的传动比 i_1、i_2、…小于 1，即从传动链的中间轴往传动链两端传的各传动副为降速传动，则中间传动副的误差反映到末端件是缩小的，且表现为高频误差。如为升速，则误差将会扩大。因此，内联传动链的转速图应如图 8-21b 所示的那样，使中间轴的转速高，往两端都是降速传动。这与外联传动链转速图的样子是不同的。

3．合理地分配各传动副的传动比

降速传动可以缩小前面各传动副的传动误差，而末端传动副的传动比（式 8-13 和 8-14 中的 i_1 和 i_6）如小于 1，则可使前面所有的传动副的传动误差都缩小。因此，应使末端传动件的传动比，在这一路中是最小的。例如式 8-14 中，应使 i_1 最小；式（8-15）中，应使 i_6 最小。在传递旋转运动时，末端传动副应尽量采用蜗杆蜗轮副；在传递直线运动时，应尽量采用丝杠螺母副。图 8-21 中，i_6 就是采用的蜗杆蜗轮副（这个蜗轮习惯上称为分度蜗轮）；i_1 虽因滚刀主轴转速较高而不常用蜗杆蜗轮副，但如用齿轮副，也常使 $i_1 = 1/4$。（见第四章图 4-11）

4．合理地确定各传动副的精度

误差传递规律的分析（式 8-14，8-15，8-16）说明，不是所有各传动副的精度对加工误差都具有相同的影响。中间传动副的误差在传递过程中，都被缩小了。只有末端传动副的误差直接反映到执行件上，对加工精度影响最大。因此，末端传动副的精度要高于中间传动副。在两个末端传动副中，分度蜗轮副的误差 $\Delta\varphi_6$ 直接影响相对转角 $\Delta\varphi_\Sigma$，而滚刀主轴传动副的误差 $\Delta\varphi_1$ 则还要乘以 K/z 而缩小。因此常使传往滚刀主轴的齿轮副 i_1 的精度，比中间传动副高 1 级；分度蜗轮副 i_6 则高 2 级。以上所说的精度等级，主要是指第Ⅰ公差组（影响运动准确性的误差）。第Ⅱ、Ⅲ公差组（影响传动平稳性和载荷分布均匀性的误差），可比第Ⅰ组低一级或相同。

5．合理选择传动机件

内联传动链中不能有传动比不准确的传动副，如摩擦传动副。分度蜗轮的直径要尽量取得大些。如果蜗轮直径大于工件直径，则同样的角度误差在工件分度圆上的线性误差如周节误差是缩小的。在齿轮加工机床上，由于受力较小，在保证耐磨性的前提下，分度蜗轮的齿数可以取得多些，模数可以取得小些。因为同样的精度等级，模数越小，允许的周节误差也越小。同样，在保证耐磨性的前提下，丝杠的导程也应取得小些。以便减小中间传动副的误差对总误差的影响。

蜗杆的径向振摆将引起蜗轮的转动；梯形牙丝杠的径向振摆将引起螺母的轴向移动；斜齿齿轮的轴向窜动将引起被动轮的转动。所以，内联传动链分度蜗轮副的齿形角常小于 20°。普通精度级机床常取 $\alpha = 15°$，高精度级机床常取 $\alpha = 12°30'$ 或 10°。丝杠有用矩形牙的。但矩形牙不能磨削，如用开合螺母，则闭合困难，故又常用齿形角小于 30°的梯形牙，如 15°或 10°。齿轮也宁愿用直齿。

6．采用校正装置

为了进一步提高精度，可以采用校正装置。校正装置可以是机械的，也可采用一些现代化的手段进行补偿。例如在加工螺纹时，在主轴上装圆光栅，根据主轴的转角就可计算出刀架的准确（理论）移距。用长光栅、感应同步尺或激光干涉仪测出刀架的实际移距。两者比较，根据其误差使刀架获得补偿运动以补偿其误差。滚齿机可以在滚刀主轴上装圆光栅。根据主轴转角可以计算出装工件的工作台的理论转角。工作台上也装圆光栅，可以测出工作台的实际转角。两者比较，根据其误差通过差动机构使工作台获得补偿运动。

参 考 文 献

1 戴曙主编．金属切削机床设计．北京:机械工业出版社,1981

2 戴曙主编．金属切削机床设计(修订版)．北京:机械工业出版社,1985

3 机床设计手册,第1、2、3册．北京:机械工业出版社,1978,1980,1986

第九章　数控机床进给系统

数控机床进给系统的原理，见图 9-1。在图 a 中，数控系统 1 内的脉冲发生器 A 发生频率恒定的脉冲或矩形波（以下统称脉冲），经控制装置 B 调制后，成为进给指令。然后再经放大一伺服系统 2，伺服电动机 3，机械传动机构 4，拖动进给执行器官 5（如工作台）。数控系统的控制装置根据预先编好的程序，不断改变进给指令，使工作台实现快进、进给、快退、停止，并可在进给过程中不断地改变进给速度。进给为外联系传动链，以每分钟执行器官的移动量计。这种系统用于数控铣床、钻床、磨床、镗铣加工中心等。

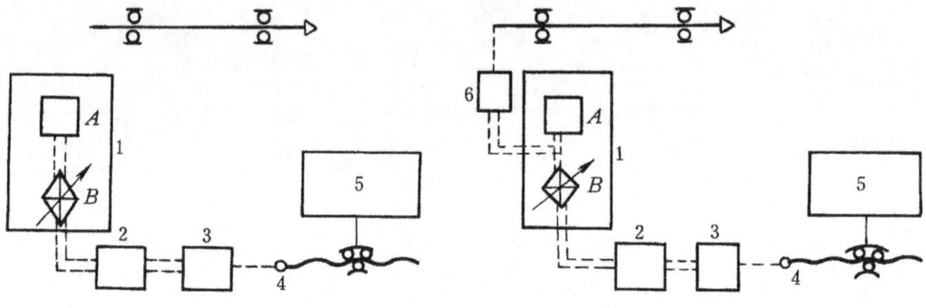

图 9-1　数控机床进给系统原理

数控车床要切螺纹，故主轴至刀架的传动链有可能为内联系传动链。原理图见图 9-1b。另有脉冲发生器 6 与主轴作机械的联系，能发出与主轴转速成一定比例的脉冲。在切螺纹时，脉冲发生器 6 取代 A，使这条传动链成为内联系传动链。

数控机床的放大—伺服系统，按其控制方式，可分为开环（Open loop）、半闭环（Semi-closed loop）和闭环（Closed loop）三类。

图 9-2a 是开环系统。数控系统发出的进给指令脉冲进入放大—分配装置，按一定的规律将放大后的脉冲分配到步进电动机（Step motor）的各极。每接受一个脉冲，步进电动机转一定的角度，从而带动执行器官使之按程序的规定运动。如果步进电动机输出的转矩不够，可在步进电动机后接一个液压转矩放大器。

图 9-2b 是半闭环系统，图 9-2c 是闭环系统。两者的原理是相同的。数控系统发出的指令经伺服系统（Servo system），伺服电动机（Servo motor）带动执行器官。反馈信号发生器发出反馈信号（Feed-back signal），输至伺服系统，与数控系统发来的指令相比较。检查指令是否被正确地执行。这两个系统的差别在于：半闭环系统的反馈信号是从伺服电动机轴或传动机构（图中以滚珠丝杠为代表）处发出；闭环系统则从执行器官（刀架或工作台）处发出。因此，从整个系统有否反馈来分，实际上只有两种：开环和闭环。闭环则包括半闭环和全闭环。全闭环习惯上简称为闭环。

开环较简单。但如果负荷突然加大，或者脉冲频率变化剧烈，则执行器官的运动有可能发生误差，这就是常说的“失步”现象。在数控机床发展的初期（50 年代和 60 年代初），开环曾被广泛地采用。后因“失步”现象未解决而逐步让位于半闭环和闭环。近年来，步进电机技术有了很大的发展。今后开环系统仍有可能占有一席之地。

闭环系统有反馈，可以检查指令的执行情况，所以精度较高。其中半闭环系统的反馈信号来自伺服电动机轴或滚珠丝杠，不能纠正丝杠的导程误差和丝杠轴承的轴向跳动以及受力后丝杠、轴承的变形，因而精度比全闭环要低一些。但是，执行器官和传动机构构成一个振荡环节：执行器官代表质量，传动机构是一个弹性元件，代表刚度。半闭环系统不包括这个振荡环节，一般不易引起振荡。因此，设计半闭环系统和设计全闭环系统的出发点是不同的。设计半闭环系统主要考虑保证系统的定位精度；设计全闭环系统应计算其稳定性，在保证有足够稳定性的条件下决定系统的参数。

目前，数控机床的进给伺服系统多数仍为半闭环。闭环系统主要用于要求精度较高的地方，如精度要求较高的镗铣加工中心。本章将主要叙述半闭环伺服系统的设计。

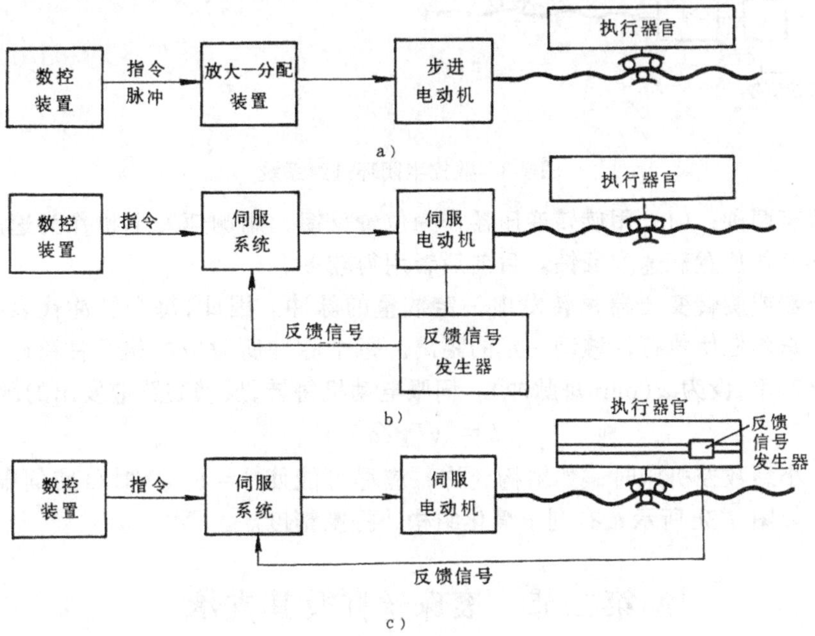

图 9-2　开环、半闭环和闭环原理

第一节　运　动　设　计

数控机床半闭环进给系统见图 9-3a、b、c。在图 a 中，伺服电动机（Servo-motor）2 经齿轮副 3（或同步齿形带副），滚珠丝杠（Ball screw）4 拖动工作台 5。反馈（Feed-back）装置 1 与电动机轴相联，发出反馈信号。图 b 与图 a 基本相同，但反馈装置装在丝杠的端部。在图 c 中，伺服电动机直接与丝杠联接。图 a 和图 c 的优点是可以把反馈装置（如旋转变压器（Rotary transformer）、测速发电机（Techo-generator）、脉冲编码器（Impulse encorder）等装在伺服电动机内，成为一个部件。订购伺服电动机时就可指定内装的反馈装置，一起订货。图 b 的优点是齿轮等传动副 3 处于半闭环之内，其传动误差可由反馈校正。

设传动副 3 的传动比为 i，丝杠 4 的导程为 P_h（mm），执行机构的最高速度为 v_{max}

(m/min)，伺服电动机的最高转速为 $n_{m\max}$ (r/min)，丝杠的最高转速为 $n_{\max}$，则

$$n_{\max}=\frac{1000v_{\max}}{P_h} \tag{9-1}$$

$$i=n_{\max}/n_{m\max} \tag{9-2}$$

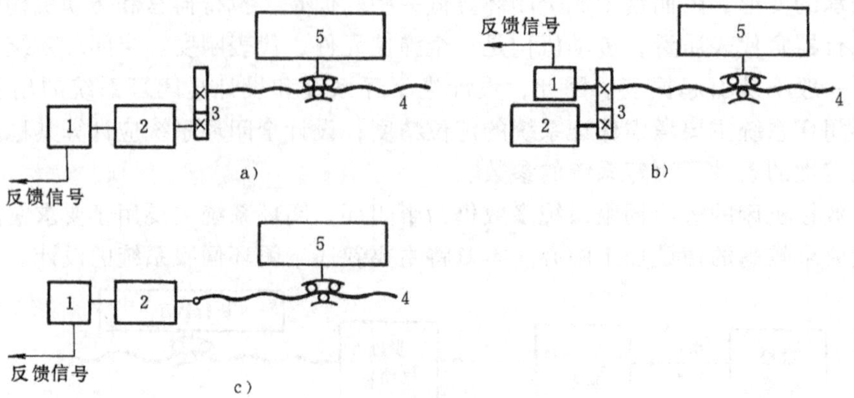

图 9-3　数控半闭环进给系统

反馈装置有两种：(1) 用旋转变压器作为位置反馈，用测速发电机作为速度反馈；(2) 用脉冲编码器兼作位置和速度反馈。目前后者用得较多。

脉冲编码器或旋转变压器每转发出一定数量的脉冲。因此，每个脉冲代表一定的转角。这个转角经滚珠丝杠使执行件移动一定的距离。每个脉冲所对应的执行件移距，称为脉冲当量或增量或分辨率，设为 a(mm 每脉冲)。伺服电动机每转，反馈装置应发出的脉冲数 b 为

$$b=(P_h/a)\ i \tag{9-3}$$

设计中、小型数控机床时，如结构允许，应尽可能使 $i=1$。这时可使伺服电动机直接与丝杠联接，如图 9-3c 所示，有利于简化结构，提高精度。

第二节　滚珠丝杠及其支承

数控机床为了提高进给系统的灵敏度、定位精度和防止爬行，必须降低摩擦并减少静、动摩擦系数之差。因此，行程不太长的直线运动机构常用滚珠丝杠副(Ball screw)。

滚珠丝杠副的传动效率高达 85%～98%，是普通滑动丝杠副的 2～4 倍。滚珠丝杠副的摩擦角小于 1°，因此不自锁。如果滚珠丝杠副驱动升降运动（如主轴箱或升降台的升降），则必须有制动装置。

滚珠丝杠的静、动摩擦系数实际上没有什么差别。

滚珠丝杠可以消除反向间隙并施加预载，有助于提高定位精度和刚度。

滚珠丝杠由专门工厂制造，可以外购。

一、滚珠丝杠的工作原理

图 9-4a 为滚珠丝杠的原理图。丝杠 1 和螺母 3 之间填入钢珠 2。这就使丝杠与螺母之间的运动成为滚动。丝杠、螺母和钢珠都由轴承钢制成，经淬硬、磨削。螺纹截面为圆弧，其半径略大于钢珠半径。钢珠密填。根据其回珠方式，可分为两类。图 9-4b 中，钢珠从 A 点

走向B点、C点、D点然后经返向回珠器4从螺纹的顶上回到A点。螺纹每一圈形成一个钢珠的循环闭路。回珠器处于螺母之内，称为内循环。图c中，每一列钢珠转几圈后经插管式回珠器5返回。插管式回珠器位于螺母之外，称为外循环。内、外循环的差别在于螺母，丝杠是相同的。

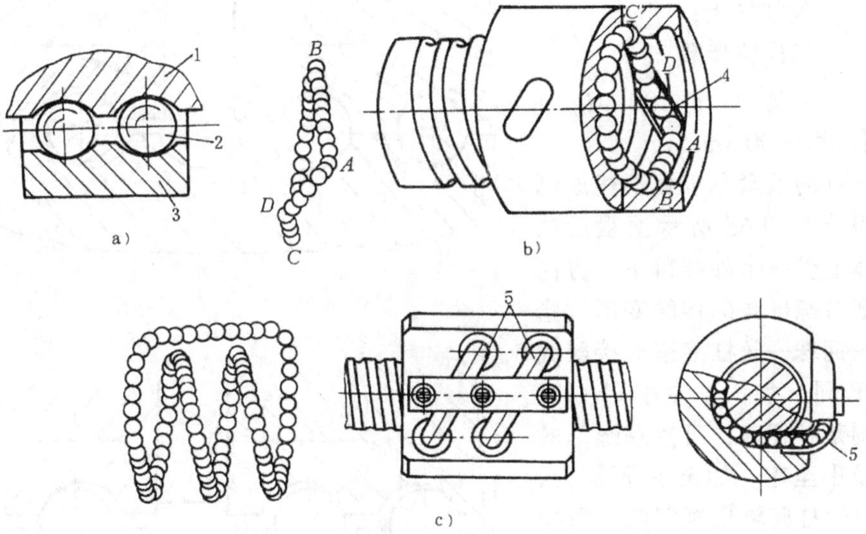

图 9-4　滚珠丝杠原理

钢珠每一个循环称为一列。每一列内每个导程称为一圈。内循环每列只有一圈。外循环则每列有1.5圈、2.5圈、3.5圈等几种。剩下的半圈用作回珠。通常，内循环每个螺母有3列、4列、5列等几种。外循环则种类较多：例如有1列2.5圈，1列3.5圈，2列1.5圈，2列2.5圈等。

滚珠丝杠副按其用途分为定位滚珠丝杠副（P类）和传动滚珠丝杠副（T类）。精度有1、2、3、4、5、7、10七级。1级最高，以后递降。用于数控机床进给系统的是P类，精度主要为1、2两级。分别以P1、P2表示。丝杠精度可按“任意300mm内行程变动量V_{300}”选择。这项允差1级精度为6μm，2级为8μm。

滚珠丝杠的长度是受到精度的限制的。例如有的工厂规定，直径在30mm及以上的1级丝杠，螺纹部分的长度不得超过1m。选择丝杠时应注意。

二、滚珠丝杠副的消除间隙和预加载荷

滚珠丝杠可以消除反向间隙。为了提高刚度，还可使它在过盈的条件下工作，即可以预加载荷，或称预紧（Preload）。

消除间隙和预加载荷有多种方法。在机床上常用的是双螺母法，如图9-5所示。图中，1是丝杠，2是左螺母，4是右螺母，3是钢珠。图a把左、右螺母往两头撑开；图b向中间挤紧。这时接触角为45°。左、右螺母接触方向相反。预加载荷力为F_0。左、右螺母装在一个共同的螺母体内。这就可使螺母作为一个整体，与丝杠间处于无间隙或过盈状态以提高接触刚度。

常见的消除间隙和预加载荷的方式有垫片式和齿差式。图9-6a为使垫片比零间隙时两螺母端面间的距离厚δ，把左、右螺母往两头撑开。图b为垫片略薄，靠螺钉拧紧，把左、

右螺母压紧。图 c 为齿差式。左、右螺母上各制有外齿轮，齿数常相差 1，这两个外齿轮又与固定在螺母体两侧的两个齿数相同的内齿轮 1 和 2 相啮合。两个螺母同向转一个齿，则两螺母的相对轴向位移 s_0 为

$$s_0 = P_h / z_1 z_2 \qquad (9\text{-}4)$$

式中　P_h——丝杠导程；

z_1、z_2——两齿轮齿数。

如 z_1、z_2 分别为 99 和 100，$P_h = 10\text{mm}$，则 $s_0 \approx 0.001\text{mm}$。

滚珠丝杠的预紧是根据下述原则确定的：设在图 9-6d 所示预紧后的滚珠螺母体上受一个外载荷 F，方向为向右，则右螺母 4 的接触变形（指螺母滚道—钢珠—丝杠滚道沿接触线的变形，下同）加大，左螺母则减小。F 大到某种程度，可使左螺母的接触变形减小至零。如果 F 再加大，则左螺母与丝杠间将出现间隙，影响定位精度。可以证明，使不受力侧的螺母（图 9-5a 为左螺母，图 b 为右螺母）接触变形降至零的外载荷 F，约等于预加载荷 F_0 的 3 倍，（准确值为 2.83 倍），$F \approx 3F_0$。因此，滚珠丝杠的预加载荷 F_0，应不低于丝杠最大轴向载荷的 1/3。预紧后的刚度，可提高到为无预紧时的 2 倍。但是，预加载荷过大，将使寿命下降和摩擦力矩加大。通常，滚珠丝杠在出厂时，就已由制造厂调好预加载荷。预加载荷往往与丝杠副的额定动载荷 C_a 有一定的比例关系。例如有的工厂定 $F_0 =$（1/9～1/10）C_a。如果这个 F_0 值大于最大轴向载荷的 1/3，则订货时对预加载荷不必提特殊要求。

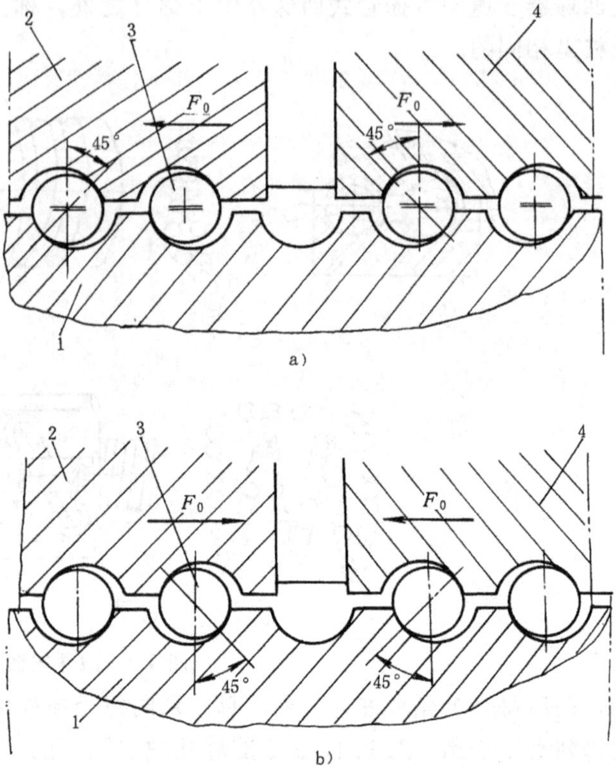

图 9-5　滚珠丝杠副的消除间隙和预加载荷

三、滚珠丝杠的计算

1. 疲劳强度计算

滚珠丝杠应根据其额定动载荷选用，其计算原理与滚动轴承计算相同。额定动载荷可从样本或手册中查得。

滚珠丝杠的当量动载荷 C_m 为

$$C_m = \frac{F_m \sqrt[3]{L} f_w}{f_a} \qquad (9\text{-}5)$$

式中　F_m——轴向平均载荷（N）。

所选的丝杠副，其额定动载荷 C_a 不得小于此值：$C_a \geqslant C_m$。若载荷是变化的且其时间分配不明时，可取

$$F_m = \frac{2F_{\max} + F_{\min}}{3};$$

$F_{\max}$、$F_{\min}$——丝杠的最大、最小工作载荷（N）；

L——工作寿命，单位为 10^6 转。$L=\frac{60n_{av}h}{10^6}$；

n_{av}——平均转速，$n_{av}=\frac{2n_{\max}+n_{\min}}{3}$（r/min）；

h——以小时为单位的工作寿命（h）。一般机床可取 $h=10000$h，数控机床可取 $h=15000$h；

f_a——精度系数。1、2 级取 $f_a=1$；3、4 级取 0.9；

f_w——运转状态系数。无冲击取 1～1.2，一般情况取 1.2～1.5，有冲击振动取 1.5～2.5。

2. 刚度计算

滚珠丝杠副的变形包括丝杠与螺母之间的接触变形和丝杠的拉压变形。丝杠的扭转变形较小，对纵向变形的影响更小，可忽略不计。螺母座只要设计合理，其变形也可忽略不计。上述接触和拉压变形之和除轴向载荷，即为丝杠副的轴向刚度。

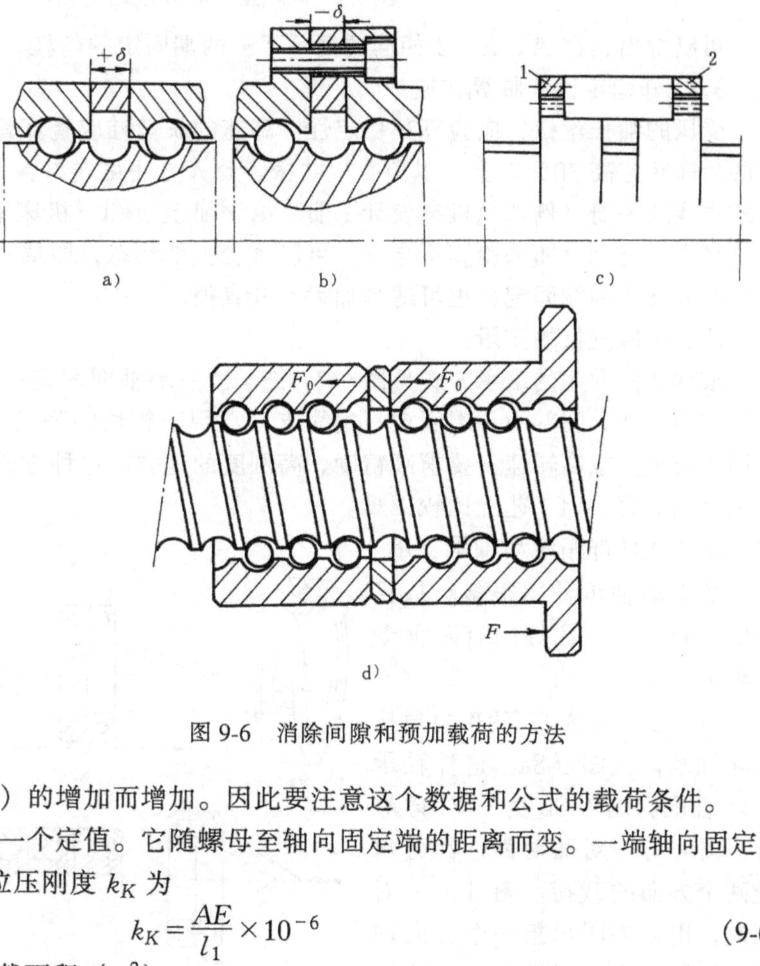

图 9-6　消除间隙和预加载荷的方法

滚珠丝杠螺母副的接触刚度可查样本。有的工厂在样本上直接给出刚度值，有的则给出计算公式。要注意的是接触刚度是非线性的，不是一个定值。它随载荷（包括外载荷和预加载荷）的增加而增加。因此要注意这个数据和公式的载荷条件。

丝杠的拉压刚度也不是一个定值。它随螺母至轴向固定端的距离而变。一端轴向固定的丝杠（图 9-7a 和 b），最小拉压刚度 k_K 为

$$k_K=\frac{AE}{l_1}\times10^{-6} \tag{9-6}$$

式中　A——螺纹底径处的截面积（m^2）；

E——弹性模量。钢的 $E=2\times10^{11}$（N/m^2）；

l_1——螺母至固定端的最大距离（m）。

两端固定的丝杠（图 9-7c），最小拉压刚度产生在螺母处于中间位置时，刚度 k_K 为

$$k_K=\frac{4AE}{l}\times10^{-6} \tag{9-7}$$

式中　l——两固定端的距离（m）。

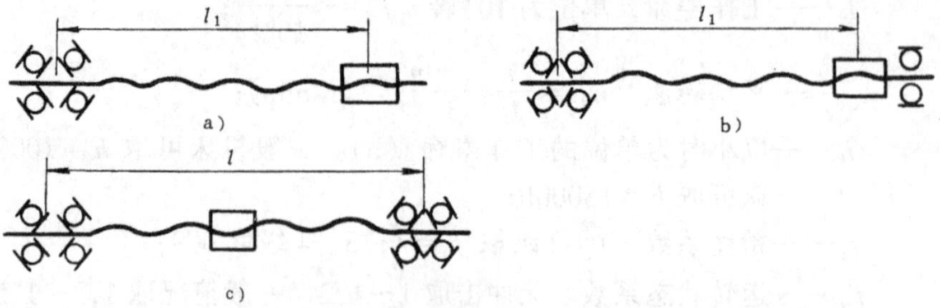

图 9-7　滚珠丝杠常用的支承方式

可以看出，在 A、E、l 相同的情况下，两端固定的丝杠，刚度为一端固定时的 4 倍。

3．压杆稳定性和临界转速

受压的细长丝杠，应验算其稳定性。高速的长丝杠应验算其临界转速，使临界转速比丝杠的最高转速高 30％以上，以免发生共振。计算方法见《材料力学》和《理论力学》。计算公式也能从手册（例如《机床设计手册》第 2 册上册和《机床滚动轴承应用手册》）和滚珠丝杠样本上查到。如果验算不合格，可以改变支承状态，即从一端固定一端自由改为一端固定一端简支或两端固定，也可适当加大丝杠直径。

四、滚珠丝杠的支承

滚珠丝杠常用的支承方式见图 9-7。图 a 为一端轴向固定一端自由，常用于短丝杠和竖直安装的丝杠。图 b 为一端固定一端简支，常用于较长的卧式安装丝杠。图 c 为两端固定，常用于长丝杠或高转速、要求高精度、高刚度的地方。这种方式还可以预拉伸。这种安装方式虽优点显著，但工艺上比较困难。

滚珠丝杠都用滚动轴承支承。可用的滚动轴承种类很多。从目前情况看来，占优势的有两种专用轴承：

（1）接触角为 60°的推力角接触球轴承，见图 9-8a。这种轴承可以组配。图 9-8b 为一对背靠背，图 c 为一对面对面。都可承受两个方向的载荷。图 d 为一对同向，用以共同承担一个方向的载荷。图 e 为一对同向与左边一个面对面等。由于螺母（固定在床鞍上）与丝杠（固定在床身上）的同轴度难免有某些误差，希望轴承有一定的自动调心作用。面对面组配时，两接触线与轴线交点间的距离 a 比背靠背时小，调

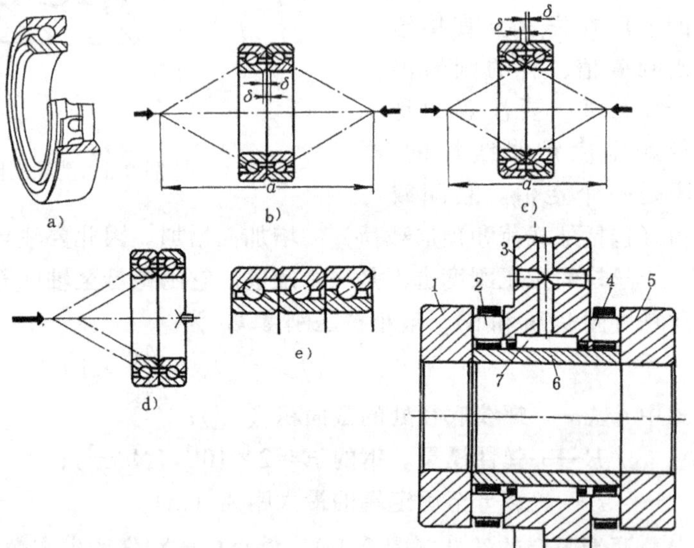

图 9-8　滚珠丝杠轴承

心较易。所以丝杠轴承面对面组配用得比较多。

这种轴承是在预加载荷的条件下组配的。面对面组配时，外圈端面各磨去 δ（图 9-8c）。装配时压紧外圈。背靠背组配时，内圈端面各磨去 δ（图 9-8b），装配时压紧内圈。就可施加预加载荷。δ 越大，预载也越大。同向组配时（图 d 及图 e 右边两个）应使两轴承同时接触以分担载荷。制造厂规定了预加载荷值及其起动摩擦力矩。有的还给出轴向刚度值。如果未给出刚度，可根据第十章式（10-5）和（10-7）计算。

（2）滚针—推力圆柱滚子组合轴承，见图 9-8f。静圈 3 与壳体固定不转，动圈 1 和 5、隔套 6 随轴转动。7 为滚针，径向支承丝杠。2 和 4 是两列圆柱滚子，装在保持架内，从双向轴向支承丝杠。6 为隔套，其长度决定轴承的轴向预紧量。

这两类轴承相比，前者的摩擦力矩小于后者，而且可以根据需要进行组合；但刚度要低些。滚针—推力圆柱滚子轴承多用于重载，要求高刚度的地方。

滚珠丝杠轴承根据轴向跳动的精度进行选择。刚度也是指轴向刚度。

简支端常用深沟球轴承，不预紧。

五、滚珠丝杠的预拉伸

滚珠丝杠在工作时难免要发热，其温度将高于床身。丝杠的热膨胀将使导程加大，影响定位精度。为了补偿热膨胀，可将丝杠预拉伸。预拉伸量应略大于热膨胀量。发热后，热膨胀量抵消了部分预拉伸量，使丝杠内的拉应力下降，但长度却没有变化。需进行预拉伸的丝杠在制造时应使其目标行程（螺纹部分在常温下的长度）等于公称行程（螺纹部分的理论长度，等于公称导程乘以丝杠上螺纹圈数）减去预拉伸量。拉伸后恢复公称行程值。减去的量称为“行程补偿值”。

〔**例 9-1**〕有一丝杠，螺纹部分长 $l_1=1100\text{mm}$，跨距（两端轴承间的距离）$l=1300\text{mm}$。工作时丝杠温度预计比床身高 $\Delta t=3℃$，求预拉伸量。

〔**解**〕热膨胀量 Δl_1 为

$$\Delta l_1=\alpha_l l_1 \Delta t \tag{9-8}$$

式中　α_l——线膨胀系数。钢的 $\alpha_l=11\times10^{-6}$

$$\Delta l_1=11\times10^{-6}\times1100\times3\text{mm}=0.036\text{mm}$$

预拉伸量应略大于 Δl。如定螺纹部分的预拉伸量为 0.060mm，则温升 3℃后还有 0.024mm 的剩余拉伸量。预拉伸力有所下降，但并未完全消失。螺纹部分的长度不变，故补偿了热膨胀。在向丝杠厂订货时，应说明行程补偿值为 $c=-0.06\text{mm}$。装配时应按跨距拉伸，拉伸量为 $cl/l_1=0.06\times1300/1100=0.071\text{mm}$。

图 9-9 是丝杠预拉伸的一种结构图。丝杠 2 两端都由滚针—推力圆柱滚子组合轴承支承。1 和 7 是左、右轴承座，内部结构相仿。右轴承座中，左动圈 3 顶紧在丝杠 2 的轴肩上。右动圈 6 靠螺母 8 与丝杠轴向固定。静圈 5 的左端经套 4 顶在座孔的台阶上，右端靠法兰 9 和螺钉压紧在座上。左、右轴承座分别靠 4 个螺钉 10 和 2 个锥销 11 固定在床身上（图中只表示了右轴承座，左轴承座亦同）。钻铰好锥销孔后，拆下右轴承座，把套 4 换一个比原来略厚的套。厚度增加量等于预拉伸量。按原锥销孔打入锥销，并用螺钉 10 将 7 固定。这时丝杠即被拉伸。最后装上法兰 9。

预拉伸力 F_0 可按材料力学的公式计算

$$\Delta l=\frac{F_0 l}{AE}=\frac{4F_0 l}{\pi d^2 E}$$

故

$$F_0=\frac{\pi d^2 E\Delta l}{4l} \tag{9-9}$$

式中　l——丝杠长度，等于两支承的跨距（m）；

A——丝杠截面积（m^2）；

d——丝杠螺纹底径（m）；

E——弹性模量（N/m^2），钢的 $E=2\times10^{11}N/m^2$。

〔**例 9-2**〕丝杠直径为 40mm，螺纹部分的长度为 1100mm，拉伸量为 0.06mm，求拉伸力 F_0

$$F_0=\frac{\pi\times0.04^2\times2\times10^{11}\times6\times10^{-5}}{4\times1.1}N=13700N$$

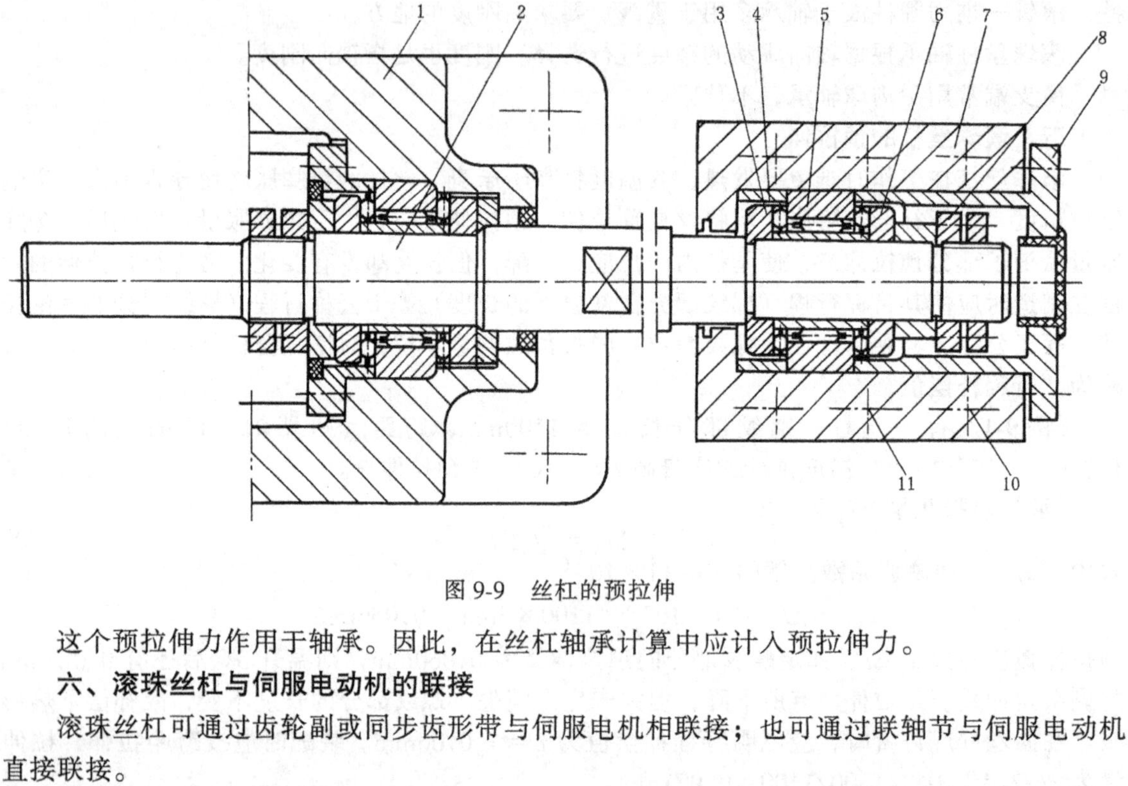

图 9-9　丝杠的预拉伸

这个预拉伸力作用于轴承。因此，在丝杠轴承计算中应计入预拉伸力。

六、滚珠丝杠与伺服电动机的联接

滚珠丝杠可通过齿轮副或同步齿形带与伺服电机相联接；也可通过联轴节与伺服电动机直接联接。

为了消除丝杠与电机轴之间的同轴度和垂直度误差，可用挠性联轴节或波纹管联轴节。图 9-10a 所示为挠性联轴节。柔性片 4 分别用螺钉和球面垫圈 3、5 与两边的联轴套 2 相联。通过柔性片传递力矩。柔性片由不锈钢制成，每片厚 0.25mm。这种联轴节已由专门工厂生产，其性能尺寸见《机床设计手册》第 3 册 $P496$。

图 9-10a 的轴和联轴套 2 靠锥环 6 摩擦联接。优点是不用制键槽，无反向间隙，轴与轮毂之间的位置可任意调节。摩擦联接还有一定的安全作用。目前，这种联接方式不仅广泛地应用于进给系统，还用于主运动。锥环联接的原理见图 b。1 为轴，5 为轮毂，其表面均为光滑圆柱面。3 为外环，外表面为圆柱，内表面为圆锥。4 为内环，外锥内柱。当拧紧压环 2 的螺钉时，锥面使外环胀大，内环缩小，分别与轮毂和轴压紧。其摩擦力矩用以传递转矩。若需传递的力矩较大，则可用两套以至三套锥环，如图 9-10c 所示。但是，每经过一套

锥环，轴向压紧力递减，所能传递的力矩不与锥环的套数成正比。如果锥环的锥半角取为17°，静摩擦系数为0.12，则一套、两套、三套锥环所能传递的最大力矩之比为1∶1.56∶1.87。所以，锥环不超过3套。锥环的计算和尺寸参数见《机床设计手册》第3册P497～500。

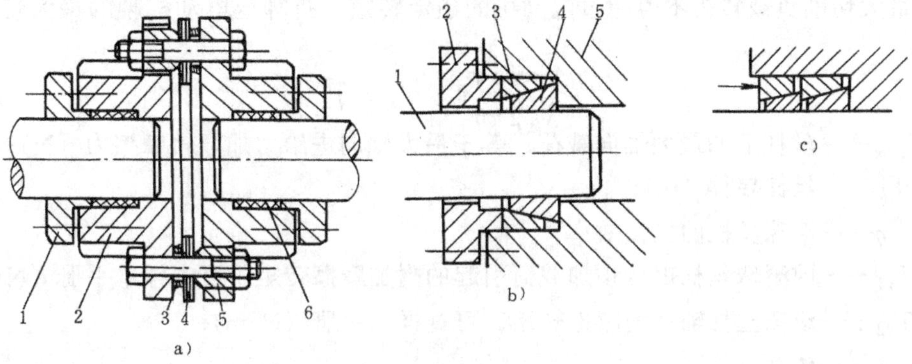

图9-10　挠性联轴节和锥环

第三节　伺服电动机

伺服电动机（Servomotor）有直流和交流两类。直流伺服电动机开发较早。交流伺服电动机国外于70年代末期开始应用于数控机床。由于交流伺服电动机没有电刷，因此寿命长，允许的转速高，还适宜于易燃易爆的环境中使用。交流伺服电动机发展很快，在国外已基本上取代了直流伺服电动机。在我国，交流伺服电动机也已采用，直流伺服电动机仍有应用仍较多。

图9-11是FB-15型直流伺服电动机的特性。其他型号的直流和交流伺服电动机的特性也近似。特性分为三个区域：连续工作区、断续工作区和加减速区。在连续工作区内，伺服电动机基本上是恒转矩输出，转速对转矩的影响不大。因此，就以连续工作区的最大输出转矩作为伺服电动机的额定转矩。只要载荷不超过额定转矩，伺服电动机就可在其转速范围内的任意转速下长期工作。

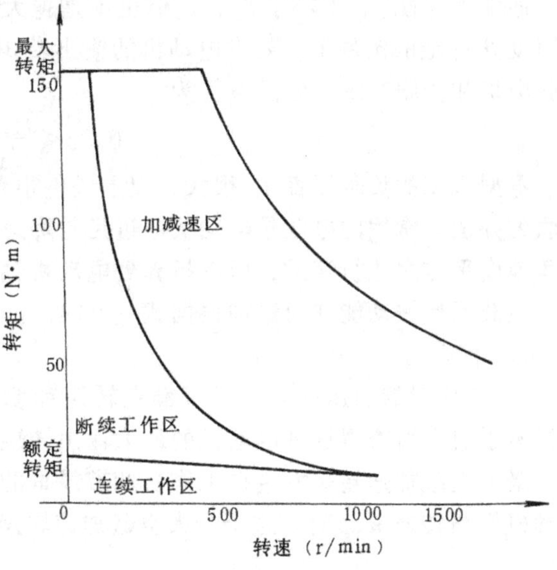

图9-11　FB-15型直流伺服电动机特性

加减速区和断续工作区用于短期工作。这时电动机在低速下所能提供的转矩将远大于额定转矩。这个转矩是伺服电动机的最大转矩。这时，虽然发热很大，但如为断续工作，则工作时间不长，停止时即冷却，加减速时，电动机的输出转矩主要用于克服惯性，随着加速过程的结束，转入等速运行，需要克服的仅为摩擦力，负载力矩即大幅度下降。因此，仍能保证电机不致过热。

伺服电动机的主参数是功率（kW）。但是，选择伺服电动机却并不按功率，而是根据下列三个指标选择。

1）最大切削负载转矩不得超过电动机的额定转矩　折算至电动机轴的最大切削负载转矩 T_l 为

$$T_l=\left(\frac{F_{\max}P_h}{2\pi\eta}+T_{f1}+T_{f2}\right)i \tag{9-10}$$

式中　$F_{\max}$——丝杠上的最大轴向载荷，等于最大轴向进给力加导轨摩擦力（N）；

P_h——丝杠导程（m）；

η——滚珠丝杠的机械效率；

T_{f1}——因滚珠丝杠螺母预加载荷引起的附加摩擦转矩，可查样本手册（N·m）；

T_{f2}——滚珠丝杠轴承的摩擦转矩，可查样本手册（N·m）；

i——传动比。

2）电动机的转子惯量 J_M 应与负载惯量 J_L 匹配　根据牛顿第二定理，进给系统所需的加速转矩 T_a 等于系统转动惯量 J 乘以电动机的角加速度 $\ddot{\theta}$，$T_a=J\ddot{\theta}$。角加速度 $\ddot{\theta}$ 影响系统的动态特性：$\ddot{\theta}$ 越小，则计算机发出指令到伺服电机执行完毕之间的时间越长，也就是通常所说的反应慢。如果 $\ddot{\theta}$ 变化，则系统的反应忽快忽慢，影响加工精度。在 T_a 基本不变的条件下，如果希望 $\ddot{\theta}$ 变化小，则应该使惯量 J 的变化尽量小些。

惯量 J 由两部分组成：伺服电动机转子惯量 J_M 和负载惯量 J_L，$J=J_M+J_L$。负载惯量 J_L 为工作台、工件等直线运动件的质量 m，滚珠丝杠、联轴节、齿轮或带轮等旋转运动件的惯量 J_K 折合到电动机轴上的当量值。工作台上所装不同夹具和工件的重量是不同的。因此，负载惯量 J_L 不是一个定值。如果希望 J 的变化率小些，则最好使 J_L 所占的比例小些。这就是“惯量匹配”。

通常，应使 J_M 不小于 $J_{L\max}$。但也不是越大越好。因 J_M 越大则总惯量 J 也越大，在角加速度 $\ddot{\theta}$ 一定的条件下，要求电动机的输出转矩 T 也越大。这就将迫使设计者采用过大的伺服电机和伺服系统。匹配条件为

$$0.25<\frac{J_{L\max}}{J_M}<1 \tag{9-11}$$

重型机床的负载惯量 J_L 很大，以上条件很难满足。往往不采用电动机直接与滚珠丝杠相联的办法。常用的办法是电动机通过齿轮降速后传给丝杠。由于惯量是根据动能守恒定理按角速度平方之比折算的，所以折算到电动机轴上的 J_L 就大大降低了。

负载惯量按动能守恒定理根据式（7-18）折算。圆柱体的转动惯量可按式（7-19）和式（7-20）计算。

3）快移时的加速性能　根据额定转矩和惯量匹配条件，可以初选伺服电动机的型号。从样本手册上可查得这种电动机的最大输出转矩 $T_{\max}$和机械时间常数 t_M。

最大空载加速转矩发生在工作台携带最重的工件和夹具，从静止以阶跃指令加速到伺服电动机最高转速 $n_{\max}$时。这个最大空载加速转矩就是伺服电动机的最大输出转矩 $T_{\max}$。

$$T_{\max}=J\ddot{\theta}=J\frac{2\pi n_{\max}}{60t_a} \tag{9-12}$$

加速时间
$$t_a=J\frac{2\pi n_{max}}{60T_{max}} \tag{9-13}$$

考虑到以阶跃指令加速时，伺服电动机的转速是按指数曲线上升的。当时间经过电动机机械时间常数的3倍时（$t_a=3t_M$），电动机的转速达到最高转速的95%；$t_a=4t_M$ 时，达到98.2%。故加速时间 t_a 不得大于（3～4）t_M，$t_a\leqslant$（3～4）t_M，以保证伺服电动机具有足够的加速能力。

第四节　半闭环伺服系统

数控机床多坐标联动加工直线和曲线时，是把曲线分成许多小段，一段一段地加工的，如图9-12所示。每一小段的长短，除取决于曲线的形状和进给速度外，还取决于插补时间。在插补时间内，计算机完成一次运算，给出各坐标运动的数字量。显然，插补时间应等于或略小于完成一小段加工所用的时间。插补时间与计算机的时钟频率和字长有关，通常在2～20ms范围内。计算机的时钟频率越高，则运算越快，插补时间也就越短。这时，曲线上被分割的小段也越短，加工精度越高。

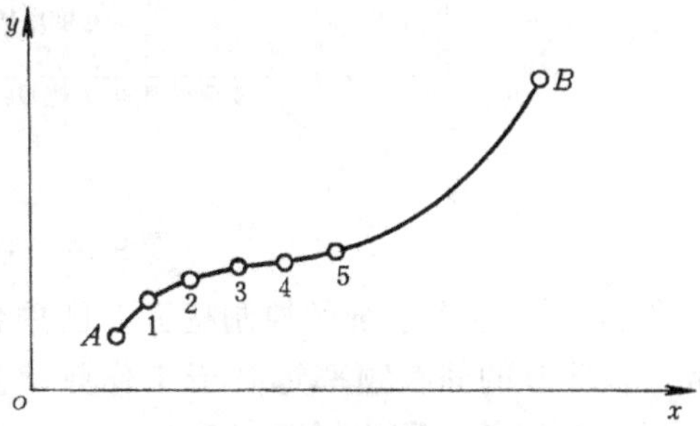

图9-12　数控机床的曲线加工

计算机输出的各个坐标的运动数字量——位置指令被送到各个坐标的伺服系统。经伺服系统控制伺服电动机的转动，再经机械传动机构拖动执行器官如刀架、工作台等，以实现直线、曲线或空间曲面的加工。

用直流伺服电动机的半闭环伺服系统的组成见图9-13。数控装置NC发出的位置指令在位置控制器内与位置反馈信号比较，然后转换成位置误差的模拟电压。这个电压就是速度指令电压。速度指令电压与速度反馈电压在速度控制器内比较和放大后转换成速度控制电压并输给伺服电动机，使电机得到一定的转速。直流伺服电动机的基本性能是：转速决定于输入电压，电流决定于负载力矩。因此，输入直流伺服电动机的，必须是速度模拟电压。速度环的作用在于把位置误差模拟电压变成一个比较稳定的速度模拟电压。速度反馈的作用在于使转速稳定。位置控制则用以检查伺服电动机的转角是否符合位置指令的要求。

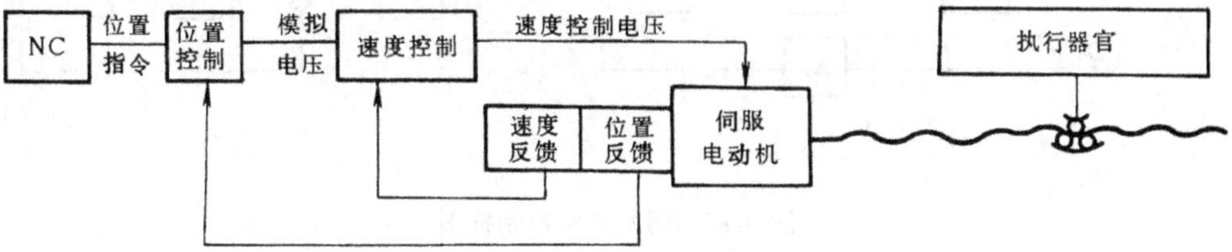

图9-13　用直流伺服电机半闭环伺服系统的组成

图9-14是用直流伺服电动机的半闭环伺服系统原理。数控装置来的位置指令 D_0 与位置反馈系统检测出的实际位置检测值 D_a 在位置偏差检测器1中比较。其差值为位置偏差值 ΔD。ΔD 经位置控制放大器2放大后成为速度指令值 v_0。D_0、D_a、ΔD、v_0 都是数字量。

v_0 经数/模（D/A）转换器 3 成为模拟电压 U_c。位置偏差越大，则要求伺服电动机的转速越高，这时的 U_c 也越大。因此，U_c 是速度指令电压。U_c 与速度反馈电压 U_g 在速度偏差检测器 4 内比较，其差值为速度偏差电压 U_a。设置速度反馈的目的是稳定电动机的转速。由于伺服电动机的转速还受负载的影响，当负载发生变化（如切深发生变化）时，电动机转速将发生变化。加上速度反馈后，转速可以比较稳定。速度偏差电压 U_a 经速度控制放大器 5 放大后，成为速度控制电压 U_M。这个电压加在伺服电动机 6 上，使它得到角速度 $\dot{\theta}_M$。与伺服电动机相联系的有速度反馈装置 7 和位置反馈装置 8。速度反馈装置发出与伺服电动机转速成正比的速度反馈电压 U_g，与速度指令电压 U_c 相比较。位置反馈装置 8 发出与伺服电动机的转角成正比的实际位置检测值 D_a，与位置指令值 D_0 相比较。

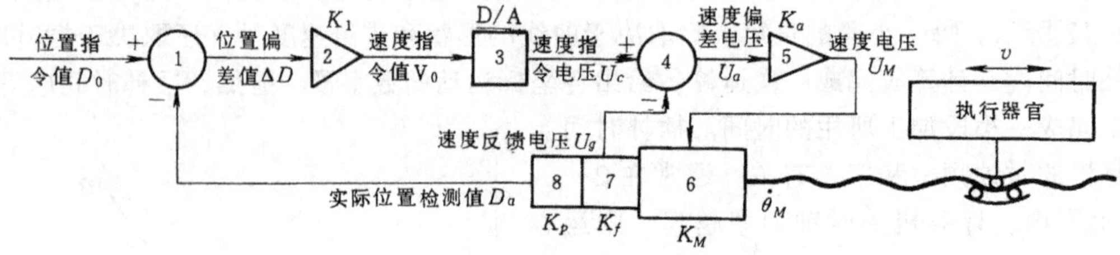

图 9-14 半闭环伺服系统原理

图 9-15 是这个系统的控制框图。图中各个 K 是各环节的传递函数（Transfer function）。通常，各环节的固有频率远高于工作频率。因此，近似地可按静态问题处理。各个环节的 K 可看作是定值，称为增益（Gain）

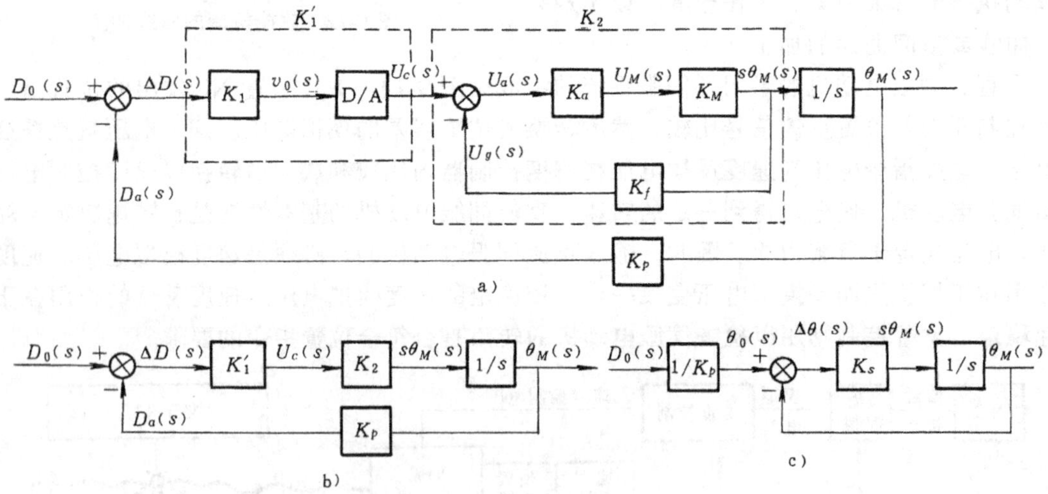

图 9-15 伺服系统控制框图

图 a 中虚线围起来的右边部分称为速度环。设其闭环增益为 K_2。K_1 与 D/A 转换器可合为一个环节，设其增益为 K'_1（等于 K_1 与 D/A 转换器增益之积）。则图 a 可归并为图 b。

速度环的闭环增益 K_2 为

$$K_2 = \frac{K_a K_M}{1 + K_a K_M K_f} \tag{9-14}$$

式中　K_a——速度控制放大器增益（V/V）；

K_M——伺服电动机增益。输入量为速度控制电压 U_M（V），输出量为电动机的角速度 $\dot{\theta}$（rad/s）。故 K_M 的单位为 rad/（s·V）；

K_f——速度反馈环节增益。输入量为电机角速度 $\dot{\theta}$（rad/s），输出量为速度模拟电压 U_g（V）。故 K_f 的单位为 s·V/rad。

K_2 的输入量为速度指令电压 U_c（V），输出量为电动机角速度 $\dot{\theta}$（rad/s），故 K_2 的单位为 rad/（s·V）。

令
$$K_{v0}=K_aK_MK_f \tag{9-15}$$
K_{v0}称为速度环的开环增益，等于速度环内各环节增益之积。输入量为速度偏差电压 U_a（V），输出量为速度反馈电压 U_g（V），故 K_{v0}的单位为 V/V。

在图 b 中，共有三个环节：位置控制放大及 D/A 转换环节，其增益为 K'_1；速度环，其增益为 K_2 和位置反馈环节，其增益为 K_p（此外，还有一个积分环节 1/s）。根据控制工程基础，图 b 还可进一步归并为图 c。$K_pK_2K'_1$ 的积称为伺服系统的开环增益 K_s，简称系统增益。
$$K_s=K_pK'_1K_2 \tag{9-16}$$
θ_0 为由位置指令 D_0 所规定的伺服电动机转角。θ_M 为伺服电动机的实际转角。$\Delta\theta$ 为转角（位置）偏差。因此，系统增益 K_s 的输入量为转角偏差 $\Delta\theta$（rad），输出量是伺服电动机的角速度 $\dot{\theta}$（rad/s）。故单位为 1/s。K_s 的意义是：单位位置（转角）偏差，能使伺服电动机获得多大的角速度。K_s 就是控制工程中的系统灵敏度。K_s 越大，则少量的位置偏差就可使伺服电动机获得较大的角速度，亦即系统的灵敏度越高。当然，K_s 也不是越大越好。系统增益 K_s 太大，系统的稳定性可能不够，有可能产生振荡。通常，取 $K_s=8\sim25$（1/s）。点位控制机床（如数控钻、镗床）可取小值，轮廓控制机床（如数控车床、铣床）可取大值。K_s 是伺服系统最重要的性能参数。

K_s 的倒数 t_s 是系统的时间常数
$$t_s=\frac{1}{K_s} \tag{9-17}$$

K_s 应根据加速能力进行验算。执行器官（如工作台）能达到的最大加速度 a（m/s²）
$$a=\frac{T_{\max}}{J}\frac{P_h}{2\pi} \tag{9-18}$$
式中　$T_{\max}$——伺服电动机的最大转矩（N·m）；

J——系统转动惯量（kg·m²）；

P_h——滚珠丝杠导程（m）。

伺服系统要求的最大加速度为在系统时间常数 t_s 内，执行器官的速度从 $-v_{\max}$变成 $+v_{\max}$
$$a_{\max}=\frac{2v_{\max}}{60t_s}=\frac{v_{\max}K_s}{30} \tag{9-19}$$
$a_{\max}$应略小于 a。如 $a_{\max}>a$，应将 K_s 降低；如 $a_{\max}$远小于 a，说明灵敏度还有提高的余地。可加大 K_s 以提高系统的性能。

速度控制环的开环增益 K_{v0}可取为
$$K_{v0}=(2\sim4)\,K_s \tag{9-20}$$

根据式（9-15），$K_aK_f=K_{v0}/K_M$。电动机的输入电压 U_M 消耗于三个方面：（1）反电动势，（2）因电枢电阻而产生的电压降，（3）因电动机内感抗而产生的电压降。三者之中，

反电动势是主要的。在估算时，可忽略后两项，近似地认为反电动势等于输入电压

$$K_M \approx \frac{1}{K_e} \tag{9-21}$$

式中　K_e——伺服电动机的反电动势系数（s·V/rad），为电动机单位角速度（rad/s）所产生的反电动势（V）。

将 K_{v0}、K_M、K_f 之值代入式（9-15），就可算出速度控制放大器的增益 K_a。

将 K_a、K_M、K_{v0}之值代入式（9-14），就可算出速度环的闭环增益 K_2。

K_p 为位置反馈装置的增益，单位为每弧度的脉冲数，根据式(9-3)决定。将 K_p、K_s、K_2 之值代入式(9-16)，就可算出 K'_1。K'_1 的输入量是位置偏差值 ΔD，输出量是速度指令电压 U_c，单位为每个脉冲(数字单位)伏。K'_1 是数/模(D/A)转换和位置控制放大器增益 K'_1 之积。选定数/模转换器后，转换比例即已确定，就可确定位置控制放大器的增益 K_1。

在计算中，忽略了一些次要因素，因而不可避免地将带来误差。有的数控系统，可直接调整系统增益 K_s，有的则调位置控制和速度控制放大器的增益 K_1 和 K_a。可以将计算值为初值，根据实际情况调整。

第五节　半闭环进给系统的精度

半闭环系统应验算其定位精度和重复定位精度。

一、定位精度计算

半闭环系统的误差，包括丝杠的导程误差，丝杠轴承的轴向跳动，伺服系统的误差和伺服系统闭环之外，各机械环节弹性变形引起的误差。

1. 伺服系统的误差

在进给系统内，存在各种干扰因素如摩擦力、切削力、惯性力等。伺服系统在这些因素的作用下，必然产生位置偏差。为了抵抗这些干扰，伺服电机必须提供一定的输出力矩。这个力矩与位置偏差之比，称为伺服刚度 k_R。输出量为伺服电动机的输出转矩（N·m），输入量为位置偏差角（rad），单位为 N·m/rad。伺服刚度为单位位置偏差，电动机能产生多大的转矩以克服外界的干扰。

$$k_R = K_p K'_1 K_a \ (1/R_M) \ K_t \tag{9-22}$$

式中　R_M——电枢回路和伺服放大器的阻抗（Ω）；

K_t——伺服电动机的转矩系数，等于电动机的输出转矩与电枢电流之比（N·m/A）。即每安电流伺服电动机能提供多大转矩。

公式（9-22）可以这样认识：在外界干扰力矩的作用下，伺服电动机产生一定的转角偏差。这个偏差经 K_p、K'_1、K_a 等环节后变成速度控制电压 U_M，加在电动机上。此值除以电枢电阻 R_M 即为电枢电流。再乘以转矩系数 K_t 就成为电动机的输出转矩。根据式（9-16），$K_p K'_1 = K_s / K_2$。代入式（9-22）得

$$k_R = \frac{K_s K_a K_t}{K_2 R_M}$$

将式（9-14），（9-15）代入

$$k_R = \frac{K_s K_t \ (1 + K_{v0})}{R_M K_M}$$

将式（9-21）代入

$$k_R=\frac{K_sK_tK_e\ (1+K_{v0})}{R_M} \tag{9-23}$$

折算至工作台

$$k'_R=k_R\left(\frac{2\pi n}{niP_h}\right)^2=k_R\left(\frac{2\pi}{P_hi}\right)^2 \tag{9-24}$$

式中 i——电动机至丝杠的传动比，等于主动轮齿数（或直径）比被动轮齿数。

2. 综合刚度

计算出伺服刚度 k'_R，滚珠丝杠螺母副的接触刚度 k_N，滚珠丝杠的最小拉压刚度 $k_{K\min}$ 和丝杠轴承的轴向接触刚度 k_T 后，按弹簧串联原则合成

$$k_\Sigma=\frac{1}{1/k'_R+1/k_N+1/k_{K\min}+1/k_T} \tag{9-25}$$

3. 定位精度

数控机床的定位精度是在无切削空载条件下检验的。因此，载荷只是导轨的摩擦力 F_f。因 F_f 而引起的误差 δ 为

$$\delta=F_f/k_\Sigma \tag{9-26}$$

δ 加上丝杠任意 300mm 内的导程公差和轴承的轴向跳动，不应超过要求的定位公差。

二、重复定位精度计算

如果伺服系统施加在执行器官上的力不超过导轨间的最大静摩擦力 F_{st}，则执行器官是不动的。静摩擦力除以系统综合刚度，就是不灵敏区（死区）Δ。Δ 就是最大重复定位误差

$$\Delta=\pm F_{st}/k_\Sigma \tag{9-27}$$

三、提高定位精度的途径

经过计算，如果发现定位精度不够，可以通过下列途径来提高。

1. 提高丝杠的精度

丝杠在任意 300mm 内的导程公差，1 级为 6μm，2 级为 8μm。国外产品还有 3.5μm 的。

2. 提高各环节的刚度

首先应提高刚度较低的环节的刚度。如果伺服刚度较低，可适当地加大系统增益 K_s。但是，K_s 过大有可能会引起系统振荡。提高机械环节的刚度可以有下列途径：适当加大丝杠直径；增加滚珠的圈数和列数；改一端轴向固定为两端固定；改变推力角接触球轴承的组配方式，如改为四个一组，如图 9-16 所示；也可改用滚针—推力圆柱滚子组合轴承。

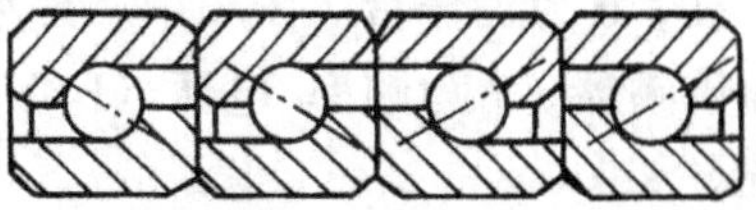

图 9-16 四联组配推力角接触球轴承

如果以上措施均未奏效，则说明半闭环系统已不能满足要求，应改用全闭环系统。这时，各机械传动环节都已包括在闭环之内。其误差可由闭环系统纠正。闭环系统的误差为反馈装置（如光栅、感应同步器等）的误差和伺服系统的误差。这是无法避免的。

第六节 计 算 举 例

〔**例 9-3**〕设计一台镗铣加工中心的工作台纵向（x 轴）进给系统。纵向最大进给力为 5000N。工作台重 300kg，工件及夹具的最大重量为 500kg。工作台纵向行程 750mm，进给

速度1～4000mm/min，快移速度 $v_{max}=15m/min$。导轨为矩形，表面粘贴聚四氟乙烯软带。要求的定位精度为±0.012/300mm，重复定位精度为±0.006mm。

工作内容为：设计传动系统，选择滚珠丝杠及其轴承，选择伺服电动机，反馈装置和伺服系统的参数，验算精度能否符合要求。

〔**解**〕(1) 伺服系统选择半闭环还是全闭环　选择应根据要求的定位精度进行。本例为±0.012/300mm。查滚珠丝杠样本，任意300mm内导程允差，1级（P1）丝杠为0.006mm，2级为0.008mm。因此，可以考虑采用半闭环，滚珠丝杠精度取为P1级。

(2) 设计传动系统　伺服电动机的最高转速 $n_{max}=1500r/min$。如使电动机与丝杠直联，$i=1$，则根据式（9-2），丝杠的最高转速 $n_{max}=1500r/min$。根据式（9-1），丝杠导程

$$P_h=\frac{1000v_{max}}{n_{max}}=\frac{1000\times 15}{1500}mm=10mm$$

数控机床的脉冲当量常取为 $a=0.001mm$ 每脉冲。代入式（9-3），电动机每转应发出的脉冲数 b 为

$$b=\frac{P_h}{a}i=\frac{10}{0.001}\times 1\text{个}=10000\text{个}$$

位置反馈器常用的有旋转变压器和脉冲编码器。旋转变压器的分解精度常为每转2000个脉冲。因此，如果用旋转变压器，可在电动机轴和旋转变压器轴间装5:1的齿轮升速。脉冲编码器现有产品为每转2000，2500，5000脉冲等数种。如取每转2500脉冲，则编码器后应有一个倍频器，倍数为4。

速度反馈装置，如与旋转变压器相配套，可用测速发电机。其性能为电动机每1000r/min，输出一定的电压 U_g（例如6V每1000r/min）。如用脉冲编码器，则可在倍频器后加一个频率—电压（F/V）转换器。其转换比例为每 10^7 脉冲/分，输出电压为 U_g（V）（例如6V）。本例电动机每转的脉冲数为 10^4 个，故转换比例仍为6V每1000r/min。

图9-17为上述两种方案的传动系统图。图中，3为伺服电动机，4为联轴节，5为滚珠丝杠，6为工作台。图a中，1为旋转变压器，2为测速发电机。图b中9为脉冲编码器，8为倍频器，7为频率/电压（F/V）转换器。这两种方案目前都有采用，各配不同的数控系统。

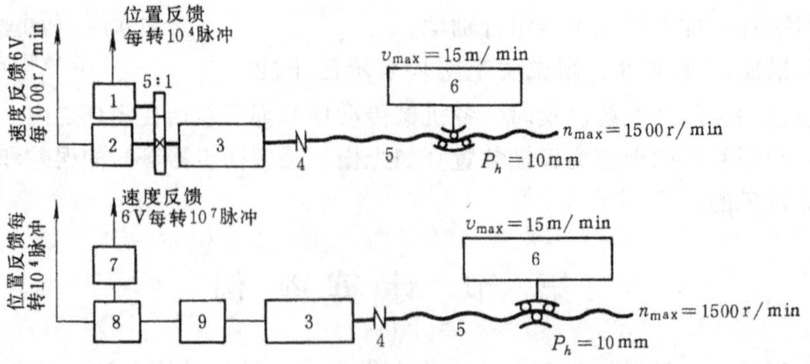

图9-17　伺服系统的传动系统图

（3）滚珠丝杠的选择　滚珠丝杠的直径，滚珠的列数和圈数，应按当量动载荷选择。

丝杠的最大载荷，为切削时的最大进给力加摩擦力。最大进给力已知，为 $F_f=5000\text{N}$。作为粗略的估计，最大切削力取为 $F_c=2F_f=10000\text{N}$；最大背向力 $F_p=F_f/2=2500\text{N}$。根据第七章式（7-15），丝杠的最大载荷为

$$F_{\max}=kF_f+f(F_c+F_p+G)=1.1\times5000+0.04[10000+2500+(500+300)\times9.8]\text{N}\approx6300\text{N}$$

丝杠的最小载荷为摩擦力

$$F_{\min}=fG=0.04\times(500+300)\times9.8\text{N}=314\text{N}$$

平均载荷为
$$F_m=\frac{2F_{\max}+F_{\min}}{3}=4300\text{N}$$

最大进给时，丝杠的转速为 400r/min；最小进给时，为 1r/min，故平均转速

$$n_{av}=\frac{2\times400+1}{3}\text{r/min}=267\text{r/min}$$

丝杠的工作寿命取为 15000h。$f_a=1$，$f_w=1.5$。

故
$$L=\frac{60n_{av}h}{10^6}=\frac{60\times267\times15000}{10^6}=240\times10^6\text{h}$$

代入式（9-5），得当量动载荷 C_m 为

$$C_m=\frac{4300\times\sqrt[3]{240}\times1.5}{1}\text{N}\approx40000\text{N}$$

查滚珠丝杠样本，选择内循环 FFZD4010-5-1 丝杠。额定动载荷为 $C_a=56\text{kN}$。$C_a>C_m$，符合要求。丝杠直径 40mm，钢球直径 7.144mm 导程 10mm，浮动返向器内循环。每个螺母滚珠有 5 列，双螺母垫片式预紧。预加载荷为 $C_a/4$，即 14000N，远大于最大载荷的 1/3。丝杠副精度为 P1 级。刚度为 2300N/μm。

（4）选择丝杠轴承　丝杠采取一端轴向固定，一端简支的方式，参见图 9-18。固定端采取一对推力角接触球轴承，面对面组配。型号为 7602030TVP/DF。内径×外径×宽为 30mm×62mm×16mm。额定动载荷为 $C=20\text{kN}$。预加载荷 $F_0=2900\text{N}$。平均载荷 $F_m=4300\text{N}$。

轴承寿命：
$$L=\left(\frac{C}{F}\right)^p=\left(\frac{C}{F_0+F_m}\right)^p=\left(\frac{20000}{2900+4300}\right)^3=21.4\ (10^6\text{h})$$

$$h=\frac{L\times10^6}{60n_{av}}=\frac{21.4\times10^6}{60\times267}\text{h}=1336\text{h}$$

能满足要求。简支端轴承只承受丝杠的部分重量，不需计算。

（5）选择伺服电动机

1）最大切削负载转矩　最大载荷 $F_{\max}=6300\text{N}$，丝杠导程 $P_h=10\text{mm}=0.01\text{m}$。查丝杠样本，丝杠螺母副的摩擦系数 $\eta=0.9$，摩擦力矩 $T_{f1}=0.3\text{N}\cdot\text{m}$。查轴承样本，单个 7602030TVP 型轴承的摩擦力矩为 320N·mm，故一对轴承为 $T_{f2}=0.64\text{N}\cdot\text{m}$。简支端轴承不预紧，其摩擦力矩可忽视不计。丝杠与伺服电动机直联，故 $i=1$。代入式（9-10），最大切削负载转矩为

$$T=\left(\frac{6300\times0.01}{2\pi\times0.9}+0.3+0.64\right)\text{N}\cdot\text{m}=12.08\text{N}\cdot\text{m}$$

2）惯量匹配　负载惯量按下列次序计算。工件及工作台的最大质量为 800kg，折算到

电动机轴，其惯量 J_1 可按第七章式（7-18）计算

$$J_1 = m\left(\frac{v}{\omega}\right)^2 = m\left(\frac{nP_h}{2\pi n}\right)^2 = m\left(\frac{P_h}{2\pi}\right)^2 = 800\times\left(\frac{0.01}{2\pi}\right)^2 = 0.002\text{kg}\cdot\text{m}^2$$

丝杠直径 $d=40\text{mm}=0.04\text{m}$，在结构设计中，决定长度为 $l=1.2\text{m}$。根据式（7-19），丝杠的惯量 J_2 为

$$J_2 = \frac{\pi}{32}\rho d^4 l = \frac{\pi\times7.8\times10^3\times0.04^4\times1.2}{32}\text{kg}\cdot\text{m}^2 = 0.0024\text{kg}\cdot\text{m}^2$$

联轴节的惯量 J_3 可直接查手册，

$$J_3 = 0.0006\text{kg}\cdot\text{m}^2$$

J_2 和 J_3 与电动机同轴，故可直接迭加。负载惯量 J_L 为 $J_L = J_1 + J_2 + J_3 =$（$0.002+0.0024+0.0006$）$\text{kg}\cdot\text{m}^2 = 0.005\text{kg}\cdot\text{m}^2$。

根据式（9-11），电动机惯量 J_M 应符合条件 $J_L < J_M < 4J_L$。即

$$0.005 < J_M < 0.020$$

根据以上计算，可初选伺服电动机。如选用直流伺服电动机，可选北京数控设备厂的 FB-15 型。它的额定转矩为 $17.6\text{N}\cdot\text{m}$，大于最大切削负载转矩 $T=12.08\text{N}\cdot\text{m}$；它的转子惯量 $J_M=0.019\text{kg}\cdot\text{m}^2$，满足匹配要求。

3）空载加速转矩　FB-15 型伺服电动机的最大输出转矩为 $T_{max}=154\text{N}\cdot\text{m}$。这个输出转矩发生在阶跃指令加速时。根据式（9-13），要求的加速时间

$$t_a = J\frac{2\pi n_{max}}{60T_{max}}$$

$$J = J_L + J_M = (0.005+0.019)\text{kg}\cdot\text{m}^2 = 0.024\text{kg}\cdot\text{m}^2$$

$$t_a = 0.024\times\frac{2\pi\times1500}{60\times154}\text{s} = 0.024\text{s}$$

FB-15 的机械时间常数为 $t_M=15.2\text{ms}=0.0152\text{s}$。$t_a <$（3～4）$t_M$，说明这种电机具有足够的加速能力。

FB-15 型直流伺服电动机的性能参数：

最高转速 n_{max}（r/min）	1500
额定转矩 T_R（N·m）	17.6
最大转矩 T_{max}（N·m）	154
转子惯量 J_M（$\text{kg}\cdot\text{m}^2$）	0.019
反电动势系数 K_e（s·V/rad）	0.58
转矩系数 K_t（N·m/A）	0.57
电枢直流电阻 R_M（Ω）	0.26
机械时间常数 t_M（ms）	15.2

这些参数，将在以下的计算中引用。

（6）估算伺服系统各环节的增益

定系统增益 K_s。根据第四节，通常取 $K_s=8\sim25\text{s}^{-1}$。镗铣加工中心为轮廓控制机床，取大值。设取 $K_s=20\text{s}^{-1}$。

工作台能达到的最大加速度可根据式（9-18）计算：

$$a=\frac{T_{\max}}{J}\frac{P_h}{2\pi}=\frac{154}{0.024}\times\frac{0.01}{2\pi}\text{m/s}^2=10.2\text{m/s}^2$$

伺服系统要求的最大加速度可按式（9-19）计算

$$a_{\max}=\frac{v_{\max}K_s}{30}=\frac{15\times20}{30}\text{m/s}^2=10\text{m/s}^2$$

$a_{\max}$略小于 a，定 $K_s=20\text{s}^{-1}$是可以的。根据式（9-17），系统的时间常数 $t_s=$（1/20）s＝0.05s。

系统增益 K_s 是可调的。可直接调到所取之值。伺服系统内各环节的增益，还可作进一步的分析。

速度环的开环增益 K_{v0}根据式（9-20）可调至 $K_{v0}=$（2～4）K_s。取 $K_{v0}=40\text{V/V}$。

根据式（9-21），伺服电动机的增益 $K_M\approx\frac{1}{K_e}$。FB-15 型的反电动势系数 $K_e=0.58\text{s·V/rad}$，则 $K_M=\frac{1}{0.58}=1.724\text{rad/(s·V)}$。

速度反馈环节的增益 K_f 为伺服电动机每 1000r/min，反馈电压 U_g 为 6V。即

$$K_f=\frac{U_g}{n\ (2\pi/60)}=\frac{6}{1000\times\ (2\pi/60)}\text{s·V/rad}=0.057\text{s·V/rad}$$

将 K_{v0}、K_M、K_f 之值代入式（9-15），得

$$K_a=\frac{K_{v0}}{K_MK_f}=\frac{40}{1.724\times0.057}\text{V/V}=407\text{V/V}$$

代入式（9-14）、(9-15)，速度环闭环增益

$$K_2=\frac{K_aK_M}{1+K_{v0}}=\frac{407\times1.724}{1+40}\text{rad/(s·V)}=17.1\text{rad/(s·V)}$$

伺服电动机每转，发出 10000 个脉冲，故位置反馈环节的增益

$$K_p=\frac{10000}{2\pi}\text{rad}^{-1}=1592\text{rad}^{-1}$$

代入式（9-16），位置控制放大及 D/A 转换环节的增益 K'_1 为

$$K'_1=\frac{K_s}{K_pK_2}=\frac{20}{1590\times17.1}\text{V}=7.36\times10^{-4}\text{V}$$

即每 10000 个脉冲 7.36V。定下了 D/A 转换比例后，就可算出位置放大器的增益 K_1。

（7）精度计算

1）伺服刚度　根据式（9-23），式（9-24），伺服刚度 k_R 为

$$k_R=\frac{K_sK_tK_e\ (1+K_{v0})}{R_M}=\frac{20\times0.57\times0.58\times\ (1+40)}{0.26}\text{N·m/rad}$$
$$=1043\text{N·m/rad}$$

$$k'_R=k_R\left(\frac{2\pi}{iP_h}\right)^2=1043\times\left(\frac{2\pi}{1\times0.01}\right)^2\text{N/m}=412\times10^6\text{N/m}=412\text{N/}\mu\text{m}$$

2）滚珠丝杠螺母的接触刚度　根据样本手册，$k_N=2300\text{N/}\mu\text{m}$。

3）丝杠的拉压刚度　丝杠部分的简图见图 9-18。最小拉压刚度可根据式（9-6）计算

$$k_{K\min}=\frac{AE}{l_1}\times10^{-6}=\frac{\pi d^2E}{4l_1}\times10^{-6}=\frac{\pi\ (0.04-0.007144)^2}{4\times0.9}\times2\times10^{11}\times10^{-6}\text{N/}\mu\text{m}$$

$=232\text{N}/\mu\text{m}$

4）轴承的轴向刚度　哈尔滨轴承总厂所产的7602030TVP轴承的钢球直径 $d_b=7.144\text{mm}$，球数 $z=17$，接触角 $\alpha=60°$，预加载荷为2900N，轴向外载荷为导轨摩擦力314N。按本书第十章式（10-5），可算出轴承的轴向刚度为 $k_T=509\text{N}/\mu\text{m}$。

5）综合刚度　根据式（9-25），综合刚度

$$k_\Sigma=\frac{1}{1/k'_R+1/k_N+1/k_{K\min}+1/k_T}=\frac{1}{1/412+1/2300+1/232+1/509}=110\text{N}/\mu\text{m}$$

6）定位精度　根据式（9-26），由于导轨摩擦力产生的定位误差 δ 为

$$\delta=\frac{F_f}{k_\Sigma}=\frac{314}{110}\mu\text{m}=2.9\mu\text{m}$$

这个误差，加上丝杠任意300mm的导程公差 $\pm6\mu\text{m}$，丝杠轴承的轴向跳动 $2.5\mu\text{m}$，为 $\pm\sqrt{6^2+2.5^2+2.8^2}=\pm7.1\mu\text{m}$，满足定位精度 $\pm0.012/300\text{mm}$ 的要求。

7）重复定位精度　根据式（9-27）计算。导轨塑料软带的静、动摩擦系数基本相等，故

$$\Delta=\pm2.9\mu\text{m}$$

满足重复定位精度为 $\pm0.006\text{mm}$ 的要求。

以上计算的摩擦力，是发生在工作台上装有最重的工件时。如果测试时不装工件，则 δ 和 Δ 要比计算值低。

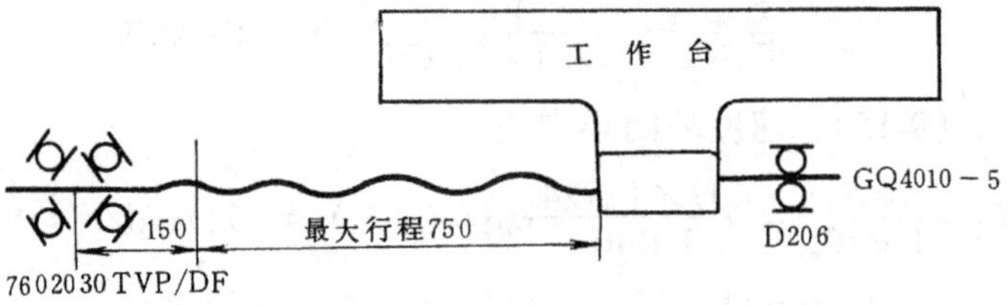

图9-18　丝杠部分简图

GQ4010-5——FFZD4010-5　　D206——6206/P5

参 考 文 献

1　机床设计手册，第3册，北京：机械工业出版社，1986
2　王文熙．机床数字调节技术．北京：中国科学技术出版社，1992
3　上海市机床研究所．FANUC 7M三坐标三联动控制技术开发研究
4　北京数控设备厂(BESK)．直流伺服电机系列(样本)
5　兰州电机厂．交流进给驱动装置(样本)
6　FANUC．AC Servo-motor series(Catalog)
7　哈尔滨轴承总厂．角接触推力球轴承组配技术条件Q/HJ1-63-87，1987
8　Heinz Schafers．用于丝杠传动的轴承．德国《传动技术》杂志1990年№10
9　南京工艺装备厂滚珠丝杠样本
10　日本THK．LM System直线运动系列样本
11　戴曙主编．机床滚动轴承应用手册．北京：机械工业出版社，1993

第十章　主轴组件

主轴组件（Spindle assembly）是机床的一个重要组成部分。主轴组件由主轴、轴承、传动件（如齿轮、带轮）和固定件（如螺母）等组成。机床工作时，由主轴夹持着工件（车床）或刀具（钻床、镗床、铣床、磨床等）直接参加表面成形运动。所以，主轴组件的工作性能，对加工质量和机床生产率，有重要的影响。

第一节　对主轴组件的基本要求

对机床主轴的要求，有与一般传动轴共同之处：都要在一定的转速下传递一定的转矩；保证轴上的传动件和轴承正常的工作条件。但是，主轴又是直接带着工件或刀具进行切削的。机床的加工质量，在很大程度上要靠主轴组件保证。主轴直接承受切削力，通用机床（包括数控机床）的转速变化范围又往往很大。因此，对于主轴组件，又有许多特殊要求。

一、旋转精度（Running accuracy）

主轴的旋转精度，指的是装配后，在无载荷、低速转动的条件下，主轴安装工件或刀具部位的径向和轴向跳动。

当主轴以工作转速旋转时，由于润滑油膜的产生和不平衡力的扰动，其旋转精度将有所变化。这个差异，对于精密和高精度机床，是不可忽略的。

旋转精度取决于各主要件如主轴、轴承、壳体孔等的制造、装配和调整精度。工作转速下旋转的精度还决定于主轴的转速、轴承的设计和性能，润滑剂和主轴组件的平衡。

通用（包括数控）机床的旋转精度已有规定，见各类机床的精度验检标准。

二、静刚度（Static stiffness）

静刚度，或简称刚度，反映了机床或部、组、零件抵抗静态外载荷的能力。

主轴组件的弯曲刚度 K（N/μm），定义为使主轴前端产生单位位移，在位移方向测量处所需施加的力，如图 10-1 所示

$$K=F/\delta$$

影响主轴组件弯曲刚度的因素很多，如主轴的尺寸和形状，滚动轴承的型号、数量、预紧和配置形式，前后支承的距离和主轴前端的悬伸量，传动件的布置方式，主轴组件的制造和装配质量等。目前，对各类机床主轴组件的刚度尚无统一的标准。

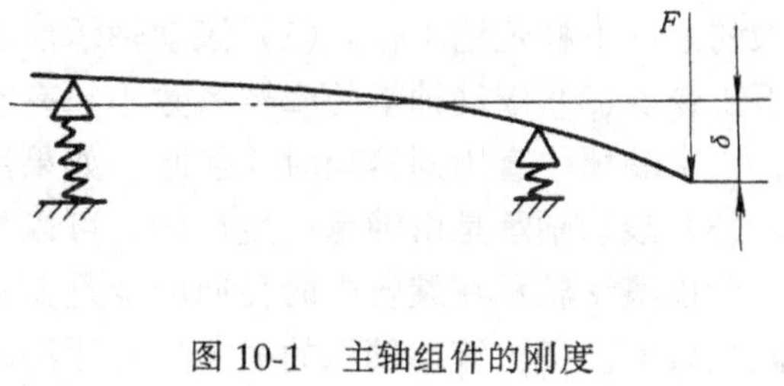

图 10-1　主轴组件的刚度

三、抗振性（Anti-vibration characteristics）

主轴组件的振动会影响工件的表面质量，刀具的耐用度和主轴轴承的寿命，还会产生噪声，影响工作环境。如果产生切削自激振动，将严重影响加工质量，甚至使切削无法进行下去。

影响抗振性的，是主轴组件的静刚度、质量分布和阻尼（特别是主轴前轴承的阻尼）。主轴的固有频率应远大于激振力的频率，使它不易发生共振。

目前，尚未制订出抗振性的指标，只有一些试验数据可供设计时参考。

四、温升和热变形（Temperature rise and heat deformation）

温升使润滑油的粘度下降。如用脂润滑，温度过高会使脂熔化流失。这些都将影响轴承的工作性能。

温升产生热变形，使主轴伸长，轴承间隙变化。主轴箱的热膨胀使主轴偏离正确位置。如果前后轴承温度不同，还将使主轴倾斜。

轴承的温升与转速有关。主轴轴承在高速空转，连续运转下的允许温升为：高精度机床——8～10℃，精密机床——15～20℃，普通机床——30～40℃。数控机床可归入精密机床类。

受热膨胀是材料的固有性质。高精度机床如坐标镗床，高精度镗铣加工中心等，要进一步提高加工精度，往往最后受到热变形的制约。研究如何减少主轴组件的发热，如何控温，是高精度机床主轴组件研究的重要课题之一。

五、耐磨性（Wearing characteristics）

主轴组件必须有足够的耐磨性，以便长期地保持精度。易磨损的部位是轴承和安装夹具刀具或工件的部位如锥孔、定心轴颈等。此外，还有移动式主轴的工作表面如镗床主轴的外圆，坐标镗床和某些主轴套筒移动式加工中心等的主轴套筒外圆等。

主轴若装有滚动轴承，则支承处的耐磨性决定于滚动轴承，如果用滑动轴承，则轴颈的耐磨性对精度保持性的影响很大。

为了提高耐磨性，一般机床的上述部位应淬硬。主轴的材料和热处理要求，见本章第三节。

第二节　主轴轴承的选择和主轴的滚动轴承

一、主轴轴承的选择

机床主轴用的轴承，有滚动和滑动两大类。从旋转精度来看，两大类轴承都能满足要求。其他指标相比，滚动轴承比滑动轴承的优点是：(1) 滚动轴承能在转速和载荷变化幅度很大的条件下稳定地工作。(2) 滚动轴承能在无间隙，甚至在预紧（有一定的过盈量）的条件下工作。(3) 滚动轴承的摩擦系数小，有利于减少发热。(4) 滚动轴承润滑容易，可以用脂，一次装填一直用到修理时才换脂。如果用油润滑，单位时间所需的油量也远比滑动轴承小。(5) 滚动轴承是由轴承厂生产的，可以外购。滚动轴承的缺点是：(1) 滚动体的数量有限，所以滚动轴承在旋转中的径向刚度是变化的。这是引起振动的原因之一。(2) 滚动轴承的阻尼较低。(3) 滚动轴承的径向尺寸比滑动轴承大。

根据上述分析可知，在一般情况下应尽量采用滚动轴承。特别是大多数立式主轴，用滚动轴承可以采用脂润滑以避免漏油。只有要求加工表面粗糙度数值较小，主轴又是水平的机床如外圆和平面磨床、高精度车床等才用滑动轴承。主轴组件的抗振性主要决定于前轴承。因此，也有的主轴前支承用滑动轴承，后支承和推力轴承用滚动轴承。

二、主轴滚动轴承的选型

主轴较粗，主轴轴承的直径较大。相对地说，轴承的负载较轻。因此，一般情况下，承载能力和疲劳寿命不是选择主轴轴承的主要指标。

主轴轴承，应根据精度、刚度和转速选择。为了提高精度和刚度，主轴轴承的间隙应该是可调的。这是主轴轴承主要的特点。线接触的滚子轴承，比点接触的球轴承刚度高，但一定温升下允许的转速较低。

机床主轴常用的滚动轴承有下列数种：

1. 角接触球轴承（Angular contact ball bearing）

角接触球轴承见图 10-2。这种轴承既可承受径向载荷，又可承受轴向载荷。接触角常见的有 $\alpha=15°$ 和 $\alpha=25°$ 两种。前者编号为 7000C（旧编号 36100）系列；后者为 7000AC（旧编号 46100）系列。15°接触角多用于轴向载荷较小，转速较高的地方，如磨床主轴；25°的多用于轴向载荷较大的地方，如车床和加工中心主轴。把内、外圈相对轴向位移，可以调整间隙，实现预紧。这种轴承多用于高速主轴。

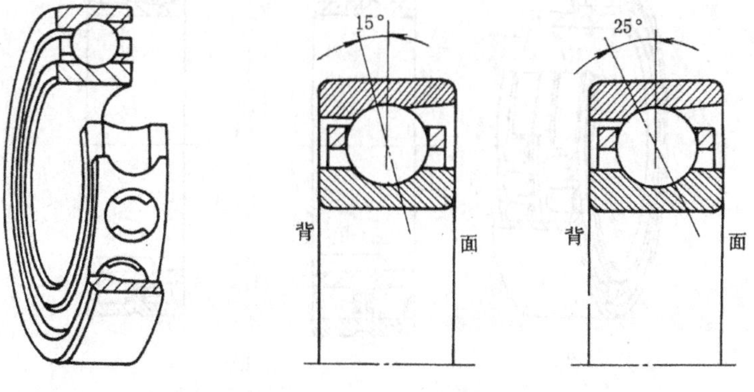

图 10-2　角接触球轴承

为了提高刚度和承载能力，可以多个组合。图 10-3a、b、c 为三种基本组合方式：图 a 为背靠背（Back-to-back）组合，图 b 为面对面（Face-to-face）组合，图 c 为同向（Tandem）组合。这三种方式，两个轴承都共同承担径向载荷；图 a 和图 b 可承受双向轴向载荷，图 c 则只能承受一个方向的轴向载荷，但承载能力较大，轴向刚度较高。这种轴承还可三联组配（图 d)、四联组配等。

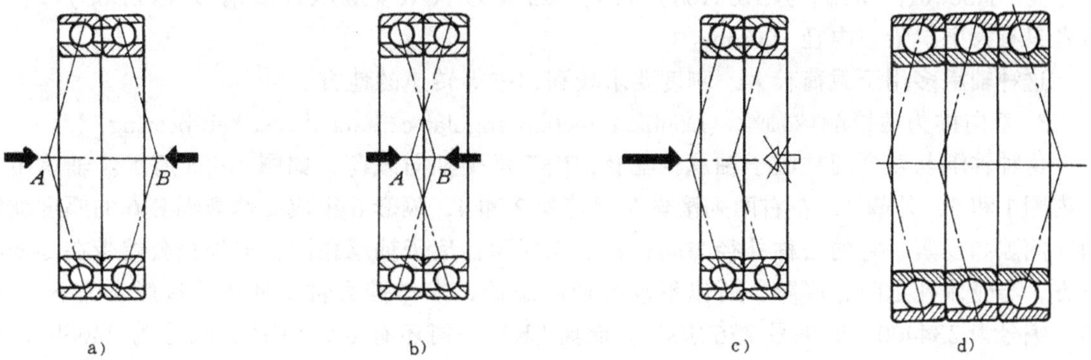

图 10-3　角接触球轴承的组配

主轴受弯，希望轴承上产生一个尽量大的支反力矩以抵抗弯曲变形。这个力矩与倾角之比，称为角刚度。单位为 N·m/rad。支反力矩的力臂就是接触线与轴线交点间的距离 AB。从图可看出，背靠背组合（图 a）的力臂 AB 比面对面的（图 b）长。运转时，由于轴承的外圈装在壳体内，散热条件比内圈好。所以，内圈的温度将高于外圈。径向膨胀的结果将使过盈增加。但是，背靠背组配时轴向膨胀将使过盈减少。因此，过盈的增加比面对面少。基于上述两个理由，在主轴上，角接触球轴承应为背靠背组合。这与第九章所述的丝杠用的推力角接触球轴承应该面对面组合是不同的。

2．双列圆柱滚子轴承（Double-row cylindrical roller bearing）

图 10-4a 是双列圆柱滚子轴承。它的特点是内孔为 1∶12 的锥孔，与主轴的锥形轴颈相配合。轴向移动内圈，可以把内圈胀大，以消除间隙或预紧。

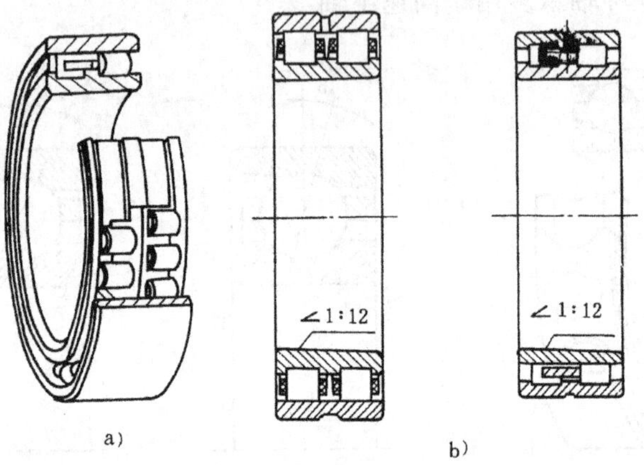

图 10-4　双列圆柱滚子轴承

这种轴承只能承受径向载荷。

图 b 是另一种双列圆柱滚子轴承。与图 a 的差别在于：（1）图 a 的滚道挡边开在内圈上，滚动体、保持架与内圈成为一体，外圈可分离；图 b 则相反：滚道挡边开在外圈上，滚动体、保持架与外圈成为一体，内圈可分离。可以将内圈装上主轴后再精磨滚道，以便进一步提高精度。(2) 图 a 为特轻型，图 b 为超轻型。同样孔径，图 b 的外径比图 a 小些。前者编号为 NN3000K（旧编号 3182100）系列，后者为 NNU4900K（旧编号 4382900）系列。后者只有大型，最小内径 100mm。

这种轴承多用于载荷较大、刚度要求较高，中等转速的地方。

3．双向推力角接触球轴承（Double direction angular contact thrust ball bearing）

这种轴承与双列圆柱滚子轴承相配套，用于承受轴向载荷，如图 10-5a 所示。轴承由左右内圈 1 和 5，外圈 3，左右两列滚珠及保持架 2 和 4，隔套 6 组成。修磨隔套 6 的厚度就能消除间隙和预紧。它的公称外径与同孔径的双列圆柱滚子轴承相同，但外径公差带在零线的下方，与壳体孔之间有间隙，所以不承受径向载荷，专作推力轴承使用。接触角有 $\alpha=60°$ 的，编号为 234400（旧编号 2268100）。瑞典 SKF 公司还有 $\alpha=40°$ 的，编号为 246800，形状与 234400 相同。SKF 还有窄形的双向推力角接触球轴承，如图 10-5b 所示。它的内、外径和公差都与 234400 系列相同，但宽度较窄。接触角 $\alpha=40°$，称为 BTA-B 系列。日本的

NSK 公司还有单向推力角接触球轴承，形状与图 10-2 相同，但略窄，外径公差带在零线的下方。一对轴承背靠背配套使用。$\alpha = 30°$的为 BA10X 系列；$\alpha = 40°$的为 BT10X 系列。α 越小，允许的转速越高，但轴向刚度越低。

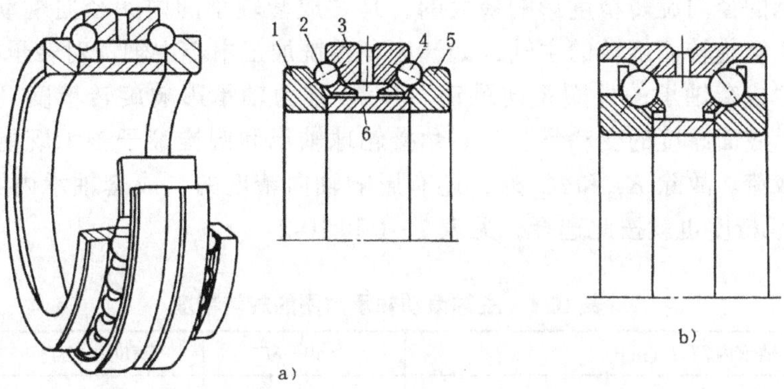

图 10-5　双向推力角接触球轴承

此外，主轴还可用下列轴承。

4. 深沟球轴承（Deep groove ball bearing）

这种轴承一般不能调整间隙，常用于精度和刚度要求不太高的地方，如钻床主轴。轴向载荷则由配套的推力轴承承受（参见图 6-22）。

5. 圆锥滚子轴承（Taper roller bearing）

这种轴承能承受径向和轴向载荷，承载能力和刚度都比较高。但是，滚子大端与内圈挡边之间是滑动摩擦，发热较多，故允许的转速较低。为了解决这个问题，法国 Gamet 公司开发了空心滚子圆锥滚子轴承、滚子是空心的，保持架为铝质，整体加工，把滚子之间的间隙填满。大量的润滑油只能从滚子的中孔流过，冷却滚子，以降低轴承的发热。但是，这种轴承必须用油润滑。这就限制了它的使用，例如难以用于立式主轴。

主轴轴承常用轻系列、特轻系列和超轻系列，以特轻系列为主。在轴承编号的倒数第三位数字，分别以 2、0、9 代表（旧标准为 2、1、9）。轴承越“轻”，滚动体的直径越小，但滚动体的数量越多。因此，虽然基本额定动、静载荷递减，但刚度的变化却不大。主轴轴承的实际载荷，相对于其基本额定载荷，是较低的。承载能力通常都有富余。因此，采用较“轻”的轴承，对主轴组件的性能，影响不大。轴承越“轻”，同样的内径，外径越小；同样的外径，内径越大。这就是说，同样的主轴直径，壳体孔的直径可以小一些，但对主轴组件的性能影响却不大。如果是同样的壳体孔直径，则主轴可以粗一些，主轴刚度也相应地高一些，主轴组件的综合刚度还会有所提高。

当然，轴承越“轻”，座圈也越薄。轴承的制造也越困难。如果壳体孔和轴颈的形状有误差，很容易影响轴承。因此，对壳体孔和轴颈的精度要求也越高。

三、精度

主轴轴承的精度，应该用 P2、P4、P5（旧标准 B、C、D）三级，相当于 ISO 标准的 2、4、5 级。此外，又规定了 SP 级和 UP 级作为补充。SP 和 UP 级的旋转精度，分别相当于 P4 级和 P2 级，内、外圈的尺寸精度，则分别相当于 P5 级和 P4 级。由于轴承的工作精度主要决定于旋转精度，壳体孔和主轴颈是根据一定的间隙和过盈要求配作的，因此，轴承内、外径的公差即使略宽也并不影响工作精度，但是却可以降低成本。

向心轴承（指接触角 $\alpha<45°$的轴承）如用于切削力方向固定的主轴如车、铣、磨床等的主轴，对轴承的径向旋转精度影响最大的，是“成套轴承的内圈径向跳动”K_{ia}。如用于切削力方向随主轴旋转而旋转的主轴，如镗床和镗铣加工中心主轴，对轴承径向旋转精度影响最大的，是“成套轴承的外圈径向跳动”K_{ea}。推力轴承影响旋转精度（轴向跳动）的，是“轴圈滚道对底面厚度的变动量”S_i。角接触球轴承和圆锥滚子轴承既能承受径向载荷，又能承受轴向载荷。故除 K_{ia}和K_{ea}外，还有影响轴向精度的“成套轴承内圈端面对滚道的跳动”S_{ia}。轴承精度也就按此选择，见表 10-1 和 10-2。

表 10-1　主轴滚动轴承内圈的旋转精度　（μm）

轴承内径 d（mm）		>50～80			>80～120			>120～180		
精度等级		P2	P4	P5	P2	P4	P5	P2①	P4	P5
向心轴承（圆锥滚子轴承除外）	K_{ia}	2.5	4	5	2.5	5	6	2.5	6	8
	S_{ia}	2.5	5	8	2.5	5	9	2.5	7	10
圆锥滚子轴承	K_{ia}	—	4	7	—	5	8	—	6	11
	S_{ia}	—	4	—	—	5	—	—	7	—
推力球轴承	S_i	—	3	4	—	3	4	—	4	5

① P2 级轴承内径最大为 150mm。

表 10-2　主轴滚动轴承外圈的旋转精度　（μm）

轴承外径 D（mm）	>80～120			>120～150			>150～180			>180～250		
精度等级	P2	P4	P5	P2	P4	P5	P2	P4	P5	P2	P4	P5
向心轴承（圆锥滚子轴承除外）K_{ea}	5	6	10	5	7	11	5	8	13	7	10	15
圆锥滚子轴承 K_{ea}	—	6	10	—	7	11	—	8	13	—	10	15

前、后轴承的精度对主轴旋转精度的影响是不同的。图 10-6a 表示前轴承轴心有偏移 δ_a（即表 10-1 或 10-2 中 K_{ia}或K_{ea}的一半），后轴承偏移为零的情况。这时反映到主轴端部轴心的偏移为

$$\delta_{a1}=\frac{L+a}{L}\delta_a$$

图 b 表示后轴承有偏移，前轴承偏移为零的情况。这时

$$\delta_{b1}=\frac{a}{L}\delta_b$$

这说明前轴承的精度对主轴组件的影响较大。故前轴承的精度应选得高一些。

各种精度等级的机床，主轴轴承的精度可参考表 10-3 选用。数控机床，可按精密级或高精度级选用。

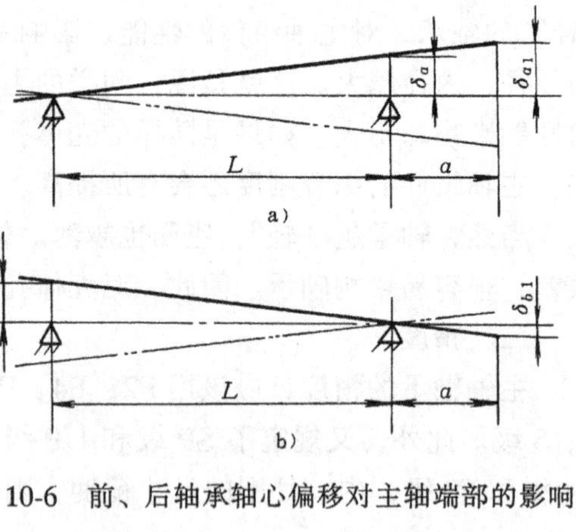

图 10-6　前、后轴承轴心偏移对主轴端部的影响

切削力方向随主轴的旋转而旋转的主轴，如镗床和镗铣加工中心主轴，是按 K_{ea} 选择轴承精度的。例如内径 $d=100$mm 的特轻系列轴承，外径为 $D=150$mm。P5 级精度 $d=100$mm 的 K_{ia} 为 6μm（表 10-1）；$D=150$mm 的 K_{ea} 为 11μm（表 10-2）。显然，K_{ea} 比 K_{ia} 大得多。如选 P4 级，则 $K_{ea}=7$μm，比较接近。因此，这类机床主轴轴承的精度，应比表列高一级。

表 10-3 主轴轴承精度

机床精度等级	前 轴 承	后 轴 承
普通精度级	P5 或 P4（SP）	P5 或 P4（SP）
精 密 级	P4（SP）或 P2（UP）	P4（SP）
高精度级	P2（UP）	P2（UP）

轴承的精度不但影响主轴组件的旋转精度，而且精度越高，各滚动体受力越均匀，有利于提高刚度和抗振性，减少磨损，提高寿命。因此，目前普通机床主轴轴承都有取 P4（SP）级的趋势。P6（旧 E）级轴承，在机床主轴上已很少用。

四、转速

轴承是以 $d_m n$ 值（mm·r/min）作为衡量转速性能的指标的。d_m 是轴承的中径（mm），是内径与外径的平均值，n 为转速（r/min）。$d_m n$ 值与滚动体的公转线速度成正比。同样的 d，不同的直径系列（轻、特轻、超轻…），外径是不同的。因此，$d_m n$ 值同时反映了转速、内径和直径系列。

轴承都规定了极限转速、这是指的普通精度级轴承，在轻负荷下运转，达到规定稳定温度时的转速。这些条件各厂都有自己的规定，且一般不公开。主轴轴承的使用条件，与轴承厂的测试条件不一定一致，故规定的极限转速只能供参考。

轴承的最高转速，决定于轴承的类型，负荷，间隙的调整，允许的温升，选用的润滑剂和润滑方式。可通过试验决定。

五、寿命

决定轴承寿命的是疲劳点蚀和磨损降低精度。对于重载或高速主轴，轴承失效可能是由于表层疲劳。对一般机床，由于主轴较粗，载荷相对来说不大，往往以磨损后精度下降作为失效的依据的。如果某一主轴轴承，规定精度为 P4 级，经使用后因磨损，其跳动值已降为 P5 级，这个轴承就认为应该更换了。虽然尚未产生疲劳点蚀现象。这时，决定主轴滚动轴承寿命的是精度，失效的原因是磨损。这种“精度寿命”，目前还难以计算。

六、刚度

零间隙时轴承在外载荷作用下的变形为：

点接触的球轴承

$$\delta_r=\frac{0.436}{\cos\alpha}\sqrt[3]{\frac{Q_r^2}{d_b}}$$

$$\delta_a=\frac{0.436}{\sin\alpha}\sqrt[3]{\frac{Q_a^2}{d_b}} \tag{10-1}$$

线接触的滚子轴承

$$\delta_r=\frac{0.077Q_r^{0.9}}{\cos\alpha l_a^{0.8}}$$

$$\delta_a=\frac{0.077Q_a^{0.9}}{\sin\alpha l_a^{0.8}} \tag{10-2}$$

式中　δ_r，δ_a——径向和轴向变形（μm）；

α——接触角（°）；

d_b——球径（mm）；

l_a——滚子的有效长，等于滚子长度扣除两端的倒角（mm）；

Q_r，Q_a——一个滚动体的径向和轴向载荷（N），

$$Q_r = \frac{5F_r}{iz\cos\alpha}$$
$$Q_a = \frac{F_a}{z\sin\alpha} \tag{10-3}$$

式中　F_r，F_a——作用于轴承上的径向和轴向载荷（N）；

i、z——滚动体的列数和每列的滚动体数。

零间隙时轴承的刚度 $K=\dfrac{\mathrm{d}F}{\mathrm{d}\delta}$。

球轴承

$$K_r=\frac{\mathrm{d}F_r}{\mathrm{d}\delta_r}=1.18\sqrt[3]{F_r d_b\ (iz)^2\cos^5\alpha} \tag{10-4}$$

$$K_a=\frac{\mathrm{d}F_a}{\mathrm{d}\delta_a}=3.44\sqrt[3]{F_a d_b z^2\sin^5\alpha} \tag{10-5}$$

滚子轴承

$$K_r=\frac{\mathrm{d}F_r}{\mathrm{d}\delta_r}=3.39F_r^{0.1}l_a^{0.8}\ (iz)^{0.9}\cos^{1.9}\alpha \tag{10-6}$$

$$K_a=\frac{\mathrm{d}F_a}{\mathrm{d}\delta_a}=14.43F_a^{0.1}l_a^{0.8}z^{0.9}\sin^{1.9}\alpha \tag{10-7}$$

式中　K_r，K_a——径向和轴向刚度（N/μm）。

几种常用国产轴承的 d_b、z、l_a 见表 10-4。

表 10-4　几种常用轴承的数据

轴承内径（mm）		50	60	70	80	90	100	110	120	140	160
角接触球轴承	球数 z	18	18	19	20	20	20	20	20		
7000C 和 7000AC 系列	球径 d_b（mm）	8.731	10.716	12.303	12.7	14.233	15.875	17.463	19.05		
双向推力角接触球轴承	球数 z				26	28	28	28	30	30	30
234400 系列	球径 d_b（mm）				10	11	11.113	13.494	13	15.875	18
双列圆柱滚子轴承	iz				52	54	60	52	50	56	52
NN3000K 系列	滚子有效长 la（mm）				9	10	10	12.8	13.8	14.8	16.6

从上述公式可以看出，滚动轴承的刚度不是一个定值，而是载荷的函数。它随载荷的增加而增长。计算时，如外载荷无法确定，可取额定动载荷（可查样本）的 1/10 作为轴承的载荷，计算的结果一般地代表轴承的刚度。

对于滚子轴承，刚度与载荷的 0.1 次幂（见式（10-6）、式（10-7））成正比，载荷对刚

度的影响不是很大。因此，计算时可以不考虑预紧。对于球轴承，刚度与载荷的1/3次幂（见式（10-4），式（10-5））成正比，预紧力对刚度的影响是明显的，计算时应考虑预紧力。存在轴向预紧力 F_{a0}时的径向和轴向载荷分别为

$$F_a = F_{ae} + F_{a0} \tag{10-8}$$

$$F_r = F_{re} + F_{a0}\text{ctg}\alpha \tag{10-9}$$

式中　F_{ae}和F_{re}——轴向和径向外载荷（N）；

F_{a0}——预紧力（N），见轴承厂样本；

α——接触角（°）。

〔**例 10-1**〕求 NN3020K 轴承的刚度。

〔**解**〕NN3020K 的内径为 100mm。查表 10-4，$iz=60$，$l_a=10$mm。查轴承样本，额定动载荷 $C=122$kN。取 $F_r=C/10=12200$N。代入式（10-6）得

$$K_r = 3.39\times12200^{0.1}\times10^{0.8}\times60^{0.9}\times\cos^{1.9}0^0\text{N}/\mu\text{m}=2184\text{N}/\mu\text{m}。$$

〔**例 10-2**〕求 7024AC 轴承在预紧力为 $F_{a0}=1380$N 时的径向刚度。

〔**解**〕7024AC 型角接触球轴承的内径为 120mm，接触角 $\alpha=25°$。查表 10-4，$z=20$，$d_0=19.05$。查轴承样本，额定动载荷 $C=74$kN。取 $F_{re}=C/10=7400$N，代入式（10-9）和式（10-4）

$$F_r = F_{re} + F_{a0}\text{ctg}\alpha = 7400 + 1380\text{ctg}25° = 10360\text{N}$$

故

$$K_r = 1.18\times\sqrt[3]{10360\times19.05\times20^2\times\cos^5 25°}\text{N}/\mu\text{m}=430\text{N}/\mu\text{m}$$

第三节　主　　轴

一、主轴的构造

主轴的头部已经标准化了，用以安装标准刀具和夹具。主轴头部的形状和尺寸，见《机床设计手册》第3册。

为了提高刚度，主轴的直径应尽量大些。前轴承至主轴前端面的距离称为悬伸。悬伸量应尽可能地小些。为了便于装配，主轴常制成阶梯形的。

有的机床，主轴是空心的，如车床、铣床、加工中心等的主轴。中孔用以通过棒料、拉杆等。车床主轴为了能通过较粗的棒料或管料，中孔直径常希望大些。中孔的直径对主轴刚度是有影响的。由于中空主轴的惯性矩取决于 $1-(d/D)^4$（d 和 D 分别为中孔和主轴直径），当 $d/D=0.7$ 时，惯性矩约下降 24%。因此，为了不致使主轴的刚度受太大的影响，孔径不宜超过外径的 70%。这里的刚度包括抗弯和抗扭刚度。要说明的是加大孔径的车床主轴不受此限。因这时 D 也加大了，d/D 即使大于 0.7，刚度仍可高于未加大时的主轴。

二、材料和热处理

主轴的载荷相对来说不大，引起的应力通常远小于钢的强度极限。因此，强度一般不是选材的依据。

当几何形状和尺寸已定，主轴的刚度主要决定于材料的弹性模量。各种钢材的弹性模量几乎没有什么差别。因此刚度也不是选材的依据。

主轴的材料，主要应根据耐磨性、热处理方法和热处理后的变形选择。普通机床的主轴，可用 45 号或 60 号优质中碳钢，调质到 220～250HBS 左右。在主轴头部的锥孔、定心

轴颈或定心锥面等部位，高频淬硬至50～55HRC。如支承为滑动轴承，则轴颈也需淬硬，硬度同上。精密机床的主轴，希望淬火变形和淬火应力要小，可用40Cr或低碳合金钢20Cr，16MnCr5，12CrNi2A等渗碳淬硬至HRC≥60。支承为滑动轴承的高精度磨床砂轮主轴，镗床、坐标镗床、加工中心的主轴，要求有很高的耐磨性。这时可用渗氮钢如38CrMoAlA，进行渗氮处理。表面硬度可达1100～1200HV（相当于69～72HRC）。

三、主轴的技术要求

主轴和壳体孔的直径公差和形状公差，可参考表10-5制定。

表10-5 主轴颈与外壳孔技术要求

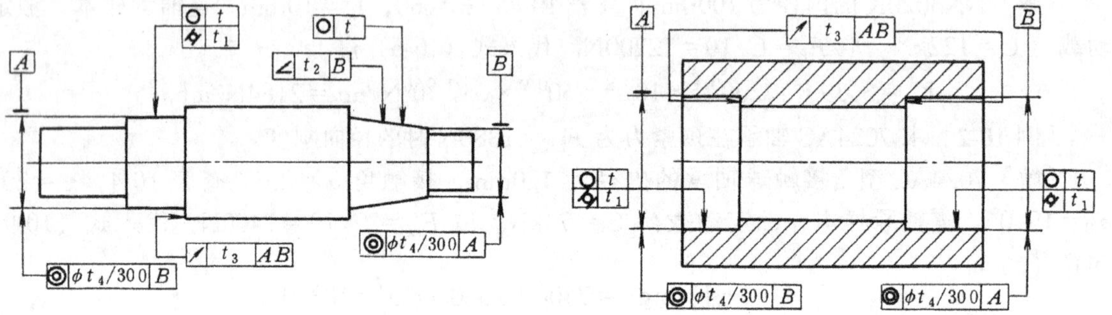

项目 \ 轴承精度		轴 P5	轴 P4（SP）	轴 P2（UP）	壳体 P5	壳体 P4（SP）	壳体 P2（UP）	
直径公差		js5或K5	js4	js3	Js5	Js5	Js4	轴向固定端
					H5	H5	H4	轴向自由端
圆度 t 和圆柱度 t_1		IT3/2	IT2/2	IT1/2	IT3/2	IT2/2	IT1/2	
倾斜度 t_2		—	IT3/2	IT2/2	—	—	—	
跳动 t_3		IT1	IT1	IT0	IT1	IT1	IT0	
同轴度 t_4		IT5	IT4	IT3	IT5	IT4	IT3	
表面粗糙度 R_a（μm）	d，$D\leqslant 80$	0.2	0.2	0.1	0.4	0.4	0.2	
	d，$D\leqslant 250$	0.4	0.4	0.2	0.8	0.8	0.4	

主轴其余的技术条件，应根据机床精度标准制定。现以一车床主轴为例，说明制定技术要求的原则。

〔**例10-3**〕图10-7a为简化后的主轴图，图b为计算简图。图中A、B处是装轴承的轴颈，直径分别为105mm和75mm。1:12锥面。轴承精度均为P5级。C面和D面是装卡盘的定心短锥面和端面。主要技术要求如下（单位为mm）：

1）轴颈A和B的圆度　　$A=0.003$，$B=0.0025$

2）莫氏锥孔和A、B面用涂色法检查接触率　　≥70%

3）莫氏锥孔对轴颈A、B的径向圆跳动　　近轴端　0.005

300mm处　0.010

4）短锥 C 对轴颈 A、B 的径向圆跳动　　0.005

5）端面 D 对轴颈 A、B 的端面圆跳动　　0.010

制定方法如下：

1. 轴颈 A 和 B 的圆度

主轴中心线指的是轴颈 A 和 B 的圆心连线。这条中心线是测量基准。因此，首先必须保证轴颈 A 和 B 的圆度。因为如果轴颈截面不圆，就不会有稳定的圆心，也就不会有固定的中心线。查表 10-5，公差为 IT3/2，查公差表，A 面为 3μm（0.003mm），B 面为 2.5μm（0.0025mm）。

2. 莫氏锥孔和 A、B 面的锥度

用标准锥度规靠涂色法检查接触率来保证锥角的准确性。接触率≥70%。

3. 莫氏锥孔对轴颈 A、B 的径向跳动。

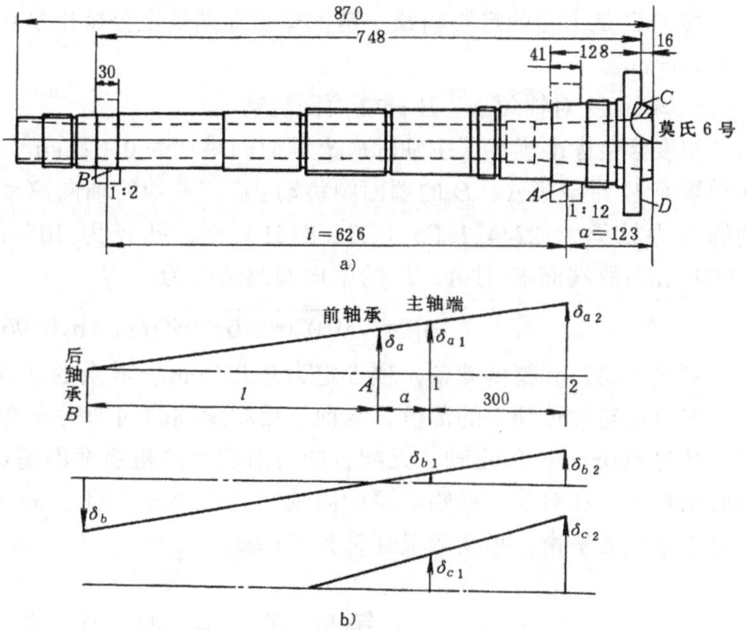

图 10-7　主轴技术要求计算图

在机床上，是以锥孔的轴线来代表主轴中心线的。主轴组件装配后，在锥孔内插长度略大于 300mm 的检验棒。机床精度标准规定了检验棒的径向跳动。卧式车床为：在主轴端部，$\Delta_1=0.01$mm，故 $\delta_1=0.005$mm；在 300mm 处，$\Delta_2=0.02$mm，故 $\delta_2=0.010$mm。由于前轴承有误差 δ_a，在近轴端和 300mm 处将造成误差 δ_{a1}和 δ_{a2}（图 10-7b）。由于后轴承有误差 δ_b，将造成误差 δ_{b1}和 δ_{b2}。由于主轴的制造误差，锥孔中心线与主轴中心线不重合，将造成误差 δ_{c1}和 δ_{c2}。

$$\delta_{a1}=\frac{L+a}{L}\delta_a \qquad \delta_{a2}=\frac{L+\alpha+300}{L}\delta_a$$

$$\delta_{b1}=\frac{a}{L}\delta_b \qquad \delta_{b2}=\frac{\alpha+300}{L}\delta_b$$

一般情况下，$\delta_1=\sqrt{\delta_{a1}^2+\delta_{b1}^2+\delta_{c1}^2}$，$\delta_2=\sqrt{\delta_{a2}^2+\delta_{b2}^2+\delta_{c2}^2}$。$\delta_a$ 和 δ_b 可根据所选轴承精度，从表 10-1 或 10-2 中查得。据此可算出 δ_{c1}和 δ_{c2}。它们的 2 倍值就是决定项 3 公差的根据。

如上例，前轴承选 NN3021K/P5（D3182121），孔径 105mm。查表 10-1，$K_{ia}=0.006$mm。$\delta_a=K_{ia}/2=0.003$mm。后轴承选为 NN3015K/P5（D3182115）孔径 ϕ75mm。$K_{ia}=0.005$mm。$\delta_b=K_{ia}/2=0.0025$mm。将 δ_a、δ_b、L、a 之值代入，可算出

$$\delta_{a1}=0.0036,\quad \delta_{a2}=0.005,\quad \delta_{b1}=0.0005,\quad \delta_{b2}=0.002$$

所以

$$\delta_{c1}=\sqrt{\delta_1^2-\delta_{a1}^2-\delta_{b1}^2}\text{mm}=0.0034\text{mm}$$

$$\delta_{c2}=\sqrt{\delta_2^2-\delta_{a2}^2-\delta_{b2}^2}\,\text{mm}=0.0084\text{mm}$$

主轴锥孔的跳动可达 $\Delta_{c1}=2\delta_{c1}=0.0068\text{mm}$ 和 $\Delta_{c2}=2\delta_{c2}=0.0168$。项 3 规定为 0.005 和 0.010，比计算的结果更严一些，具有一定的精度储备。如果计算出来的 δ_{c1} 和 δ_{c2} 太小，则说明轴承的精度选得太低了。应改用高一级精度的轴承。

4. 短锥 C 对轴颈 A、B 的径向圆跳动

短锥 C 是卡盘的定心轴颈。精度检验标准规定公差也是 0.01mm。故这项精度公差也定为 0.005mm。

5. 端面 D 对轴颈 A、B 的端面圆跳动

精度检验标准规定了主轴轴肩支承面的跳动为 0.02mm。这项公差包括了主轴的轴向窜动和端面 D 对轴颈 A、B 的端面圆跳动 ΔD。主轴的轴向窜动取决于推力轴承的 S_i 值。本例的推力轴承为 234421/P5（D2268121）型，孔径为 105mm。从表 10-1 可查出，$S_i=0.004\text{mm}$。故端面 D 对 A、B 的轴向圆跳动应为

$$\Delta_D=\sqrt{0.020^2-0.004^2}\,\text{mm}=0.0196\text{mm}$$

考虑到装配误差和精度储备，项 5 定为 0.010mm。其余的技术要求，可根据表 10-5 制定。

安装齿轮等传动件的部位，与前、后端承颈的同轴度公差，可取为略小于直径公差的一半。超过 600r/min 的主轴，无配合的自由表面的粗糙度不超过 $R_a=1.6\mu\text{m}$。空心的高速主轴必须规定中孔对前、后轴承颈的同轴度。当线速度超过 3m/s 时，主轴组件应在装配完毕状态下进行动平衡，平衡等级通常为 G1 级。

第四节　主 轴 组 件

一、车、镗、铣、加工中心类机床主轴组件

1. 中等转速，较高刚度

这类主轴的前、后径向支承多用双列圆柱滚子轴承，推力支承多用推力角接触球轴承。数控机床的坐标原点常定在主轴前端。因此，应把推力轴承安排在前支承内，尽量靠近前端面，使主轴发热后向后膨胀。只有某些人工操作的普通机床，为了简化前支承的结构，才把推力支承安排在后支承内。

图 10-8 是一种数控车床的主轴组件。主轴转速为 14～3550r/min，计算转速为 180r/min；电动机功率为 28kW，机械效率以 0.8 计，最大输出转矩约为 1200N·m。

这种机床的主轴箱和变速箱是分开的。主轴箱靠螺钉和定位销固定在倾斜的床身上，如图所示。主轴的前、中径向支承 7 和 2 都是双列圆柱滚子轴承。内径分别为 100 和 90mm。推力支承为双向推力角接触球轴承 6，位于前支承内。内径也是 100mm（234420）。三个轴承的精度都是 SP 级。前支承靠阶梯过盈套 5 压紧。套 5 与主轴为过盈配合，无螺纹。拆卸时，往孔 a 内压入高压油（可用手压泵），把套胀大。这种结构可避免因螺纹歪斜而产生压紧力不均。主轴上的齿轮 10 也靠过盈配合传递转矩，没有键。

推力轴承 6 的预紧靠修磨隔套 9 实现。由轴承厂修磨。前、中双列圆柱滚子轴承，靠修磨隔套 8 和 4 的厚度来决定轴承内圈锥孔在主轴锥形轴颈上的位置，从而决定内圈被胀大多少。

轴向力的传递路线见图中箭头。

变速箱固定在主轴箱上，靠法兰 3 定心。法兰 3 的内孔与轴承 2 的外圈相配，以保持主轴三个轴承孔的同轴。主轴较长，而且传动齿轮又装于中支承的后方，故后面再加辅助支承 1。辅助支承为深沟球轴承，内径为 85mm（6217/P5）。

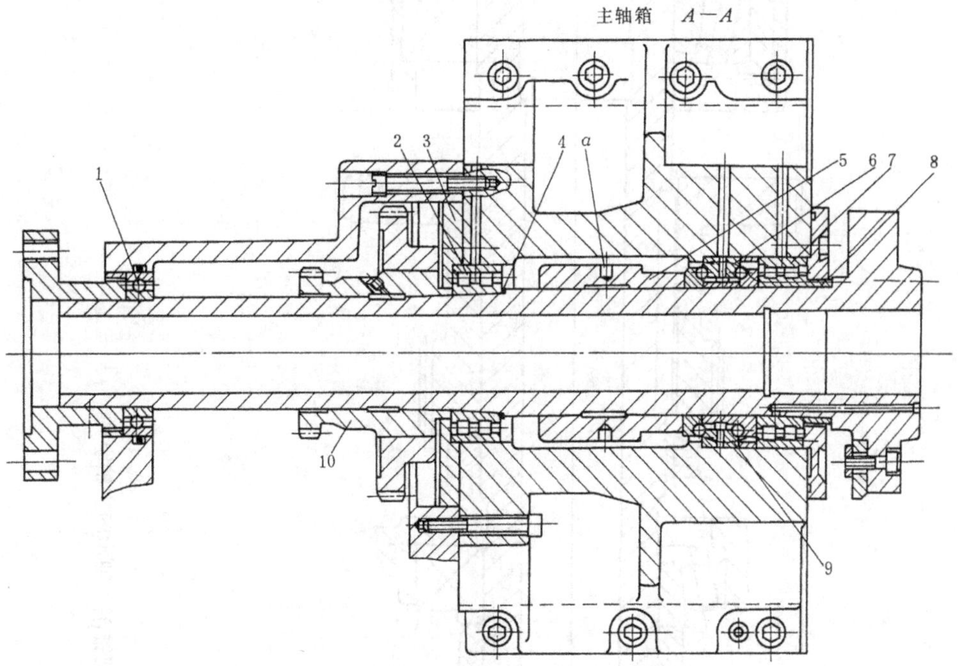

图 10-8　数控车床主轴组件

图 10-9 是装圆锥滚子轴承的主轴组件。这种主轴转速较低，为 25～1600r/min，电动机功率为 5.5kW，故可用圆锥滚子轴承以简化支承部的构造。这种构造仍可归入推力支承在前支承内一类。碟形弹簧 1 用以控制预紧力，并补偿因主轴热伸长而使轴承预紧力发生的变化。后支承（6216）是辅助支承。

图 10-8 和图 10-9 都是三支承主轴，前、中为主，后支承为辅。三支承中，“主”支承应预紧，使轴承的滚道与滚动体之间处于过盈状态；“辅”支承常用深沟球轴承，保留游隙以至选用游隙较大的轴承。由于三个轴颈和三个壳体孔不可能完全同轴，因此决不能三个轴承都预紧，都预紧是要发生干涉的。会使轴承温升过高，空载功率大幅度上升。如果“辅”支承保持间隙，则当主轴不受载或载荷较小时，“辅”支承不起作用。当主轴载荷较大，“辅”支承处挠度较大，超过了游隙，“辅”支承才参加工作。

2. 要求转速较高，但刚度略低

图 10-10 是高速型车、镗、铣主轴单元，是一个完整的系列。图示为其中前轴承内径 d 为 90mm，后轴承为 80mm 的一种，最高转速为 5300r/min。为了适应高转速，前轴承用角接触球轴承。车、镗、铣主轴轴向载荷较大，故采用接触角 $\alpha=25°$ 的轴承。轴向载荷 F_a 的方向又是一定的，从轴头指向轴尾，故采用三联组配。轴承 1 和 2 同向，面朝前，共同承担轴向载荷 F_a；轴承 3 与 1、2 背靠背，面朝后，以实现预紧。型号为 7018AC。

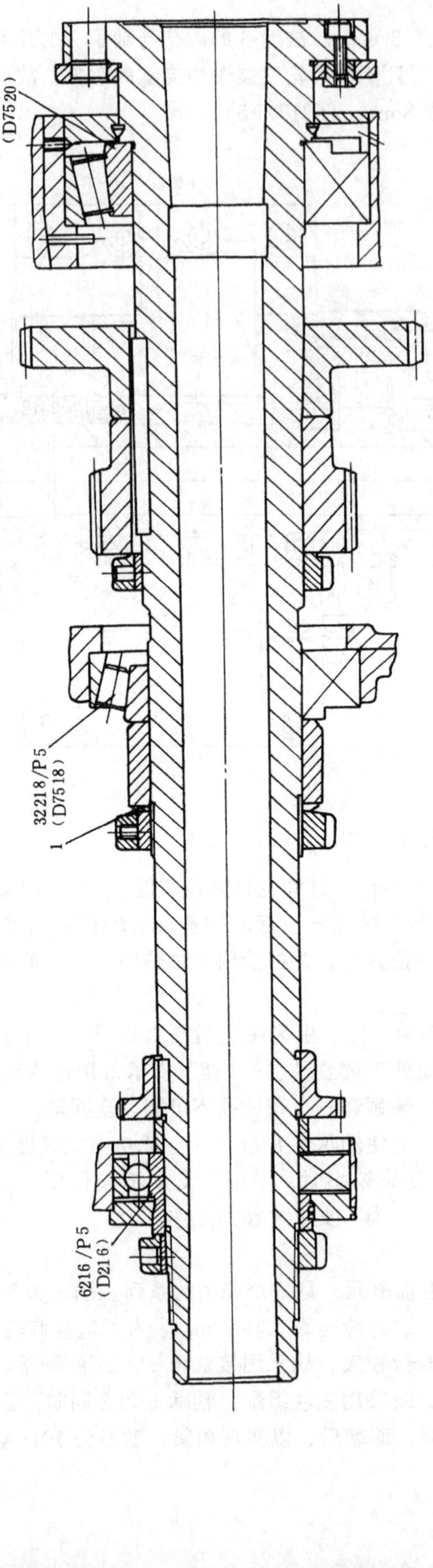

图 10-9　装圆锥滚子轴承的主轴组件

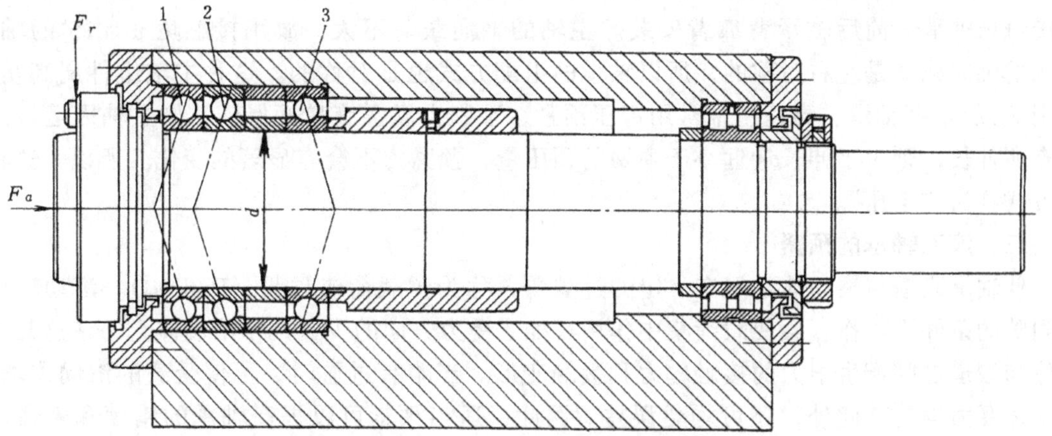

图 10-10　主轴单元

为了能使主轴单元成为一个独立的功能部件，由专门工厂（国外为轴承厂）生产，前、后轴承之间无传动件。传动件装在主轴的尾部悬伸端（图 10-8 也属这类）。后支承的载荷较大，因此，后支承用双列圆柱滚子轴承。这种轴承的外圈是可以分离的，主轴热膨胀后，可连带轴承内圈和滚子在外圈滚道上轴向移动。后轴承直径比前轴承小，预紧量也小，因此温升不致超过前轴承。

前后轴承皆为特轻系列，精度前轴承 P4 级，后轴承为 SP。

第八章图 8-13 所示的立式加工中心主轴组件也属于这一类。前支承为三联角接触球轴承，特轻系列，$\alpha = 25°$。后支承为一对背靠背组配的角接触球轴承。轴向载荷已由前支承承受，后支承的外圈与箱体孔轴向就不再定位了，故箱体孔是个光孔。主轴热膨胀时，主轴带着后轴承在箱体孔内移动。这样的构造似不如图 10-10。因如要使后轴承能在箱体孔中移动，配合必须较松。冷态启动时，轴承外圈有可能在箱体孔中转动。后支承背靠背组配为的是实现预紧。后轴承并不承受轴向载荷，故采用 $\alpha = 15°$ 的轴承。前后轴承精度皆为 ISO4 级，相当于 P4 级。

二、磨床类主轴组件

图 10-11 为一种内圆磨床的砂轮主轴，常称为内圆磨头。最高转速 16000r/min，电动机功率为 1.3kW。这种主轴组件是一个独立的单元，由专门的工厂制造。主轴的右端为工作

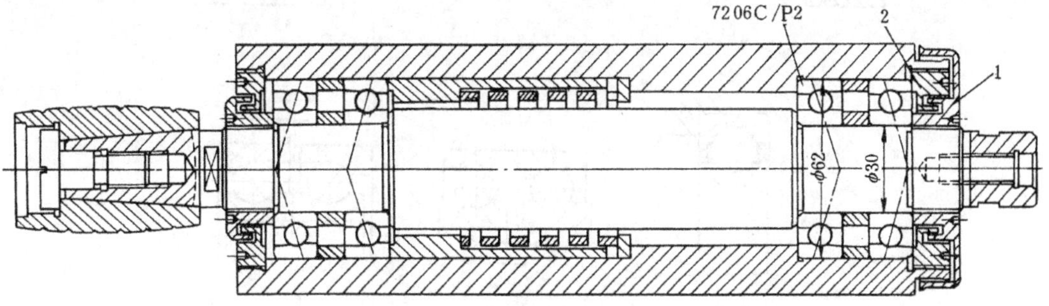

图 10-11　内圆磨床主轴组件

端,装砂轮杆；左端为驱动端，装平带轮。两端载荷都较大，故前后各装两个同向的轻系列角接触球轴承。前后轴承背靠背安装。主轴的轴向载荷不大，故用接触角 $\alpha=15°$ 的轴承。磨床的轴向载荷是左右对称的，所以轴承的组配方式也是对称的。这种主轴组件属高精度，故用 P2 级精度轴承。高速主轴常用定压预紧，预紧力靠螺旋弹簧保证。如主轴因运转发热而有所伸长，则由于伸长量远小于弹簧的预压量，预紧力不会有显著的变化。所以，这种预紧方式称为“定压”。

三、滚动轴承的预紧

使轴承滚道与滚动体之间有一定的过盈量，称为预载荷或预紧（Preload)。滚动轴承在有间隙的条件下工作，会使载荷集中作用在处于受力方向的少数几个滚动体上，使这几个滚动体与滚道之间产生很大的接触应力和接触变形。当略有过盈时，可使受载的滚动体增多，滚动体受力均匀。此外，还可均化误差。因此，适当预紧可以提高轴承的精度和寿命。式(10-4）～（10-7）说明，滚动轴承的刚度是随载荷而增大的。预紧使滚道与滚动体之间有一预载荷，它叠加在外载荷上，使轴承的载荷增加，从而提高了轴承的刚度。但是，过度预紧，由于滚动体和滚道的变形太大，又将提高温升和降低寿命。这是预紧的限制性因素。

机床设计工程师的任务，在于根据载荷和转速，正确地选择预紧。

1. 双列圆柱滚子轴承的预紧

这种轴承是靠内孔的锥面，使内圈径向胀大实现预紧的，称为径向预紧。衡量预紧的，是滚子包络圆直径 D_2（见图 10-12a)，与外圈滚道直径 D_1 之差 $\Delta=（D_2-D_1)$。Δ 称为径向预紧量或简称“预紧量”，单位为 μm。装配时，把外圈装入壳体孔内，测出 D_1。先不装隔套 1（图 10-12b)，把内圈装上主轴。拧动螺母 2，用专门的包络圆测量仪测量滚动体的包络圆直径，直到使它比 D_1 大 Δ。测出距离 l，按此磨隔套的厚度。装上隔套，拧紧螺母，就可得到预定的预紧量。

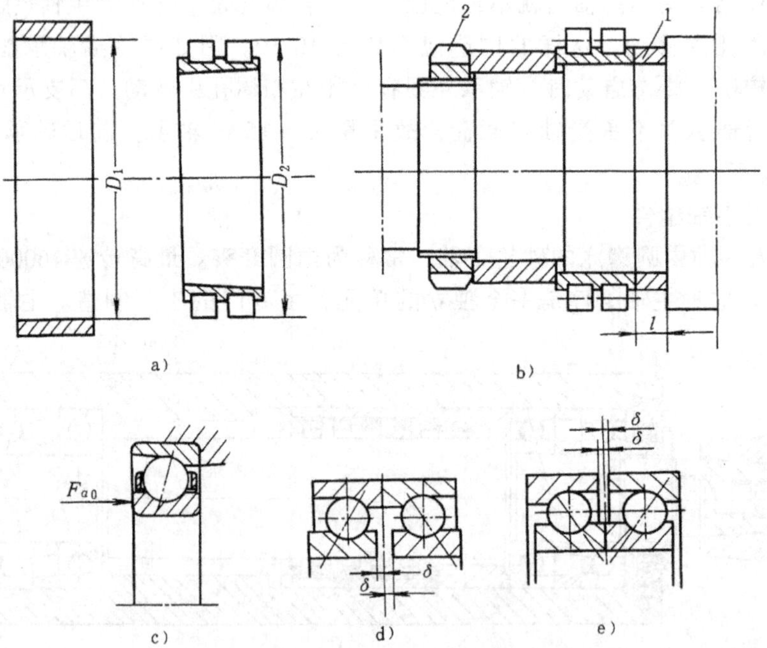

图 10-12 轴承的预紧

如前所述，滚子轴承的刚度与载荷的 0.1 次幂成正比，因此预紧对刚度的提高是不明显的。实验也证明了这一点。例如国外对 NN3020K 轴承的试验结果表明[10]，当预紧量从 0 提高到 5μm 时，轴承刚度逐步提高。当预紧量超过 5μm 后，刚度基本上趋于定值。这是因为 5μm 的过盈补偿了制造误差，如滚子直径不完全一致，滚子和滚道都有形状误差，表面有一定的粗糙度等。预紧量超过 5μm 后，轴承内部的接触状况就与理论模型接近了。因此，从刚度的角度分析，这种轴承要求的预紧量不大，约 5μm。

从抗振性的角度分析，希望轴承在受载时，不受力侧的滚子仍能保持与滚道的接触。即希望预紧量略大于该载荷下的变形量。例如 NN3020K 轴承受外载 $F_r=6000$N，变形量可按式（10-2）计算

$$\delta_r=\frac{0.077\ (5F_r/iz)^{0.9}}{l_a^{0.8}}=\frac{0.077\times\ (5\times 6000/60)^{0.9}}{10^{0.8}}\mu\text{m}=3.28\mu\text{m}$$

图 10-13 是预紧量计算线图[15]。如本例，NN3020K 孔径为 100mm，当载荷为 6000N 时，可取预紧量 $\Delta=4\mu$m，比计算值略大。从图也可看出，一般情况下，200mm 以下的 NN3000K 和 NNU4900K 轴承，预紧量不超过 10μm。最后，还需根据允许的温升，通过实验验证。

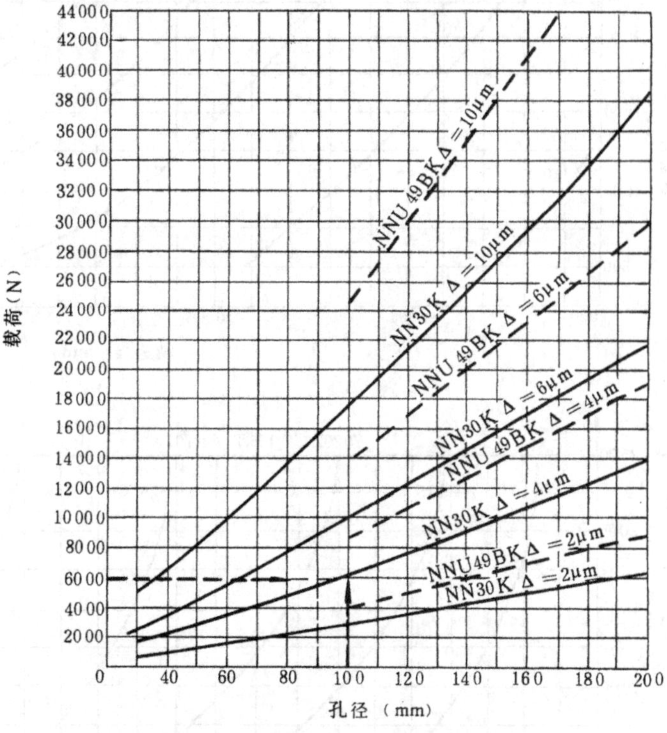

图 10-13　双列圆柱滚子轴承的预紧

2．角接触球轴承的预紧

这种轴承是在轴向力 F_{a0} 的作用下，使内、外圈产生轴向错位实现预紧的，见图 10-12c，称为轴向预紧。衡量预紧的，是轴向预紧力 F_{a0} 或简称预紧力，单位为 N。

多联角接触球轴承是根据预紧力组配的。轴承厂规定了轻顶紧、中预紧、重预紧三级预紧㊀。定货时，可指定预紧级别。轴承厂在内圈（背靠背组配，图 10-12d）或外圈（面对面组配，图 e）的端面根据预紧力磨去 δ。装配时挤紧，就可得到预定的预紧力。如果两个轴承间需隔开一定的距离，如图 10-10，10-11，可在两轴承之间加入厚度相同的内、外隔套。

如前所述，球轴承的预紧能明显地提高刚度。机床设计工程师应根据转速和允许的温升，选择最大的预紧力，以兼顾刚度和温升两个指标。预紧力可根据下列指标选择。

（1）通常，轻预紧用于高速主轴；中预紧用于中、低速主轴；重预紧用于分度主轴。

㊀ 同样的轴承，各厂规定的预紧力是不同的。应查生产厂的样本。

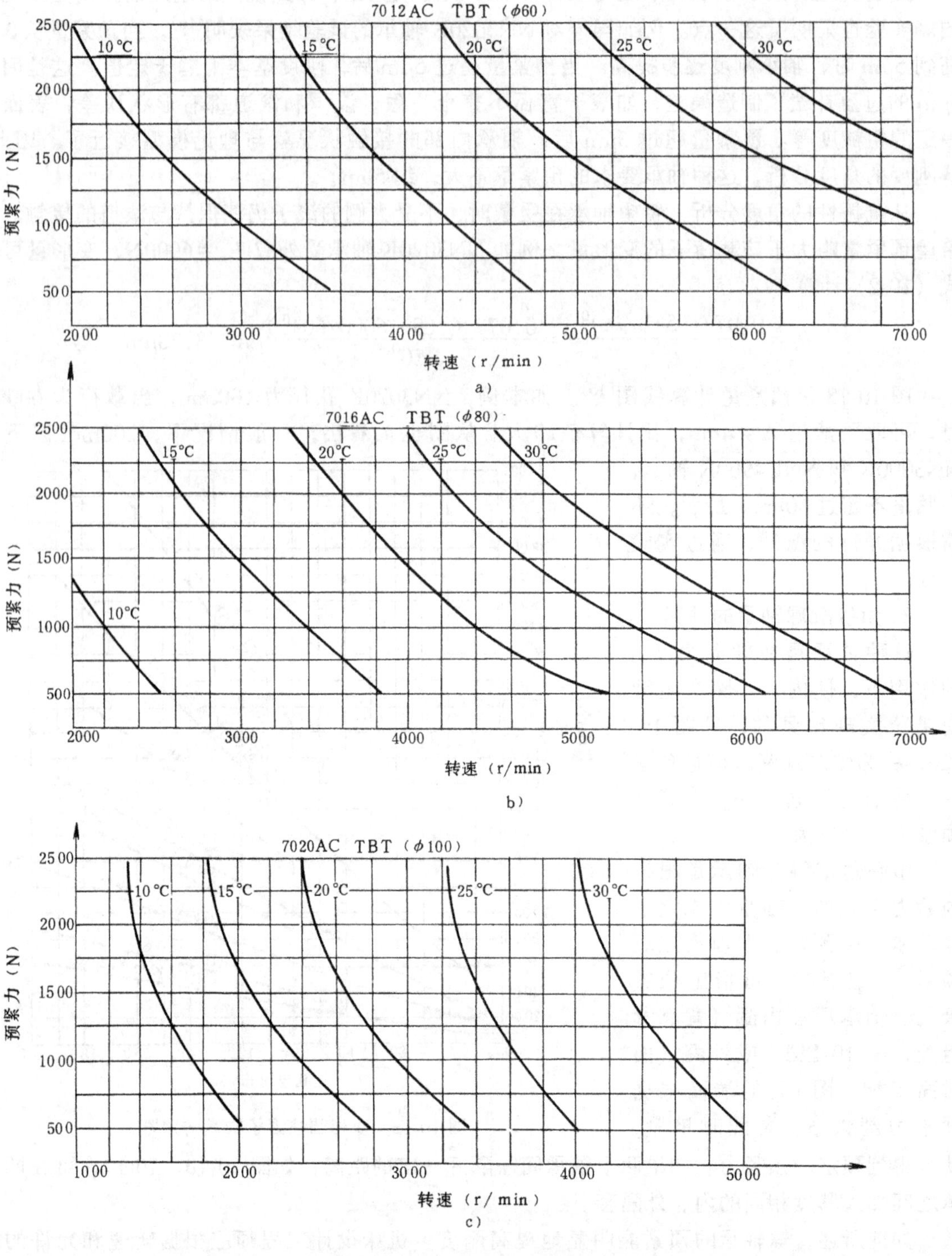

图 10-14　三联角接触球轴承预紧力的选择

（2）在轴向载荷作用下，不受力侧轴承（如图 10-10 中的轴承 3）的滚动体与滚道不能脱离接触。可以证明，满足这个条件的最小预紧力，双联组配（图 10-3a）为最大轴向载荷的 35%（近似地可取为 1/3）；三联组配（图 10-3d）为 24%（近似地可取为 1/4）。

(3) 根据试验，国产特轻型三联角接触球轴承(编号为 7000AC TBT㊀，旧编号 946100)的转速—温升—预紧力关系曲线见图 10-14。轴承内径分别为 60、80、100mm。其余直径可用内插法。试验是在无外载荷的条件下进行的。润滑剂为精密机床主轴脂(白色锂基脂)。

〔例 10-4〕 求 7014AC TBT（ϕ70mm）三联角接触球轴承的预紧力。允许温升 20℃，转速 5000r/min。

〔解〕 查线图 10-14a，7012AC TBT（ϕ60mm）在上述条件下的预紧力为 1500N；查图 b，7016AC TBT（ϕ80mm）为 600N。故 7014AC TBT 轴承可定为小于或等于（1500＋600）N/2＝1050N。

四、主轴组件的传动

(1) 传动方式 主轴上用的传动件，主要有齿轮和带。齿轮（Gear）能传递较大的转矩，是一般机床最常用的传动副。缺点是线速度不能很高，传动也不够平稳。通常，线速度 $v \leqslant 12 \sim 15$m/s。为使主轴运转平稳，可采用斜齿轮。螺旋倾角一般不宜超过 15°～20°，以免引起太大的轴向分力。主轴上尽量不要有滑移齿轮或其它活装零件（如离合器），以免因轴颈与活装零件孔间有间隙而引起振动。齿轮与主轴，最好用圆锥配合。

为了降低噪声，齿轮的精度要求：线速度较高的常取为 5 级，较低的为 6 级（皆指影响传动平稳性的第Ⅱ公差组）。齿面皆经磨削。齿轮材料可为中碳合金钢如 40Cr，40CrNi，42CrMo4V 等，高频淬硬；也可为低碳合金钢如 20Cr，20CrMnTi，16MnCr5 等，渗碳淬硬。硬化层不浅于 0.5mm，硬度一般为 HRC＝50～60。

转速较高的主轴，用带（Belt）传动可使运转平稳。传动带易拉长和磨损，设计时必须注意能调节中心距；磨损后易于更换；有可靠的防护设备以防止与油接触受侵蚀。当线速度 $v \leqslant 30$m/s 时，可用 V 型带、多楔带或同步齿形带；$v > 30$m/s 时，可用橡胶或皮革平带，$v > 35$m/s 时可用丝（天然丝、锦纶丝或涤纶丝）织带。

除以上两种传动件外，还可用内装式电动机（Built-in motor）。转子轴就是主轴，无中间传动环节，可使主轴不受传动弯矩。转速 $n < 3000$r/min 时可用工频异步电动机，如许多平面磨床的砂轮轴。高速时可用中频电动机，如内圈磨头。这时需用中频电源供电。当频率为 200～2400Hz 时，两极电动机的同步转速为 12000～144000r/min。有变速要求时，可用变极的多速电动机或交流调频电动机（需调频电源）。目前已出现既可调频、又能变极的内装电机式主轴单元，具有较大的恒功率变速范围，用于加工中心。

(2) 主轴传动件的布置 多数主轴是由齿轮传动的。齿轮可位于前、后㊁轴承之间（图 10-9)，也可位于后㊁轴承之后（图 10-8、10-10）。

如果齿轮位于前、后轴承之间，则齿轮应尽量靠近前轴承。这样做的好处是可以减少主轴的弯曲变形。此外，由于主轴上传递转矩的部分较短，扭转变形也较小。如果主轴上装有几个齿轮，则一般情况下常使大齿轮靠近前轴承。这样的安排将使前轴承的负荷较大，但前轴承的直径通常大于后轴承，因而承载能力也较大。

为了使主轴组件能成为一个独立的功能单元——主轴单元，近年来常使传动齿轮位于后支承之后的主轴后悬伸处（也可后面再加辅助支承如图 10-8 件 1)。这时，后支承的负荷较

㊀ 代号涵义：AC—接触角 $\alpha = 25°$，T—三联组配，BT—两套轴承同向（T）与第三套背靠背（B)。

㊁ 如果是三支承主轴，则这里的前、后轴承指的都是“主”支承。即后轴承实际上是中轴承。

大。应考虑采用承载能力较大的轴承。

如果传动件是皮带，则通常都装在后支承后部主轴的悬伸处（图 10-11）。原因是（1）便于防护，以免油类侵蚀皮带；（2）更换皮带容易。

第五节　提高主轴组件性能的一些措施

一、提高精度

提高主轴组件的精度，除保证主轴和轴承的精度外，还可采用定向装配法。

从图 10-7 可知，测量棒的径向圆跳动，等于由前轴承产生的误差 δ_{a1}或 δ_{a2}，由后轴承产生的误差 δ_{b1}或 δ_{b2}及主轴锥孔的误差 δ_{c1}或 δ_{c2}三者向量和的二倍。如果将这三项误差按一定的方向装配，可使误差互相抵消。

测出这三个误差的大小和方向，调整前、后轴承与主轴的角位置，把这三个误差调到一条直线上，如图 10-15a 所示，使其中较小的两个朝一个方向，较大的一个朝另一个方向。最后的误差 δ_2 可以相当小，但还不能完全抵消。如果按图 10-15b 进行角度定向装配，则可基本抵消。α 和 β 可用作图法求得。

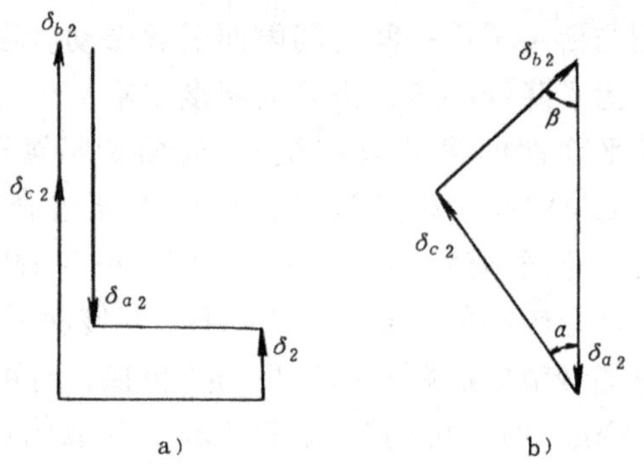

图 10-15　定向装配

精密和高精度机床如需拆卸轴承，拆卸前必须在轴承外圈与壳体之间，内圈与主轴之间做记号。再装配时按记号装。否则，如果错位，重装后就会降低精度。这一点，修理时也必须注意。

二、控制温升、提高转速、减少热变形

随着技术的发展，主轴转速将越来越高。但主轴温升，却不能超过规定值。球轴承允许的转速（一定温升下的转速，下同）比滚子轴承高。角接触球轴承中，接触角小的转速高。用油雾或油气润滑（见本章第八节）比用脂润滑转速高。轻预紧比中预紧转速高。为了加强轴承的冷却，可把轴承的外圈装在套筒内，套筒外有螺旋油沟，内通冷却油来冷却轴承。轴承在高速运转时，滚动体作用于外圈滚道很大一个离心力。从而产生很大的接触变形，并发热。为了降低离心力，目前有两个办法：（1）采用小直径钢球。与此同时，钢球数增加了，轴承刚度还可有所提高。（2）采用氮化硅（Si_3N_4）陶瓷球。氮化硅的密度约为钢的 40%，弹性模量为 151%，因此也还可提高刚度。这种轴承的套圈，仍为钢制。

三、改善动态特性

图 10-16 为某一内圆磨床主轴的振型图。图中，两端支承简化为两个弹簧。图中，出现了三个振型（Vibration Shape）：（1）平移主轴作为一个刚体（实际上略有弯曲，下同）在弹性支承上作平移振动，如图 b 所示。主轴各点振动方向一致。（2）摇摆——主轴作为刚体在弹性支座上摇摆，如图 c 所示。左右振动方向相反。振动线与轴心线的交点 P 称为节点。（3）弯曲——主轴作弯曲振动，见图 d。主轴中间与两端的振动方向相反。共有两个节点 P_1、P_2。这两个节点离支承点不远。

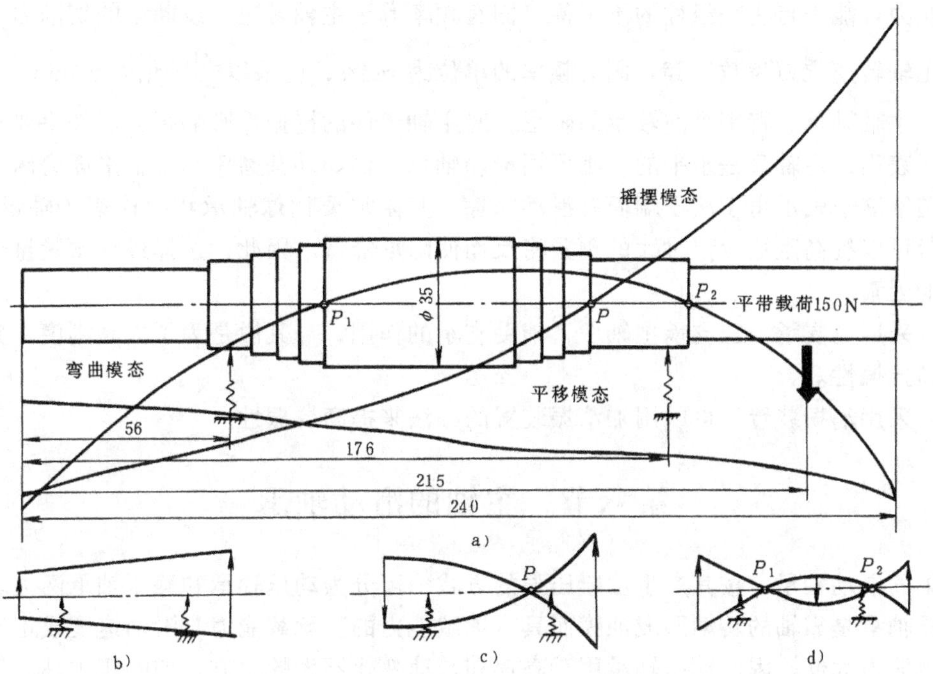

不同轴承刚度下的固有频率（rad/s）

轴承径向刚度（N/μm）	40	80	120	160
平移振型	8600	12000	14200	16000
摇摆振型	8900	11500	13100	14000
弯曲振型	16900	17000	17600	18000

图 10-16 主轴组件的振动模态

每个振型都有其固有频率（Natural Frequency）。各个振型按固有频率从小到大排列，称为阶（Order）。上述三个振型的固有频率，平移振型最低，弯曲振型最高。故分别称为第一、二、三阶。振型和固有频率，合称模态（Mode）。可以看出，第一、二阶模态的弹性环节，主要是轴承；第三阶则主要是主轴。从图下的表也可以看出，当轴承的刚度提高时，第一、二阶模态的固有频率也随之提高；但第三阶模态则提高不多。

主轴是一个连续体，有无穷多个自由度，因而也有无穷多个模态。例如还有主轴的扭转振动、纵向振动等。但是这些模态的固有频率较高，工作时不可能发生共振，所以只需研究固有频率最低的几阶模态。主轴模态可用有限元法（Finite element method）或传递矩阵法（Transfer matrix method），借助电子计算机进行计算[7,3]。

通常，主轴组件的固有频率是相当高的。远高于主轴的最高转速。一般可以不必考虑共振问题，按静态处理。但是，高速主轴，特别是带内装式电动机的高速主轴（电动机转子是一个集中质量，将使固有频率下降），有可能发生共振。改善动态特性，可采取下列措施：

(1) 使主轴组件的固有频率避开激振力的频率。通常应使固有频率高于激振力频率30%以上。如果发生共振的那阶模态属于主轴的刚体振动（平移或摇摆振型），则可提高轴承的刚度；如图 10-16 表所示；如属于主轴的弯曲振动，可提高主轴的刚度，如适当加粗直径。激振力可能来自主轴组件的不平衡（固有频率等于主轴转速）或断续的切削力（固有频率等于主轴转速乘刀齿数）等。固有频率的单位为 rad/s，应乘以$\frac{30}{\pi}$转化为 r/min。

（2）主轴轴承，特别是前轴承的阻尼，对主轴组件的抗振性影响很大。如果要求得到很光的加工表面，主轴又是水平的，则可用滑动轴承。例如外圆磨床和卧轴平面磨床。滚动轴承中，圆锥滚子轴承由于滚子端面有滑动摩擦，其阻尼要比球轴承和圆柱滚子轴承高一些。适当预紧可以提高阻尼，但过大的预紧将反而使阻尼降低。因此，选择最佳预紧量时还应考虑阻尼的因素。

（3）采用三支承　三支承主轴中，辅助支承的作用，与其说是为了提高刚度，毋宁说是为了提高抗振性。

（4）采用消振装置　可以用加消振装置的办法来提高抗振性。

第六节　主轴的滑动轴承

主轴的滑动轴承，按其产生油膜压强的方式，可分为动压轴承和静压轴承两类。

动压轴承是靠轴的转动形成油膜而具有承载能力的。承载能力与滑动速度成正比。低速时，承载能力太低。因此动压轴承用于高速和转速变化不大的地方，如磨床主轴。静压轴承的油膜压强是靠液压泵建立的，与主轴的转速关系不大，故常用于低速或转速变化较大的地方。静压轴承的油膜较厚，对轴颈和轴瓦孔的圆度误差能起均化作用（图 10-17)。故静压轴承还用于精度要求较高的主轴。静压轴承需要一套供油设备（液压泵，电动机、油箱），对油的洁净度要求也较高。所以能用动压轴承应尽量用动压轴承，只有动压轴承不能满足要求（如低速，转速变化大，高精度）时才用静压轴承。

一、液体动压轴承（Hydrodynamic bearing）

主轴动压轴承比一般传动轴动压轴承，对刚度和旋转精度的要求要高得多。因此，它的特点有二：(1)轴颈与轴瓦之间的间隙（称为轴承间隙）对刚度影响很大，所以要能够调整；(2)主轴轴承应是多油楔的，几个油楔把主轴推向中央。受载后，一个油楔间隙减小，油压升高，对面油楔间隙加大，油压降低。同样的间隙变化量，引起的压强差值较大，即刚度较高。

动压轴承间隙的调整方式，有锥形轴颈轴向调整和柱形轴颈径向调整两类。多油楔有固定多油楔和活动多油楔两类。

1．固定多油楔轴承

图 10-18 是固定多油楔轴承，用于外圆磨床。轴瓦 1 为外柱（与箱体孔配合）内锥（与主轴颈配合）。前后两个环 2 和 5 是滑动推力轴承。转动螺母 3 就可使主轴相对于轴瓦作轴向移动。通过锥面，调整轴承间隙。这种调整方式是锥形轴颈轴向调整式。螺母 4 用以调整滑动推力轴承的轴向间隙。主轴的后支承是滚动轴承 6。

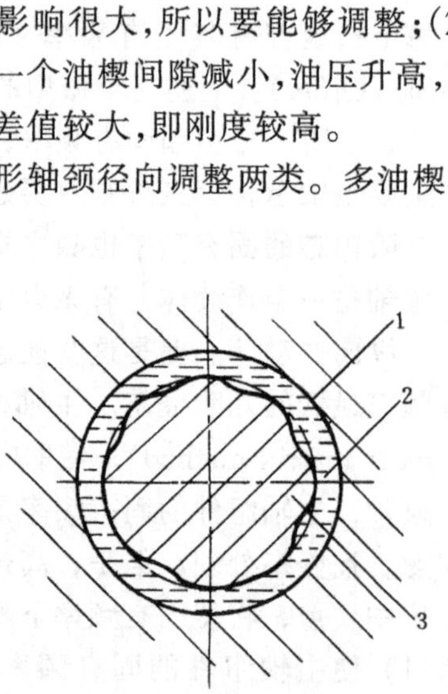

图 10-17　油膜对轴颈不圆的均化作用

固定多油楔轴承的形状如图 b 所示。磨床砂轮主轴的工作条件是旋转方向恒定，不需换向，转速变化范围很小（有的磨床不变速。有的仅在砂轮磨耗外径变小后提高主轴转速，以维持线速度不变）。在轴瓦内壁上开有五个等分的油囊，形成五个油楔。其油压分布见图 c。由于主轴转向固定，故油囊形状为阿基米德蜗线，铲削而成。主轴旋转方向应如图 c 中箭头所示。由液压泵供应的低压油经 5 个进油孔 a 进入油囊，从回油槽 b 流出，形成循环润滑，并避免在起动或停止时出现干摩擦现象。

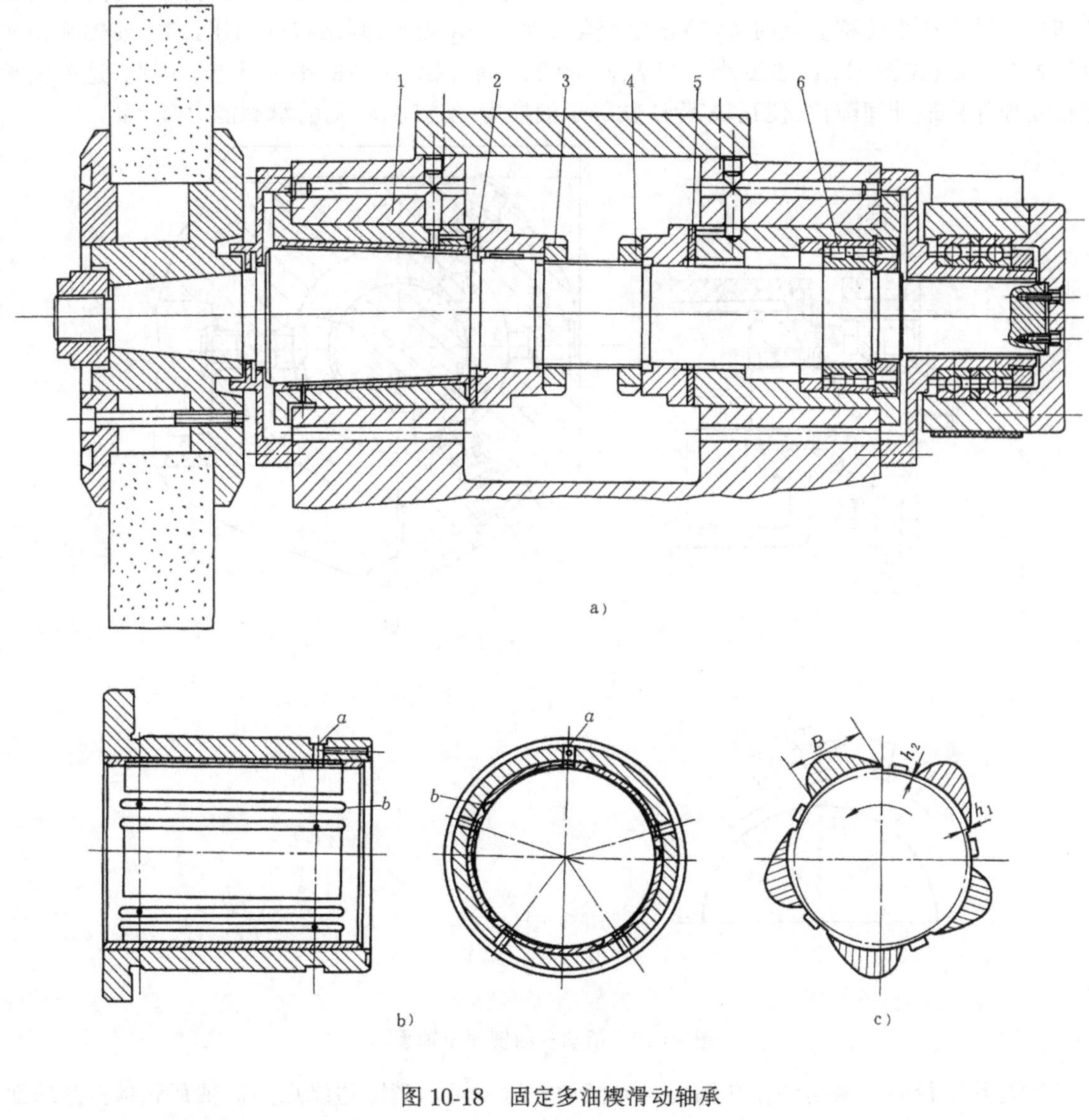

图 10-18　固定多油楔滑动轴承

油楔的入口处到出口处的距离称为油楔宽度 B，入口间隙 h_1 与出口间隙 h_2 之比称为间隙比。理论分析证明，最佳间隙比为 $\frac{h_1}{h_2}=2.2$。如果轴颈与轴瓦间直径上间隙为 0.03mm，则半径上的间隙即为出口间隙 h_2，为 0.015mm。因此最佳入口间隙应为 $h_1=0.015\times2.2\text{mm}=0.033\text{mm}$，即油囊最佳的深度应为（0.033－0.015）mm＝0.018mm。这在工艺上很难做到，因太浅。但应设法尽量使油囊深度向上述数值靠拢。

2．活动多油楔轴承

活动多油楔轴承见图 10-19。这种轴承由三块或五块瓦组成。图示的轴瓦包角为 60°，长径比为 $L/D=0.75$。三块瓦各有一球头螺钉支承，可以稍稍摆动以适应转速或载荷的变化。理论分析证明，瓦块的压力中心 O（图 c）离出口的距离 b_0 约等于瓦块宽 B 的 0.4 倍，即 $b_0\approx 0.4B$。O 点也就是瓦块的支承点。主轴旋转时，由于瓦块上油楔压强的分布，瓦块可自行摆动至最佳间隙比 $h_1/h_2=2.2$ 后处于平衡状态。当主轴负荷变化（例如砂轮接触工件，开始磨削）时，主轴将产生位移。这时 h_2 将发生变化。如果 h_2 变小，则出口处油压升高，使轴瓦作逆时针方向摆动（见图 c），h_1 也变小。当 $h_1/h_2=2.2$ 时，又处于新的平衡状态。因此，这种轴承能自动地保持最佳间隙比，使瓦块宽 B 就等于油楔宽。这时，轴瓦的承载能力最大。

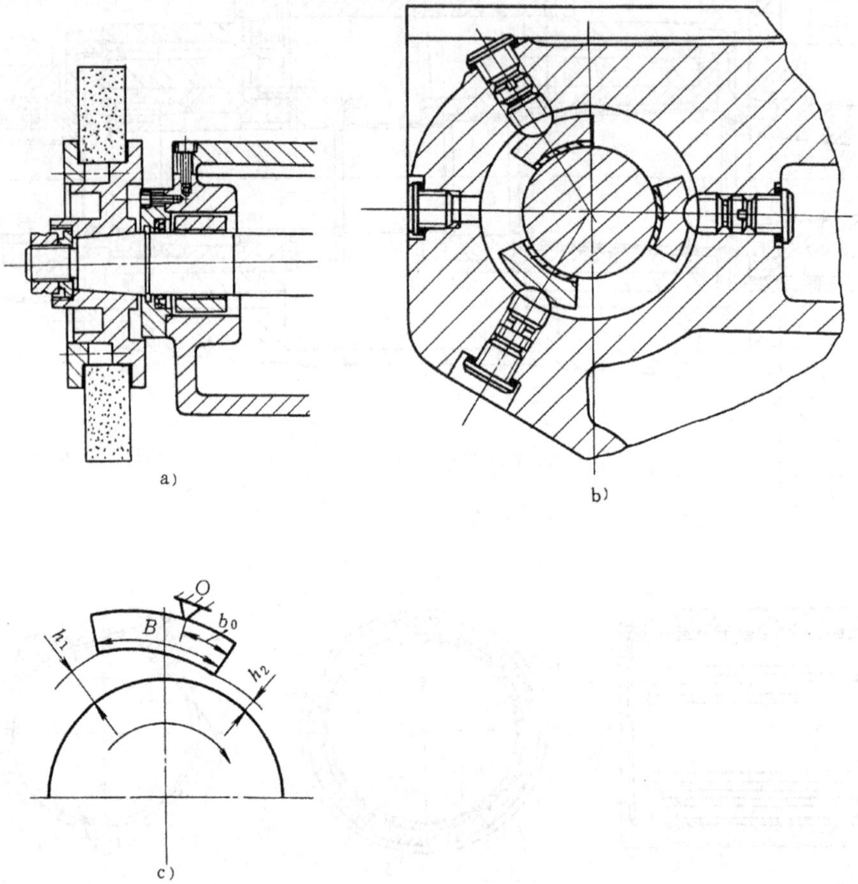

图 10-19　活动多油楔动压轴承

轴瓦除了径向可摆动外，在轴向也能摆动，这就可以消除边缘压力。轴瓦和螺钉是球面接触。接触面应配研，要求实际接触面积大于 80%（用涂色法检查），以保证接触刚度。轴承间隙靠螺钉调节，因而属于径向调整。

这种轴承的优点如上文所述。缺点是轴瓦靠螺钉的球形头支承，面积较小，刚度不高。综合刚度低于固定多油楔轴承。它广泛地用于各种外圆磨床、无中心磨床和卧轴平面磨床。

二、液体静压轴承（Hydrostatic bearing）

1．工作原理

静压轴承的原理见图10-20。在轴承内圆柱面上等间隔地开几个油腔（通常为4个）。各油腔之间开有回油槽。用过的油一部分从这些回油槽回油箱（径向回油），另一部分则由两端回油箱（轴向回油）。油腔与回油槽之间以及油腔的两端为封油面。液压泵供给的一定压强 p_s 的油，经节流器 T 降压后进入各油腔，将轴颈推向中央。油然后经封油面，油压降低到零，流回油箱。这样，不论轴颈是否转动，在轴颈与轴承之间，都由具有油压的润滑油充满，使两摩擦面分隔开，得到液体摩擦。

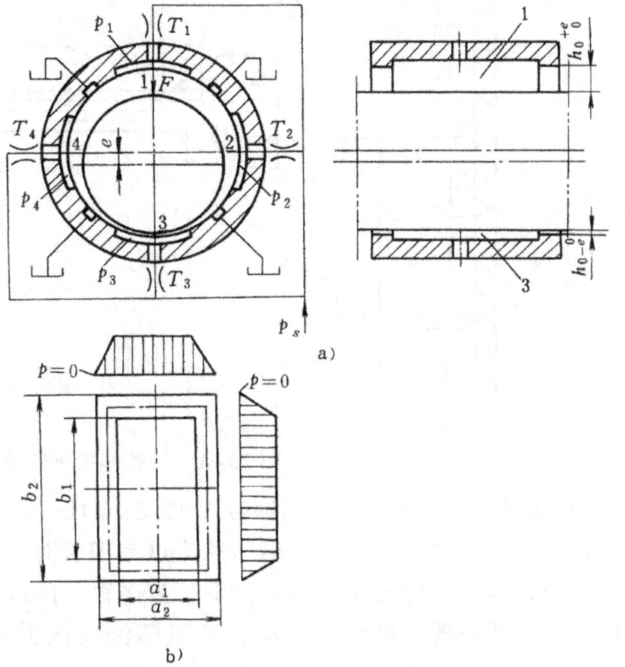

图 10-20　静压轴承原理

当轴上不受载荷时，如忽略轴的自重，则各油腔的油压相同，保持平衡，轴在正中央。这时各油腔封油面与轴颈间的间隙均为 h_0。如轴上受径向载荷 F（包括轴的自重），轴颈将产生偏心量 e。这时轴颈与轴承间在油腔3处的间隙减小为 h_0-e，油腔1处增大到 h_0+e。在油腔3处，由于油流经间隙小的地方阻力大，流量减小，因而流经节流器 T_3 的压降减小。供油压 p_s 是一定的，所以油腔3内的油压 p_3 就升高。反之，在油腔1处，由于油流经间隙大的地方阻力小，流量增大，因而流经节流器 T_1 的压降增大。所以油腔1内的油压 p_1 就降低。这种压差的变化就可以平衡外载荷 F。如油腔内油的有效承载面积为 A，则

$$F = A(p_3 - p_1)$$

油压的分布见图b。油腔内油压为均匀分布，封油面为三角形分布。所以，有效承载面积可按图b中的点划线所包括的面积计算。

从静压轴承的原理可以看出，如果各油腔由同一个液压泵供油，则每一油腔必须有一个节流器。否则各腔油压相同，互相抵消，就不能平衡外载荷了。

2. 节流器（Throttle）

节流器对静压轴承的性能，影响很大。静压轴承的刚度

$$K = \frac{F}{e} = A\frac{p_3 - p_1}{e}$$

式中，A 决定于轴承及油腔的几何尺寸。当 A 已定后，刚度取决于 $\frac{p_3-p_1}{e}$，即单位偏心位移，引起相对两油腔油压的差值。这主要是由节流器决定的。节流器有固定节流器和可变节流器两大类。

(1) 固定节流器　固定节流器是一个固定的液阻，在一定流量下能产生一定的压降，就

象是一个固定的节流阀。常用的有小孔节流器和毛细管节流器两种。

1）小孔（Orifice）节流器　图 10-21a 为一薄壁小孔。直径 d_0 大于长度 l_0。油通过小孔时为湍流（Turbulent flow）状态。节流器对液流的阻力与油的粘度无关。为避免堵塞，常取 $d_0 \geqslant 0.45$mm。

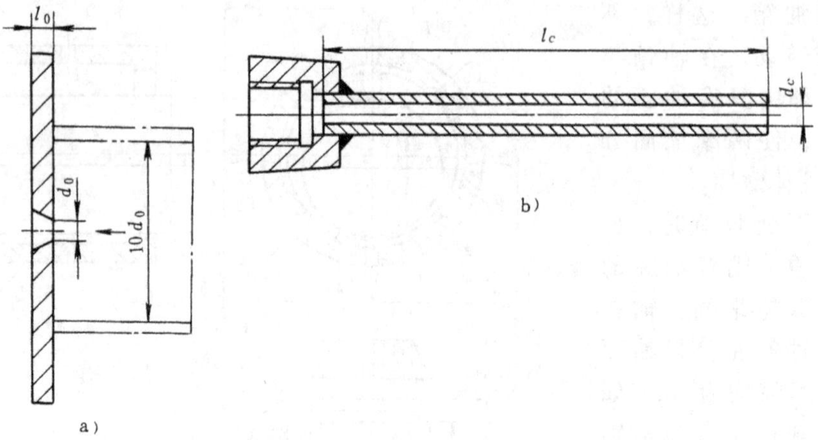

图 10-21　小孔和毛细管节流器

2）毛细管（Capillary）节流器　图 10-21b 为一医用注射针管，孔径从 0.46 至 1.07mm。长度应大于孔径的 20 倍。油流过毛细管时为层流（Laminar flow），液阻与油的粘度有关。设计时，应保证在最高油温下，雷诺数（Renoults number）$Re \leqslant 2000$。

（2）可变节流器　可变节流器的液阻随油腔压强而变化。常见的是薄膜（Membrane）节流器。图 10-22 为配有双向薄膜可变节流器（常称为双向薄膜反馈节流器）的静压轴承原理图。从液压泵输出的压强为 p_s 的压力油，分两路进入节流器，分别经过薄膜 5 上、下形成的两个节流口 T_1 和 T_3，进入轴承相对的两油腔 1 和 3（压力油还经另一个双向薄膜节流器去油腔 2 和 4，图中未表示）。T_1 和 T_3 的节流作用是靠薄膜上、下面与壳体圆台间的环形隙缝来实现的。当轴受有外载荷 F 时，轴颈向下移动距离 e。这时 p_3 升高，p_1 降低。p_3 和 p_1 同时作用于薄膜的下方和上方，使薄膜产生弹性变形而向上凸起，如图中虚线所示。这就使薄膜上方的间隙变小，液阻 T_1 变大；下方的间隙变大，液阻 T_3 变小。这种反馈作用使 p_1 进一步减小，p_3 进一步增大。上、下油腔的压差 $p_3 - p_1$ 进一步增大，直至与载荷 F 平衡为止。同样的位移 e，可变节流器引起的压差 $p_3 - p_1$ 比固定节流器大，也就是说装可变节流器后，刚度提高了。适当地选择膜片的刚度和其它参数，可以得到很高的油膜刚度。即可以承受很大的载荷而轴颈只有很小的位移。选择参数时要注意这种节流器存在着一个稳定性的问题。如果参数选择不当，例如薄膜的刚度太低，反馈过份强烈，则当轴颈有一个很小的位移 e 时，产生的 $p_3 - p_1$ 过大。以致使轴颈产生负位移（中心移至原点之上）。接着，$p_1 > p_3$，使薄膜下凹，又使轴颈向下移。这就发生了振荡。装有可变节流器的静压轴承是一个有反馈的自动调节系统。灵敏度（此处即油膜刚度）越高，则稳定性越差。设计时并不是要求刚度越高越好，而且在保证稳定性的条件下尽量提高油膜的刚度。

（3）节流器的选择　固定节流器的构造比可变节流器简单。但同样的轴承，用固定节流器时的刚度低于用可变节流器时。因此，固定节流器宜用于轻载或载荷变化不大的地方；可变节流器则宜用于重载或载荷变化较大的地方。

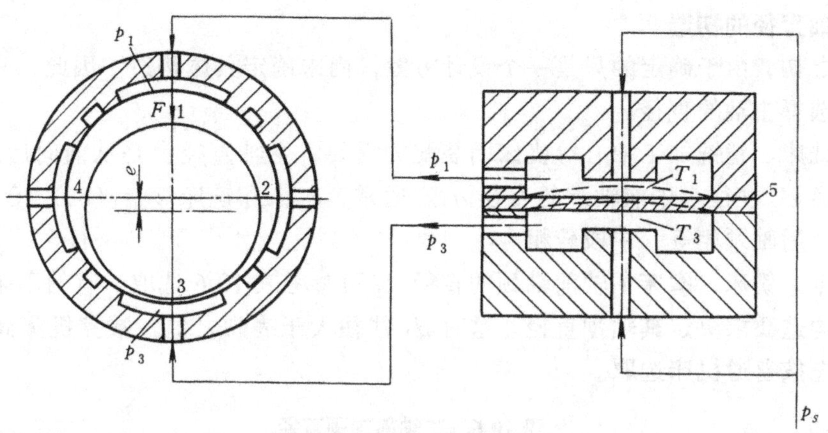

图 10-22　薄膜反馈节流器

在固定节流器中，小孔节流器的液阻对油的温升不敏感，故多用于转速较高的中、小型精密机床主轴。因高速主轴轴承发热较多。毛细管节流器的液阻对温升敏感，故多用于转速较低的中、小型精密机床主轴。

3．轴承

静压轴承的间隙只影响润滑油的流量。对承载能力影响较小。因此静压轴承可以不必调整间隙。如用双向可变节流器，则油腔数必须为偶数，否则奇偶均可。通常，油腔数为 4。

静压轴承既然在任何转速（包括不转）下都能保证液体润滑，理论上说对轴颈与轴瓦材料无任何要求。事实上，为了防止因偶然事故而供油停止（如停电、堵塞等），磨坏轴承，轴颈仍用 45 钢淬硬至 40～45HRC。轴瓦也用青铜（如 ZQSn6-6-3），也有用耐磨铸铁或球墨铸铁的。轴瓦表面粗糙度不超过 $R_a=0.2\sim0.8\mu m$，轴颈的 R_a 值还应小一些。轴颈和轴瓦的形状误差应小于（1/3～1/10）h_0，h_0 为轴承半径上的间隙。

液体静压轴承已经系列化了。各种静压轴承的结构尺寸，用各种节流器的静压轴承的计算方法和计算公式，可看广州机床研究所编：《液体静压技术原理及应用》，机械工业出版社出版。

近来，把滚动轴承的一些类型推广到了静压轴承，出现了推力、球面、锥面、双锥面等静压轴承。在高速领域内出现了以空气作润滑剂的空气静压轴承，转速可达 11×10^4r/min。

第七节　主轴组件的计算

根据机床的要求选定了主轴组件的构造（包括轴承）后，应进行必要的计算来决定其主要尺寸。设计和计算可按下列步骤进行。

（1）根据统计资料，初选主轴的直径。

（2）选择主轴的跨距。

（3）参考上述数据进行构造设计，根据构造上的要求，对上述数据进行修正。

（4）验算。

（5）根据验算结果，对设计进行必要的修改。

一、主轴直径的初选

在设计之初，由于确定的只是一个设计方案，尚未确定具体构造。因此，只能根据统计资料，初步选择主轴的直径。

车床、铣床、镗铣加工中心等机床因装配的需要，主轴直径常是从前向后逐段减少的。后轴承的直径 d_2 往往小于前轴承的直径 d_1。通常，车床和铣床 $d_2=(0.7\sim0.9)d_1$。磨床主轴常为前、后轴颈相等，中段较粗。

卧式车床、铣床、磨床主轴前轴颈的直径 d_1 可参考表 10-6 选取。有的车床，要求中孔较粗，则按构造要求决定其轴颈直径。这时 d_1 往往大于表列之值。数控机床尚未有统计资料。暂时可先按普通机床选取。

表 10-6　主轴前轴颈直径　（mm）

主电动机功率（kW）	5.5	7.5	11	15
卧式车床	60～90	75～110	90～120	100～160
升降台铣床	60～90	75～100	90～110	100～120
外圆磨床	55～70	70～80	75～90	75～100

二、主轴悬伸量的确定

主轴的悬伸量 a（图 10-23），指的是主轴前端面到前支承径向支反力作用点之间的距离。根据分析和试验，缩短悬伸量，可以明显地提高主轴组件的刚度和抗振性。因此，设计时应努力缩短悬伸量。

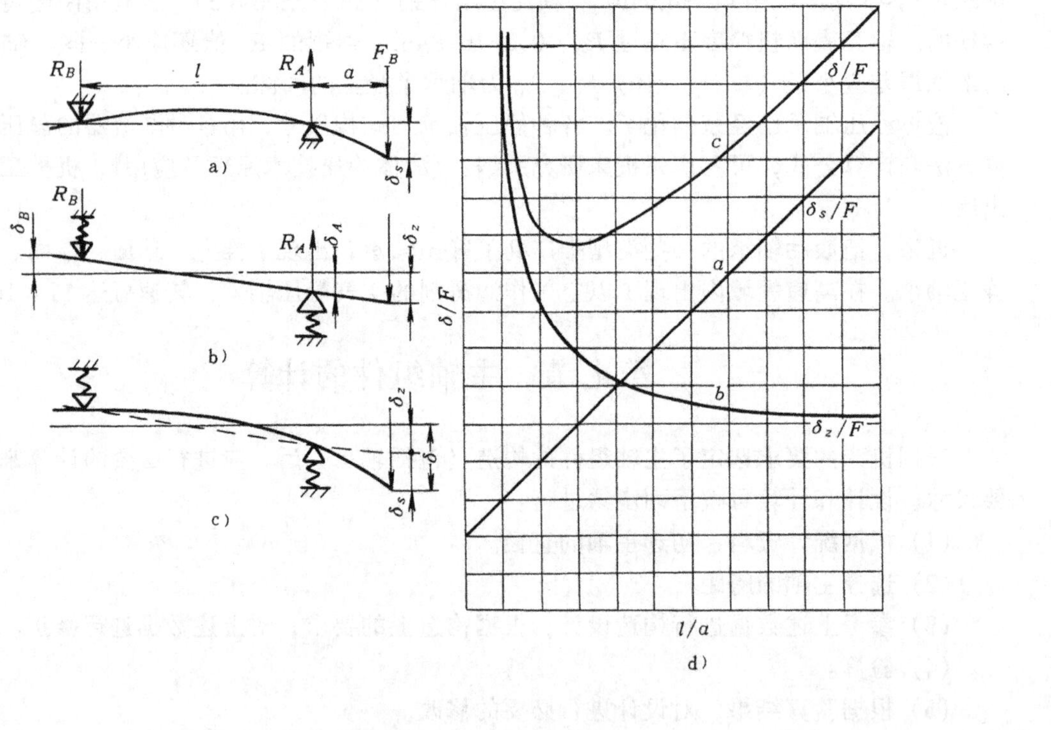

图 10-23　主轴最佳跨距计算简图

三、主轴最佳跨距的选择

主轴的跨距（前、后轴承之间的距离），对于主轴组件的性能，有相当大的影响。下面讨论选择的方法。

图 10-23 是主轴的计算简图。如假设轴承为刚性支座，主轴为弹性体，则主轴在前端受力 F 后的挠度为 δ_s。如图 a 所示。

$$\delta_s = \frac{Fa^3}{3EI}\left(\frac{l}{a}+1\right), \frac{\delta_s}{F} = \frac{a^3}{3EI}\left(\frac{l}{a}+1\right)$$

柔度 δ_s/F 对跨距与悬伸之比 l/a 的图象见图 10-23d 的线 a。

如果假设主轴为刚体，支承为弹性体，则情况应如图 b 所示。考虑到支承的变形不大，近似地可认为支承受力后作线性变形。如前后支承的支反力为 R_A 和 R_B，刚度为 K_A 和 K_B，则前后支承的变形 δ_A 和 δ_B 分别为

$$\delta_A = \frac{R_A}{K_A}, \delta_B = \frac{R_B}{K_B}$$

$$\delta_z = \delta_A\left(1+\frac{a}{l}\right)+\delta_B\frac{a}{l}$$

又

$$R_A = F\left(1+\frac{a}{l}\right), R_B = F\frac{a}{l}$$

所以

$$\delta_z = \frac{F}{K_A}\left[\left(1+\frac{K_A}{K_B}\right)\frac{a^2}{l^2}+\frac{2a}{l}+1\right]$$

δ_z/F 与 l/a 的关系如图 d 所示曲线 b。

主轴端部的总挠度

$$\delta = \delta_s+\delta_z = \frac{Fa^3}{3EI}\left(\frac{l}{a}+1\right)+\frac{F}{K_A}\left[\left(1+\frac{K_A}{K_B}\right)\frac{a^2}{l^2}+\frac{2a}{l}+1\right] \tag{10-10}$$

δ/F 与 l/a 的关系见图 d 中的曲线 c。显然存在一个最佳的 l/a 值。这时，柔度 δ/F 最小，也就是主轴组件的综合刚度最大。如果 a 为已定，则存在着一个最佳跨距 l_0。通常，$\frac{l_a}{a}=2\sim3.5$。从线图上也可以看到，在 l/a 的最佳值附近，柔度变化不大。当 $l>l_0$ 时，柔度的增加比 $l<l_0$ 时慢。因此，设计时首先应争取符合最佳跨距。如结构上不允许，则宁愿取实际跨距略大于最佳值。下面讨论确定 l_0 的方法。

最小挠度的条件为 $\frac{\mathrm{d}\delta}{\mathrm{d}l}=0$。这时的 l 应为最佳跨距 l_0。

$$\frac{Fa^3}{3EI}\frac{1}{a}+\frac{F}{K_A}\left[\left(1+\frac{K_A}{K_B}\right)\left(-\frac{2a^2}{l_0^3}\right)-\frac{2a}{l_0^2}\right]=0$$

整理后得

$$l_0^3-\frac{6EI}{K_A^a}l_0-\frac{6EI}{K_A}\left(1+\frac{K_A}{K_B}\right)=0 \tag{10-11}$$

可以证明，这个三次方程只存在唯一的正实根。解这个方程比较麻烦。因此，可用计算线图解决。

令综合变量

$$\eta = \frac{EI}{K_Aa^3} \tag{10-12}$$

代入式（10-11），可得出

$$\eta = \left(\frac{l_0}{a}\right)^3 \frac{1}{6\left(\frac{l_0}{a} + \frac{K_A}{K_B} + 1\right)} \tag{10-13}$$

η 是 l_0/a 和 K_A/K_B 的函数，是一个无量纲量。可以用 K_A/K_B 为参变量，作出 $\eta - l_0/a$ 的计算线图，如图 10-24 所示。计算单位：长度均为 m，力为 N，弹性模量为 N/m^2，刚度为 N/m。

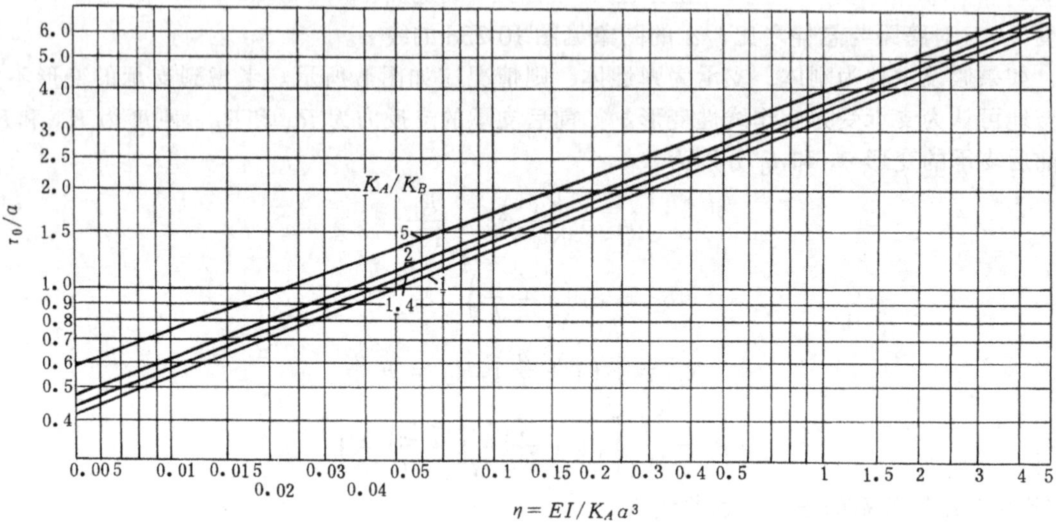

图 10-24　主轴最佳跨距计算线图

〔例 10-5〕　有一 400mm 车床，电动机功率为 7.5kW，主轴孔径为 48mm，前后轴承都选为 NN3000K 系列双列圆柱滚子轴承。主轴计算转速为 50r/min，选择轴颈直径，轴承型号和最佳跨距。

〔解〕（1）根据表 10-6，前轴颈应为 75～110mm。初步选定 $d_1 = 100$mm。后轴颈 $d_2 = (0.7 \sim 0.9)\ d_1$，取 $d_2 = 80$mm。根据设计方案，选前轴承为 NN3020K 型，后轴承为 NN3016K 型。根据结构，定悬伸长度 $a = 120$mm。

（2）求轴承刚度

主轴最大输出转矩（未考虑机械效率）

$$T = 9550\frac{P}{n} = 9550 \times \frac{7.5}{50}\text{N.m} = 1432.5\text{N} \cdot \text{m}$$

床身上最大加工直径约为最大回转直径的 60%，即 240mm，故半径为 0.12m。

切削力（沿 y 轴）　$F_c = \frac{1432.5}{0.12}\text{N} = 11938\text{N}$

背向力（沿 x 轴）　$F_p = 0.5F_c = 5939\text{N}$

故总作用力　$F = \sqrt{F_c^2 + F_p^2} = 13347\text{N}$。

此力作用于顶在顶尖间的工件上，主轴和尾架各承受一半，故主轴端受力为 $F/2 \approx 6670$N。

在估算时，先假设初值 $l/a = 3$，$l = 3 \times 120\text{mm} = 360\text{mm}$。前后支承的支反力 R_A 和 R_B 分别为

$$R_A=\frac{F}{2}\ \frac{l+a}{l}=6670\times\frac{360+120}{360}\mathrm{N}\approx 8890\mathrm{N}$$

$$R_B=\frac{F}{2}\ \frac{a}{l}=6670\times\frac{120}{360}\mathrm{N}\approx 2220\mathrm{N}$$

根据式（10-6）可求出前、后轴承的刚度

$$K_A=2116\mathrm{N}/\mu\mathrm{m};\ \ K_B=1488\mathrm{N}/\mu\mathrm{m}$$

（3）求最佳跨距

$$\frac{K_A}{K_B}=\frac{2116}{1488}=1.42$$

初步计算时，可假定主轴的当量外径 d_e（与实际主轴具有相同抗弯刚度的等直径轴的直径）为前、后轴承颈的平均值，$d_e=(100+80)\mathrm{mm}/2=90\mathrm{mm}$。故惯性矩为

$$I=0.05\times(0.09^4-0.048^4)=301.5\times10^{-8}m^4$$

$$\eta=\frac{EI}{K_Aa^3}=\frac{2.1\times10^{11}\times301.5\times10^{-8}}{2116\times0.12^3\times10^6}=0.17$$

查线图 $l_0/a\approx1.8$。计算出的 l_0/a 与原假定不符。可根据 $l_0/a=2$ 再计算支反力和支承刚度，再求最佳跨距。这时算出的 $K_A=2140\mathrm{N}/\mu\mathrm{m}$，$K_B=1550\mathrm{N}/\mu\mathrm{m}$，$K_A/K_B=1.38$，$\eta\approx0.17$，$l_0/a$ 仍接近于1.8。可以看出，这是一个迭代过程，l_0/a 很快收敛于正确值。最佳跨距 $l_0\geqslant120\times1.8\mathrm{mm}=216\mathrm{mm}$。

计算主轴时通常不考虑传动力。这当然与实际使用情况有所出入。但是，只要计算条件是统一的，都按轴端受一集中载荷计算，在同一条件下对比，则计算结果仍能用以评判主轴组件。

四、主轴组件的验算

对一般机床主轴，主要进行刚度验算。通常，如果能满足刚度要求，也就能够满足强度要求。只有对粗加工、重载荷的主轴，才需进行强度验算。对某些高速主轴组件，有时还需进行临界转速的验算，以防止发生共振。

1．对主轴组件的刚度要求

目前，对主轴组件进行刚度验算的问题，尚未获得满意的解决。其困难不在于计算本身，而在于尚未制订出既有充分理论根据，又实用的刚度标准。甚至根据什么来制订刚度标准，至今尚未取得可靠的科学依据。研究和制订主轴组件的刚度标准，将是重大的科学研究课题。

现有的文献资料，有从下列几个方面，提出了一些对主轴组件的刚度要求㊀。

（1）根据静态弹性变形对加工精度的影响

有的资料推荐，可以根据复映误差来规定机床的横向综合刚度，再根据主轴组件的变形占机床系统综合变形的比例来确定主轴组件的刚度。

（2）有的文献，推荐了一些主轴刚度的数值，但未说明根据。可能是一些经验或统计数据。

（3）有的文献提出，根据不出现切削自激振动来确定主轴组件的刚度。本书将介绍这方面的计算方法㊁。

㊀ 见参考文献〔2〕，第2册上册 P.24～45。

㊁ 见参考文献〔1〕，P.251～255，P115～119。

对于一定的机床，在规定的切削条件下，存在一个不出现切削自激振动的最大（极限）切削宽度 $b_{\lim}$。在设计机床时，可以根据机床的尺寸和性能，规定一个极限切削宽度，从而求得对机床的刚度要求。机床系统在切削处沿 x 轴（横向）的刚度要求 K_x 可按下式计算：

$$K_x \geqslant \frac{K_{cb} b_{\lim}}{2\zeta(1+\zeta)} \cos\beta \tag{10-14}$$

式中 K_{cb}——切削系数（N/（μm·mm））；

$b_{\lim}$——极限切削宽度（mm）；

ζ——机床系统的阻尼比；

β——作用力 F_a 与工件切削表面垂直线的夹角（°），见图 10-25。

对于一定的机床和一定的切削方式，β、ζ 都是一定的。但是不同的切削速度 v 和不同的进给量 s，K_{cb} 是不同的。考虑到实际使用时的切削用量是各式各样的，所以取稳定性的下限来决定极限切削宽度 $b_{\lim}$。从实验得出，当 $v=50\text{m/min}$，$s=0.1\text{mm/r}$ 左右时，K_{cb} 最大，即要求的 K_x 最大。这是偏安全的。这时的 $K_{cb}=2.46\text{N/（μm·mm）}$，$\beta=68.8°$。

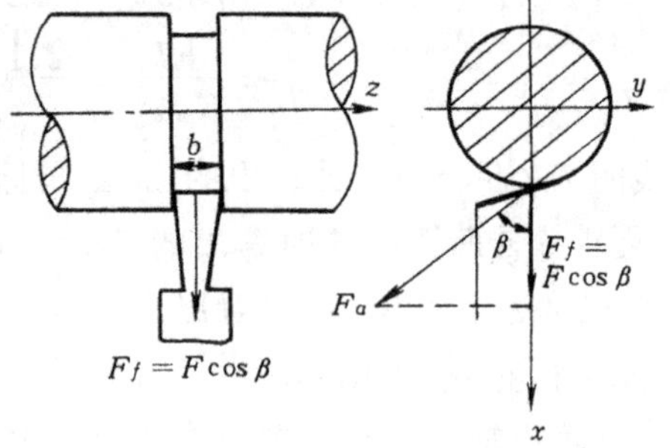

图 10-25 车削时的计算简图

式（10-14）计算出的 K_x 是整个机床系统在 x 方向的刚度要求。考虑到自激振动主要是主轴的振动，因此就近似地把主轴系统的阻尼比代入式中的 ζ，计算出的 K_x 就作为主轴组件的刚度要求。这样的计算是近似的。主轴组件的阻尼比 ζ：主轴前轴承为双列圆柱滚子轴承或角接触球轴承，$\zeta=0.02\sim0.03$；主轴前轴承为双列圆柱滚子轴承与推力轴承的组合或圆锥滚子轴承，$\zeta=0.03\sim0.04$。三支承时取大值。滑动轴承，$\zeta=0.04\sim0.06$。

《机床设计手册》推荐，车床的切削稳定性指标如下：

工件材料——45 钢，悬臂安装，横向切削（切槽或切断）。工件尺寸为：直径 $d_w=0.2D_{\max}$，长度 $L_w=0.3D_{\max}$。$D_{\max}$为最大回转直径。刀具材料——硬质合金，$\gamma=6°$，$\alpha=5°$。切削参数为：$v=50\text{m/min}$，$s=0.1\sim0.2\text{mm/r}$，要求的指标为稳定性良好，$b_{\lim}\geqslant(0.01\sim0.02)D_{\max}$，稳定性一般或轻型机床，$b_{\lim}\geqslant0.005D_{\max}$。

以上计算出来的，是切削处（如图 10-29 的 B 点处）的刚度。主轴组件的刚度，规定为在主轴端部（A 点处）。因此需把 B 点处的刚度 K_B 折算为 A 点处的刚度 K_A。可用下列近似方法进行估算。

考虑到主轴前悬伸端较粗较短，其变形可以忽略。根据对许多机床计算和测定的结果，主轴端部由主轴产生的变形量占主轴组件总变形量的 50%～70%，平均为 60%；由支承产生的变形量占 30%～50%，平均为 40%。故

$$K_A = K_B\left[0.6\frac{a_B^2}{a_A^2} + 0.4\frac{(1+a_B/l)^2}{(1+a_A/l)^2}\right] \tag{10-15}$$

主轴本身端部的刚度

$$K_s = \frac{K_A}{0.6} \approx 1.66K_A \tag{10-16}$$

2．主轴组件计算时支承的简化

主轴可按简支梁计算。如轴承为深沟球轴承、单列或双列圆柱滚子轴承，简化后的支承点在轴承中部（图 11-26a、b)。如轴承为圆锥滚子轴承或角接触球轴承，则支点在接触线与轴心线的交点处（图 c、d)。如为三联角接触球轴承，则支点在前面第二个轴承的接触线与中心线的交点处（图 e)。轴承刚度等于一个轴承的 2.6 倍。图中，$e=\frac{d_m}{2}\text{tg}\alpha$。如轴承为滑动轴承（图 f)，又如轴承的长度 l 大于孔径 d，则可认为支承点离轴承端距离为 a，$0.5d\geqslant a\geqslant(0.25\sim0.35)\ l$。若 $l/d<1$，则 $a=l/2$。

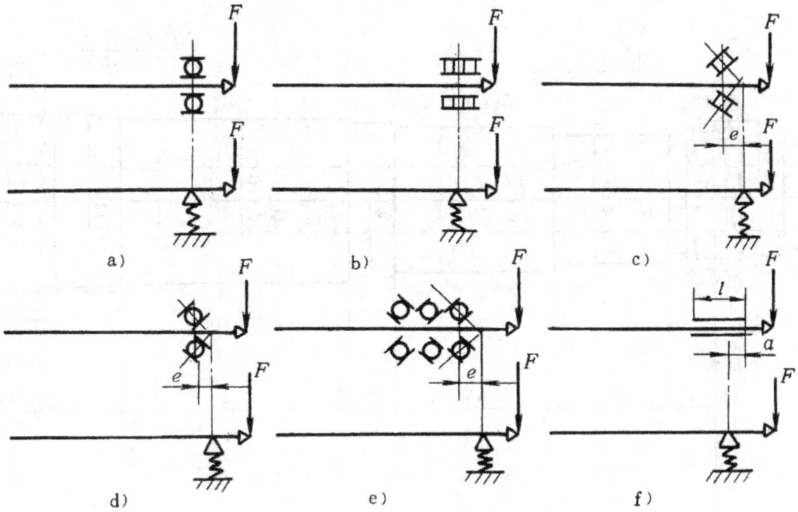

图 10-26　轴承的支承简化

3．受弯主轴的刚度计算

主轴的计算简图见图 10-27，

$$\delta=\frac{Fa_A^2(l+a_A)}{3EI}$$

式中　I——主轴支承之间那一段的当量惯性矩（m^4)；$I=0.05\ (d_e^4-d_i^4)$；

d_e、d_i——主轴支承之间的当量外径和孔径（m)。d_e 可按下式近似地估算。

$$d_e=\sqrt[4]{\sum_{i=1}^{n}\frac{d_{ei}^4 l_i}{l}}\qquad(10\text{-}17)$$

d_{ei}、l_i——阶梯轴各段的外径和长度（m)。

把 I 和 E 之值代入，得钢制主轴的刚度为

$$K_s=\frac{3\times10^{10}\ (d_e^4-d_i^4)}{a_A^2\ (l+a_A)}=\frac{3\times10^4\ (d_e^4-d_i^4)}{a_A^2\ (l+a_A)}\qquad(10\text{-}18)$$

当 $d_i/d_e\leqslant0.5$ 时，孔对刚度的影响可以忽略，则

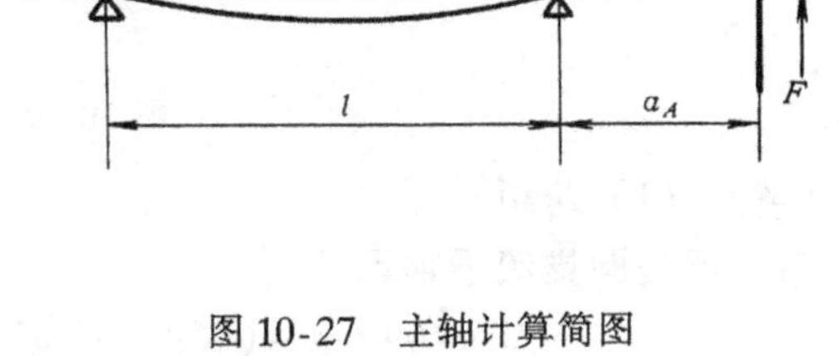

图 10-27　主轴计算简图

$$K_s = \frac{3 \times 10^4 d_e^4}{a_A^2 (l + a_A)} \tag{10-19}$$

按式（10-17）或（10-18）算出的 K_s，应大于或等于按式（10-16）得出的刚度要求。

从上式可以看出，主轴的刚度与外径的四次方成正比，与悬伸的平方成反比。因此，加大直径，减少悬伸量对提高刚度有明显的效果。新式机床主轴较粗，悬伸量较小，就是这个道理。

〔例 10-6〕 验算最大加工直径为 200mm 的多刀半自动车床主轴的刚度。主轴见图 10-28。计算图见图 10-29。

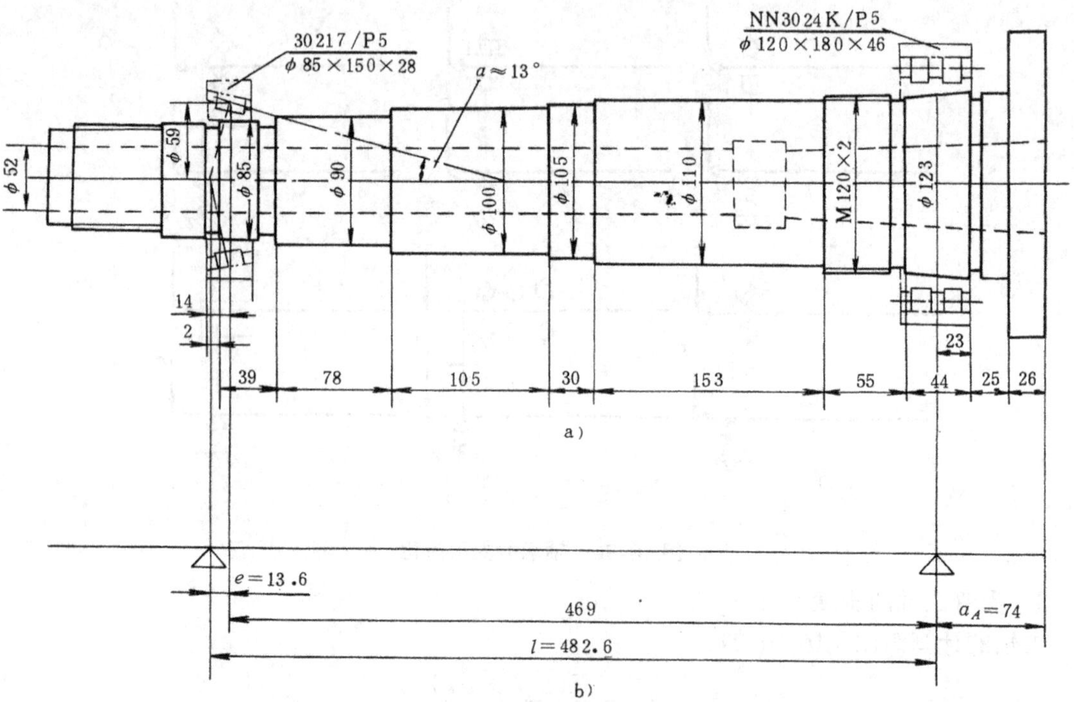

图 10-28 主轴计算简图

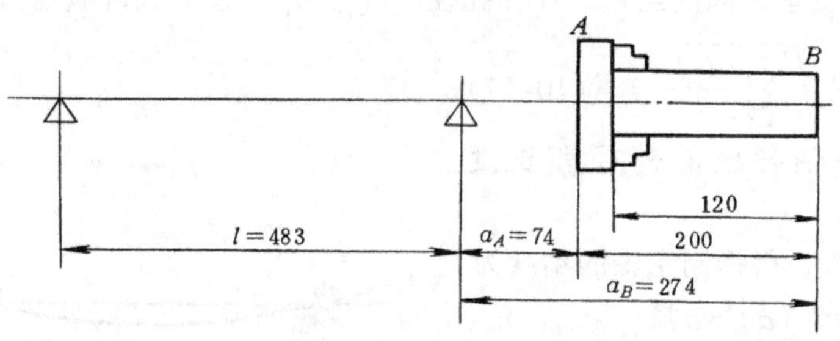

图 10-29 主轴计算图

〔解〕（1）跨距

后支承是圆锥滚子轴承。

$$l = 469 + e = (469 + 59\text{tg}13^\circ)\text{mm} = 482.6\text{mm} \approx 0.483\text{m}$$

(2) 当量外径

$$d_e=\left(\frac{85^4\times41+90^4\times78+100^4\times105+105^4\times30+110^4\times153+120^4\times55+123^4\times21}{483}\right)^{1/4}=$$

106mm＝0.106m

(3) 主轴刚度

由于 $d_i/d_e=52/106=0.49<0.5$，故根据式（10-18），

$$K_s=\frac{3\times10^4\times0.106^4}{0.074^2\times(0.483+0.074)}\text{N}/\mu\text{m}\approx1240\text{N}/\mu\text{m}$$

(4) 对于这种机床的刚度要求　由于这种机床属高效通用机床，主轴的刚度可根据自激振动稳定性决定。取阻尼比 $\zeta=0.025$；当 $v=50\text{m/min}$，$s=0.1\text{mm/r}$ 时，$K_{cb}=2.46\text{N}/(\mu\text{m}\cdot\text{mm})$，$\beta=68.8°$。这种机床要求切削稳定性良好，取

$$b_{\lim}=0.02D_{\max}=0.02\times200\text{mm}=4\text{mm}$$

代入式（10-16），

$$K_B=\frac{2.46\times4}{2\times0.025\times(1+0.025)}\times\cos68.8°\text{N}/\mu\text{m}=69\text{N}/\mu\text{m}$$

根据稳定性指标的规定，工件长度 $L=0.3D_{\max}=120\text{mm}$。加上卡盘，共长 200mm。根据式（10-18），

$$K_A=69\times\left[0.6\times\frac{274^2}{74^2}+0.4\times\frac{(1+274/483)^2}{(1+74/483)^2}\right]\text{N}/\mu\text{m}=619\text{N}/\mu\text{m}$$

根据式（10-19），$K_s=1.66K_A=1028\text{N}/\mu\text{m}$

可以看出，该机床主轴是合格的。

主轴组件刚度的判断指标，目前仍处于研究阶段。以上基于抗振性的指标，虽然持之有故，言之成理，但还不是定论。今后将随着科学研究和生产实践的考验而逐步提高和完善。

第八节　润滑和密封

润滑的作用是降低摩擦，降低温升，并与密封装置在一起，保护轴承不受外物的侵入和防止腐蚀。润滑剂和润滑方式决定于轴承的类型、速度和工作负荷。如果选择得合适。可以降低轴承的工作温度和延长使用期限。

一、主轴滚动轴承的润滑

滚动轴承润滑的理论基础，与滑动轴承润滑是不同的。计算动压滑动轴承的雷诺方程，是基于不考虑轴承接触处的变形和液体不可被压缩、流体的粘度不随压强而变化两个假设推导的。这两个假设,在滚动轴承,都不成立。滚动轴承的滚动体和滚道处接触压强可达数千兆帕,滚动体和滚道都产生接触变形。在接触区,油被压缩了。油的粘度,急剧升高。可升至常压下的数十倍。这样瞬时局部高粘度的油,可以在接触区形成油膜,把滚动体和滚道分隔开。滚动轴承的润滑,应用了弹性流体动力润滑理论。可参阅文献〔4〕第二章。

滚道与滚动体接触区的面积是很小的。因此，滚动轴承需要的润滑剂很少。

滚动轴承可以用润滑脂或润滑油润滑。试验说明，在速度较低时，用润滑脂比油温升低；速度较高时，用润滑油较好。

1．脂（Grease）润滑

脂润滑在使用上最为方便。它不存在漏油问题。因此，如果转速不是太高（数值可查轴承样本），滚动轴承应尽量用脂润滑，特别是立式主轴或装在套筒内可以伸缩的主轴（不论立式、卧式）如钻床、坐标镗床、加工中心等主轴。

润滑脂的使用期限长，如果转速不超过样本所列的极限转速，则一次充填可使用2000h以上。如转速较低或变化范围较大，则使用时间还可以长。只要密封得好，能保证灰尘屑末，冷却液润滑油等不进入轴承，一次充填可以用到修理时才更换，中间不需补充。因此，机床主轴套筒往往没有加油孔。

润滑脂填充量不宜过多，尤其不能把轴承的空间填满。否则将引起过多的发热，并有可能使脂熔化流出，效果就将适得其反。充填量不宜超过轴承内部空间体积的30%，可用下式估算[9]

$$Q = q_B d_m B \times 10^{-3} \tag{10-20}$$

式中　Q——润滑脂充填量（cm^3）；

q_B——轴承尺寸系数。内径 $d \leqslant 130$mm 时，$q_B = 1.5$；$d = 130 \sim 160$mm 时，$q_B = 2$；

d_m——轴承中径（mm）；

B——轴承宽度（mm）。

高速主轴可用2号精密机床主轴脂（SY1417—80），有振动的地方可用3号精密机床主轴脂。国外牌号如SKF Grease LGLT2，德国Klüber lsoflex NBU15等。

2. 油（Oil）润滑

滚动轴承需要的油量是很少的，约每分钟1～5滴。油量增加，则因搅拌作用，温升反而高。油量再增加，则冷却作用逐渐超过了搅拌作用，温升将下降，但能耗却加大了。常用油的粘度为12～30$mm^2/s/40℃$（即cSt）。

高速轴承（例如角接触球轴承 $d_m n \geqslant 1 \times 10^6 mm \cdot r/min$）发热较多。为控制其温升，希望润滑时兼起冷却的作用。办法是用油润滑，用空气冷却。常用的办法有油雾和油气润滑。

油雾润滑（Oil mist lubrication）　将油雾化后喷入压缩空气流，喷向轴承。既起润滑作用，又起冷却作用。效果明显。但是，用过的油雾散入大气，污染环境。目前已让位于油气润滑。

油气润滑（Oil spot lubrication）　油气润滑系统的原理见图10-30。压缩空气分为两路：一路经气阀进入注油器。定时器定时打开气阀，压缩空气把一股油注入油气混合室，与经节流阀来的另一路压缩空气混合，进入塑料管道。管道孔径1.5mm，长在500mm以上。油附在管壁上，在压缩空气流的作用下蠕动前进，到喷嘴处，喷向轴承。往混合室内注油是间歇的，但喷嘴处供油却是连续的。管道越长，供油越均匀。一套轴承的供油量 Q(mm^3/h)可按下式计算[9]

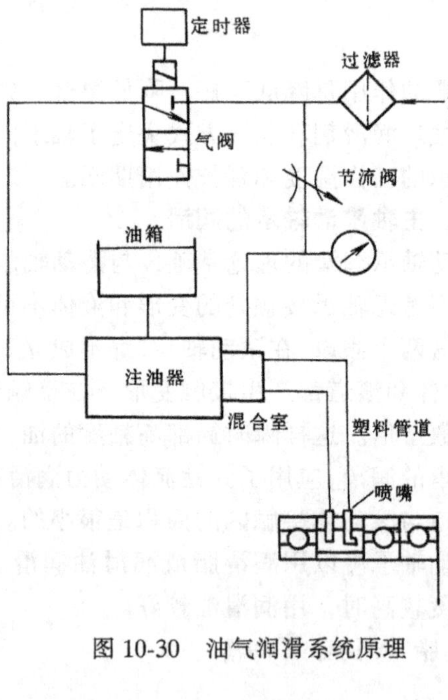

图10-30　油气润滑系统原理

$$Q = q_0 dB \times 10^{-2} \tag{10-21}$$

式中　q_0——系数。滚子轴承，$q_0=1\sim2$；球轴承 $q_0=2\sim3$。高速角接触球轴承需油量较多，可取 $q_0=20$；

d——轴承孔径（mm）；

B——轴承宽（mm）。

油气润滑的油量是可调的，可调至温升最小。油未雾化，用过可回收，不致污染环境。压缩空气使轴承附近的气压略高于外界，可阻挡外物进入。油气润滑器是一个独立的部件，可以外购，是一种很有前途的润滑方式。

角接触轴承有泵油效应，油必须从小口进入，如图 10-31 所示。

二、密封

主轴组件密封的作用，对于油润滑的主轴组件，主要是防止油外漏和灰尘屑末和冷却液进入。对于脂润滑的主轴组件，由于脂不会外漏，主要是防止外物进入。

脂润滑的主轴组件多用不接触的曲路（迷宫）密封。见图 10-11，件 1 固定在主轴上，件 2 固定于壳体上。两者之间形成一条曲曲折折的通道，宽度不超过 0.2～0.3mm，以防止外物的进入。

油润滑的主轴组件的密封见图 10-32。螺母 2 的外圆有锯齿形环槽。锯齿方向应逆着油流的方向。主轴旋转时将油甩向压盖 1 内的空腔，经回油孔回油箱。锯齿槽可有 2～3 条。油被甩入空腔后可能有少量溅回。前面的槽还可以再甩。回油孔直径应尽量大些，使回油畅通。

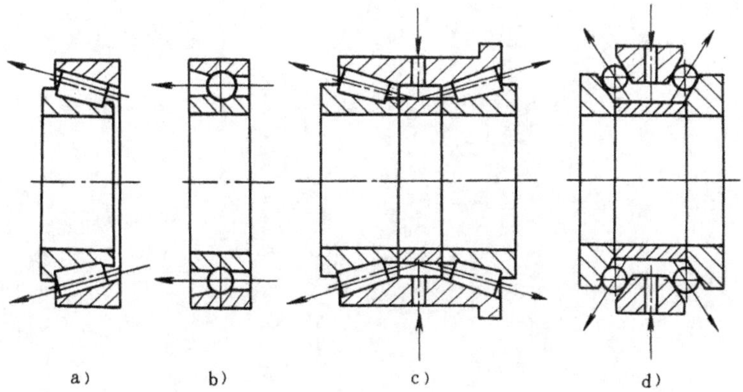

图 10-31　泵油效应和进油方向

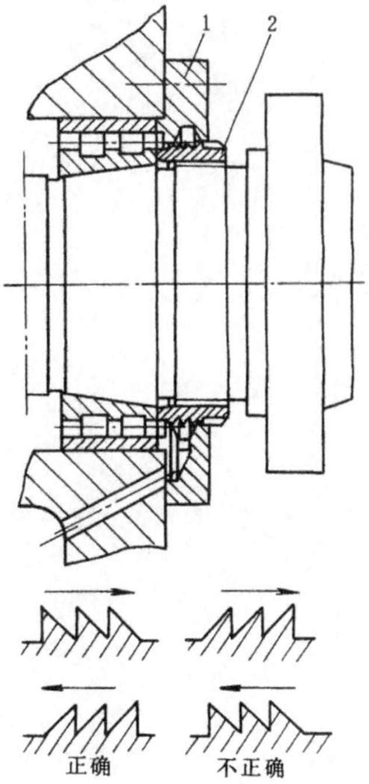

图 10-32　油润滑时的防漏

参 考 文 献

1 戴曙. 金属切削机床设计，第 2 版. 北京：机械工业出版社，1985

2 机床设计手册. 北京：机械工业出版社

3 机械工程手册第 21 篇. 昆明工学院编. 机械振动. 北京：机械工业出版社，1978

4 戴曙主编. 机床滚动轴承应用手册. 北京：机械工业出版社，1993

5 戴曙主编. 机床设计分析第一、二集. 北京：机床研究所，1986

6 《机床》杂志

7 孙靖民. 机床结构计算的有限元法. 北京：机械工业出版社，1983

8 SKF Bearings in Machine Tools，1976

9 SKF Precision Bearings Catalogue 3700/IE. 1991

10 The Work Spindle and its Bearings—The Heart of Efficient Machine Tools. FAG Publ. No. WL02 113EA

11 FAG Spindle Units for Boring-Drilling-Turning-Milling FAG Publ. 02 102/3EA

12 广州机床研究所编. 液体静压技术原理及应用. 北京：机械工业出版社

13 NSK Precision Rolling Bearings for Machine Tool Spindles Pr. No. A124. 1989

14 洛阳轴承研究所. 滚动轴承样本

15 哈尔滨轴承总厂. HRB 轴承

16 Leif Lewinschal Bearing Systems for High Performance Machine Tools SKF Precision Bearings，Sweden Reg. 872 1992-10

第十一章　支　承　件

第一节　支承件应满足的要求和设计步骤

支承件（Structural elements）是机床的基础构件，包括床身、立柱、横梁、摇臂、底座、刀架、工作台、箱体和升降台等。这些件一般都比较大，所以也称为“大件”。

机床的各种支承件有的互相固定连接，有的在导轨上运动。在切削时，刀具与工件之间相互作用的力沿着大部分支承件逐个传递并使之变形。机床的动态力（如变动的切削力，往复运动件的惯性，旋转件的不平衡等）使支承件和整机振动。支承件的热变形改变执行器官的相对位置或运动轨迹。这些，都将影响加工精度和表面质量。因此，支承件是机床十分重要的构件。

对支承件的基本要求是：

（1）应具有足够的静刚度和较高的刚度—重量比。后者在很大程度上反映了设计的合理性。

（2）应具有较好的动态特性。这包括较大的动刚度和阻尼；与其它部件相配合，使整机的各阶固有频率不致与激振频率重合而产生共振；不会发生薄壁振动而产生噪声等。

（3）应具有较好的热变形特性，使整机的热变形较小或热变形对加工精度的影响较小。

（4）应该排屑畅通、吊运安全，并具有良好的工艺性以便于制造和装配。

支承件的性能对整台机床的性能有不小的影响，其重量又往往占机床总重的80%以上。因此，应该正确地进行设计，并对主要支承件进行必要的验算和试验。使得能满足对它的基本要求，并在这个前提下尽量节约金属。

重要支承件的设计步骤，首先是根据其使用要求进行受力分析。再根据所受的力和其它要求（如排屑、安装别的零部件等），并参考现有机床的同类型件，初步决定其形状和尺寸。然后，可以用有限元法（Finite element method）借助电子计算机进行验算，求得其静态和动态特性。并据此对设计进行修改或对几个方案进行对比，选择最佳方案。这样，在设计阶段就可以预测支承件的性能，以避免盲目性，提高一次成功率。

第二节　支承件的静力分析

支承件是机床的一个组成部分。分析支承件的受力必须首先分析机床的受力。

机床根据其所受的载荷的特点，可分为三大类。

1．中、小型机床

这类机床的载荷以切削力为主。工件的重量、移动部件（如车床的刀架）的重量等相对较小，在受力和变形分析时可忽略不计（例如车床刀架从床身的一端移至床身中部时，引起的床身弯曲变形的变化可忽略不计）。中型车床、铣床、钻床、加工中心等都属于这一类。

2. 精密和高精度机床

这类机床以精加工为主，切削力较小。载荷以移动件的重力和热应力为主。例如双柱立式坐标镗床，分析横梁受力和变形时，主要考虑主轴箱从横梁的一端移至中部，引起的横梁弯曲和扭转变形。

3. 大型机床

这类机床工件较重，切削力较大，移动件的重量也较大。因此，载荷必须同时考虑工件重力、切削力和移动件的重力。例如重型车床、落地镗铣床和龙门式机床等。

支承件根据其形状，可分为三大类：

(1) 一个方向的尺寸比另外两个方向的大得多的零件。如床身、立柱、横梁、摇臂、滑枕等。这类零件可看作梁类件。

(2) 两个方向的尺寸比第三个方向的大得多的零件。如底座、工作台、刀架等。这类零件可看作板类件。

(3) 三个方向的尺寸都差不多的零件。如箱体、升降台等。这类零件可看作是箱形件。

下面以摇臂钻床为例，分析中、小型机床及其主要支承件的受力和变形。

摇臂钻床的受力状况见图 11-1a 和 b。这里仅分析切削载荷。

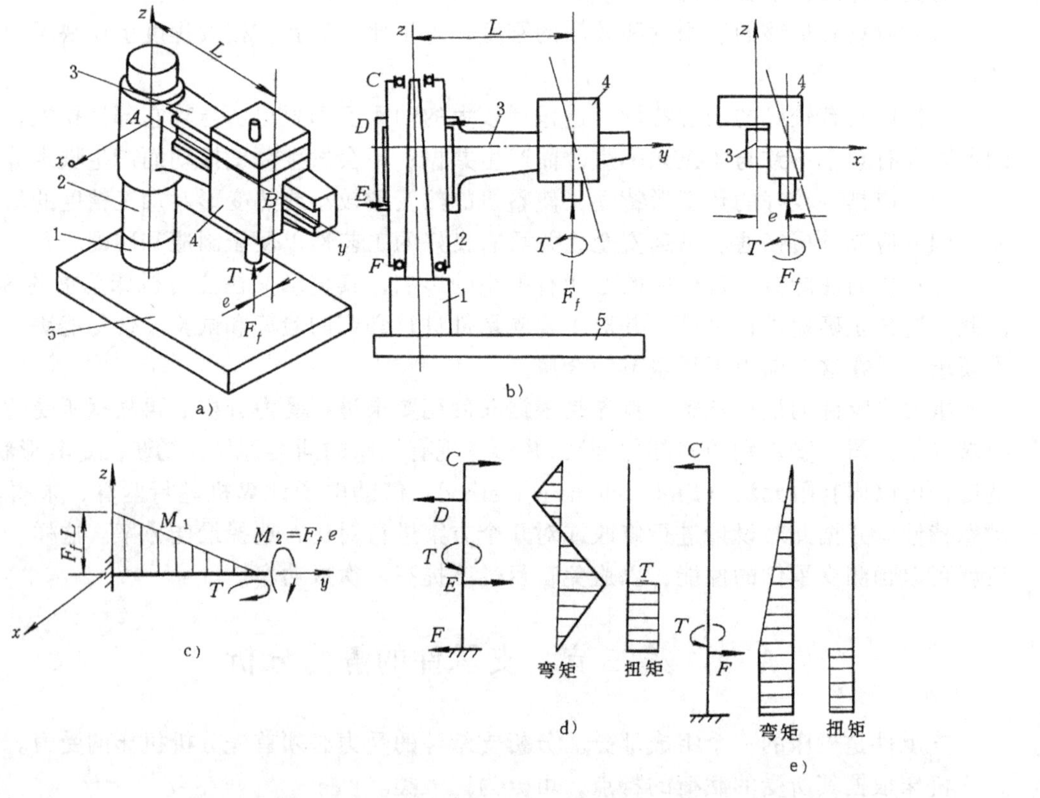

图 11-1 摇臂钻床受力分析示意图

钻孔时，切削载荷为切削转矩 T 和进给力 F_f。切削载荷经主要支承件主轴箱 4、摇臂 3、立柱 2 和 1，传递至底座 5。使这些支承件产生弹性变形：弯曲或扭转。变形的结果，主轴轴线在 yz 平面和 xz 平面内产生偏转，使轴线不垂直于底座的顶面，如图 b 的双点划线所示。钻床精度标准规定了主轴在一定的轴向力（模拟 F_f）作用下，主轴轴线在 yz 和 xz 面内允许的偏转角。轴向力的大小，因机床的种类、大小而异，见各类钻床的精度标准。

在分析时，立柱和摇臂可看作是梁类件；底座可看作是板类件；主轴箱可看作是箱形件。这里主要分析摇臂和立柱，都可看作是一端固定的悬臂梁。

摇臂的受力分析见图 c。进给力 F_f 使摇臂在 yz 面内受到一个弯矩 M_1，其最大值为 F_fL，从而产生弯曲变形。由于主轴与摇臂的中性轴之间的距离为 e，所以还受到绕 y 轴的扭矩 $M_2 = F_fe$，使摇臂产生扭转变形。切削转矩 T 作用于摇臂，使它在 xy 平面内产生弯曲变形。T 比 F_fL 要小得多。因此，摇臂所受的载荷，主要是竖直（yz）面内的弯矩 M_1 和绕 y 轴的扭矩 M_2。这两个力矩使摇臂产生弯曲和扭转变形。使主轴偏离其正确位置。

立柱分为内、外两层，见图 b，并参看第六章图 6-23。摇臂沿外柱 2 升降，并连同外柱绕内柱 1 转动。摇臂与外柱在上、下两圈 D、E 处接触。工作时，内、外柱之间在 F 处夹紧。

外柱的受力分析见图 d。摇臂作用于外柱的，可看作是由 D、E 点处两个集中力组成的力偶，其力偶矩在 yz 和 xz 面内分别为 $M_1 = F_fL$ 和 $M_2 = F_fe$。故外柱在 yz 和 xz 面的弯矩图的形状，都应如图 d 所示。切削转矩 T 使外柱扭转，扭矩作用于 E 与 F 之间。通常这个扭转变形不大，可以忽略。

内柱的受力情况与外柱相似，也是 yz 和 xz 面内的弯曲和从夹紧点 F 至根部之间的扭转。见图 e。扭转变形不大，可以忽略。因此，立柱内、外层都以弯曲变形为主。立柱的弯曲变形也将使主轴偏离其正确位置。立柱的形状往往是圆形的，故 M_1、M_2 两个力矩中，只需考虑大的一个，一般为 $M_1 = F_fL$。

第三节　支承件的静刚度和形状选择的原则

一、支承件的静刚度

支承件的变形一般包括三个部分：自身变形、局部变形和接触变形。例如床身，载荷是通过导轨面施加到床身上去的。变形包括床身自身的变形、导轨部分局部的变形以及导轨表面的接触变形。不能忽略局部变形和接触变形。它们有时甚至占主要地位。例如床身，如果设计不合理，导轨部分过于单薄，导轨处的局部变形就会相当大。又如车床刀架，由于层次很多，接触变形就可能占相当大的比重。设计时，必须注意这三类变形的匹配，并针对薄弱环节进行加强。这三类变形所占的比例，文献〔2〕中有一些统计数字，可供参考。

1. 自身刚度

支承件所受的载荷，主要是拉压、弯曲和扭转。其中弯曲和扭转是主要的。因此，支承件的自身刚度，主要应考虑弯曲刚度和扭转刚度。例如摇臂钻床的摇臂，主要就应考虑竖直（yz）面内 z 向的弯曲刚度 K_z 和扭转刚度 K_T。又如车床的床身（图 11-6a），主要就应考虑水平（xz）面内 x 向的弯曲刚度 K_x，竖直（yz）面内 y 向的弯曲刚度 K_y 和扭转刚度 K_T。

除上述几种变形外，如果支承件的壁较薄，特别是支承件的内部如果肋板不足或布置不够合理，受力后会发生截面形状的畸变，如图 11-2 所示。

自身刚度主要决定于支承件的材料、形状、尺寸和肋板的布置等。

2. 局部刚度

局部变形发生在载荷集中的地方，如导轨部分（图 11-3a），主轴箱在主轴支承处附近的部位（图 b），摇臂钻床底座装立柱的部位（图 c）等。

自身刚度和局部刚度，可以用有限元法借助计算机进行计算[4]。

3．接触刚度（contact stiffness）

两个平面接触，由于两个面都不是理想的平面，而是有一定的宏观不平度，因而实际接触面积只是名义接触面积的一部分。又由于微观不平，真正接触的只是一些高点，如图 11-4a 所示。

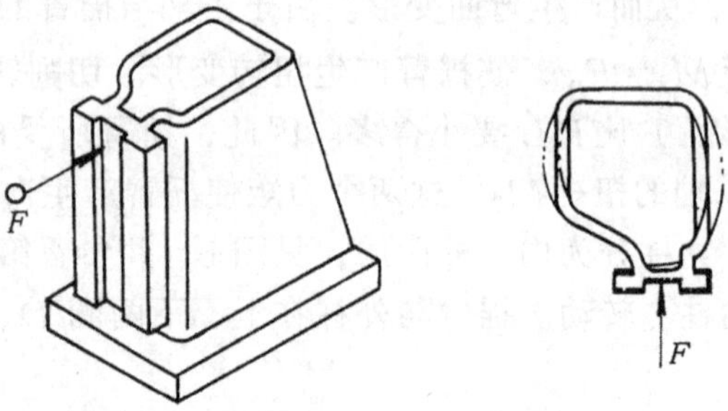

图 11-2 截形畸变

接触刚度与构件的自身刚度有两方面的不同：1）接触刚度 K_j（MPa/μm）是平均压强 p 与变形 δ 之比。即

$$K_j = \frac{p}{\delta}^{\ominus}$$

2）接触刚度 K_j 不是一个固定值，即 p 与 δ 的关系是非线性的，如图 b。K_j 与接触面之间的压强有关：当压强很小时，两个面之间只有少数高点接触，接触刚度较低；压强较大时，这些高点产生了变形，实际接触面扩大了，接触刚度也提高了。考虑到非线性，接触刚度应更准确地定义为：

$$K_j = \frac{\mathrm{d}p}{\mathrm{d}\delta} \text{或} K_j = \frac{\Delta p}{\Delta \delta}$$

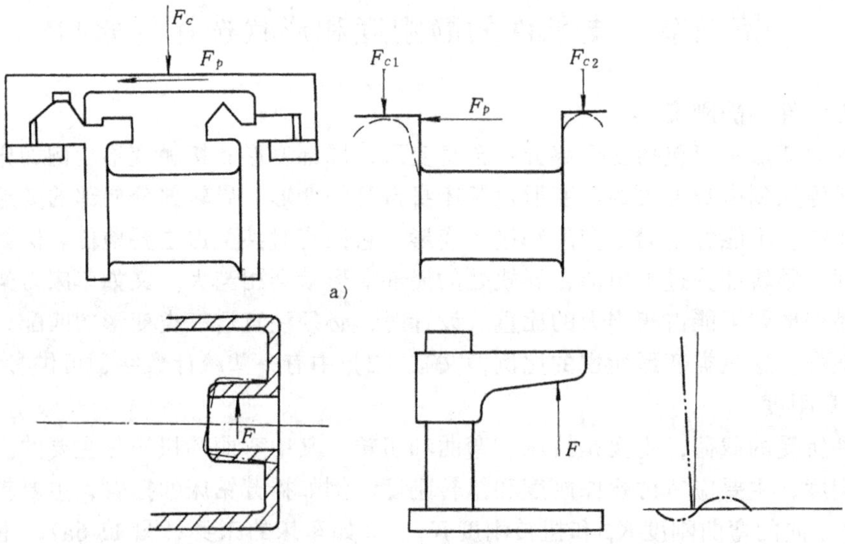

图 11-3 局部变形

⊖ 在进行接触刚度对比时，如各试件的面积相同，也可用力与变形之比来代表。

在实际应用时，还是以有一个一定的 K_j 值较为方便。K_j 值在 p-δ 曲线上的确定方式，因固定接触（接触面间无相对运动，例如主轴箱与床身间的接合面）还是活动接触（如导轨面）而有所不同。为了提高固定接触面之间的接触刚度，必须预先施加一个载荷（如拧紧固定螺钉），使接触面在受外载荷之前已有一个预施压强 p_0，如图 c。所施加的预载应远大于外载荷。这时由于外载荷而引起的接触面之间的压强变化是不大的。于是就在对应于 p_0 的 c 点处作 p-δ 曲线的切线，以该切线与水平轴夹角 α 的余切作为接触刚度，即

$$K_j = \mathrm{ctg}\alpha$$

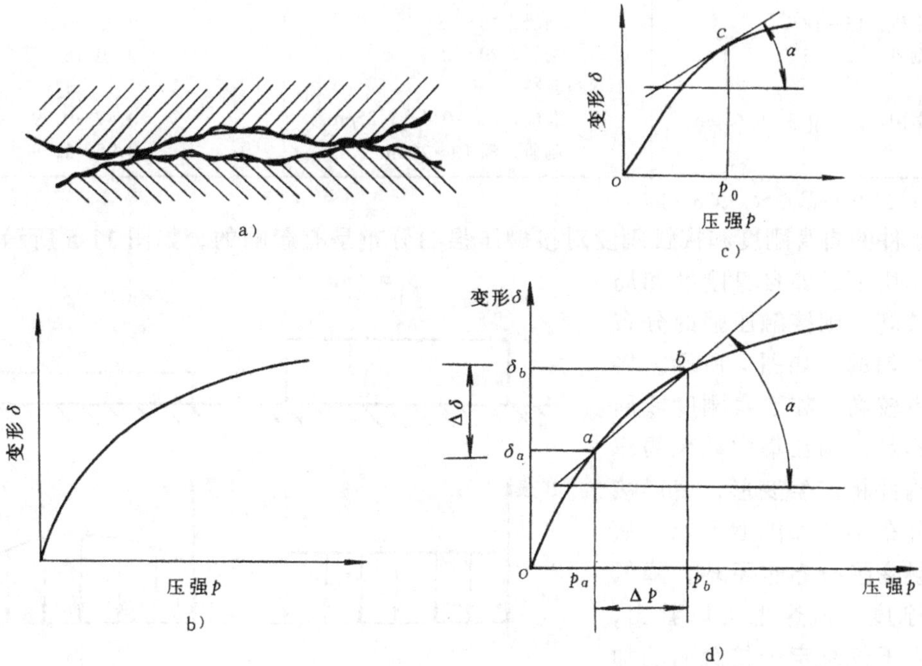

图 11-4 接触刚度

活动接触面的情况见图 d。它的预载等于滑动件如工作台或床鞍以及装在它们上面的工件、夹具或刀具等的重量。预载与外载荷（主要是切削力）往往处于同一数量级，甚至预载会低于外载荷。计算刚度时，是以预载点 a（此时接触面压强为 p_a）至最大载荷点 b（载荷为预载加最大切削力，此时接触面压强为 p_b）的连线为准。

$$K_j = \frac{\Delta p}{\Delta \delta} = \frac{p_b - p_a}{\delta_b - \delta_a}$$

可以看出，同样的接触面，活动接触的接触刚度，比固定接触要低。

接触刚度目前尚没有公认的数据。各种文献发表了不少试验结果和根据试验数据得出的经验公式，但结果相当分散。原因是接触面的表面粗糙度和宏观不平，材料的硬度，预压压强等因素对接触刚度的影响很大。试验时上述条件不同，试验结果就有相当大的差异。这里介绍试验结果之一[10]。

对于名义接触面积不超过 100～150cm^2，配合较好的表面，宏观不平可以忽略。这时钢和铸铁的接触变形 δ（μm），可按下列实验公式近似地估算。

$$\delta = C\sqrt{p} \tag{11-1}$$

$$K_j = \frac{\mathrm{d}p}{\mathrm{d}\delta} = \frac{2\sqrt{p}}{C}\ (\mathrm{Pa}/\mu\mathrm{m}) = \frac{2\sqrt{p}}{C} \times 10^{-6}\ (\mathrm{MPa}/\mu\mathrm{m})$$

式中　p——接触面间的平均压强（Pa）；

C——系数，根据表 11-1 定。

表 11-1　C 值

接　触　面		C（$\times 10^{-2}$）
铸铁	铸铁	
刮研，15～18[①]	刮研，15～18	0.25～0.32
刮研，20～25	刮研，20～25	0.16
铸铁	氟系塑料	
磨削，$R_a = 0.4 \sim 0.63\mu m$	磨削，$R_a = 0.4 \sim 1.25\mu m$	0.47～0.79
	刮研，深 10～20μm	0.95～1.58

① 每 $25 \times 25mm^2$ 点数，深 6～8μm。

支承件的自身刚度和接触刚度对接触压强的分布是有影响的，如图 11-5 所示。在集中载荷的作用下，如自身刚度和局部刚度较高，则接触压强的分布是基本均匀的，如图 a 所示。接触刚度也较高。如自身刚度或局部刚度不足，则在集中载荷的作用下，构件将产生变形，使得接触压强分布不均如图 b 所示，从而使接触变形分布也不均，降低了接触刚度。从这里可以看出，接触刚度不仅决定于接触面的加工情况，也决定于支承件。

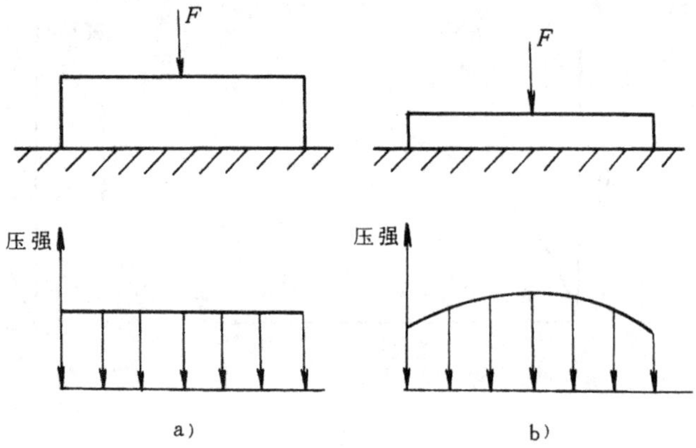

图 11-5　自身刚度和局部刚度对接触压强分布的影响

二、刚度的折算和比较

弯曲刚度和扭转刚度的单位不同，x 向和 y 向弯曲刚度的方向不同，互相之间是不能直接比较的。但是在设计时，又必须知道支承件的各项刚度对加工精度的影响。为此，就要把弯曲变形和扭转变形，都折合为刀尖相对于工件在最影响精度方向（“敏感方向”）的位移，以便进行比较。下面以车床床身为例，说明折算的方法，见图 11-6。

车床的敏感方向是 x 向。切削时，使车床床身产生变形的，主要是 x 方向的背向力 F_p 和 y 方向的切削力 F_c。当它们作用于床身中部时，床身的变形最大，如图 b 所示。(1) x 方向的背向力 F_p 使床身在 x 方向产生弯曲变形 δ_{x1}，见图 c。(2) y 方向的切削力 F_c 使床身在 y 方向产生弯曲变形 δ_y，见图 d。由此而产生的工件半径变化为 δ_{x2}。(3) F_p 和 F_c 的作用点偏离床身的形心 O，从而产生扭矩 $T = F_p h + \frac{F_c d}{2}$。扭矩使床身产生扭转变形，扭转角为 θ，见图 e。因扭转角 θ 而产生的刀尖相对于工件在 x 方向上的位移为 δ_{x3}。δ_{x1}、δ_{x2}、δ_{x3} 都是刀尖相对于工件在 x 方向上的位移，就是可比的了。δ_{x1}、δ_{x2}、δ_{x3} 可以通过有限元法计算或实物测试求得。计算或测试时，可分别进行，即分别假设只有 F_p 或 F_c 或 M 的作用，求得 δ_{x1}、δ_{x2} 和 δ_{x3}。

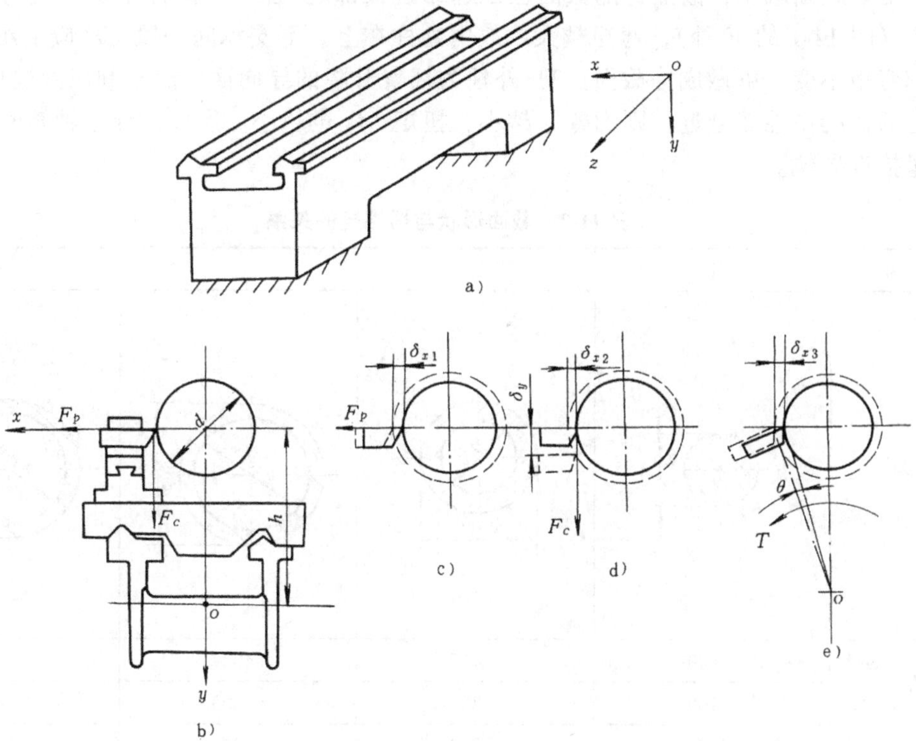

图 11-6　刚度的折算

刀具和工件实线—变形前　虚线—变形后

三、支承件形状选择的原则

如前所述，支承件的变形，主要是弯曲和扭转，是与截面惯性矩有关的。表 11-2 为截面积近似地皆为 10000mm^2 八种不同截面形状的抗弯和抗扭惯性矩的比较。可以看出：1）空心截面的惯性矩比实心的大。加大轮廓尺寸，减小壁厚，可大大提高刚度（表中 1、2、3 和 5、6、7）。因此，设计支承件时总是使壁厚在工艺可能的前提下尽量薄一些。一般不用增加壁厚的办法来提高自身刚度。2）方形截面的抗弯刚度比圆形的大，而抗扭刚度则较低（表中 5 与 1 对比）。因此如果支承件所承受的主要是弯矩，则截面形状以方形和矩形为佳。矩形截面在其高度方面的抗弯刚度比方形截面的高，但抗扭刚度则较低（表中之 7、8）。因此，以承受一个方向的弯矩为主的支承件，其截面形状常取为矩形。以其高度方向为受弯方向。例如龙门刨床的立柱。如果弯矩和扭矩都相当大，则截面形状常取为正方形。例如镗床加工中心和滚齿机的立柱。3）不封闭的截面比封闭的截面，刚度显著下降。特别是抗扭刚度，下降更多（表中 4 与 3 对比）。因此，在可能条件下，应尽量把支承件的截面做成封闭的框形。但是，实际上，由于排屑、清砂、安装电器件、液压件和传动件等，往往很难做到四面封闭。有时甚至连三面封闭都难以做到，例如中小型卧式车床床身。

根据以上分析，设计摇臂钻床支承件的原则是：1）摇臂主要承受弯矩和扭矩，以竖直（yz）面内的弯矩为主。因此截面形状应为空心矩形。四周尽量封闭。竖向尺寸应大于横向尺寸。但由于扭矩的存在，这两个方向的尺寸不宜相差太大。摇臂靠近立柱处的根部弯矩最大，往自由端逐渐减小，故摇臂的截面也是越靠近根部越大。2）内柱主要承受弯矩，越近下支承点（图 11-1 的 F 处），弯矩越大。故内立柱在上、下支承间一段 CF 应上细下粗。F 处到根部弯矩不变，可做成等截面。3）外柱为摇臂升降的导向面，故常制成圆柱形。4）主轴中心与摇臂的中性面越近，则力臂 e 越小，扭矩 M_2 也越小。所以设计主轴箱时应使主轴中心尽量接近导轨。

表 11-2　截面形状与惯性矩的关系

序　号		1	2	3	4
截面形状		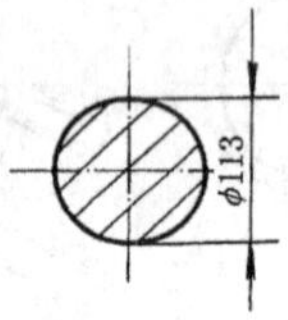	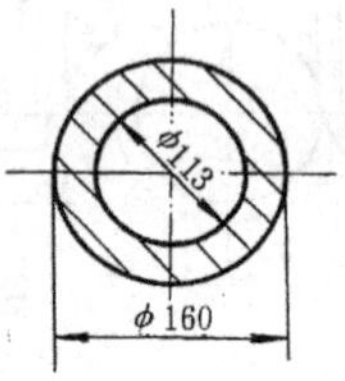	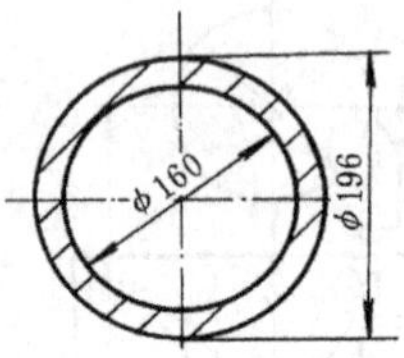	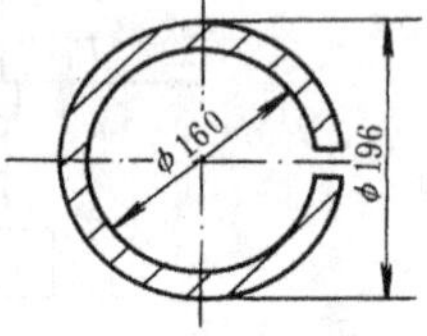
抗弯惯性矩	cm^4	800	2416	4027	—
	%	100	302	503	—
抗扭惯性矩	cm^4	1600	4832	8054	108
	%	100	302	503	7
序　号		5	6	7	8
截面形状		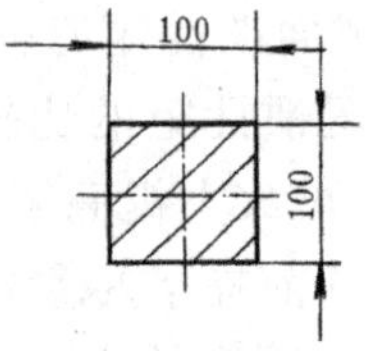	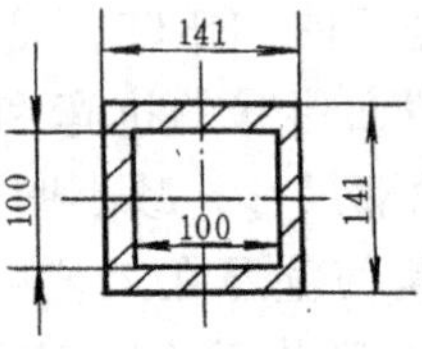	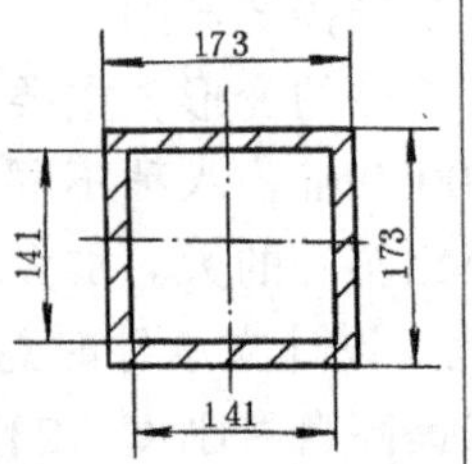	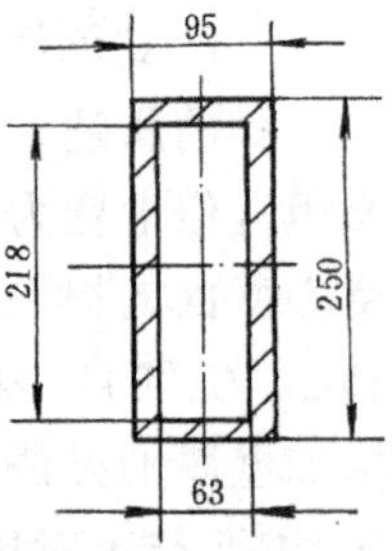
抗弯惯性矩	cm^4	833	2460	4170	6930
	%	104	308	521	866
抗扭惯性矩	cm^4	1406	4151	7037	5590
	%	88	259	440	350

卧式车床床身由于考虑排屑，中间部分往往上、下都不能封闭，如图 11-7a、b 所示。因此，水平面内的弯曲刚度常远低于竖直面内的弯曲刚度。设计车床床身时，必须注意设法提高水平面内的弯曲刚度。对于较长的床身，扭转变形造成的刀尖与工件间的位移相当大，甚至占主要地位。因此，长床身必须注意提高其抗扭刚度。主轴箱和尾座，对床身作用有较大的弯矩，因此必须注意提高床身两端的刚度，特别是装主轴箱处的刚度。通常，床身左端

装主轴箱处可以做成四面封闭，上下开出砂口。

主轴箱和尾座可以做成箱形，自身刚度较易满足要求，应特别注意提高受力处的局部刚度。例如主轴前支承处箱壁的刚度。

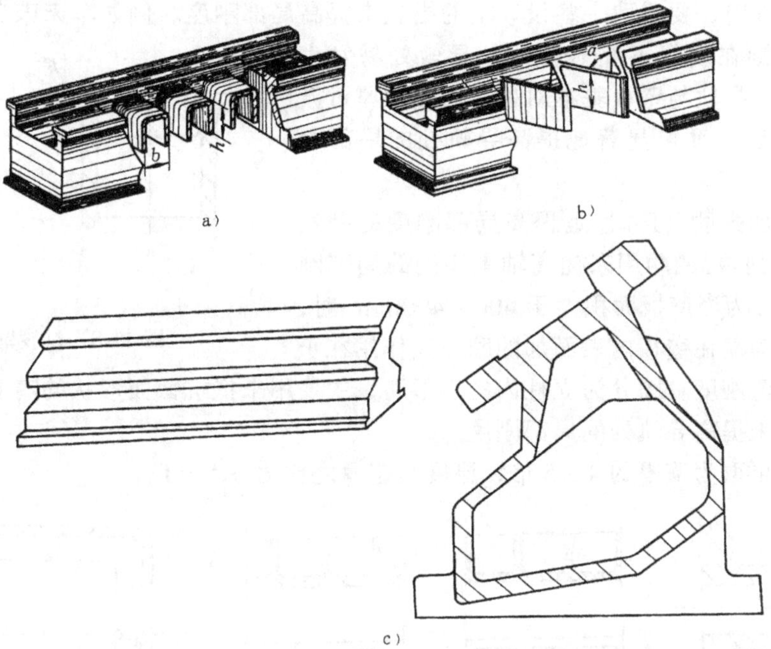

图 11-7　车床床身

数控车床由于不需手工操作，又必须排除大量切屑，导轨常做成倾斜的，如图 11-7c。这时，可在床身的左下方装切屑传送链。床身可以设计成四面封闭的，刚度可比图 a 和 b 高很多。

四、隔板

设置隔板是提高刚度的有效方法之一。隔板的作用，在于把作用于支承件局部地区的载荷传递给其他壁板，从而使整个支承件承受载荷。因此，隔板的作用主要为提高支承件的自身刚度。例如中、小型卧式车床床身（图 11-7a、b），为了排屑，上下都不能封闭，就用隔板来连接前、后壁板。水平的切削背向力 F_p 经导轨作用于前壁板。壁板是薄板，抗弯刚度是很低的。现在有了隔板，就可把载荷传递到后壁。这就把前壁的弯曲转化为整个床身的弯曲，即转化为前壁的拉伸和后壁的压缩。

较长的床身，扭转变形往往占主要地位。这时常用对角隔板如图 11-7b 所示。隔板和前、后壁组成一个个三角形。三角形比图 a 所组成的矩形刚度要高，特别是扭转刚度，提高得更为明显。

五、窗孔

为了安装机件或清砂，立柱上往往需开窗孔。窗孔对刚度的影响决定于它的大小和位置。影响抗弯刚度最大的，是开在与弯曲平面垂直的壁上的窗孔。因这些壁受压或受拉，开孔后将减少受拉、压的面积。对于抗扭刚度，开在较窄壁上的窗孔，对刚度的影响比开在较宽壁上的为大。故矩形截面的立柱，窗孔尽量不要开在前、后壁上。窗孔的宽度尽量不要超过立柱空腔宽度的70%，高度不超过空腔宽的1～1.2倍。窗孔边缘厚一些（翻边），工作时加盖，并用螺钉上紧，可补偿一部分刚度的损失。

六、提高局部刚度

设计支承件时，要采取一些设计上的措施来提高局部刚度。例如车床床身，如设计成图11-8a的形状，则在载荷 F 的作用下，导轨处易发生局部变形。如使导轨与壁板基本对称，适当加厚过渡壁并加肋（图b），便可显著地提高导轨处的局部刚度。

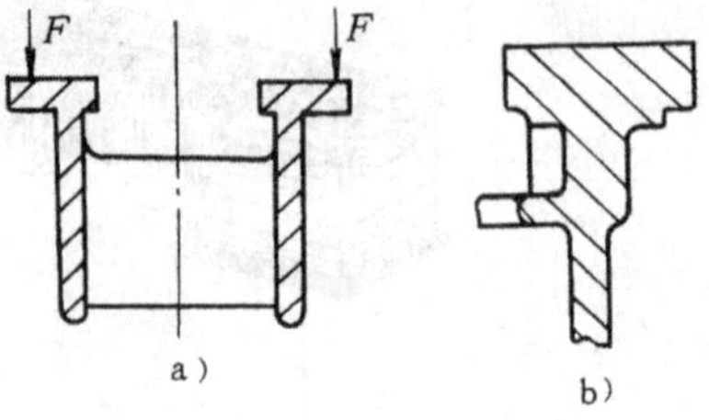

图11-8　过渡壁和肋

合理配置加强肋（Rib）是提高局部刚度的有效方法。例如图11-9a的肋用来提高轴承座处的局部刚度；图b和图c为当壁板面积大于 $400\times400mm^2$ 时，为避免薄壁振动而在壁板内表面加的肋。其作用在于提高壁板的抗弯刚度。图d为立柱内的环形肋，主要用来抵抗截面形状的畸变。前面的三条竖向肋主要用来提高导轨处的局部刚度。

肋的高度可取为壁厚的4～5倍，厚度与壁厚之比为0.8～1。

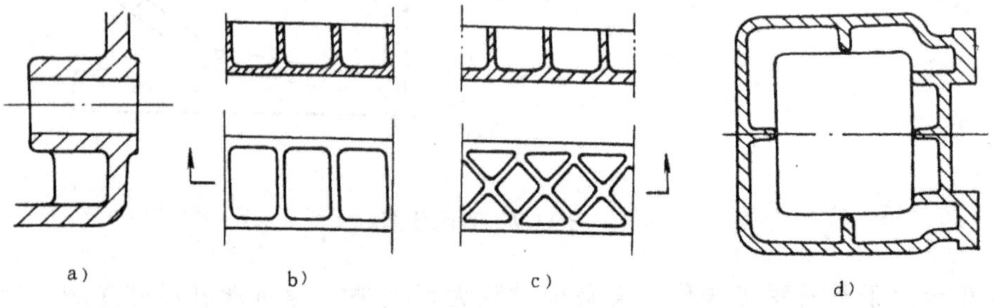

图11-9　加强肋

七、提高接触刚度

为了提高接触刚度，不仅导轨面，而且重要的固定结合面也必须配磨或配刮。固定结合面配磨时，表面粗糙度不超过 $R_a=1.6\mu m$；配刮时，每 $25\times25mm^2$，高精度机床为12点以上，精密机床为8点，普通机床为6点，并应使接触点分布均匀。

固定螺钉应在接触面上造成一个预压力。通常应使接触面间的平均预压压强约为2MPa。由于被连接的物体是弹性体，所以螺钉产生的接触面压强仅分布在一定的范围之内。如图11-10，件1用螺钉2固定在件3上。这时接触压强的分布应如图的下半所示。ABC 称为压力锥，其母线通过螺钉头内切圆的边缘。据研究，压力锥半角约为45°。参考以上数据，就可决定固定螺钉的直径、数量、距离、以及拧紧螺钉时的力矩。这个力矩在装配时可用测力扳手控制。

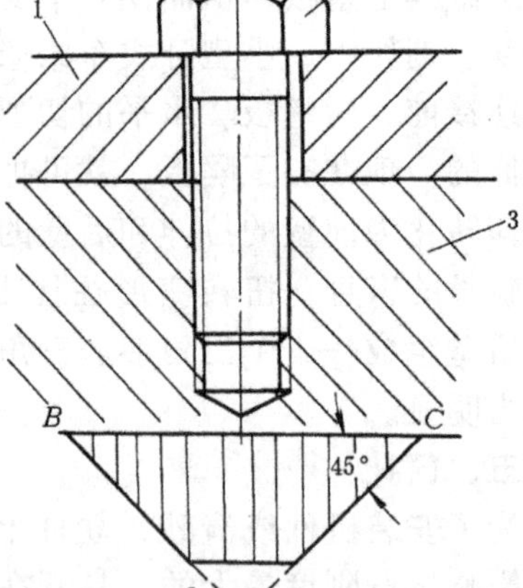

图11-10　压力锥

八、壁厚的选择

支承件的壁厚应根据工艺上的可能选择得薄一些。按照目前的工艺水平，砂模铸造铸铁件的外壁厚可根据当量尺寸 C（m）按表 11-3 选择。表中推荐的是最薄尺寸。凸台、与导轨的连接处等应适当加厚。当量尺寸

$$C = \frac{2L + B + H}{3} \tag{11-2}$$

式中　L、B、H——铸件的长、宽和高（m）

表 11-3　铸铁件的推荐壁厚

当量尺寸 C (m)	0.75	1.0	1.5	1.8	2.0	2.5	3	3.5	4.5
壁厚（mm）	8	10	12	14	16	18	20	22	25

中型机床的焊接支承件如用薄壁结构，可用型钢和厚度为 3～6mm 的钢板焊接而成。靠采用封闭截形，正确地布置隔板、肋等来保证刚度和防止薄壁振动。如用厚壁结构，则可用厚度为 10mm 左右的钢板。这时焊接支承件的内部结构与铸铁件差不多。

九、材料和时效处理

支承件的材料，主要为铸铁和钢。铸铁支承件，如果导轨与支承件铸为一体，则铸铁的牌号根据导轨的要求选择。如果导轨是镶装上去的，或者支承件上没有导轨，则一般可用 HT150。如果支承件由型钢和钢板焊接，则常用 3 号或 5 号钢。

在铸造或焊接中的残余应力，将使支承件产生蠕变。因此，必须进行时效处理（Seasoning)。时效最好在粗加工后进行。铸铁在 450℃ 以上在内应力的作用下开始变形，超过 550℃ 则硬度将降低。因此热时效处理应在 530～550℃ 的范围内进行。这就既能消除内应力，又不致降低硬度。钢质焊接件的时效处理温度较高，约为 600～650℃。普通精度机床的支承件进行一次时效就可以了，精密机床最好进行两次，即粗加工前、后各一次。有的高精度机床在进行热时效处理后，还进行天然时效处理——把铸件堆放在露天一年左右，让它们充分地变形。

近来正在研究振动时效。办法是把零件放在两个弹性支座（如废轮胎）上，激振器装在零件的中部。激振器的激振频率调到等于零件一次弯曲振动的固有频率。于是，激振时零件发生共振，其弯曲应力加上内应力将有一部分超过材料的屈服限，使材料产生塑性变形而消除内应力。激振器内有一根转轴，上有偏心，由直流电动机带动旋转。调整转速就可改变激振频率，调整偏心量可以改变激振力。这种办法的优点是快速，节能；缺点是要测出其固有频率；如按一次弯曲振动的固有频率激振，则中间部分振幅大，消除内应力效果较好，两端振幅小，效果较差。这种办法目前多在梁类件上试用，如床身、横梁等。

支承件的焊接结构近来发展迅速。支承件用钢板和型钢焊接有许多优点：

(1) 不需要制造木模和浇铸，生产周期短。又不易出废品。(2) 减轻重量。钢的弹性模量约为铸铁的 1.5～2 倍。在形状和轮廓尺寸相同的前提下，如果要求支承件本身的刚度相同，则钢焊接件的壁厚可比铸铁的薄。(3) 可以采用完全封闭的箱形结构，不像铸件那样要留出砂孔。(4) 如发现结构有缺陷，例如发现刚度不足，焊接件可以补救。例如可加焊隔板和肋。

焊接结构的缺点是：(1) 焊接结构在中、小型机床成批生产时成本比铸造高，手工劳动

多。因此，在这种条件下宜铸造。(2) 钢的材料内摩擦阻尼约为铸铁的1/3。但是，整机的阻尼，主要是由支承件间的结合面决定的。即振动能量，主要消耗在结合面间的摩擦和粘滞上。这一点，钢焊接结构和铸铁结构并没有多大差别。差别在于支承件本身振动（如床身的弯曲、扭转振动）的阻尼和钢板薄壁振动的阻尼比铸铁低。这可以采用灌注混凝土和采取减振措施来补偿。由于以上原因，焊接支承件在大型和重型机床，专用机床等小批、单件生产领域里，得到了广泛的应用。在国外，大型、重型和组合机床的支承件，采用焊接结构的也越来越多。

焊接支承件的导轨，可以是钢的，也可以是铸铁的。与支承件本体的联接，钢导轨可以焊，也可以用螺钉、销等固定。铸铁导轨则只能用螺钉、销等固定。铸铁导轨可以做成两条；也可以铸成滑座，固定在支承件上。

预应力钢筋混凝土支承件（主要为床身、立柱、底座等）近年来有相当发展。这种材料的阻尼很大，刚度也较高。国外已用于正式产品。据国外机床公司的介绍，床身内三个方向都要配置钢筋，总预拉力约为120～150kN。为了防止油对混凝土的侵蚀，表面应喷涂塑料。

近来，开始应用人造花岗岩复合材料。主要用于高精度机床和三坐标测量机。它以各种大小的花岗岩块为骨料，以环氧树脂为粘结剂。混合后放入模内，经振动捣实，固化而成。这种材料具有优越的动态特性和抗热变形能力，具有广泛的应用前景。

十、工艺性

支承件设计时应注意工艺性。例如铸件壁厚应尽量均匀，要有出砂孔且便于水爆清砂或机械化清砂（风枪能伸进铸件内），要有起吊孔等。这些，可参看《机床设计手册》第2册第十五章，并注意向实际学习。

第四节　支承件的动态特性

设计支承件时，仅满足静刚度的要求，往往还是不够的。还应满足动态特性的要求。即：支承件的固有频率不能与激振频率相重合；应具有较高的动刚度（共振状态下，激振力的幅值与振幅之比）和较大的阻尼，使支承件在受到一定幅值周期性激振力的作用，受迫振动的振幅较小。

一、固有频率和振型

单自由度振动系统只有一个固有频率（Natural frequency）和振型（Vibration shape），其力学模型如图11-11a所示。集中质量 m 装在无质量的弹性杆上，其刚度为 K，振动的两个极限位置在图中用虚线表示。二自由度振动系统的力学模型见图b和c。两个集中质量 m_1 和 m_2 装在两根无质量的弹性杆上，刚度分别为 K_1 和 K_2。这时有两个振型：第一个振型如图b所示，m_1 和 m_2 同时向上或向下；第二个振型如图c所示，m_1 和 m_2 的相位相差180°。这两个振型各有自己的固有频率。振型和固有频率，合称模态（Mode）。习惯上把各个模态根据其固有频率从小到大排列。其序号称为“阶”（Order）。图11-11b所示的振型，其固有频率比图c所示的低。因此，图b为第一阶振型，其固有频率为第一阶固有频率，合称第一阶模态；图c为第二阶振型，第二阶固有频率，合称第二阶模态。

支承件是一个连续体，质量和弹性都是连续分布的，所以应具有无穷多个自由度，也就应该有无穷多阶模态。事实上，由于机床上激振力的频率一般都不太高，因而只有最低几阶模态的固有频率才有可能与激振频率重合或接近。高阶模态的固有频率已远高于可能出现的激振力的频率，一般不可能发生共振，对于加工质量的影响是不大的。所以只需研究最低几阶模态。以下以某一车床床身的水平（x）方向振动，说明其最低几阶模态。

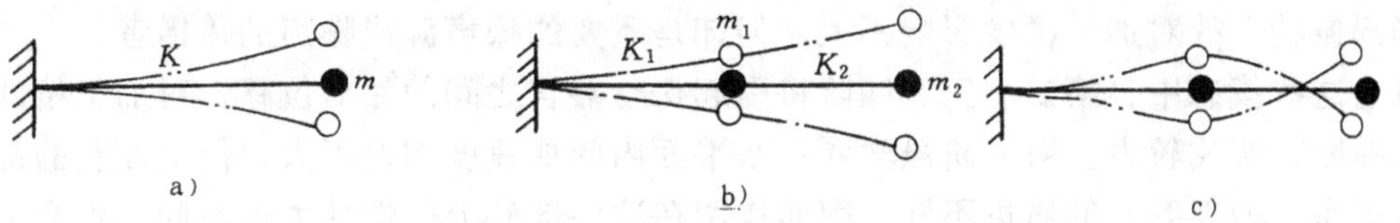

图 11-11　单自由度和二自由度振动系统

（1）第一阶模态　整机摇晃振动　振型见图 11-12a。床身作为一个刚体在弹性基础上作摇晃振动。主振系统是床身和底部连结面。固有频率取决于床身的质量、固定螺钉和接触面处的刚度。振动的特点是床身各点的振动方向一致，同一水平线上各点的振幅相差不大。离结合面越远的点，振幅越大。整机摇晃的固有频率较低，通常约为数十赫兹。

（2）第二阶模态　一次弯曲振动[⊖]　振型见图 11-12b。主振系统是床身本身。振动的特点是各点的振动方向一致，上下振幅相差不大，纵向（z 向）越近中部，振幅越大；越近两端振幅越小。

（3）第三阶模态　一次扭转振动　振型见图 11-12c。主振系统与第二阶模态相同。振动的特点是两端的振动方向相反，振幅为两端大中间小。这时，在靠近中部一定有一条线 AB，在这条线上及附近，振幅等于零或接近于零。在这条线的两侧，振动方向相反。这条线称为节线，A、B 点称为上下节点。

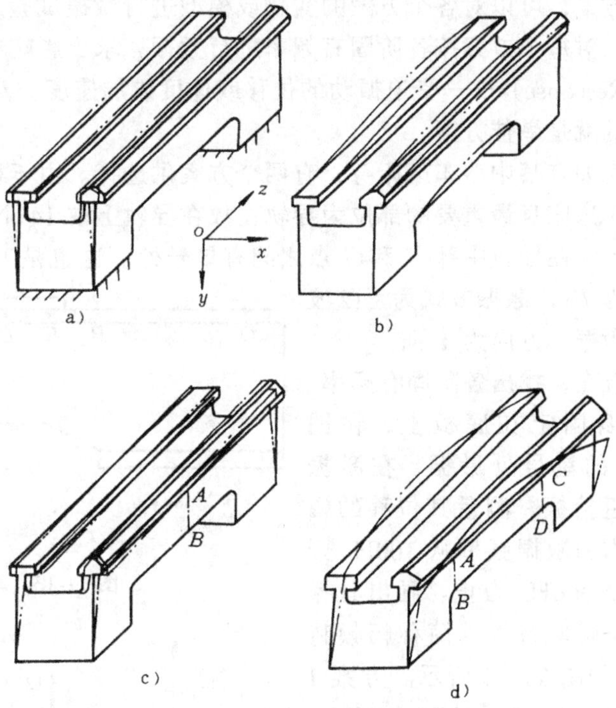

图 11-12　车床床身的振型

（4）第四阶模态　二次弯曲振动　振型见图 11-12d。主振系统同上。特点是有两条节线 AB 和 CD。在这两条节线上，振幅为零。两端的振动方向相同，与两节线间的振动方向相反。

⊖　同类振动（如弯曲振动、扭转振动）的排序称“次”，如一次弯曲、二次弯曲、…，一次扭转、二次扭转、…。

此外，还有二次扭转、三次弯曲、纵向振动等。这些模态一般固有频率较高，已远离可能出现的激振频率，因此，一般可以不考虑。

（5）薄壁振动 在高频振动中，需要注意的是薄壁振动。某些面积较大又较薄的壁板，以及罩、盖等，易发生振动。主振系统是薄壁，振动固有频率较高。薄壁振动的振幅不大，又是局部振动，故对加工精度影响不大，但却是重要的噪声源或噪声的传播者。

以上这些模态中，第二、三、四阶将引起执行器官之间的相对位移，对加工精度和加工表面粗糙度，影响较大。第一阶虽然同一水平面内的加速度相差不大，但上面装的部件（如床头、尾座、刀架等）的质量不同，因而作用在这些部件上的惯性力也不同，也会引起这些部件的相对位移而影响加工质量。

二、支承件动态特性的对比

动刚度和阻尼，可以作为几个设计方案动态特性对比的依据。如果某一支承件，有几个设计方案，可以对各个方案的实物或模型进行激振试验，找出各阶固有频率。固定激振力的幅值，对每个方案按各阶固有频率进行激振，求出影响精度的部位（例如导轨处）各点的响应（Response）——受迫振动的位移或速度或加速度。对比各个方案同一模态的响应，响应最小的就是最佳方案。

例如有某中型车床床身，有两个方案供选择。由于样品已制出，故对两样品进行实物试验。车床床身最重要的部位为导轨，故在导轨上取 14 个点，测量其响应，如图 11-13 所示。激振点定在导轨中部 F 和 G 点之间有星号处。这也是刀架的通常工作位置。激振力的幅值固定为 7N，激振方式为正弦波稳态激振。方向为 x 向。

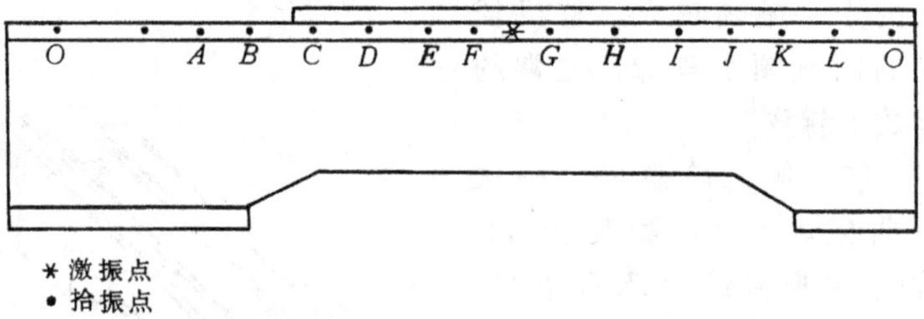

图 11-13 车床床身的激振试验测点

首先，找出各阶固有频率。把床身固定在底板上，在图 11-13 的星号处激振，在激振点附近拾振，测量其位移的幅值。本例激振频率从 100Hz 开始，至 400Hz 为止。画出其振幅——频率特性（简称幅频特性），如图 11-14 所示。方案 1 有三个峰，即三阶固有频率：123Hz，251.2 Hz 和 324.1Hz；方案 2 的三阶固有频率为 136.6，289.3 和 373.5Hz。

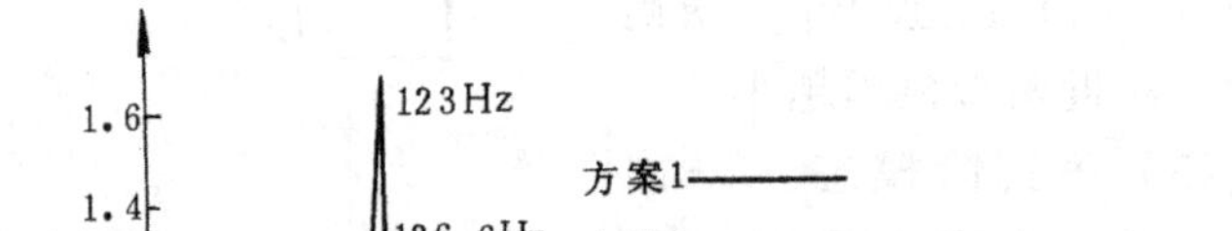

图 11-14 车床床身的幅频特性

将激振力的幅值固定为 7N，按各阶固有频率分别对两个方案的床身激振。测量在共振状态下两个方案在图 11-13 所示各点的振幅。画出的响应图如图 11-15 所示。图中，三阶模态振幅的比例尺不同（见图)。可以看出，两种方案的三阶固有频率所对应的振型，分别为一次弯曲、一次扭转和二次弯曲。整机摇晃的固有频率低于100Hz，故未出现。图中，把同一振型两种方案的响应画在一起，以便于对比。虽然它们的固有频率不完全相同。图中可以看出，相同的激振力，方案2的振幅小于方案1。把每一方案每一种固有频率下的最大振幅去除激振力的幅值，就是这个方案这一阶模态的动刚度。结果方案1为3.68，31.96和98.6N/μm；方案2为5.16，100和135N/μm。方案2比方案1分别提高40%、213%和37%。所以方案2比方案1好。其中抗扭振能力的提高，尤为显著。

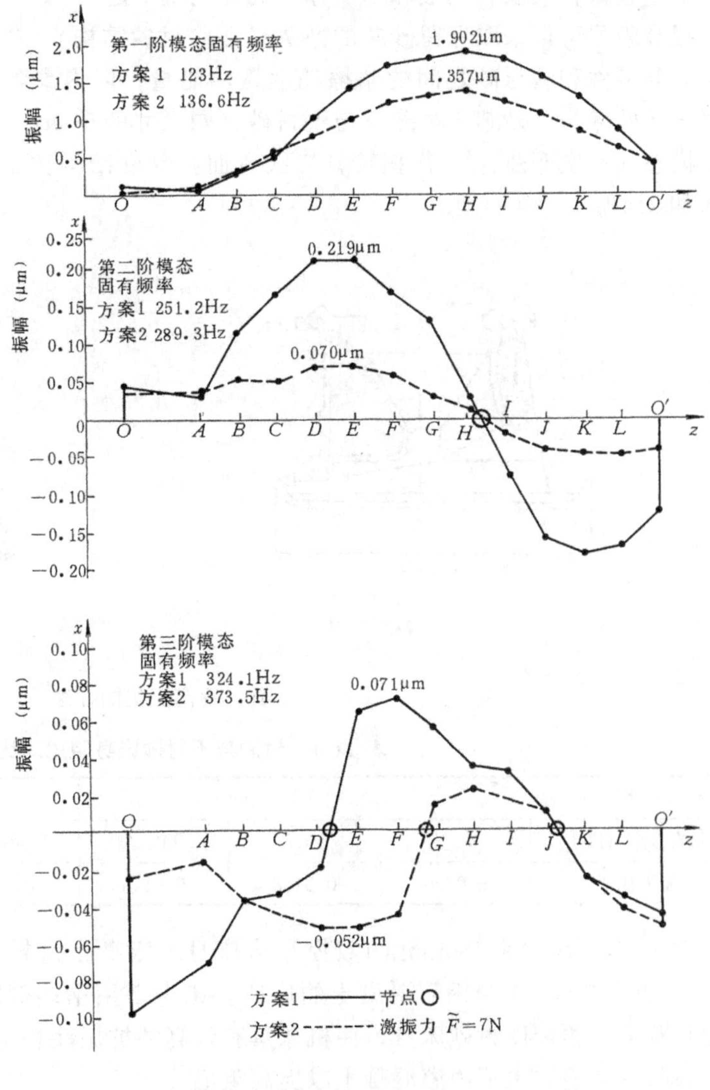

图11-15 两种车床床身的响应

支承件的各阶固有频率、振型和响应，都可用有限元法借助计算机计算[4]。其中，固有频率和振型的计算精度较高。响应的计算，因阻尼的测试值较分散，目前计算精度还不够高。但计算上文所述的两种车床床身，由于材料相同（铸铁），都没有采取特殊的消振措施，阻尼可以认为是相同的。这时计算出的动刚度的相对值（某方案各阶模态的动刚度比别的方案分别提高多少）是可用的。因此仍能判别动态特性的优劣。

三、提高动刚度的措施

动刚度是共振状态下激振力幅值与振幅之比，可按下式计算[1]

$$k_d = 2\zeta k \tag{11-3}$$

式中 k_d——动刚度（N/μm）；

k——静刚度（N/μm）；

ζ——阻尼比。

可以看出，提高静刚度 k 和阻尼 ζ 可以提高动刚度。或者说，在相同幅值的激振力作用下，可以降低受迫振动的振幅。

提高静刚度的途径是合理地设计构件的截面形状和尺寸，合理地布置隔板和肋。此外，还必须注意整体刚度、局部刚度和接触刚度的匹配。例如有一种升降台铣床，试验时发现升降台导轨处的振幅较大，但床身其它地方的振幅却并不太大。这是因为导轨位于床身前壁上，前壁较薄，又没有隔板和肋支撑，局部刚度不足。

提高阻尼可以采取保留砂芯的办法（常称封砂结构）。铸件的砂芯不清除，保留在床身内。砂与铸件和砂与砂之间的摩擦耗散振动能量，以提高阻尼。图 11-16a 是一种 1000mm 卧式车床的床身，砂芯不清除。与不封砂，同尺寸的车床床身对比，见表 11-4。可以看出，三阶模态（一次弯曲，一 次扭转，二次弯曲）封砂结构比不封砂的阻尼分别提高约 40%、78%和 214%。

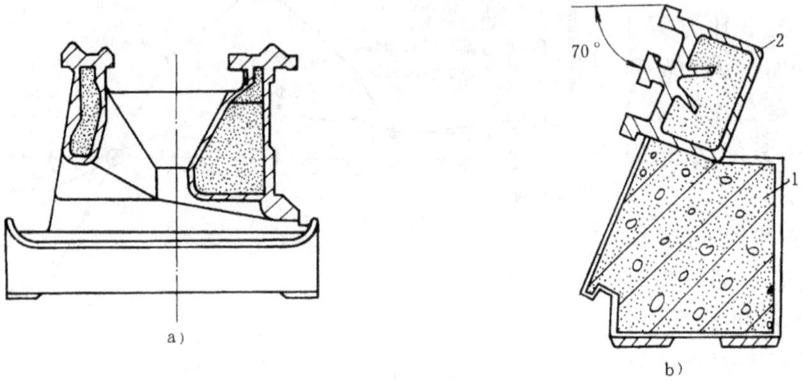

图 11-16　提高阻尼的办法

表 11-4　封砂与不封砂床身阻尼对比

结构型式	封　砂			不　封　砂		
固有频率（Hz）	46.5	56.3	112.4	49.3	65.7	163.7
阻尼比 ζ	0.0226	0.0258	0.0116	0.0162	0.0145	0.0037

图 11-16b 是一种 480mm 的数控车床床身。床身 2 为封砂结构，导轨面与水平面倾斜 70°，以便于排屑。1 为钢筋混凝土的底座。床身 2 用粘结剂粘合在底座上。混凝土的内摩擦阻尼很高，再配以封砂床身，使机床具有较高的抗振性。

焊接的床身，也可内灌混凝土以提高阻尼。

图 11-17 是一个升降台铣床的悬梁。左半固定在床身上，右半悬臂如图 a。所以悬梁可看作是一个悬臂梁，其振型为水平和竖直面内的弯曲振动和扭转振动（图 b）。设计时，除注意提高其抗弯和抗扭刚度外，还应提高其阻尼。不论是弯振还是扭振，振幅最大的地方在悬梁的头部。故阻尼装置也应设置于此部位。

悬梁头部见图 c，是一个封闭的箱形铸件，空腔内装几块铁块，并充满钢珠，再注满高粘度的油。振动时，油在钢珠间隙之间运动，产生粘性摩擦。再加上钢珠间的碰撞，就能在较宽的频率范围内耗散振动能量。据报道，竖直面内一次弯曲振动的固有频率，不装阻尼装置时为 170Hz，装阻尼装置后降为 150Hz。装阻尼装置后，阻尼提高了。在这频率下的动刚度为不装阻尼装置时的 3 倍。

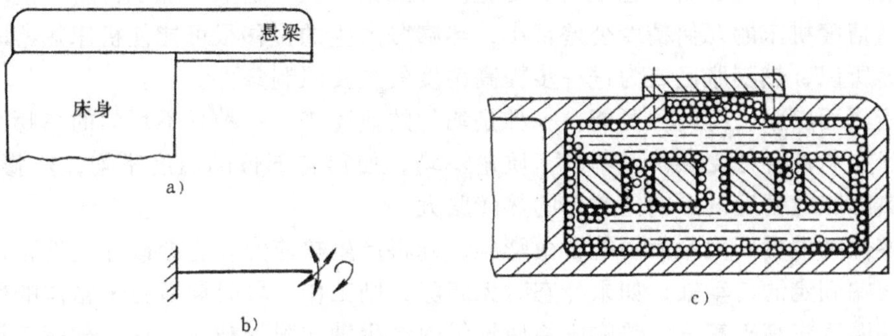

图 11-17　升降台铣床悬梁

有的资料介绍，为了提高升降台铣床悬梁的动态特性，可以既提高静刚度，又加大阻尼。例如可采用钢质焊接结构（因钢的弹性模量比铸铁的高），加大截面，把悬梁做成全封闭的箱形以提高静刚度；内灌混凝土或砂，或加阻尼装置以提高阻尼。

第五节　支承件的热变形特性

一、机床和支承件的热变形

机床工作时，切削过程、电动机、液压系统和机械摩擦都会发热。电动机输入的能量，不论通过什么途径，最后都变成了热。这些热量，一部分由切屑和冷却液带走，一部分向周围发散，一部分使工件升温，一部分使机床升温。这就是机床温度变化的内部原因，也是主要原因。此外，机床的温度变化还有它的外部原因，这就是环境温度的变化和阳光的照射。机床的温度，不是一个恒定的值，而是复杂地周期性变化的。例如加工工件时，温度上升；停机装卸工件时，温度下降。加工一批工件时，温度上升；加工完毕重新调整机床时，温度下降。工作时，温度上升；休息时，温度下降。环境温度，既有昼夜的周期变化，也有以一年为周期的四季的变化。因此，由于温度变化而带来的机床的热变形，也不是定值。

热膨胀改变机床各执行器官的相对位置及其位移的轨迹，从而降低加工精度。由于温度变化有复杂的周期性，又使机床的加工精度不稳定。例如主轴箱的前、后轴承温度不同，将引起主轴轴线位置的偏移。主轴的轴向热膨胀，将使数控机床坐标原点移位。车床主轴箱的热膨胀，将使主轴轴线高于尾座轴线。龙门刨床和平面磨床床身导轨，由于工作台高速运动的摩擦，温度将比下面高，引起导轨中凸。卧式铣镗床由于镗头（主轴箱）发热，使立柱与镗头结合的导轨面温度比后面高，而使立柱后仰，改变主轴的位置，如图 11-18。

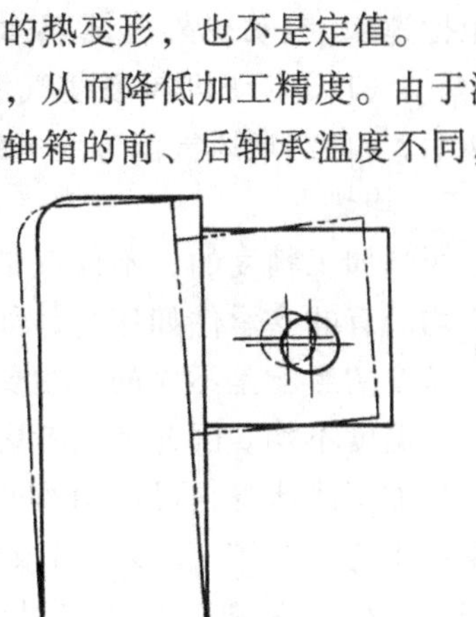

图 11-18　卧式铣镗床的热变形

热变形对自动机床、自动线、数控机床和精密、高精度机床的影响尤为明显。自动机床和自动线是在一次调整好后大批地加工工件的。数控机床的坐标原点是事前设定的。机床的调整往往在升温前的冷态进行。加工中随着温度的升高，加工精度也在逐步变化。升到某一温度之上，加工件就可能不合格。精密机床和高精度机床的几何精度公差很小，热膨胀产生的位移很可能使机床热检时的几何精度不合格。所以，热膨胀已成为进一步提高精度的主要限制条件。

零件受热而膨胀，有两种可能：一种是均匀的热膨胀，一种是不均匀的热膨胀。一般情况下，由于支承件各处受热情况不同，质量不均，使得各部位的温度不均，热膨胀也不均。不均匀的热膨胀对精度的影响比均匀的热膨胀大。

如果零件两端受到限制而不能自由膨胀，则将产生热应力。它会破坏机件正常的工作条件。例如两端固定的传动轴，如果冷态时无间隙，则工作一段时期后由于箱体的散热条件比较好，轴的温度将高于箱体，热膨胀将使轴承内产生轴向附加载荷，这个载荷又将使轴承进一步发热。严重时会损坏轴承。

二、提高支承件的热变形特性

提高支承件的热变形特性，就是设法减少热变形，特别是不均匀的热变形，以及降低热变形对精度的影响。

1．散热和隔热

机床虽有一定的发热量，但如热量能很快地散入周围环境，则温升还是不会很高的。如果发现温升过高，可以适当地加大散热面积，加设散热片等。散热片的方向应与气流方向一致。如果局部温度过高，也可仅在热源附近设置散热片。发热较多的部件如变速箱等，应使其周围空气流动畅通。如果自然通风不够，可加设风扇，或人工致冷。这在数控机床、加工中心和精密机床的主轴箱中，已有采用。

隔离热源是减少热变形的有效措施之一。润滑油、液压油和冷却液是重要的热源，如果利用床身或主轴箱作为油池，则这部分热量会引起相当大的热变形。现在多在机床外设独立的油箱，使这部分热量不传给机床。

有时既需考虑隔热，还需考虑散热。

设计时要考虑气流方向问题。应有进、排气口，有时内部还要加某些隔板，引导气流流经温度较高的部位，以加强冷却。图 11-19 所示为一单柱坐标镗床，电动机外有隔热罩，立柱后壁设进气口，顶部有排气口，电动机风扇使气流向上运动，如图中箭头所示，与自然通风气流方向一致，以加强散热。

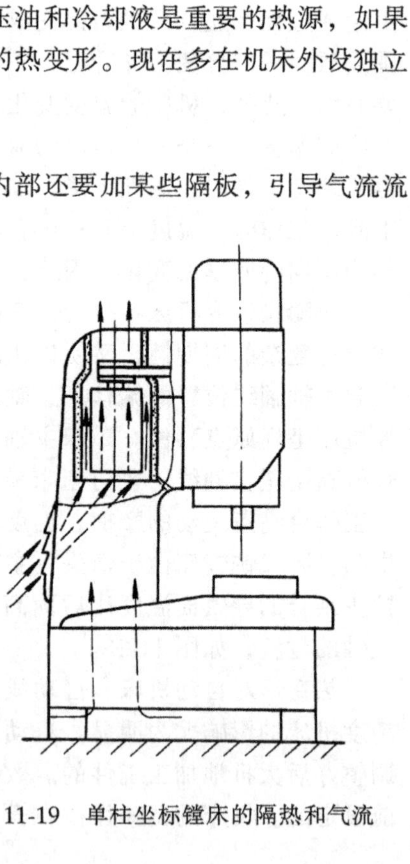

图 11-19　单柱坐标镗床的隔热和气流

2．均热

影响加工精度的，不仅仅是温升，更重要的是温度不均。有的支承件如床身，如果温度均匀，温升对导轨精度的影响是不大的。主要影响这类支承件精度的，是温度不均。因此还应考虑均热问题。

例如车床床身，可以用改变传热路线的办法来减少温度不均。如图 11-20，*A* 处装主轴箱，是主要的热源。*C* 处是导轨。在 *B* 处开了一个缺口，使得从 *A* 处传来的热量分散传至床身各部，如图中箭头所示。床身温度就可比较均匀。当然，缺口不能开得太深，否则将降低刚度。

图 11-21a 所示是一台立轴矩台平面磨床。主要热源是砂轮电动机。砂轮架经接合面使立柱前壁的温度高于后壁，使立柱后倾。磨出的工件表面与安装基面不平行。改进后如图 b 所示，加装了一条管子，把从电动机出来的热风引向后壁，提高后壁的温度，使前后壁温差缩小。这样，加工的平行度就大为提高。

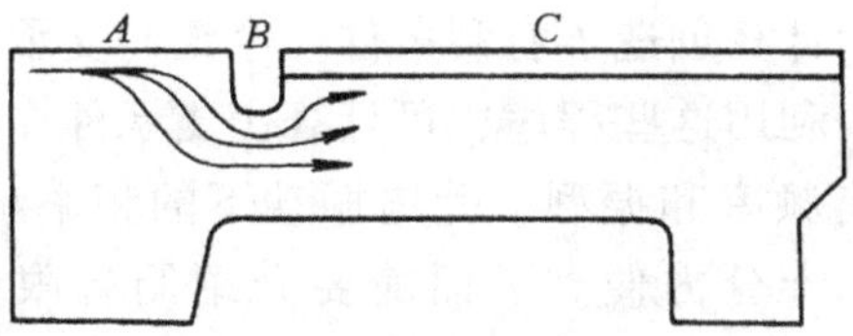

图 11-20　车床床身的均热

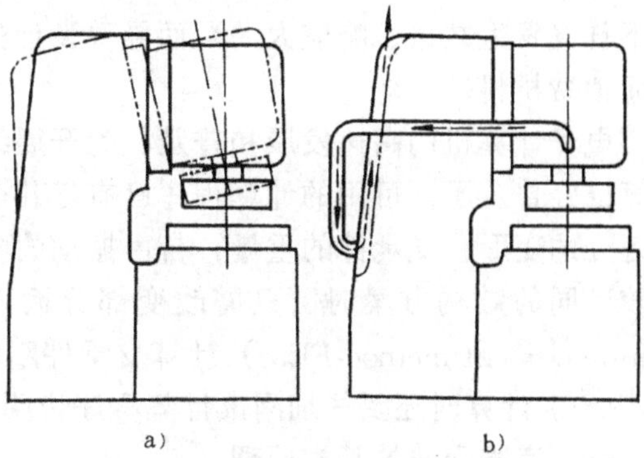

图 11-21　平面磨床立柱的均热

3．使热变形对精度的影响较小

同样的热变形，由于构造不同，对精度的影响是不同的。

图 11-22a 是一种卧式铣床的床身。由于后支承内装的轴承较多，使用后发现后支承的温度高于前支承，使主轴轴线向下倾斜。后改为图 b 的结构，使后支座横向与两侧壁相连。这就把热变形方向从上下转变为水平，而床身在水平方向又是对称的。因此，可以保持温升前后，支承处中心的位置不变。

又如坐标镗床和加工中心，如果采用常见的单柱结构，如图 11-18 所示，则由于立柱前后壁温度不同，将使主轴轴线产生位移。如果采用图 11-23 所示的双柱对称结构，就使热变形对主轴轴线位移的影响大大减少。这就是通常所说的“热对称”结构。

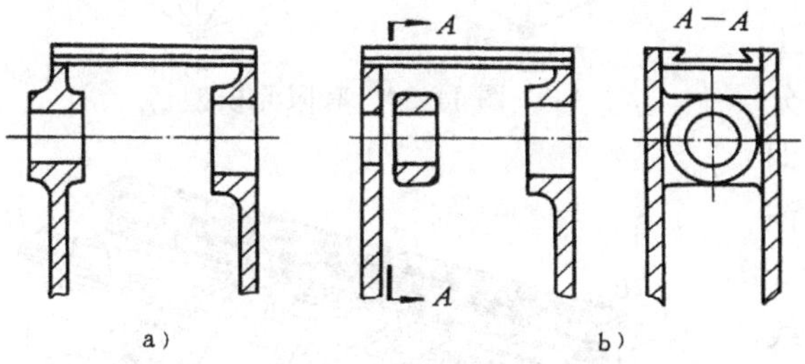

图 11-22　卧式铣床床身

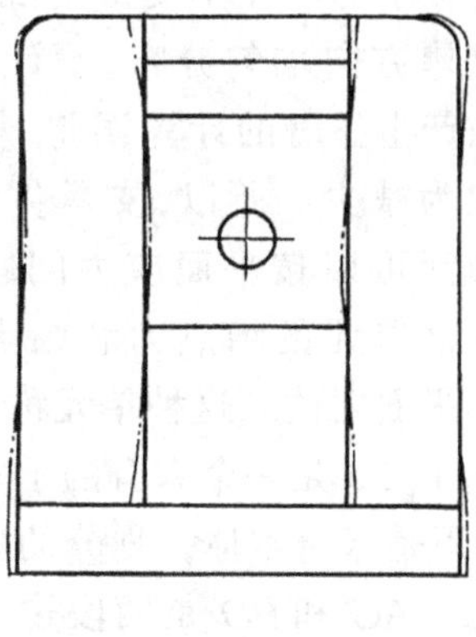

图 11-23　卧式坐标镗床的热对称结构

第六节　结构计算的有限元法简介

过去，由于缺乏一套可靠易行的计算方法，支承件的设计一直沿用类比的办法。如果有几个设计方案，也只能作定性的比较。用这样的方法设计支承件，有时因刚度不够或动态性能不佳（发生共振、响应太大）而导致设计失败；有时为了安全起见，取过大的结构尺寸，因而浪费材料。

电子计算机的高速发展和普及，为开展结构件的计算创造了有利条件。今天，支承件的计算已经普及了。可用的计算程序已有好几个版本。利用这些程序，可计算出支承件在受力后各处的变形，支承件的重量，自由振动的各阶固有频率和振型，受迫振动下的频率响应。比较不同的结构方案时，只需改变部分输入数据，十分方便。下面简要介绍用有限元法（Finite element method-FEM）计算支承件刚度和动态特性的基本概念。详细内容可阅读专著[4],[5]。计算时还要仔细阅读计算程序说明书。

一、有限元法的基本原理

支承件是连续体，很难进行解析计算。有限元法是一种近似的数值解法。首先，对支承件作必要的简化，然后建立一个离散化的模型。图 11-24 是一个空心立柱的简化模型，由前后左右四块侧板和上端板组成。上端受有载荷 F，下端固定，求立柱各处的变形。

首先，把立柱分解成五块平板(4 块侧板和上端板)。每块平板再分割成若干个矩形(图 a)或三角形(图 b)小板，如图 a 的矩形小板 $abfe$，$bcgf$，…；图 b 的三角形小板 abe，bfe，…。小板与小板之间看作是离散的，仅在角点 a、b、c、d…处铰接在一起。小板(矩形或三角形)大小、数量都是有限的。每个板称为一个单元(Element)。角点称为结点(Node)。这样离散化处理后，仍能组成原来结构的整体形状。这就构成了有限元模型。原来的立柱模型从总体来说仍旧是一个三维的空间结构，但对于每一个单元来说，却都是矩形或三角形薄板。在设计支承件时，为了尽量用较少的材料来获得较大的刚度，支承件的壁厚相对于轮廓尺寸是很小的。在小变形情况下，如假设应力沿壁厚方向均匀分布，不计其弯曲刚度，将不致产生显著的计算误差，却能使计算工作量大为减少。所以，支承件计算时，所分析的单元可以按平面应力问题来处理。即作用于该单元的结点力和结点位移都在该单元的平面之内。这种单元称为平面单元。

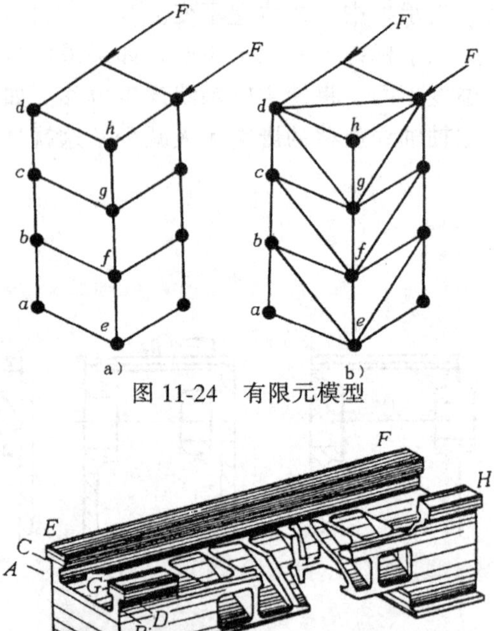

图 11-24　有限元模型

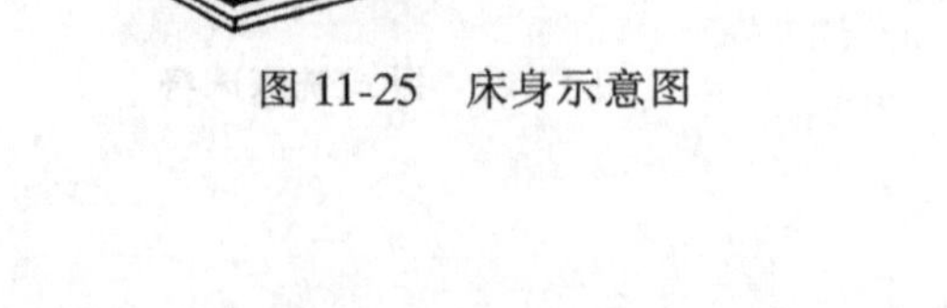

图 11-25　床身示意图

图 11-25 是一个床身的示意图。水平线 AB 以下是床身本体，划分的单元可视作平面单元。AC 和 BD 是两段过渡壁，连接导轨和床身本体。它们的弯曲刚度是不能不计的。因此，过渡壁不能按平面单元处理，

应按板弯曲问题处理。导轨 EF 和 GH 可看作梁，按梁单元处理。因此，计算机床支承件时，常用到三类单元：平面单元、板弯曲单元和梁单元。

二、单元的划分

划分单元时应注意：1）必须结点与结点相联接，如图 11-26a、b 所示。图 c 的划分方法是错误的。2）单元划分越细，则计算精度越高，但占用计算机的内存也越多，计算时间也越长。划分单元时，常在应力或变形较大处把单元划分得细一些，其它地方可以粗一些，以便兼顾计算精度和占内存数两方面。3）矩形单元（图 11-24a）的计算精度比三角形单元（图 11-24b）高。但三角形单元可模拟曲线。例如图 11-27 是一块中有圆孔的薄板。要计算在上、下拉力作用下，圆孔部分的变形。考虑到圆形的对称性，可以分析 1/4。圆孔只能用三角形单元来模拟。共划分了 13×4＝52 个单元。在圆孔处，以直线代替了圆弧。图 11-27 用一个 16 角孔代替了圆孔。单元划分越细，计算精度越高。图中在要计算变形的圆孔周围，单元划分较细，周边则较粗。

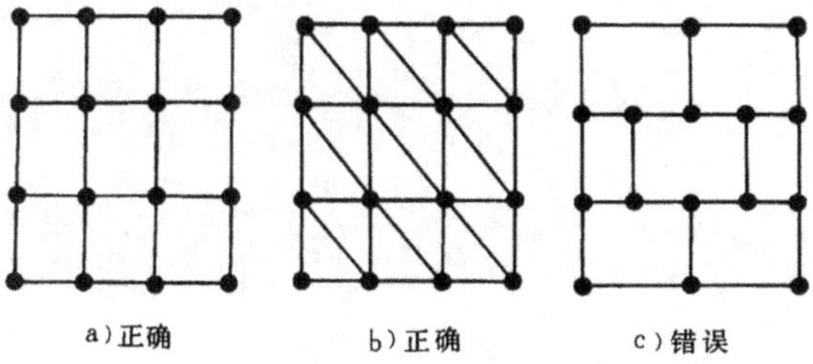

图 11-26　单元划分时必须结点与结点相联接

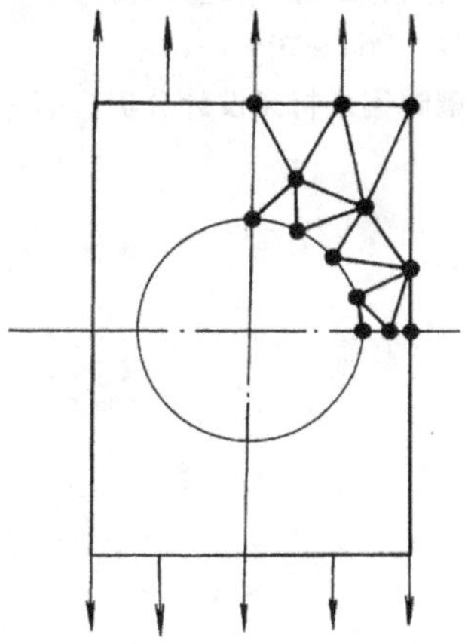

图 11-27　圆孔薄板的单元划分

三、动态特性计算

动态特性计算可用集中质量法。首先仍将构件分割为若干个单元，把每个单元的质量集中到结点上去。如为三角形单元（图 11-28a），则 i、j、k 三点各集中三角形板质量的 1/3；如为矩形单元（图 b），则 i、j、k、l 四点各集中 1/4。在结构中任一结点 m 都集中了从周围各单元集中过来的质量。如图 a，m 点的质量等于周围六个单元集中到 m 点来质量的总和。如图 b，则 m 点集中了周围四个单元集中到 m 点来的质量。这样，就形成了无质量板（代表刚性）和无弹性集中质量的模型。据此，可计算自由振动的最低几阶固有频率和振型。如果已知阻尼，则

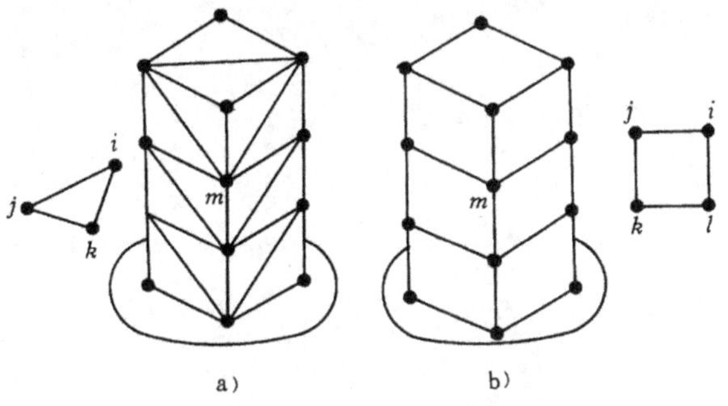

图 11-28　集中质量

可计算受迫振动在不同激振频率下的振幅（频率响应）。如果阻尼未知，则可计算外载荷的频率低于固有频率时的响应。这时，阻尼可忽略。

参 考 文 献

1 戴曙编．金属切削机床设计．北京：机械工业出版社，1981 第 1 版，1985 第 2 版

2 机床设计手册．第 2 册．北京：机械工业出版社，1980

3 杨棣等编．机床动力学．北京：机械工业出版社，1983

4 孙靖民等编．机床结构计算的有限元法．北京：机械工业出版社，1981

5 温文源等编．机械结构计算的有限元法．南京：东南大学出版社，1988

6 F. Koenigsburger，J. Tlusty Machine Tool Structure Vol. 1 Pergamon Press，1970

7 F. Koenigsberger，Design of Metal-cutting Machine Tools Pergamon Press，1964

8 Д. Н. Решетов Детали и Механизмы Металлорежущих Станков Изд.《Машиностроение》1972

9 有关工厂、研究所的试验报告

10 古川勇二等．荷重によらず摩擦力一定な空気半浮上すシメ面の設計法．《精密機械》，47 卷，2 号，P64～70

11 戴曙编．机床设计分析，第一集、第二集、机械工业部北京机床研究所，1985，1987

第十二章　导　　轨

第一节　导轨的功用、分类和应满足的要求

一、导轨的功用和分类

导轨（Guideways）的功用是导向和承载。在导轨副（如工作台和床身导轨）中，运动的一方（如工作台导轨）叫做动导轨，不动的一方（如床身导轨）叫做支承导轨。

按运动性质可分为主运动导轨、进给运动导轨和移置导轨。主运动导轨的动导轨与支承导轨之间，相对运动的速度较高。例如立式车床的花盘和底座导轨，龙门刨床的工作台和底座导轨。进给运动导轨的动导轨与支承导轨之间，相对运动的速度较低。机床中多数导轨属于进给导轨。例如车床的溜板和床身导轨。移置导轨只用于调整部件之间的相对位置，移置后固定，在加工时没有相对运动，例如卧式镗床的后立柱和床身导轨、车床的尾座导轨等。

按摩擦性质可分为滑动导轨和滚动导轨。

在滑动导轨中有静压导轨、动压导轨和普通滑动导轨。静压导轨的原理和静压滑动轴承相同，两导轨面间有一层静压油膜，属于纯液体摩擦，多用于进给运动导轨。动压导轨，当导轨面间的相对滑动速度达到一定值后，液体的动压效应使导轨油腔处出现压力油楔，把两导轨面分开，从而形成液体摩擦，这种导轨只能用于高速的场合，故仅用作主运动导轨，例如立式车床导轨。普通滑动导轨的摩擦状态有的为混合摩擦。这时，在导轨面间虽有一定的动压效应，但由于速度还不够高，油楔还不足以隔开导轨面，导轨面仍处于直接接触状态。大多数普通滑动导轨属于这一类。有的普通滑动导轨速度很低，导轨间不足以产生动压效应，处于边界摩擦状态。精密进给运动的导轨有可能属于这一类。

滚动导轨在两导轨面间装有球、滚子或滚针等滚动元件，具有滚动摩擦的性质，广泛地应用于进给运动导轨和旋转主运动导轨。

按受力状况可分为开式导轨和闭式导轨。在部件自重和外载作用下，如图 12-1a 所示，导轨面 c 和 d 在导轨全长上可以始终贴合的称为开式导轨，例如龙门铣床和龙门刨床的工作台与床身导轨。在受较大的倾覆力矩 M 时，见图 b。部件的自重不能使主导轨面 e、f 始终

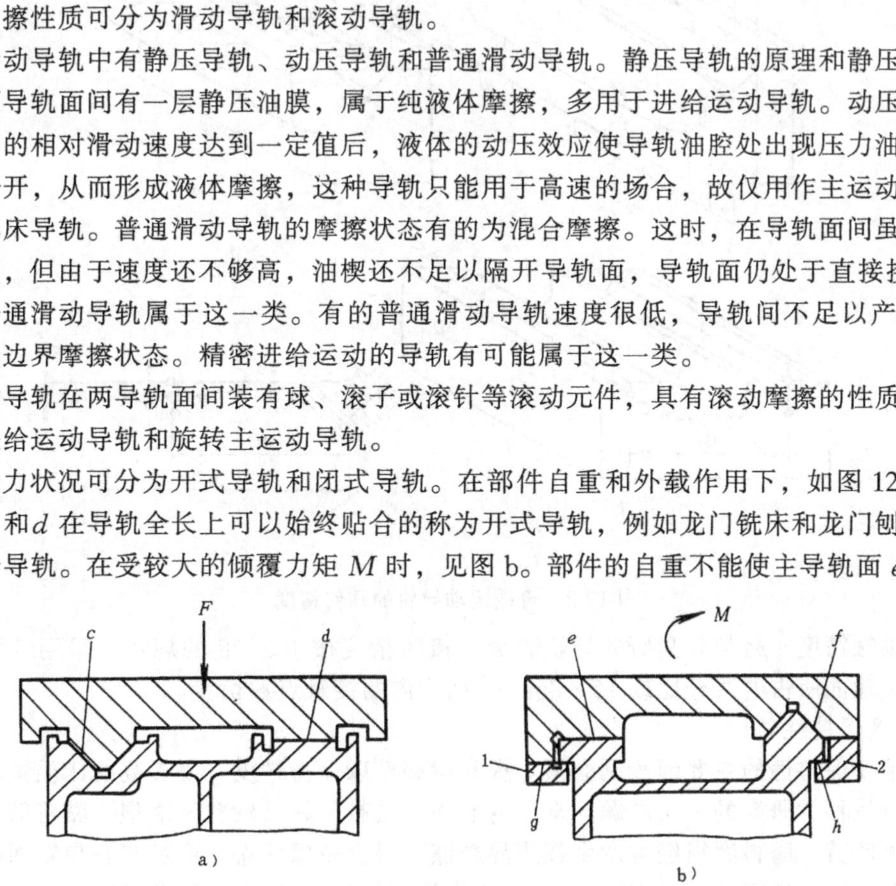

图 12-1　开式、闭式导轨

贴合，就必须增加压板1和2，形成辅助导轨面 g 和 h。称为闭式导轨。例如卧式车床的床鞍和床身导轨。

二、导轨应满足的要求

1. 导向精度

导轨在空载下运动和在切削条件下运动时，都应具有足够的导向精度。保证动导轨运动的准确度，是保证导轨工作质量的前提。

（1）几何精度　直线运动导轨的几何精度一般包括：导轨在竖直平面内的直线度（简称 A 项精度），见图12-2a；导轨在水平平面内的直线度（简称 B 项精度），见图b；两导轨面间的平行度，也叫做扭曲（简称 C 项精度），见图c。在 A、B 两项精度中，都规定了导轨在每米长度上的直线度和导轨全长上的直线度。图a、b中的 Δ_v 和 Δ_H 值分别是竖直面和水平面在全长上的直线度误差。在 C 项精度中，规定了导轨在每米长度上和导轨全长上，两导轨面间在横向每米长度上的扭曲值 δ。上述 A、B、C 三项精度的公差，可参考有关机床精度检验标准。

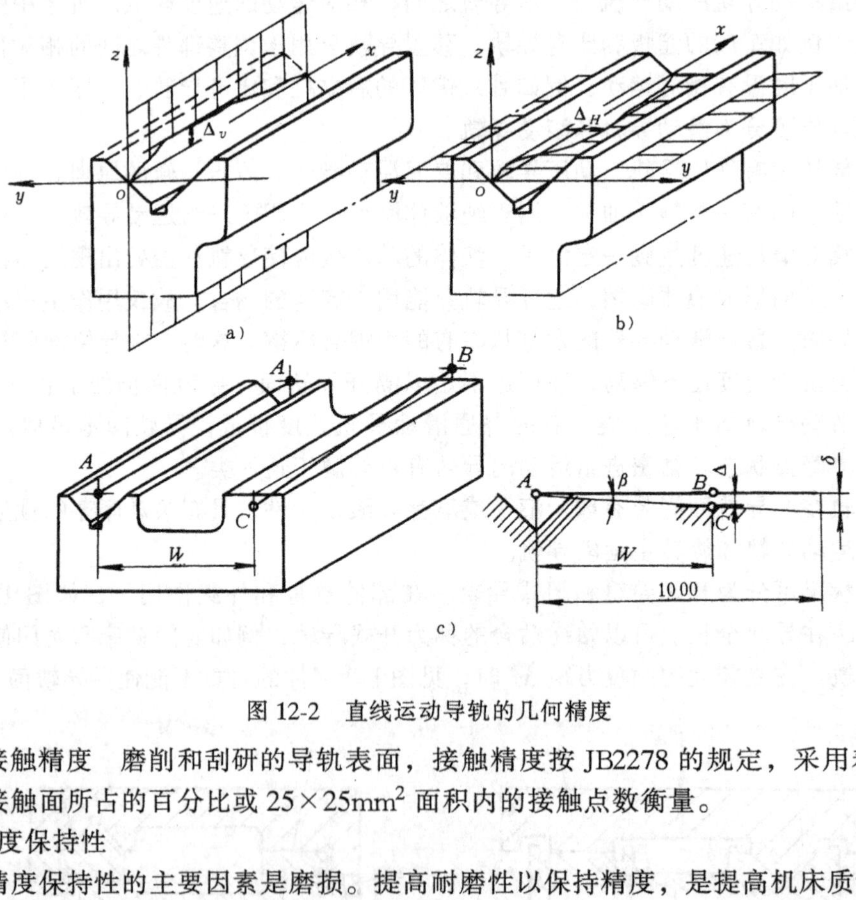

图12-2　直线运动导轨的几何精度

（2）接触精度　磨削和刮研的导轨表面，接触精度按JB2278的规定，采用着色法进行检查。用接触面所占的百分比或 $25\times25mm^2$ 面积内的接触点数衡量。

2. 精度保持性

影响精度保持性的主要因素是磨损。提高耐磨性以保持精度，是提高机床质量的主要内容之一，也是科学研究的一大课题。常见的磨损形式有磨料（硬粒）磨损、粘着磨损（或咬焊）和接触疲劳。磨料磨损经常发生在边界摩擦和混合摩擦状态。磨粒夹在导轨面间随之相对运动，形成对导轨面的“切削”，使导轨面产生“划伤”。磨料的硬度越高，相对滑动速度越大，压强越大，对摩擦副的危害也越大。磨料磨损很难避免，是导轨防护的重点。粘着磨损也称为分子——机械磨损。当两个摩擦表面相互接触时，在高压强下材料产生塑性变形，相对运动时的摩擦，又使表面层的氧化膜破坏，在新暴露出来的金属表面之间，就会产生分子之间的相互吸引和渗透，使接触点粘结而发生咬焊。接触面的相对运动又要将咬焊点拉开，就造成撕裂性破坏。咬焊是不允许发生的。接触疲劳发生在滚动摩擦副中。滚动导轨在反复接触应力的作用下，材料的表层疲劳，产生点蚀。接触疲劳在滚动摩擦副中，也是无法避免的。

3. 低速运动平稳性

当动导轨作低速运动或微量位移时，应保证导轨运动的平稳性，即不出现爬行现象。低速运动平稳性与导轨的结构、材料和润滑，与动、静摩擦系数的差值，与传动导轨运动的传动链的刚度等有关，详见本章第九节。

4. 结构简单、工艺性好

大多数机床的导轨都要淬硬，因此导轨的精加工主要是磨削。少数高精度机床如坐标镗床的导轨用刮研进行精加工，不能淬硬。设计时要注意使导轨的制造和维护方便，刮研量少。如果采用镶装导轨，则应尽量做到更换容易。

第二节　导轨的材料

导轨的材料有铸铁、钢、有色金属和塑料等，对导轨材料的主要要求是：耐磨性高、工艺性好和成本低等。

一、铸铁

铸铁是一种成本低，有良好的减振性和耐磨性，易于铸造和切削加工的金属材料。在动导轨和支承导轨中都有应用。

灰铸铁　应用最多的是HT200，在润滑与防护较好的条件下有一定的耐磨性。铸铁—铸铁的导轨摩擦副适用于：需要手工刮研的导轨；对加工精度保持性要求不高的次要导轨；不经常工作的导轨，其中包括移置导轨等。

孕育铸铁　在铁水中加入少量孕育剂硅和铝而构成的孕育铸铁，可使铸件获得均匀的珠光体和细片状石墨的金相组织，从而得到均匀的强度和硬度。由于石墨微粒能够产生润滑作用，又可吸引和保持油膜，因此孕育铸铁的耐磨性比灰铸铁高。在机床导轨中应用的孕育铸铁牌号为HT300。这种铸铁在车床、铣床、磨床上都有应用。

耐磨铸铁　耐磨铸铁中的合金元素有细化石墨和促进基体珠光体化的作用。它们的碳化物分散在铸铁的基体中，形成硬的网状结构。这些，都能提高耐磨性。应用较多的耐磨铸铁有高磷铸铁、磷铜钛铸铁和钒钛铸铁。高磷铸铁是指含磷量高于0.3%的铸铁，它的耐磨性比孕育铸铁提高1倍多，已在许多机床上采用，例如车床、磨床等。磷铜钛和钒钛耐磨铸铁是提高机床导轨耐磨性的好材料。它们具有力学性能好、耐磨性比孕育铸铁高1.5～2倍、铸铁质量容易控制等优点，但成本较高，多用于精密机床，如坐标镗床和螺纹磨床等。

铸铁导轨的淬火　采用淬火的办法提高铸铁导轨表面的硬度，可以增强抗磨料磨损、粘着磨损的能力，防止划伤与撕伤，提高导轨的耐磨性。导轨表面的淬火方法有感应淬火和火焰淬火等。感应淬火有高频和中频感应加热淬火两种，硬度可达45～55HRC，耐磨性可提高近两倍。其中中频加热淬硬层较深，可达2～3mm。高频或中频淬火后的导轨面还要进行磨削加工。火焰表面淬火的导轨因淬硬层深而使导轨耐磨性有较大的提高，但淬火后的变形较大，增加了磨削加工量。目前，采用铸铁作支承导轨的，多数都要淬硬。只有必须采用刮研进行精加工的精密支承导轨，以及某些移置导轨，才不淬硬。

二、钢

采用淬火钢或氮化钢的镶钢支承导轨，可大幅度地提高导轨的耐磨性。

镶钢导轨材料有下列几类：（1）合金工具钢或轴承钢，牌号为 9Mn2V、CrWMn、GCr15 等。整体淬硬，HRC≥60。（2）高碳工具钢，牌号为 T8A、T10A 等，整体淬硬，HRC≥58。（3）中碳钢，牌号为 45 或 40Cr，整体淬硬，HRC≥48。（4）低碳钢，牌号为 20Cr，渗碳淬硬，HRC≥60。（5）氮化钢，牌号为 38CrMoAlA，渗氮处理，表面硬度为 HV≥850。

镶钢导轨工艺复杂、加工较困难、成本也较高，为便于热处理和减少变形，可把钢导轨分段，钉接在床身上。目前，国内多用于数控机床和加工中心上。

三、有色金属

用于镶装导轨的有色金属板材料，主要有锡青铜 ZQSn6-6-3 和铝青铜 ZQA19-4。它们多用于重型机床的动导轨上，与铸铁的支承导轨相搭配。这种材料的优点是耐磨性较高，可以防止撕伤和保证运动的平稳性和提高移动精度。

四、塑料

在动导轨上镶装塑料具有摩擦系数低、耐磨性高、抗撕伤能力强、低速时不易出现爬行、加工性和化学稳定性好、工艺简单、成本低等优点，在各类机床上都有应用，特别是用在精密、数控和重型机床的动导轨上。塑料导轨可与淬硬的铸铁支承导轨和镶钢支承导轨组成对偶摩擦副。

1. 塑料软带

用于镶装导轨的塑料，主要为氟塑料导轨软带，可用粘结的方法将它们固定在动导轨上。氟塑料导轨软带是一种以聚四氟乙烯为基体，添加一定比例的耐磨材料构成的高分子复合物。它的优点是：摩擦系数低，与铸铁导轨组成对偶摩擦副时，摩擦系数在 0.03～0.05 的范围内，仅为铸铁—铸铁副的 1/3 左右；动、静摩擦系数相近，具有良好的防止爬行的性能；耐磨性高，与铸铁—铸铁摩擦副相比，耐磨性可提高 1～2 倍；能够自润滑，可在干摩擦条件下工作；有良好的化学稳定性，耐酸、耐碱、耐高温；质地较软，磨损主要发生在软带上，维修时可更换软带，金属碎屑一旦进入导轨面之间，可嵌入塑料，不致刮伤相配合的金属导轨面。这种材料在国内外已较为普遍地采用。但是，局部压强很大的导轨，不宜采用塑料镶装导轨，因为塑料刚度低，会产生较大的弹性变形和接触变形。

2. 三层复合材料的导轨板

它是在镀铜的钢板上烧结一层多孔青铜粉，在青铜的孔隙中轧入聚四氟乙烯及其填料，经适当处理后形成金属——氟塑料的导轨板。国外的 DU 导轨板和国内的 FQ-1、SF-1、SF-2、JS、GS 导轨板都属此类。

这类导轨板具有两种材料的优点，既具有聚四氟乙烯的良好的摩擦特性，又具有青铜与钢的刚性和导热性。它适用于中、小型精密机床和数控机床。由于自润滑能力强，可应用于润滑不良或无法润滑的导轨面上，即可在干摩擦条件下工作。用于竖直导轨，更可显出它的优点。装配时可粘结或钉接在动导轨上。

五、导轨副材料的选用

在导轨副中，为了提高耐磨性和防止咬焊，动导轨和支承导轨应分别采用不同的材料。如果采用相同的材料，也应采用不同的热处理使双方具有不同的硬度。目前在滑动导轨副中，应用较多的是动导轨采用镶装氟塑料导轨软带，支承导轨采用淬火钢或淬火铸铁；其次是动导轨采用不淬火铸铁，支承导轨采用淬火钢或淬火铸铁。高精度机床，因需采用刮研进行导轨的精加工，可采用不淬火的耐磨铸铁导轨副。只有移置导轨或不重要的导轨，才采用不淬火的普通灰铸铁导轨副。

在直线运动导轨中，长导轨用较耐磨的和硬度较高的材料制造。这是因为：(1) 长导轨各处使用机会难以均等，磨损往往不均匀。不均匀磨损对加工精度的影响较大。因此，长导轨的耐磨性应该高一些。短导轨磨损比较均匀，即使磨损大一些，对加工精度的影响也不太大。(2) 减少修理的劳动量。短而软的导轨面容易刮研。(3) 不能完全防护的导轨都是长导轨。它露在外面，容易被刮伤。

第三节　滑动导轨的结构

一、导轨的截面形状与组合

直线运动滑动导轨截面形状主要有三角形、矩形、燕尾形和圆形，并可互相组合，见图12-3。一对导轨副一凸一凹。支承导轨为凸形不易积存较大的切屑，但也不易存留润滑油。因此，适用于不易防护，速度较低的进给运动导轨。支承导轨为凹形易存留润滑油。除用于进给导轨外，还可用于主运动导轨，如龙门刨床的床身导轨。但必须很好地防护，以免落入切屑和灰尘。

图 12-3a 为双三角形导轨。它的导向性和精度保持性都高，当导轨面有了磨损时会自动下沉补偿磨损量。但是，由于超定位，加工、检验和维修都比较困难，而且当量摩擦系数也高。因此，多用于精度要求较高的机床，例如丝杠车床、单柱坐标镗床等。顶角 α 常取为 90°。

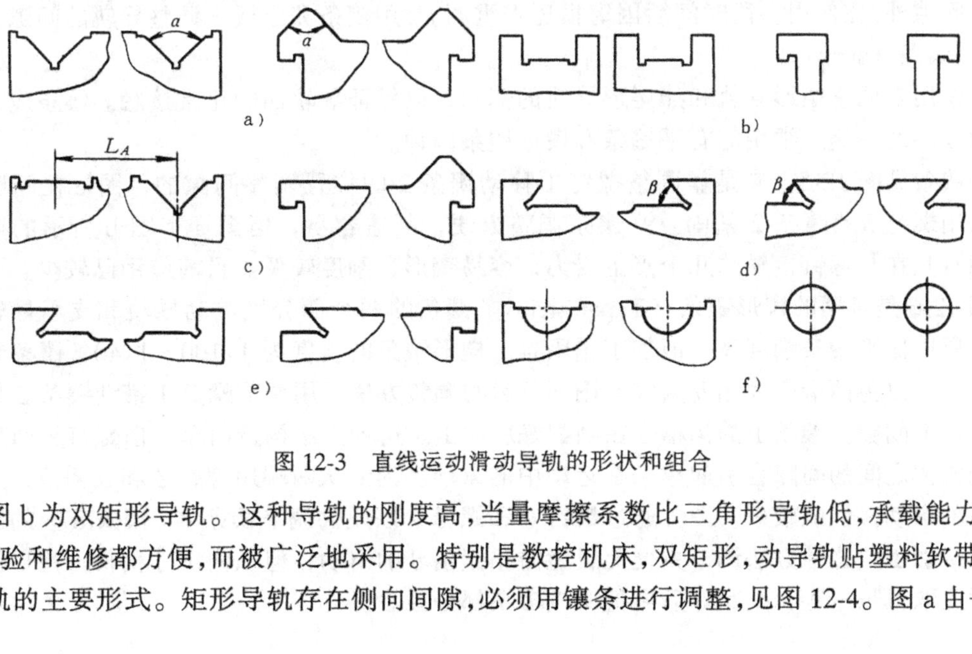

图 12-3　直线运动滑动导轨的形状和组合

图 b 为双矩形导轨。这种导轨的刚度高，当量摩擦系数比三角形导轨低，承载能力高，加工、检验和维修都方便，而被广泛地采用。特别是数控机床，双矩形，动导轨贴塑料软带，是滑动导轨的主要形式。矩形导轨存在侧向间隙，必须用镶条进行调整，见图 12-4。图 a 由一条导轨的两侧导向,称为窄式组合;图 b 分别由两条导轨的左、右侧面导向,称为宽式组合。导轨受热膨胀时宽式组合比窄式的变形量大,调整时应留较大的侧向间隙,因而导向性较差。所以,双矩形导轨窄式组合比宽式用得更多一些。

图 12-3c 是三角形和矩形导轨的组合。三角形导轨的顶角 α 除常取为 90°外,重型机床由于载荷大,常取 $\alpha=110°\sim120°$;有的精密机床和滚齿机,为了提高导向性,采用小于 90°的顶角。三角形和矩形导轨的组合,兼有导向性好、制造方便和刚度高的优点而应用很广。例如车床、磨床、龙门刨床、龙门铣床、滚齿机和坐标镗床的导轨副等。

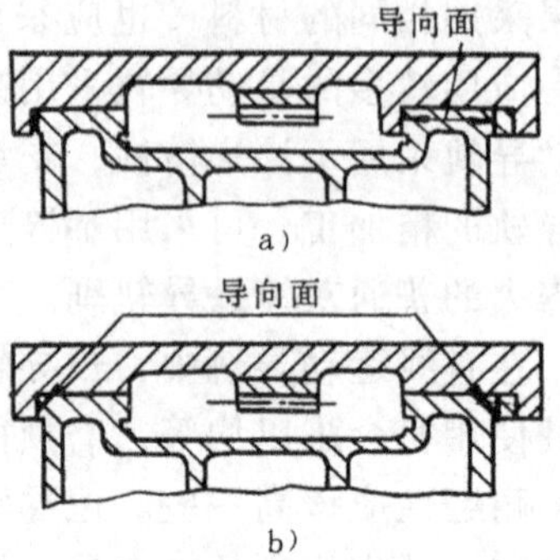

图 12-4 窄式和宽式组合的矩形导轨

图 d 是燕尾形（Dovetail）导轨，它的高度较小，可以承受颠覆力矩，是闭式导轨中接触面最少的一种结构。间隙调整方便，用一根镶条就可以调节各接触面的间隙。β 角通常取 55°。这种导轨刚度较差，加工、检验和维修都不大方便，适用于受力小、层次多、要求间隙调整方便的地方，例如牛头刨床和插床的滑枕导轨，升降台铣床的床身导轨副，以及车床刀架导轨副和仪表机床导轨等。

图 e 是矩形和燕尾形导轨的组合，由于它兼有调整方便和能承受较大力矩的优点，多用于横梁、立柱和摇臂的导轨副等。

图 f 是双圆柱导轨的组合，圆柱形导轨具有制造方便，不易积存较大的切屑的优点，但间隙难以调整，磨损后也不易补偿。常用于移动件只受轴向力的场合，如推床、攻螺纹机和机械手的导轨副等。

当工作台宽度大于 3000mm 时，可采用 3 条或 3 条以上导轨的组合型式。

二、导轨间隙的调整

导轨结合面配合的松紧对机床的工作性能有相当大的影响。配合过紧不仅操作费力还会加快磨损;配合过松则将影响运动精度,甚至会产生振动。因此,除在装配过程中应仔细地调整导轨的间隙外,在使用一段时间后因磨损还需重调。常用镶条和压板来调整导轨的间隙。

1. 镶条（strip）

镶条用来调整矩形导轨和燕尾形导轨的侧隙，以保证导轨面的正常接触。镶条应放在导轨受力较小的一侧。常用的有平镶条和楔形镶条两种。

平镶条见图 12-5，它是靠调整螺钉 1 移动镶条 2 的位置调整间隙的，图 c 在间隙调好后，再用螺钉 3 将镶条 2 紧固。平镶条调整方便，制造容易，但图 a 和图 b 所示的镶条较薄，而且只在与螺钉接触的几个点上受力，容易变形，刚度较低。目前应用已较少。

图 12-6 是常用的楔形镶条（Taper strip）。镶条的两个面分别与动导轨和支承导轨均匀接触，所以比平镶条刚度高，但加工稍困难。楔形镶条的斜度为 1∶100～1∶40，镶条越长斜度应越小，以免两端厚度相差太大。图 a 所示的调整方法是用调节螺钉 1 带动镶条 2 作纵向移动以调节间隙。镶条上的沟槽 a 在刮配好后加工。这种方法构造简单，但螺钉头凸肩和镶条上的沟槽之间的间隙会引起镶条在运动中的窜动。图 b 从两端用螺钉 3 和 5 调节，避免了镶条 4 的窜动，性能较好。图 c 通过螺钉 6 和螺母 7 以及件调节镶条 8，镶条 8 上的圆孔在刮配好后加工。这种方法调节方便而且能防止镶条 8 的窜动，但纵向尺寸稍长。楔形镶条在下料时应取得长一些，配刮好后再把两端多余部分截去。

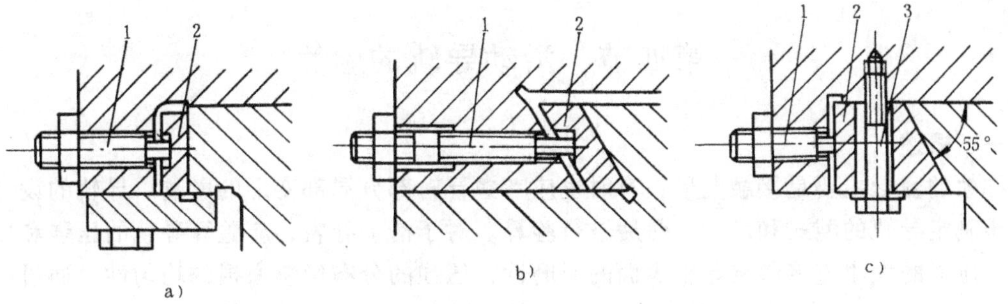

图 12-5　平镶条

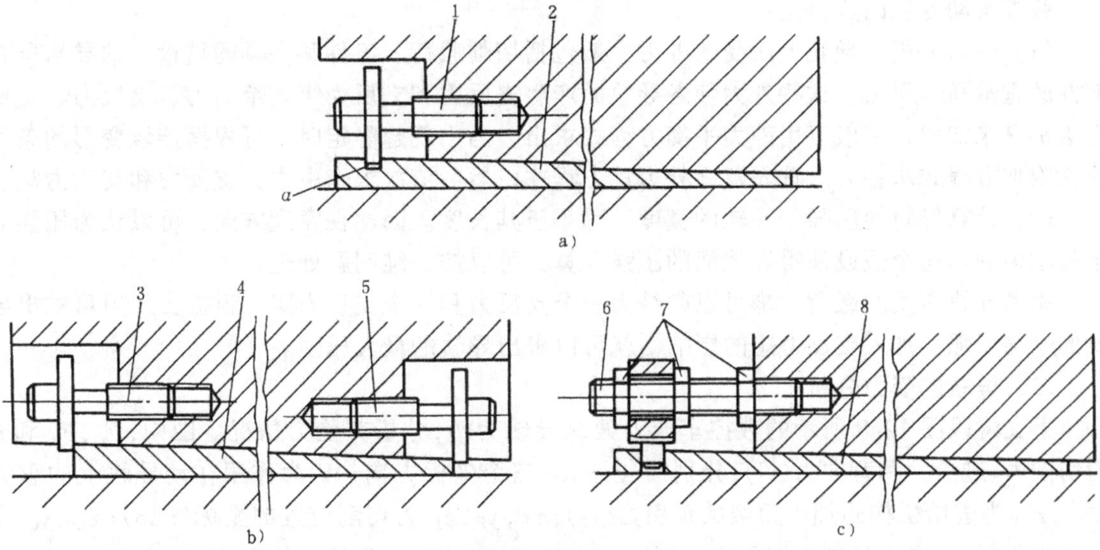

图 12-6　楔形镶条

2．压板

压板用于调整辅助导轨面的间隙和承受颠覆力矩，见图 12-7。图 a 用磨或刮压板 3 的 e 和 d 面来调整间隙。压板的 d 面和 e 面用空刀槽分开，间隙大磨刮 d 面，太紧时则修 e 面。这种方式构造简单，应用较多。但调整要麻烦些。图 b 是用改变压板与床鞍（或溜板）结合面间垫片 4 的厚度的办法调整间隙。垫片 4 是由许多薄铜片叠在一起，一侧用锡焊，调整时根据需要进行增减。这种方法比刮、磨压板方便，但调整量受垫片厚度的限制，而且降低了结合面的接触刚度。

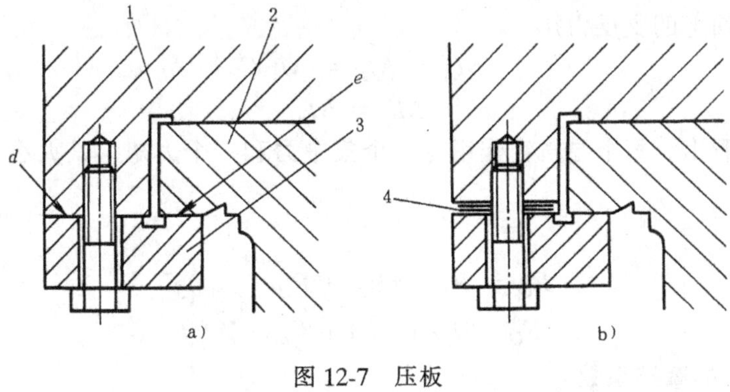

图 12-7　压板

第四节　滑动导轨的验算

一、概述

导轨的变形主要是接触变形，有时也应考虑导轨部分局部变形的影响。导轨的设计，首先初步确定导轨的型式和尺寸，然后进行验算。对于滑动导轨，应验算导轨的压强和压强的分布。压强的大小直接影响导轨表面的耐磨性，压强的分布影响磨损的均匀性。通过压强的分布还可以判断是否应采用压板，即决定导轨应采用闭式还是开式的。

验算滑动导轨的步骤是：

(1) 受力分析　导轨上所受的外力一般包括切削载荷、工件和夹具的重量、动导轨所在部件的重量和牵引力。这些外力使各导轨面产生支反力和支反力矩。牵引力、支反力、支反力矩都是未知力，一般可用静力平衡方程式求出。当出现超静定时，可根据接触变形的条件建立附加方程式求各力。首先建立外力矩方程式，然后依次求牵引力，支反力和支反力矩。

(2) 计算导轨的压强　导轨的宽度，远小于其长度。因此在宽度方向，可以认为压强分布是均匀的。这个假设使得导轨面的压强计算，可以按一维问题处理。

每条导轨所受的载荷，都可以归结为一个支反力和一个支反力矩。根据支反力可求出导轨的平均压强。加入支反力矩的影响，就可以求出导轨的最大压强。

二、导轨的受力分析

下文将以图 12-8 所示的数控车床刀架纵导轨为例，分析其受力情况。图中，F_c、F_f 和 F 为切削力、进给力和背向力(N)，分别沿 y、z、x 三个坐标方向；W 为作用在动导轨上的重力(N)；F_Q 为进给机构施加于刀架的牵引力(N)；x_F，y_F，z_F 为切削位置的坐标(mm)；x_Q、y_Q 是牵引力作用点(牵引丝杠的螺母中点)的 x、y 坐标(mm)；x_W 为重心的坐标(mm)。

(1) 把各外力分别对坐标轴取

$$\begin{aligned} M_x &= F_c z_F - F_f y_F - F_Q y_Q \\ M_y &= F_f x_F - F_p z_F + F_Q x_Q \\ M_z &= F_p y_F - F_C x_F + W x_W \end{aligned} \tag{12-1}$$

(2) 支反力　各导轨面的支反力（集中力）分别为 R_A、R_B 和 R_C；

$$\begin{aligned} R_A &= F_C + W - R_B \\ R_B &= M_z / e \\ R_C &= F_p \end{aligned} \tag{12-2}$$

(3) 各导轨面上的支反力矩

$$\begin{aligned} M_A = M_B &= M_x/2 \\ M_C &= M_y \end{aligned} \tag{12-3}$$

从这里可以看出，每个导轨都作用有一个集中力和一个力矩，其大小分别等于 $R_{(a、b、c)}$ 和 $M_{(a、b、c)}$。

(4) 牵引力

$$F_Q = F_f + (R_A + R_B + R_C) f \tag{12-4}$$

$$F_Q = F_f + (F_f + F_p + W) f \tag{12-5}$$

式中　f——导轨的摩擦系数。

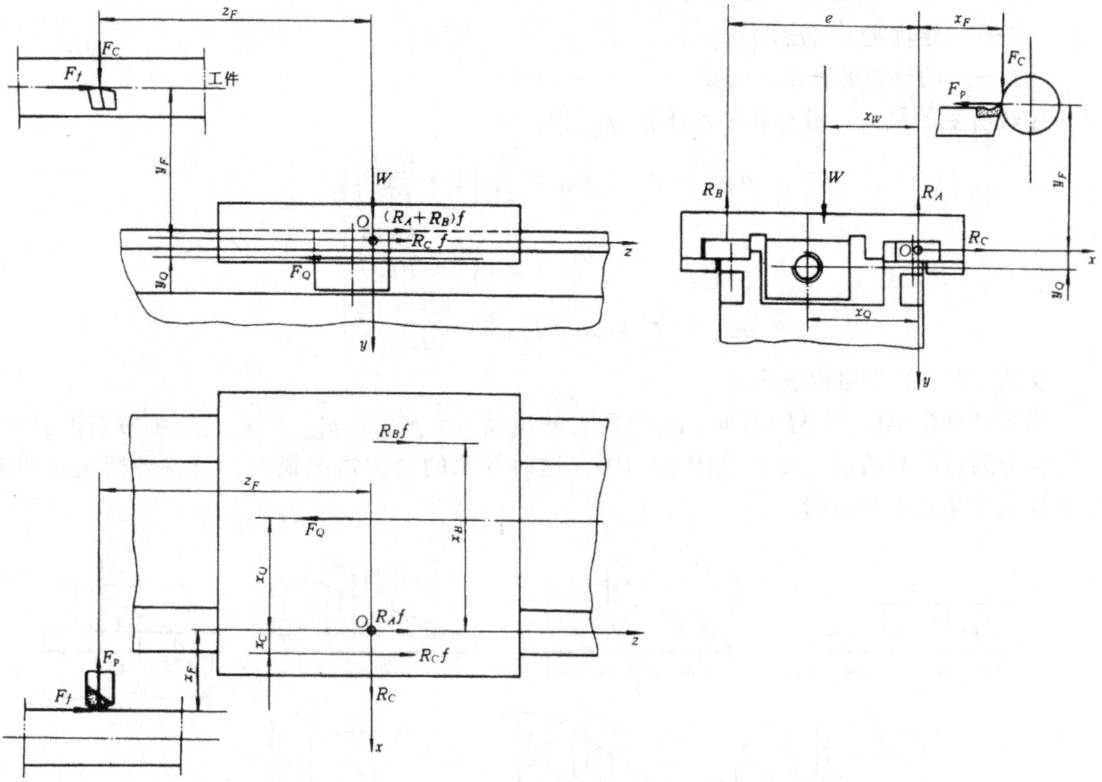

图 12-8　导轨受力分析

三、导轨的压强

1. 按线性分布的导轨压强

当导轨的自身变形远小于导轨的接触变形时，可只考虑接触变形对压强分布的影响。沿导轨长度的接触变形和压强，可视为按线性分布。宽度方向，则视为均布。如前所述，每个导轨面上所受的载荷，都可归结为一个集中力 F（式 12-2 中的 R_A、R_B 或 R_C）和一个倾覆力矩 M（式 12-3 中的 M_A、M_B 或 M_C），见图 12-9。由 F 和 M 在动导轨上引起的压强（MPa）为

$$p_F = \frac{F}{aL} \qquad (12\text{-}6)$$

由于

$$M = \frac{1}{2} p_M \frac{aL}{2} \frac{2}{3} L = \frac{p_M a L^2}{6}$$

所以

$$p_M = \frac{6M}{aL^2} \qquad (12\text{-}7)$$

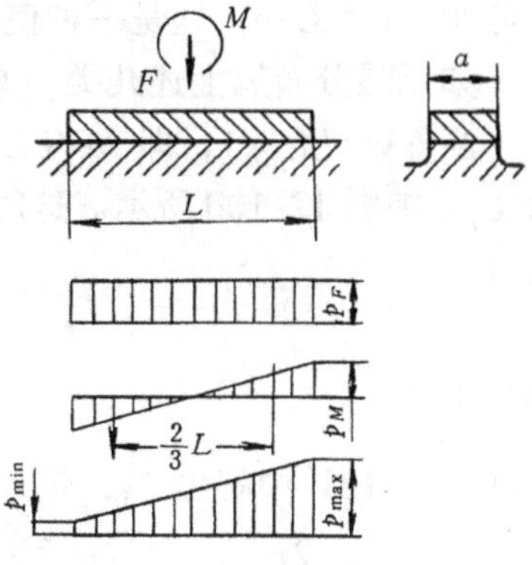

图 12-9　导轨的压强

式中　F——导轨所受的集中力（N）；

M——导轨所受的倾覆力矩（N·mm）；

p_M——由 M 引起的最大压强（MPa）；

p_F——由 F 引起的压强（MPa）；

a——导轨宽度（mm）；

L——动导轨的长度（mm）。

导轨所受的最大、最小和平均压强分别为：

$$\left.\begin{aligned} p_{max} &= p_F + p_M = \frac{F}{aL}\left(1 + \frac{6M}{FL}\right) \\ p_{min} &= p_F - p_M = \frac{F}{aL}\left(1 - \frac{6M}{FL}\right) \\ p_{av} &= \frac{1}{2}(p_{max} + p_{min}) = \frac{F}{aL} \end{aligned}\right\} \tag{12-8}$$

从式（12-8）中可以看出：

当 $6M/FL=0$，即 $M=0$ 时，导轨面上的压强 $p=p_{max}=p_{min}=p_{av}$，压强按矩形分布，它的合力通过动导轨的中心，见图 12-10a，这时导轨的受力情况最好，但这种情况在切削时实际上几乎是不存在的。

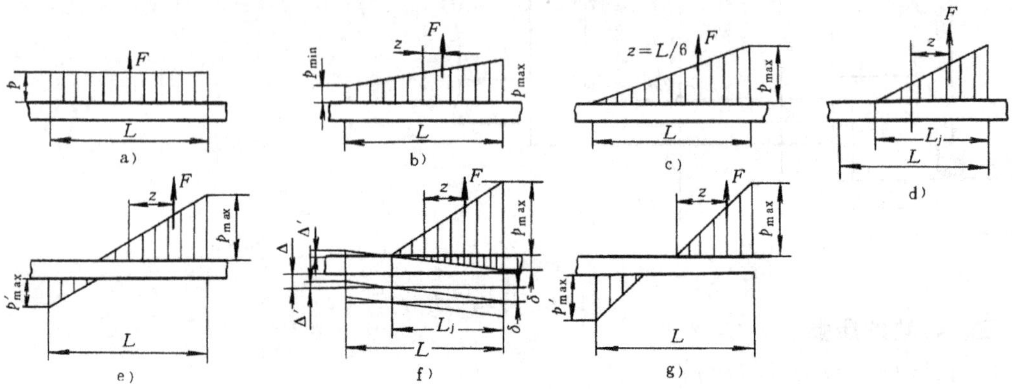

图 12-10　导轨压强的分布

当 $0<6M/FL<1$，即 $M/FL<1/6$ 时，$p_{min}>0$，$p_{max}<2p_{av}$，压强按梯形分布，见图 12-10b，它的合力作用点偏离导轨中心为 $z=M/F<L/6$，这是一种较好的受力情况。

当 $6M/FL=1$，即 $M/FL=1/6$ 时，$p_{min}=0$，$p_{max}=2p_{av}$，见图 12-10c，压强按三角形分布，$z=L/6$，这是一种使动导轨与支承导轨在全长接触的临界状态。

如压强分布属上述几类，则均可采用开式导轨。

当 $6M/FL>1$，即 $M/FL>1/6$ 时，主导轨面上将有一段长度不接触。实际接触长度为 L_j，加图 12-10d 所示。这时支反力

$$F = \frac{1}{2}p_{max}L_ja \tag{12-9}$$

倾覆力矩

$$M = Fz = F\left(\frac{L}{2} - \frac{L_j}{3}\right) \tag{12-10}$$

从式（12-10）中解出 L_j，代入式（12-9），得

$$p_{max}=\frac{2F}{L_ja}=\frac{2F}{3aL\ (1/2-M/FL)}=\frac{F/aL}{\frac{3}{2}\ (1/2-M/FL)}=\frac{p_{av}}{1.5\left(0.5-\frac{M}{FL}\right)} \tag{12-11}$$

当 $M/FL=0.5$，即 $6M/FL=3$ 时，如果没有压板，p_{max}将为∞，即导轨面受力将集中

在一个端点上。这是不允许发生的。因此，当$6M/FL>1$时，即应采用有压板的闭式导轨。

装压板后，压板形成辅助导轨面。在辅助导轨面上的压强与间隙和接触变形有关。

当压板与辅助导轨面间的间隙$\Delta=0$时，压强的分布见图 e。主导轨面上的最大压强为p_{max}，辅助导轨上的最大压强为p'_{max}。这是理想情况。实际上，$\Delta>0$。这时压强的分布又分为两种情况，见图 f 和图 g。

图 f 中，压板与辅助导轨面间的间隙为Δ。当主导轨上最大压强p_{max}处的接触变形为δ时，在主导轨面的另一端就会出现间隙Δ'。图 f 为$\Delta>\Delta'$，辅助导轨面与压板不接触，只是主导轨面受力，在部分长度上压强按三角形分布，压板不起作用。$L/6<z<L/2$。

当$\Delta<\Delta'$时，主、辅导轨面上的压强分布见图 g。主、辅导轨面同时工作。这是希望达到的情况。因此，倾覆力矩较大，必须用压板时，应正确地选择间隙Δ，使$\Delta<\Delta'$。

从图 f 的相似三角形可得

$$\frac{\Delta'}{\delta}=\frac{L-L_j}{L_j} \tag{12-12}$$

从式（12-10）解出L_j，代入式（12-12），得

$$\frac{\Delta'}{\delta}=\frac{M/FL-1/6}{0.5-M/FL} \tag{12-13}$$

又

$$\delta=p_{max}/K_j \tag{12-14}$$

式中　K_j——接触刚度，见第十一章式（11-1）。式（11-1）中的

$$p=\frac{p_{max}+p_{min}}{2}$$

将式（12-11），式（12-14）代入式（12-13）得

$$\Delta'=\delta\frac{\frac{M}{FL}-\frac{1}{6}}{0.5-\frac{M}{FL}}=\frac{p_{av}\left(\frac{M}{FL}-\frac{1}{6}\right)}{1.5\left(0.5-\frac{M}{FL}\right)^2K_j} \tag{12-15}$$

压板与辅助导轨面之间的间隙Δ应小于Δ'。

2．按非线性分布的导轨压强

如果导轨所在支承件的刚度较低，在确定导轨的压强时，就应同时考虑导轨本身的弹性变形和导轨面间的接触变形。属于这种类型的导轨有：立式车床的刀架，牛头刨床和插床的滑枕，龙门刨床的刀架，长工作台的导轨等。图 12-11 是滑枕导轨压强分布的一例。图 c 中曲线 2 为考虑了导轨自身的弹性变形时压强分布的情况，直线 1 是没有考虑自身变形时的压强分布。对于这种相当于悬臂梁的滑枕结构，导轨的最大压强可达到平均压强的 30～40 倍。较长的工作台刚度较低，由于工作台本身的变形，导轨的压强也不能视为线性分布，最大压强与平均压强之比可达 2～3 倍或更多，考虑导轨所在支承件弹性变形的压强分布。可用有限元法计算。有限元的计算模型见图 12-11b。把滑枕分成若干个大单元（子结构），单元间以结点联接。导轨间的接触弹性离散化为在每个结点处作用一个弹簧，其刚度（N/μm）等于导轨间的接触刚度（MPa/μm）乘该单元导轨的有效面积（mm^2）。这就把滑枕转化为在一系列弹簧支承上的悬臂梁。应用有限元法借助计算机，可计算出各结点的力和位移。把这些位移连接起来，就是滑枕近似的挠曲线（图 b 的虚线）。结点力除以该单元导轨的有效面积，就是该结点处的导轨压强。这样计算出来的导轨压强是近似的和不连续的，见图 c 的

3。单元分得越细，特别是压强变化大的地方（图 c 的左端）分得越细，结果越准确。

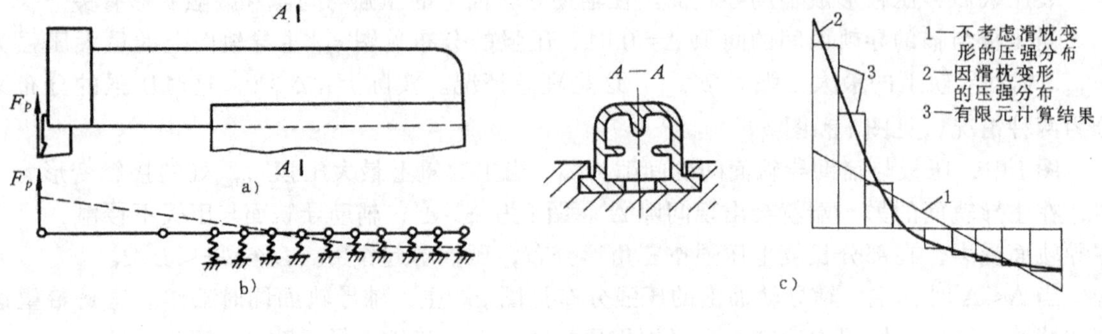

图 12-11　滑枕式导轨压强的分布

根据第十一章式（11-1），接触刚度 K_j 与$\sqrt{p}$成正比，而各处的导轨压强 p 又是本计算的目标。解决这个问题用迭代法（Iteration method）。即首先按线性分布求各处的压强 p，据此求各处的接触刚度 K_j 的初值。用上文所述的有限元法，计算导轨各结点处的压强作为第一次迭代值，并用以求 K_j 的第一次迭代值。如此反复迭代，几次后就可收敛于准确值。

四、导轨的许用压强

导轨的压强是影响导轨耐磨性的主要因素之一。设计导轨时如将许用压强取得过大，则会加剧导轨的磨损；若取得过小，又会增加导轨的尺寸。对于铸铁—铸铁和铸铁—钢的导轨副，中等尺寸的通用机床，主运动导轨和滑动速度较大的进给运动导轨，平均许用压强可取 0.4～0.5MPa，最大许用压强取 0.8～1.0MPa；滑动速度较低的进给运动导轨，平均许用压强取 1.2～1.5MPa，最大许用压强取 2.5～3.0MPa。重型机床由于尺寸大，加工与修理都费事费时，许用压强可取得小些，相当于中等尺寸通用机床的一半。精密机床为保持高精度，许用压强更应取得小些，例如磨床的平均许用压强取 0.025～0.04MPa，最大许用压强取 0.05～0.08MPa。专用机床由于经常处于固定的切削条件下工作，负荷比通用机床重，许用压强可减小 25%～30%。动导轨上镶有以聚四氟乙烯为基体的塑料板时，如滑动速度 $v \leqslant 1$m/min 时，则 pv 值不得超过 0.2MPa·m/min；如滑动速度 $v > 1$m/min 时，则许用压强取 0.2MPa。

第五节　各种滑动导轨的设计特点

一、动压导轨

动压导轨的工作原理与固定多油楔动压滑动轴承相同。动导轨的速度越高，越容易形成液体润滑，油楔的承载能力也越大。因此，动压导轨适用于主运动导轨，例如立式车床的花盘（旋转工作台）—底座导轨。

1. 油腔的结构和尺寸的确定

在导轨副中只需在一个零件上加工油腔以形成油楔，圆运动导轨的油腔加工在支承导轨上，如图 12-12，以便于使润滑油进入油腔。花盘要正、反向转动，所以油腔应是对称的，即从横向油沟向两侧都加工有斜面。

油腔的宽度 b 等于导轨宽度 B 减去两侧的封油宽度 b_1，$b = B - 2b_1$，$b_1 \approx 0.1B$。在油

腔承载面积相同的条件下，$kl/b=0.6$ 时承载能力最大，依此可确定油腔的长度，为保证在混合摩擦状态下，也有足够的导轨的接触面积，取 $k=0.3\sim0.5$。h_2 为出口间隙，也即最小油膜厚度，它的大小与导轨表面的平面度、热变形和弹性变形有关，在考虑了这些因素以后，还应使导轨面间保持有 0.01～0.02mm 的油膜厚度。对于立式车床，热变形是影响 h_2 的主要因素，导轨越宽线速度越大，热变形所造成的误差也越大，因此立式车床导轨越宽，最小油膜厚度 h_2 的取值应越大。h_2 就是导轨在运动时所形成的间隙。$h_1/h_2=2.2$ 时为最佳间隙比，$h_1=m+h_2$，所以 $m=1.2h_2$。因此对 h_2 的选择实际上是确定油腔的加工深度 m。油腔一般用刮研加工。

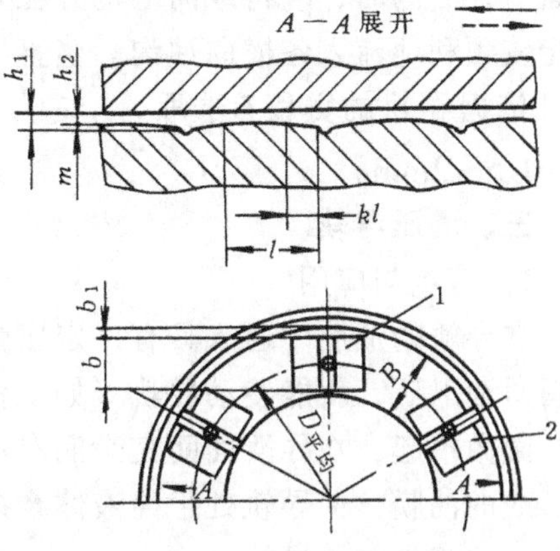

图 12-12　动压导轨

2. 开通式油腔与封闭式油腔

在较先进的立式车床上同时采用两种油腔，即开通式油腔和封闭式油腔，两种油腔相间排列。图 12-12 中油腔 2 的油沟横穿导轨面，是开通式油腔。对它要供给较多的低压润滑油，其中一部分用于形成动压油楔，其余起冷却和冲洗导轨面的作用。油腔 1 是封闭式油腔，对它要供给压强较高的润滑油，用于改善在起动和低速下的工作条件。因为这时产生的动压承载力较小，导轨处于混合摩擦状态。封闭式油腔中供给压强较高的润滑油，可使导轨的一部分载荷由油压承受，亦即使导轨在卸荷状态下工作，以改善低速下的工作条件和减少磨损。封闭式油腔中的油压应能调节，以适应工件重量的变化。

二、普通滑动导轨

普通滑动导轨是指导轨面直接接触的滑动导轨副。它的优点是构造简单，制造方便和抗振性良好。缺点是磨损较快。铸铁—铸铁或铸铁—钢导轨副的接触刚度高，缺点是摩擦力大，动、静摩擦系数差别大，低速时易产生爬行。如动导轨上贴塑料软带，上述缺点就基本上不存在了，只是接触刚度较低。因此，应用广泛，特别是数控机床。

普通滑动导轨普遍应用于各类机床，作为进给导轨。

从摩擦性质来看，普通滑动导轨处于具有一定动压效应的混合摩擦状态。但它的动压效应还不足以把导轨面隔开。对于大多数的普通滑动导轨来说，希望提高动压效应，以改善导轨的工作条件。导轨的动压效应主要与导轨的滑动速度、润滑油粘度、导轨面的油沟尺寸和型式等有关。动导轨移动速度越高，润滑油的粘度越高，动压效应越显著。导轨的尺寸、油沟的型式对动压效应的影响，在于贮存润滑油的多少，若易存油则动压效应大。导轨宽度 B 与长度 L 之比 B/L 值越小，越容易产生润滑油的侧流，越不易存住润滑油；相反，B/L 值越大，则越易存油。因此在动导轨面上开横向油沟，相当于提高 B/L 值而提高动压效应。若开纵向油沟则相当于降低 B/L 值而降低动压效应。普通滑动导轨的横向油沟数 K，可按 L/B 值进行选择：当 $L/B=10$ 时，取 $K=1\sim4$；$L/B=20$，$K=2-6$；$L/B=30$，$K=4\sim10$；$L/B=40$，$K=8-13$。

为了提高动压效应，推荐采用如图 12-13 所示的油沟型式。卧式导轨最好采用图 a 的型式，但需向每个横向油沟注油。如不可能向每个横向油沟分别注油时，可采用图 b 的型式，与图 a 相比它的缺点是减少了形成动压效应的导轨宽度。在卧式三角形导轨面或矩形导轨的侧面上开油沟时，应将纵向油沟开在上方，见图 d 和图 e，注油孔应对准纵向油沟，使润滑油能较顺利地流入各横向油沟。竖直导轨可采用图 c 的形式，从油沟的上部注油。油沟的尺寸可依据导轨的宽度B选取，$a_1 \leqslant 0.1B$，$a_{1\min}=3\text{mm}$，$a_{1\max} \leqslant 14\text{mm}$，$a \approx 0.5a_1$，$a_2 \approx 2a_1$，$R=0.5 \sim 2\text{mm}$。

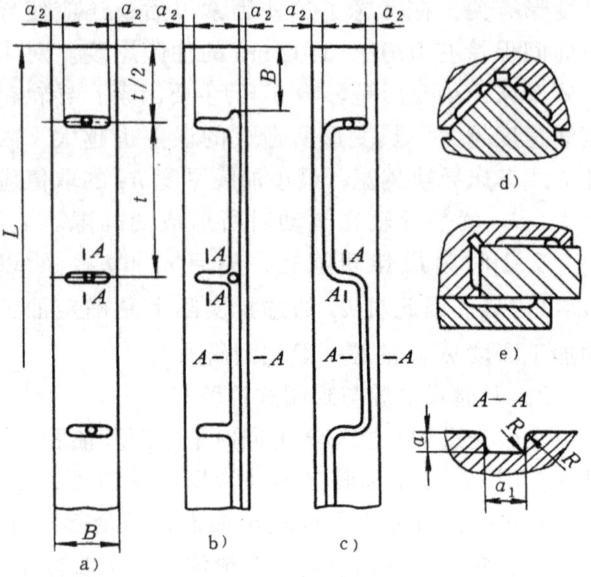

图 12-13　普通滑动导轨的油沟型式

三、静压导轨

1. 特点与应用

在导轨的油腔中通入具有一定压强的润滑油以后，就能使动导轨（如工作台）微微抬起，在导轨面间充满润滑油所形成的油膜，使导轨处于纯液体摩擦状态。这就是静压导轨。

静压导轨的优点是：(1) 静压油膜使导轨面分开，导轨即使在启动和停止阶段也没有磨损，精度保持性好；(2) 静压导轨的油膜较厚，有均化误差的作用，可以提高精度；(3) 摩擦系数很小，大大降低功率损耗，减少摩擦发热；(4) 低速移动准确，均匀，运动平稳性好；(5) 与滚动导轨相比，静压的油膜具有吸振的能力。静压导轨的缺点是：(1) 结构比较复杂；(2) 增加了一套液压设备；(3) 调整比较麻烦；(4) 对导轨的平面度要求很高。因此，静压导轨多用于精密级和高精度级机床的进给运动和低速运动导轨。

静压导轨的工作原理与静压轴承相同。

静压导轨按结构型式分类，有开式静压导轨（图 12-14）和闭式静压导轨（图 12-15）；按供油情况分类有定压式静压导轨（图 12-14，图 12-15）和定量式静压导轨（图 12-16）。在图 12-14 和图 12-15 中，节流器进口处的压强 p_s 是一定的，故称为定压式，目前应用较多。定压式静压导轨可以用固定节流器，如这两图的 a，也可用可变节流器，如这两图的 b。

定量式静压导轨保证流经油腔的润滑油，流量为一定值。因此，每一油腔都需有一个定量泵供油。为了简化机构，常用多联齿轮泵。导轨间隙随载荷的变化而变化，由于流量不变，油腔内的压强将随之变化。如载荷加大，间隙变小，则油压上升，反之则下降。载荷的变化只会引起很小的间隙变化，因而能得到较高的油膜刚度。这种

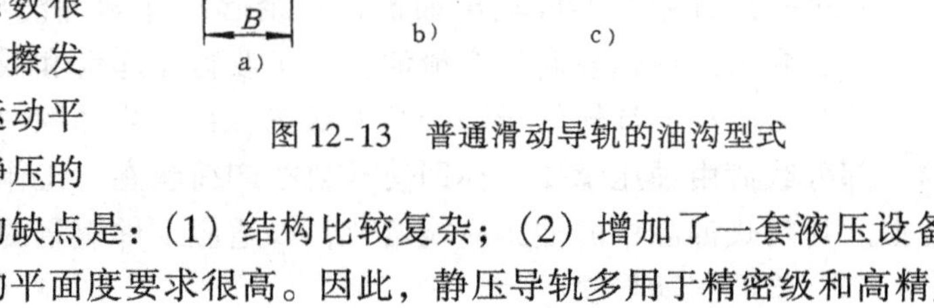

图 12-14　定压开式静压导轨

静压导轨无节流器，既可减少油的发热又可避免堵塞。但是需要多联液压泵。虽然每个液压泵的流量很小，但构造仍较复杂。定量式静压导轨既可以是开式，也可以是闭式的。

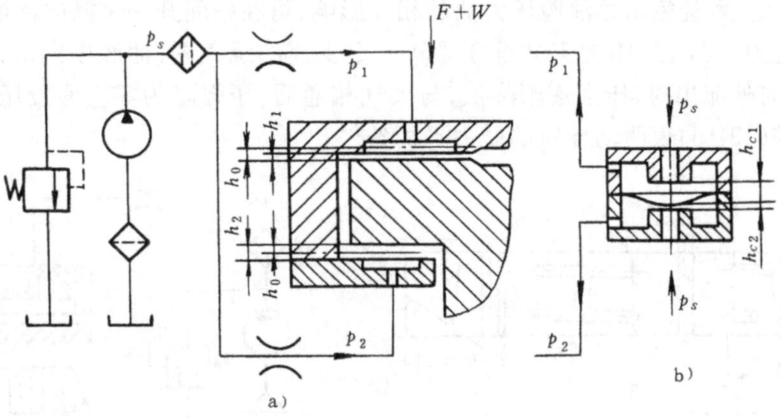

图 12-15　定压闭式静压导轨

2. 导轨和油腔

（1）对导轨和供油的技术要求　为了使静压导轨在工作时各处都有均匀一致的间隙，对导轨的几何精度和接触精度都有较高的要求。动导轨在全长上的直线度与平面度，高精度和精密机床为 0.01mm，普通和大型机床为 0.02mm。高精度机床导轨在 $25\times25\text{mm}^2$ 上的接触点应不少于 20 点，精密机床不少于 16 点，普通机床不少于 12 点。刮研深度、高精度和精密机床不超过 3～5μm，普通和大型机床不超过 6～10μm。此外，导轨及其支承件都应有足够的刚度和可靠的防护。导轨的形状也应力求简单和工艺性好。开式静压导轨多用 V—平组合，闭式静压导轨多用双矩形。

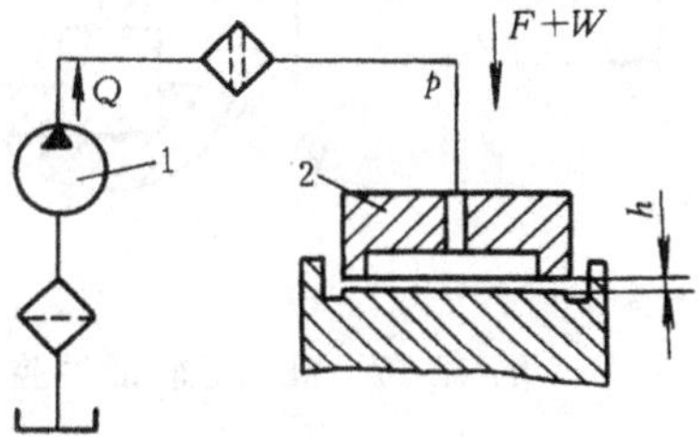

图 12-16　定量式静压导轨

由于静压导轨的油路管道较长，液压泵启动后，往往需要一段时间才能使润滑油在各油腔中建立起一定的压强，使工作台浮起。为此，常采用时间继电器起保护作用，即保证在液压泵启动一定时间后，才能起动工作台。设计供油系统时，应注意回油问题，以免因漏油而造成浪费和污染。卧式机床主导轨的润滑油，一般可自行流回油池；辅助导轨和侧导轨，应增设回油槽。必要时还要用液压泵将油抽回油池。滤油对静压导轨是十分重要的，在润滑油进入节流器之前应进行精滤，其过滤精度，中、小型机床应保证大于 10μm 的微粒不能通过；大型机床应保证大于 10～20μm 的微粒不得通过。可以采用纸质滤油器，用一段时间后清洗或更换。

（2）油腔的结构与尺寸　作直线往复运动的静压导轨，油腔应开在动导轨上，以保证油腔不会外露。这样，压力油就不得不向作往复运动的工作台输送，为此多用伸缩套管实现。圆运动静压导轨的油腔则可开在支承导轨上，以便于将润滑油输入油腔。每条导轨上油腔的数目不得少于两个。动导轨的长度在 2m 以下时，开 2～4 个油腔；在 2m 以上时，则每 0.5～2m 开一个油腔。当载荷均匀分布、机床刚度较高时，油腔数量可少些；相反，如载荷分布不均匀和机床刚度较低时，油腔数量应多些。

静压导轨中常用的油腔形状和尺寸，见图 12-17，油腔的形状根据导轨的宽度 B 选择，其尺寸为 $a_1 \approx 0.1B, a = 0.5a_1, a_2 = 2a_1$。当 L 和 b 确定以后，为提高静压承载能力，可适当加长油沟的长度 l。为避免相邻油腔压力油的相互影响，可在中间开一个横向回油沟 E。

(3)承载能力　图 12-18 是开式静压导轨一个支座的承载图，油腔中润滑油的压强为 p，当它沿封油边向外流出时，压强逐渐降低，与大气相通后，压强降为零。假设压强的变化是线性的，则可用式(12-16)表明动导轨的受力平衡条件：

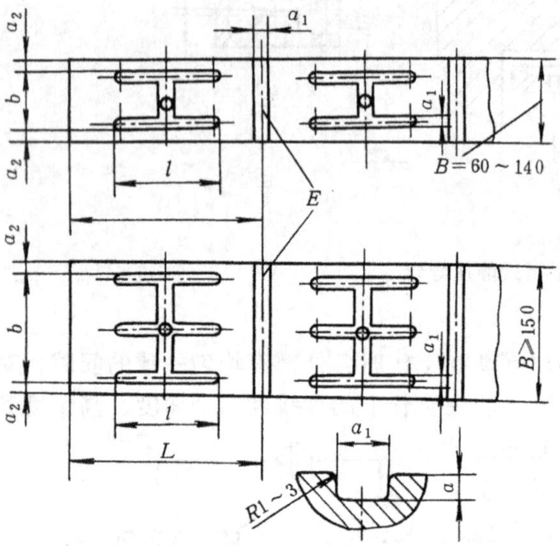

图 12-17　静压导轨的油腔

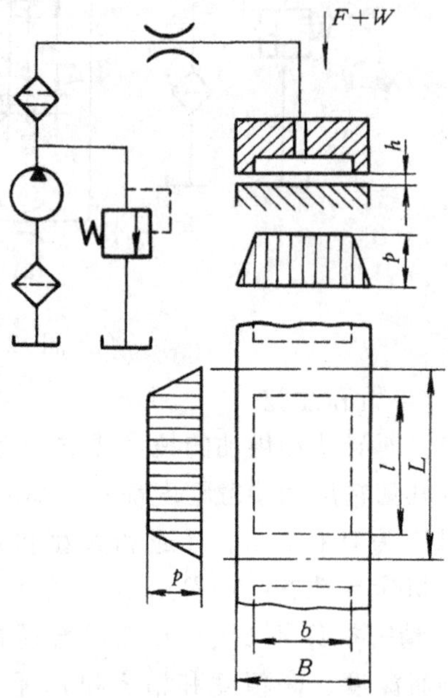

图 12-18　开式静压导轨承载图

$$F + W = pAC_A \tag{12-16}$$

$$C_A = \frac{1}{6LB}(2LB + lB + 2lb + Lb) \tag{12-17}$$

式中　F——每个支座所受的外载，包括工件重力和切削力（N）；

W——每个支座所承受的动导轨（如工作台）的重力（N）；

p——油腔内油的压强（MPa）；

A——支座的面积，$A = BL$（mm^2）；

C_A——有效承载面积系数；

L、B——分别为支座的长度和宽度（mm）；

l、b——分别为油腔的长度和宽度（mm）。

当确定了每个支座所承受的载荷以及支座和油腔的尺寸后，就可以按式（12-16）计算油腔内润滑油的压强。随着载荷的变化，油腔内的压强 p 也在变化。因此对于变载的情况，应计算出油腔内的最大与最小压强

$$p_{\max} = \frac{F_{\max} + W}{AC_A};\ p_{\min} = \frac{F_{\min} + W}{AC_A} \tag{12-18}$$

四、卸荷导轨

采用卸荷导轨可以减轻支承导轨的负荷，或相当于降低导轨的静摩擦系数，从而减少摩擦力，提高导轨的耐磨性和低速运动的平稳性，减少或防止爬行。由于卸荷导轨的导轨面仍然是直接接触的，因而不仅刚度较高，而且有较大的摩擦阻尼，还可以减振。

1．卸荷系数的确定

导轨卸荷量的大小用卸荷系数表示

$$\alpha_{卸} = \frac{F_{卸}}{F_{载}} \tag{12-19}$$

式中 $F_{载}$——导轨上一个支座承受的载荷（N）；

$F_{卸}$——导轨上一个支座的卸荷力（N）。

导轨所承受的载荷，包括移动部件的重力、工件重力和切削力。卸荷力的大小取决于卸荷系数的选择。$\alpha_{卸}$ 如取得太小，则卸荷装置起的作用太小，静摩擦系数降低很少，对低速运动平稳性的提高不大，对导轨耐磨性提高也不大；如取得太大，则当载荷较小时又会使移动部件产生飘浮现象。因此，卸荷系数应根据对机床的不同要求选取。对于大型和重型机床，减轻导轨的负荷是主要的，$\alpha_{卸}$ 应取较大值，一般取 $\alpha_{卸}=0.7$；对于精度要求较高的机床，保证加工精度是主要的，为防止产生漂浮现象，$\alpha_{卸}$ 应取较小值。例如：坐标镗床应取 $\alpha_{卸}\leqslant 0.5$，为提高工作台定位精度的稳定性，卸荷后导轨的平均压强应保证 $p\geqslant 0.025$MPa；外圆磨床可取 $\alpha_{卸}=0.5$；滚齿机可取 $\alpha_{卸}=0.6$。

导轨的卸荷方式，有机械卸荷、液压卸荷和气压卸荷。

2．机械卸荷导轨

图 12-19 是常用的机械卸荷装置。导轨上的一部分载荷由支承在辅助导轨面 a 上的滚动轴承 3 承受。卸荷力的大小通过螺钉 1 和碟形弹簧 2 调节。卸荷点的数目取决于动导轨的载荷和卸荷系数的大小。为了减小滚动轴承的支承轴的中心线与支承导轨面不平行的影响，可以采用调心球轴承。

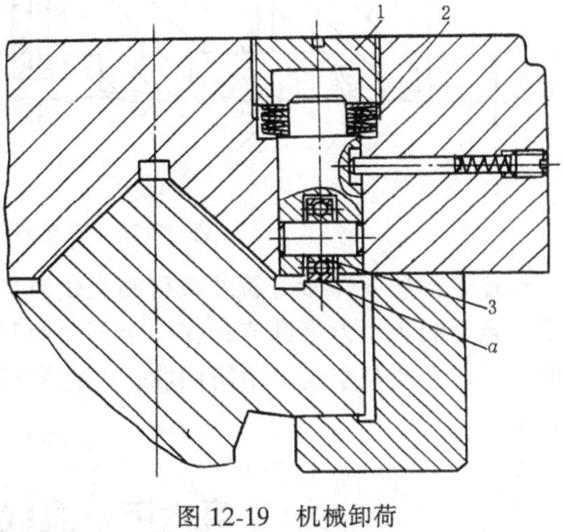

图 12-19 机械卸荷

3．液压卸荷导轨

采用液压卸荷导轨的机床，有立式车床、龙门铣床、外圆磨床和平面磨床等。如果是液压传动的机床，采用液压卸荷导轨，还可共用一部分液压元件。导轨的液压卸荷系统是根据受载是否均匀进行选择的。当导轨受载不均匀时，也就是当移动部件和工件的重量在导轨上分布不均，切削力较大又产生倾覆力矩，导轨所在支承件（工作台、滑板等）的刚度又较低时，就会使导轨各支座的负荷相当不均匀。为了使每个支座具有与支座负荷相适应的卸荷力，可以采用与支座数相同的节流阀，分别调节每个支座的油压。卸荷导轨采用与静压导轨相同的油沟形状，由于油沟开在导轨面中央，油不易泄漏，它既有较高的卸荷力又有相当大的接触面积。对于支承导轨具有凸三角形的卧式导轨，由于油液回流的结构复杂，不宜采用液压卸荷导轨。可采用气压卸荷或机械卸荷导轨。

4．自动调节气压卸荷导轨

导轨所受的载荷，是随所承受的重量和切削力变化的。如果能使卸荷力随载荷而变，就可使导轨在不同载荷下的摩擦阻力比较接近，有利于提高定位精度。下面介绍卸荷力能根据载荷自动调节的气压卸荷导轨。

图 12-20 是气压卸荷导轨的原理图。从空气压缩机来的气压为 p_s 的压缩空气，经阀 5 的阀口 a 进入动导轨 1 的气槽，再经由导轨副的表面粗糙度形成的空隙 h 进入大气。气压 p_s 经阀口 a 降至 p，再经空隙 h 降至 0。p 乘以气槽的有效面积，就是这个气槽的卸荷力。每条导轨至少要有 2 个气槽。p_s 的另一路经节流阀 3 把气压降至 p_d，再经位移传感器的喷嘴 2 和支承导轨（相当于挡板）间形成的间隙 H 降至 0。这个 p_d 被引至阀 5 的中部。第三条路是 p_s，经定压阀 4 减压至恒定的气压 p_c，并引至阀 5 的下部。p_cA（A—膜片面积，见图）加弹簧力与 p_dA 平衡，以保持一定的开口 a，从而保持一定的气槽气压 p。当载荷增加（重量 W 或切削力 F 增加）时，导轨面间因接触变形加大而使 H 减少，阻力增加，使 p_d 增加。膜片上方的作用力加大，阀芯 6 下降，开口 a 加大。同时，h 也减少了。这就使 p 升高，卸荷力增加。反之，则 p 降低，卸荷力减少。p_d 的变化是很小的。经阀 5 使 p 得到较大的变化。因此，阀 5 是一个压力放大器。

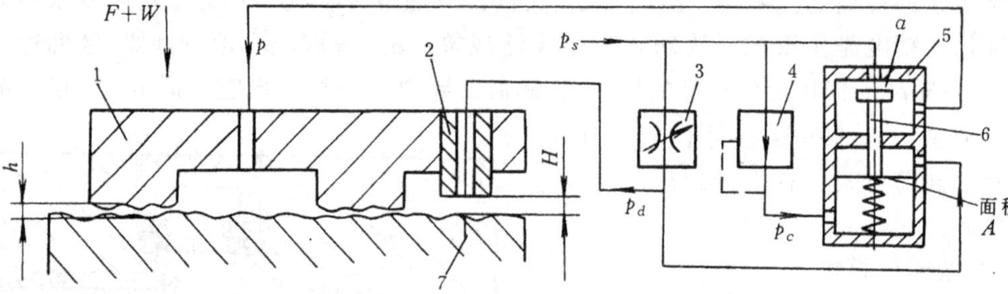

图 12-20　自动调节气压卸荷导轨原理

这种导轨能使卸荷力随外载荷的变化而自动地随之而变化，部分地补偿其增量。作用在支承导轨上的正压力可调节到在一个不大的范围内变化。因此，摩擦力也可保持很小的变化幅度。工作介质是空气，不需回收，不污染环境。可用于精密进给导轨，如加工中心的工作台导轨。

第六节　直线运动滚动支承

直线运动滚动支承就是滚动导轨。它的优点是摩擦系数小和动、静摩擦系数很接近。因此，运动轻便，摩擦力小，摩擦发热少，磨损小，可避免出现爬行，可得到较高的定位精度。此外，滚动导轨可用脂润滑。但是，滚动导轨的抗振性较差，对脏物比较敏感，必须有良好的防护装置。直线运动滚动支承种类较多，都已形成系列，由专业工厂生产。机床厂可根据精度、寿命、刚度和结构进行选购。

机床上应用的各种直线运动滚动支承中，用作短行程导轨的，有滚动体不循环的滚珠、滚针和圆柱滚子导轨副；用作长行程导轨的，主要有滚动体循环的直线滚动导轨副和滚动导轨块。前者滚动体为滚珠，后者为滚子。滚动导轨块，更多地用于载荷较大，要求刚度较高的地方。滚动导轨，已广泛地用于数控机床和机器人（Robot）。在其他各种机床上，也用得越来越多。

一、工作原理

直线滚动导轨副见图 12-21。导轨条 7 是支承导轨，安装在支承件（如床身）上，滑块 5 装在移动件（如工作台）上，沿导轨条作直线运动。滑块 5 中装有四组滚珠 1，在导轨条和滑块的直线滚道内滚动。当滚珠滚到滑块的端点（图 b 为左端），就经合成树脂制造的端面挡板 4 和滑块中的回珠孔 2 回到另一端，经另一端面挡块再进入循环。四组滚珠各有自己的回珠孔，分别处于滑块的四角。四组滚珠和滚道相当于四个直线运动角接触球轴承。接触角常为 $\alpha=45°$。滚珠在滚道中的接触，见图 c。滚道的曲率半径，略大于滚珠半径。在载荷的作用下，接触区为一椭圆。其面积随载荷而加大。图中，6 是注润滑脂的油嘴；3 和 8 是密封垫，防止灰尘进入。

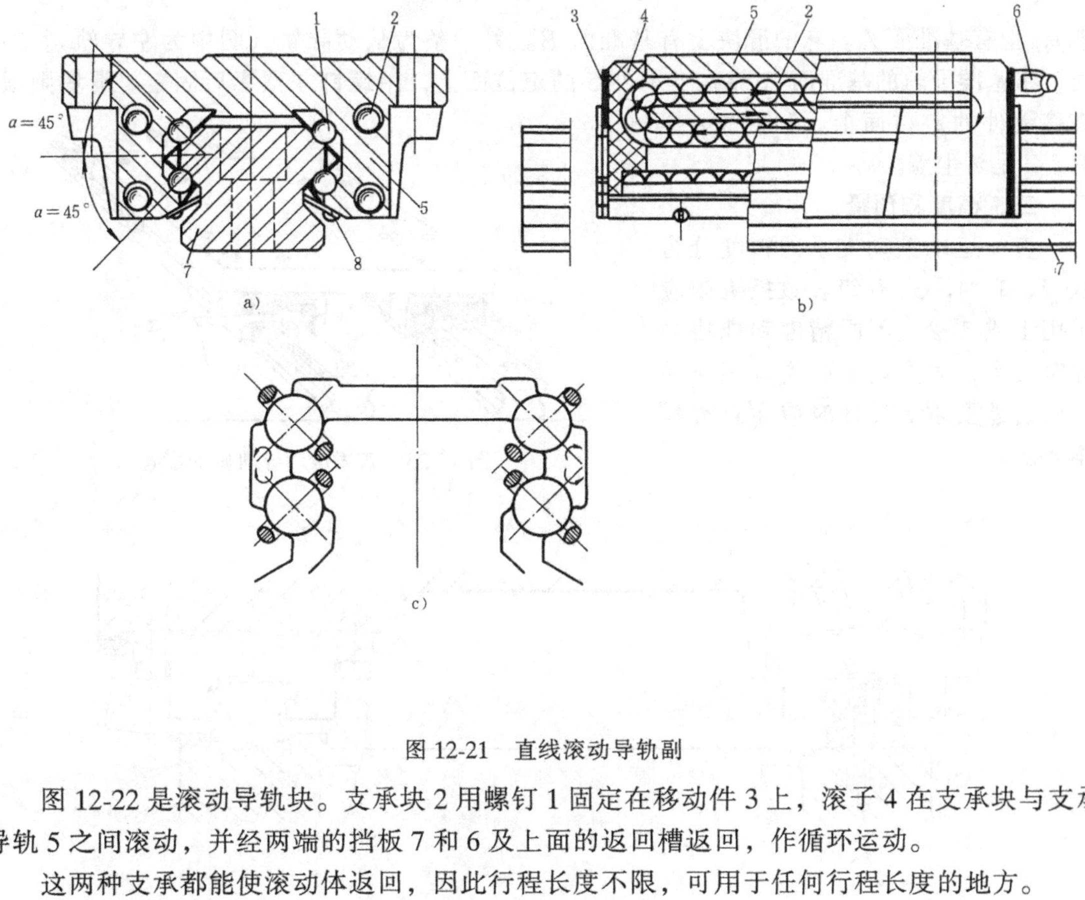

图 12-21　直线滚动导轨副

图 12-22 是滚动导轨块。支承块 2 用螺钉 1 固定在移动件 3 上，滚子 4 在支承块与支承导轨 5 之间滚动，并经两端的挡板 7 和 6 及上面的返回槽返回，作循环运动。

这两种支承都能使滚动体返回，因此行程长度不限，可用于任何行程长度的地方。

二、配置与固定

直线滚动导轨副包括导轨条和滑块两部分。导轨条通常为两根，装在支承件上，见图 12-23。每根导轨条上有两个滑块，固定在移动件上。如移动件较长，也可在一根导轨条上装 3 个或 3 个以上的滑块。如移动件较宽，也可用 3 根或 3 根以上的导轨条。移动件的刚度如较高，可少装，否则可多装。

这种导轨副的配置与固定，见图 12-24。两条导轨条中，一条为基准导轨（图中的右导

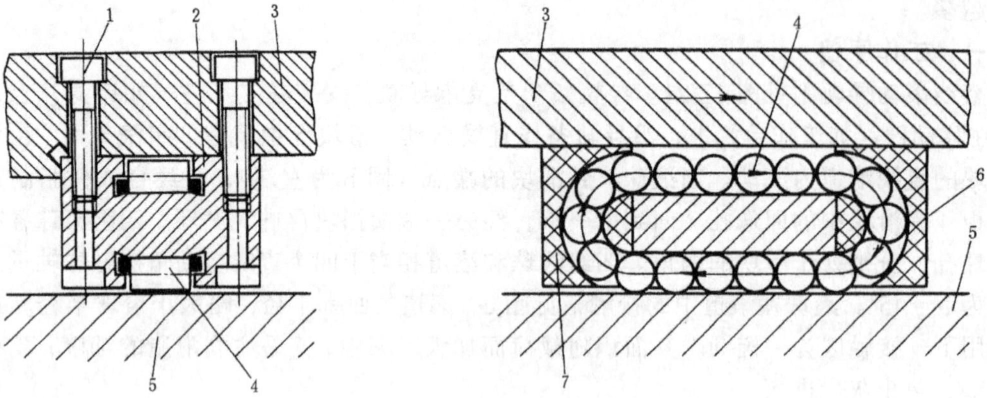

图 12-22　滚动导轨块

轨），上有基准面 A。它的滑块上有基准面 B。另一条为从动导轨（图中为左导轨）。装配时，将基准导轨的基准面 A 靠在支承件 5 的定位面上，用螺钉 4 顶靠后固定。滑块则顶靠在移动件的定位面上。3 是固定螺钉，2 是防尘盖。

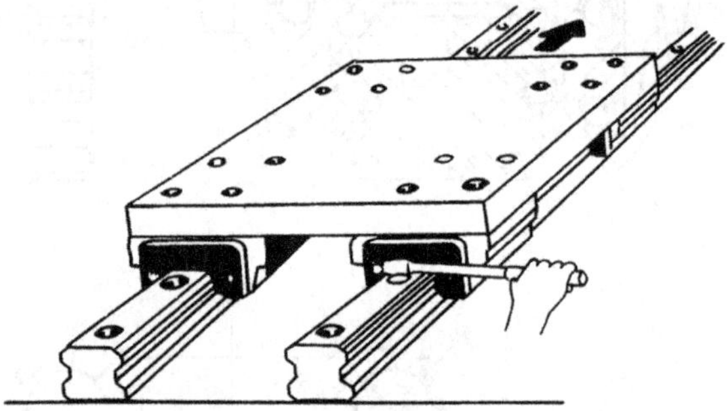

图 12-23　直线滚动导轨副的配置

三、精度和预紧

直线运动滚动支承的精度分为 1、2、3、4、5、6 级。数控机床应采用 1 或 2 级。不同精度和规格的导轨支承，对安装基面均有相应的形位公差要求。设计时应注意查样本手册。

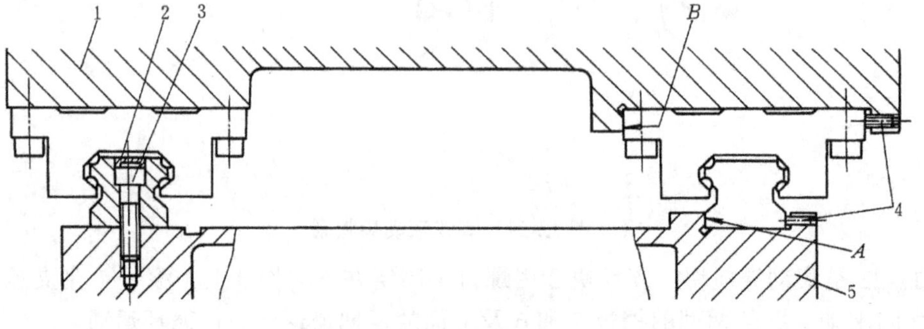

图 12-24　直线滚动导轨副的配置与固定

导轨支承的工作间隙，直接影响它的运动精度、承载能力和刚度。间隙分为普通间隙和负间隙（过盈，即预紧）两类，在负间隙中又有轻预紧和中预紧两种情况。当施加的外载为预载的 2.8 倍的时候，中预紧的刚度相当于普通间隙刚度的两倍。普通间隙通常用于对精度无要求和要求尽量减小滑块移动阻力的场合，如辅助导轨，机械手等；轻预紧用于精度要求较高但载荷较轻的场合，例如磨床的进给导轨和工业机器人等；中预紧用于对精度和刚度均要求较高具有冲击、振动和进行重切削的场合，例如加工中心、数控机床、磨床的砂轮架导轨等。

整体型的直线滚动导轨副（图 12-21），由制造厂用选配不同直径钢球的办法来决定间隙或预紧。机床厂可根据要求的预紧订货，不需自己调整。分离型的直线滚动导轨副和滚子导轨块，应由用户根据要求，按规定的间隙进行调整。如图 12-25，图 a 用螺钉 1 调整；图 b 用垫块 2 调整；图 c 用偏心销 3 调整。其中以螺钉调整应用较多，通常并排采用 3 个螺钉（见图 d），按规定要求用力矩扳手扭紧，中间螺钉按要求施力，两端的略轻些为中间施力的 90%效果较好。图 e 是滚动导轨块，通过两个螺钉 4（一拉一推）和楔铁 5 进行预紧。润滑油从油孔 6 进入润滑滚动体 7。

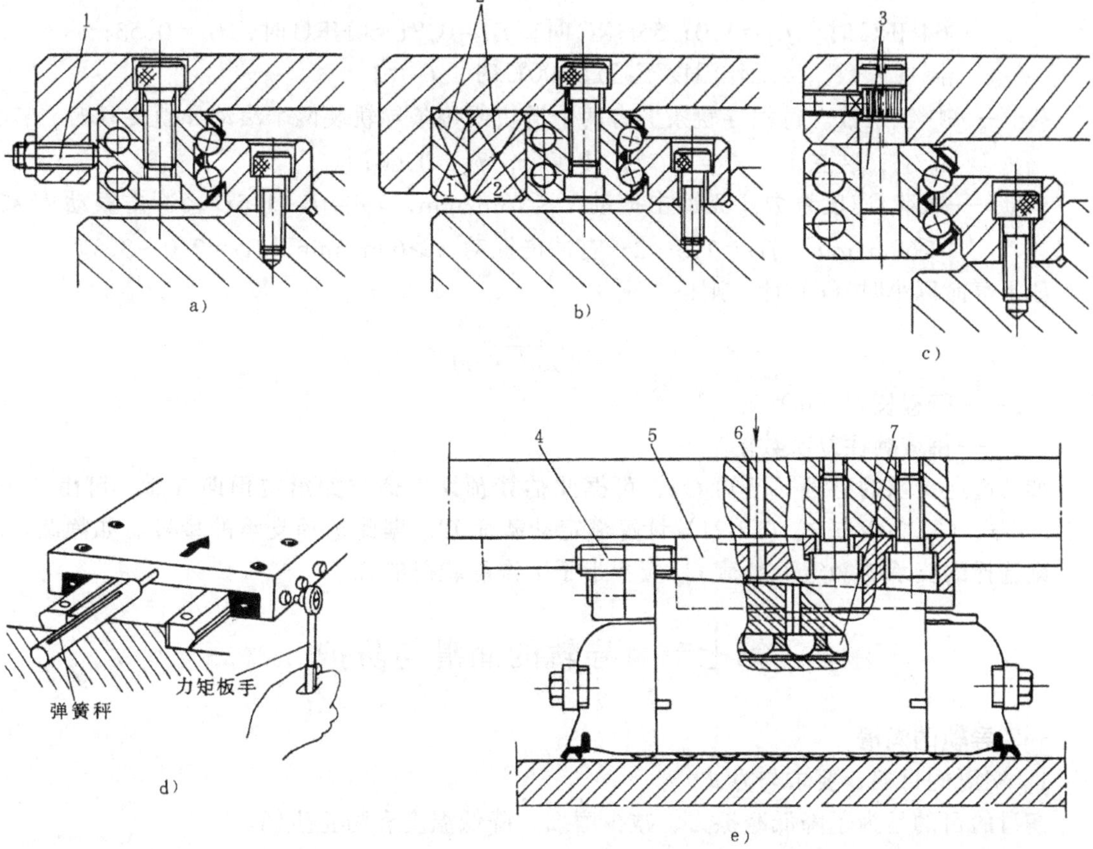

图 12-25　导轨副的预紧

四、直线运动滚动支承的计算

滚动支承的计算，与滚动轴承计算相仿，以在一定的载荷下行走一定的距离，90%的支承不发生点蚀作为依据。这个载荷，就称为额定动载荷。行走的距离，就称为支承的额定寿命。球导轨的额定寿命，定为 50km；滚子导轨，定为 100km。滚动导轨支承的预期寿命，除与额定动载荷和导轨的实际外（工作）载荷有关外，还与导轨的硬度、滑块部分的工作温度和每根导轨上的滑块数有关。计算公式如下：

滚动体为球时

$$L = 50\left(\frac{C}{F}\frac{f_H f_T f_C}{f_W}\right)^3 \tag{12-20}$$

滚动体为滚子时

$$L = 100\left(\frac{C}{F}\frac{f_H f_T f_C}{f_W}\right)^{\frac{10}{3}} \tag{12-21}$$

式中 L——滚动支承的预期寿命（km）；

C——额定动载荷（N），可从样本手册中查出；

F——每个滑块或滚子导轨块的工作载荷（N）；

f_H——硬度系数。当球导轨的导轨条或与滚子导轨块接触的定导轨面的硬度为 58～64HRC 时，$f_H=1.0$；55HRC 时，$f_H=0.8$；50HRC 时，$f_H=0.53$；

f_T——温度系数。当工作温度不超过 100℃时，$f_T=1$；

f_C——接触系数。每根导轨条上有两个滑块或每条导轨装两个滚动导轨支承时，$f_C=0.81$；装三个，$f_C=0.72$；装四个，$f_C=0.66$；

f_W——载荷/速度系数。无冲击振动 $v\leqslant15$m/min，$f_W=1\sim1.5$；轻冲击振动 $15<v\leqslant60$m/min，$f_W=1.5\sim2$；有冲击振动 $v>60$m/min，$f_W=2.0\sim3.5$。

如果寿命以小时（h）计，则

$$L_h = \frac{L\times10^3}{2nl\times60}$$

式中 l——行程长度（m）；

n——每分钟往复次数。

如已选定支承的型号（已知 C），可据此估算预期寿命。如给定预期寿命，可由 L_h 计算 L，由式（12-20）或式（12-21）计算额定动载荷 C，据此选择支承的型号。如静载荷较大，则选择的支承的额定静载荷 C_0 应不小于工作静载荷的 2 倍。

第七节　导轨的润滑与防护

一、导轨的润滑

1. 润滑的目的、要求与方式

润滑的目的是为了降低摩擦力、减少磨损、降低温度和防止生锈。

润滑要求供给导轨清洁的润滑油。油量可以调节。尽量采取自动和强制润滑。润滑元件要可靠。要有安全装置。例如静压导轨在未形成油膜之前不能开车和润滑不正常有报警信号等。

导轨的润滑方式有很多。可以人工定期向导轨面浇油。此法简单易行，但不能经常保证充分的润滑。也可在运动部件上装油杯，使油沿油孔流或滴向导轨面，也可在运动部件上装润滑电磁泵。或手动润滑泵，定时拉动几下供油。通常靠运动部件往复一定次数后触动油泵拉杆供油，用压力油强制润滑的方式效果较好，润滑可靠，与运动速度无关，又可不断地冲洗和冷却导轨面，但必须有专门的供油系统。

为使润滑油在导轨面上较均匀地分布，保证润滑效果，需在导轨面上开出油沟，各种导轨油沟的型式与尺寸前文已叙述。

2．润滑油的选择

导轨常用的润滑剂有润滑油和润滑脂，滑动导轨用润滑油，滚动导轨则两种都可用。

导轨润滑油的粘度可根据导轨的工作条件和润滑方式选择。高速低载荷可用粘度较低的油，反之则用粘度较高的油。低载荷，高、中速的中、小型机床进给导轨，可采用 N32（旧称 20 号）导轨油（SY1227—82，下同）；中等载荷的中、低速导轨，可采用 N46（30 号）导轨油；重型机床的低速导轨，可采用 N68（40 号）或 N100（70 号）导轨油。如果润滑油来自液压系统，则液压系统应采用抗磨液压油。中、低压系统推荐采用 L-HM32 抗磨液压油；中、高压系统推荐采用 L-HM46 抗磨液压油。

滚动导轨支承多采用润滑脂润滑。它的优点是不会泄漏，不需经常加油；缺点是尘屑进入后易磨损导轨，因此对防护要求较高。易被污染又难以防护的地方，可用润滑油润滑。常用的牌号为 ZL-2 锂基润滑脂（GB7324—87，2 号）。

二、导轨的防护

防止或减少导轨副磨损的重要方法之一，就是对导轨进行防护。据统计，有可靠防护装置的导轨，比外露导轨的磨损量可减少 60%左右。目前，防护装置已有专门工厂生产，可以外购。导轨的防护方式很多，常用的有以下几种：

1．刮板式

图 12-26 表示了几种刮板式防护装置。这种方法能刮除落在导轨面上的尘屑，属于间接防护装置。这种装置广泛地应用于外露导轨的防护。例如车床的溜板导轨和升降台铣床的升降台导轨等。

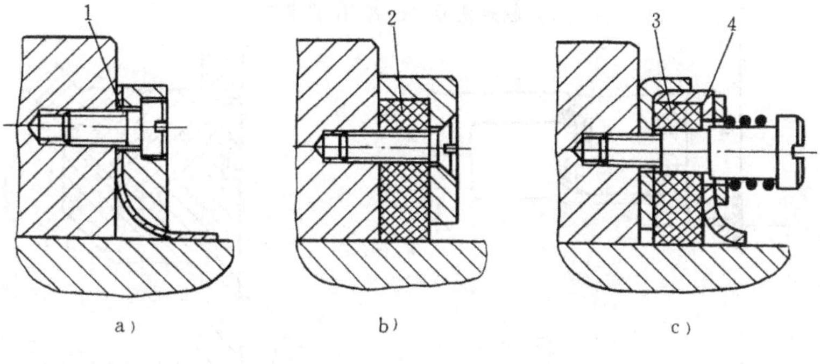

图 12-26　刮板式防护装置

图 a，金属刮板（宽度、形状与导轨相同的黄铜片或弹簧钢片）1 固定在动导轨上，靠弹性压在支承导轨面上。这种结构的耐热能力好，但只能排除较大的硬粒。图 b 是毛毡加压盖（或用弹性压紧）的结构。毛毡 2 除可去除细小的尘屑之外，还具有良好的吸油能力。干净的毛毡的吸油率可达毛毡体积的 80%，其含油量足够不常移动的导轨使用。但是容易堵塞，需要经常进行拆洗，耐热能力较差。图 c 是金属刮板和毛毡的组合结构。金属刮板 4 和毛毡 3 对导轨进行两级防护，这种结构的耐热能力好、防护能力强并有良好的润滑性。虽结构稍复杂，应用仍很多。

2．伸缩式

在伸缩式导轨防护装置中，有软式皮腔式（见图 12-27a）和叠层式（见图 b）。它们都是把导轨全部封闭起来的结构，防护可靠，在滚动导轨与滑动导轨中都有应用。软式皮腔式防护装置，一般用皮革、帆布或人造革制成，结构简单，可用于高速（$v=60\mathrm{m/min}$）导轨。缺点是不耐热。这种防护装置多用于磨床和精密机床，如导轨磨床等。但不能用于车床铣床等有红热切屑的机床。叠层式的各层盖板均由钢板制成，耐热性好，强度高、刚性好，使用寿命长。这种防护装置多用于大型和精密机床，如龙门式机床、数控机床和坐标镗床等。

在滚动导轨与滑动导轨中均可采用两侧的防护措施，见图 12-28，都是行之有效的。

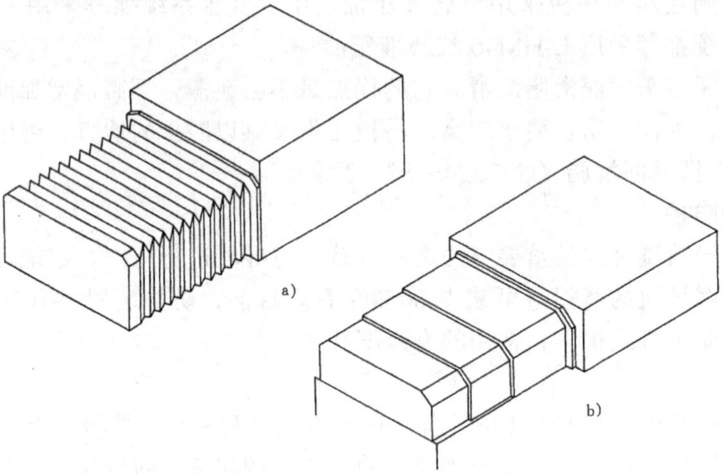

图 12-27　伸缩式导轨防护装置

a）软式皮腔　b）迭层式护罩

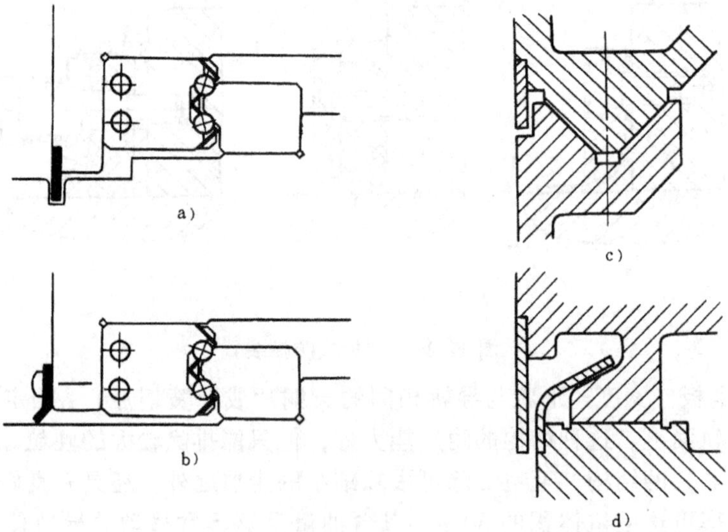

图 12-28　导轨两侧的防护

第八节　提高导轨耐磨性的措施

从设计角度提高耐磨性的基本思路是：尽量争取无磨损；在无法避免磨损时尽量争取少磨损、均匀磨损以及磨损后能够补偿，以便提高使用期限。

一、争取无磨损

磨损的原因是配合面在一定的压强作用下直接接触并作相对运动。因此不磨损的条件是配合面在作相对运动时不直接接触，接触时则无相对运动。

配合面在作相对运动时不直接接触的办法之一是保证完全的液体润滑，使润滑剂把摩擦面完全分隔开。如静压导轨、静压轴承或其它的静压副。动压导轨和动压轴承也可以达到完全的液体润滑状态，但油膜压强与相对运动速度有关。因此，在起动或停止的过程中仍难免磨损。

二、争取少磨损

争取无磨损只能在少数和特殊情况下才能做到。多数情况只能争取少磨损以延长工作期限。

1. 降低压强

可采用加大导轨的接触面和减轻负荷的办法来降低压强。提高导轨面的直线度和细化表面粗糙度，均可增加实际接触面积。加宽导轨面和加长动导轨的长度，虽然也可增加接触面积，但要与动导轨的自身刚度相适应。否则受载后变形大，接触不均，增大局部压强，面积虽增大，但未起作用。采用卸荷导轨是减轻导轨负荷，降低压强的好办法。

2. 改变摩擦性质

用滚动副代替滑动副，可以减少磨损。在滑动摩擦副中保证充分润滑避免出现干摩擦或半干摩擦，也可降低磨损。

3. 正确选择摩擦副的材料和热处理

适当选择摩擦副的材料和热处理可提高抗磨损的能力。例如，支承导轨淬硬，动导轨表面贴塑料软带。

4. 加强防护

加强防护，可避免灰尘、切屑、砂轮屑等进入摩擦副，是提高导轨耐磨性的有效措施。

三、争取均匀磨损

磨损是否均匀对零部件的工作期限影响很大。例如床身导轨，如果磨损是均匀的，对机床加工精度一般影响不大，而且可以补偿。磨损不均匀的原因主要有两个：在摩擦面上压强分布不均；各个部分的使用机会不同。争取均匀磨损有如下措施：力求使摩擦面上压强均匀分布，例如导轨的形状和尺寸要尽可能对集中载荷对称；尽量减小扭转力矩和倾覆力矩；保证工作台、溜板等支承件有足够的刚度；摩擦副中全长上使用机会不均的那一件硬度应高些，例如车床床身导轨的硬度应比床鞍导轨硬度高。

四、磨损后应能补偿磨损量

磨损后间隙变大了，设计时应考虑在构造上能补偿这个间隙。补偿方法可以是自动的连续补偿，也可以是定期的人工补偿。自动连续补偿可以靠自重，例如三角形导轨。定期的人工补偿，如矩形和燕尾形导轨靠调整镶条，闭式导轨还要调整压板等。

第九节　低速运动平稳性

一、爬行的现象及其影响

图 12-29 所示，为一工作台及其驱动机构。运动由主动件 1 传入，经传动机构 2，驱动

工作台 3 沿支承导轨 4 运动。如果运动速度很低，则当主动件 1 作匀速运动时，被动件 3 往往会出现明显的速度不均匀。有时是时停时走，见图 b；有时是时快时慢，见图 c。图中 v_{13} 是件 3 作匀速运动时的速度。这种在低速时运动不平稳的现象称为爬行。

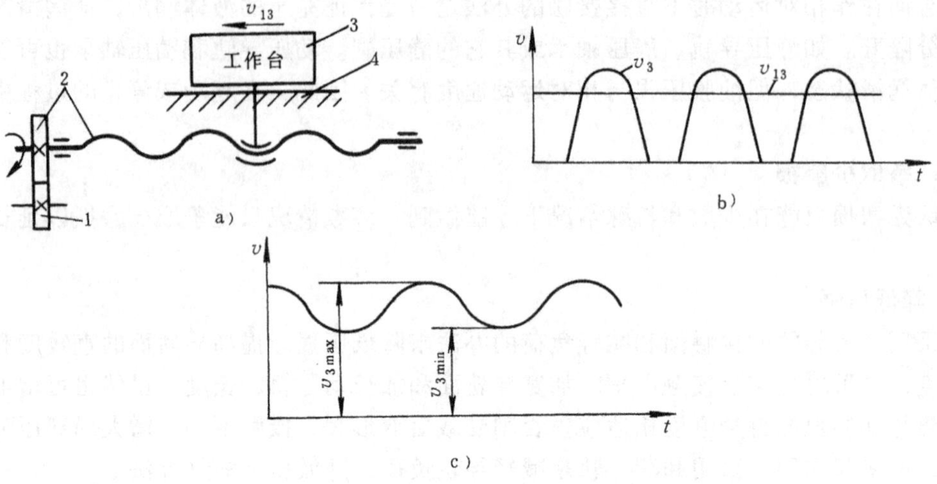

图 12-29　工作台的移动

在间歇的微量位移机构中，也会出现爬行现象。如图 12-30 所示的外圆磨床砂轮架，当纵磨时工作台每往复一次，按动棘爪手柄 2 一次，使砂轮架 1 前进一个距离。这个位移量是很小的，最小达 1μm。有时会出现这样的现象：开始几次按动棘爪时，砂轮架都不动，按几次后，砂轮架向前突跳一段距离，以后又如此重复，这也是爬行。爬行破坏运动的均匀性，影响机床的加工精度、定位精度和增大表面粗糙度，甚至会产生废品或使机床不能正常工作。图 12-30 所示的间歇进给机构，如果存在爬行现象，就难以得到所要求的移距。移动件或者不动，或者突跳一个比要求大得多的量，这就将影响被加工零件的尺寸精度。又如数控机床是用脉冲数来控制机床部件的移动量的，脉冲当量（每个脉冲使进给机构所产生的移动量）都在 0.01mm 以下，若产生爬行时，这一要求也难以实现。还有，在坐标镗床上加工孔时，定位精度常常以微米计。工作台或镗头开始时可以用较快的速度移动，快要达到所要求的位置时，就改用很低的速度渐渐趋近，以防止因惯性而越程，最后停在所要求的位置上。若在低速趋近时产生爬行，移动件时快时慢或时走时停，可能不到位就停止或因突跳而越位。

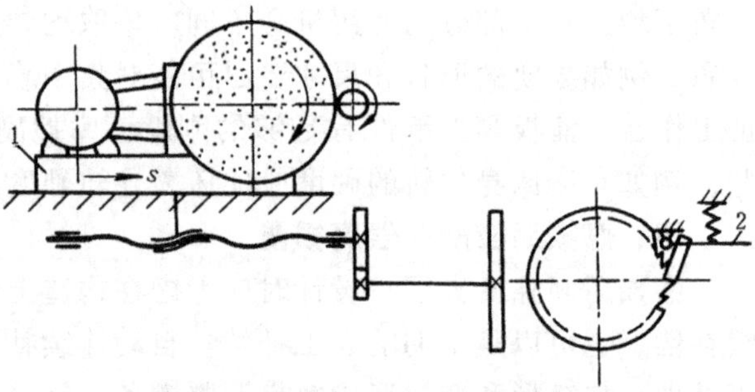

图 12-30　外圆磨床的间歇进给机构

二、对爬行现象的分析

对于爬行现象机理的认识，到目前为止尚未完全一致。这里只介绍一种较为普遍的看法。认为爬行是一个复杂的摩擦自激振动现象，产生这一现象的主要原因，在于摩擦面上摩擦系数的变化和传动机构的刚度不足。

图 12-29a 所示进给传动机构的力学模型见图 12-31。图中 1 为主动件，以匀速 v 经进给传动机构 2 驱动被动件 3。传动机构 2 简化为一个等效弹簧，其刚度为 k，和一个等效阻尼，

阻尼系数为 c_1。被动件 3 的质量为 m，在支承导轨 4 上沿 x 方向移动，摩擦力为 F。导轨副 3 和 4 之间的摩擦力 F 是变化的，不仅有静、动摩擦系数的差异，而且静摩擦系数和动摩擦系数本身也是变化的。静摩擦系数随静止接触时间的延长而增大，这个增长是很快的，在极短的时间里就可以增加至最大值。图 12-32 中铸铁—铸铁摩擦副的曲线表明，静止时，摩擦系数较大；开始运动时，从静摩擦转向动摩擦，摩擦系数陡降；当相对运动速度较低，导轨处于边界和混合摩擦状态时，动摩擦系数随导轨滑动速度的增加而降低；当滑动速度加大到动压效应使导轨处于液体摩擦状态时，摩擦力用于克服油层间的剪切，这时动摩擦系数将随速度的增加而增大。

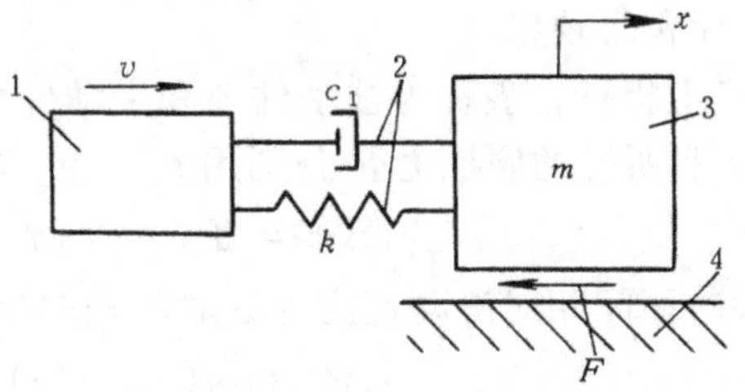

图 12-31　进给传动的力学模型

当普通滑动导轨（例如铸铁—铸铁摩擦副）的滑动速度较低、处于边界摩擦状态时，就有可能出现爬行。如图 12-31，在主动件 1 开始以匀速 v 作向右的低速连续运动时，由于被动件 3 尚未动，而驱动力又尚未达到所需克服的静摩擦力 F_s，因而压缩弹簧 2。件 1 继续右移，弹簧 2 的压缩量加大，件 3 所受的驱动力也越来越大。当驱动力超过静摩擦力时，件 3 开始移动。这时，静摩擦转为动摩擦，摩擦系数迅速下降，使移动的速度增大。由于动摩擦力随速度的增加而降低，又使件 3 的移动速度进一步加大。随着弹簧 2 的伸长，弹簧力在减小，当弹簧力减小到等于动摩擦力时，系统处于平衡状态。但是由于惯性，件 3 仍以较大的速度移动，弹簧力进一步减小，当减小到小于动摩擦力时，加速度变为负值，件 3 的移动速度开始降低，动摩擦力随之增大，并使速度进一步下降。当弹簧力和件 3 的惯性不能克服摩擦力时，件 3 便停止运动。件 1 再重新开始压缩弹簧，上述现象再次重复，就出现了时停时走的爬行现象。

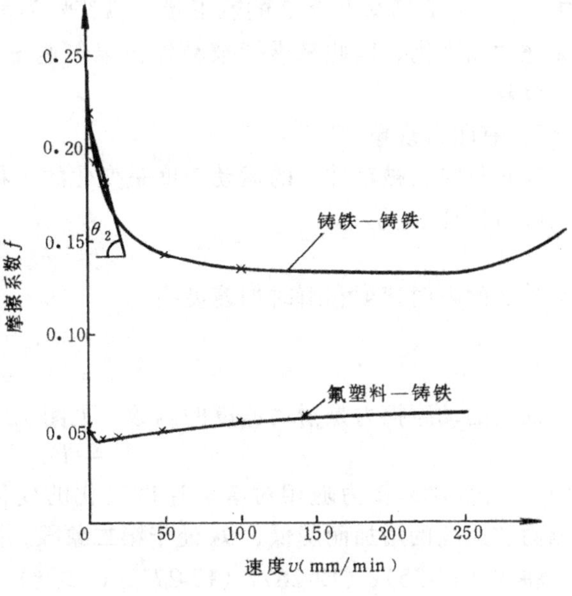

图 12-32　导轨面间的摩擦系数

在边界和混合摩擦状态下，摩擦系数的变化是非线性的。因此，在弹簧重新被压缩的过程中，在被动件 3 的速度尚未降至零时，弹簧力有可能又大于动摩擦力，使件 3 的速度又再次增大，这就出现了时慢时快的爬行现象。

爬行是一种摩擦自激振动，振动能量来自系统本身。每一循环的开始，驱动件 1 压缩弹簧 2，以弹性势能的形式将能量输入系统。这个能量将消耗在驱动件的阻尼 c_1 和导轨间的摩擦力 F 上。如果每一循环，输入能量大于消耗（输出）的能量，则系统将发生时走时停的爬行，如果输入能量小于消耗能量，则不产生爬行。考虑到摩擦系数的非线性，不同的瞬时速度，F

是变化的，就有可能出现第三种情况——输入和输出能量相等。这时将产生时快时慢的爬行。

下面对爬行现象作进一步的理论分析。

见图 12-31，当主动件 1 开始驱动进给传动机构（循环开始）时，$t=0$，弹簧处于自由状态。经过时间 t 后，被动件 3 的位移为 x，则运动方程式为

$$m\ddot{x} + c_1(\dot{x} - v) + k(x - vt) = -F \tag{12-22}$$

式中 $(\dot{x} - v)$——被动件 3 对主动件 1 的相对速度；

$(x - vt)$——被动件 3 相对于主动件 1 的位移量，也即传动机构等效弹簧的变形量。

1．无爬行现象

不产生爬行，表现为被动件 3 和主动件 1 以相同的速度 v 移动，加速度为零。被动件 3 的 $\dot{x}$、$\ddot{x}$ 和所受的摩擦力 F 分别用 $\dot{x}_m$、$\ddot{x}_m$ 和 F_m 表示，这时

$$\dot{x} = \dot{x}_m = v, \ddot{x} = \ddot{x}_m = 0, F = F_m \tag{12-23}$$

F_m 为导轨面间相对滑动速度为 v 时的动摩擦力，将式（12-23）代入式（12-22）得

$$m\ddot{x}_m + c_1(\dot{x}_m - v) + k(x_m - vt) = -F_m \tag{12-24a}$$

即

$$x_m - vt = -\frac{F_m}{k} \tag{12-24b}$$

式中 $x_m - vt$ 是等效弹簧 2 的变形量，其符号为负，说明弹簧受压。压缩弹簧的力与导轨的动摩擦力相平衡，以此来维持被动件 3 以匀速 v 移动。传动机构的刚度 k 越高，则弹簧的压缩量越小。

2．有爬行现象

有爬行时，被动件 3 的运动速度是变化的，将存在一个偏离稳态值 $\dot{x}_m$ 的变化量 $\dot{x}_v$，则它的瞬时位移 x 为

$$x = x_m + x_v \tag{12-25}$$

被动件 3 的瞬时速度和瞬时加速度为

$$\dot{x} = \dot{x}_m + \dot{x}_v \tag{12-26}$$

$$\ddot{x} = \ddot{x}_m + \ddot{x}_v \tag{12-27}$$

导轨面间的动摩擦力是滑动速度的函数，见图 12-32，线性化后，瞬时动摩擦力可表示为

$$F = F_m + c_2\dot{x}_v \tag{12-28}$$

式中 $c_2\dot{x}_v$ 为动摩擦力随相对滑动速度变化的变化量，$c_2 = \mathrm{arctg}\theta_2$。在边界和混合摩擦区，摩擦力随速度的增加而降低，$\theta_2$ 处于第二象限，因此，c_2 为负值。

将式（12-25）、（12-26）、（12-27）、（12-28）代入式（12-22）得

$$m(\ddot{x}_m + \ddot{x}_v) + c_1(\dot{x}_m + \dot{x}_v - v) + k(x_m + x_v - vt) = -(F_m + c_2\dot{x}_v) \tag{12-29}$$

用式（12-29）减去式（12-24a）并经整理后得

$$m\ddot{x}_v + (c_1 + c_2)\dot{x}_v + kx_v = 0 \tag{12-30}$$

由于 x_v 表示被动件 3 偏离它的稳态位移 $x_m = vt$ 的瞬时位移量，因此，式(12-30)是以 x_m 为系统平衡位置时的有阻尼振动方程。用式(12-30)，根据阻尼系数 $c_1 + c_2$，可以判断系统的稳定性。

根据振动理论，如阻尼系数（$c_1 + c_2$）>0，则振动系统的振幅将随时间而衰减，最后稳定在稳态值，称为衰减振动。如阻尼系数（$c_1 + c_2$）$=0$，则系统作间谐振动。如（$c_1 + c_2$）<0，则振幅将越来越大，称为发散振动。这样的系统是不稳定的。

c_1 是传动机构的等效粘性阻尼系数，它恒为正。c_2 是摩擦阻尼系数。如果摩擦力随滑动速度的升高而下降，则 c_2 是负值。如上文所述，摩擦力的变化是非线性的（图 12-32）。式（12-28）是线性化后的近似表达式。实际上，c_2 不是一个固定的负值，而是在某一范围 c_{2max}和 c_{2min}内随速度的变化而变化的。因而有下列三种情况：

1）如果 $c_1 > |c_2|_{max}$，则 $c_1 + c_2$ 恒大于零，阻尼系数之和为正。输入的能量全部消耗于驱动件的阻尼和导轨间的摩擦。系统中的任何扰动，经过一段过渡过程后都会衰减掉。被动件 3 将逐步趋于等速运动，不发生爬行。$c_1 + c_2$ 的大小决定过渡过程的长短。

2）如果 $c_1 < |c_2|_{min}$，则 $c_1 + c_2$ 恒小于零，阻尼系数之和为负。输入的能量恒大于驱动件的阻尼和导轨间的摩擦。任何微小的扰动都会使被动件 3 的位移变化量 x_v 越来越大，因而出现时停时走的爬行。$c_1 + c_2$ 的大小决定走停时间的比例。

3）如果 $|c_2|_{max} > c_1 > |c_2|_{min}$，则将于 $\dot{x}$ 达到某一 $\dot{x}_v$ 时，c_2 达到某一 c_2 值，此时 $c_1 = |c_2|$，阻尼系数之和为零，输入系统的能量与消耗的能量相等，系统相当于无阻尼的间谐振动，就将出现时快时慢的爬行。c_2 之值决定速度的变化率。

通过上述分析也可以看出，只有 $c_2 < 0$，也就是说，当动摩擦力随滑动速度的增大而降低时，才有可能出现爬行。因此，爬行只会出现于金属-金属摩擦副的边界摩擦和混合摩擦区，即只可能出现于低速。如果由于高速的动压效应，或者速度虽低但采用静压支承，使摩擦副处于液体摩擦状态，则 $c_2 > 0$，就不会出现任何形式的爬行。如果改变摩擦的性质（如改为滚动摩擦）、改变摩擦副的材料，或者改变润滑油的性能，使得在低速时摩擦系数不随速度的增加而下降，或虽下降但能保持 $|c_2|_{max} < c_1$，则也不会发生爬行。这就是消除爬行的理论根据。

3. 爬行的临界速度

当低速运动进给机构设计完成以后，亦即移动部件的质量 m、传动机构的刚度 k 已经确定下来；导轨摩擦副的材料选定以后，静、动摩擦系数之差也就确定下来；根据导轨的受力分析，可以求出导轨的受力。这时，可用临界速度判断是否产生爬行。当导轨的最低速度大于临界速度时，不产生爬行；如小于临界速度则将产生爬行。临界速度(m/s)按下式计算：

$$v_c = \frac{F\Delta f}{A_c\sqrt{km}} \tag{12-31}$$

式中 v_c——动导轨的临界速度（m/s）；

F——导轨面法向作用力（N）；

Δf——静、动摩擦系数之差；

A_c——运动均匀性系数，它是阻尼比 ζ 的函数，见图 12-33；滑动导轨的 $\zeta = 0.05 \sim 0.10$；滚动导轨的 $\zeta = 0.003 \sim 0.005$；

k——传动机构的刚度（N/m）；

m——移动件的质量（kg）。

三、产生爬行的原因和消除的措施

1. 产生爬行的原因

产生爬行的原因可归结为如下几点：

（1）摩擦副存在着静动摩擦系数之差。当处于边界摩擦时，动摩擦系数又随滑动速度的增加而降低。这就可能使系统具有负阻尼或零阻尼；

（2）运动件的质量较大，因而具有较大的惯性；

（3）传动机构的刚度不足；

当移动件的质量、摩擦副摩擦面间的摩擦性质和传动机构的刚度一定时，在移动速度低到一定值后就会产生爬行。这个值就称为爬行的临界速度。

2．消除爬行的措施

在设计低速运动机构时，首先应估算其临界速度。如果所设计的机构的最低速度低于临界速度，就应采取措施降低其临界速度。降低临界速度的措施有：减少静、动摩擦系数之差 Δf 和改变动摩擦系数随速度变化的特性；提高传动机构的刚度 k；提高阻尼比 ζ 以及降低移动件的质量 m。

（1）减少静、动摩擦系数之差和改变动摩擦系数随速度变化的特性，有以下几种办法

1）用滚动摩擦代替滑动摩擦　例如采用滚动导轨和滚珠丝杠—螺母副。滚动摩擦系数很小，只有约0.005，而且静、动摩擦系数实际上没有什么差别，动摩擦系数又不随速度而改变。

2）采用卸荷导轨和静压导轨　采用卸荷导轨后，移动件的一部分重量由卸荷装置承担。如果采用静压导轨，则导轨面被油层完全隔开，摩擦力就是油层间的剪切力，摩擦系数很小，而且静、动摩擦系数实际上没有什么差别。摩擦性质为液体摩擦，c_2 为正值，故不会发生爬行。

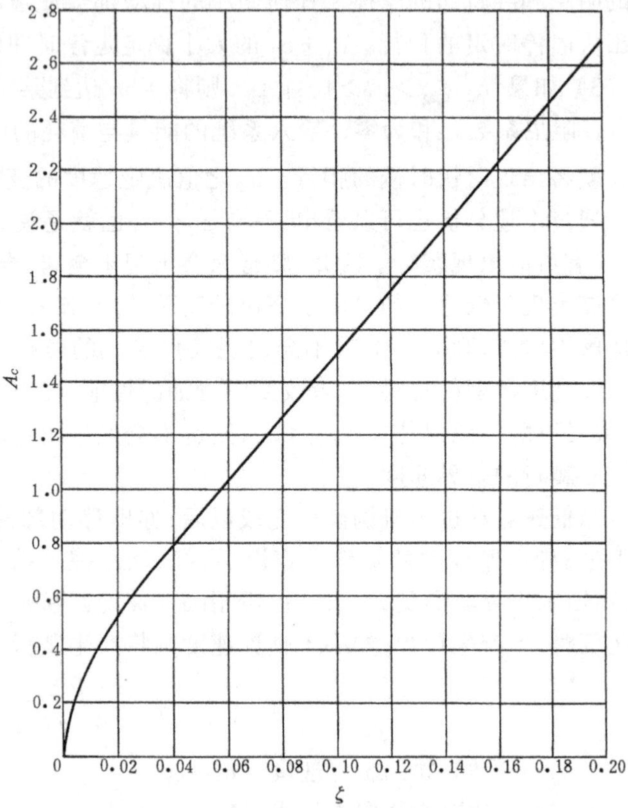

图 12-33　均匀性系数 A_c 的线图

3）采用减摩材料　摩擦副为钢或铁对聚四氟乙烯塑料时，Δf 较小，动摩擦系数基本不变，见图 12-32。为了防止爬行，可在导轨表面镶装塑料板或其它减摩材料制成的导轨板。塑料也可喷涂或涂布。

4）采用导轨油．采用导轨油有可能在完全不改动原有滑动导轨构造的条件下消除爬行现象。静摩擦系数大于动摩擦系数以及低速时摩擦系数随速度的增加而降低的原因之一，是在边界摩擦状态下，运动件停止或低速运动时，油膜被挤破，发生金属的直接接触。导轨油内加入了极性添加剂，增加了油性，使油分子紧紧地吸附在导轨面上。运动件停止后油膜也不会被挤破。采用较高标号的导轨油还由于油的粘度较大，粘性阻尼也较大，因而有利于缩短过渡过程。

（2）提高传动机构的刚度 k　传动机构可以是液压的，也可以是机械的。

液压传动　液压传动机构受力后的变形来自油的可压缩性以及活塞杆、活塞杆座等的变形。如果液压油中混入了空气，例如液压泵的吸油管漏气，油箱中有泡沫，机床经长时间的停车后液压油流回油箱，空气进入液压系统等，则刚度将大大降低。在保证液压系统内没有空气泡的前提下，油的可压缩性和活塞杆变形起着主要的作用。活塞杆座的刚度对纵向综合刚度的影响也很大，设计时也应注意。

机械传动　机械传动除丝杠—螺母机构外，还可用齿轮—齿条，蜗杆—蜗条或斜面—杠杆机构。如果用丝杠—螺母机构，丝杠的拉压变形约占整个传动系统总变形的30%～50%。此外，丝杠端的推力轴承和轴承座的刚度影响也很大，设计时必须充分注意。缩短传动链和采用大降速比的传动件也有利于提高传动机构的刚度。

如果以上几种防止爬行的办法中，单独采用一种难以奏效，也可以几种办法联合使用。例如适当提高传动件的刚度，导轨镶装塑料软带；用导轨油并适当提高供油压强，使导轨部分地卸荷等。

参 考 文 献

1　大连理工大学戴曙主编．金属切削机床设计．北京：机械工业出版社．1985

2　昆明工学院杨楗、唐恒龄、廖伯瑜编．机床动力学．北京：机械工业出版社，1983

3　清华大学易锡麟编．机床性能试验．1983

4　吴圣庄著．机床爬行理论的分析及防爬设计

5　太原工业大学阎瑾，徐中林，徐侠．爬行临界条件的理论分析和数值解．《机床》杂志1993年第6期

6　北京第一机床厂李平珍等．机床导轨采用聚四氟乙烯软带研究试验报告

7　Д．Н．Рещетов Детали и Механизмы Металлорежщих Станков，Изд．《Мащиностроение》，1972

8　南京工艺装备制造厂，南京滚动元件研究所．新颖的滚动功能部件

9　THK株式会社．THK LM SYSTEM直线运动系列

10　INA Lineartechnik OHG Homburg (Saar). Linear recirculating roller guidance system

11　有关院校、研究所和工厂交流资料和图样等

12　戴曙主编．机床设计分析（第2集）．国家机械工业委员会北京机床研究所，1987

第十三章　机床的控制

现代机床以电动机、伺服电动机、液压马达为动力，通过机械传动、液压传动或气动来实现各部件的运动。部件的运动规律，由控制系统控制。例如控制运动的变速、换向、启动、停止；各部件运动的先后次序，运动轨迹和距离；换刀、测量、冷却与润滑的供应与停止等等。

机床的控制可分为刚性和柔性控制两种。刚性控制是利用机械、液压或强电开关等手段进行的，有行程控制和时间控制两类。优点是比较简单。缺点是调整费时。多用于大批大量生产。柔性控制是指数字控制，优点是调整方便，可完成复杂的多工序工作，缺点是控制系统较复杂。它主要用于小批自动化生产，目前也逐步用于成批以至大批生产。

第一节　行程控制和时间控制

一、行程控制

行程控制是把行程开关设置在执行部件行程当中的某几点或终点，通过电路的接通与断开来控制电动机、电磁阀、电磁离合器等的通电与断电，从而控制执行部件本身或其它部件的运动。这种控制方式是利用运动部件的行程进行控制的，所以称为行程控制。

行程控制多用在组合机床和组合机床自动线上，组合机床可根据工艺要求进行钻孔、镗孔、铣平面、车端面和切槽等工序。为减少辅助时间，动力头的空行程应快速移动，加工时要保持合理的进给速度。在自动线上，由于全部工艺过程都自动进行，要求各种动作要协调有序。例如，一定要在工件被夹紧之后，动力头才能启动；必须保证一切工序都加工完毕后才能松开夹紧，工件才能移动。这些运动通常采用行程控制。图 13-1 为一个动力头的组合机床行程控制原理框图，图 b 为它的工作循环图。开始工作时，首先要夹紧工件。当工件被夹紧后动力头要快速趋近工件，之后才能工作进给。加工完毕要快退。只有当动力头退到原位时才能松开夹紧。图 a 为完成上述动作的行程控制原理图。当主令按钮 A 按下时，继电器 a 通电，液压缸Ⅰ动作，夹紧工件。工件被夹紧后，压力继电器（图中未表示）压下行程开关 1，接通其常开触点，使继电器 b 通电，控制动力头Ⅱ快速趋近工件，并起动动力头主电机。当动力头Ⅱ接近工件，

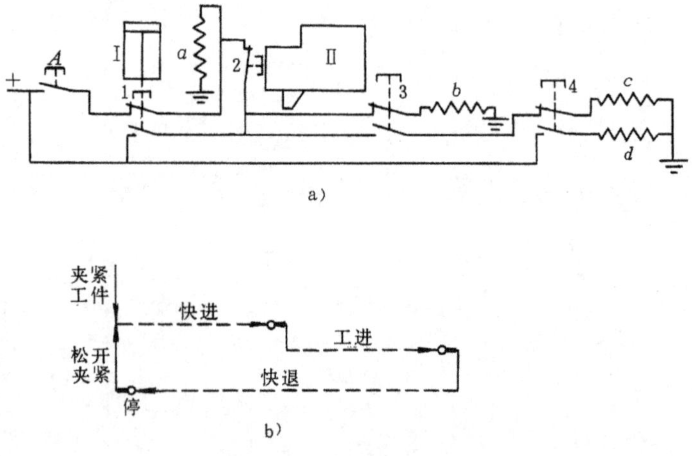

图 13-1　行程控制原理图

开始加工之前，压下行程开关 3，使继电器 c 通电，控制动力头Ⅱ由快进转为工作进给。加工完毕，动力头到达行程终点位置，压下行程开关 4，使继电器 c 断电，d 通电。动力头转为快速退回。当它退到终点时压下行程开关 2，a 断电，液压缸Ⅰ中的活塞退回，夹具松开。可取下工件，再换一个待加工工件。

二、时间控制

机床上时间控制系统常采用凸轮机构，各部件动作的时间分配和运动的行程信息都记录在凸轮上。凸轮控制主要用在机械传动的自动、半自动机床上。凸轮的形状和安装角度的不同，可以控制执行部件的先后动作顺序。凸轮回转一周，完成一个工作循环，加工出一个工件。改变凸轮的转动速度可改变工作循环周期。

图 13-2 为凸轮控制示意图，分配轴Ⅰ、Ⅱ上装有凸轮 1、11 和 9，同分配轴一起旋转。加工周期从凸轮 o 点开始，此时三个杠杆 2、12、8 的滚子都在 o 点与凸轮接触。凸轮转过 α_1 角，杠杆滚子与凸轮在 a 点接触。凸轮 9 的 oa 段是快速升程曲线，在杠杆 8 的作用下刀架 7 快速移动趋近工件。凸轮 1 和 11 的半径不变，刀架 6 和 13 保持不动。当凸轮转过 α_2 角时，凸轮 9 转过 ab 段，该段是加工升程曲线，机床进行钻孔加工，b 点是升程的最高点，钻孔也达到了要求的深度。凸轮 11 的 abc 段是快速升程曲线，刀架 13 在杠杆 12 的推动下向前趋近工件。凸轮 1 的半径不变，刀架 6 不动。当凸轮从 b 转到 c 点时，凸轮 9 的 bc 段是回程曲线，凸轮半径减小。杠杆 8 在回程曲线作用下使刀架 7 退回原位。凸轮 11 的 bc 段仍是快速升程曲线，刀架 13 继续趋近工件。凸轮 1 的半径不变，刀架 6 不动。凸轮与杠杆滚子的触点越过 c 以后，凸轮 11 的 cd 段是加工升程曲线，刀架 13 向前作进给运动，刀具进行切削加工。凸轮 1 和 9 的 cd 段是圆弧，半径不变，刀具 6、7 保持不动。当凸轮转至 d

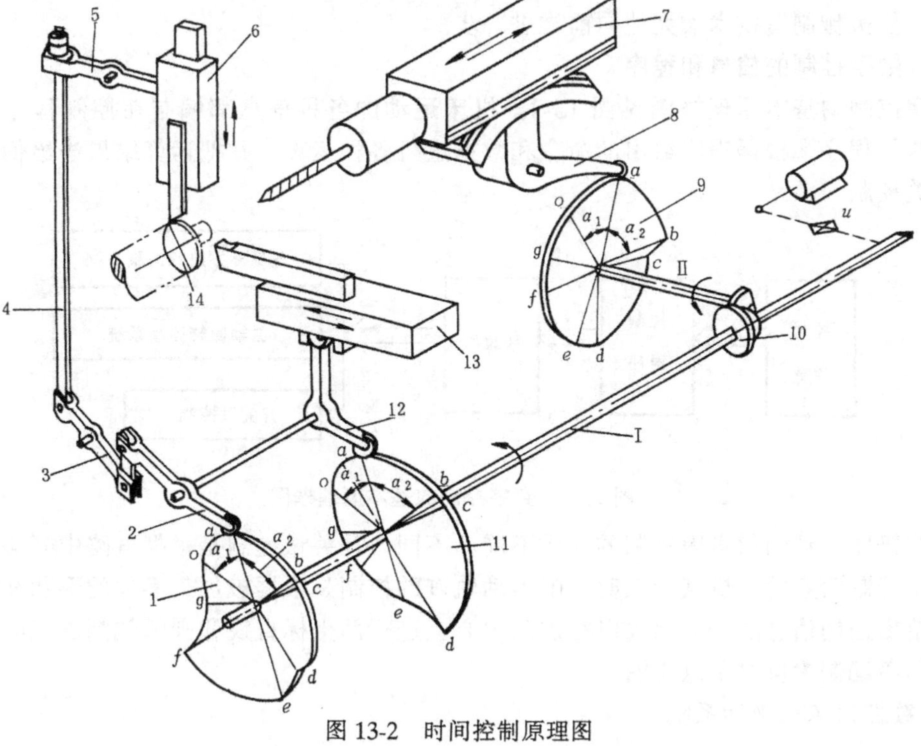

图 13-2　时间控制原理图

点与杠杆滚子接触时，凸轮 11 达到了加工升程曲线的最高点，刀架 13 达到了要求的切削深度。凸轮 1 处于升程曲线的起点。当凸轮从 *d* 转到 *e* 点时，凸轮 1 使刀架 6 快速引进；凸轮 11 使刀架 13 快速后退；凸轮 9 的 *defgo* 半径不变，使刀架 7 停留在最后位置，直到下一循环开始。当凸轮转至 *f* 点时，凸轮 1 使刀架 6 完成进给；转至 g 点时，完成快退。凸轮 11 的 *efg* 段半径不变，使刀架 13 停在后面位置不动。当凸轮与杠杆滚子的接触点从 *g* 到 *o* 时，三个凸轮的半径不变，三个刀架都不动，此时机床进行自动上料、夹紧、换刀等辅助运动。

分配轴Ⅰ、Ⅱ旋转一周的时间由换置机构 *u* 控制，改变 *u* 的传动比可改变凸轮的旋转速度。因而调整加工周期。调整实例见第三章第五节。

第二节 数字控制

由于计算机的发展，机床运动的控制已由机械控制、强电控制、液压控制发展到了数字控制。数字控制可以控制直线运动和回转运动部件的行程、速度和起停位置，其定位精度可达 1μm。也可以同时控制多个部件按一定规律动作（称多坐标联动），实现平面曲线和空间曲线的加工。有些数控系统配有仿形装置，可以进行仿形加工。数控系统可以控制齿轮加工中的展成运动和差动运动，并可加工非圆齿轮。数控系统可以控制开关电路的开、关时间和顺序，转动部件的转速（如主轴）、角位移和停止在准确位置上（如分度主轴，工作台）等。由于数字控制具有如此之多的控制功能，所以在机床控制中起到其他控制方式无法比拟的作用。数字控制的出现使机床面目一新，开辟了机床发展的新纪元。数字控制不但提高了机床的自动化程度和加工精度，也实现了各种复杂曲面的加工，能够进行从前许多无法实现的加工操作，使机械制造技术大大地向前推进一步。

一、数字控制的信息和程序

数字控制的基本原理框图见图 13-3。机床运动的各种信息都编制在控制程序中。计算机逐条执行程序，根据程序给出的命令和数据进行各种运算，并把运算结果送给伺服系统或进行开关控制。

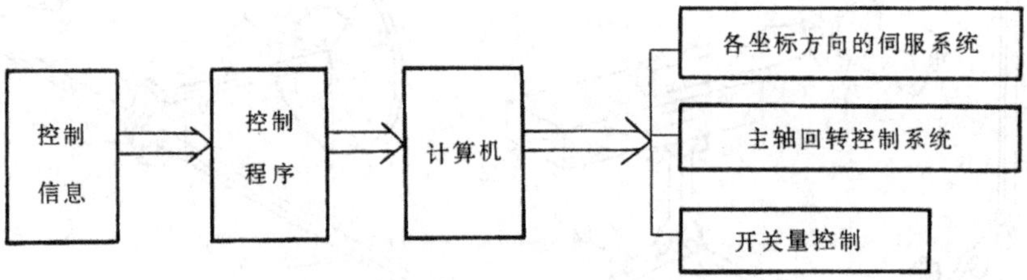

图 13-3 数字控制的基本原理框图

控制机床运动的信息因控制的性质不同而不同。开关量控制是根据电路中开关的不同组合，给出控制信息的；机械加工时切削运动轨迹的控制是根据被加工零件的形状和加工路线要求，给出控制信息的，下面仅以在加工中心上进行两坐标直线和圆弧铣削加工时所需要的信息及程序编制为例给予以说明。

1. 数控机床的坐标系统

数控机床加工时的控制量是该机床某一坐标系的坐标值。因此，必须首先说明机床的坐标系统。图 13-4 为一被加工零件和所在的坐标系简图。该零件在数控机床上加工时，一定被放在坐标系中的某一位置上。数控机床在出厂时根据工作台和主轴的移动位置已经确立了一个坐标系，这个坐标系是固定不变的，叫做基本机床坐标系。图中为 $OXYZ$。加工时机床的运动都以这个坐标系为基准。但零件编程时还不能确定该零件放在工作台的哪个位置，即还不能确定它在基本机床坐标系中的坐标位置。编程人员根据零件的结构特点、被加工表面的位置关系、为编程方便和加工时机床调整方便，另外设定一个坐标系，称为工件坐标系。图中为 $O'X'Y'Z'$。工件坐标系的原点通常设在最便于坐标值计算的地方。它仅与工件有关。在工件上一旦设定了坐标系，则该工件上被加工表面的位置便由该工件坐标系确定。工件移动，该工件坐标系也跟着移动。零件的加工程序，通常是根据它的工件坐标系编写的。加工时，把工件放到机床工作台上，则工件坐标系也就处在工作台的某一位置。安放工件时，一定要把工件坐标系的坐标轴和基本机床坐标系的坐标轴对应平行放置。移动工作台或刀具，把刀具对准工件坐标系坐标原点，则计算机便可根据刀具在基本机床坐标系中的位置算出工件坐标系原点 O' 在基本机床坐标系 $OXYZ$ 中的坐标值。加工时，计算机根据工件坐标系原点坐标值和零件程序中给出的坐标值相加或相减，来确定刀具的加工位置。在图 13-4 中，工件坐标系原点 O' 在基本机床坐标系 $OXYZ$ 中的位置为：$X_0'=500,00\text{mm}$, $Y_0'=300,00\text{mm}$, $Z_0'=15,00\text{mm}$。

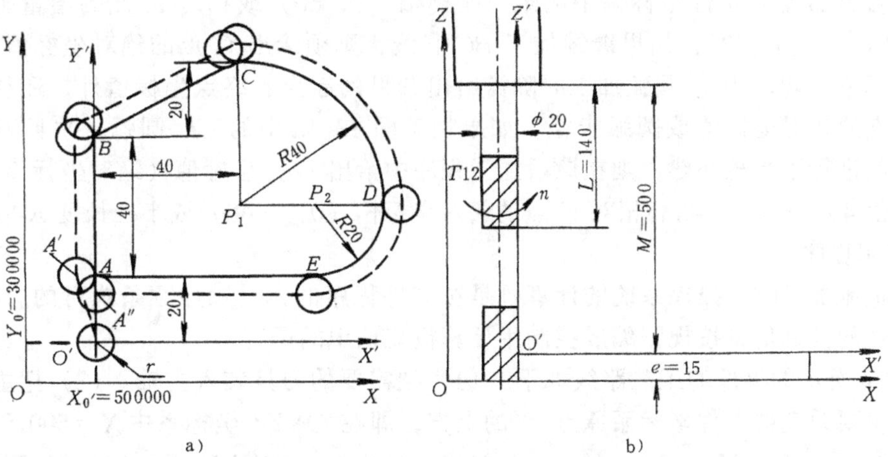

图 13-4　数控机床加工示意图

2. 刀具的半径补偿和偏置

如果轮廓加工的刀具采用立铣刀，如图 13-4b 所示，则加工表面应是以铣刀直径为直径的圆的包络线。从 A 点加工至 B 点时，刀具中心线应在刀具前进方向加工表面的左侧，距离等于铣刀半径，如图 13-4a 中的虚线。在某一面（例如 AB 面）轮廓加工时，由于刀具中心线的起、终点坐标值与工件轮廓线起、终点坐标值不一致，在零件编程时必须给出铣刀半径作为半径补偿量。计算机就根据工件这一段轮廓线的起点和终点坐标值及刀具半径补偿值算出刀具中心线轨迹。

Z 向位移是按主轴端部计算的，因此刀具的长度 L（图 13-4b）影响主轴 Z 向位移量。假如主轴端部到工件加工表面的距离为 M，则必须保证 $M>L$，使刀具端部到工件表面有足够的距离。加工前，主轴先 Z 向快速移动。通常使刀具端部趋近到距工件表面 1～3mm，这时主轴端部的 Z 向快移距离为：M—L—（1～3）mm。然后主轴再 Z 向作工作进给，若对工件的切入深度为 e，则主轴 Z 向进给距离为 e +（1～3）mm。由于使用的刀具的长度不同，所以 L 值是变化的。因此在编程时必须给出 L 值，作为主轴 Z 向移动的偏移量。

3. 控制信息

机床的全部运动都可数字控制。例如：主电机的启动与停止，主电机的转速；运动部件的移动速度，运动的起止位置；轮廓加工时两个以上运动部件的联动（插补运动）；切削螺纹；刀具的更换和刀具寿命的检测；工件或工作台的更换；工作加工位置的变更；加工精度的测量与控制；润滑油与冷却液的供应；铁屑的排除；加工时的图像显示等等。数字控制是由计算机通过程序控制的，所以编制的程序要包含所要控制的全部信息。信息代码由国际标准化协会 ISO 规定。每一种信息都由确定的代码表示，见表 13-1 和表 13-2。加工程序就是应用这些代码和被加工零件图样中给出的数据，按国家或厂商给出的编程规则编制的。

多坐标联动进行各种轮廓加工是数字控制的难点之一，编写加工程序时要包含轮廓特征的全部信息，图 13-4 是两坐标联动加工直线和圆弧轮廓时的例图。直线加工时应给出直线端点的绝对坐标值或相对坐标值。加工前，刀具处在设定的工件坐标系原点 o'。为了使刀具移到 A 点，必须在程序中给出 A 点的坐标值（0，20）。要加工 AB 直线，则在下一段程序中必须给出 B 点在工件坐标系中的绝对坐标值（0，60）或相对 A 点的增量坐标值（或称相对坐标值）（0，40），如果继续加工 BC 直线，则须给出 C 点的绝对坐标值（40，80）或相对坐标值（40，20）。圆弧加工时除需给出圆弧的起点、终点坐标值外，还须给出圆心距圆弧起点的相对坐标值或圆弧半径。如果加工图 13-4a 中的 CD 圆弧，并且刀具已在 C 点，又已经进行了半径补偿，则在该段加工程序中给出 D 点坐标值（绝对坐标值 80，40 或相对坐标值 40，−40），圆心相对 C 点的相对坐标值（0，−40）或半径长度 R40。

4. 控制程序

数控机床加工时，数控系统的计算机是按零件程序的先后顺序逐条执行的。零件编程，就是把上述的控制信息按规则编成控制用计算机能认识的语言。

图 13-4 所示的零件的工艺路线如下：（1）把需要的刀具装入主轴。（2）把主轴端部中心点移至将要设定的工件坐标系原点 O' 的上方，即在 $OXYZ$ 坐标系中 X＝500.000mm，Y＝300.000mm，Z＝515.000mm 处。（3）设定工件坐标系 $O'X'Y'Z'$。（4）把刀具从工件坐标系的 O' 点上方移至工件轮廓的 A 点上方，并作半径补偿，即把刀具中心从 O' 移至 A' 处。（5）使主轴以规定的转速正向旋转。使刀具沿 $-Z'$ 方向快进至其端部距工件表面 3mm 处。（6）刀具沿 $-Z'$ 向切入运动，达到要求的深度。（7）加工 AB 表面。（8）加工 BC 表面。（9）加工 CD 圆弧表面。（10）加工 DE 圆弧表面。（11）加工 EA 表面，刀具中心移至 A'' 点。（12）刀具 Z' 向上升，使主轴端部距工件表面 500.000mm，并消除刀具长度偏置。主轴停转。（13）刀具移回 $O'Z'$ 轴上，并消除半径补偿。

图 13-4 所示零件的加工程序如下：

```
N1  T12  M06                                          LF
N2  G90  G00  X500000  Y300000  Z515000               LF
```

```
N3   G92        X0      Y0        Z500000              LF
N4   G90  G00   G41     D08       Y20000               LF
N5   G43  D01   Z3000   S250      M03                  LF
N6   G01                Z-15000   F100                 LF
N7              Y60000            F150                 LF
N8              X40000  Y80000                         LF
N9   G02        X80000  Y40000    I0        J-40000    LF
N10             X60000  Y20000    I-20000   J0         LF
N11  G01        X0                                     LF
N12  G00        D00     Z500000   M05                  LF
N13  G40                Y0                             LF
N14                               M02                  LF
```

上述程序中各符号的意义如下：N_i 为程序顺序号。LF 是程序段结束符号。G00-G99 是准备功能代码，见表 13-1。M00-M99 是辅助功能代码，见表 13-2。T00-T99 是刀具编号代码。T 后面的数字是刀具在刀具库中的编号。如果刀库中的刀具数超过 100 把，T 后可用三位数。S00-S9999 是主轴转速机能代码，S 后面的数字是主轴转速，目前数控机床的转速多数不超过 10000r/min，如果超过 10000r/min，S 后可用 5 位数。X、Y、Z、U、V、W、A、B、C 是运动指令，它们后面必须跟有终点坐标值。终点坐标值是本段程序执行后，运动件到达的位置，U、V、W 是一一对应平行于 X、Y、Z 坐标轴的另一组直线运动指令，以便能控制一个坐标方向上的两个运动件同时运动。如在数控车床上可在程序中给出 Z、W 两个终点坐标值，分别控制床鞍和小刀架都沿主轴中心线方向运动。A、B、C 分别对应 X、Y、Z 轴，为绕轴回转的运动指令。

表 13-1 准备功能（G）代码

代码 (1)	功能保持到被取消或被同样字母表示的程序指令所代替 (2)	功能仅在所出现的程序段内有作用 (3)	功能 (4)	代码 (1)	功能保持到被取消或被同样字母表示的程序指令所代替 (2)	功能仅在所出现的程序段内有作用 (3)	功能 (4)
G00	a		点定位	G10～G16	#	#	不指定
G01	a		直线插补	G17	c		XY 平面选择
G02	a		顺时针方向圆弧插补	G18	c		ZX 平面选择
G03	a		逆时针方向圆弧插补	G19	c		YZ 平面选择
G04		*	暂停	G20～G32	#	#	不指定
G05	#	#	不指定	G33	a		螺纹切削，等螺距
G06	a		抛物线插补	G34	a		螺纹切削，增螺距
G07	#	#	不指定	G35	a		螺纹切削，减螺距
G08		*	加速	G36～G39	#	#	永不指定
G09		*	减速	G40	d		刀具补偿/刀具偏置注销

（续）

代码 (1)	功能保持到被取消或被同样字母表示的程序指令所代替 (2)	功能仅在所出现的程序段内有作用 (3)	功能 (4)	代码 (1)	功能保持到被取消或被同样字母表示的程序指令所代替 (2)	功能仅在所出现的程序段内有作用 (3)	功能 (4)
G41	d		刀具补偿一左	G60	h		准确定位 1（精）
G42	d		刀具补偿一右	G61	h		准确定位 2（中）
G43	#（d）	#	刀具偏置一正	G62	h		快速定位（粗）
G44	#（d）	#	刀具偏置一负	G63		*	攻丝
G45	#（d）	#	刀具偏置 + /+	G64～G67	#	#	不指定
G46	#（d）	#	刀具偏置 + /−	G68	#（d）	#	刀具偏置，内角
G47	#（d）	#	刀具偏置 − /−	G69	#（d）	#	刀具偏置，外角
G48	#（d）	#	刀具偏置 − /+	G70～G79	#	#	不指定
G49	#（d）	#	刀具偏置 0/+	G80	e		固定循环注销
G50	#（d）	#	刀具偏置 0/−	G81～G89	e		固定循环
G51	#（d）	#	刀具偏置 + /0	G90	j		绝对尺寸
G52	#（d）	#	刀具偏置 − /0	G91	j		增量尺寸
G53	f		直线偏移，注销	G92		*	预置寄存
G54	f		直线偏移 X	G93	k		时间倒数，进给率
G55	f		直线偏移 Y	G94	k		每分钟进给
G56	f		直线偏移 Z	G95	k		主轴每转进给
G57	f		直线偏移 XY	G96	I		恒线速度
G58	f		直线偏移 XZ	G97	I		每分钟转数（主轴）
G59	f		直线偏移 YZ	G98～G99	#	#	不指定

注：1. #号：如选作特殊用途，必须在程序格式说明中说明。

2. 如在直线切削控制中没有刀具补偿，则 G43 到 G52 可指定作其他用途。

3. 在表中左栏括号中的字母（d）表示：可以被同栏中没有括号的字母 d 所注销或代替，亦可被有括号的字母（d）所注销或代替。

4. G45 到 G52 的功能可用于机床上任意两个预定的坐标。

5. 控制机上没有 G53 到 G59、G63 功能时，可以指定作其他用途。

表 13-2　辅助功能（M）代码

代码	功能开始时间		功能保持到被注销或被适当程序指令代替	功能仅在所出现的程序段内有作用	功能	代码	功能开始时间		功能保持到被注销或被适当程序指令代替	功能仅在所出现的程序段内有作用	功能
	与程序段指令运动同时开始	在程序段指令运动完成后开始					与程序段指令运动同时开始	在程序段指令运动完成后开始			
(1)	(2)	(3)	(4)	(5)	(6)	(1)	(2)	(3)	(4)	(5)	(6)
M00		*		*	程序停止	M02		*		*	程序结束
M01		*		*	计划停止	M03	*		*		主轴顺时针方向

（续）

代码	功能开始时间		功能保持到被注销或被适当程序指令代替	功能仅在所出现的程序段内有作用	功能	代码	功能开始时间		功能保持到被注销或被适当程序指令代替	功能仅在所出现的程序段内有作用	功能
	与程序段指令运动同时开始	在程序段指令运动完成后开始					与程序段指令运动同时开始	在程序段指令运动完成后开始			
(1)	(2)	(3)	(4)	(5)	(6)	(1)	(2)	(3)	(4)	(5)	(6)
M04	*		*		主轴逆时针方向	M38	*		#		主轴速度范围 1
M05		*	*		主轴停止	M39	*		#		主轴速度范围 2
M06	#	#		*	换刀	M40～M45	#	#	#	#	如有需要作为齿轮换档,此外不指定
M07	*		*		2 号冷却液开	M46～M47	#	#	#	#	不指定
M08	*		*		1 号冷却液开	M48		*	*		注销 M49
M09		*	*		冷却液关	M49	*		#		进给率修正旁路
M10	#	#	*		夹紧	M50	*		#		3 号冷却液开
M11	#	#	*		松开	M51	*		#		4 号冷却液开
M12	#	#	#	#	不指定	M52～M54	#	#	#	#	不指定
M13	*		*		主轴顺时针方向,冷却液开	M55	*		#		刀具直线位移,位置 1
M14	*		*		主轴逆时针方向,冷却液开	M56	*		#		刀具直线位移,位置 2
M15	*			*	正运动	M57～M59	#	#	#	#	不指定
M16	*			*	负运动	M60		*		*	更换工件
M17～M18	#	#	#	#	不指定	M61	*				工件直线位移,位置 1
M19		*	*		主轴定向停止	M62	*		*		工件直线位移,位置 2
M20～M29	#	#	#	#	永不指定	M63～M70	#	#	#	#	不指定
M30		*		*	纸带结束	M71	*		*		工件角度位移,位置 1
M31	#	#		*	互锁旁路	M72	*		*		工件角度位移,位置 2
M32～M35	#	#	#	#	不指定	M73～M89	#	#	#	#	不指定
M36	*		#		进给范围 1	M90～M99	#	#	#	#	永不指定
M37	*		#		进给范围 2						

注：1. # 号表示：如选作特殊用途，必须在程序说明中说明。

2. M90～M99 可指定为特殊用途。

上述程序的 N1 段中的 T12 是所用铣刀在刀库中的编号，M06 是换刀指令。执行这段程序的结果是计算机按指令要求控制机床，把 12 号刀从刀库中取出，装到主轴上。

N2 段程序中的 G90 是绝对坐标尺寸指令，在这个指令控制下，机床是按绝对坐标尺寸运动的。只要不被同组代码(G91)改写，它对后面的程序段一直有效。具有这种性质的指令代码称为模态代码。由于 N2 段以前没有设定工件坐标系，因此，这段程序中的 X、Y、Z 数值是基本机床坐标系中的绝对尺寸坐标值。G00 是快速移动到定位点指令代码，它也是模态代码(它的同组代码是 G01、G02 和 G03)。在 G00 后面必须有定位点的坐标值。执行这段程序时，移动件快速移动到定位点，其速度是一定的，通常为 10～15m/min 有的机床可达 20m/min。

执行这段程序以后，主轴端部中心点移到基本机床坐标系的 $X=500000\mu m$，$Y=300000mm$，$Z=515000\mu m$ 处（坐标值小数点后面的三个零表示精确到 μm 级）。

N3 段是设定工件坐标系程序段，G92 是设定工件坐标系的指令代码，它后面必须跟有设定工件坐标系的坐标值。设定工件坐标系前必须把主轴端部中心点移到需要的位置。执行 N3 段程序时主轴和工件在原地不动，只是坐标发生变化。G92 后面的坐标值是主轴端部中心点在新设定的工件坐标系中的位置。有了这个坐标值，新设定的工件坐标系的原点便可确定。通常工件坐标系的坐标轴与基本机床坐标系的坐标轴是对应平行的。因而工件坐标系也就确定了。由图 13-4 知，N2 段程序已经把主轴端部中心点移到基本机床坐标系的 $X=500mm$，$Y=300mm$，$Z=515mm$ 处。N3 段程序又把这一点确定在设定工件坐标系的 $X=0$，$Y=0$，$Z=500mm$ 处。这就把工件坐标系确定下来了。一旦工件坐标系设定了，随后各段程序都在设定的工件坐标系内运行。X、Y、Z 符号不用改变。

N4 段中的 G41 D08 是刀具半径补偿指令。它必须放在运动指令前面，这里它是放在 $Y20000$ 前面(20000 的单位是 μm)。其中 G41 是左侧偏置代码，D08 是偏移量代码。由图 13-4a 可以看出：N3 段程序已经把主轴端部中心点确定在工件坐标 O'点的上方，在 $X'O'Y'$平面上的投影与 O'点重合。执行 N4 段程序时又把这个投影点沿 $O'A'$移到 A'点。A'点位于由 O'到 A 前进方向的左方，并且 AA'连线垂直于 $O'A$ 连线，所以用 G41 确定这个偏置关系(假如前述的偏移是在刀具前进方向的右侧，则应用右侧偏置代码 G42)。A'到 A 的距离应等于刀具半径 r，这个值由 D08 确定，D08 是偏移量地址，这个地址中的数值就是刀具半径值。偏移地址可用 D00-D99 中任何一个代码表示，在 N4 段程序中也可用其中任何一个而不用 D08。应用前必须把刀具半径值人工输入到这个代码所表示的地址中。N4 段程序中没有出现 X、Z 坐标值。编程规则规定，程序段中没有出现的运动指令，按前段已经出现的坐标值算。

N5 段程序的作用之一是使刀具 Z 向趋进工件，由于坐标值都是按主轴端部中心点计算的，而主轴上又一定要装刀具，刀具端部到主轴端部的距离等于刀具长度，因此在 Z 向坐标计算时一定要考虑刀具的长度，若 N5 段中 $Z3000$ 的前面没有偏移指令（G43、G44）和偏移量地址（D00—D99），则表示主轴端部 Z 向移动的终点坐标值在工件坐标系中绝对坐标 $Z=3mm$ 处。G43 是刀具正偏置指令，指示主轴端部向所在坐标的正向偏置。D01 是偏移量地址，在这个地址中装有刀具长度。图 13-4b 中，刀具长度为 140mm。所以本段程序 D01 地址中的值为 140000。编写程序时一定要把刀具偏置指令和 D 代码放到运动指令的前面。G43 D01$Z3000$ 表示主轴端部 Z 向移动到坐标值为（$3000+140000$）$=143000mm$ 处，这时刀具端部在 $Z=3000\mu m$ 处。在 N5 段程序中没有出现 G00 的同组代码，因此 N4 段的 G00 在这段中有效，即 N5 段仍按 G00 方式工作。同样，G90 仍在 N5 段起作用，它表示 Z 后面的值是绝对坐标值。S250 命令主轴以 250r/min 旋转，M03 则命令主轴顺时针旋转（正向）。

在 N6 段程序中，N4 段中的 G00 被改写为 G01。N5 段中的 G43 和 D01 继续有效，因为它们都是模态代码。G01 是直线插补指令，即从前几段中的定位快移运动转为直线插补的进给运动。它后面必须有运动指令和速度指令。本句的运动指令是 $Z=-15000$，速度指令是 F100。F100 命令刀具进给速度为 100mm/min。执行 N6 段程序的结果是：刀具从工件绝对坐标 $Z=3000\mu m$ 处以每分钟 100mm 的进给速度下降到 $Z=-15000\mu m$ 处。G01 是模态代码。它在以后的 N7，N8 段程序中都有效。

执行 N7 段程序的结果是：刀具以 150mm/min 的进给速度在工件坐标系中 Y 向走到绝

对坐标值为60000μm处(图13-4a中加工从A点至B点)。进给速度代码F也是模态的,N7段程序的F150在N8段有效。因此,不难看出:执行N8段程序的结果是刀具以G01方式(直线插补)以与上一段同样的速度切削加工到$X=40000\mu$m,$Y=80000\mu$m处(从B点到C点)。

在N9段程序中G01被同组代码改写为G02。G02是顺时针方向圆弧插补指令代码，它后面必须跟有圆弧终点坐标值和圆心对圆弧起点的相对坐标值（或圆弧半径）。I表示X方向圆心对圆弧起点的相对坐标值，J、K则分别表示Y、Z方向圆心对圆弧起点的相对坐标值（I、J、K不可以是绝对坐标值）。执行N9段程序的结果是刀具仍以F150指令速度加工图13-4a中的CD圆弧。同样，N10段程序是加工DE圆弧。

N11段程序用来加工EA段直线。G01代码改写了前段程序的G02代码。由于该直线终点A的坐标值与起点E比较，Y方向没变，程序中可以不出现，X方向由E点的$X=60000$变为A点的$X=0$，因此程序中只给出X0指令值。执行这段程序的结果是：刀具以F150的进给速度从E点加工到A点

在N12段程序中，运动指令Z的前面出现D00代码，这个代码与N5段程序中的D01代码意义一样，只是它表示的偏置量永远是零。N5段中的G43在这段仍起作用，只是它后面D代码由D01换成D00，执行这段程序的结果是：主轴端部中心点以G00方式移到$Z=500000\mu$m处，其偏置量为零。M05命令主轴停转。

由图13-4a可以看出：执行到N12以后，主轴位于A''的上方，它的中心线与A点仍保持有刀具半径偏置量（或称刀具半径补偿）。刀具回到O'点上方时应消除这个偏置。N13段程序中的G40是消除刀具半径补偿的指令，它必须被放在运动指令的前面。执行N13段程序的结果是使主轴中心线由A''点回到O'点，同时消除半径补偿。

N14段的M02是程序结束命令。

二、零件程序的编制

程序的编制（简称编程）有手工的和自动的。

这里仅就手工编程作简要介绍：

上一节讲述的程序是手工编制的程序，从中可以看出手工编程的结构和内容。一个完整的程序由若干程序段组成。每段程序的开始符号是序号N_i（i是从1开始的自然数），结束符号是LF。每一段内由若干表示不同功能的字组成，如N2段的字G90表示绝对尺寸坐标，字X500000表示X方向终点坐标值。根据每段程序所完成的工作，编程人员必须准确无误地运用表13-1、表13-2中的指令代码和坐标尺寸字、刀具机能代码和主轴机能代码等按规则编好每一段程序。不同的数控系统编程规则不完全相同，编程人员必须根据所用系统的编程说明来编制加工程序。手工编程之前必须做好两项准备工作：①制定被加工零件的工艺路线，②计算编程尺寸。

（1）制定被加工零件的工艺路线　由上节讲述的编程过程可以看出，编程之前必须确定加工方法、选用刀具，确定所用刀具的尺寸。根据工件材料和刀具材料确定切削用量和进给速度。由切削速度算出主轴转速。根据走刀路线确定每一工步的排列顺序等等。同一个工件可有不同的工艺方案。应在保证加工精度的条件下选择工艺路线最短，换刀次数最少，所用工时最少的工艺方案。确定工艺路线时还应考虑工件在机床上的安放位置、定位基准和夹紧方式。

（2）编程尺寸的计算　程序段中坐标字符后面必须有终点坐标值（执行本段程序后刀具

到达位置的绝对坐标值或相对坐标值)，这些终点坐标值也称编程尺寸，编程尺寸必须在编程之前算好。因为这是坐标值的计算，所以在计算之前必须设定工件坐标系，通常工件坐标

表 13-3 数控机床用 ISO 编码表

代码孔 8	7	6	5	4		3	2	1	代码符号	定义
		○	○		∘				0	数字 0
○		○	○		∘			○	1	数字 1
○		○	○		∘		○		2	数字 2
		○	○		∘		○	○	3	数字 3
○		○	○		∘	○			4	数字 4
		○	○		∘	○		○	5	数字 5
		○	○		∘	○	○		6	数字 6
○		○	○		∘	○	○	○	7	数字 7
○		○	○	○	∘				8	数字 8
		○	○	○	∘			○	9	数字 9
	○				∘			○	A	绕着 X 坐标的角度
	○				∘		○		B	绕着 Y 坐标的角度
○	○				∘		○	○	C	绕着 Z 坐标的角度
	○				∘	○			D	特殊坐标的角度尺寸；或第三进给速度功能
○	○				∘	○		○	E	特殊坐标的角度尺寸；或第二进给速度功能
○	○				∘	○	○		F	进给速度功能
	○				∘	○	○	○	G	准备功能
	○			○	∘				H	永不指定（可作特殊用途）
○	○			○	∘			○	I	沿 X 坐标圆弧起点对圆心值
○	○			○	∘		○		J	沿 Y 坐标圆弧起点对圆心值
	○			○	∘		○	○	K	沿 Z 坐标圆弧起点对圆心值
○	○			○	∘	○			L	永不指定
	○			○	∘	○		○	M	辅助功能
	○			○	∘	○	○		N	序号
○	○			○	∘	○	○	○	O	不用
	○		○		∘				P	平行于 X 坐标的第三坐标
○	○		○		∘			○	Q	平行于 Y 坐标的第三坐标
○	○		○		∘		○		R	平行于 Z 坐标的第三坐标
	○		○		∘		○	○	S	主轴速度功能
○	○		○		∘	○			T	刀具功能
	○		○		∘	○		○	U	平行于 X 坐标的第二坐标
	○		○		∘	○	○		V	平行于 Y 坐标的第二坐标
○	○		○		∘	○	○	○	W	平行于 Z 坐标的第二坐标
○	○		○	○	∘				X	X 坐标方向的主运动
	○		○	○	∘			○	Y	Y 坐标方向的主运动
	○		○	○	∘		○		Z	Z 坐标方向的主运动
		○		○	∘	○	○		·	小数点 *①
		○		○	∘		○	○	+	加/正
		○		○	∘	○		○	−	减/负
○		○		○	∘		○		*	星号/乘号
○		○		○	∘	○	○	○	/	跳过任选程序段（省略/除）
○		○		○	∘	○			,	逗号①
○		○	○	○	∘	○		○	=	等号①
		○		○	∘				(	左圆括号/控制暂停
○		○		○	∘			○	)	右圆括号/控制恢复
		○			∘	○			$	单元符号①
		○	○	○	∘		○		:	对准功能/选择（或计划）倒带停止
				○	∘		○		LF	程序段结束，新行或换行
○		○			∘	○		○	%	程序开始
				○	∘			○	HT	制表（或分隔符号）
○				○	∘	○		○	CR	滑座返回（仅对打印机适用）
○	○	○	○	○	∘	○	○	○	DEL	注销
○		○			∘				SP	空格
○				○	∘				BS	返绕（退格）
					∘				NUL	空白纸带
○			○	○	∘			○	EM	载体终了

① 表示补充的不常用

系是根据编程方便和有利于提高加工精度设定的。各程序段的编程尺寸在这个坐标系中确定。每一段程序执行之前，刀具已在这段路线的起点。切削前，刀具被引入到切削点时，刀具引入前的位置是起点，到达的位置是终点。所以在程序段中只需给出走刀路线终点的坐标值。当走刀路线是直线时，编程尺寸应是该直线的终点坐标值（绝对坐标值或相对坐标值）。当走刀路线是圆弧时，坐标尺寸应是圆弧终点坐标值和圆心对圆弧起点的相对坐标值。当被加工表面是不规曲面时，走刀路线不是直线和圆，这时可用列表法求出曲线的许多节点坐标值，再在相邻两节点间用直线、圆弧、牛顿插值函数等线条连接起来，以近似地代替该曲线编程尺寸就是这些节点的坐标值。

图 13-4 所示的零件，按设定坐标系中绝对坐标计算如下。A 点：$X'=0$，$Y'=20$。B 点：$X'=0$，$Y'=60$。C 点：$X'=40$，$Y'=80$。D 点：$X'=80$，$Y'=40$。E 点：$X'=60$，$Y'=20$。$P1$ 点和 $P2$ 点是圆弧中心，有些数控系统规定必须计算它和圆弧起点的相对坐标值：$P1$ 点：$I=0$，$J=-40$，$P2$ 点：$I=-20$，$J=0$。以上各点都在 $X'O'Y'$ 坐标平面上，故各点的 Z 坐标都是零。在编程时，X'、Y'、Z'一律写作 X、Y、Z。

(3) 程序的输入和校验　零件程序编好以后要输入计算机,并进行程序考核。输入方式主要是键盘输入和纸带输入。不论那种输入,最终结果都是由计算机自动地把编写程序中的字符、数字和符号按编程顺序都变成计算机认识的 ASC*II* 码,然后计算机再把这些 ASC*II* 码译成机器码,才能进行插补运算,控制机床运动。数控机床所用的 ISO 代码(表 13-3),就是 ASC*II* 码的一部分。纸带输入就是把编好的程序,根据表 13-3 中 ISO 代码规则,把程序中的每一个字符、数字和符号依程序中的先后顺序在宽 25.4mm,厚 0.108mm 黑色纸带上穿成一排一排的 ϕ1.83mm 的孔。每一排有八单位,前七位表示一个字符、一位数字或一个符号。有孔表示 1,无孔表示 0。第八位是补偶位,若前七位的穿孔数是奇数,则在第八位上穿一孔,以保证每排穿孔数都是偶数。在每一排的第三位和第四位之间都要穿一个 ϕ1.17mm 的同步孔,与光电读入机的驱动针轮相啮合,驱动纸带前进。穿孔后纸带上的每排孔就是一个 ASC*II* 码,通过光电读入机读入计算机后,再对整个程序的 ASC*II* 码进行编译。

键盘输入是把编好的程序由键盘上的按键输入到计算机内存。每一个按键固定不变地代表一个字符、数字或符号。当把一个键按下时，由于键盘内部的电路控制，就形成了相应的 ASC*II* 码，并送入计算机内存。键盘输入方便灵活，便于修改，所以应用较广，目前国内外数控系统中都配有键盘。有些系统，尤其是利用通信接口控制的系统中，还配有磁盘或磁带输入装置。可以把修改好的程序记录在磁盘或磁带上，以备再用。有些系统带有自动穿孔机。调试、修改好的程序可自动打孔，以便保存再用。

程序校验的方法是机床试运行。试运行时,有的机床上可用笔代替刀具,用纸代替工件,由程序控制运动,检查机床运动轨迹与动作的正确性。有些数控装置可在屏幕上显示运动轨迹和动作,来检查编程的正确与否。如果发现编程有误,修改后应再校验,直至正确无误。

第三节　插 补 原 理

控制信息编程以后，需把程序输入到计算机中。计算机逐条处理输入的程序，并根据程序的要求进行各种运算。数控机床工作时的主要运算是插补运算。在两坐标联动的数控机床中，插补运算主要是直线插补运算和圆弧插补运算。这里仅以两坐标联动的插补原理来说明计算机的控制作用。

一、直线运动插补原理

图 13-5 中，AB 线为在 XOY 坐标系中的斜线。在数控机床上加工出这条斜线需要计算机进行插补运算。插补运算就是把这条直线分成许多小段，求出每一小段的长度 f 和在坐标轴上的投影 ΔX、ΔY。计算机每插补运算一次，求出一组 f、ΔX、ΔY 的二进制数。ΔX 和 ΔY 输出给伺服系统，控制机床 X 和 Y 向执行器官同时分别移动距离 ΔX 和 ΔY。

如果插补时间为 t（ms），即每隔 t 进行一次插补运算，程序中给出的进给速度为 v_f（mm/min），则刀具（或工件）在 t 时间内沿斜线移动的距离应为 $f=\frac{v_f}{60\times1000}t$ 若 $t=8$ms，$v_f=100$mm/min，则 $f=\frac{100}{60\times1000}\times8\text{mm}=0.01333\text{mm}$。这个 f 值称一次插补进给量。由图 13-5 可知：$\text{tg}\alpha=(Y2-Y1)/(X2-X1)$，$\cos\alpha=1/\sqrt{1+\text{tg}^2\alpha}$。因此可以求出在 t 时间内 X 坐标方向移动量 $\Delta X=f\cos\alpha$，Y 坐标方的移动量 $\Delta Y=[(Y2-Y1)/(X2-X1)]\Delta X$。斜线 AB 起、终点坐标 $X1$、$X2$、$Y1$、$Y2$ 是零件程序中给出的量，是已知数。计算机工作时，由零件程序中的 G01 代码调出固化在内存中的直线插补计算程序（在这些程序中包括上述给出的公式），再利用零件程序中给出的直线起、终点坐标值，算出 ΔX、ΔY。计算机每隔一个插补时间进行一次插补运算，求出一组插补进给量（ΔX，ΔY），各坐标方向同时分别完成一次位移，这样连续不断地工作，直到斜线的终点 B。

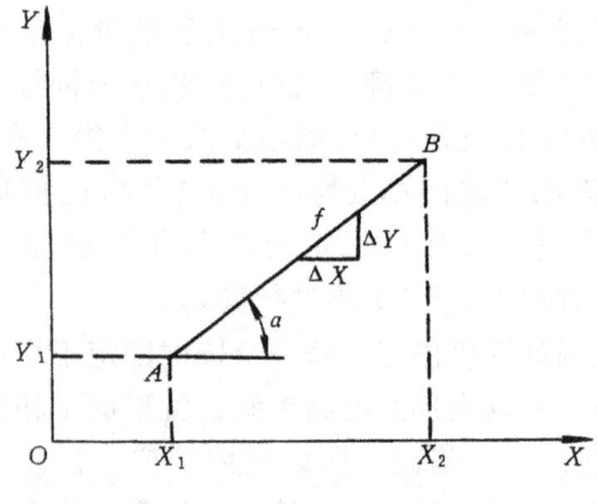

图 13-5　直线运动插补原理图

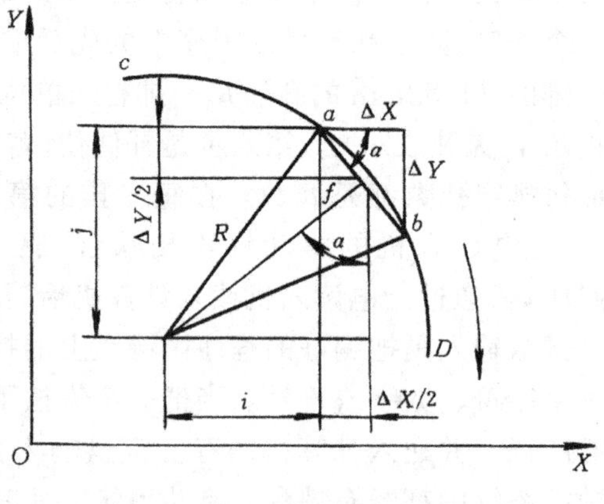

图 13-6　圆弧运动插补原理图

二、圆弧运动插补原理

和直线运动插补原理相似，圆弧运动插补运算也是把圆弧分成许多小段，求出每小段的弦线长度和在各坐标方向上的分量。根据零件程序中给出的速度，算出各小段的弦长。前述程序的 N9 段是加工图 13-4a 中的 CD 段圆弧。进给速度指令是 F150，即进给速度为 150mm/min。假如 8ms 进行一次插补运算，则每一次插补进给移动量 f（被分割小段弦长）为：$f=150\times8/(60\times1000)\text{mm}=0.02\text{mm}$。

图 13-6 中圆弧 CD 处在 XOY 坐标系中，弦 ab 为一次插补进给移动量 f（a、b 间的直线距离），ΔX、ΔY 为弦 f 在 X 轴和 Y 轴上的投影，$\angle\alpha$ 为 ΔX 与 ab 的夹角。由图可以看出：

$$\begin{cases}i^2+j^2=R^2\\(i+\Delta X)^2+(j-\Delta Y)^2=R^2\end{cases}$$

两式相减得

$$\Delta X(2i+\Delta X)-\Delta Y(2j-\Delta Y)=0$$

则

$$\Delta Y=\Delta X\ (2i+\Delta X)\ /\ (2j-\Delta Y) \tag{13-1}$$

由图 13-6 可看出

$$\Delta X = f\cos\alpha \tag{13-2}$$

在圆弧插补过程中，α 是变化的。在 ab 的中点，α 可用下式算出

$$\mathrm{tg}\alpha = [i+(f\cos\alpha)/2][j-(f\sin\alpha)/2] \tag{13-3}$$

式（13-3）中的 i、j 比 f 大得多，带有 f 的项对运算结果影响不大。可用 cos45°代替 $\cos\alpha$，用 sin45°代替 $\sin\alpha$。sin45° = cos45°≈23/32，则得

$$\mathrm{tg}\alpha = (i+23f/64)/(j-23f/64) \tag{13-4}$$

又

$$\cos\alpha = 1/\sqrt{1+\mathrm{tg}^2\alpha} \tag{13-5}$$

插补运算时，从式（13-4）、式（13-5）计算 $\cos\alpha$，代入式（13-2）计算 ΔX，再代入式（13-1）计算 ΔY。

虽然由式（13-4）算出的 $\mathrm{tg}\alpha$ 有误差，使得由式（13-2）算出的 ΔX 有误差。但由于式（13-1）是精确的。把有误差的 ΔX 代入式（13-1），算出的 ΔY 值仍能保证每次插补算出的坐标点一定在圆弧上，不影响加工精度。只是使 f 值有微小的变化。

把式（13-1）、式（13-2）、式（13-4）、式（13-5）及 f 的计算式编为程序，并固化在计算机内。顺圆弧插补时用 G02 代码调出，用以计算 ΔX、ΔY 值。将此值输给 X、Y 坐标方向的伺服系统，控制机床 X、Y 方向同时动作，使刀具沿 ab 弦线从 a 点走到 b 点，完成一次插补联动。每次圆弧插补运动只用几毫秒时间。计算机连续不断地一次又一次进行插补运算，并及时送给伺服系统，控制机床的运动，直到这段圆弧加工完毕。圆弧插补实际上是用折线代替圆弧。每段折线很短，误差在允许的范围之内。

逆圆弧加工时，调用逆圆弧插补程序。加工其他类型的曲线时，可调用其专用程序。若系统中没有这种曲线的加工程序，可用小段圆弧拼接来代替。无论何种曲线轮廓加工，其插补原理都是把曲线细分成许多小段。刀具加工轨迹是每一小段的弦线。弦线很短，所以误差很小，仍能保证加工精度。每一小段的长短，与 v_f（插补进给速度，mm/min）和 f（插补进给移动量，mm）有关。每一小段的值越短，加工精度越高。

第十四章　总 体 设 计

机床设计是创造性的劳动。它是机床设计师根据市场的需求，现有的制造条件和新工艺的发展，运用有关的科学技术知识进行的。随着科学技术的发展，机床设计工作也在不断地发展和完善。由单纯靠类比发展到分析计算；由单纯静力分析发展到包括静态、动态以及热变形热应力等的分析；由定性分析发展到定量分析，在设计阶段就能预测其性能，提高一次成功率。计算机辅助设计技术的发展，提高了设计效率，缩短了设计周期。生产的社会化使许多零部件都可外购，减少了设计、制造工作量。

第一节　机床设计应满足的基本要求

评价机床性能的优劣，主要是根据技术经济指标来判断的。技术先进，经济合理，亦即“质优价廉”才会受到用户的欢迎，在国内和国际市场上才有竞争力。机床设计的技术经济指标可从满足性能要求、经济效益和人机关系等方面进行分析讨论。

一、性能要求

1. 工艺范围

机床的工艺范围是指机床适应不同生产要求的能力。大致包括下列内容：在机床上可完成的工序种类；加工零件的类型、材料和尺寸范围；毛坯的种类等。

在机床实现数控化以前，自动化机床只能实现简单的工作循环，例如刀架或工作台的快进—工作进给—快退—停。因此，工序只能是分散的。一台机床只能担负某几道工序甚至某一道工序的加工。加工件的类型、材料和尺寸范围也都限制在很小的范围内。毛坯的种类也是单一的。对于这类工艺范围较窄的情况，通常采用专用机床或专门化机床，例如组合机床。这种机床一般只能用于大批、大量生产。

数控机床能够在一次装夹下完成大量工序，重新调整又十分方便，故适用于小批生产自动化。目前，数控机床已开始用于大批大量生产，以充分发挥其高生产率、低废品率，减少半成品储备，缩短生产周期，便于调整等优点。

通用机床适用于小批、单件生产，产品多变。机床应能完成尽可能多的工序，适应各种工业部门的需要。因此，工艺范围应当宽一些。例如应具有较宽的变速范围和相适应的尺寸参数，以及配有较多的附件等，以便扩大机床的应用范围。

数控机床的工艺范围比之传统的通用机床更宽，例如数控车床，可以完成卧式车床、转塔车床、多刀半自动车床和仿形车床等加工工艺。各种加工中心则在数控机床的基础上，进一步拓宽工艺范围。例如镗铣加工中心，由于备有刀库，在加工过程中可以自动更换多种刀具，在一次安装下完成较多工序的加工。备有可转位工作台的加工中心，还可进行多面加工。此外，还有数控和仿形相结合的加工中心，主轴可立可卧的所谓“五面加工”机床等。因此，加工中心（Machining Center）比通用机床的工艺范围还要宽的多，而且调整方便，又可获得很高的加工精度。又如车削中心，在数控车床的基础上，增加了动力刀具，可以钻铣，主轴可作分度运动，主轴旋转与刀架的纵横向移动相配合，可铣削螺旋沟槽等。

随着生产的发展，将不断地提出新的要求，机床的品种将会越来越多，发展也会越来越迅速。

2. 加工精度和表面粗糙度

机床的加工精度是被加工零件在尺寸、形状和相互位置等方面所能达到的准确程度。

机床精度分三级：普通精度级、精密级和高精度级。这三种精度等级的公差，如以普通精度级为 1，则它们之间的比例，大致为：1:0.4:0.25。机床的精度，包括几何精度、传动精度、运动精度和定位精度等。几何精度是指机床在不运动或运动速度较低时的精度，它是由机床各主要部件的几何形状和它们之间的相对位置与相对运动轨迹的精度决定的。传动精度是指内联传动链两末端件之间的相对运动精度，它决定于传动系统中机件的制造精度和装配精度以及传动系统设计的合理性。运动精度是指机床的主要部（组）件以工作状态的速度运动时的精度。定位精度是指机床主要部件在运动终点所达到的实际位置的精度。只有机床精度达到一定要求后，才能满足机床加工精度的要求。从发展趋势上看，机床的精度在逐步提高。

保证机床的加工精度，除对机床本身的精度要求外，还要求具有一定的刚度，即要求机床以及主要零、部件具有一定的抵抗外载荷的能力。在受力条件下，保证各主要零、部件相对位置的正确性。

影响机床加工精度的因素还有由构件残余应力引起的变形、热变形和磨损等。

机床加工的工件表面粗糙度也是机床主要性能之一。它与工件和刀具的材料、进给量、刀具的几何形状和切削时的振动有关。对表面质量要求越高，也就是要求表面粗糙度越小，则对抗振性的要求越高。机床的抗振性包括两个方面：抵抗受迫振动的能力和抵抗自激振动的能力。如果振源的频率与机床某主要部件（例如主轴组件、床身）的某一振型（如弯曲振动、扭转振动）的固有频率重合时，就将发生共振。振幅大增，加工表面粗糙度将会大大增加。切削自激振动，产生于切削过程之中。如果切削不稳定，则切过的表面，其波纹度将越来越大，振动越来越剧烈，将严重影响加工表面的质量。

3. 生产率

机床的生产率通常是指在单位时间内机床所能加工的工件数量。要提高机床的生产率，必须缩短加工一个工件的平均总时间，其中包括缩短切削加工时间、辅助时间以及分摊到每个工件上的准备和结束时间。采用先进刀具提高机床的切削速度，采用大切深、大进给、多刀多刃和成形切削，以铣代刨等都可以缩短切削加工时间以提高生产率。例如，有的数控车床的切削速度已达 475m/min 或更高，磨削速度也在 60m/s 以上，有的高速滚齿机的切削速度已达 305m/min；成批生产的中、小型机床床身导轨面，也可用组合铣刀或组合砂轮一次完成各面的铣削或磨削加工。在缩短切削加工时间的同时，还必须注意缩短辅助时间。例如，空行程用高速机动快移；夹紧用气压或液压卡盘；采用自动测量和数字显示，可以大大缩短甚至取消停机测量的辅助时间，从而提高生产率。

4. 自动化

机床自动化可减少人对加工的干预，从而保证加工的一致性，即被加工零件的精度稳定性。还具有提高生产率和减轻工人劳动强度的优点。目前，机床自动化还可分为大批大量生产的自动化和单件小批生产的自动化。大批大量生产的自动化，常采用自动化单机（如自动机、组合机床）和由它们组成的自动生产线。单件小批生产的自动化，则采用数控机床、加工中心，或由它们组成的柔性制造系统（Flexible manufacturing system）和工厂自动化（Factory automation）。

柔性制造系统（FMS）是一种具有较大灵活性的生产系统，是以提高灵活性和生产率为目的，有效地综合了加工、传送和控制功能的高度自动化系统。目前，正在运行的大部分柔性制造系统，主要是完成切削加工或磨削加工的自动化系统。例如，在一个加工机床零件的柔性制造系统中，由计算机控制系统的运行。在机械加工的单元群中，有7台加工中心（MC）完成对主轴类、磨床尾座、车床床鞍和齿轮箱体等120种零件的加工。工件安装在托盘中，由感应式台车将它们送到机床随行夹具的交换装置上。在工具管理室中，有600把刀具，设有刀具预调装置。可实现自动换刀和检测刀具寿命。加工循环的时间，根据不同的零件，需要0.7～7h。

工厂自动化（FA）是指能够进行多品种小批生产的自动化系统，属于柔性制造系统（FMS）的进一步发展。它可以昼夜24h工作，夜里仅需少数人值班，充分利用了时间。这既可创造更为舒适的劳动环境，又可提供物美价廉的产品。

无人化工厂的自动生产，在国外已经出现了许多，现仍在稳步地发展。1980年就已经出现了由工业机器人（Industrial robot）服务于生产的自动化工厂。随后又出现了能进行交流电动机、交流和直流伺服电动机的从加工到装配（除磁心落科、层叠、绕线、配线和涂装外）的自动化工厂。该厂为占地$100\times80m^2$的两层建筑。机械加工车间在一楼，有加工中心（MC），数控车、磨、钻等机床共60台，机器人和随行夹具交换装置共52台，两台输送台车。该系统可进行40种电机和伺服电机的加工，加工工件约900种，每批加工数量可为20～1000件。装配车间在二楼，有49台装配机器人，4条装配作业线，5台输送车。装好的电动机经自动检验后，再由包装机自动包装。自动仓库将上下两层楼的生产连接起来。进库的毛坯按种类和规格存放，根据加工需要由台车送至加工单元。机器人将工件装到机床上。切屑由传送带送入积屑桶，再由台车把积屑桶运走。加工好的零件送回仓库。按需要将零件送往二楼进行装配。装配、包装好的电动机，再存入仓库，以备发货。

5. 可靠性

机床的工作可靠性也是一项重要的技术经济指标。随着自动化水平的不断提高，需要许多机床、仪表、控制系统和辅助装置协同工作，例如自动线，由数控机床组成并用电子计算机控制的自动化加工系统，自动化工厂等。它们对机床可靠性指标的要求是相当高的。倘若因一台机床出故障而停车，往往会影响全线或某一部分的自动化生产。因此，对于纳入自动线、自动化加工系统或自动工厂的机床，必须采取适当的措施来保证机床的可靠性。

6. 机床寿命

机床寿命就是机床保持它应具有的加工精度的时间。随着技术设备更新的加速，对机床寿命所要求的时间也在减短。对于中、小型通用机床，它的寿命为8年左右。对于专用机床则要求短些，因为它将随所加工的产品的更新而废弃。这就要求机床在最高生产率的条件下工作，在使用期内充分地发挥机床的效能，取得最大的经济效益。对于大型机床和精密级、高精度级机床，则要求寿命长些，因为这些机床的价格高，希望能在较长的时间里保持精度，以提高经济效益。

确保和提高机床的寿命，主要是提高关键性零件（如主轴轴承和导轨）的耐磨性，并使主要传动件的疲劳寿命与之相适应。机床的精度保持性好，寿命较高，也会在市场上取得信誉，打开销路。

二、经济效益

在保证实现机床性能要求的同时，还必须使机床具有很高的经济效益。不仅要考虑机床设计和生产的经济效益，更重要的是要从用户出发，提高机床使用厂的经济效益。

对于机床生产厂的经济效益，主要反映在机床成本上。机床的成本不仅包括材料、加工制造费用，而且还包括研制和管理费用。管理水平的高低是直接影响机床成本的重要因素。必须十分重视和努力降低成本。

对于机床使用厂的经济效益，首先是机床的加工效率和可靠性，要使机床能够充分发挥其效能。减少能源消耗，提高机床的机械效率，也是十分重要的。它是各工业部门、各个国家都日益重视的一个问题。机床的机械效率就是有效功率对输入功率之比。两者的差值就是损失，主要是摩擦损失。而且，摩擦功转化为热量，将引起机床的热变形，又对机床的工作带来不良的后果。因此，必须重视提高机床的机械效率，特别是功率较大的机床和精加工机床，更应注意。

三、人机关系

机床设计师应十分重视人机关系问题，它已发展成为一门重要的科学分支——人机学或称宜人学（Ergonomics）。

机床应操纵方便、省力、容易掌握、不易发生操作错误和故障。这样不仅能减少工人的疲劳、保证工人和机床的安全，还能提高机床的生产率。

防止机床对周围环境的污染，也是当前对机床设计和制造提出的一项主要要求。噪声要低，不仅噪声声级要达到规定值以下，而且不能对人耳有强烈的不适感。渗、漏油必须避免。如果采用油雾润滑，必须保证油雾不得逸散到周围的环境中去，以防止对人体的危害。

机床造形要美观大方，色调和谐，使操作者感到在一个舒适的环境中工作。

对于上述的各项技术—经济指标，在设计机床时应进行综合考虑，并应根据不同的需求，有所侧重。

第二节　机床设计的步骤

一、有关机床设计的几点看法

1．机床设计要有创造性

机床设计是设计师的创造性劳动。每个机床厂都有它的主导产品。产品的性能和质量，反映了该厂的设计和制造水平。为使主导产品在国内外市场上站得住脚、有竞争力，逐步发展到领先的地位，应加强以下几方面的工作：

(1) 要做好技术信息（Technical information）和市场预测（Macket forecasting）的工作，掌握机床发展的趋向和动态，拟定产品的长远发展规划；

(2) 坚持加强产品的试验研究和发展工作，保证有一定的技术储备，为改进产品以至更新换代创造条件；

(3) 机床是实现工艺的手段，因此，应注意新结构、新工艺、新材料的发展，并及时用于机床设计，提高产品的水平，推广新工艺；

(4) 博采众长，学习国内外的新技术。但是不能满足于仿制、而是经过消化吸收，应用于产品设计中。

2. 坚持为用户服务

生产的需求是机床发展的动力。用户的要求是机床设计的依据。根据各自用户的不同要求，设计和制造出各种各样的机床新品种，使机床制造业得以迅速发展。机床的设计与制造，不仅着眼于机床的成本和利润，更应从整个社会的经济效益出发。用户的经济效益越大，对设计与制造单位来说，不仅利润越多，而且声誉也越高，竞争力也越强。机床制造厂为用户提供的机床品种越多，显示出它的技术实力越强。

3. 发展机床零部件专业厂

机床设计和制造的发展，与发展机床零部件的专业化工厂有直接关系。专业厂只专一行，容易做到技术精益求精，质量和数量都有保证。有利于机床零部件的通用化、模块化和标准化。机床设计，主要是进行总体设计和关键部件的设计。许多零部件都应可以从专业厂买到。这样，既能迅速地组成机床以缩短交货期，又能保证质量，还可降低成本。应建立购买与组合的思想。例如生产数控机床和加工中心（MC）其中数控系统，电、液压、气压元件，滚珠丝杠，轴承，直线运动滚动支承，防护装置，润滑、冷却装置，排屑机构，刀库，机械手，转位刀架等，都可以从专业厂订购。甚至主轴组件也可外购。根据设计者提出的刚度、转速范围、精度和抗振性要求，由专业厂提供主轴单元。

二、机床设计的步骤

1. 研究设计要求、检索资料

研究市场和用户对所设计机床的要求，然后检索有关资料。其中包括技术信息、预测、试验研究成果、发展趋向、新技术应用以及相应的结构图样资料等。还可以通过卫星检索技术先进国家的有关资料和专利等。通过对上述资料的分析研究，拟订适当的方案，以保证机床的质量和提高生产率，使用户有较高的经济效益。

2. 拟定方案

通常可拟出几个方案进行分析比较。每个方案所包括的内容有：工艺分析、主要技术参数、总布局、传动系统、液压系统、控制操纵系统、电系统、主要部件的结构草图、试验结果及技术经济分析等。

在制定方案时应注意以下几点：(1) 当使用和制造之间出现矛盾时，应首先满足使用要求，其次才是尽可能便于制造。要尽量采用先进的工艺和创造新的结构；(2) 设计必须以生产实践和科学实验为依据，凡是未经实践考验的方案，必须经过实验证明可靠后才能用于设计；(3) 继承与创造相结合，尽量采用先进技术，迅速提高生产力。注意吸取前人和外国的先进经验，在此基础上有所创造和发展。

3. 技术设计

绘制机床总图和部件装配图。为使各部件能够同时而且较为协调地进行设计，一般应画出机床的总体尺寸关系图，在图中确定各部件的轮廓尺寸和各部件间有联系的相关尺寸，以保证各部件在空间不发生干涉并能协调地工作。同时画出机床的传动系统图、液压系统图、控制系统框图和电系统图。与此同时，进行必要的计算。有条件时尽可能采用计算机辅助设计（CAD）。

4. 工作图设计

绘制机床的全部零件图。

5. 编制技术文件

整理机床有关部件与主要零件的设计计算书，编制各类零件明细表，制定精度和其它检验标准，编写机床说明书等技术文件。

6. 对图样进行工艺审查和标准化审查。

三、样机试制和鉴定

如果所设计的新机床是成批生产的产品，在工作图设计完成后，应进行样机试制以考验设计。对样机要进行试验和鉴定，合格后再进行小批试制以考验工艺。在试制、试验和鉴定的过程中，根据暴露出来的问题，对图样进行修改，直到产品达到使用要求为止。

在所设计的机床投产使用以后，还应经常收集使用部门和制造部门的意见，注意科学技术的新发展和总结新经验，以便对机床产品改进和更新。

第三节　系列化、通用化、标准化和模块化

一、机床的系列化

机床系列化的工作，包括制定机床参数标准、编制机床系列型谱和进行系列设计。

制定机床的参数标准，主要是确定某类型机床的主参数系列和第二主参数。见第七章第一节。机床主参数系列通常是等比数列，公比为 1.26，1.41 或 1.58 等。需要量多的机床，系列公比应小些，例如卧式车床和升降台铣床的系列公比为 1.26。对需要量少和尺寸偏小的机床，系列公比应大些。也有的机床采用混合公比的系列，例如摇臂钻床的主参数（最大钻孔直径）系列为 25、40、63、80、100、125mm，小于 63mm 的一段公比为 1.58，大于 63mm 的一段为 1.26。

机床的系列型谱是根据机床主参数标准的规定，确定某类型机床的品种、基型与变型、布局及其应有的技术性能和技术参数水平。系列型谱是制定机床品种发展规划和技术发展规划的依据，指导机床设计和用户选用机床。

机床的系列设计应根据机床的系列型谱进行。工作内容包括编制系列的技术任务书、进行系列内各产品的设计、样机试制、图样定型等工作。通过系列设计实现制定参数标准和系列型谱时所预期的技术经济效果。系列设计，把系列内的产品统一全面考虑，可缩短设计周期并加速品种发展，有利于提高产品的质量和技术水平，有利于机床的生产、使用、维修、配套和管理。

二、零部件的通用化和标准化

通用化的设计，是在行业内部利用较少的几种结构，去适应较多的产品的需要，以减少企业生产的零、部件种数，使制造厂的生产和管理过程简化，以获得较高的经济效益。

部件通用化，多数是指在系列型谱中，相同规格的基型与变型机床之间的通用。例如同一主参数的升降台铣床（万能、卧式和立式铣床）中，大多数的部件，如升降台、工作台、进给箱、主传动机构等都是通用的。系列中相邻规格的机床之间，也有可能实现部件通用化。例如最大钻孔直径 63 和 80mm 的主轴箱可以通用；100 和 125mm 的主轴箱，也可通用。

机床零件一般可分为专用件、借用件、标准件和外购件等。专用件和借用件又统称为基本件。专用件是某机床所特有的零件。借用件是在某机床或部件中采用了另一机床或部件中

的专用件。标准件是由国家或行业标准化的，在各种机床以至各种机器上都可采用的零件。有的工厂还有适用于本厂的标准件。外购件是由专门工厂生产，可以购买的零部件。如滚动轴承、V 带、电动机等等许多标准件。

零部件的通用化和标准化，其优点是：减少设计工作量，扩大生产批量，减少工艺装备，便于管理生产和组织专业化生产，降低成本保证质量。因此在机床设计中，应尽可能多地采用通用件和标准件，提高通用件和标准件在零件总量中的比重。

三、模块化

模块化是通用化的发展。在模块化的初步，是使各个部件独立，并有几种方案可供选择。例如图 14-1 是一种经济型数控车床的模块化组合示意图。主轴箱模块有四种方案：齿轮变速、手动操纵（简称手动控制），直接电动机调速、液压离合器变速、电磁离合器变速。卡盘有三种，刀架有四种，尾座有两种，操作台有两种，可以由设计者根据需要选用。进给则采用伺服电动机半闭环系统。

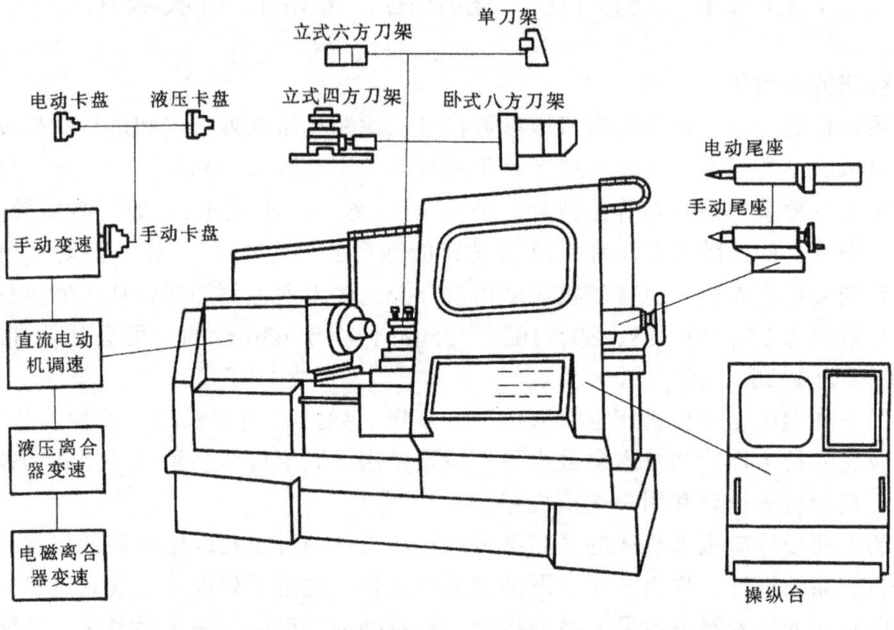

图 14-1　一种经济型数控车床的模块化方案

模块化的进一步发展是生产的社会化。各种模块（称为“功能部件”或“单元”）由专门的工厂制造，作为商品，向社会供应。机床制造厂可根据要求的功能，性能和规格采购。由于各功能部件或单元由专门工厂集中生产，质量易于保证。机床厂则可以减轻工作量，缩短交货期，提高竞争能力。因此，模块化社会化生产近年得到迅速的发展。例如，主运动有变速箱和主轴单元。进给有进给驱动单元，包括滚珠丝杠，两端的轴承和轴承座以及与伺服电动机联接的联轴节。导轨有直线运动滚动支承。刀具系统有转位刀架，刀库，机械手，加工中心主轴内的刀具夹持机构。控制系统有数控系统，伺服系统，可编程控制器。防护系统有防护罩，管缆防护套，拖链。还有位置检测单元，润滑单元，冷却单元，切屑搬运机构等。越来越多的功能单元，已由专业化工厂集中生产，作为商品出售。专业厂不仅出售功能单元，而且代客设计，提供技术服务。例如进给系统，只要提出技术要求，如最大最小进给速度，快移速度，行程长度，进给牵引力，要求的刚度等，专业厂就可据此为用户（机床厂）配滚珠丝杠，两端的支座，伺服电动机，甚至直线运动滚动支承，全套供应。

图 14-2 是一种模块化的变速器。它与交流或直流的无级变速电动机和主轴单元组成数控机床的主传动链。图 a 是变速器的结构图。齿轮 A 装在电机轴 1，带动齿轮 B，中间轴 2，齿轮 C、D，通过齿轮离合器 5 带动轴 4 实现降速传动。如果拨叉 3 将齿轮离合器 5 左移，则电动机将运动直接传给轴 4，从而实现两级变速。通过改变齿轮 A、B、C、D 的齿数，降速传动的传动比可以为 1:3.16，1:4，或 1:5。图 b 所示是变速器固定在电动机 6 的法兰上，经右端的带轮输出。图 c 表示在变速器两端均安装带轮，这样做还可将两个变速器串联，将变速范围扩大至 10、16 和 25。这种变速器模块已经系列化，有四种规格供设计时选用，由专门工厂生产，作为商品出售。

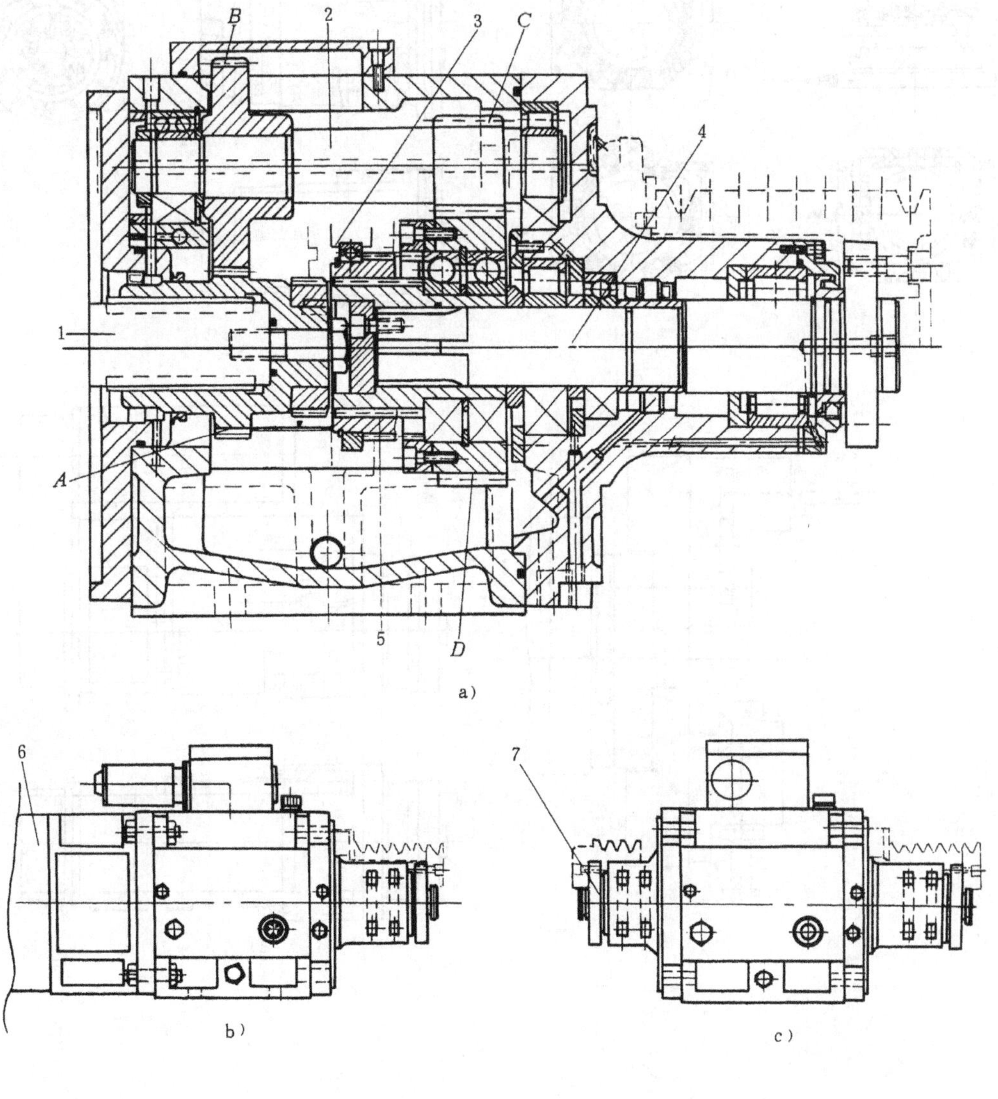

图 14-2　模块化变速器

图 14-3 是数控车床转位刀架的示意图。这是一个系列。图 a 为多工位立式刀架。有四工位（四方形）、六工位（六边形）和八工位（八边形）等几种。刀架内有电动机和转位机构，可按程序要求实现转位。图 b 是 12 工位的卧式转位刀架。刀具安装在刀具盘上（图中未画出），端面 1 和圆柱面 2 是安装刀具盘的基准面。靠螺孔 4 固定。刀架靠基面 3 装在数控车床的刀架座上。刀架也可按程序转位。图 d 是可安装动力刀具的 12 工位的卧式刀架。除具有按程序要求实现转位的功能外，还增设了使动力刀具进行运动的电动机和传动机构。图 c 表示了进行纵向切削和横向切削的动力刀具的传动示意图。以上各种刀架都由机床附件厂进行生产，机床厂可按需要选购。

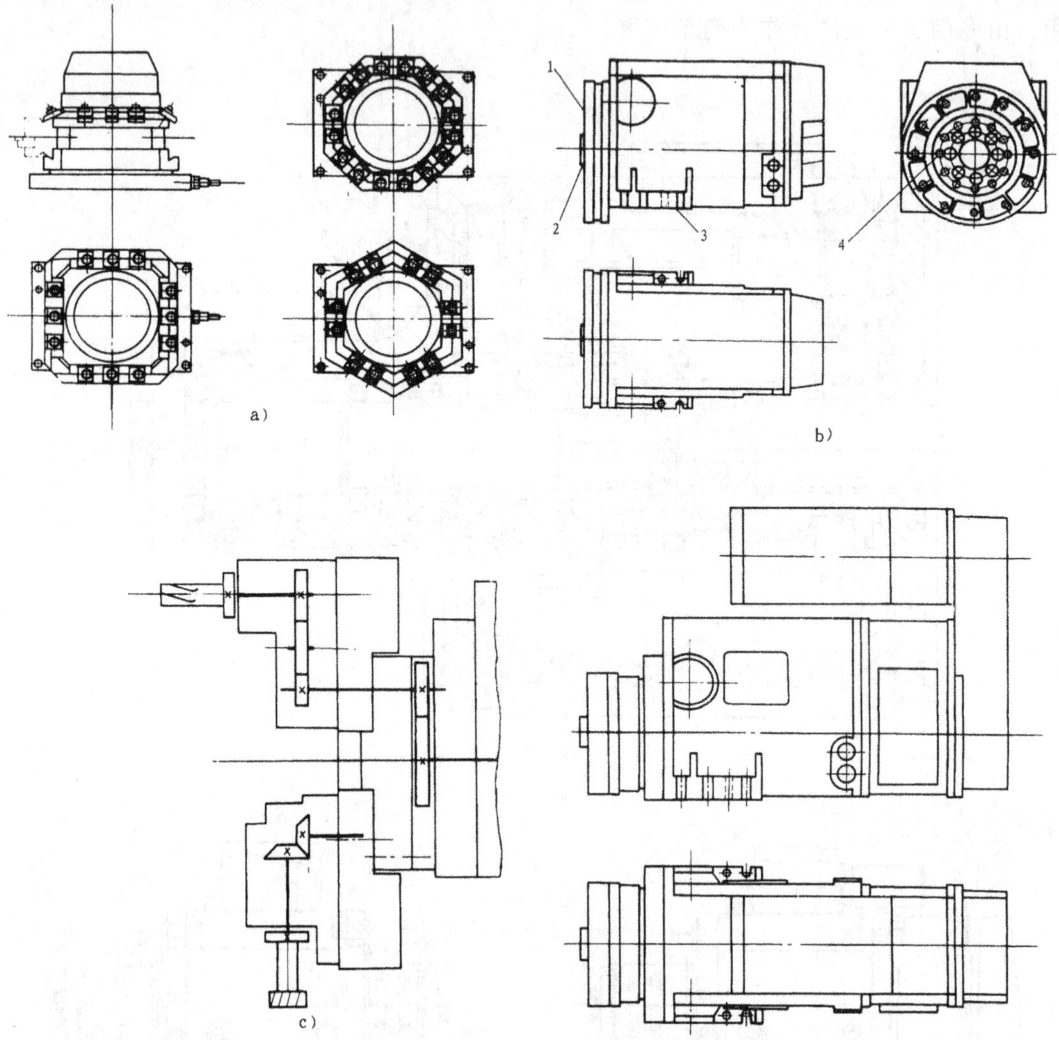

图 14-3　转位刀架

在功能部件社会化生产的基础上，可以很快地设计和制造出新的机床来。例如需设计一台数控车床。可以根据主轴转速和切削功率选择主轴电动机（例如交流调频变速电动机），变速箱和主轴单元。根据进给的最大最小速度，快移速度，进给牵引力，行程，刀架总重量等，由专业厂配滚珠丝杠、两端支承、联轴节、伺服电动机和直线运动滚动支承等，成套供应。转位刀架也可外购。数控系统，可编程控制器，主轴电动机变速控制单元，进给伺服控制单元等，也都有商品出售，供设计者选择。最后可选购附件和辅机如卡盘、顶尖、润滑、冷却、防护罩、照明、排屑、拖链等。机床厂只需设计和制造支承件如床身、主轴箱、刀架、尾架、底座等，各部件间的“接口”，某些专用零、部件以及进行装配、调试。上述各种功能部件——模块都可外购。这样的生产，是社会化的大生产。它打破了厂界以至国界。以往那种大而全、小而全，几乎一切零部件都自己设计制造的手工业式的生产方式，已经完全过时了。

第四节　机床的总布局

机床总布局的任务，是解决机床各部件间的相对运动和相对位置的关系，并使机床具有一个协调完美的造型。工艺分析和工件的形状、尺寸和重量，在很大程度上左右着机床的布局型式。工艺要求决定了机床所需的运动。每个运动均由相应的执行部件来完成，通过传动解决各部件间的相对运动关系。机床的布局受多方因素的影响，例如机床的性能、操作、观察与调整，数控机床的控制、排屑和防护，加工中心的刀库与机械手都对机床的布局产生一定的影响。机床总布局的设计是带有全局性的一个重要问题，它对机床的部件设计、制造和使用都有较大影响。

一、机床的基本型式

通用机床的布局已经形成了传统型式，如卧式、立式、单臂式和龙门式等，不同型式的机床均有各自的特点和适用范围。

在卧式机床中，如卧式车床（见图 3-2）、外圆磨床（见图 6-13）、卧式镗床（见图 6-7）、卧式拉床（见图 6-29a）等。这种型式的机床的重心低，但占地面积较大。通常工人在机床的前面操作，适于加工细而长的工件或需要加工行程较长的工件。

在立式机床中，如立式钻床（见图 6-19）、立式单柱坐标镗床（见图 6-8）、立式铣床（见图 6-2）等。这种型式的机床具有占地面积小，工人所处的操作位置比较灵活的特点；某些大型立车和落地镗铣床，将基础部分装入地坑中，使工作台面略高于地表面，使操作者少登高而便于操作。这种型式的机床适用于加工径向尺寸大而轴向尺寸短的工件。

单臂式机床中的摇臂钻床（见图 6-20），适于方便地更换点位进行加工。但这类布局型式与框架式相比刚度较差，因此应注意提高刚度。

龙门框架式机床，适用于箱体件的平面加工，如龙门刨床（见图 6-27）和龙门铣床（见图 6-4）；或是加工精度和表面粗糙度要求较严的平面与孔，如立式双柱坐标镗床（见图 6-9）。这种布局型式的机床具有刚度和加工精度高的特点。

数控机床和加工中心的布局型式，是在普通机床的基础上发展起来的。但是，数控机床不需手工操作，工作时用防护罩四面封闭。因此摇把、手柄、操纵杆等全都没有了。却增加了控制、检测、防护、排屑装置，刀库，机械手和显示屏幕等。在结构上，采用了例如主轴单元、进给驱动单元、滚动导轨副、滚珠丝杠副等等，使机床的布局型式发生了很大的变化。例如数控车床（图 14-6），由于不需手工操作，又有大量切屑需排除，多采用倾斜床身。刀架布置在倾斜床身的上方。这样，主轴转向就与卧式车床相反。数控车床虽然也有立式和卧式之分，但与通用机床相比，几乎有了面目全非的变化。图 14-4 是一种卧式加工中心的布局，集数控与仿形于一体。为完成三维曲面的加工，机床有三个坐标的运动。被加工件装在工作台 10 上并随其作纵向（X）移动。由于工作台与工件的重量大，横向（Z）移动由立柱 4 完成。主轴箱 5 在立柱上进行竖直（Y）移动。机床采用卧式布局便于排屑，切屑落在立柱 4 与工作台 10 之间，由螺旋推进器推至左端，再由提升装置 1 送入切屑收集箱。刀库 2 布置在立柱 4 的左侧靠近主轴的部位，便于机械手 3 进行换刀。由于刀库和机械手不作移动，换刀时立柱 4 和主轴箱 5 应退回原点。为便于安装样模，仿形头 8 与主轴相垂直，装在机床右侧的龙门架上。数字与仿形控制柜 9 布置在立柱 4 的右侧和龙门 7 的左侧，通过导线与机床联系。这样，就可在控制柜 9 与机床之间留出过道，以便操作者接近机床加工部位进行观察。悬挂式控制站 6，可在一定的范围内摆移，使操作者便于控制和输入信息。

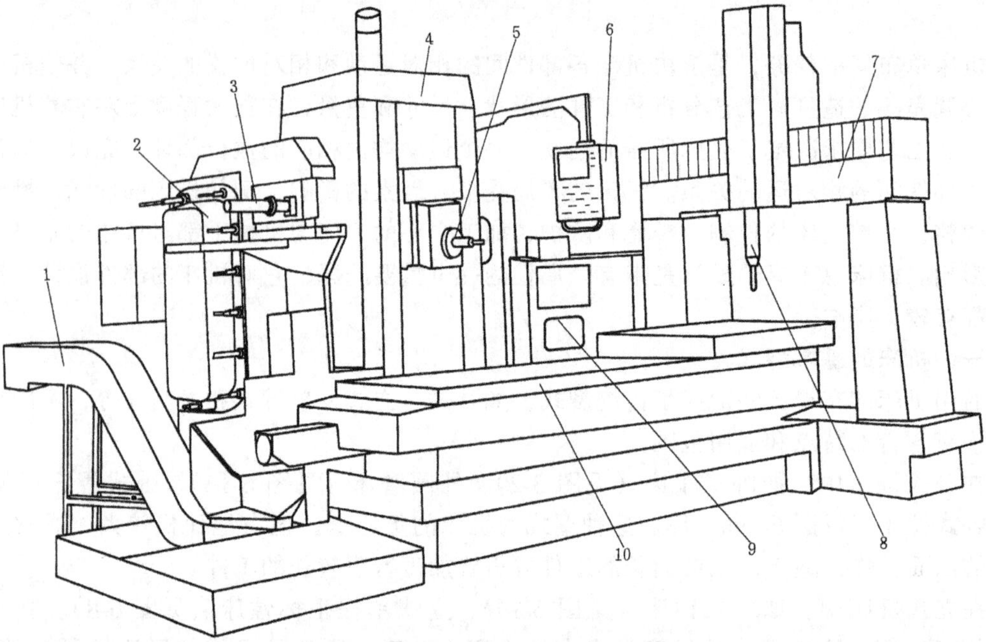

图 14-4　卧式加工中心的一种布局型式

二、机床的运动及其分配对布局的影响

机床的运动由工艺要求而定，然而，工艺要求所确定的仅是相对运动。运动的分配还与其它因素有关。

决定部件运动关系的因素之一是坯料的形式。例如同样是车床，加工卷料的小型自动车床，由于工件不能旋转，主运动必须由刀具来完成：刀具装在刀具盘上，刀具盘绕工件高速旋转，使刀具切削工件，这种加工方式常称为“套车”。

影响部件运动关系的另一因素是加工的尺寸比例。例如立式钻床和摇臂钻床，由钻头同时作回转主运动和轴向进给运动。但是在深孔钻床上钻深孔时（孔深为孔径的十几倍、几十倍的深孔），为了减少孔的歪斜和便于排屑，常由工件作回转主运动，钻头只作轴向进给运动。

机床运动的分配，还应考虑占地面积的大小和工件的重量。例如小型外圆磨床，由于工件较小，纵向进给运动由工件完成。虽然由于工作台的往复，需占用两倍于工件长度的位置。对于大型外圆磨床，由于工件较长，纵向进给则由砂轮架完成，砂轮架的行程等于工件长度，因而可以减少占地面积。

工件的重量也是影响到部件之间运动关系的一个很重要的因素，一般来说，都是让重量较轻的部件运动。如图 14-5。图 a 是加工重量较轻的工件的升降台铣床。加工时刀具只作回转运动，工件的三个方向的移动分别由工作台、滑鞍和升降台完成。当工件较重时，则不适于由工件作竖直方向的移动了，应改由铣头来完成，见图 b，工件只作纵、横向运动。这就是床身式铣床。对于更大一些的工件，工件只随工作台作纵向移动，见图 c，升降和横向运动由横梁和铣头完成。这就是龙门铣床。当工件特大时就让工件不动，成为龙门移动式的布局了，见图 d，三个方向的运动由龙门架和铣头来完成。这类情况在各类机床中都可见到，例如钻床，工件较小较轻时采用立式钻床的布局，可用手移动工件把被加工的孔对准钻头；当工件较重较大时，就采用移动主轴箱来对准钻孔位置的摇臂钻床布局了。牛头刨床和龙门刨床之间的关系也是如此。

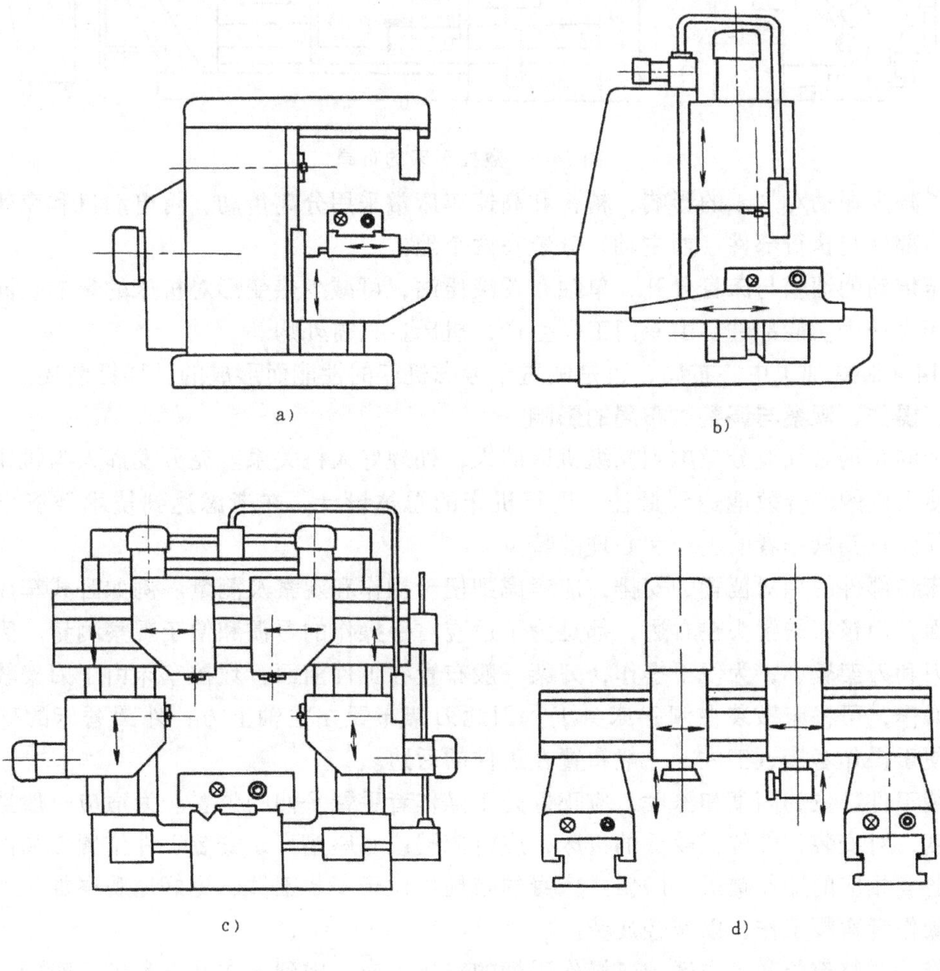

a） b） c） d）

图 14-5　铣床的几种布局型式

小型的立式加工中心，立柱不动，床鞍在床身上作横向移动，工作台在床鞍上作纵向移动。中型的加工中心，则由立柱作横向移动，工作台作纵向移动。刀库和机械手由于太重而不宜移动，因此，换刀时主轴需退回原位。

三、机床性能对布局的影响

为了提高机床的加工精度和表面质量，应综合考虑提高机床零件的制造精度和装配精度、缩短传动链、改善受力状态、提高刚度、减少振动和减少热变形的影响等。

精密丝杠车床取消了进给箱，由挂轮架将主轴与丝杠联系起来，传动链短；将丝杠布置在床身两导轨之间，消除了倾覆力矩的影响，比之卧式车床，改善了机床的受力状态。

数控车床（见图 14-6）由于不需手工操作和为了便于排屑，往往将卧式床身作成倾斜式；刀架位于主轴之上，因此主轴的旋转方向与卧式车床相反。改为倾斜式床身后，刚度也大幅度提高了。

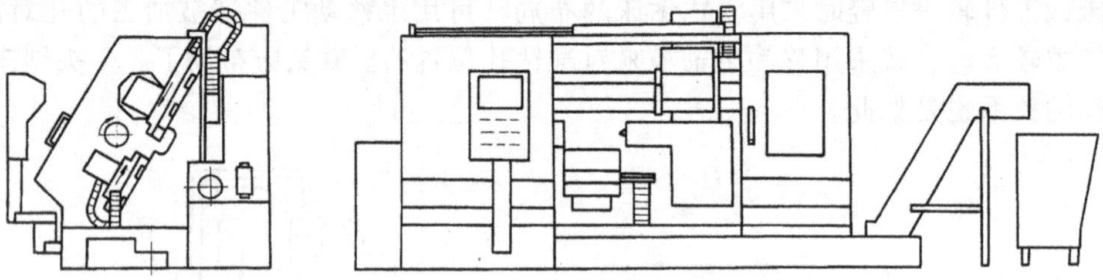

图 14-6　数控车床的布局

为了减少振动对加工的影响，精密和高速车床常采用分离传动，将电动机和变速箱等振动较大的部件与执行部件（如主轴）分装在两个地方。

液压传动的油箱与床身分开，单独布置液压站，可减少热变形对机床的影响。同时液压站可以作为一个功能部件，由专门工厂生产，机床厂只需外购。

图 14-4 卧式加工中心布局，也是侧重于考虑机床的性能而形成的，详见前述。

四、操作、观察与调整对布局的影响

机床的布局必须充分考虑到操纵机床的人，处理好人机关系。充分发挥人与机床各自的特点，使人机的综合效能达到最佳。进行机床的总体设计，在考虑达到技术经济指标的同时，必须注意到操作者的生理和心理的特点。

机床各部件的相对位置的安排，应考虑到便于操作和观察及测量。例如卧式车床的床头箱在左面，而镗床的镗头在右边，都是为了适应右手操作的习惯和便于观察测量。卧式车床由于车刀和刀架较小，为便于操作，刀架一般布置在工件前面；数控车床由于刀架较大又不需手工操作，可将床鞍装在倾斜床身上，因此刀架布置在主轴上方；外圆磨床的砂轮架较大，为便于操作者接近工件，一般布置在工件的后边。

安装工件部位的高度和深度，应正好处于操作者手臂平伸的位置。为适应一般操作者的身材高度，对安装工件位置较低的机床，应将床腿或底座垫高；安装工件位置较高的大型机床，应备有相应的操作踏板。倾斜式床身的布局可便于安装工件、更好地观察加工情况，还可避免操作者弯腰工作，以减轻疲劳。

操作、调整部位和工作区域各操作手柄的安排，应考虑到人在站立和坐下时的基本尺寸和手臂的活动范围。根据手臂能达到的难易，还有最大工作区、正常工作区和最佳工作区之分。为了便于检修，要考虑到人体蹲下时较适于工作的区域。还应考虑到操作者可能达到的最大视野和反应敏锐的视野区等等。常用的操纵机构，应集中在便于操作的区域；床身底部结构可容纳脚伸入，使操作者能贴近机床而便于操作；在大型机床上，还可采用悬挂式按钮站；数控机床的显示屏幕和操作键盘都应放在适于操作和观察的位置或装在悬挂式按钮站上。

对于生产率和自动化程度较高的机床，还应注意排屑问题。例如数控车床采用倾斜式床身就比水平床身有利于排屑。

五、机床的造型与色彩

性能优良的机床，受用户欢迎，在国内外市场上才会有竞争力。然而，机床的造型和色彩，则先于性能进入购买和使用者的感官。因此，在机床设计时，应精心进行机床造型和色彩设计，使机床美观大方、匀称和谐，色彩明快协调，具有相适应的装饰点缀。

1. 机床的外观造型

机床的外观，应寻求整体统一、均衡稳定、比例协调。支承件与被支承件的比例要适当，给人以稳定而安全的感觉。在处理主机与辅机的关系时，应以主机为主导，辅机为烘托，形成众星拱月的效果。各部件的造型，也应面棱清晰、衔接适度，给人以外观规整层次分明的印象。目前，多流行小圆角过渡的直线与平面的造型。多面棱柱体可以做到衔接紧密、转换自然、线面呼应，使线型风格一致。图 14-7 是数控车床的一种外观造型。它采用了直线形外廓与方角，体与面力求简单，给人以稳定而安全的感觉、层次分明美观大方。

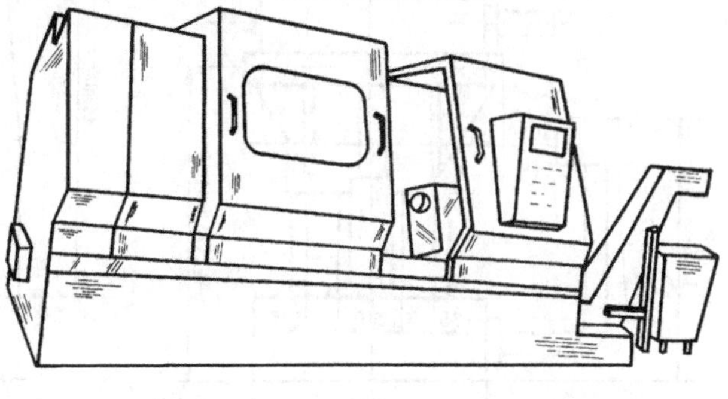

图 14-7　数控车床的一种外观造型

2. 机床的色彩

机床的色彩是附着于机床形体之上的，然而它却往往比造型更具有吸引力，先于形体进入人的感官。机床的色彩调配得当，更能增加机床的美感。通常以单色为宜，国内外各种机床用得较多的颜色是苹果绿，它给人以贴近自然，适宜、舒畅的感觉，同时也是一种耐油污的隐蔽色。目前有些机床，尤其是加工中心和数控机床，趋向于采用套色，调配得和谐，给人以清晰明快的感觉。采用套色可以减弱形体的笨重感，采用上浅下深的颜色又可收到稳重的效果。主机与辅机，主体颜色的基调应力求一致；各运动部件的色彩与支承件的颜色应有所区别，使动静分明，但色相反差应小，过渡自然。有时在动静部件之间，增加一条明显的色带，也会造成布局的层次感。采用套色时，应使多彩和谐，才能形成色彩明快、柔和、严肃而瑰丽的效果。在图 14-7 的数控车床中，具有横向阴影线的面体采用兰色，具有竖向线阴影线的面体采用白色，具有倾斜阴影线的面体采用桔红色。这种用蓝色做底、边衬，将白色烘托在中间，给人以稳定明快的印象，桔红色的色带显出造型的层次，桔红色的移动部件形成动静分明。

3. 装饰与点缀

机床的操纵台、按钮站、指示灯和按键，以及商标和荣誉质量标记等，均应采用醒目的颜色。某些具有形象的符号，应易于辨认和理解。警示的部分，为引起人们的注意，色调要鲜艳夺目。外露的管线，要进行遮掩，使机床的造型干净利落。

随着时间的推移和发展，人们对造型和色彩会提出新的要求。设计人员应随时注意它的变化，创造出具有时代特点的机床造型及其相协调的色彩，形成一定的特点与风格。

六、机床的联系尺寸

机床的总布局是通过机床的联系尺寸图体现的。图 14-8 是一台专门化的立式镗床的联系尺寸图。该机床用于加工大小头孔距分别为 220、300 和 420mm 的三种连杆，大小头孔同

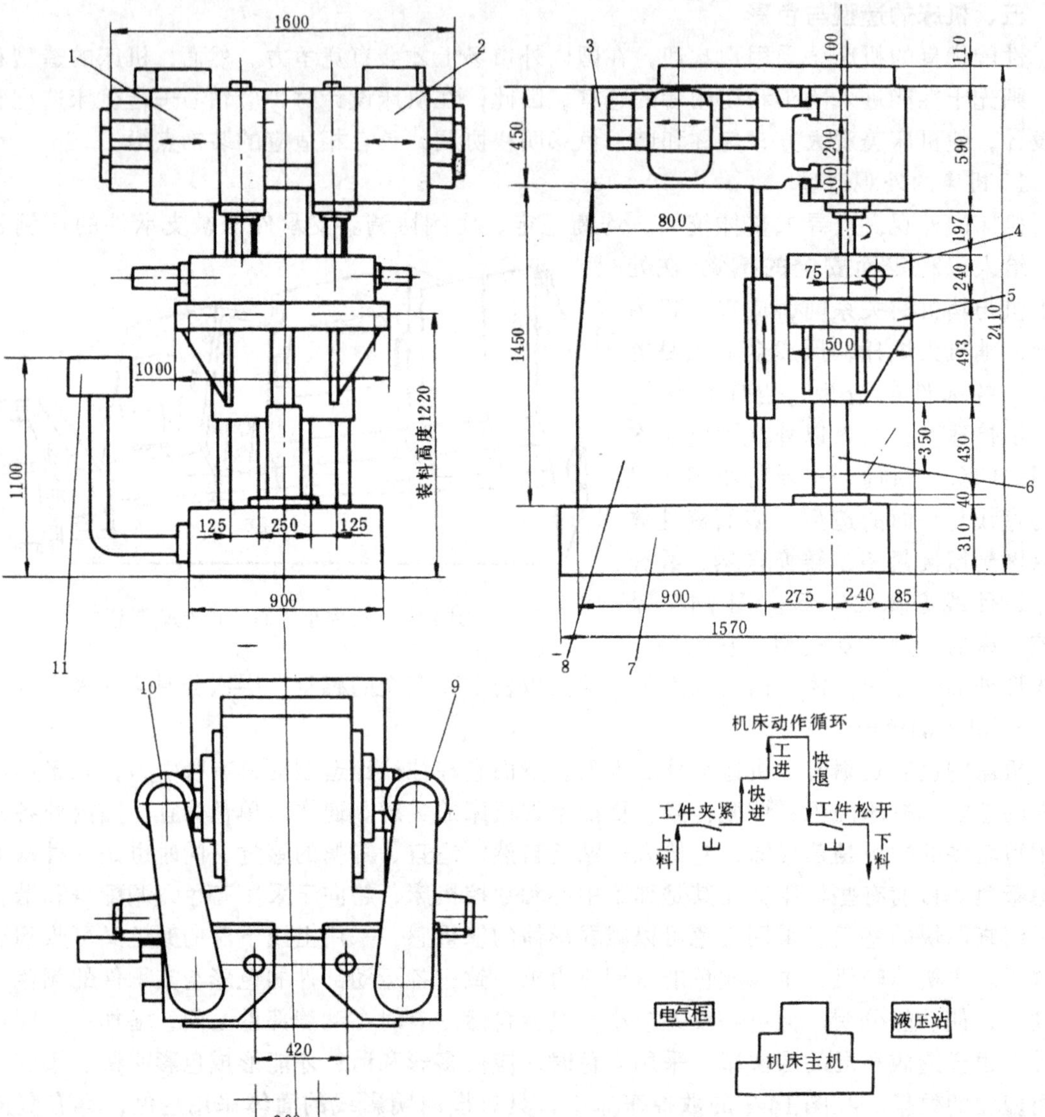

图 14-8　机床联系尺寸

时加工，连杆材料为球墨铸铁。立柱8上装有横梁3,左右主轴箱1与2可在横梁上作调整运动，电动机10与9可在横梁3的两侧进行前后调整，以适应不同的连杆大小头孔距。升降液压缸6装在底座7上，推动升降台5和夹具4沿立柱导轨移动，完成机床进给运动的半自动循环。主机左右有电气柜和液压站，由操纵台11实现对机床的控制。

在机床的联系尺寸中应包括：

（1）机床的外形尺寸，长宽高；各部件的轮廓尺寸。当机床用以加工孔距为220mm的连杆时，必须保证两个主轴箱箱体之间至少有10mm的距离。夹具的高度尺寸要考虑到夹紧元件和夹紧液压缸的尺寸与行程。

（2）各部件间的连接、配合和相关位置的尺寸。包括：底座、立柱与横梁的连接尺寸，在设计支承件时确定；立柱、横梁的导轨尺寸；升降液压缸的中心和主轴中心对立柱导轨面的距离；加工每种连杆时，大小头孔中心（主轴中心）与立柱中心的距离。

（3）移动部件的行程和调整位置的尺寸，即升降液压缸的行程；主轴箱与电动机的移位尺寸。

（4）机床的装料高度和操纵台的高度尺寸。

（5）机床主机与液压站和电气柜的间距。

初步确定的联系尺寸，是各部件设计的依据。通过部件设计，还可能对联系尺寸提出修改，最后确定机床的总体尺寸。

参考文献

1 戴曙主编．金属切削机床设计．北京：机械工业出版社，1985

2 日本的柔性制造系统（FMS）现状。“日本金属加工机械技术展览会．84专辑”．日本机械输出组合

3 汪德涛．对机床功能部件的一些认识．《机床》杂志1988年2期

4 沈阳第一机床厂交流资料

5 李景亭．刍议大型立车的造型设计．《机床》杂志，1990年11期

6 何林生．XK0816型数控铣床的结构与造型设计．《机床》杂志，1992年1期

7 孙宗颖．几种定位精度标准的比较．《世界制造技术与装备市场》杂志，1992年3期

第十五章　机床课程设计指导

一、课程设计的目的

机床课程设计是在学完机床课以后，进行一次学习设计的综合性练习。通过设计，运用所学过的基础课、技术基础课和专业课的理论知识，生产实习和实验等实践知识，达到巩固、加深和扩大所学知识的目的。通过设计，分析比较机床主传动中某些典型机构，进行选择和改进，学习构造设计，进行设计计算和编写技术文件。完成机床主传动设计，达到学习设计步骤和方法的目的。通过设计，学习查阅有关的设计手册、设计标准和资料，达到积累设计知识和提高设计能力的目的。通过机床课程设计，获得设计工作的基本技能的训练，提高分析和解决工程技术问题的能力。并为进行一般机械的设计创造一定的条件。

二、课程设计的题目与内容

机床课程设计的内容，为设计一个中等复杂程度的机床主轴箱。

设计内容有设计图样和设计计算说明书。设计图样中，包括部件展开图（A0 号图纸）1 张，部件剖视图（A1 号图纸）1～2 张，主要零件工作图 1 张。设计和计算说明书，包括机床用途说明，传动设计（拟定主传动参数、结构网、转速图和传动系统），主要传动件（传动带、轴、齿轮、轴承、离合器）的计算与验算，操纵机构的设计说明，设计的优缺点和改进等。

三、设计的步骤与要求

1．明确目的要求、查阅有关资料

在接到题目后，应弄清给定的条件、数据、所设计机床的类型、性能、应用范围和规定的内容与要求。查阅资料时，除本书外还应查阅《机床图册》、机床图样和《机床设计手册》等。必要时还应到实验室和工厂实地调查，了解同类型机床的使用性能与操作，主传动部件与相邻部件的安装关系等。通读本指导书。

2．传动方案设计

传动方案设计，包括确定主传动的运动参数，拟定结构网和转速图，确定齿轮齿数和带轮直径，主传动的换向与制动方式，画出主运动的传动系统图。

3．计算主要传动件

计算内容如下：V 带——选择型号和计算所需的根数；传动轴——按扭转刚度要求计算轴受扭部分的直径，从而确定轴的直径；齿轮——按变动工作用量计算接触强度和弯曲强度，取二者中的大值确定齿轮的模数，再进行齿轮的几何计算；摩擦片离合器——摩擦面对数。对于有线速度限制的传动件，要检查是否超过了线速度的允许值。

4．结构的分析与选择

对于设计中涉及到的结构，都要经过认真分析后进行选择。在分析选择的过程中、应随时翻阅本教材各章的相应内容。结构分析与选择的主要内容与要求如下：

主轴组件的结构　主轴头已标准化，详见《机床设计手册》。正确选择主轴轴承的类型及其组合、精度和调整轴承间隙的方法。计算主轴组件的合理跨距。合理选择润滑与密封的方式。注意主轴组件的拆装。

传动轴组件的结构　根据轴承的类型，正确选定轴的轴向定位（或固定）的方法。轴上所安装的零件的拆装与固定。注意分析是否有需要采用卸荷的结构。

齿轮的结构　正确选择齿轮的精度并考虑相应的加工齿形的方法。对于双联和三联齿轮，加工方法决定了相邻齿轮的间距，为缩短轴向尺寸可采用镶装结构。轮毂的长度按导向的要求确定，通常为直径的1.5倍左右。

离合器与制动器　用摩擦片离合器实现主轴正反转时，应注意分析离合器压紧后的自锁、压紧力的承受以及能否实现内力平衡。制动器的作用，在于停车时消耗惯性动能，应尽量使制动器位于转速较高的恒速轴上。注意选择制动器的安装轴的转速。有的机床还需考虑制动与换向机构的动作关系，即换向机构处于中间位置时制动，换向机构接合前放开制动。

操纵机构　操纵机构的类型应与变速要求相适应，注意选择定位机构和防止操纵机构中发生干涉现象。

5. 绘制部件装配图

设计图按1:1的比例绘制，必须遵守工程图学所规定的标准和习惯画法，要求尺寸准确、线条清晰、文字工整，标准件必须按规定绘图。注意布图的匀称美观，通过径向尺寸和轴向尺寸的初步计算，安排图形的位置。可先通过计算画个草图，再画底图，待验算修改后一次加深。展开图与剖视图的绘制，常需交叉进行，以便相互对照、全面检查。

展开图，基本上是按照传动顺序，将各轴展开画在一个平面上，它可以很清楚地表明主轴变速箱的传动与结构。根据课程设计的要求，在展开图上应标注下列内容：轴号、轴承型号、主轴轴承的型号与精度等级、齿轮的齿数与模数、轴间中心距、各处的配合尺寸与配合性质、主轴组件的轴向联系尺寸（即轴向尺寸链）和对主轴组件中各零件（包括标准件）进行编号、移动件行程的极限位置、轴向轮廓尺寸和与其它部件有关的联接尺寸等。

剖视图，应能表达各传动轴和主轴的空间位置，一组操纵机构组件的结构，以及在展开图上难以表达或表达不清楚的机构。通过剖视图的设计，着重表示各机构间的空间关系。剖视图中应标注轴号，展开图中没有的轴承型号、配合尺寸和配合性质，有啮合关系的齿轮轴的轴间距和公差，主轴中心到主轴箱安装基面的距离（例如车床的中心高）等。

设计中应注意检查可能产生的干涉现象。例如：轴上固定齿轮之间的间距不够长，在滑移齿轮滑动时，原啮合的一对尚未完全脱开，另一对齿轮就要进入啮合；由于齿数或传动比确定的不当而引起齿轮与相邻轴干涉；因轴的轴向定位不足而使轴产生轴向窜动，或因超定位而引起干涉；操纵机构动作的干涉；调整环节不能或不便于调整；有的零件难以进行装、拆等。还应注意使零件的结构工艺性好。

6. 传动件的验算

在装配图的底图画好后，传动件的尺寸和位置均已确定，便可验算传动轴的弯曲刚度和滚动轴承的寿命。可选出受载严重的一根（或一对）轴进行验算。由于滑移齿轮在轴上有几个啮合位置，在各啮合位置上，轴和轴承的受载不同，因此应首先判断和选定受力后使轴的挠度最大或一对齿轮处倾角最大的工作状态，再验算轴的弯曲刚度。轴承寿命的验算，可在验算的传动轴上，选择轴承规格相对较小支反力相对较大处进行验算。当验算结果不能满足性能要求时，应修改设计；如需修改处较多、修改量大，而时间又不允许时，可在说明书中阐述改进措施。

7. 绘制主要零件工作图

绘制一个零件的工作图，可选择主轴或齿轮。零件工作图上应有足够的视图和剖面，标全尺寸和公差，注明表面粗糙度、形位公差和技术要求。

8. 编写设计说明书

说明书的编写应与设计同时进行，在图样工作全部完成后。再继续编写未完部分，并整理，装订成册。说明书叙述要简明扼要，层次分明，文字通顺，书写工整，图表清晰，计算准确。

四、传动设计

1. 具有双公比的传动系统

双公比传动系统，就是主轴的转速数列有两个公比。经常使用的中间转速，公比较小；不常使用的两端高、低转速、公比较大。图 15-1a 是标准的结构网，图 b 是具有双公比的结构网：中间转速公比为 φ；两端为 φ^2。可以看出，同样的传动组、传动副和转速级数，双公比扩大了调速范围。见图 a，可把后两个传动组的 $3_2 \times 2_6$ 看作一支，两支分别以单线和双线表示。如第一传动组为 2_1，则为标准的结构图。如把基本组的级比指数增加 $2n$（$n=1$、2、3、…），则两端各出现几个空档。本例 $n=2$，基本组的级比指数成为 $1+2\times2=5$，第一传动组为 2_5，就成为图 b 的结构网。最后，按扩大顺序重新排列，为 $3_2 \times 2_5 \times 2_6$。相应的转速图见图 c。

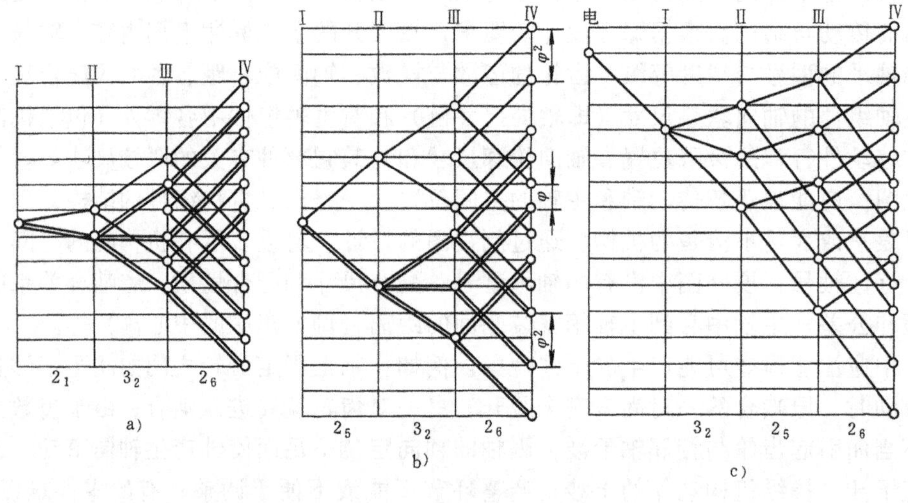

图 15-1 双公比结构网和转速图

2. 具有交换齿轮的传动系统

用于成批生产的机床，既要求简化构造，又要求变速方便，可采用交换齿轮与滑移齿轮相结合的变速方式。见图 15-2，在Ⅰ-Ⅱ轴间采用了交换齿轮。当用来加工较大直径的工件时，使交换齿轮作降速传动，主轴获得六级低转速；当用来加工小直径工件或有色金属时，使交换齿轮作升速传动，主轴获得六级高转速。由于交换齿轮要对调使用，交换齿轮所构成的两个传动比应互为倒数。图中主轴上两组转速数列间有四级转速重复，是考虑了每批工件中可能加工两个大小不同的直径，而两批工件中又有可能出现直径相近的情况。

3. 主轴的转向和超速

采用直联和背轮传动实现主轴的高、低速传动时，应注意主轴的转向和防止超速现象。图 15-3a 中，轴Ⅲ是主动轴。将齿轮 z_1 右移进入齿轮 z_2 的离合器中。轴Ⅲ经齿轮 z_2、z_3 传动主轴Ⅴ。轴Ⅴ与轴Ⅲ转向相反。齿轮 z_1 如图示位置则经 z_1/z_5，轴Ⅳ z_6/z_4 传动主轴Ⅴ，这时轴Ⅴ与轴Ⅲ的转向相同。经上述两条高、低速传动路线，使主轴转向不同，这个方案是不能采用的。图 b 增加了一根轴和两个齿轮，就能保证经两条传动路线使主轴的转向相同。当轴Ⅲ经 z_2z_3 直接传动主轴时，应使齿轮 z_6 右移至虚线位置，与 z_4 脱离啮合。否则将造成从主轴对背轮轴的升速传动，使轴Ⅴ、Ⅳ（图 b）高速空转，产生很大的噪声、消耗过多的空转功率和加大温升。

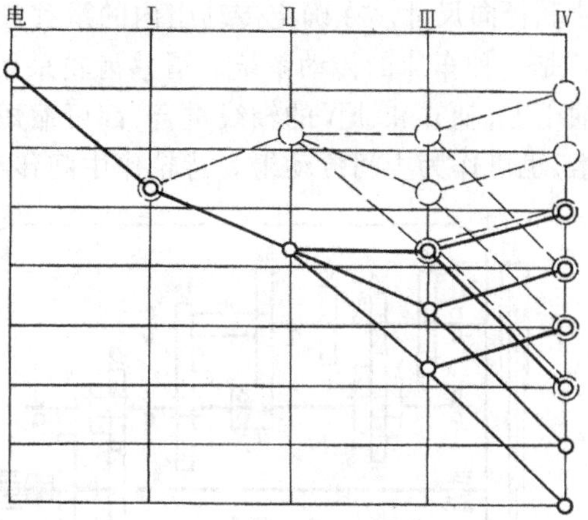

图 15-2　采用交换齿轮传动的转速图

4. 转速偏差

根据转速图计算主轴各级的实际转速，再按式（15-1）求出转速的相对偏差

$$\delta = \frac{n_{实} - n_{拟}}{n_{拟}} \leqslant \pm 10(\varphi - 1)\% \tag{15-1}$$

式中　$n_{实}$——主轴实际转速（r/min）；

$n_{拟}$——主轴转速的拟定值（r/min）；

φ——公比。

如果有较多的转速的相对偏差超出了式（15-1）所推荐的数值，或个别转速的相对偏差超出过大，则应找出影响超差较大的传动副，将齿数作适当的调整。

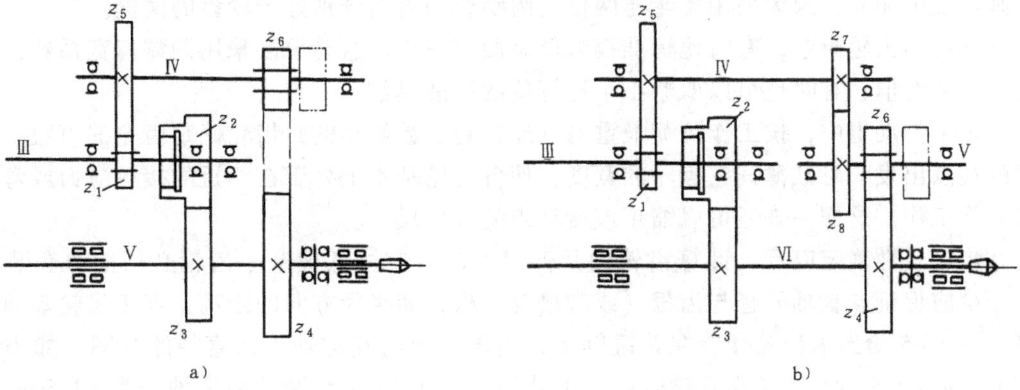

图 15-3　主轴的转向与超速

5. 齿轮的齿数

为了保证传动比的要求，例如因实际转速与拟定转速相对偏差超出允许值而调整齿轮的齿数时，或因采用公用齿轮时，有可能在同一传动组内出现各传动副的齿数和不等。这时，差值以不超过 3 个齿为宜，以免齿轮的变位系数过大，不能保证变位齿轮的啮合质量。

6. 传动系统图

绘制传动系统图,应解决好轴线的布置和齿轮在轴上的排列,为使结构紧凑,应缩小轴向尺寸和径向尺寸。在确定传动组内的滑移齿轮时,要与采用何种变速操纵机构统一考虑。图15-4是一种车床的传动系统。滑移齿轮采用窄式排列或镶装结构可缩短轴向尺寸;轴Ⅲ套装在轴Ⅰ上,轴Ⅱ和轴Ⅳ的轴线重合,都可缩短径向尺寸。背轮传动组的位置,可作为最后的传动组,也可作为中间传动组。背轮作中间传动组如图所示,可省去一根轴和一对定比齿轮。

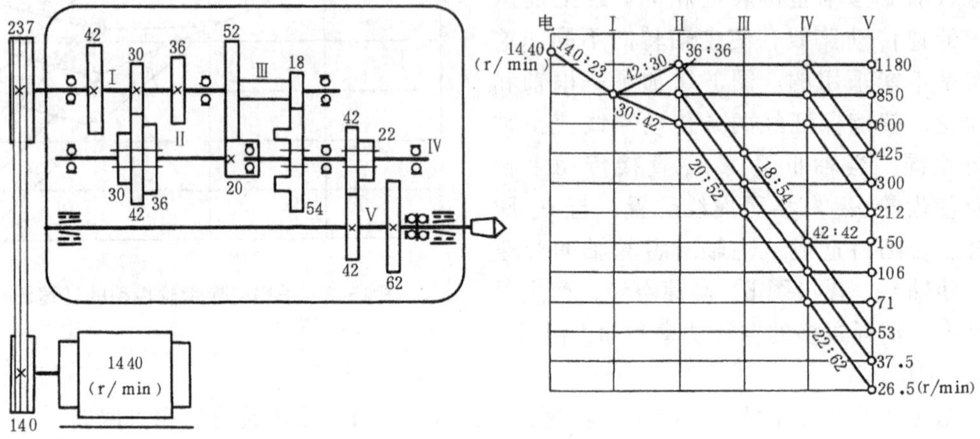

图 15-4　车床传动系统

五、齿轮设计

齿轮精度的选择和轮齿强度的计算，详见《金属切削机床设计简明手册》。

1. 确定模数的几点注意

公用齿轮双面受力，其弯曲疲劳特性属于对称循环。表5中的许用应力是根据脉动循环疲劳限定的。因此公用齿轮的弯曲许用应力应等于表5中的弯曲许用应力乘0.7。接触许用应力则与表中相同，因为公用齿轮与两传动组啮合的齿面分别处于轮齿的两侧。

计算出的齿轮模数，有时比标准模数值略微大一点，这时可以采用调整齿宽系数，使计算值小于标准值；有时也可以取略小于计算值的标准模数。

在一个传动组中，按工作负荷最重的（通常是齿数最小的）齿轮确定齿轮的模数。从等强度的观点出发，可减薄其它齿轮的宽度，使各齿轮基本上处于在相近的接触应力或弯曲应力状态下工作。这样一来还可以缩短该传动组的轴向尺寸。

在齿轮模数确定以后，计算齿轮的几何尺寸时，应注意检查小齿轮必须能够套装在轴上，至少应保证花键轴外径与齿根（或键槽与齿根）间半径方向的距离，等于齿轮基圆上的齿厚。图15-5给出了齿轮套装在花键轴上，齿轮齿数与花键轴最大直径的线图。如小齿轮 $z=21$，$m=2.5$ 时，套装在花键轴上，可从图15-5中查出允许的最大轴径为37.5mm。此外，还应检查齿数最大的齿轮是否与邻近的轴产生径向干涉。如图15-6所示检查齿轮 z 与轴Ⅰ是否干涉，使齿轮 z 的外圆与轴Ⅰ相应处的外径之间，留有1～2mm的间隙，也即 $m(z+2)+d_1+(2\sim4)\leqslant 2A$。

2. 齿轮的构造

不磨齿的多联齿轮，可以做成整体的，如图15-7。由于加工方法的不同(插、剃、…)，相邻齿轮间应留出的空刀槽宽度 b_1 也不同(查《金属切削机床设计简明手册》)。当小齿轮需要高频淬火时,为放置感应圈,在两齿轮间应留出宽度 $b_1 \geqslant 8$mm。安装拨叉处的槽宽 b_2,通常取

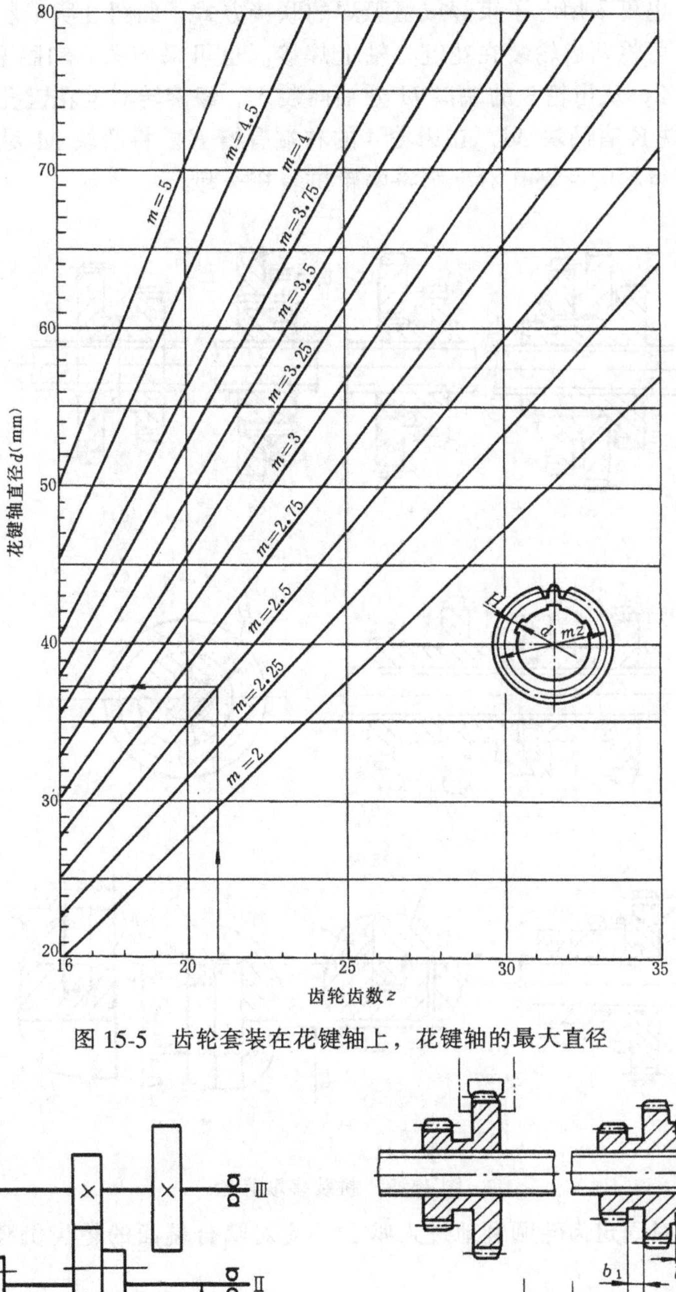

图 15-5 齿轮套装在花键轴上，花键轴的最大直径

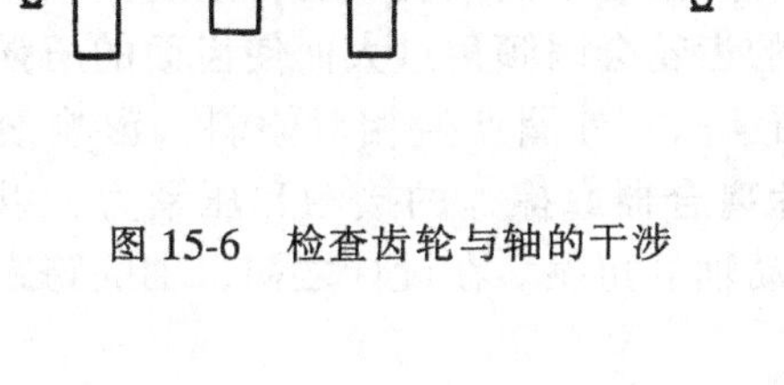

图 15-6 检查齿轮与轴的干涉

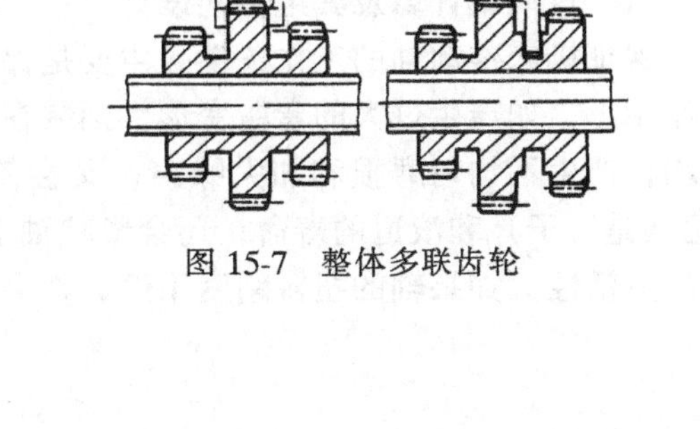

图 15-7 整体多联齿轮

12mm 左右。拨叉槽至齿轮端面的厚度 H 应大于 5mm。

如要求磨齿，或要求缩小传动组的轴向尺寸时，可采用拼装结构。图 15-8a、b、c 采用键联接或销联接，也可采用电子束焊或氩弧焊的联接方式，如图 d 所示。为保证两齿轮的同心和对准花键孔，可将两齿轮装在花键心轴上焊接。也可采用图 e 和图 f 的结构。在齿轮 1 图 e 上装两个短销 2，从齿轮 3 的缺口 H 处轴向装入，经旋转对准花键孔就拼装起来了。图 f 中，齿轮 5 的左端 K 有凸块 M，在齿轮 4 的右端有槽 K。将凸块 M 对准齿轮 4 的槽轴向插入并旋转，使两齿轮的花键孔对准则将两轮拼装在一起。

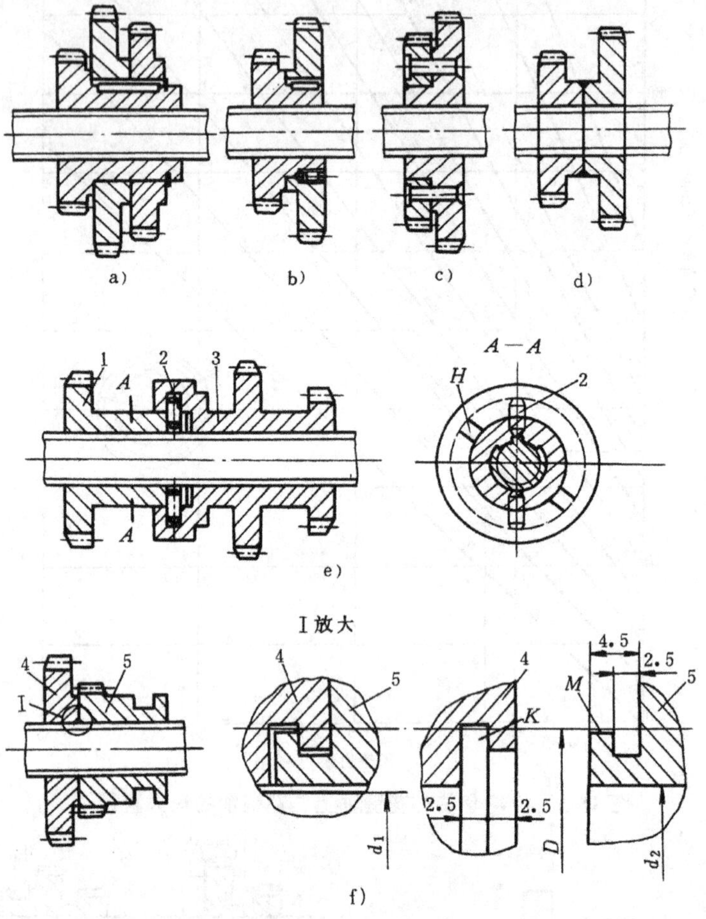

图 15-8 拼装多联齿轮

为使滑移齿轮对固定齿轮顺利地进入啮合，应对啮合端面的轮齿倒圆角，如图 15-9 所示。

六、传动轴计算及其组件的设计

保证机床传动轴的工作条件，主要是保证轴具有足够的弯曲刚度和扭转刚度。轴在弯矩的作用下，如产生过大的弯曲变形，则装在轴两端的齿轮会因倾角过大而使齿面的压强分布不均，产生不均匀磨损和加大噪声；又会使滚动轴承内、外圈产生相对倾斜，影响滚动体（尤其是滚子）和滚道的寿命；还会影响轴上摩擦片离合器摩擦片的接触和压紧力，以及动作的灵活性。如果轴的扭转刚度不够、则会引起传动轴的扭振。在设计之初，轴的跨距尚未确定，还不能进行弯曲计算。故先按扭转刚度进行初步的估算，待结构决定后再按弯曲刚度进行验算。

1. 按扭转刚度估算轴的直径（mm）

$$d \geqslant KA\sqrt[4]{\frac{P\eta}{n_j}} \qquad (15\text{-}2)$$

式中 K——键槽系数，按表 15-1 选取；

A——根据许用扭转角定的系数，按表 15-1 选取；

P——电动机额定功率（kW）；

η——从电动机到所计算的轴的传动效率，按第七章表 7-2 选取；

n_j——轴的计算转速（r/min）。

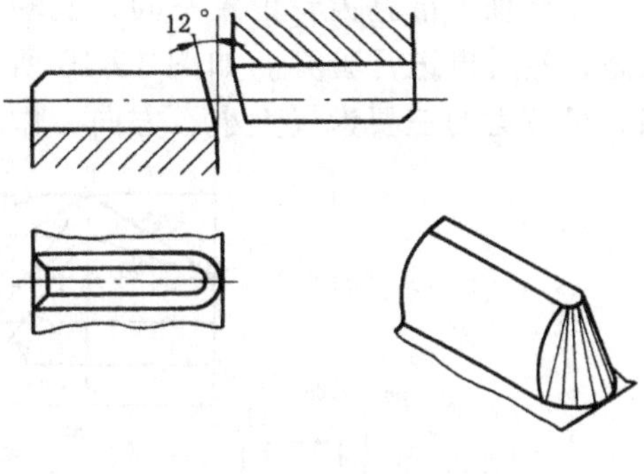

图 15-9 滑移齿轮的倒角

表 15-1 估算轴径时 A 和 K 值

〔φ〕(°) /m	0.25	0.5	1	1.5	2
A	130	110	92	83	77
K	无 键	单 键	双 键	花键轴外径	
	1	1.04～1.05	1.07～1.1	1.05～1.09	

一般传动轴的允许扭转角取〔φ〕=0.5°～1°/m，要求高的轴取〔φ〕=0.25°～0.5°/m，要求较低的轴取〔φ〕=1°～2°/m。

计算出的轴径要进行圆整，以便能够采用标准量具和刀具。机床中常用的花键轴尺寸、当量直径和相应花键滚刀的直径见表 15-2。花键轴以往多采用外径定心。现已规定采用内径定心。由于从外径定心改为内径定心要改变很多工艺装备，因此有些工厂仍在采用外径定心，只能逐步实现过渡。

表 15-2 花键轴尺寸与相应滚刀直径 (mm)

花键轴尺寸 Z—$D\times d\times b$	当量直径 d_1	滚刀直径 $D_刀$	花键轴尺寸 Z—$D\times d\times b$	当量直径 d_1	滚刀直径 $D_刀$
6—25×21×5	22.9	65	6—48×42×12	45.3	90
6—28×23×6	25.59		6—50×45×12	47.6	
6—30×26×6	27.84		6—55×50×14	52.7	100
6—32×28×7	29.97	70	6—60×54×14	57.04	
6—35×30×10	33.19	80	6—65×58×16	61.76	120
6—38×33×10	35.93		6—70×62×16	66.05	
6—40×35×10	37.78		6—75×65×16	69.87	
6—42×36×10	39.26	85	6—80×70×20	75.56	140
6—45×40×12	42.9		6—90×80×20	84.9	

2. 按弯曲刚度验算轴的直径

验算轴的弯曲刚度，即验算轴的最大挠度及齿轮处和轴承处的倾角，是否在允许的范围之内。为简化计算，可用轴的中点挠度代替轴的最大挠度，误差小于 3%。轴的挠度最大时，轴承处的倾角也最大。倾角的大小直接影响传动件的接触状况。所以，也可只验算倾角。由于支承处的倾角最大，当它的倾角小于齿轮倾角的允许值时，齿轮的倾角可不必计算。

由于轴上滑移齿轮位置不同，使轴有不同的受力状态，因此，首先应判断受力最严重的状态，然后再进行验算。如图 15-10 所示，验算Ⅱ轴的弯曲刚度。判断轴受载最严重的状态，可按力的三要素（大小、方向、作用点）对轴的综合影响进行分析。

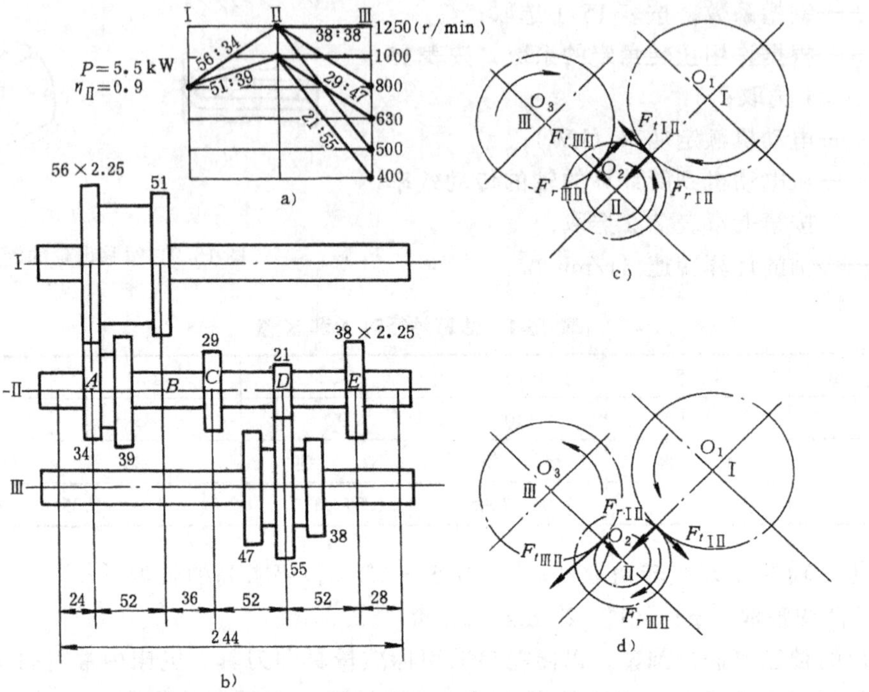

图 15-10　验算轴弯曲刚度时，受载最严重情况的判断

力的作用方向，是由轴的转向确定的。轴的转向是根据主轴正转的方向确定的。图 15-10c 与 d 是转向不同的两种情况。可以看出，两种情况下轴Ⅱ的受力状况是不同的。本例为图 c 的状况，刚好使轴Ⅱ的受力可互相抵消一部分，容易满足轴的弯曲刚度要求。如果不按机床上轴的实际转向进行验算，把方向搞错，将会造成验算的返工。

通过图 b 可以看出，由于轴Ⅱ、Ⅲ上的滑移齿轮啮合位置的不同，轴的受力位置和大小都要发生变化，轴的弯曲变形也不相同。当判断力的大小和作用点对轴弯曲变形的综合影响时，可从以下几点分析最严重情况：转速为计算转速时转矩最大，力也最大；作用在轴中点附近的力，使轴的弯曲变形最大；靠近轴承处的齿轮，因倾角大而处于不利的工作状态。

当传动轴处于受力最大状态，且几个力的方向相同，使弯曲变形叠加，传动齿轮所处的位置又是一对靠近轴承另一对处于轴的中间时，是受载最严重的情况。然而，实际上常常不是几种最严重状况的叠加。如图 15-10，受力最大是通过传动副$\frac{51}{39}\cdot\frac{21}{55}$实现传动的。由于作用的方向不同，可抵消一部分载荷，差值最大的情况，可能出现在$\frac{51}{39}\cdot\frac{21}{55}$或$\frac{56}{34}\cdot\frac{21}{55}$的两种情况之一中。由于传动副$\frac{56}{34}$靠近轴承，则最严重的工作状态应是$\frac{56}{34}\cdot\frac{21}{55}$传动时。如果难以判断最危险情况，则应将几种较危险情况都进行计算。

等直径轴的挠度和倾角的计算公式，见表15-3。对于阶梯轴，如轴的各段直径相差不大，可按平均（或当量）直径计算。三支承轴可用虚位移法。即首先假设没有中间支承，求出中间支承处的挠度。再假设中间支承处作用一个外力，在其作用下中间支承处挠度恢复为零。则这个外力就是中间支承处的支反力。求出中间支承处的支反力后，就可按静定问题处理。

表 15-3　简单载荷下简支梁的变形

简　　图	倾　角 θ	挠　度　y
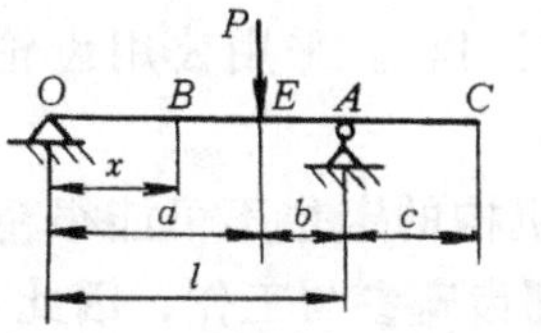	$\theta_O=-\frac{Pab(l+b)}{6EIl}$ $\theta_A=\theta_C=\frac{Pab(l+a)}{6EIl}$ $\theta_B=-\frac{Pb(l^2-b^2-3x^2)}{6EIl}$ $\theta_E=-\frac{Pab(b-a)}{3EIl}$	$y_B=-\frac{Pbx(l^2-x^2-b^2)}{6EIl}\ (0\leqslant x\leqslant a)$ $y_B=-\frac{Pb}{6EIl}\left[\frac{l}{b}(x-a)^3+(l^2-b^2)\times x-x^3\right](a\leqslant x\leqslant l)$ $y_E=-\frac{Pa^2b^2}{3EIl}$，$y_C=\theta_C c$
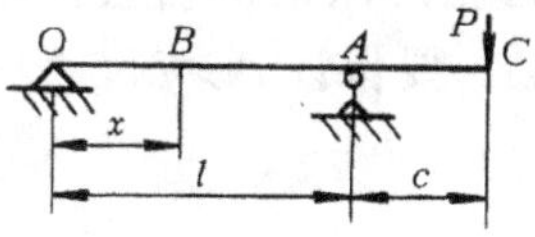	$\theta_O=\frac{Pcl}{6EI}$ $\theta_A=-\frac{Pcl}{6EI}$ $\theta_B=-\frac{Pc(3x^2-l^2)}{6EIl}$ $\theta_C=-\frac{Pc(3c+2l)}{6EIl}$	$y_B=\frac{Pcx(l^2-x^2)}{6EIl}$ $y_C=-\frac{Pc^2(l+c)}{3EI}$
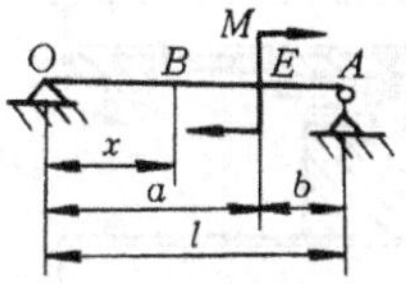	$\theta_O=\frac{M}{6EIl}(l^2-3b^2)$ $\theta_A=\frac{M}{6EIl}(l^2-3a^2)$ $\theta_B=-\frac{M}{6EIl}[3(x^2+b^2)-l^2]$	$y_B=\frac{Mx}{6EIl}(l^2-3b^2-x^2)\ (0\leqslant x\leqslant a)$ $y_B=-\frac{M(l-x)}{6EIl}[l^2-3a^2-(l-x)^2]$ $(a\leqslant x\leqslant l)$ $y_E=\frac{Mab(l+a-3b)}{6EIl}$

传动轴弯曲刚度的允许值，见表15-4。

表 15-4　轴刚度的允许值

挠　度　〔y〕　(mm)	倾　角　〔θ〕　(rad)
一般传动轴（0.0003～0.0005）l	装齿轮处 0.001
刚度要求较高的轴 0.0002l	装滑动轴承处 0.001
安装齿轮的轴（0.01～0.03）m	装向心球轴承处 0.0025
安装蜗轮的轴（0.02～0.05）m	装向心球面球轴承处 0.005
（l 为跨距，m 为模数）	装单列短圆柱滚子轴承处 0.001 装单列圆锥滚子轴承处 0.0006

如验算出的轴的弯曲刚度不合格，则应加粗轴的直径或缩短轴的长度。由于各种钢的弹性模量几乎相同，改变轴的材料是不能提高轴的刚度的。

3. 轴承寿命的验算

轴承寿命的验算，按《金属切削机床设计简明手册》中提供的公式和方法进行。

验算时应选取负荷最大的工作状态，与验算轴的弯曲刚度时的工作状态不一定相同。也就是说，轴处于最危险的受力状态时，轴承不一定受力最大。

4. 轴组件的设计

（1）齿轮在轴上的布置　在传动组内齿轮布置的设计中，应防止因固定齿轮的间距不够，出现原啮合齿轮尚未完全脱开而另一齿轮就要进入啮合的干涉现象。同时，也要注意不使间距过大而造成轴向尺寸太长或因滑移距离长给操纵机构的设计带来困难。

在三联滑移齿轮中，当最大齿轮与次大齿轮的齿数差小于 4 时，可用宽式排列。如图 15-11 所示Ⅰ轴上的滑移齿轮。这样的排列可使 19 齿的齿轮在滑移过程中，不经过与 22 齿相啮合的Ⅱ轴上的 33 齿的齿轮。为缩短轴向尺寸，将两个传动组统一考虑。将轴Ⅱ上的固定齿轮主、从动轮交错排列，又采用一个公用齿轮，轴向长度 $B \geqslant 11b$。采用公用齿轮后，两传动组的齿轮模数应相同。

一对相啮合的齿轮，宽度应该是相同的。但是，考虑到操纵机构的定位不可能很精确，拨叉也存在着误差和磨损，使用时往往会发生错位。这时不会全部齿宽参与工作，因此可使小齿轮比相啮合的大齿轮宽 1～2mm。

当操纵机构确定以后，也应考虑对齿轮在轴上的位置是否有要求。例如图 15-12 采用 CA6140 型车床主轴箱中所用的六速操纵机构。由于操纵三联滑移齿轮的曲柄机构会产生一定的越程 δ，应注意在Ⅱ、Ⅲ轴的两滑移齿轮间所留出的轴向间距 Δ，要保证 Δ＞δ，否则会因轴Ⅲ上的滑移齿轮左移的越程，使它与轴Ⅱ上的滑移齿轮相撞。

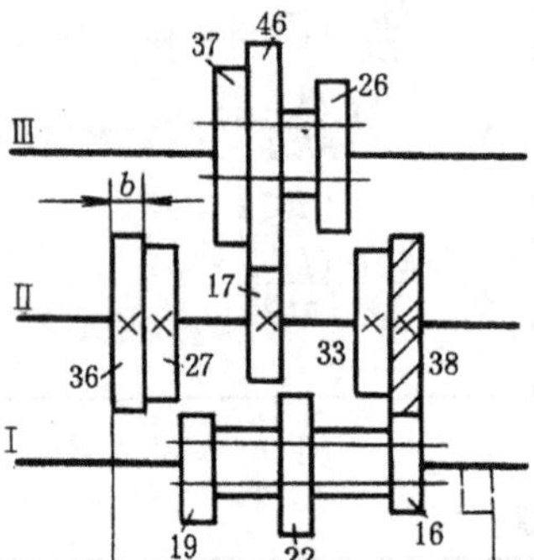

图 15-11　滑移齿轮的宽式排列

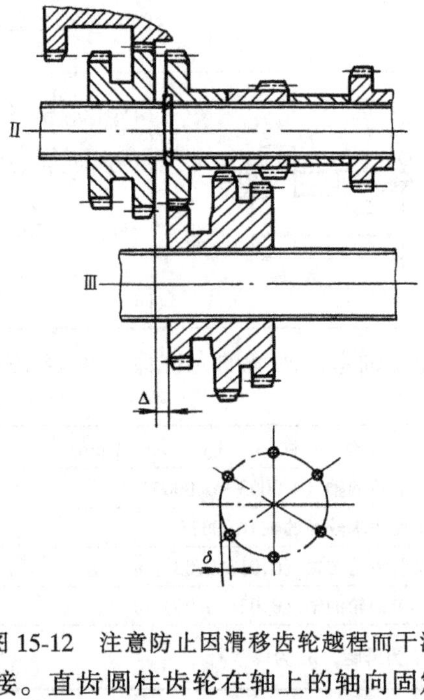

图 15-12　注意防止因滑移齿轮越程而干涉

（2）齿轮在轴上的定位　齿轮与轴多用花键联接。直齿圆柱齿轮在轴上的轴向固定可用定位螺钉（图 15-13a）、轴肩和弹性挡圈（图 b）、套和半环隔垫（图 c）等。隔垫 1 为两个半圆环，嵌入轴的环槽内，齿轮 2 的左端有窝，半圆环陷在窝内以防止转动时飞脱。斜齿圆柱齿轮或锥齿轮，由于有轴向力，不能用弹性挡圈和定位螺钉，可用图 c 的结构。应使长度 A 比 B 大 1mm 左右。固定齿轮与轴如果用键联接，则齿轮孔与轴的配合多为 H7/js6，一般用平键，有较高要求（如动平衡）的地方，可采用对称双键。如果齿轮需对轴作相对（空套）转动，齿轮较小转速又不高时，可采用图 d 所示的滑动轴承结构。图中 3 为铜套，K 为油孔。轴向间隙取 $\delta=0.1\sim0.2$mm。如转速较高，可改用滚针轴承。在图 e 和图 f 中，空套齿轮通过滚动轴承固定在轴上，适用于齿轮直径较大和转速较高的场合。

（3）轴承的选型与轴的轴向固定　传动轴轴承的选型和传动轴的轴向固定见第八章第四节，图 8-13 和图 8-14。安装轴承处的轴肩与孔台的尺寸，都有一定的要求，可从滚动轴承样本手册中查到。轴肩与孔台的尺寸取小了，不能满足轴向定位的需要；如果取大了，将不便于轴承的拆卸，尤其是圆锥滚子轴承有可能就拆不下来了。

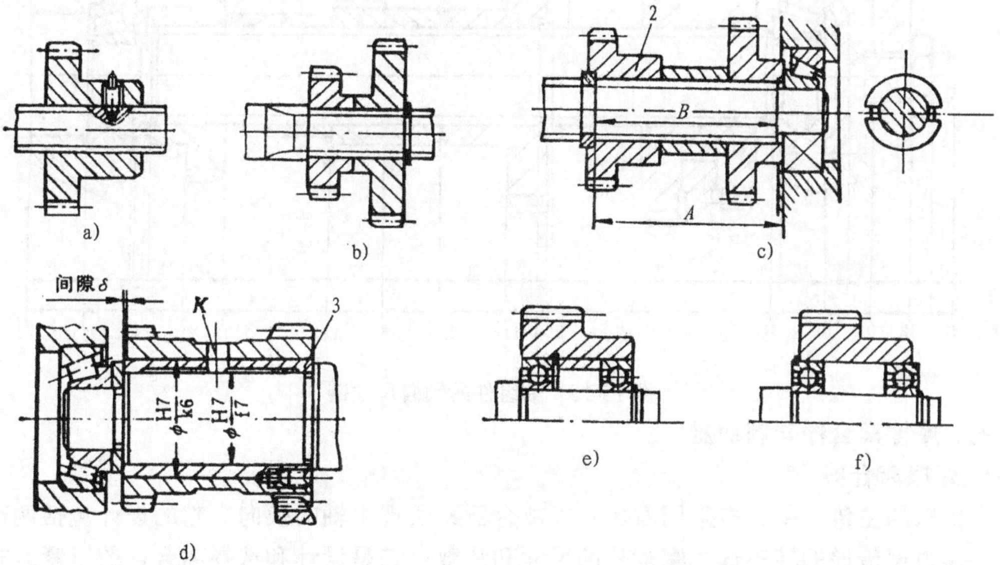

图 15-13　齿轮在轴上的定位

图 15-14 是几种常用的固定心轴的方法。图 a 采用止推挡片。图 b 用定位紧定螺钉。为防松可用两个螺钉。图 c 用紧定螺钉骑缝固定。装配时钻孔攻丝。图 d 的固定方法是，通过紧定螺钉顶中间钢球，将两侧钢球挤紧在孔壁上。它的优点不仅在装配时不用机械加工，而且能随意适应轴向位置。

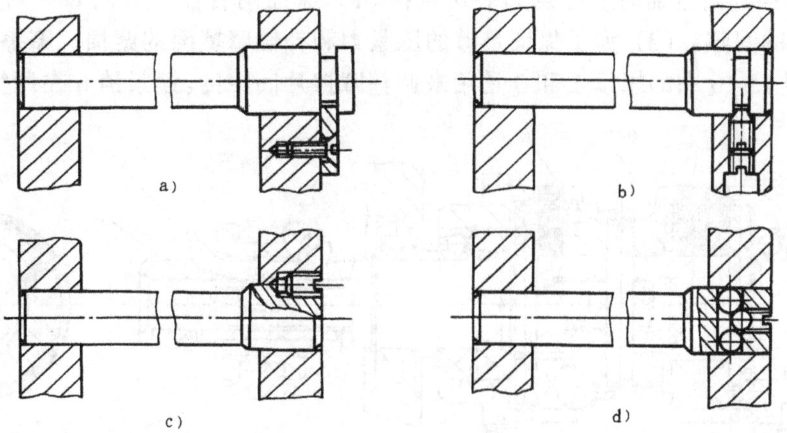

图 15-14　心轴在箱体上的固定方式

轴组件要标注轴向尺寸链，见图 15-15，表明各零件的轴向尺寸，以便在绘制零件图时，提供每个零件确切的轴向尺寸。图中给出了两种标注方法：其一是标注出每个零件的轴向实际尺寸，形成封闭的串联尺寸链；其二是以箱体左端面为原点，标注出各件轴向的坐标尺寸。前者是手工设计时常用的标注方法，后者是采用计算机辅助设计时采用的标注方法。

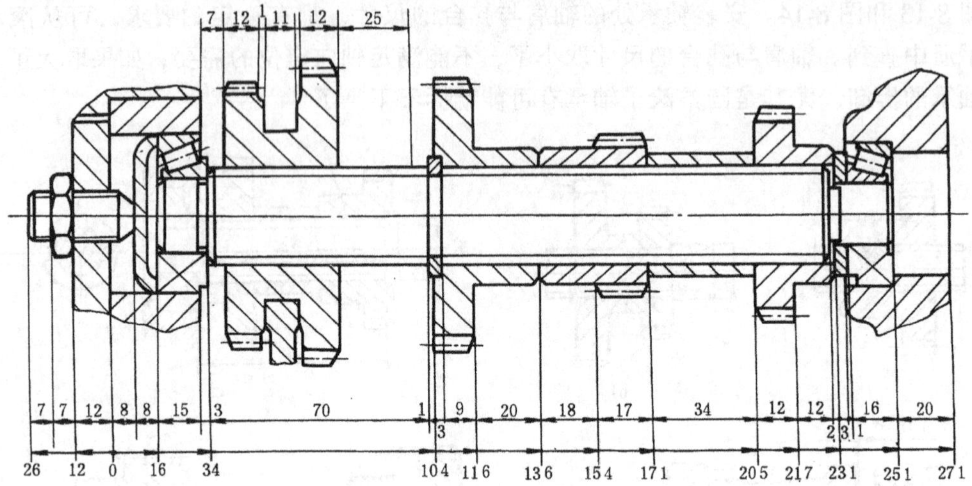

图 15-15　轴组件的轴向尺寸链

七、摩擦离合器与制动器

1. 摩擦离合器

在机床的主传动中，多采用摩擦片式离合器，实现主轴的换向。它的设计包括两部分内容：一是根据传递的转矩选择摩擦片的尺寸和片数；二是设计和选择离合器的压紧方式。详见《金属切削机床设计简明手册》。

图 15-16 是元宝销拉杆压紧式离合器。操纵时，通过操纵杆 8、套 7、元宝销 4、中心拉杆 5、销 2 压紧螺母 1 或 3 控制左右离合器的接合或断开。摩擦片应具有较高的耐磨性、摩擦系数大、耐高温、抗胶合性能好等特性。常用 10 号或 15 钢制造，表面渗碳、渗层深 0.3～0.5 毫米，淬火硬度 52～62HRC。图 15-17 是机床主传动中常用的一种摩擦片的内、外片尺寸。设计摩擦片离合器时应注意如下几点：（1）保证离合器脱开时每一对摩擦面之间有 0.1～0.3mm 的间隙。（2）为了保证足够的压紧力和补偿摩擦面的磨损，摩擦片的间隙必须能够调整。图 15-16 中的螺母 1 和 3 是用来调整摩擦片间隙的。锁紧销 6 在调整后用来锁紧，

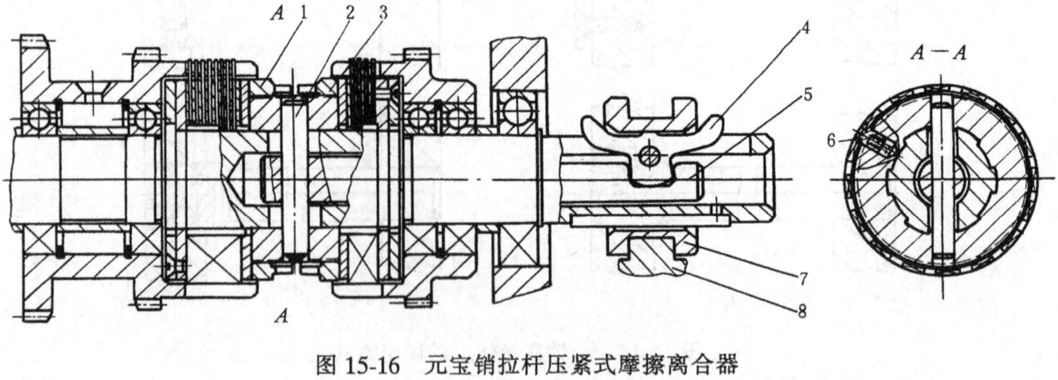

图 15-16　元宝销拉杆压紧式摩擦离合器

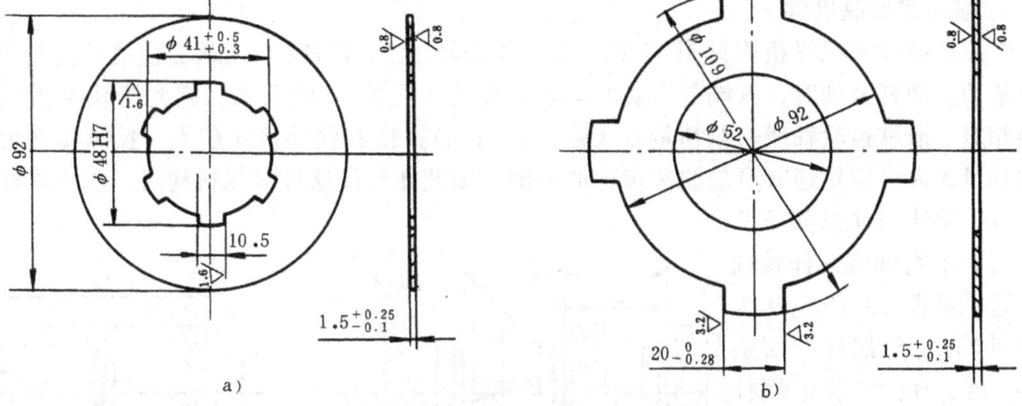

图 15-17　摩擦片的内、外片

以防止螺母松动。(3) 当操纵力去掉后，压紧摩擦片的压紧力不能消失。在机构上保证自锁。使得压紧后作用力与运动方向垂直。图 15-16 中套 7 移动时，首先孔的锥部与元宝销 4 的头部接触，使元宝销转动，随后孔的圆柱部分与元宝销 4 的头部接触，实现自锁。(4) 使操纵离合器的压紧力成为一个封闭平衡力系，使压紧力不作用在轴承上。读者可自行分析图 15-16 中的压紧力传递路线，如何满足封闭平衡力系的要求。

2. 制动器

制动器的作用，是在机床停车时使执行件及其传动链迅速停止运动。它的工作原理是利用摩擦力矩使机件的动能转化为热能。机床的制动机构应满足如下要求：(1) 构造简单、尺寸小。为此制动器应尽量装在高速轴上。(2) 制动时间在可能条件下应尽量短些。但也不是越短越好。如果制动时间太短，则有可能因制动力矩太大而损坏机件。例如打掉轮齿，扭坏轴等。(3) 要保证使用安全。为此，制动机构与开停机构必须互锁。即离合器脱开时，制动器应制动；接通离合器前，制动器必须先断开。最简单的互锁方法是用同一个操纵机构，同时操纵离合器和制动器。

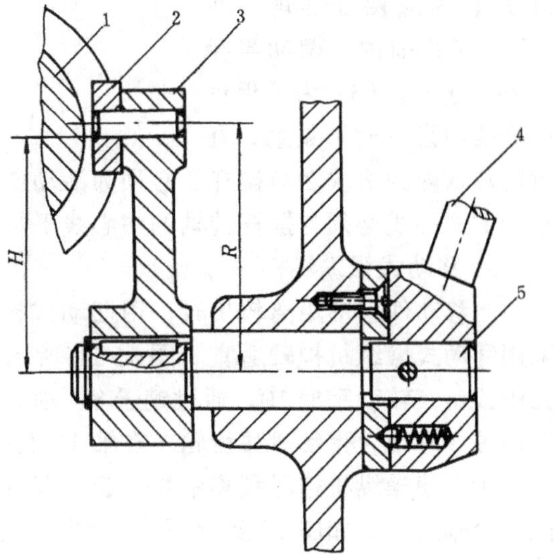

图 15-18　摆动式操纵机构

八、操纵机构

机床的操纵机构用于控制机床各执行件运动的启动、停止、制动、变速、换向等。随着机床的自动化，操纵机构越来越简化。操纵机构不直接参予机床的成形运动，对机床的精度和刚度无直接影响，但对机床性能的发挥和操作者的劳动强度有一定的影响。因此对操纵机构的要求是：轻便省力，操作方便，便于记忆，安全可靠。操纵机构一般由三部分组成：(1) 操作件，包括手柄、手轮等，见《金属切削机床设计简明手册》。(2) 传动装置，包括机械的、电力的、液压的、气动的数种。在机械传动装置中常用的有杠杆、齿轮齿条和凸轮机构等。(3) 执行件，如拨块、滑块和销子等。在机床课程设计中，常用的有摆动式操纵机构、移动式操纵机构和凸轮操纵机构等。

1．摆动式操纵机构

常用的摆动式操纵机构见图15-18。手柄4经转轴5、摆杆3、滑块2使滑移齿轮1沿花键轴移动。摆杆摆动时，其端部滑块的运动轨迹是半径为R的圆弧，因此滑块在齿轮环形槽内相对于滑移齿轮轴线有偏移量a（见图15-19a)。R和偏移量a越大，操纵越费力。如果偏移量太大，滑块还有可能脱离齿轮的环槽。因此在设计这种操纵机构时，应力求减小偏移量a。设计时注意如下几点：(1）正确确定摆杆转轴的位置，见图15-19。O为转轴的轴线，即摆杆的摆动中心。A、B、C表示摆杆3拨动齿轮1移动的三个位置，即滑块2移动的三个位置。为了保证偏移量a最小，摆杆转轴O最好位于滑块两极限位置A、C的中点，使滑块上下偏移量相等，如图a。只有当机床结构不允许时，才使摆杆偏置，但偏置量e不宜过大，如图b。(2）合理确定摆动半径R，见图c，在确定H/L值时应保证摆角α在60°～90°范围内，摆动半径R略大于H。(3）为了保证摆杆拨动齿轮时不蹩劲，在齿轮环槽内的滑块2与摆杆3必须为活动连接，即滑块与摆杆的轴销为间隙配合。同时滑块轴销的中心线必须与摆杆转轴的中心线平行。

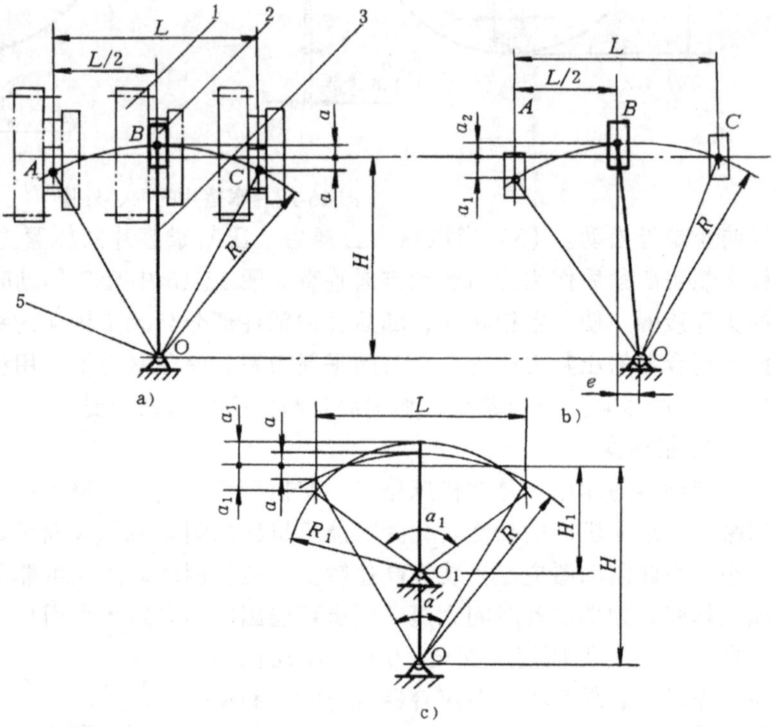

图15-19　摆杆设计示意图

2．移动式操纵机构

当移动件移动距离较长时，用摆动式操纵机构会使偏移a太大或摆杆长度太长，这时采用移动式操纵机构较适宜。图15-20所示为齿轮—齿条机构。抬起手柄10将定位销9从孔中拔出，转动手柄10，通过销子8、轴7带动齿轮15转动，从而使齿条4带动拨块2沿导向轴3移动，带动滑移齿轮1在轴16上移动，实现变速。

为了使操纵机构尽量集中在一起，有时还可以把两个转轴套装，使两个操纵手柄安装在同一个轴线上，如图15-20所示。手柄11通过销子12、轴套14和齿轮13，使拨叉5沿导向轴6轴向移动。

为保证齿轮能正确啮合，在设计操纵机构时必须考虑定位问题。常用的定位方式有钢球定位和销槽定位等。定位机构可以装在操作件上、导向轴上或滑移齿轮上。图15-18中采用钢球定位。定位坑不宜加工在箱体上，应该加工在钢垫圈上。这样做既可提高耐磨性又便于更换。用钢球定位，结构简单，应用较广，但有时定位不太可靠。当机床振动较大或被操纵的齿轮重，轴线竖直放置时，就要用销槽定位，如图 15-20 所示。

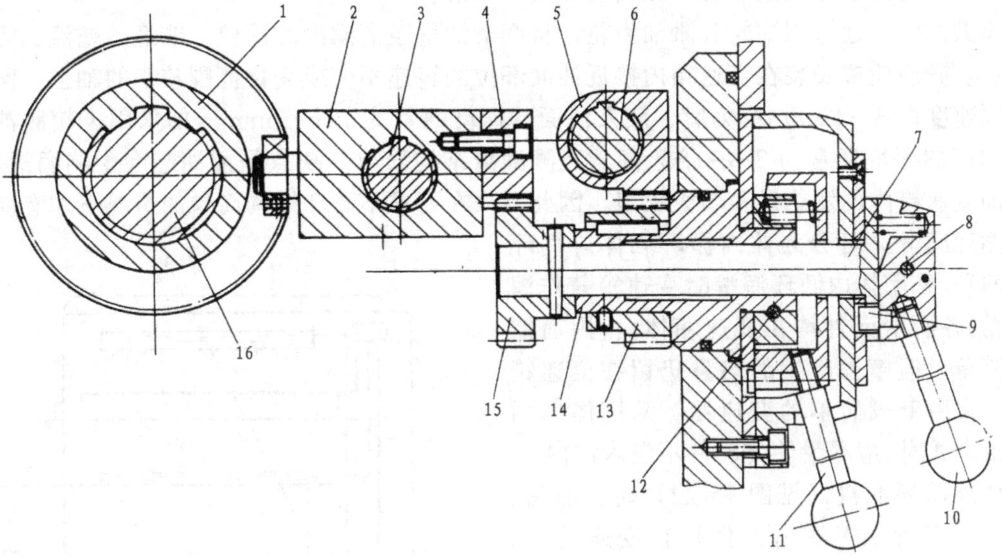

图 15-20　移动式操纵机构

3．凸轮操纵机构

图 15-21 是一种圆柱凸轮变速操纵机构的原理图。圆柱凸轮 8 操纵两个滑移齿轮 4 和 5，以便得到 6 种转速。圆柱凸轮上有两条沟槽 a 和 b，沟槽 a 经杠杆 2 和拨叉 3 操纵三联滑移齿轮 4；沟槽 b 经杠杆 7 和拨叉 6 控制双联滑移齿轮 5。手柄 1 每转 60°可得相应一级转速。圆柱凸轮曲线的展开形状见图 b，图中Ⅰ～Ⅵ表示两个滑移齿轮的相应的 6 个位置。

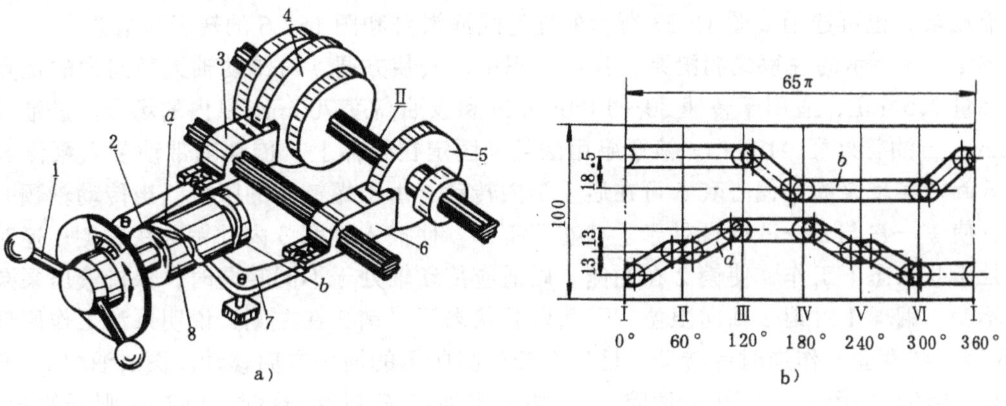

图 15-21　圆柱凸轮变速操纵机构原理图

为保证操纵凸轮不自锁，并且操纵省力，应验算凸轮最大压力角 α_{max}，使它不超过许用压力角〔α〕。从动件作直线运动的推杆，〔α〕= 30°～45°；如为摆杆，〔α〕= 45°～60°。

九、润滑

1．变速箱的润滑方式

变速箱的润滑方式主要有飞溅润滑和循环润滑。

飞溅润滑，通过溅油轮和溅油齿轮，将润滑油甩至需润滑的部位，或经箱壁流到需润滑的部位。溅油轮应安装在变速箱内接近油面部位的转速不变或变化范围较小的轴上。溅油轮的圆周速度在3～12.5m/s为宜，浸入油面的深度通常为12～25mm。如采用齿轮溅油，则浸入油面的深度通常为2～3倍齿高。飞溅润滑结构简单。缺点是搅油起泡影响润滑效果，并增加变速箱内的发热量和增大噪声。因此，只在要求不高和结构简单的情况下才有应用。

循环润滑又可分为体内循环和体外循环润滑两种。采用体内循环润滑时变速箱兼作润滑油箱，各润滑元件均在变速箱体内，因而结构较简单。但摩擦产生的热量仍留在变速箱体内。常用于较简单的变速箱。采用体内循环润滑方式时，应尽量使传动件不浸入油内。

体外循环润滑（见图15-22）时，油箱、滤油器、润滑泵等润滑元件均在变速箱外。润滑油经配油器2进入变速箱体，一路通主轴前、后轴承，另一路通过配油盘3引向各润滑部位。回油经油管4流回油箱1。其优点是润滑油可将热量带出变速箱，在油箱内冷却。这种办法可使变速箱的温升较低，但结构要复杂些。

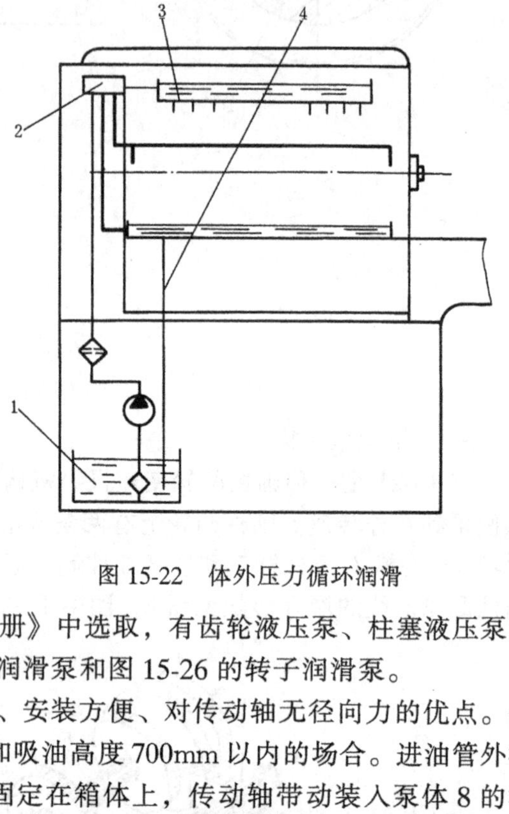

图15-22　体外压力循环润滑

2．润滑液压泵的选用

润滑液压泵可从《金属切削机床设计简明手册》中选取，有齿轮液压泵、柱塞液压泵和叶片液压泵。也可选用如图15-23所示的柱塞式润滑泵和图15-26的转子润滑泵。

图15-23所示的柱塞式润滑泵，具有体积小、安装方便、对传动轴无径向力的优点。每转排油量7.54mL，适用于转速30～1450r/min和吸油高度700mm以内的场合。进油管外径ϕ12mm，出油管外径ϕ10mm。液压泵用法兰9固定在箱体上，传动轴带动装入泵体8的柱塞套6旋转实现泵油。偏心套5可在后盖7内转动，由于螺钉4的限位，当传动轴顺时针旋转时，使$F—F$与$E—E$剖视处于Ⅰ状态下工作，使插入柱塞3内的销2在右侧；逆时针旋转时处于Ⅱ状态下工作，使销2在左侧。以适应传动轴处于不同转向时，保持液压泵泵油的方向不变。钢球1对销2轴向限位。下面以Ⅱ状态下（销2在左侧）说明泵油工作原理，见图15-24。柱塞套6作逆时针转动，柱塞3按如图所示的箭头方向移动。图a，油腔q_1开始从吸油口Ⅰ吸油，经图b、c至图d，油腔q_1开始向排油口E排油；这时，油腔q_2则开始吸油，经图e、f至图a，q_2开始排油。这时q_1又开始吸油，因此，柱塞套每转吸排油两次。

图15-25是转子润滑泵的工作原理。内转子3为外齿轮，外转子为内齿轮，两轮偏心距为e。内转子比外转子少一个齿，当内、外转子按箭头方向旋转时（从图a到图d），由内外转子的共轭曲线所构成的封闭空间q逐渐扩大，从月牙槽K吸油。图d使封闭空间增至最大，继续旋转封闭空间将逐渐减小，实现从月牙槽M排油。

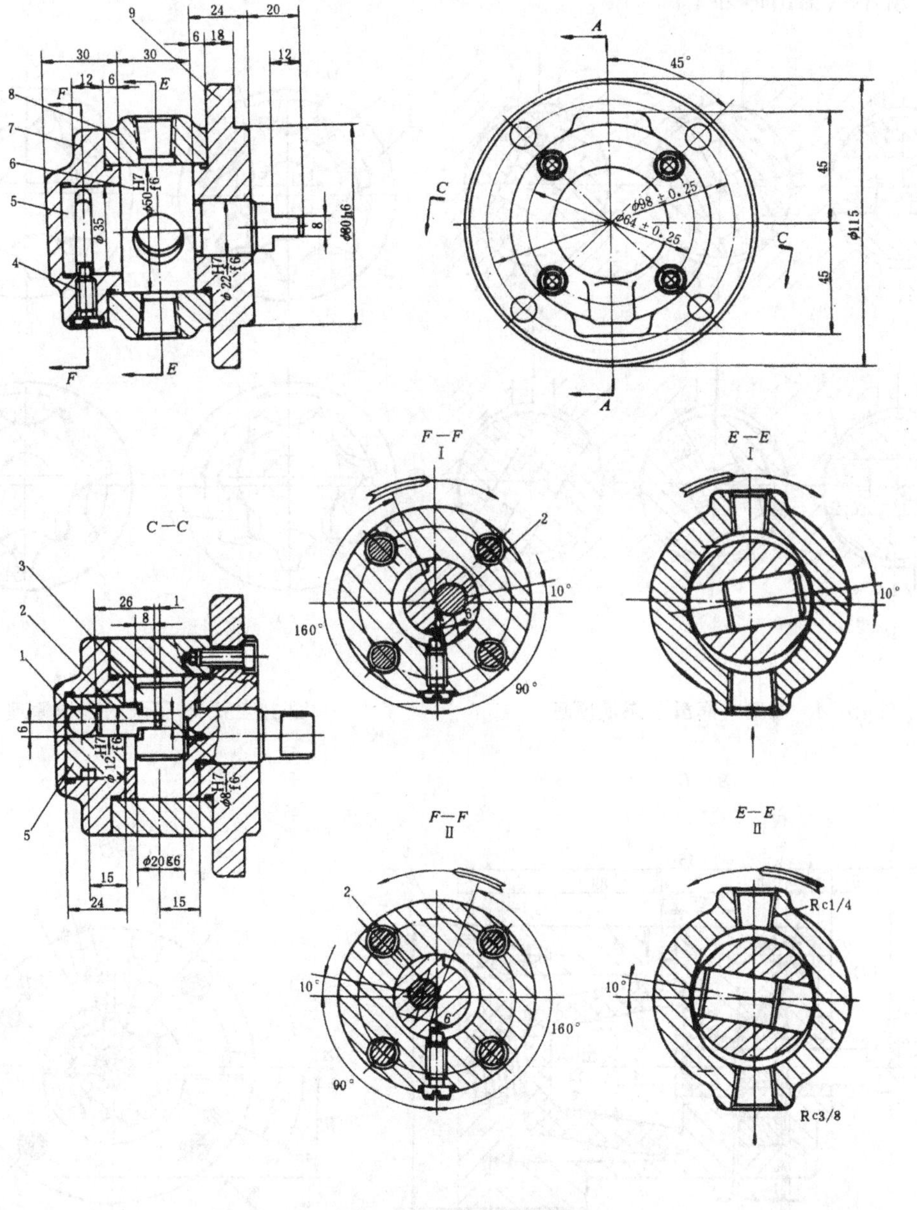

图 15-23　柱塞式润滑泵

图 15-26 是转子润滑泵结构图，通过 ϕ90n6 的过渡配合装入变速箱体。传动轴经转子轴 1 带动内转子 3 和外转子 2 一起旋转，通过壳体 4 左侧的两个月牙形槽 b 和 a 实现吸、排油。在壳体 4 中装有滤油器 5。弹簧 6 把滤油器 5 顶紧在左侧端面。润滑油经滤油器过滤后进入转子润滑泵。这种润滑泵具有体积小、重量轻、结构简单、运转平稳等优点。额定压力为 2.5MPa，每转排油量 3.5mL，吸油高度 1.2m。

3. 防漏和密封

机床漏油分三等：渗油、滴油和流油。固定联接的部位每半小时滴一滴为渗油。活动联接的部位每五分钟滴一滴为渗油，每 2～3min 滴一滴为滴油，每分钟滴 5 滴为流油。防止漏油的办法是堵和引，不堵就流出去了，只堵不引，等油积累多了也会渗出，要把堵住的油引回油池，就不会漏出体外了。

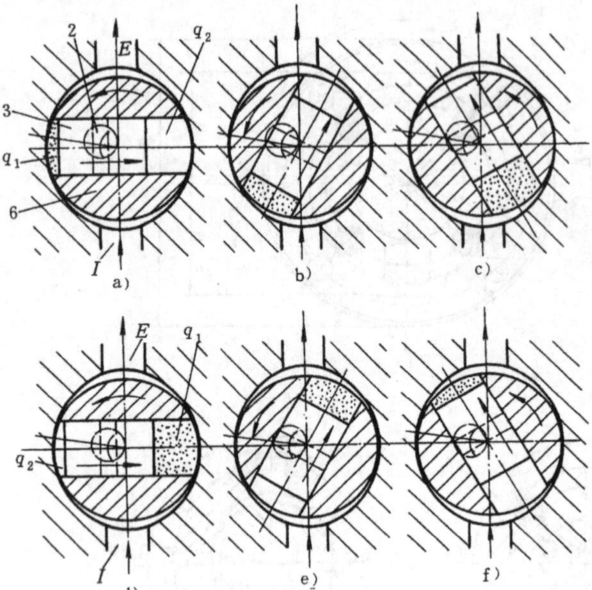

图 15-24　柱塞式润滑泵泵油原理

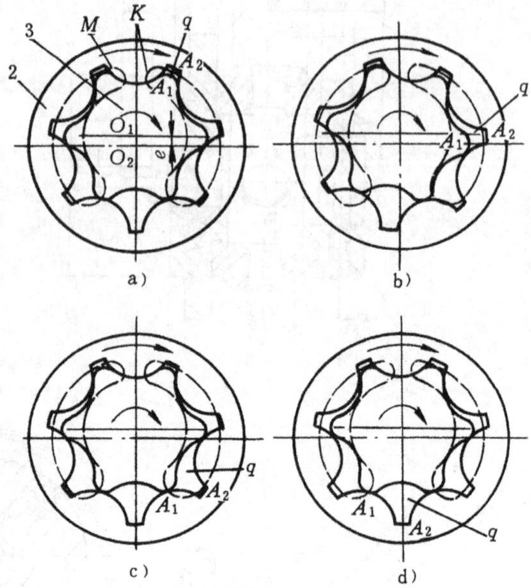

图 15-25　转子泵的工作原理

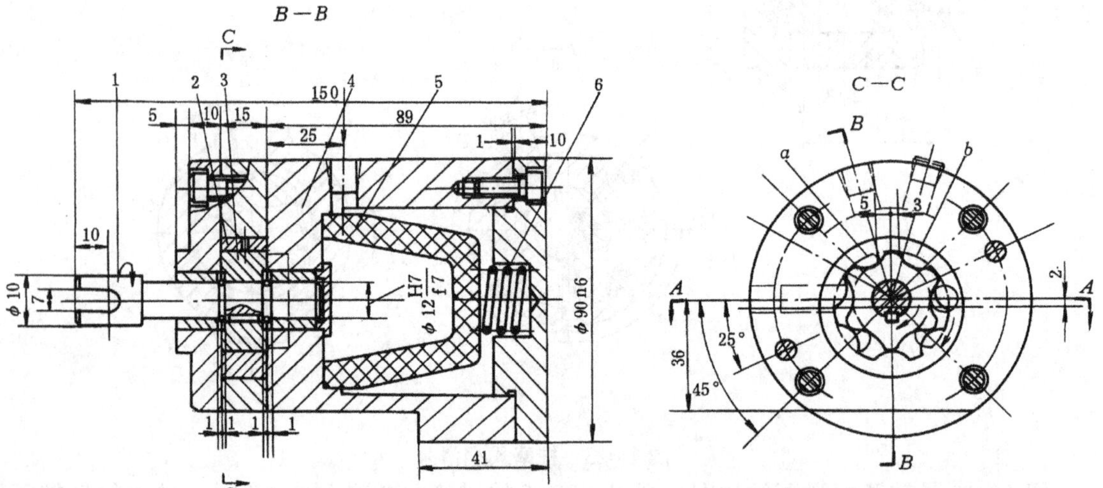

图 15-26　转子润滑泵

下面介绍几种常见的漏油实例和防止漏油的处理方法。

手柄轴应高于油面，否则非常容易漏油。即使手柄轴高出油面，如不加密封也会漏油，见图 15-27a。为防止漏油，可设计成如图 b 所示，在轴上切个环槽，装上“O”型密封圈，可防止润滑油从轴与箱体孔的间隙中漏出。

在图 15-28 中采用了挡油毡圈，当毡圈含油饱和后油就会外渗，因此钻回油孔将油引回。图 a 钻水平孔不如图 b 钻斜孔效果好。

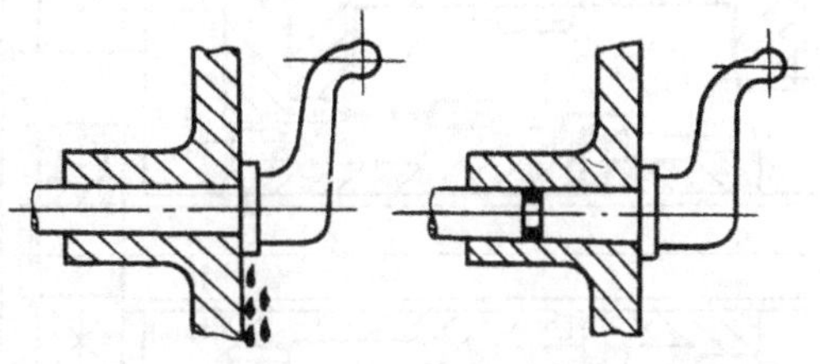

a） b）

图 15-27 手柄轴防漏

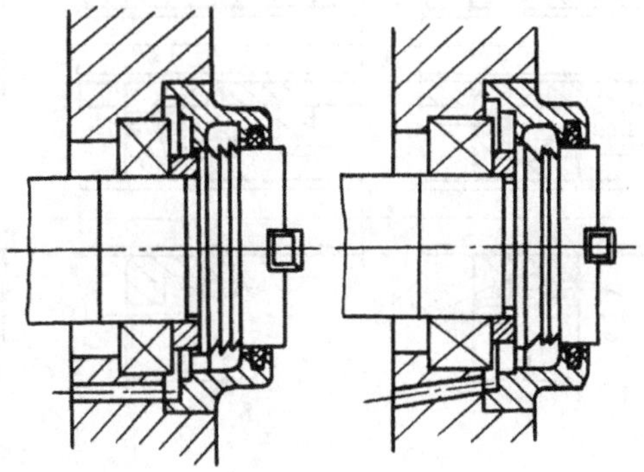

a） b）

图 15-28 引回油防漏

图 15-29 所示的结构，b 比 a 的防漏效果好。原因是图 b 中：(1) 螺孔不钻透，油不会经螺孔漏出；(2) 法兰盖的内表面是锥面，不会积存油；(3) 法兰盖与箱体间加垫或涂密封胶，油不易从接合面处渗出。

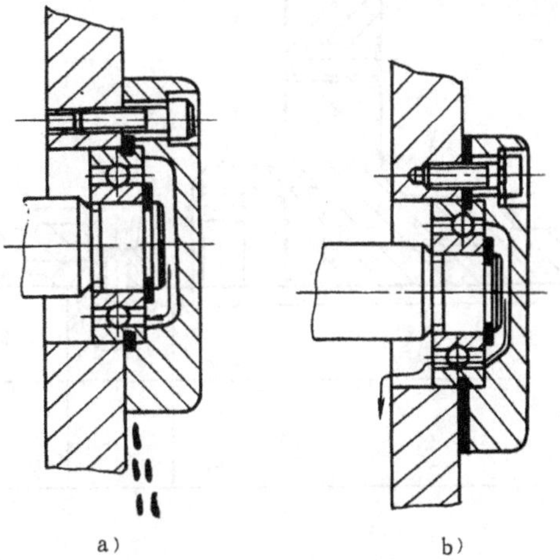

a） b）

图 15-29 法兰端盖防漏

十、课程设计中常见的错误

1. 滑移齿轮运动干涉

在设计中有时为了缩短轴向尺寸，将固定齿轮之间所需的间距取小了，使滑移齿轮不能实现正常的滑移。在图 15-30a 中，固定齿轮 z_1 与 z_2 之间的距离 A_1 小于滑移齿轮的宽度 B，当滑移齿轮向左移，z_3 尚未与 z_2 完全脱开时，z_4 就与 z_1 相接触，造成前者脱不开后者滑不进的现象，不能用。如图 b 使 $A_2 = B+$ (0.5～1)，就可以使滑移齿轮顺利地实现啮合了。

如图 15-31 所示的宽式三联滑移齿轮，常会造成一种位置上的错觉：以为它已运动至右端位置。实际上，它正处于中间位置。还需向右移动 $L/2$ 的距离才能使 z_4 与 z_1 啮合。这时，z_3 将球轴承 1 相撞而发生滑移齿轮与球轴承的干涉。为防止滑移齿轮的运动干涉，设计时应画出运动极限的想象位置，以便检查是否会发生干涉。另外，由于小齿轮 z_3 在往返移动中都要与齿轮 z_2 啮合，因此 z_2 与 z_3 都需在轮齿两个端面倒圆角，且 $z_2—z_1>4$。

图 15-32 是带有齿轮离合器的滑移齿轮。离合器齿轮 1 左端的空刀太浅，离合器啮合时，空刀的面 A 与止推垫 2 干涉。应将 A 面左移至 A' 位置。花键轴最右只能铣到 B 处，

如再往右延伸，则花键槽的头部 c 将与铜套 4 的油槽相通，使润滑油流走。齿轮 2 的空刀面新位置 A' 应在 B 的左边 1~2mm。

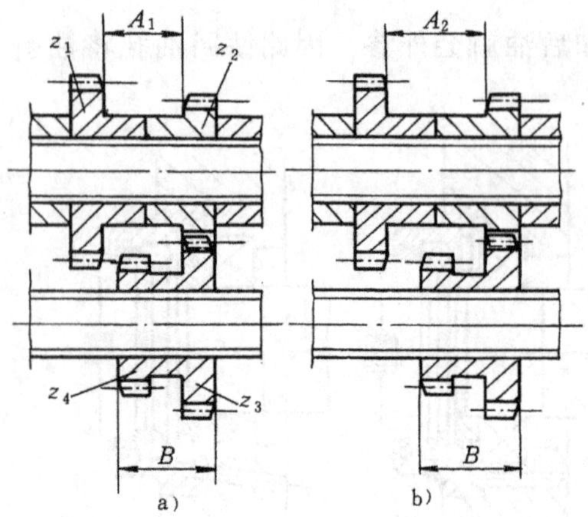

图 15-30　滑移齿轮运动干涉

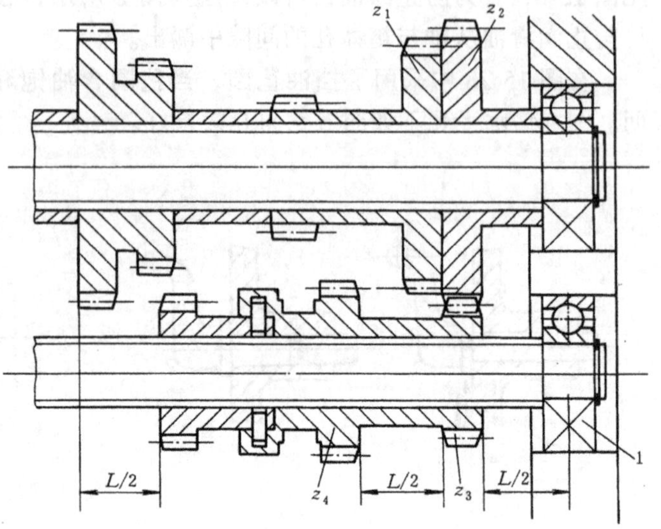

图 15-31　滑移齿轮与轴承的干涉

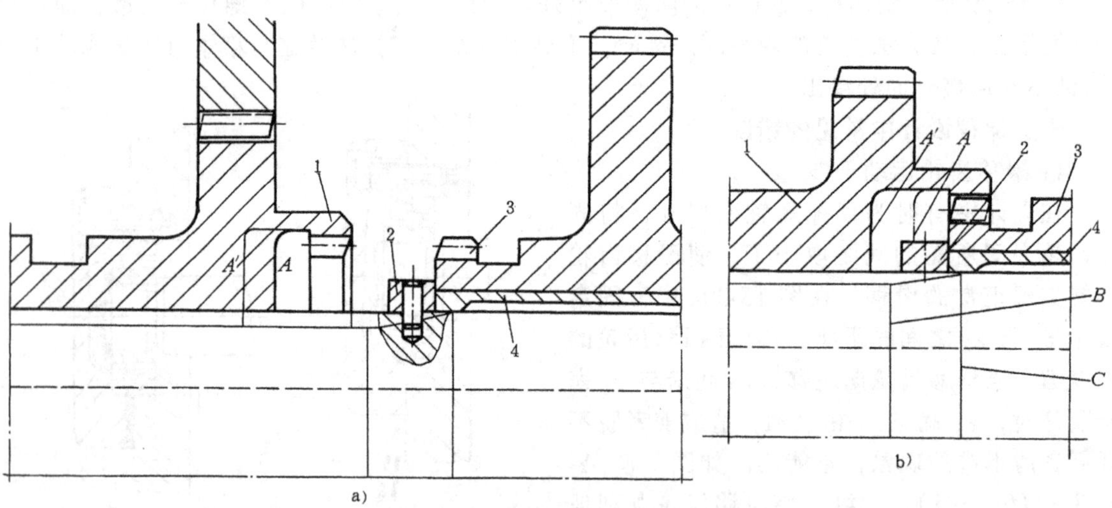

图 15-32　齿轮行程不够或干涉

2．操纵机构的干涉

操纵机构动作干涉，见图 15-33a。图中在拨叉 2 上无活动环节。当手柄转动后，拨叉也随之转动。但是齿轮 1 却只能在轴上移动。这就产生了矛盾。如在拨叉上增加一个可转动的拨块 3，见图 b，当拨叉转动时，拨块 2 相对拨叉旋转。并带动滑移齿轮轴向移动。拨块的轴线 $O'—O'$ 应与手柄轴的轴线 $O—O$ 平行，否则也是会卡住的。另外，在图 b 中将轴 5 稍加改变，就可以免去加工箱体内端面，并可节省两个零件。

图 15-34 是圆柱形凸轮变速操纵机构，可变换六级转速。它的工作原理，已在图 15-21 中叙述过了。图示的结构有两处发生干涉。(1) 主轴 3 是纵向贯穿的，与凸轮 4 之间发生了

干涉。因此，应将凸轮下移。（2）钢球 7 用于滑块的定位。顶住钢球的弹簧力靠螺钉 2 调节，由螺母 1 锁紧。但是，拧螺钉螺母的螺丝刀和扳手却被主轴 3 挡住了，伸不进去。这就形成了装不上调不了的干涉。设计时，可将轴线 O—O 逆时针方向转一个角度 α，使 O—O 与主轴间有一定的距离。

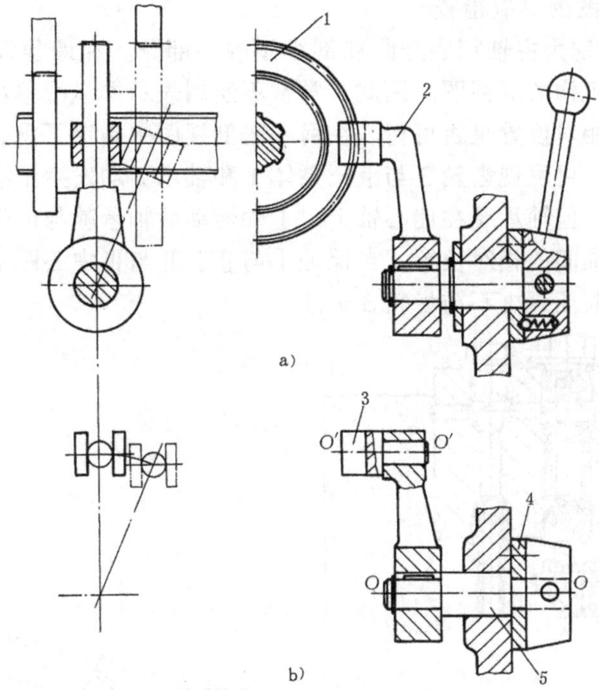

图 15-33　操纵机构动作干涉

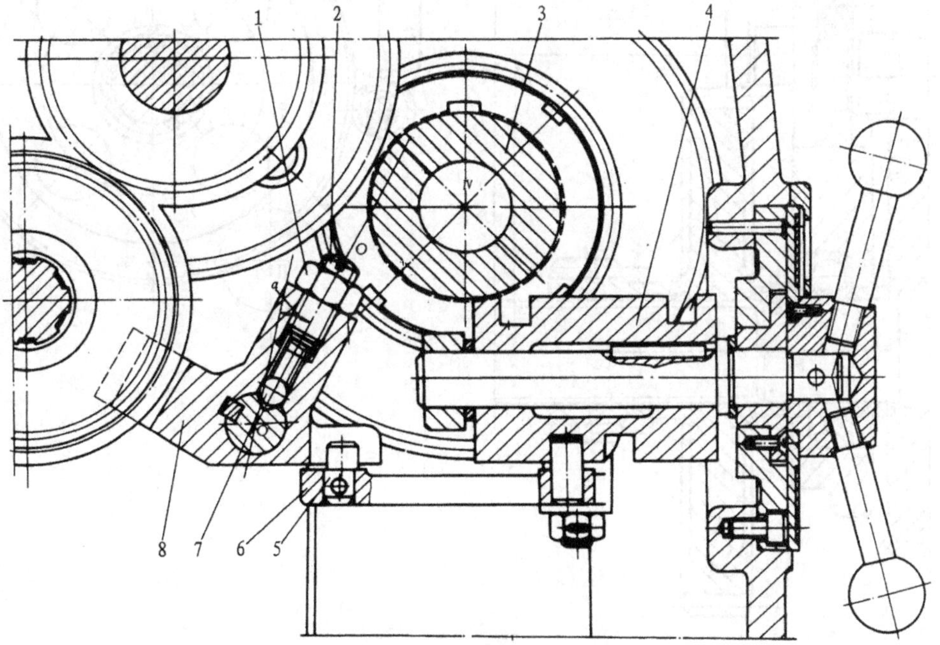

图 15-34　操纵机构与主轴的干涉

杠杠6上装有偏心销5。这是在凸轮4和拨叉8之间的调节环节。装配时用以补偿加工误差。

对于在操纵过程中，滑移齿轮有越程的操纵机构，还要考虑到滑移齿轮的极限位置，以免滑移齿轮与其它零件产生干涉。例如图15-12所示的情况。

3．展开图与剖视图的对应检查

图15-35a与b分别为主轴箱展开图和剖视图的一部分。在课程设计中因时间所限，往往要求表示一个操纵机构的剖视图。因此，常常不绘制表示操纵滑移齿轮3的剖视图，但必须检查各零件之间的相对位置是否可行。在另一张剖视图中确定了Ⅰ、Ⅱ、Ⅲ轴的位置。经过如图b所示的检查，可发现齿轮3与液压泵体1和轴承2均发生干涉。图示位置轴承2与齿轮3似乎并无干涉，但轴承装在偏心轴上，Ⅰ轴转动后轴承就与齿轮干涉。解决的办法是重新调整Ⅰ、Ⅱ、Ⅲ轴间的相对位置，在保证Ⅰ与Ⅱ、Ⅱ与Ⅲ中心距不变的前提下，重新确定Ⅱ与Ⅲ的距离，使液压泵1不与齿轮3干涉。

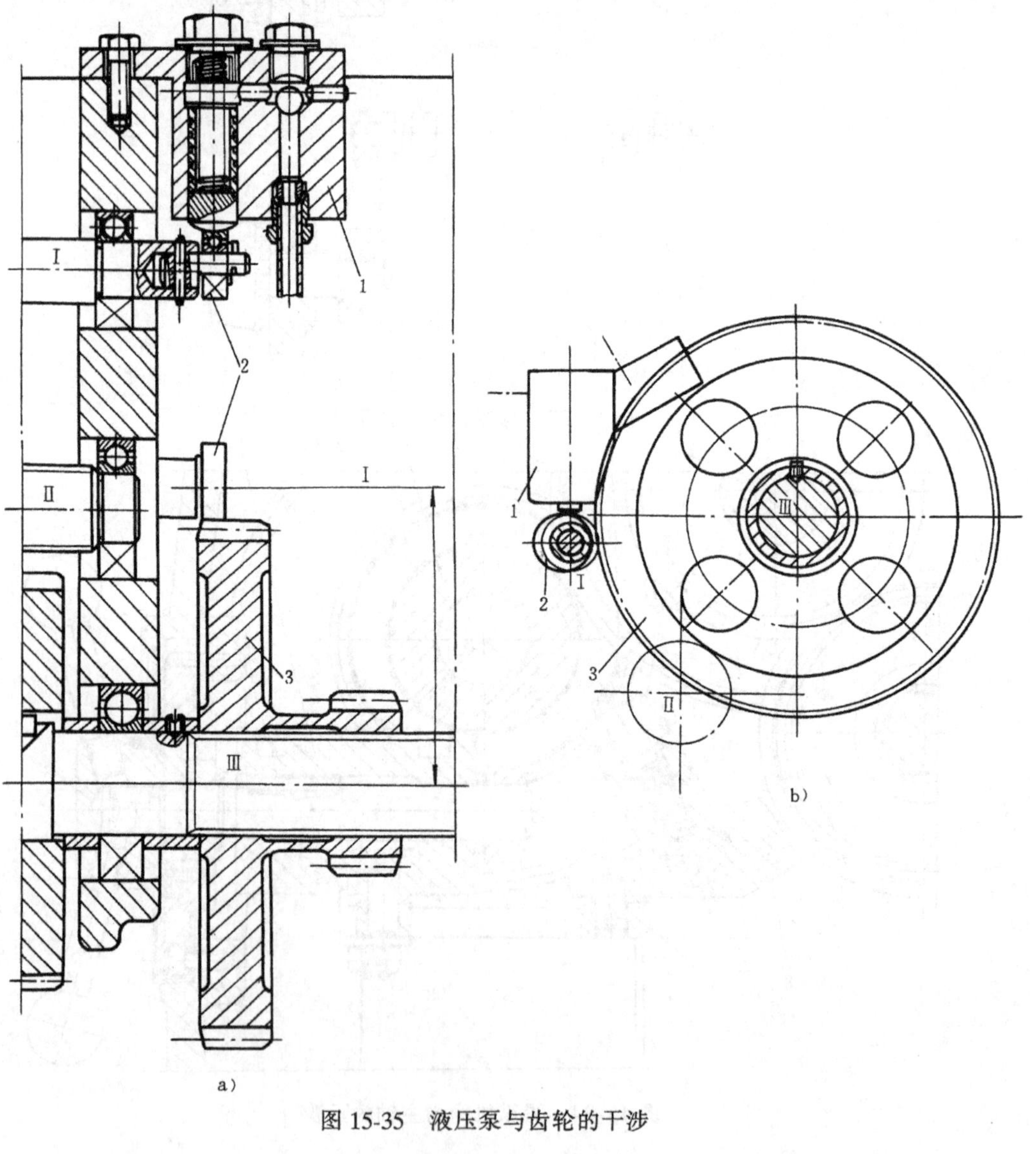

图15-35　液压泵与齿轮的干涉

4. 安装和拆卸

在主轴箱中，Ⅰ轴通常是先在外面装好，然后整个组件装入箱体。但图 15-36 所示的结构却实现不了。因为：(1) 齿轮 5 的外圆大于法兰 3 与箱体配合孔的直径，不能通过此孔。(2) 套 8 的外径 d_2 大于中间壁 6 处的孔径 d_1，同样也无法通过。(3) 带轮 1 上的孔 a 与法兰 3 上的螺钉不同心，六角头扳手从孔 a 伸进去却无法拧动螺钉。此外，圆锥滚子轴承 9 的外圈 9 装进去就拆不下来了。应是图中下半那样，加垫圈 10。

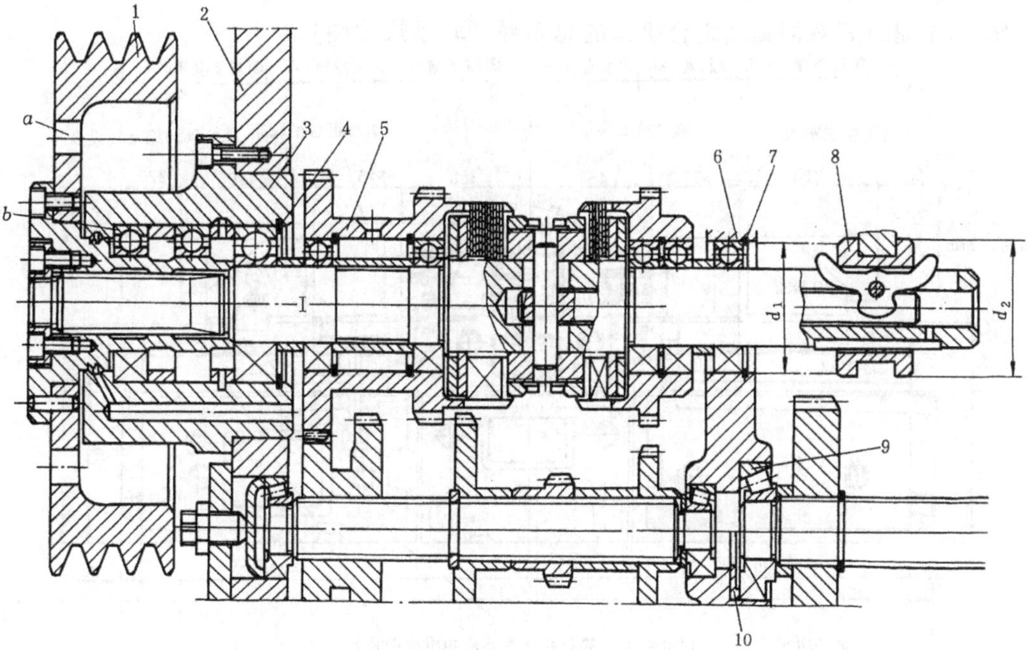

图 15-36 一个错误较多的设计

5. 轴的定位不足与超定位

装入箱体的轴要轴向固定，即限制向两端移动的自由度。如有一侧未限制，则轴将发生窜动，这是不允许的。但是，一侧有两处或两处以上的限制称为超定位，也是不允许的。结构比较简单的轴，一般易于判断。结构比较复杂时就较易发生超定位现象。图 15-36 中的Ⅰ轴，法兰 3 左端的孔台 b 限制了轴Ⅰ向左移动的自由度；弹性挡圈 4 限制了向右移动的自由度。因此，弹性挡圈 7 就是多余的超定位元件了，应该取消。

参 考 文 献

1 赵德堃.金属切削机床课程设计指导书，大连理工大学，1983

2 陈易新.机床课程设计指导书.哈尔滨工业大学，1981

3 曹金榜等.机床主轴变速箱设计指导.北京：机械工业出版社，1987

4 东北工学院与机械工业沈阳教材编委会合编.机床课程设计答辩指南.沈阳：东北工学院出版社，1990

5 各院校编写的机床课程设计指导书

第十六章 组 合 机 床

组合机床的用途和组成见第六章第五节。这里作进一步介绍。

一、卧式双面钻孔组合机床

图 16-1 是卧式双面钻孔组合机床的总布局（联系尺寸图）。

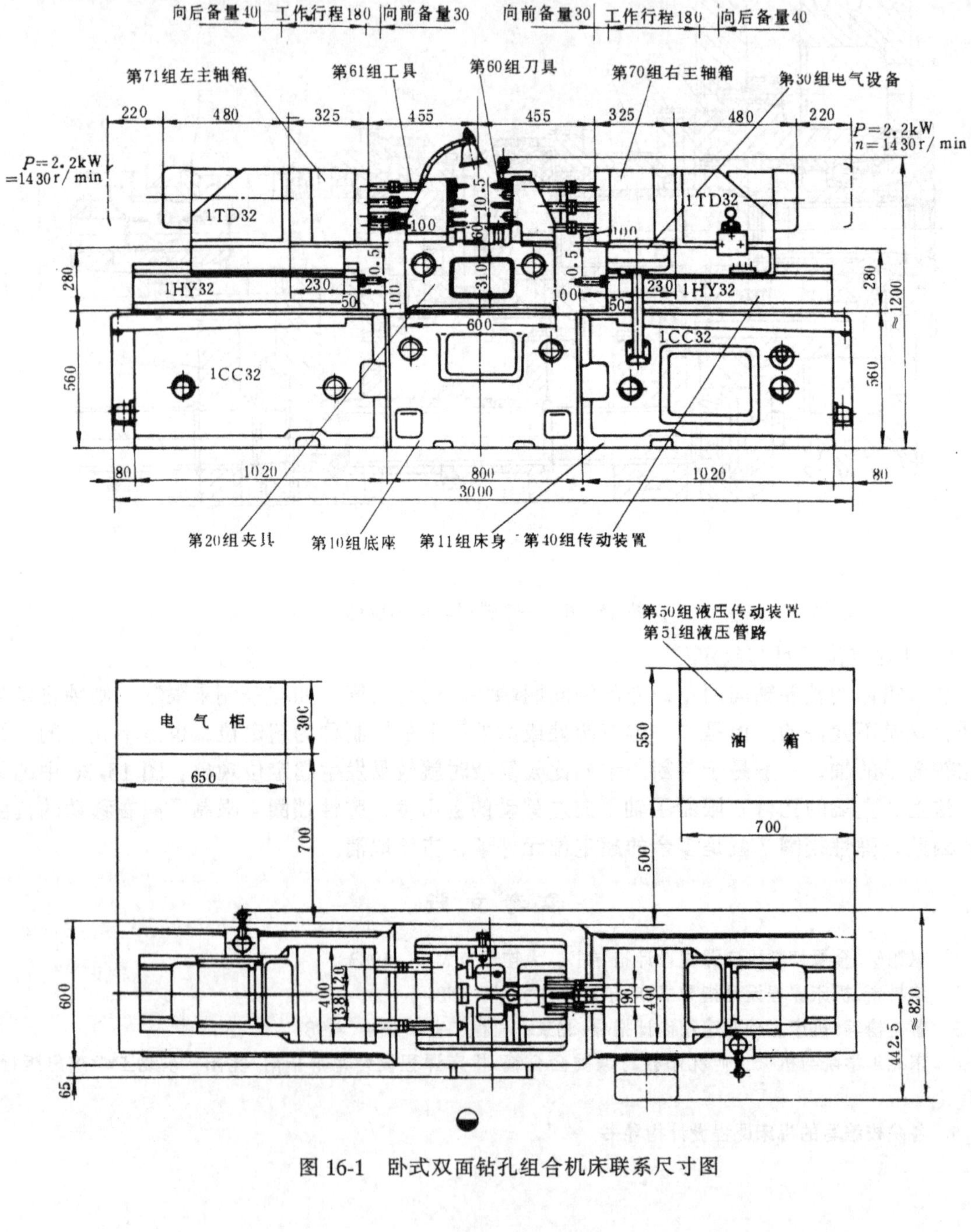

图 16-1 卧式双面钻孔组合机床联系尺寸图

1. 机床的用途

这台组合机床用于钻削某气缸体顶面和底面上的孔。

图16-2是被加工零件的工序图。工序图是在零件图基础上突出在本机床上加工的特点绘制的。所以它是设计机床的主要依据，也是制造和调整机床的主要技术文件。工序图应按加工位置画出。在工序图上需标出：在本机床上加工部位的尺寸、精度和技术要求；加工用的定位基准、夹压点的方向、位置；在本机床加工前毛坯的状况等。在本机床上加工的部位用粗实线画出，在本机床上加工应保证的尺寸用方框（或在下部用粗实线）表示。图中还应注明被加工零件的名称、编号、材料、硬度以及加工部位的加工余量等。

从图16-2中可以看出，在本机床上需钻下列孔：

顶面上的六个 ϕ8.7mm 的孔（孔号12～17）；

底面上的二个 ϕ6.7mm 的孔（孔号1～2）；二个 ϕ8.2mm 的孔（孔号3～4），三个 ϕ5mm 的孔（孔号5～7）和四个 ϕ5mm 的通孔（孔号8～11）。

工件的定位面为：底面（限制三个自由度），H 面（限制二个自由度）和 L 面（限制一个自由度）；工件的四个夹压点在顶面。

2. 加工示意图

图16-3是加工示意图。加工示意图是设计刀具、夹具、主轴箱以及选择动力部件的主要依据，也是调整机床和刀具的依据。图中应表明工件的加工部位、加工方法、切削用量；还应表明所用的导向形式、刀具、接杆的结构及主轴的数量（主轴数量多时，要标出轴号）和联接方式，以及它们之间的联系尺寸。

加工示意图按展开图形式画出。工件在图中允许只画加工部位。距离较近的主轴要画在一起，以便检查是否可能相碰。刀具按加工终了位置画出。结构相同的主轴允许只画一根。

加工示意图应标出下列尺寸：主轴端部尺寸，刀具结构尺寸，导向尺寸，工件加工部位尺寸，工件至夹具之间的尺寸，工件至主轴端部尺寸等。

各刀具主轴的结构基本相似，图16-4为加工工件11号孔的主轴组件（只画了伸出主轴箱盖之外的部分）。主轴1经键13转动接杆6。接杆的孔为锥孔。如果装锥柄锥头，可直接将钻头柄插入锥孔。图示8为直柄钻头，故需弹簧涨套7。锥面使涨套夹紧钻头。9是钻模套，用淬硬钢制成，装在钻模板10上，用作为钻头导向，保证孔的位置精度。11是工件。进给运动由滑台带主轴箱完成。循环为快进—工作进给—滑台顶在挡铁上停留—快退—回原位停止。为了保证在工作进给行程终点，钻头达到要求的深度，接杆是轴向可调的。接杆柄上有螺纹，上有螺母3。转动螺母就可调整接杆相对于主轴的轴向位置。调好后用止动垫片4和锁紧螺母5锁紧。最后，用两个螺钉2顶紧以防接杆从主轴上掉落。12是多（主）轴箱的前盖。

3. 机床的总布局

机床的总布局如图16-1所示。它配置成单工位卧式双面组合机床。加工时，工件装在夹具中固定不动，由水平布置在工件两侧的钻头实现主运动和进给运动，以完成对工件的钻削加工。

机床主要由下列部件组成：

（1）夹具（图中第20组）　夹具用以装夹工件，实现被加工零件的准确定位、夹压、刀具的导向等。夹具是主要的专用部件之一。

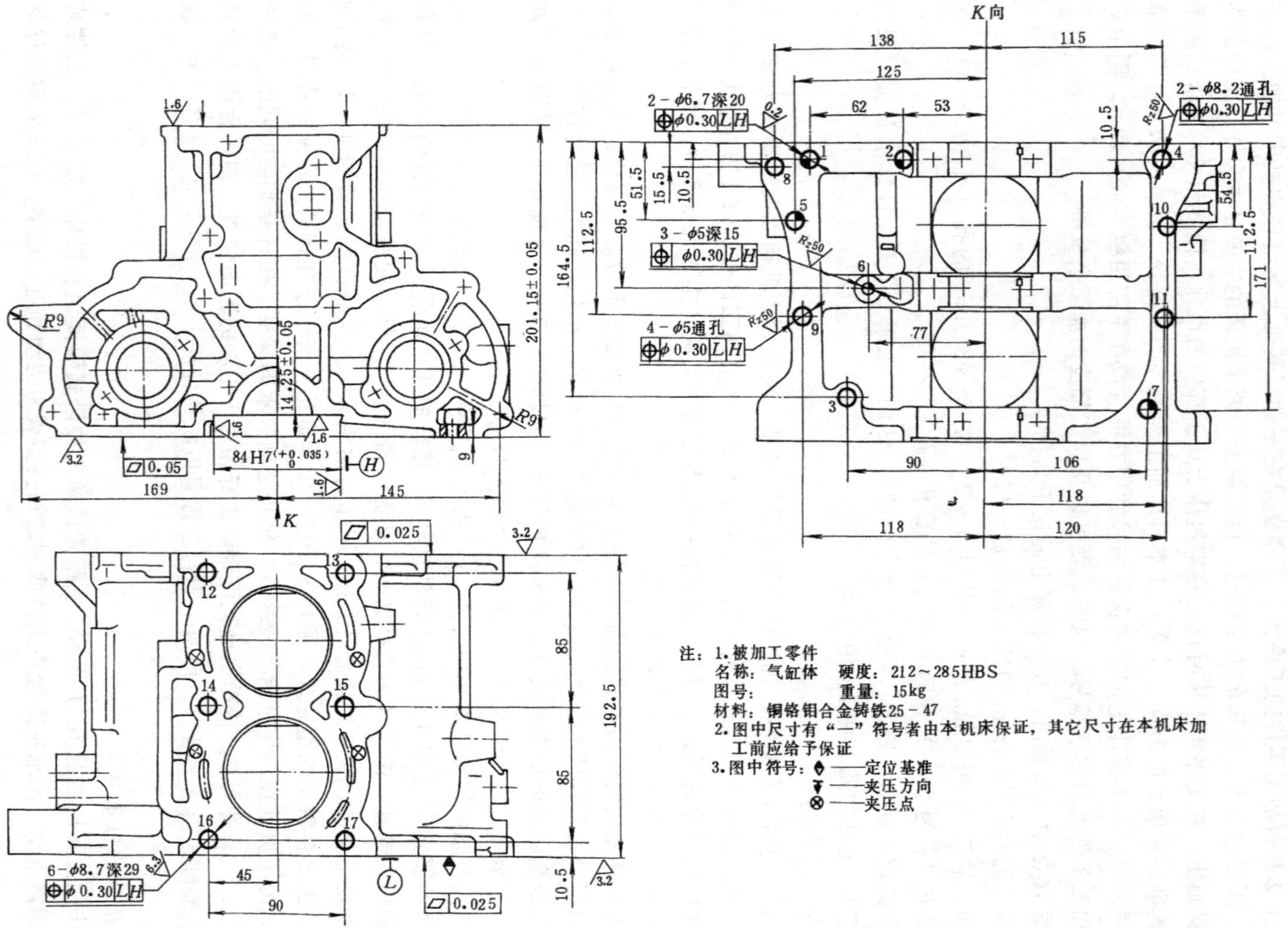

图 16-2　被加工零件工序图

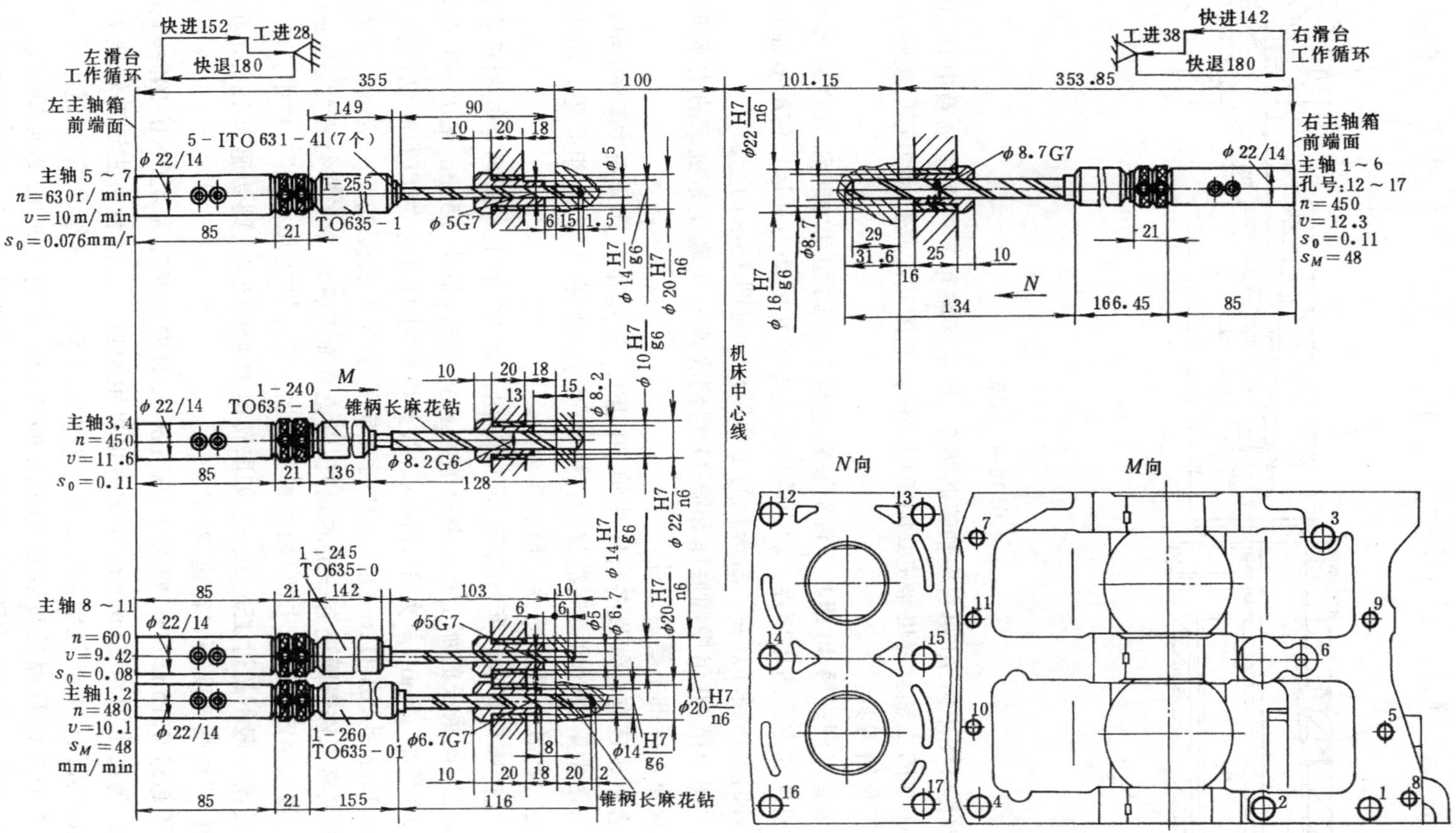
左滑台
工作循环
快进152
工进28
快退180
左主轴箱
前端面
主轴 5 ~ 7
n=630r/min
v=10m/min
s0=0.076mm/r
5-ITO631-41(7个)
1-255
TO635-1
φ5G7
主轴3,4
n=450
v=11.6
s0=0.11
1-240
TO635-1
锥柄长麻花钻
φ8.2G6
主轴 8 ~11
n=600
v=9.42
s0=0.08
主轴1,2
n=480
v=10.1
sM=48
mm/min
1-245
TO635-0
1-260
TO635-01
φ5G7
φ6.7G7
锥柄长麻花钻
机床中心线
右滑台
工作循环
快进142
工进38
快退180
右主轴箱
前端面
主轴 1 ~ 6
孔号:12 ~ 17
n=450
v=12.3
s0=0.11
sM=48
φ8.7G7
N向
M向

图 16-3　加工示意图

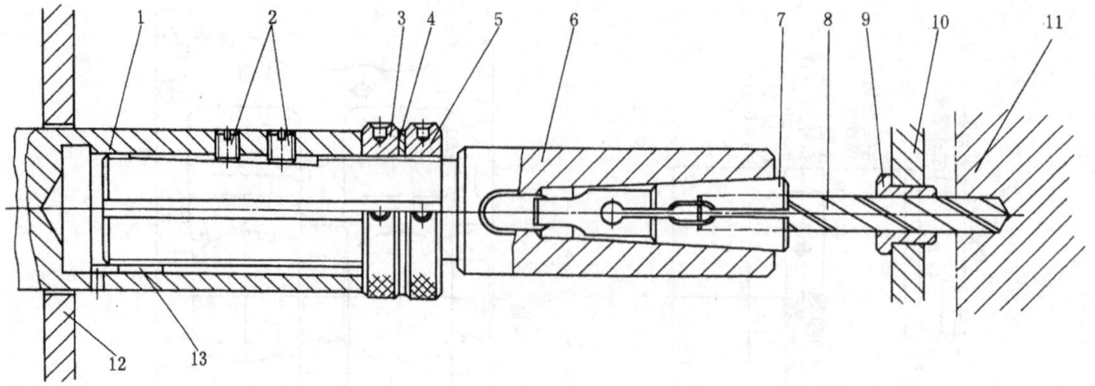

图 16-4　主轴

（2）多轴箱（图中第 70 组右多轴箱和第 71 组左多轴箱）　多主轴箱中有和被加工零件孔位和数量一致的主轴。它也是主要的专用部件。它的功用是把动力箱的旋转运动传给各主轴，再经接杆传给刀具。

（3）传动装置（图中第 40 组）　传动装置包括 1TD32 型动力箱和 1HY32 型液压滑台。它们都是组合机床的主要通用部件。动力箱用于把电动机的动力和运动传给多轴箱。液压滑台用以实现刀具的工作循环。左、右滑台的工作循环，见图 16-3 的上部。

（4）底座（图中第 10 组中间底座和第 11 组侧底座）　底座是机床的支承部件，其中 1CC 32型侧底座是机床的主要通用件。

此外，组合机床还有电气设备（图中第 30 组），刀具和工具（图中第 60 组和 61 组），液压传动装置（图中第 50 组）、润滑装置（第 80 组）、挡铁（第 90 组）等。液压滑台的工作循环，就是通过挡铁、液压元件的控制实现的。

表 16-1 是生产率计算卡。所有各孔，同时钻出。因此，加工时间都是互相重合的。机动时间，取决于加工时间最长的那个孔。各孔直径相差不多（最小 ϕ5mm，最大 ϕ8.7mm），但加工长度相差较大（最小 15mm，最大 31.6mm。以上均见图 16-3）。可以判断，加工时间最长的是右滑台钻 ϕ8.7mm 孔，深 31.6mm。工作行程应等于加工长度加 5～10mm，使滑台到达快进终点时，钻头尖离工件表面还有一定的距离，以免碰撞工件。令工作行程为 38mm。其余各孔也同法计算，填入生产率计算卡的“加工直径”“加工长度”“工作行程”三栏中。

钻孔切削速度一般不超过 15m/min。如取转速为 450r/min，则切速为 12.3m/min。各孔的计算结果，填入“切削速度”和“转速”栏中。

进给量常不超过 0.15mm/r。如取 0.105mm/r，则进给速度为 $450\times0.105\approx48$mm/min。既然右滑台进给速度定为 48mm/min，左滑台也可定同值。左滑台各主轴的转速等于或高于右滑台主轴，故计算出的每转进给量必定低于右滑台主轴。计算结果填入“进给量”的两栏。

机动时间等于工作行程长度除以每分钟的进给。右滑台的机动时间 $T_{机}=38\text{mm}/48(\text{mm/min})=0.79\text{min}$。计算结果填入“工时”的“机动时间”栏。左滑台各轴可按上法计算。考虑到左滑台的行程（28mm）比右滑台（38mm）短，而进给速度又是相同的，故机动时间一定比右滑台短。左滑台各轴的加工时间又是与右滑台重合的，所以也可以不计算。

表 16-1 生产率计算卡

被加工零件	图号		毛坯种类	铸 件
	名称	气 缸 体	毛坯重量	15kg
	材料	铜 铬 钼 合 金 铸 铁	硬 度	212~285HBS
工序名称		上 下 面 钻 孔	工 序 号	

序号	工步名称	被加工零件数量	加工直径 (mm)	加工长度 (mm)	工作行程 (mm)	切削速度 (m/min)	转速 (r/min)	进给量 (mm/r)	进给量 (mm/min)	工时 (min) 机动时间	工时 (min) 辅助时间	工时 (min) 共计
1	装卸工件	1									0.50	0.50
2	左滑台钻孔											
	快进				152						0.025	
	钻 7 个 ϕ5 孔		5	15	28	9.42	600	0.08	48	0.52		
	钻 2 个 ϕ6.7 孔		6.7	20	28	10.1	480	0.1				
	钻 2 个 ϕ8.2 孔		8.2	15	28	11.6	450	0.105				
	死挡铁停留										0.015	
	快退				180						0.03	
3	右滑台钻孔											
	快进				142						0.025	0.025
	钻 6 个 ϕ8.7 孔		8.7	31.6	38	12.3	450	0.105	48	0.79		0.79
	死挡铁停留										0.015	0.015
	快退				180						0.03	0.03

备注		总 计	1.36min
		单件工时	1.36min
		机床生产率	30 件/时
		机床负荷率	68%

加工前，滑台带动力头和主轴箱快进；钻孔完毕，应短暂停留；最后，快退回原位。设快退距离为180mm，则快进距离等于此距离减去工作行程。即左滑台快进（180－28）mm＝152mm，右滑台快进（180－38）mm＝142mm。滑台的快进快退速度为6000mm/min，故左滑台快进的辅助时间为152/6000min≈0.025min，右滑台也近似地取此值。快退时间均为180÷6000min＝0.03mim。死挡铁停留一律取为0.015min。装卸工件取为0.5min。以上计算结果填入“工时”的“辅助时间”栏。

在“工时”的“共计”栏内，按动作的次序填入。重合工时不填。表中，左滑台与右滑台重合，左滑台的机动时间又比右滑台短，故左滑台不填。把“共计”栏的各数值加起来，即为表右下角的“总计”和“单件工时”——1.36min。

要求的机床生产率为30件/时，即每2min1件。故机床的负荷率为$\frac{1.36}{2}=68\%$。这是比较合适的。

被加工零件工序图、加工示意图、联系尺寸图（图16-1、16-2、16-3）和生产率计算卡通称“三图一卡”，是组合机床设计的基础。

4．多轴箱

标准的多轴箱体如图16-5所示。它由中间箱体，前盖和后盖组成。前盖和中间箱体的半成品（未加工轴孔）及后盖都是通用件。前盖和中间箱体应根据主轴及传动轴的数量和位置，加工出相应的孔。前后盖用定位销和螺钉固定在中间箱体上（见图16-6的*A-A*剖面）。整个多轴箱部件用后盖的后端平面及两个定位销孔与动力箱的前端平面及两个定位销相配合，并用螺钉固定在动力箱上。现以右多轴箱为例，说明多轴箱的传动和结构。

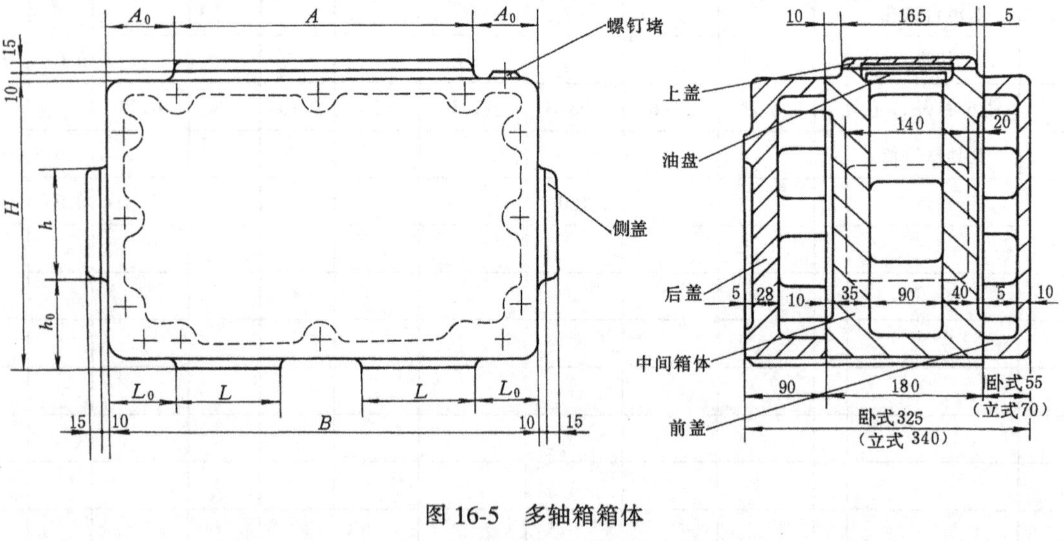

图16-5　多轴箱箱体

图16-6为右多轴箱的装配图。左图是正视图（拆去主轴箱前盖）。其主轴位置与被加工零件图孔的位置相反。主轴数与被加工零件孔数相同。主轴用粗实线（双圈）画出，传动齿轮用点划线画出。*O*轴为动力箱输出轴（是多轴箱的输入轴）。其高度方向位置决定于动力箱规格（其规格大小由动力计算决定），水平方向则位于箱体中间。从图中可见，六根主轴的运动是从动力轴*O*轴开始，经传动轴传来的。在右图中，表示了各轴的结构型式。相同

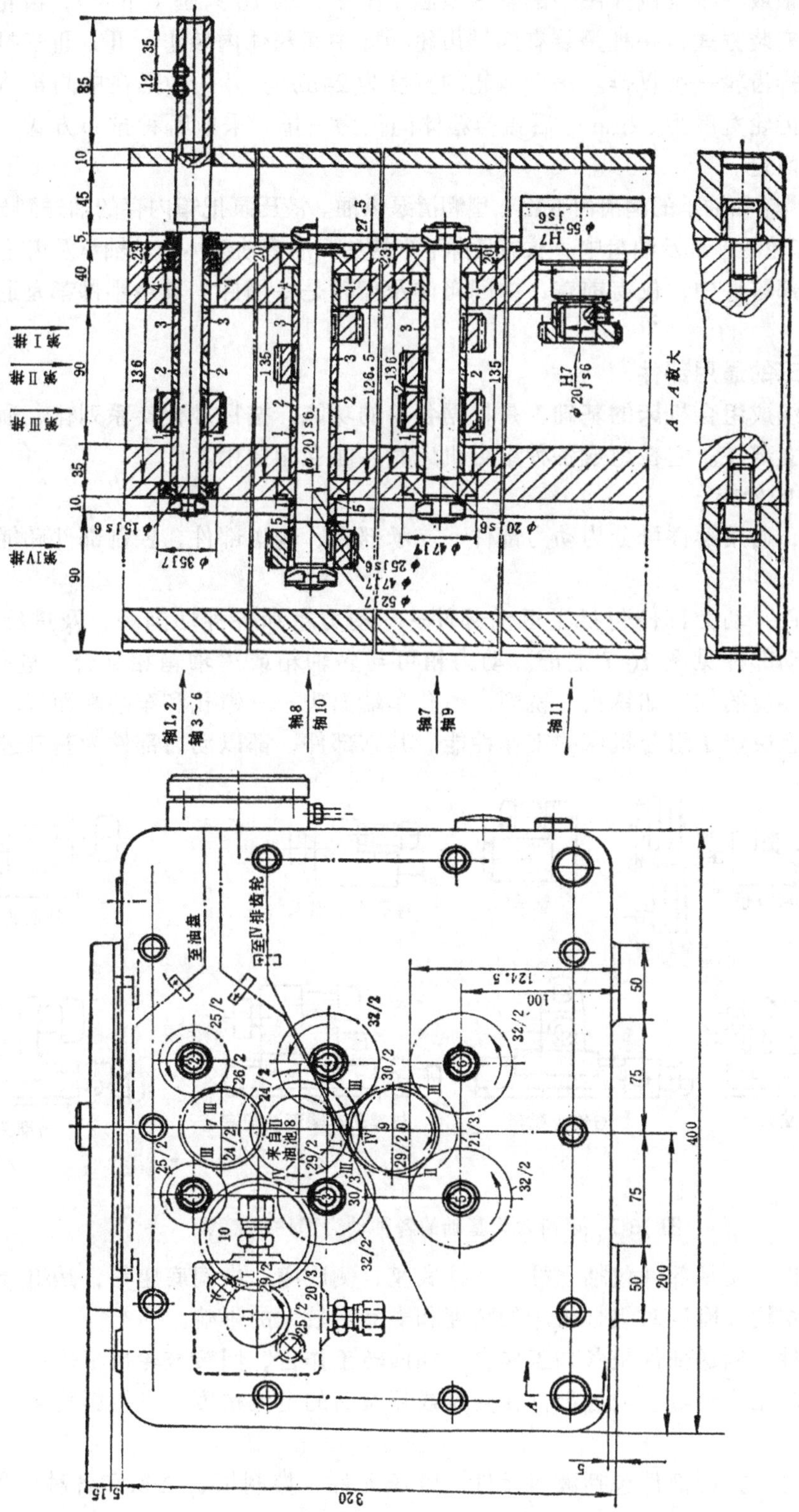

图 16-6　右多轴箱装配图

结构的轴只画一根或一半（例如图中的轴 8 只画了上半，轴 10 只画了下半），齿轮在轴上的轴向位置有两种安装方式，一种是装有四排齿轮，即中间箱体内装Ⅰ、Ⅱ、Ⅲ三排齿轮、后盖与箱体间装一排齿轮—第Ⅳ排。每个齿轮的宽度为 24mm。另一种是在中间箱体内装两排齿轮，此时每个齿轮宽度为 32mm。后盖与箱体间仍为一排。采取哪种排布方式，根据传动系统的复杂程度而定。

多轴箱中的齿轮和轴承的润滑由 R12-1 型润滑泵供油。液压泵把箱内存的油送到分油器，分送到第Ⅳ排啮合齿轮的上部及油盘中。从油盘淋下来的油润滑多轴箱体中的轴承及齿轮。

多轴箱的全部零件中，仅有前盖，中间箱体及齿轮是专用件。其余零件都是通用件或标准件。

二、组合机床的通用部件

通用部件是组成组合机床的基础，是根据各自的功能，按标准化、系列化、通用化原则设计和制造的独立部件。它在组成各种组合机床时，能互相通用。

1．通用部件的分类

根据其功能，通用部件可分为动力部件、支承部件、输送部件、控制部件和辅助部件五类。

（1）动力部件　动力部件包括主运动部件——动力箱和各种切削头，及进给运动部件——滑台。主运动部件见图 16-7 上部。动力箱可与多轴箱或单轴箱相配合，进行孔加工。其他切削头可作相应的加工如铣头—铣削，镗孔车端面头——镗孔和车削端面等。动力部件的工作性能基本上决定了组合机床的工作性能。其它部件，都以动力部件为基础进行配置。

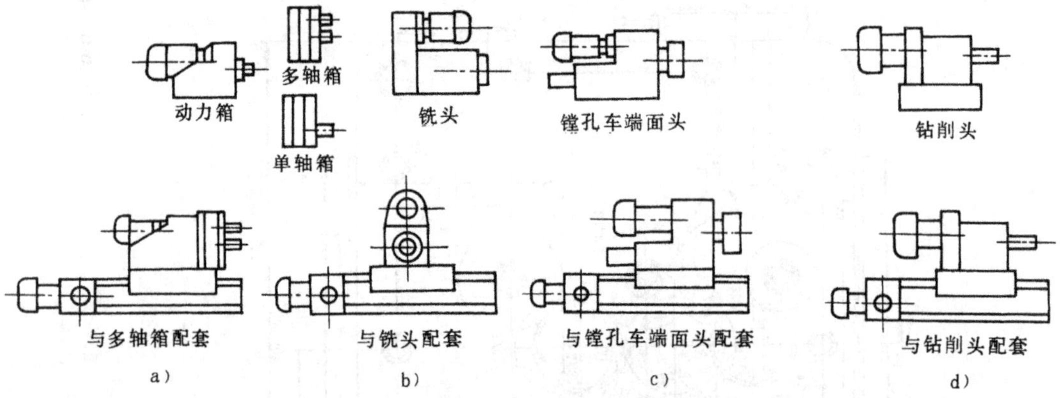

图 16-7　以滑台为基础的各种动力部件示意图

（2）支承部件　支承部件包括立柱、立柱底座、侧底座、中间底座等，是组合机床的基础部件。它们的结构和刚度对组合机床的精度和寿命有较大的影响。

（3）输送部件　输送部件是各种工作台，如回转工作台、回转鼓轮形工作台、环形回转工作台和直线移动工作台等。输送部件在转位或移位后的定位精度，直接影响多工位组合机床的加工精度。

（4）控制部件　控制部件包括液压元件、气压元件、控制板、挡铁和各种电气元件等。它是组合机床的“中枢神经”，保证组合机床按规定的程序工作。

（5）辅助部件　辅助部件包括冷却、润滑、排屑等装置，以及各种自动夹紧工件的扳手等。

2．滑台

滑台是实现进给运动的通用部件。滑台可分为液压滑台（1HY 系列）和机械滑台（1HJ 系列）两个系列。图 16-7 的下半是滑台与各种切削头的配套。

（1）1HY 系列液压滑台　图 16-8 为液压滑台的结构。它主要由滑座 1，滑台体（简称滑台）2 和液压缸 3 三个主要部分组成。液压缸固定在滑座上，活塞杆 4 通过支架固定在滑台 2 的下面，推动滑台移动。

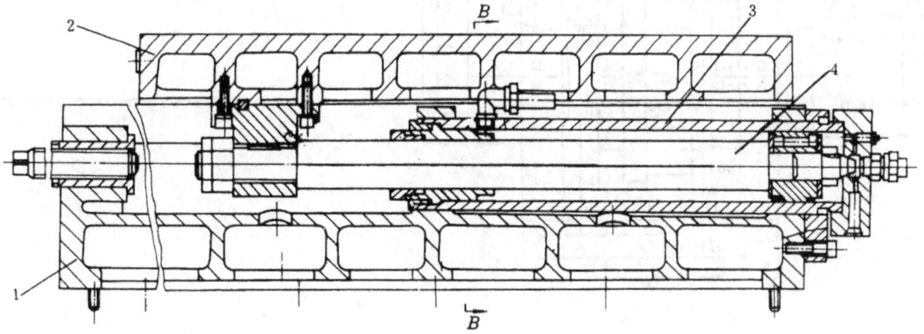

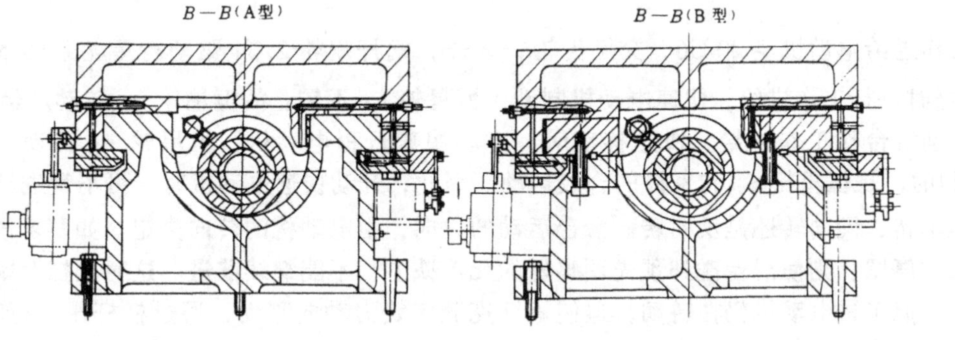

图 16-8　液压滑台结构

滑座 1 的导轨截面形状为矩形，具有刚度高，承载能力较高，当量摩擦系数低于三角形导轨等优点。采用一条导轨（右导轨，见 *B*—*B* 剖视）的两侧导向，增加了导向的长宽比，提高了导向精度。导轨分为 A、B 两型，A 型为 HT300 铸铁导轨，B 型为镶钢导轨。高频淬硬至硬度都为 HRC＝42～48（记作 G45），以提高导轨的耐磨性。

液压滑台用电—液压联合的行程控制。按下启动按钮，滑台快进。当刀具接近工件时，挡块压行程开关，经电磁阀使滑台转为工作进给。进给结束，压下另一行程开关使滑台转为快退。退回到起点，又压下一个行程开关，滑台停止。自动循环，还可实现二次进给（进给途中压一行程开关，改变进给速度），死挡铁停留（进给终了时滑台顶在死挡铁上，停留一定的时间后转为快退）等。

（2）1HJ 系列机械滑台　机械滑台与液压滑台的作用相同，只是通过机械传动来驱动滑台。图 16-9 是机械滑台的传动系统。

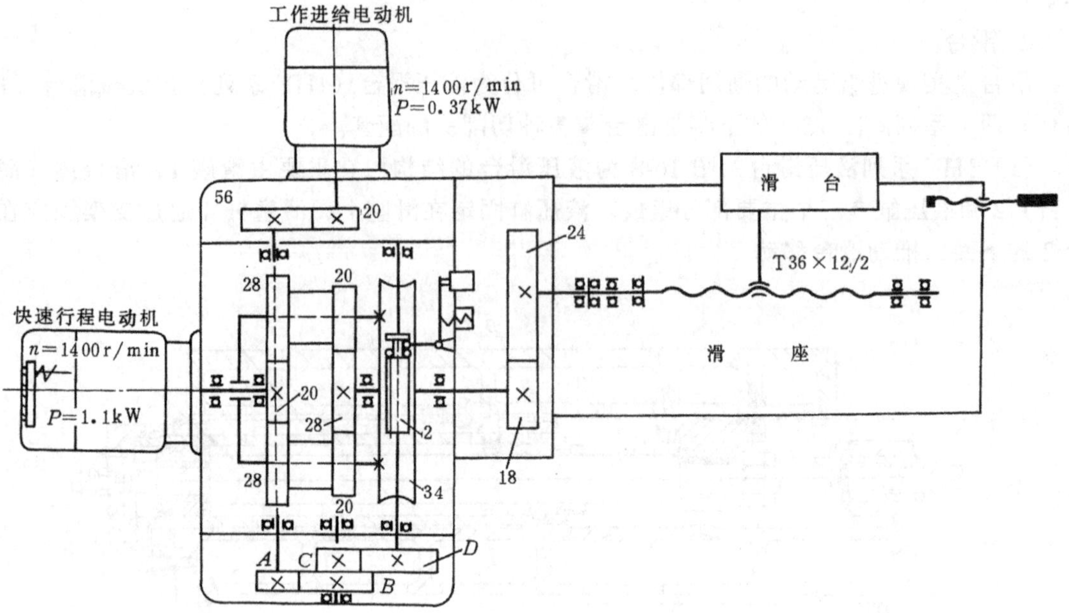

图 16-9 机械滑台传动系统

工作进给电动机经 20/56，交换齿轮$\frac{A}{B}\times\frac{C}{D}$，蜗杆蜗轮 2/34 驱动行星轮系的系杆（转臂）。这时进行工作进给，快速电动机制动。恒星轮 z_{20}不转。故恒星轮 z_{28}转动。经 18/24，丝杠驱动滑台作工作进给。快速移动时，启动快速行程电动机，恒星轮 z_{20}转动，恒星轮 z_{28}得到的，是恒星轮 z_{20}和系杆的合成运动。因此，开动快速电动机时，可不管进给电动机转还是不转，同向转还是反向转。滑台运动的方向，由电动机的转向决定。如要求滑台在工作结束后停留，则使滑台碰到预先调整好的死挡铁上，不能继续前进。这时丝杠及蜗轮便不能转动。但工进电动机仍在转动，迫使蜗杆克服弹簧力轴向移动，通过杠杆压下行程开关，发出快退信号（或经延时后，发出快退信号），使快速电动机反转，滑台便快速退回到原始位置停止。在加工中如遇到障碍或切削力过大时，此机构还能起过载保护作用。

图 16-10 是机械滑台的滑台部分，由滑台体 3 和滑座 4 组成，由丝杠 2 和螺母 1 驱动。5 是死挡铁。

近来，开发了由伺服电动机驱动的数控滑台。由伺服电动机（常为交流异步电动机）经齿轮副或直接驱动滚珠丝杠副，拖动滑台。进给和快移，都由宽调速的伺服电动机驱动。

3. 动力箱

动力箱是刀具旋转的驱动装置。在动力箱上安装多轴箱后，可以用来配置成多轴组合机床。

图 16-11 是 1TD 系列动力箱。运动由电动机经一对齿轮传到动力输出轴。这根轴就是多轴箱的 O 轴。

1TD 系列动力箱有两种型式。（1）1TD12～1TD25 小规格动力箱，其输出轴有两种传动形式 Ⅰ型是轴传动，如图 16-11 所示；Ⅱ型是端面键传动。（2）1TD32～1TD80 大规格动力箱。其输出轴没有端面键传动，只有轴传动。

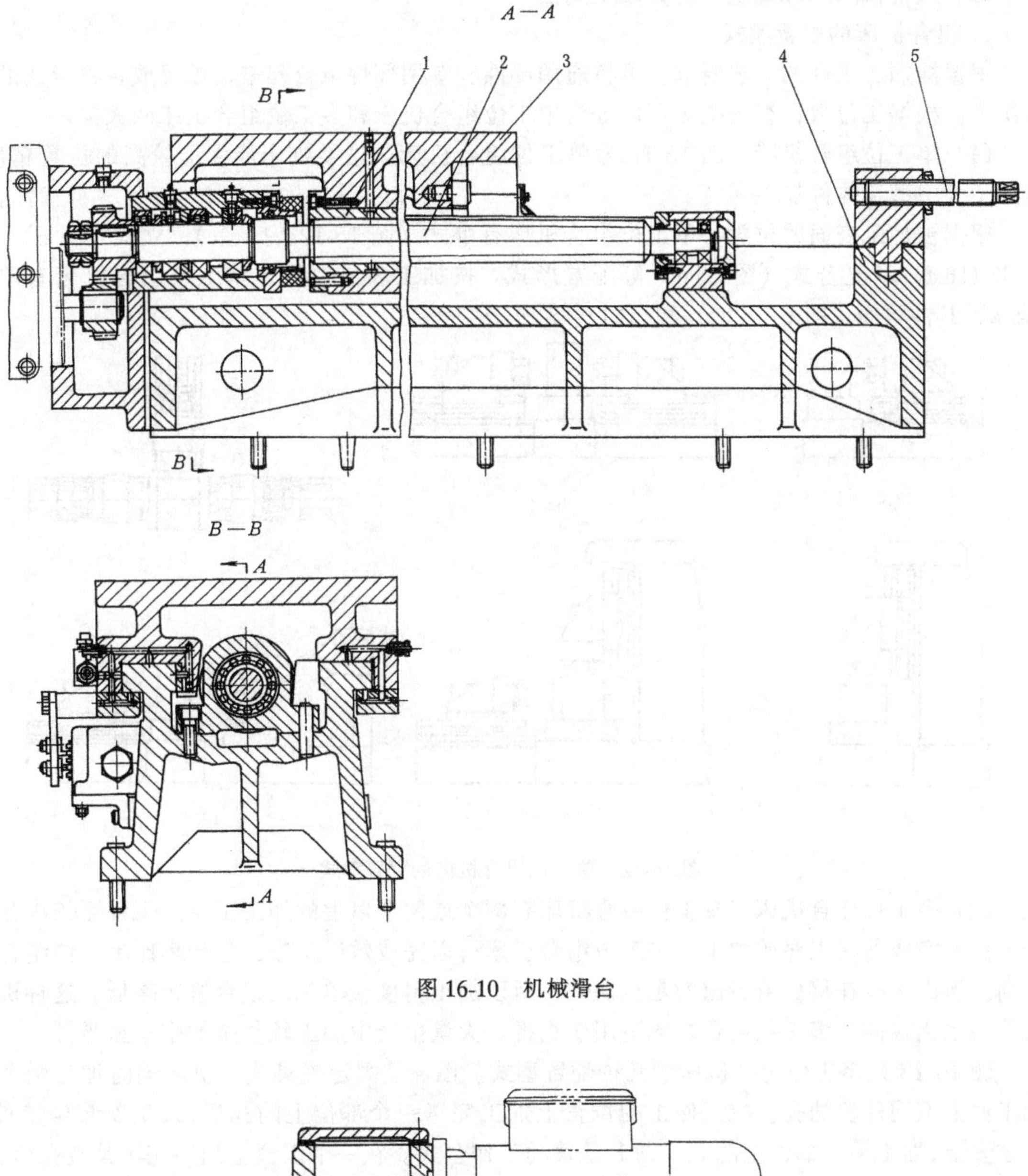

图 16-10 机械滑台

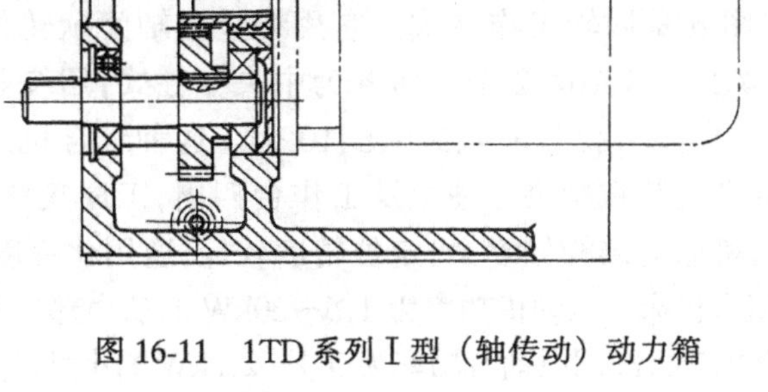

图 16-11 1TD系列Ⅰ型（轴传动）动力箱

三、组合机床的配置型式及其应用范围

1. 组合机床的配置型式

根据被加工工件的工艺要求，可将通用部件和专用部件组合起来，配置成各种形式的组合机床。根据工位数，组合机床可以分为单工位组合机床和多工位组合机床两大类。

(1) 单工位组合机床　图 16-12 为单工位组合机床。这类机床能保证较高的位置精度，适用于大中型箱体件加工。

根据被加工表面的位置，单工位组合机床有卧式（图 16-12a、b、c），立式（图 d），倾斜式（图 f）和复合式（图 e、f）等配置形式。按加工表面数量，单工位组合机床有单面（图 a、d），双面（图 b、e、f）和三面（图 c）等。

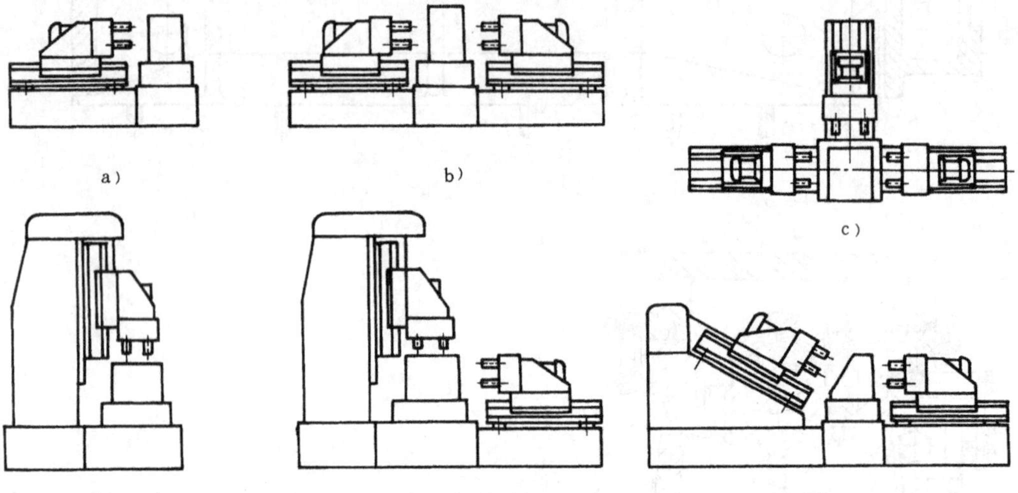

a)　b)　c)　d)　e)　f)

图 16-12　单工位组合机床的配置型式

(2) 多工位组合机床　多工位组合机床有两个或两个以上的加工工位。工件可依次在各个工位上完成各道工序的加工。多工位组合机床可以完成数道工序，生产率比单工位组合机床高。但由于存在移位或转位的定位误差，所以加工精度较单工位组合机床略低。这种机床的价格也比较高。多工位组合机床适用于大批、大量生产中加工较复杂的中小型零件。

图 16-13 是多工位组合机床的几种配置型式。图 a 是固定夹具式。机床同时加工两个相同工件上不同部位的孔。在工件 1 的位置上加工完毕一个部位上的孔后，人工安装到工件 2 的位置上，加工另一部位上的孔。图 b 是移动工作台式。在一个工位上加工完毕某些孔后，把工件输送到下一工位，加工另外一些孔。这种机床适用于加工孔间距较近的工件。一般工位数为 2～3 个。图 c 是回转鼓轮式。用绕水平轴间歇转位的回转鼓轮工作台输送工件，工位数一般为 3、4、5、6、8 个。图 d 是回转工作台式。它用绕竖直轴间歇转位的回转工作台输送工件。工位数一般有 2、3、4、5、6、8、10、12 个。图 e 为中央立柱式，用绕竖直轴间歇转位的环形回转工作台输送工件。工位数一般为 3、4、5、6、8、10 个。这种组合机床一般都有几个竖直和水平配置的动力部件，分别安装在中央立柱上及工作台四周，工序集中程度及生产率都很高。又称环形自动线。但是，机床的结构较复杂，定位精度较低，通用化程度也较低。

上面介绍的是大型组合机床。电动机功率为 1.5～30kW 的动力部件及其配套部件皆属此列。除此而外，还有小型组合机床，配用电动机功率为 0.1～2.2kW 的小型动力部件及其配套部件。

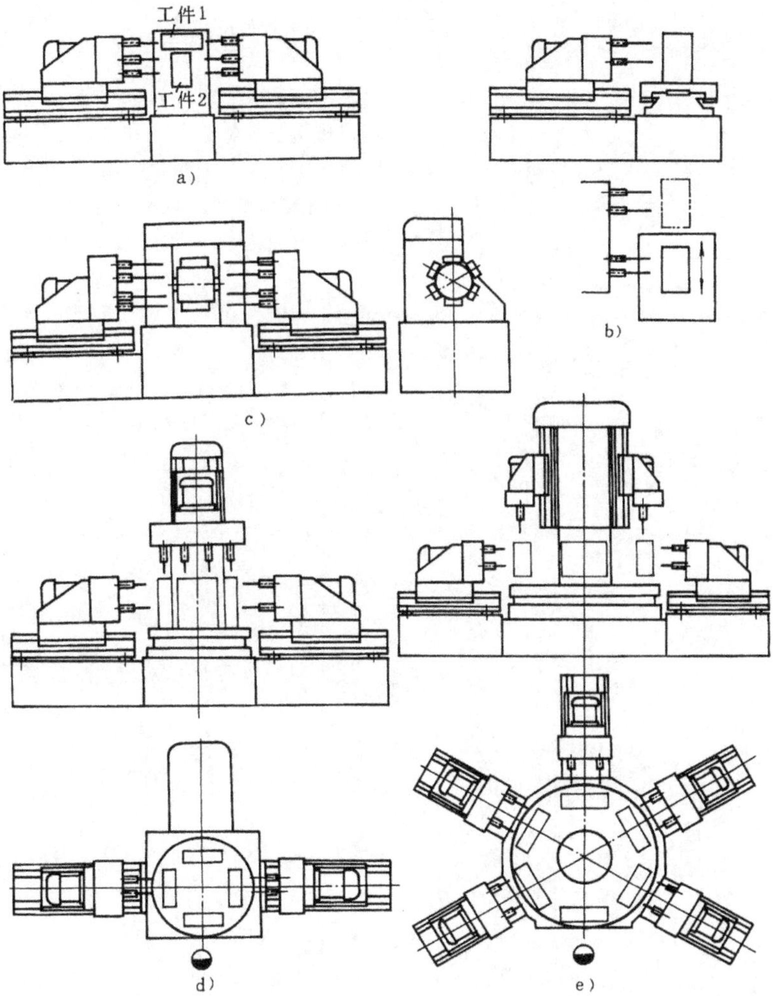

图 16-13　多工位组合机床的配置形式

2. 组合机床的应用范围

组合机床有非常广泛的工艺范围，并且现在仍在发展中。在组合机床上，主要完成下列工艺。(1) 平面加工：铣平面、锪平面、车平面。(2) 孔加工：钻孔、扩孔、铰孔、镗孔、切槽、攻螺纹和滚压孔等。此外，还可以完成车外圆，行星铣削，拉削，推削、珩磨、抛光等。也可以完成热处理，自动装配，自动测量等工序。

组合机床最适宜于加工例如气缸体、气缸盖、变速箱体，变速箱盖等箱体类零件。这些零件从平面到孔的全部加工工序几乎都可以在组合机床上完成。曲轴、气缸套、飞轮、连杆、拔叉、万向节等轴类、盘类、叉架类等零件的部分加工工序，也可以在组合机床上完成。

近年来组合机床在汽车、拖拉机、柴油机、电机、仪表、纺织机械和缝纫机等生产部门获得了广泛的应用。组合机床最适于大批大量生产的部门。但是，有一些重要零件的关键加工工序(机床的主轴箱和变速箱)，虽然生产批量不大，为了保证加工质量，也采用了组合机床。在中小批生产的企业中，一些转塔式组合机床，成组加工组合机床，可调式组合机床及可换主轴箱组合机床等已在逐步应用。随着组合机床技术水平的逐步提高，组合机床的应用会更加广泛。